普通高等教育焊接技术与工程系列教材

焊接结构制造技术与装备

主编　宗培言

参编　闵庆凯　段志刚

主审　宇永福

机 械 工 业 出 版 社

本教材以焊接结构制造工艺过程为主线，全面论述焊接结构制造中的工艺规程编制、备料加工、装配焊接及装备、典型焊接结构的制造技术、质量控制与检测、焊接生产环保和安全等六大板块，共8章。本教材较全面地反映了焊接结构制造的新技术、新方法和新装备。

本教材可作为普通高等学校材料成形及控制工程、材料加工工程（焊接方向）、焊接技术与工程的专业课教材，同时也可作为焊接结构制造企业及与焊接技术相关的工程技术人员的参考书。

本书的“电子课件”位于机械工业出版社教材服务网（www. cmpedu. com）上，向本书授课教师免费提供，请需要者填写书末的“信息反馈表”寄回出版社索取。

图书在版编目（CIP）数据

焊接结构制造技术与装备/宗培言主编. —北京：机械工业出版社，2007. 3（2025. 8 重印）

普通高等教育焊接技术与工程系列教材

ISBN 978-7-111-21051-1

Ⅰ. 焊… Ⅱ. 宗… Ⅲ. ①焊接结构—焊接工艺—高等学校—教材②焊接设备—高等学校—教材 Ⅳ. TG4

中国版本图书馆 CIP 数据核字（2007）第 026847 号

机械工业出版社（北京市百万庄大街22号 邮政编码100037）

策划编辑：冯春生 责任编辑：董连仁 版式设计：冉晓华

责任校对：申春香 封面设计：王伟光 责任印制：刘 媛

北京富资园科技发展有限公司印刷

2025年8月第1版第13次印刷

184mm×260mm · 21. 25 印张 · 506 千字

标准书号：ISBN 978-7-111-21051-1

定价：55. 00 元

电话服务 网络服务

客服电话：010-88361066 机 工 官 网：www. cmpbook. com

010-88379833 机 工 官 博：weibo. com/cmp1952

010-68326294 金 书 网：www. golden-book. com

封底无防伪标均为盗版 机工教育服务网：www. cmpedu. com

普通高等教育焊接技术与工程系列教材
编 审 委 员 会

序

焊接作为先进制造技术的重要组成部分在国民经济的发展和国家建设中发挥了重要的作用。焊接技术的优秀成果在航空航天、核能、船舶、电力、电子、海洋钻探、高层建筑等领域得到广泛应用。

随着科学的发展和技术的进步，焊接已经逐渐脱离了单纯工艺和技术的层面而走向科学的范畴，并且在与其他科学知识的不断碰撞和交融中，展现出来旺盛的生命力。新材料的不断产生、新能源的不断开发和新结构的不断涌现，对焊接技术提出了新的挑战。

20世纪末期，教育部对我国高等学校的学科专业进行了合并调整，“厚基础、宽口径”的人才培养模式已经成为潮流。许多高校已将原焊接专业并入材料科学与工程专业或材料成形及控制工程专业，而有一些学校则将焊接作为特色专业保留下来。多年的教学实践证明，本着“突出特色、分类指导”的原则，由于地域、行业、学校类型、办学条件、专业基础的不同，制定不同的专业人才培养模式、培养计划、课程体系、教学内容是完全必要的。在这种新的形势下，对专业人才的培养和专业教材的建设提出了新的要求，原有焊接专业的教材已经难以满足当前焊接专业（方向）人才培养的需要。而各种客观因素的影响，使得焊接专业教材的水平已跟不上当今科技的发展水平，不能满足新时期人才培养的需求。为尽快扭转这种不利局面，建立起质量优异、特点突出、适应不同类型专业人才培养需要的专业教材体系，中国机械工业教育协会材料加工工程学科教学委员会和机械工业出版社联合组织了国内多所著名高等学校的一些知名专家、学者，编写出版了这套“普通高等教育焊接技术与工程系列教材”。

本套教材涵盖了高等学校焊接专业（方向）人才培养所要求的主要专业课程内容，同时兼顾相关和相近专业学生学习的需要。教材强调专业知识与基础理论的联系，注重新技术的进展，并强调其科学内涵，将对适应新形势的焊接专业人才的培养起到促进作用。

教育部高等学校材料成形及控制工程专业
教学指导分委员会主任　李春峰

前　　言

本教材是根据2005年7月由中国机械工业教育协会，以及教育部材料加工工程学科教育委员会与机械工业出版社共同组织的焊接专业（方向）教材编写工作会议的要求编写的，作为高等工科院校材料成形及控制工程、材料加工工程（焊接方向）及焊接技术与工程专业本科生的教学用书。

我国的钢产量自1996年突破1亿t后，连续十年居世界第一。如按40%的钢铁材料是经过焊接加工才能成为有用的构件和产品计算，我国不仅是钢铁生产消费大国，亦是世界上最大的焊接结构制造业大国。可以想象，焊接结构制造业在国民生活、劳动就业、财富创造及国防建设中将起着多么重大的作用。因此，为满足焊接结构制造企业对高级工程技术人才的需求，开设“焊接结构制造技术与装备”课程是非常必要的。

“焊接结构制造技术与装备”是一门涉及多种学科、多种工程技术、理论与实践结合极为密切的专业课。所以在教材编写过程中广泛吸纳了国内焊接结构制造企业的成熟技术和生产实践经验，最大限度地反映我国焊接结构制造技术和装备的现状及新技术、新装备。本教材以实现高等学校的工程科学教育，特别是工程技术教育与企业生产技术实现对接为出发点，突出了内容的实践性和实用性。

信息技术飞速发展，已广泛渗透到工业生产各个领域。用信息技术改造产业，可以减轻人们的工作量，提高生产效率，改进产品质量和可靠性。教材编写应尽力展示信息技术在改造、创新焊接结构制造技术和装备中的新技术和新成果，为培养适应21世纪信息时代需求，具有技术创新能力的学生，提供必要的技术储备和支撑。

教材编写中借鉴了本课程教学改革的成果，力求教材贴近生产、贴近工程实践，反映企业对从事焊接结构制造工程技术人才的需求，体系完整，内容简捷易懂。建议在本课程的讲授过程中，结合专业实训、实习及课程设计等教学环节，强化学生的工程实践能力培养，使学生在具备扎实专业基础理论的同时，又有较强的工程实践能力，以满足企业对人才的要求。

本教材由沈阳大学宗培言教授主编。其中第1章、第2章、第6章由段志刚副教授编写；第3章、第7章由宗培言编写；第4章、第5章、第8章由闵庆凯副教授编写。全书由沈阳大学宇永福教授担任主审。

在教材编写过程中，沈阳大学机械工程学院、沈阳大学研究生院等部门的有关领导给予了大力支持和帮助，谨表谢意。另外，中冶集团建筑研究总院刘景凤、宋世旭高级工程师，沈阳大学焊接自动化研究所王刚、李景波教授，沈阳大学申大网架有限公司赵寿权、臧春田高级工程师，沈阳三洋重工集团姜欣、张辉工程师以及喜莹、车乃黎等同志，为本书提供了资料和帮助，在此，向为本教材提供资料和帮助的各企业及所援引文献的作者表示诚挚的谢意。

由于编者水平所限，书中错误和不足之处在所难免，敬请使用本教材的广大师生和读者批评指正。

编　者

目　　录

第1章　绪　　论

现代意义的焊接技术起源于19世纪初的西方国家，尤其在1888年俄罗斯人Slavianoff发明了金属极电弧焊后，焊接技术的应用得到了迅猛的发展，各种金属焊接结构产品应运而生，大到数十万t的油轮，小到微电子产品，用途极其广泛。

随着现代工业制造业的高速发展和焊接技术的不断进步，焊接作为一种金属连接的工艺方法，在金属结构制造和生产中已取代了大部分铆接连接工艺；焊接与铸造、锻压、切削加工和热处理等加工工艺方法的组合，也已成为机械制造业的主要加工方法；许多传统的铸造、锻造结构，也由焊接结构或铸—焊、锻—焊组合结构所代替。

焊接结构是由金属材料轧制的板材或型材作为基本元件，采用焊接加工方法，按照一定结构组成的并能承受载荷的金属结构。各种焊接结构产品被广泛应用于重型矿山机械、冶炼设备、起重运输设备、汽车和机车车辆、电站设备、建筑与厂房结构、航空与航天技术装备、石油化工设备、容器与管道、船舶与海洋结构、桥梁、集装箱、机器结构制造业和国防工业装备制造等领域中。有些产品，例如大型厚壁超高压容器，除了采用焊接加工技术外，是难以找到更好的制造方法的。

现代大型建筑结构均采用焊接金属结构形式。与其他建筑结构比较，焊接金属结构具有强度大、重量轻等优点，因此特别适用于工业厂房、高层建筑、大跨度结构，以及要求重量轻和可移动的承重结构等。

机器制造业是焊接结构可以推广应用的另一个广阔领域。矿山冶炼、石油化工、交通运输、能源宇航及海洋工程等各个工业部门所用的大型机器设备，仪器和仪表的机体、骨架及主要元、器件等，都越来越广泛的采用焊接结构。

一个国家焊接结构用钢量的多少，在一定意义上能说明其工业化的先进程度。在先进的工业国中，焊接结构产品的用钢量已达到总用钢量的50%以上，我国现已达到40%～45%。我国2005年钢产量达3.4亿t，已成为世界第一钢铁大国，同时也成为焊接结构（主要是钢结构）制造大国。随着改革开发和世界经济一体化进程的加快，我国焊接结构制造所用钢材越来越多。表1-1为2005年我国6个与焊接相关的行业用钢量统计表，可见焊接结构生产制造任务之艰巨。为了制造如此庞大数量的焊接结构产品，需要建立大量专门制造焊接结构的工厂（例如集装箱制造厂、压力容器制造厂等），而在更多的工厂（例如锅炉厂、起重机厂、造船厂）中均设有焊接车间，并且是工厂的主要生产车间。焊接车间完成任务的好坏，直接关系到整个工厂的经济效益和产品质量的优劣。

表1-1　2005年6行业用钢统计表　　（万t）

建　筑	机械制造	汽　车	造　船	石油和天然气（括号中为管线钢）	集装箱
19793	4000	1429	422	480（360）	500

1.1 焊接结构的特点及应用

焊接结构主要是指焊接的金属结构，绝大多数是钢结构。由于焊接结构具有优良的使用性能，宜于适应各方面的使用要求，较少受尺寸和形状的限制，制造过程简单，结构重量轻，便于运输和安装。所以，焊接结构在国民经济中几乎所有的工业部门和广阔的生活领域中都有大量的应用。

焊接结构能够得到如此广泛的应用和高速发展，是因为其具有一系列优点：

1）焊接结构中的焊接接头是一种金属原子间的连接，接头刚度大、整体性好，在外力作用下不会像机械连接那样因间隙变化而产生较大的变形。同时，产品的密封性容易保证。

2）焊接结构可以由各种不同形状与厚度的金属材料连接组合而成，甚至可由不同种类的金属材料连接组合而成，还可以由铸钢件与锻钢件连接组合而成，从而使结构中不同性能的材料应用更恰当，充分发挥其性能特点，做到物尽其用。此外，焊接结构中各零部件间通常可直接用焊接连接，不需要采用附加的连接件，而焊接接头的强度一般可与母材相当。因此，比照其他结构，焊接结构既节约了材料，又减轻了产品的重量，还降低了生产成本，可谓一举三得。

3）与其他加工工艺方法相比，焊接结构的制造生产一般不需要大型、贵重的设备，因而建设焊接结构生产厂时设备投资少、见效快，而且容易适应不同批量焊接产品的生产，更换产品型号和品种也比较方便。

4）“以小拼大”是焊接的优势之一。焊接加工特别适用于几何尺寸大而材料比较分散的制品，例如船舶的壳体、桁架结构等。焊接可以将大型、复杂的结构先分解为许多小零件或部件后分别加工，然后通过焊接连接成整体结构，从而扩大了工作面，简化了结构的加工工艺，缩短了加工周期。

5）节约能源，利于环保。每吨焊接结构件比铸件大约节能35%，与锻件相比也有节能优势，且焊接生产条件优于铸造和锻造生产条件，有害物排放量也比较少。

1.1.1 焊接结构的应用及分类

由于焊接结构种类繁多、千差万别，为了更好地了解焊接结构形式方面的特点，将焊接结构按原材料的不同粗略地分为两大类：即钢结构和有色金属结构。本门课程重点讨论焊接钢结构。按钢材类型可将其分为板结构和格架结构。

板结构：板结构主要是用各种金属轧制板材作为基本原材料制成的结构，也是本书要重点论述的结构，例如各类容器、管道、船体、冶金炉体外壳、大型吊车主梁、吊车梁、部分铁路桥梁、机床床身及箱体等均属此类结构。板结构的主要特点为结构紧凑、占用空间少及易于封闭等，故应用广泛。焊缝一般较长，宜于采用机械化、自动化焊接方法进行焊接加工。但在结构制造上加工量大，焊接量大且工艺复杂，技术含量较高。

格架结构：格架结构主要是用各种具有一定断面形式的金属轧制型材制成的结构，例如工厂厂房屋架、广播电视发射塔、高压输电铁塔、大跨度铁路桥梁及各种支架均属此类结构。格架结构断面比较分散，整体刚性好，承载能力大，结构重量轻，节省材料，在制造上也比较简单，加工量小，省工省时；但其占用空间大，局部刚性及稳定性差，进行防腐等防护比较困难，焊缝短小分散，故难于实现机械化、自动化焊接生产。

焊接结构的这种分类方法虽然反映了结构的某些特点，可以作为估量其制造过程的复杂程度、核算工程造价的一个依据，但显得过于粗略，不能全面反映出不同结构的特点，尤其是在使用性能方面的特点和要求。综合以上情况，从结构的多方面考虑，将焊接结构大体上分为以下几类：

1. 容器和管道结构

包括各类储罐、锅炉、压力容器及输送各种液体或气体的管道等。这类结构大都在一定的温度和压力下工作，且相当一部分结构的工作介质或内部充装物为易燃易爆，或具有强烈腐蚀性，或有毒的物质，一旦发生泄漏或者断裂破坏，就可能产生灾难性的后果，造成人民生命财产的严重损失。因此，必须保证该类结构在工作和运行中的安全可靠性，必须按照产品设计的技术要求中专门的技术规范来进行制造生产，严格控制产品质量，并且要由专设机构来进行监督和检查。

世界各国对于压力容器的制造和使用都非常重视，均设有专门机构，制定了详细的技术规范和检查标准。例如美国的ASME规范、日本国家标准JIS中的B8543和B8550及德国的AD规范等，对压力容器的设计方法、选材、制造和试验及检查验收等都作了详细而明确的规定。自1980年以来，我国在压力容器的设计和制造方面也取得了长足的发展，陆续制定和完善了一系列相应的技术规范和标准。其中主要的基础规范和标准有：《钢制石油化工压力容器设计规定》、GB150—1998《钢制压力容器》以及国家质量技术监督局颁布的《压力容器安全技术监察规程》等。

2. 房屋建筑结构

包括工业和民用两方面的各种建筑结构。主要有单层和多层工业厂房和各种大型建筑物的金属框架；大型民用建筑及公用设施，如机场、车站、体育场馆、剧院、博物馆、图书馆和高层建筑中的金属结构等。具体结构形式有各种梁、柱、桁架及网架结构等。这些结构主要是作为建筑物的基本骨架，用以承重和承受其他外加载荷的作用。其主要要求除了应保证结构几何尺寸及安装和连接之外，还应有足够的强度和稳定性等性能，同时应具有一定的抗震、防腐和防火等特殊的使用性能。

3. 桥梁结构

过去主要指铁路桥梁，现在随着高速公路的快速发展，钢制公路桥梁的建设越来越多。这类结构长期工作在各种气候条件下，同时承受着强烈的冲击和巨大的动载荷，且加载次数频繁。因此，对此类结构制造要求很高，否则，很难保证火车或汽车运行的安全可靠性。桥梁结构要求选用材料的强度、塑性、韧性、屈强比及时效敏感性等指标优异，焊接性必须适应野外桥梁的工作特点。在制造过程中要求焊接质量优良，并且保证结构在安装中连接准确、稳固可靠。

4. 船舶与海洋结构

包括各种船舶舰艇、海上采油平台、海底管道及各种海上建筑工程等。水上运输成本低廉，且海洋中蕴藏着大量宝贵的能源、矿产及丰富的鱼类资源，各国都十分重视。随着海洋开发的不断发展和深入，海洋结构的应用将越加广泛。显然，海洋焊接结构常年处于极其恶劣的环境下工作，除了受到海水和海洋气候长期不断地侵蚀外，还要受到风、浪及潮等复杂交变力的作用，甚至海底地震等的影响。所以对原材料的选用、焊接工艺的制定及焊接质量保证体系，也有着特殊的要求。要求原材料不仅在强度、韧性及疲劳极限等力学性能有较高的要求，而且应具有较好的耐海水腐蚀性能。各国在这个领域也有专门的规范和标准。

5. 塔桅结构

主要包括高压输电线铁塔、广播电视发射塔及接收塔等。此类结构大部分是栓—焊联合结构，少部分为全焊接结构。塔桅结构大多由钢制型材组成，制造工艺比较简单。主要技术要求是原材料应具有一定的强度，保证结构有足够的承载能力，同时应保证其几何形状和整体稳定性，安装尺寸准确且安装方便可靠。此外，结构应具有耐大气腐蚀的能力。

6. 机器结构

这是一种很重要的结构类型，它涵盖了许多种机器和设备。随着现代焊接技术的成熟和发展，使其在机器制造业上也已得到普遍的应用。采用铸—焊联合结构、锻—焊联合结构，已经显示出极大的优越性。近年来在各种机床和机械设备的设计和制造上，已越来越多地采用了焊接结构和焊接件，特别是大型机床和部分大型机械设备的床身、机座、横梁、箱体，以至大型齿轮和发电机转子等大型机件，都逐渐地改用了焊接结构件，形成了焊接结构制造的又一个广阔领域。

除了上述6大类之外，还有工程机械、汽车及机车车辆制造等诸多行业也都大量采用焊接结构，其特点不再一一列举。

1.1.2 焊接结构生产的特点

焊接结构由于其自身的特点和使用性能上的某些要求，使得在生产过程中形成了自身的某些特点，主要归纳如下：

1. 以焊接为主要生产工艺内容的生产加工过程

焊接结构的生产从投入原材料开始到产品制成出厂，虽然需要经过很多道生产工艺过程，包含有很多工艺内容，但从其加工目的，相互之间的关系及对制成产品的作用来看，其中主要的生产程序和工艺内容是焊接。因为任何焊接结构，都是金属毛坯经过一定加工后，用焊接这种工艺方法将其组合连接在一起，才成为所需要的整体结构的。故焊接加工是制作焊接结构必不可少的、最基本的生产手段和生产步骤，而其他加工程序都是围绕它进行的。在焊接之前的一系列加工，大都是根据焊接工艺要求，为其创造条件和做准备的，焊后的一系列加工和生产活动内容，也不过是为了进一步完善和检验焊接质量而进行的一些补充加工。所以焊接结构的生产也称为焊接生产。另外，焊接这道生产工序在整个焊接结构制造生产过程中与其他一些加工内容或工序比较，相对来说施工量最为繁重，工艺内容最为广泛而复杂，对产品质量的影响也最大。从某种角度来说，焊接质量的好坏，也就反映了焊接结构的质量。因此，正确地选择焊接方法、制定合理的焊接工艺、妥善安排焊接生产程序、科学进行施工及有效地控制焊接质量，是进行焊接结构生产的核心内容和最为重要的问题。

2. 焊接结构的基本材料是各种金属材料

生产过程中各道加工工序的主要对象就是各种金属材料（主要是钢材）。其加工的最终目的是将具有一定性能的金属材料，制造成为在某种使用条件下满足其使用性能要求的焊接结构产品，而产品的某些性能要求是由材料的性能来保证的。焊接结构制造就在于要正确地选取和利用金属材料，选用各种恰当的加工方法，既要保证顺利加工制造成符合要求的产品，还必须采取相应的技术措施，尽可能地保持材料原有的性能，以确保所生产结构的质量和性能要求。因此，对所用材料的性能必须有深入的了解，以便正确选用加工工艺。

3. 对轧制的、具有一定断面的金属材料进一步加工和应用

它是在基本上不改变其断面特征的情况下，将金属材料加工制作成各种结构零件后，经装配和焊接制成整体结构。因此，较之其他机械产品的加工，具有工序简单、加工量少、省工省时及加工成本低等特点。这也就是焊接结构制造速度快、经济效益大的基本原因之一，故得到了广泛的应用。

4. 大都用于大型工业生产装备、储运设备的制造

焊接加工除少数作为某些工业产品的组成构件如用于汽车、拖拉机等构件大量生产之外，大都用于某些建设工程或大型工业生产装备、重型机械设备和储运设备的制造。这些产品都具有体积大、重量重、耗材量多、用工量大、生产周期长、单位产品造价高及使用周期长等特点。因此在一定时间内需要量不会太多，生产的数量有限，故生产同一产品的连续性和重复性不是很强，这就决定了很多生产工厂的类型属于单件和小批生产，故较难于实现整个生产过程的机械化、自动化流水生产，也就限制了生产效率和生产自动化程度的进一步提高。为了提高焊接结构的生产效率和质量，提高焊接生产机械化、自动化程度，要努力做到某些常用基本构件或零件的标准化和规格化，进而设计、建设专门生产这些零、部件（例如工字形断面构件、圆柱形容器的筒体和封头等）的机械化、自动化流水线。

5. 需大型加工设备

由于某些焊接结构件尺寸和重量都比较大，因此要求其加工设备的能力和尺寸也要足够大，大多属于大型专用设备，例如矫正机、剪板机、刨边机、卷板机和大型压力机等。同时，不仅要求有较大的作业空间和面积，还要有足够的与加工工件重量相适应的起重运输设备的配合，也要求生产者有较强的体力等。

6. 焊接结构的生产过程是一个具有多种工艺内容的综合性生产加工过程

焊接结构的生产虽然是以焊接工艺为主要内容的生产过程，但为了使焊接能顺利进行并保证其加工质量以及满足各式各样产品在结构上的要求，必须先将各种规格的板材和型材转变为组成结构所需要的各种尺寸和形状的基本零件，后经组合装配才能进行焊接加工。焊接之后，还要进行补充和完善加工才可制成符合质量要求的合格产品。由此可见，单靠焊接一种加工工艺、一道生产工序是不可能、也无法将金属材料变成焊接结构的，还必须有一系列其他加工过程才成。由于组成结构的零件所用材料的性质、工件的尺寸形状等各自不同，故所用的加工方法也不相同。所以，焊接结构的制造，是包含有很多道生产工序，多种加工工艺内容的综合性生产加工过程。其中既有焊接加工内容，也有划线下料、成形加工、切削加工及热处理等工艺内容，有热加工也有冷加工。因此，作为焊接结构的制造工厂，不仅应具备焊接加工的条件，同时也还应当具有上述各种加工条件。

熟悉和了解上述特点，可以更好地掌握焊接结构生产的客观规律和需要，抓住其中的主要问题，采取恰当的生产方法和工艺措施，合理地制定生产程序，正确而有效地指导生产，从而保证生产顺利进行，按照设计要求生产出合格的焊接结构产品。

1.2 焊接结构制造的发展趋势

近百年来，焊接已成为最广泛的材料加工技术之一。从核能发电到微电子技术的发展，从探索宇宙空间到深海资源的开发，从汽车到家电产品的制造，都离不开焊接结构制造技术。焊接结构制造技术的应用规模和范围之广，是其他金属加工技术不能比拟的，当代许多最重要的工程技术问题必须采用焊接才能解决。

1.2.1 焊接结构的发展

焊接，作为材料成形加工的主要手段之一正在向各个领域渗透，焊接新结构正在不断出现和完善。现代焊接结构在向大型化和高参数方向发展，焊接结构的工作条件越来越苛刻，要求也越来越严格。目前，全世界每年焊接结构产品可达数亿 t，而且需要设计制造在地面、高空和水下、高温或低温、腐蚀介质，或强放射性照射等各种极限使用条件下工作的焊接结构，并要求焊接结构成本低廉、耐用可靠，甚至要易于解体而可循环再利用。典型现代焊接结构如图 1-1 所示的是核压力容器，其壁厚可达 200mm 左右。与之相近的还有 6100m 深海探测器，工作时需承受巨大的海水压力。又如全焊接超级（50 万 t）油轮长 382m，宽 168m，高 27m，采用低碳钢和低合金钢制造，最大钢板厚度可达 140mm。再如建造现代高层建筑的焊接钢屋架，通常都是将零、部件在工厂内制成，然后再运到工地安装，所用材料强度级别达 490MPa 以上，厚度达到 100 ~ 150mm。还有许多工作条件极其恶劣的焊接结构，如大型电站锅炉，其工作压力 32.4MPa，蒸汽温度可达 650℃；容积 $5080m^3$ 的大型高炉；直径达 33m，容积为 100 $000m^3$ 的大型储罐等。

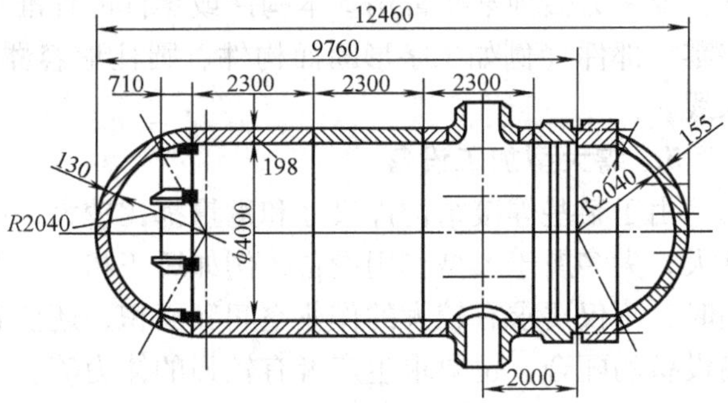

图 1-1 核压力容器简图

1.2.2 焊接材料的发展

1. 母材的发展

传统的焊接结构通常采用低碳钢或低合金高强度钢母材制造。近年来，随着焊接技术的不断完善，高强度钢在现代焊接结构中获得了广泛的应用。图 1-2 所示为日本统计的部分大型焊接结构所用钢材强度等级与采用的板厚规格。抗拉强度 784MPa 的高强度钢（HT80）已用于制造桥梁、高压管道、重型电机和海洋结构等，更高强度级别合金结构钢的应用研究也在进行之中。超高强度钢在航天、航海和机器制造业中应用也很广泛。马氏体时效钢，如 18Ni 钢，是另一种常用的超高强度钢，这种钢在淬火状态下具有高韧性，便于热处理，也有良好的焊接性能，焊后经过时效处理，可获得 1373 ~ 2059.5MPa 的高强度；同时，这种钢还具有很高的抗脆性断裂及抗应力腐蚀的能力，国外正在推广用来制造某些结构，例如飞机零件、大直径固体燃料火箭外壳、冷冻机及船体结构等。由于焊接结构的使用条件日益复杂和苛刻，各种抗腐蚀、抗高温，以及抗深冷脆断的合金钢，例如含镍量 w_{Ni} 为 9%、5.5% 和 3.5% 的镍系低温钢、铬-镍不锈钢、耐热钢、铝及铝合金、钛及钛合金等都可用来制造焊接结构。

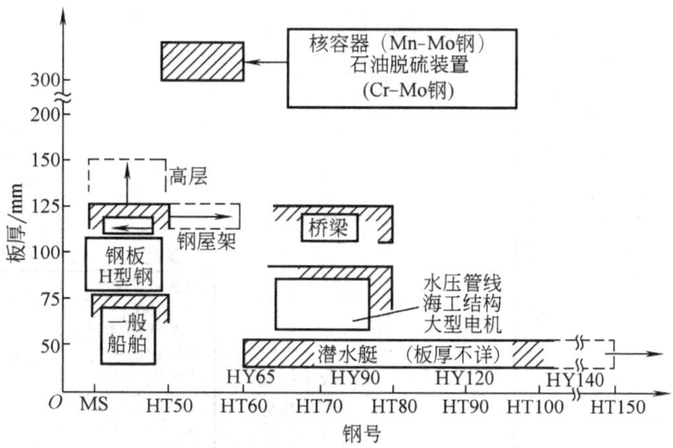

图 1-2 大型焊接结构用钢强度与板厚规格

新型材料（也称先进材料）是新近开发的具有优异性能或特殊用途的材料。按照用途可分为两大类：一类是功能材料，它是当代信息技术的材料基础，对高新技术的发展起重要作用，包括半导体材料、信息存储材料、信息检测和传感材料、信息传输材料等；还有超导材料、特殊储能材料及生物医学材料等；另一类是结构材料，在能源利用、交通运输、太空及海洋开发等领域起重要作用，如新型金属材料、高性能工程塑料、先进陶瓷及复合材料等。

由于新材料的合成与制备常需要特殊的技术手段或特殊的环境条件，而且新材料的质量控制很严，新型材料往往具有特殊的组织结构和特殊的性能。因而，传统的焊接方法很难适应这些材料的连接，接头难以保持材料原有组织性能的特殊要求，甚至根本无法实现冶金连接。因此，为实现新型材料的优质连接，对焊接技术提出了新的更高要求。

2. 焊接材料的发展

我国是焊接材料的生产大国，产量占世界的1/5强，主要产品为普通电焊条，约占焊接材料总量的3/4。目前，焊条正向着高效、低污染和具有特殊性能方向发展。气体保护焊和埋弧焊焊丝逐渐由实芯焊丝向药芯焊丝方向发展，药芯焊丝具有高效、节能及成分调节方便等优点，是未来的发展方向。埋弧焊用焊剂也逐渐由大量使用熔炼型焊剂向烧结型焊剂过渡。烧结型焊剂具有节能、成分调节方便及制造简单等一系列优点，也是焊剂的发展方向。

1.2.3 焊接生产自动化的发展

自从18世纪中叶瓦特发明蒸汽机引发工业革命以来，制造自动化技术就伴随着生产的机械化开始得到迅速的发展。从其发展历程看，制造自动化技术大约经历了四个发展阶段，如图1-3所示。

就我国的具体情况来看，焊接自动化技术普遍处于制造自动化技术的第2阶段（数字控制技术）与第3阶段（计算机控制技术）之间，只有极少数高、精、尖产品的制造水平达到第4阶段（计算机分布式递阶控制技术——主要是计算机集成制造系统CIMS）。尽管如此，近半个世纪以来，焊接技术还是以迅猛的速度发展，诸如激光焊、电子束焊、等离子弧焊及各种气体保护焊等焊接方法的出现，以及高质量、高性能的焊接材料的不断

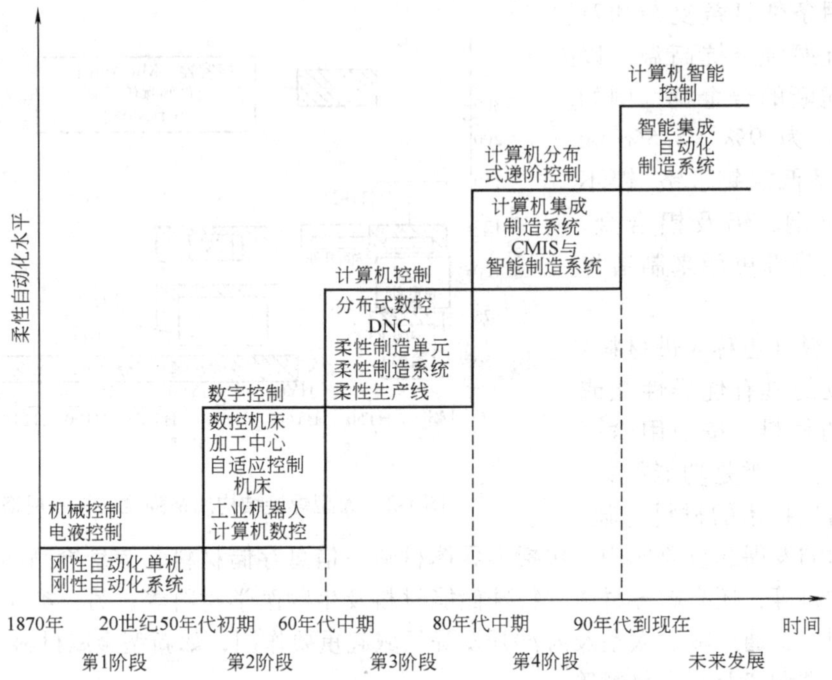

图 1-3 制造自动化技术的发展

发展和完善，使得几乎所有的工程材料都能实现焊接。而且焊接自动化迅速发展，自动化的生产方式在很多工业部门代替了焊条电弧焊生产方式。目前焊接生产自动化技术及设备的研究开发热点主要为以下三个方面：

1）焊缝自动跟踪，特别是视觉跟踪技术。

2）焊接过程熔滴过渡控制。

3）焊缝成形控制，包括焊接熔深控制，全位置焊接实时控制技术以及单面焊双面成形技术。

在各种焊接技术及系统中，以电子技术、信息技术及计算机技术综合应用为标志的焊接机械化、自动化系统乃至柔性焊接制造系统，是信息时代焊接技术的重要特点。柔性焊接制造系统（单元）是信息时代焊接技术的典型代表，一般情况下，它由焊接机器人、先进焊接电源、离线编程CAD系统、工装机械系统等组成，如图1-4所示。焊接机器人具有比其他机器人更高超的能力，除能进行正常的行走及搬运外，还能自动跟踪焊

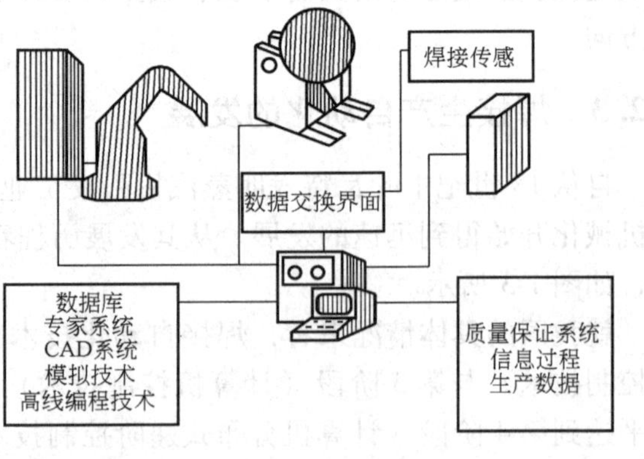

图 1-4 柔性焊接制造系统

接电弧轨迹，防止电弧及烟尘的干扰。在焊接机械化、自动化系统中，采用的焊接电源均具有良好的动特性，大多采用以先进电子元器件及先进电子技术开发生产的焊接设备，如逆变式晶闸管与 IGBT 管等焊接电源。焊接方法大多采用质量好、生产率高的方法，如自动或半自动二氧化碳气体保护焊、MIG/MAG 焊、TIG 焊及埋弧焊等。离线编程 CAD 系统使得焊接过程可自主地进行，并能对整个焊接过程的大部分动作进行模拟试验而不依赖于整个柔性系统。焊接是一个多变量的复杂过程，同时在焊接过程中也会产生热变形等其他变量，因此，很多可预测这类变量情况的焊接工程软件应运而生，用来分析计算焊接过程的众多变量。这类软件在离线编程 CAD 系统中得到了广泛的应用。

具体焊接生产自动化技术和设备详见第 5 章。

第2章　焊接结构制造工艺规程及焊接专家系统

随着科学技术的飞速发展，新型结构材料不断涌现，同时为了满足现代化建设和人们生产、生活的需求，焊接结构正朝着高参数、高性能及多样化方向发展。若想得到高质量的焊接结构产品，焊接结构制造工艺规程（简称焊接工艺规程）的制定就显得尤为重要。在现代焊接结构制造中，制定焊接工艺规程的依据应来自以下三个方面：①焊接工艺评定；②企业生产的实践经验；③计算机辅助焊接工艺规划 CAPP 系统。图 2-1 可表明它们之间的关系。

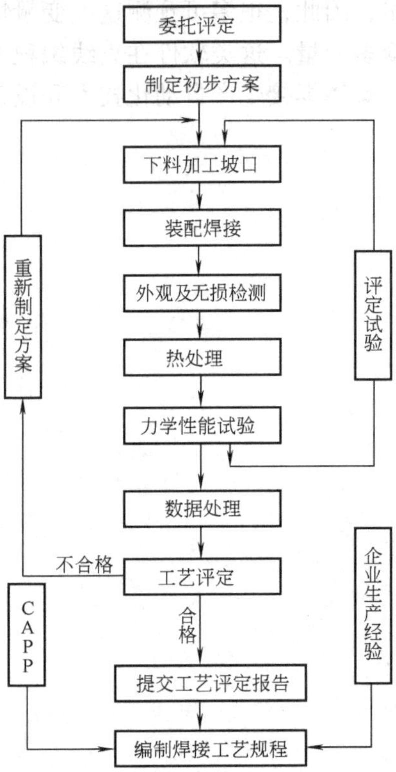

图 2-1　焊接工艺规程制定依据

2.1　焊接工艺评定

由于焊接结构制造中焊接工艺所包含的内容相当广泛，任何一种主要焊接工艺参数例如焊接电流、电弧电压、焊接速度、预热温度、焊后热处理温度和保温时间、焊接材料种类（规格和牌号）、焊件厚度及焊接位置的变化，都会对焊接接头性能产生相应的影响。因此，对于所编制的并将用于生产的各项焊接工艺均应作相应的评定。

2.1.1　焊接工艺评定概述

根据中华人民共和国行业标准 JB4708—2000《钢制压力容器焊接工艺评定》，焊接工艺评定的定义是：为验证所拟定的焊件焊接工艺的正确性而进行的试验过程及结果的评价。具体来说，焊接工艺评定就是按照所拟定的焊接工艺，根据有关技术标准规定焊接试板，并从焊成试板中取出拉伸、弯曲、冲击等试样，测试试样是否具备所要求的性能。如果所有试样检验结果均符合技术要求，则证明所拟定焊接工艺是可行的。根据焊接工艺评定提出“焊接工艺评定报告”，其推荐格式见表 2-1。同时，结合工厂实践经验编制正式的“焊接工艺规程”（或细则）作为指导焊接结构制造的主要技术性文件。如果所检验项目中有某一项不合格，则说明该焊接工艺不能用于生产，需要重新编制。然后，按照新的焊接工艺再做焊接工艺评定试验，直至合格。可以说，焊接工艺评定是正确编制焊接工艺规程的硬件保证。对于新焊接方法、新焊接工艺、新金属材料和新型焊接材料，必须首先做相应的焊接性试验和工艺试验。焊接工艺评定试验主要是对新工艺和新材料的最后验证。对于已经评定合格并在生产中应用的成熟工艺，如因某种原因需要改变一种或一种以上的主要焊接工艺参数时，则需要重新做焊接工艺评定试验。因此，在焊接结构制造中，尤其像锅炉和压力容器类重要的焊接结构制造中，通常要通过焊接工艺评定来严格控制产品质量。

表 2-1　焊接工艺评定报告（1）

单位名称：____________ 焊接工艺评定报告编号：____________焊接工艺指导书编号：____________ 焊接方法：____________机械化程度：（手工、半自动、自动）	
接头简图：（坡口形式、尺寸、衬垫、焊接方法或焊接工艺、焊接金属厚度）	
母材： 焊接标准：____________ 钢号：____________ 类、组别号：______与类、组别号：______ 厚度：____________ 直径：____________ 其他：____________	焊后热处理： 热处理温度/℃：____________ 保温时间/h：____________ 保护气体： 气体　混合比　流量/L·min^{-1} 保护气体：______ ______ ______ 尾部保护气：______ ______ ______ 背面保护气：______ ______ ______
填充金属： 焊接标准：____________ 焊材牌号：____________ 焊材规格：____________ 焊缝金属厚度：____________ 其他：____________	电特性： 电流种类：____________ 极性：____________ 钨极尺寸：____________ 焊接电流/A：____________ 电弧电压/V：____________ 其他：____________
焊接位置： 对接焊缝位置：______方向：（向上、向下） 角焊缝位置：______方向：（向上、向下） 预热： 预热温度/℃：____________ 层间温度/℃：____________ 其他：____________	技术措施： 焊接速度/cm·min^{-1}：____________ 摆动或不摆动：____________ 摆动参数：____________ 多道焊或单道焊（每面）：____________ 多丝焊或单丝焊：____________ 其他：____________

表 2-1 焊接工艺评定报告（2）

拉 伸 试 验： 试验报告编号：________________

试样编号	试样宽度/mm	试样厚度/mm	横截面积/mm^2	断裂载荷/kN	抗拉强度/MPa	断裂部位和特征

弯 曲 试 验： 试验报告编号：________________

试样编号	试样类型	试样厚度/mm	弯心直径/mm	弯曲角度/（°）	试验结果

冲 击 试 验： 试验报告编号：________________

试样编号	试样类型	缺口类型	缺口位置	试验温度/℃	冲击吸收功/J	备 注

在制造重要结构和压力容器时，凡有下列情况之一者，施焊前必须进行焊接工艺评定。通过试验，制定符合要求的焊接工艺规程。

1）施焊单位首次焊接的钢种，或钢材类别号改变时。为减少焊接工艺评定的数量，将钢材划分为五类，每类中再划分若干组，见表2-2。当改用相同组别钢材时，不需要重新评定；在相同类别号中，高组别号钢材的评定可以用于低组别号钢材。

2）改变焊接方法时。

3）改变焊接材料时，如改变焊条、焊丝的类型；改变焊剂的类型或成分；改变填充材料的化学成分等。

4）改变焊接坡口形式或焊接程序时。

5）改变焊前预热温度或层间温度时。

6）改变焊后热处理规范参数时。

焊接工艺评定首先是按照金属材料种类（钢种）来进行的，原则上每一种材料（钢种）的焊接接头均需做焊接工艺评定试验。但为了避免不必要的重复工作，将各种钢材按其强度和焊接性归并成类（表2-2）。属于同一类的各种钢材，只要厚度在规定的范围内，已评定合格的工艺可相互通用。例如Q235-B和20g两种钢同属一类，如果已完成Q235-B钢的焊接工艺评定，就不必再做20g的焊接工艺评定了。当然，其前提是所采用的焊接方法、焊接材料和主要焊接工艺参数应基本相同。还应当指出的是，在焊接工艺评定中，不是所有的焊接工艺参数的变动都需要重新做工艺评定试验。因为某些焊接工艺参数的改变并不明显影响焊接接头力学性能或耐蚀等性能，例如坡口形状和尺寸、接头根部间隙、焊接位置和操作技术等。

在常用的各种焊接方法中，其主要工艺参数有所不同，焊接工艺评定中必须考虑接头及坡口形式，焊接位置、预热和后热、电特性及技术措施等因素。表2-3～表2-6为试验板材厚度的相关规定。

表2-2　钢号分类分组表

类别号	组别号	钢号
Ⅰ	Ⅰ-1	Q235-A·F
		Q235-A
		Q235-B
		Q235-C
		10
		20
		20G
		20g
		20R
Ⅱ	Ⅱ-1	Q345（16Mn）
		Q345（16MnR）
	Ⅱ-2	Q390（15MnNbR）
		Q390（15MnVR）
		20MnMo
		10MoWVNb

（续）

类别号	组别号	钢号
Ⅲ	Ⅲ-1	13MnNiMoNbR
		18MnMoNbR
		20MnMoNb
	Ⅲ-2	07MnCrMoVR
Ⅳ	Ⅳ-1	12CrMo
		12CrMoG
		15CrMo
		15CrMoR
		15CrMoG
		14Cr1Mo
		14Cr1MoR
		12Cr1MoV
		12Cr1MoVG
	Ⅳ-2	12Cr2Mo
		12Cr2Mo1
		12Cr2Mo1R
		12Cr2MoG
Ⅴ	Ⅴ-1	1Cr5Mo
Ⅵ	Ⅵ-1	09MnD
		09MnNiD
		09MnNiDR
	Ⅵ-2	16MnD
		16MnDR
		15MnNiDR
		20MnMoD
	Ⅵ-3	07MnNiCrMoVDR
		08MnNiCrMoVD
		10Ni3MoVD
Ⅶ	Ⅶ-1	1Cr18Ni9Ti
		0Cr18Ni9
		0Cr18Ni10Ti
		00Cr19Ni10
	Ⅶ-2	0Cr17Ni12Mo2
		0Cr19Ni13Mo3
		0Cr18Ni12Mo2Ti
		00Cr17Ni14Mo2
		00Cr19Ni13Mo3
Ⅷ	Ⅷ-1	0Cr13

2.1.2　焊接工艺评定试验简述

焊接工艺评定的一般过程是：拟定焊接工艺指导书、施焊试件和制取试样、检验试件和试样、测定焊接接头是否具有使用性能、提出焊接工艺评定报告并对拟定的焊接工艺指导书进行评定。所谓焊接工艺指导书，就是为验证试验所拟定的、经评定合格的、用于指导生产的焊接工艺文件。表2-7为焊接工艺指导书推荐格式之一。焊接工艺评定验证施焊单位拟定的焊接工艺的正确性，并评定施焊单位的加工能力。

必须按照焊接工艺评定要求准备母材和焊接材料并进行试件的坡口加工。根据试件的厚度确定适合于焊件的厚度范围。板材试件的评定适用于管材焊件；管材试件的评定也适用于板材焊件。

管材对接焊缝试件的焊接位置如图2-2所示。板材对接焊缝和板材角接焊缝试件的焊接位置分别如图2-3和图2-4所示。套管与管板角焊缝试件的焊接位置如图2-5所示。

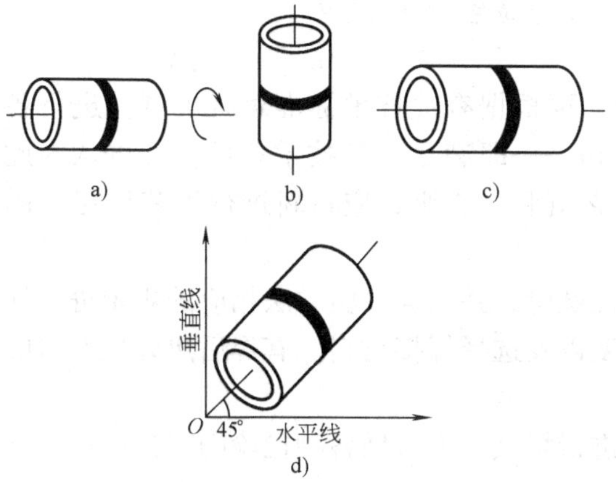

图2-2　管材对接试件与焊接位置
a）平焊位置（管接头水平转动焊）
b）横焊位置（管接头垂直固定焊）
c）多位置（管接头水平固定焊）
d）多位置（管接头45°固定焊）

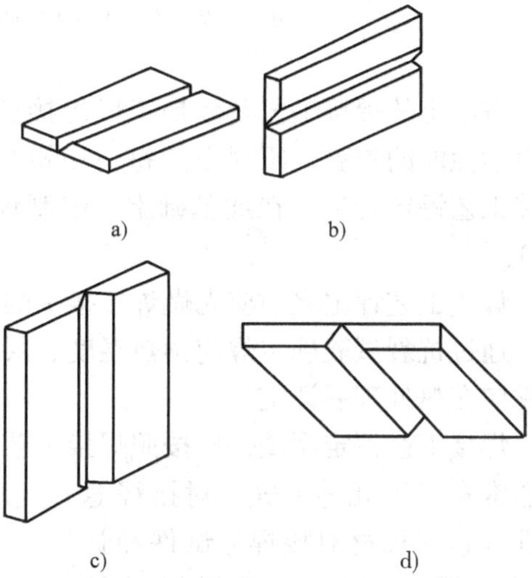

图2-3　板材对接焊缝试件焊接位置
a）平焊位置　b）横焊位置
c）立焊位置　d）仰焊位置

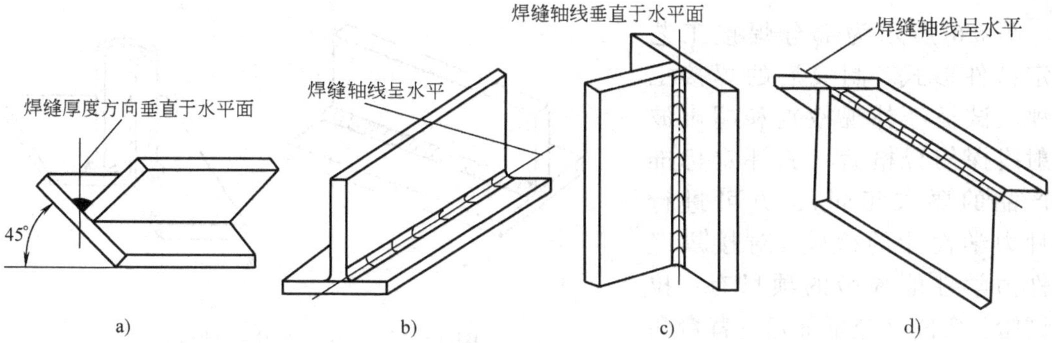

图2-4　板材角接焊缝试件焊接位置
a）平焊位置（船形焊）　b）横焊位置（平角焊）　c）立焊位置（立角焊）　d）仰焊位置（仰角焊）

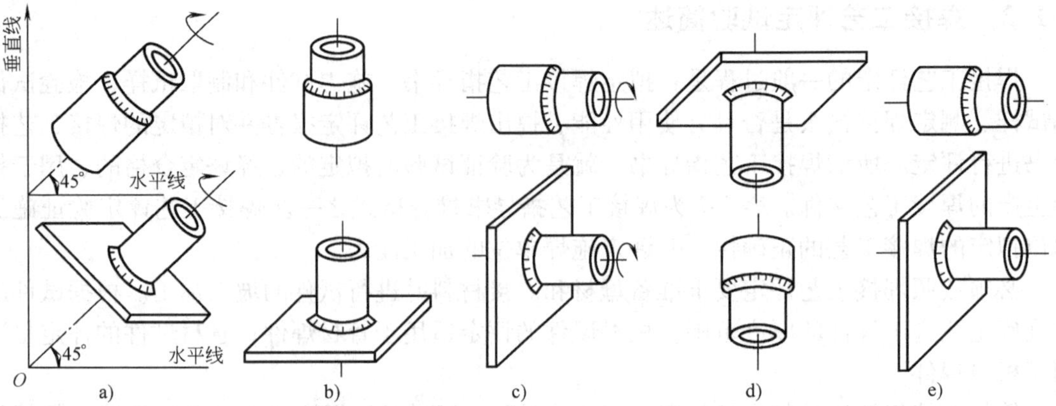

图 2-5 套管与管板角焊缝试件的焊接位置

a）平焊位置（45°转动焊） b）横焊位置（垂直固定平角焊） c）横焊位置（水平转动焊）
d）仰焊位置（垂直固定仰角焊） e）多位置（水平固定焊）

按给定的焊接工艺参数加工成焊接试板后，要根据有关技术标准对所焊试件进行各种力学性能的检验，所规定的每一项检验都合格——即满足产品技术条件，方可认为此焊接工艺评定合格，在此基础上，编制焊接工艺规程。否则，应重新进行工艺评定（图 2-1）。

焊接工艺评定之前应先做焊接接头的焊接性试验，并按与试验方法相应的规定进行评定。通过抗裂试验确定焊前预热温度、层间温度以及选择焊接材料。有焊后热处理要求的工件应在热处理后评定。

焊接工艺评定用试件应按照焊接工艺要求进行焊接，准备做各种检验的焊接接头。试件通常有以下几种形式：对接焊缝试件（包括板材对接焊缝试件和管材对接焊缝试件）、角焊缝试件（包括板材角焊缝试件、套管角焊缝试件和管板角焊缝试件）和堆焊试件。

图 2-6 所示为部分焊接工艺评定试件形式。制成后的焊接工艺评定试板经外观检查和超声波或射线探伤合格后（其评定标准与产品的要求相同），方可进行各种力学性能的检验。对接焊缝试件力学性能检验的项目有：拉伸试验、弯曲（包括面弯、背弯和侧弯）试验，若有规定还需做冲击试验。

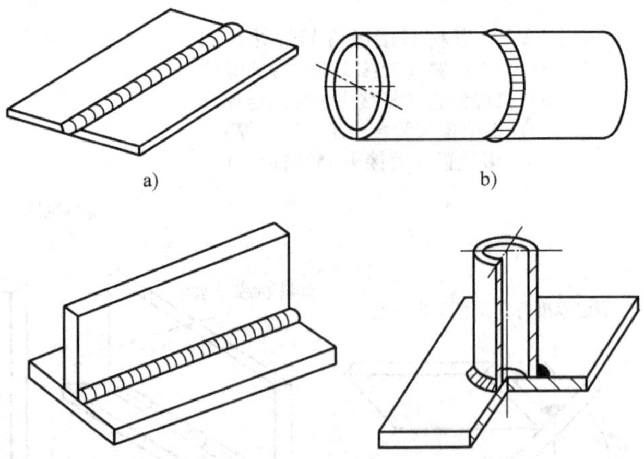

图 2-6 焊接工艺评定试件形式

a）板材对接焊缝试件 b）管材对接焊缝试件
c）板材角焊缝试件 d）管与板角焊缝试件

表 2-3　试件母材厚度与焊件母材厚度规定　（单位：mm）

试件母材厚度 T	适用于焊件母材厚度的有效范围	
	最小值	最大值
$T<1.5$	T	$2T$
$1.5\leqslant T<8$	$1.5T$	$2T$，且不大于 12
$T\geqslant 8$	$0.75T$	$1.5T$

表 2-4　试件焊缝金属厚度与焊件焊缝金属厚度的有效范围　（单位：mm）

试件焊缝金属厚度 t	适用于焊件焊缝金属厚度的有效范围	
	最小值	最大值
$t<1.5$	不限	$2t$
$1.5\leqslant t<8$	不限	$2t$，且不大于 12
$t\geqslant 8$	不限	$1.5t$

注：t 指同一种焊接方法（或焊接工艺）在试件上所熔敷的焊缝金属的厚度。

表 2-5　试件厚度与焊件厚度规定（试件进行力学性能试验和横向弯曲试验）

（单位：mm）

试件母材厚度 T	适用于焊件母材厚度的有效范围		适用于焊件焊缝金属厚度的有效范围	
	最小值	最大值	最小值	最大值
<1.5	T	$2T$	不限	$2t$
$1.5\leqslant T\leqslant 10$	1.5	$2T$	不限	$2t$
$10<T<38$	5	$2T$	不限	$2t$
$\geqslant 38$	5	200①	不限	$2t$（$t<20$）
$\geqslant 38$	5	200①	不限	200①（$t\geqslant 20$）

① 限于焊条电弧焊、埋弧焊、钨极气体保护焊、熔化极气体保护焊的多道焊。

表 2-6　试件厚度与焊件厚度规定（试件进行力学性能试验和纵向弯曲试验）

（单位：mm）

试件母材厚度 T	适用于焊件母材厚度的有效范围		适用于焊件焊缝金属厚度的有效范围	
	最小值	最大值	最小值	最大值
<1.5	T	$2T$	不限	$2t$
$1.5\leqslant T\leqslant 10$	1.5	$2T$	不限	$2t$
>10	5	$2T$	不限	$2t$

板材对接焊缝试件取样顺序如图 2-7 所示。管材对接焊缝试件取样顺序如图 2-8 所示。

最后，通过根据相关标准对焊接试件和检验试样的检测来评定焊接工艺，并将焊接工艺因素和试验记录整理成报告，即焊接工艺评定报告，其推荐格式见表 2-1。

表 2-7 焊接工艺指导书

单位名称______________________________

焊接工艺指导书编号____________ 日期____________ 焊接工艺评定报告编号__________________

焊接方法______________________________ 机械化程度(手工、半自动、自动)__________________

焊接接头： 简图：(接头形式、坡口形式与尺寸、焊层、焊道布置及顺序)

坡口形式______________________________

衬垫（材料及规格）______________

其他______________________________

母材：

类别号____________组别号____________与类别号____________组别号____________相焊及

标准号____________钢　号____________与标准号____________钢　号____________相　焊

厚度范围：

母材：对接焊缝______________________________角焊缝______________________________

管子直径、壁厚范围：对接焊缝______________________角焊缝______________________

焊缝金属厚度范围：对接焊缝______________________角焊缝______________________

其他：____

焊接材料：

焊材类别		
焊材标准		
填充金属尺寸		
焊材型号		
焊材牌号（钢号）		
其他：		

耐蚀堆焊金属化学成分（质量分数,%）

C	Si	Mn	P	S	Cr	Ni	Mo	V	Ti	Nb

其他：

注：对每一种母材和焊接材料的组合均需分别填表。

（续）

焊接位置：
对接焊缝的位置________
焊接方向（向上、向下）________
角焊缝位置________
焊接方向（向上、向下）________

焊后热处理：
温度范围/℃________
保温时间/h________

预热：
预热温度/℃（允许最低值）________
层间温度/℃（允许最高值）________
保持预热时间________
加热方式________

气体：

	气体种类	混合比	流量/L·min^{-1}
保护气			
尾部保护气			
背面保护气			

电特性：
电流种类________　极性________
焊接电流范围/A________　电弧电压/V________

（按所焊位置和厚度，分别列出电流和电压范围，记入下表）

焊道/焊层	焊接方法	填充材料		焊接电流		电弧电压/V	焊接速度/cm·min^{-1}	热输入/kJ·cm^{-1}
		牌号	直径	极性	电流/A			

钨极类型及直径________　喷嘴直径/mm________
熔滴过渡形式________　焊丝送进速度/cm·min^{-1}________

技术措施：
摆动焊或不摆动焊________　摆动参数________
焊前清理和层间清理________　背面清根方法________
单道焊或多道焊（每面）________　单丝焊或多丝焊________
导电嘴至工件距离/mm________　锤击________
其他：

编制		日期		审核		日期		批准		日期	

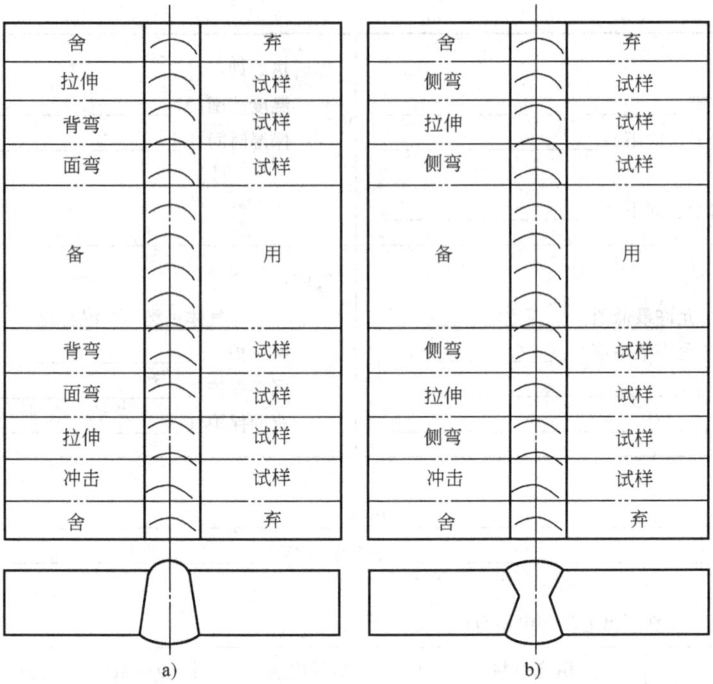

图 2-7 管材对接焊缝试件上试样位置图

a）不取侧弯试样时 b）取侧弯试样时

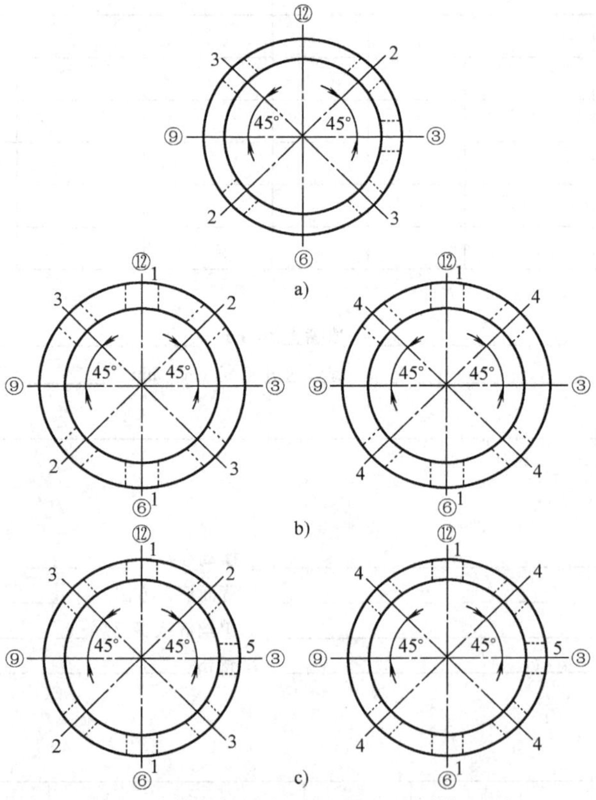

图 2-8 管材对接焊缝试件上试样位置图

a）拉伸试样为整管时弯曲试样位置 b）不要求冲击试验时 c）要求冲击试验时

2.2　焊接工艺规程

2.2.1　焊接工艺规程概述

焊接结构制造（简称焊接生产）从分析施工图开始，一直到焊接产品检验合格出厂为止，要经过很多工序。人们把焊件的生产过程称为焊接生产工艺过程。为了稳定生产秩序，保证产品质量，对焊接生产过程中各个主要环节都要制定出工艺守则。所谓工艺守则，就是在规定焊接生产过程各个工艺环节中应遵守和执行的制造（包括操作）顺序、方法和要求。但是，仅仅有工艺守则是不够的，因为不同的焊件有各自不同的特点，并且其材料、结构形式和工作条件均不相同，对它们的技术要求亦有区别，所以，它们的焊接生产工艺及制造它们所需要的工艺装备具有其本身的特殊性。这就要求技术人员必须根据不同焊件施工图和特点，为其编制焊接结构制造工艺及设计和选用工艺装备。凡是用文字、图形和表格等形式，对某个焊件科学地规定其工艺过程方案和规范及采用相应工艺装备的技术文件，称之为焊接（生产）工艺规程。

工艺规程是生产中的技术指导性文件，也是技术准备和生产管理及制定生产进度计划的依据。编制和贯彻工艺规程及工艺守则是生产中的一项技术管理措施，它在生产中能起到下列作用：

（1）预先进行设计　既能选择合理的工艺方案，防止焊接结构在制造中各种缺陷的发生，又能采用先进工艺，促进焊接结构制造技术的进步。

（2）根据设计方案进行生产，组织各工序的技术检验　一旦产生焊接缺陷，可分析判断究竟是工艺试件不合理，还是操作不符合工艺设计要求，便于找出原因，采取有效措施，尽快消除缺陷，以利获得优质产品。

（3）可以不断地积累生产经验　以此提高企业技术素质和竞争能力

2.2.2　基本术语

1. 生产过程

在任何工厂或车间里，通过人们的劳动，使原材料或半成品的形状和重量不断地按照人们的意图发生改变的过程，称为生产过程。在生产过程中，除了进行直接改变工件的几何形状和性质并把它们装配成制品的主要过程之外，还有一系列间接的辅助过程，如原材料的准备、材料及零部件的运输及成品的包装等。因此，生产过程也可以定义为：生产过程是把原材料变成成品的直接和间接的劳动过程的总和。

2. 工艺过程

为了生产一个产品（成品或半成品），要采用一个或几个不同的加工工艺（例如下料、加工、装配和焊接等）。所以，工艺过程是逐步改变工件状况的那一部分的生产过程。进一步说，工艺过程是直接改变工件的几何形状、尺寸、力学性能以及物理化学性能等的那一部分生产过程，是生产过程中处理工艺技术方面问题的直接技术措施，因而也是进行生产的基础。原材料和半成品经过全部生产过程的各个工艺过程之后，就成为符合人们设计意图的结构和设备了。

焊接生产工艺过程的主要任务，是按照现代科学技术的水准，解决产品制造中的全部技术问题（加工方法、工艺规范及相应的工艺措施），确定装配焊接对象应经历的工作位置的合理顺序。

工艺过程由工序、安装、工位和工步等组成。将工艺过程的各项内容写成文件，就是工艺规程。

（1）工序　一个工人或一组工人在一个工作地点，用一种设备加工一个或一组工件所进行的一切动作称为工序。如在工作场地上进行零件划线或在焊接工作台上进行工件直缝焊接等。一个零件（或部件）往往是经过若干工序才制成的。工序是工艺过程的基本组成部分，并且是生产计划的基本单元。

焊接结构制造工艺过程的主要工序有划线（放样或号料）、切断、成形、边缘加工、制孔、装配、焊接、检验和涂漆等。

（2）安装　工件在夹固一次的期间内所完成的一切动作称为安装，它是工序的组成单元。

（3）工位　工件在加工设备中，如各种机械加工机床（如卷板机或刨边机等）、装配焊接夹具、焊接设备及焊接变位机械中所占的每个位置称为工位。如生产圆柱形压力容器筒体的成形加工和封头的成形加工，就是在不同的工位上进行的。工位是工序或安装的一部分。

（4）工步　工序中在加工设备、工具和工艺规范均保持不变的情况下所完成的动作，称为工步。如容器筒节纵缝需要焊三层，各层规范不尽相同，则纵缝焊接这一工位就有三个不同的工步所组成。

2.2.3　编制工艺规程的依据

除了遵循焊接工艺评定报告和借助于计算机辅助焊接工艺规划 CAPP 系统外，在工艺规程编制前，必须进行周密的调查研究，了解产品的技术要求和相关标准，掌握工厂、车间的生产条件（如设备能力、工人技术水平及施工条件等），这些是编制工艺规程、进行工艺设计的原始条件。具体应了解和掌握以下几方面内容：

1. 产品的技术要求

（1）施工图样　施工图必须清晰无误，有完整的尺寸和各种标记。认为有必要进行修改时，应与设计单位和订货单位共同研究，以修改后的图样作为生产依据。

（2）生产技术要求　包括金属材料的牌号、力学性能，焊件重量及尺寸，焊件工作或使用条件（包括工作温度、压力或接触的介质等），在工艺设计的过程中必须采取相应措施来满足生产技术要求。

2. 生产类型（产品产量）及生产期限

生产类型的不同及产品数量的多少，将会使企业的生产过程和生产组织以及工作地点、专业化程度、所用工艺方法、设备和工艺装备（如成形模具、装配焊接夹具、焊接变位机械等）都有所不同。各种生产类型的特点如下：

（1）单件生产　生产产品的品种较多，产量较少，一般一件或几件产品的生产称为单件生产。其生产过程各工作点的工作完全不重复或不定期重复。一般冶金、矿山和重型机械制造厂的焊接车间多属于此种生产类型。单件生产中绝大多数采用通用设备及通用工艺装备，工艺过程中采用可靠的、适应性强的技术，尽量减少工艺装备的制造工作量，加工质量和生产率在很大程度上取决于操作者的技术水平。

（2）成批生产　生产产品的品种较少，成批制造相同的焊件，每隔一定时间又重复进行，这种生产称为成批生产。每批生产的产品数量称为批量。根据批量的大小，成批生产又可分为大批、中批和小批生产。其中小批生产与单件生产的工艺特点十分接近；而大批生产与大量生产的工艺特点比较接近，因此可相提并论。一般电机、变压器等工厂的焊接车间多属于成批生产。成批生产时，一方面采用通用设备和通用工艺装备；另一方面也采用专用设备和专用工艺装备。车间中的设备布置应考虑零件加工的先后顺序。生产过程中较多地依靠专用工艺装备，注意采用先进和高效率的焊接技术来保证产品质量和提高生产率。

（3）大量生产　生产的产品品种少、数量大，某一种产品长期不间断地在同一工作地点进行生产，其主要标志是每一工作地点长期固定的重复同一工序，这种生产称为大量生产，如汽车、拖拉机和铁路车辆制造厂焊接车间的生产多属于此类。大量生产的主要工艺特征为：广泛采用专用设备和专用工艺装备，应用机械化和自动化程度较高的加工、装配、焊接和检验方法，采用流水生产的组织形式。

3. 车间生产条件

（1）车间设备情况　包括车间的起重运输能力，各种主要加工设备（如剪板机、气割机、刨边机、卷板机或压力机等）的加工能力，焊接设备的加工能力，无损检测设备的检测能力、厂房高度和大门尺寸等，这些都会影响产品能否进行正常加工制造。

（2）现有原材料情况　某些新材料供应的可能性，制造焊接产品所需材料的品种和规格能否满足，焊接所需各种焊接材料（如焊条、焊剂、焊丝和保护气等）的供应状况也将影响到有关焊接方法的采用。

（3）车间各工步、各工序目前的生产能力和生产情况

（4）车间内生产工人的技术水平和生产经验

只有掌握上述情况，才能制定出正确、合理的工艺规程来。

2.2.4　工艺规程的内容与编制

生产类型不同，所用工艺规程的内容也不相同，大量生产时的工艺规程的内容要详尽，而单件小批生产时则可简单些。制定工艺规程的内容和步骤如下：

1. 对焊件进行工艺分析

对焊件进行工艺分析，首先要结合产品的施工图了解所制焊件（零、部件）在整个产品中的位置、工作条件和作用，明确其精度和主要技术要求对装配焊接质量和使用性能的影响，然后从加工制造角度对焊件进行分析和审查。

（1）检查图样是否完整正确　包括图样是否有足够的视图，视图关系是否正确，所标注的尺寸、公差、表面粗糙度和技术要求是否齐全、合理。

（2）审查焊件所用的材料是否恰当　在满足要求的前提下，材料的选择应立足国内。材料的利用是否正确、合理。

（3）审查焊件的结构工艺性　所谓焊件的结构工艺性，是指在一定焊接生产条件下，其焊接结构获得最佳的加工、装配和焊接工艺的可能性。

审查焊件是否符合焊接工艺要求，既要使焊接结构满足产品的技术要求，又要尽可能简化焊接工艺操作，对图样上不合理的结构和尺寸，应与设计部门和订货单位协商，提出改进意见。

2. 拟定工艺方案和确定工艺路线

在对焊接结构工艺性分析的基础上，即可着手制定若干个工艺方案，通过筛选其中技术正确、先进，经济合理、成本低的方案，作为制定具体工艺规程的总体依据。工艺方案内容应包括选择确定焊接结构制造中主要工序的加工方法（如切断、成形、装配和焊接等）、生产程序、所用设备及所需的工艺装备。

1）确定产品出厂方式，整体出厂还是分段出厂；全部厂内焊接还是部分到工地施焊；厂内制造时产品的装配单位，即部件、组件（部分组件）、构件（组件组合）的划分。

2）确定实现所拟定工艺过程所需装配、焊接、检验等加工方法和设备及所要设计的工艺装备，如冲压模具、装配夹具、焊接变位机械等的主要技术性能和要求，为它们的设计提供原始依据。

3）根据所选定的加工方法和产品主要技术要求及有关标准，提出质量保证体系和措施，解决产品制造中关键的技术问题。

4）确定合理的工序（如下料、加工、装配、焊接、焊后热处理和检验等）顺序和拟定工艺路线。所谓拟定工艺路线，就是把加工零件、部件、组件乃至整个产品的各个工序按着先后顺序排列出来，要求所排列出的工艺路线符合组织流水生产的原则，用最少的工序、最短的工艺路线（运输路线），生产出最佳的产品。

确定工艺方案，选择工艺方法的主要依据是产品的产量（即生产类型）、产品的主要技术要求以及工厂现有的生产条件，即设备能力、工人技术水平及施工条件（车间场地）等。

3. 编写工艺文件

工艺方案确定后，即可拟定各零件、部件乃至整个产品生产的具体工艺规程，经焊接工艺评定，最后确定并填写工艺卡片作为指导焊接结构制造最主要的技术工艺文件。在生产中常用工艺文件的种类和格式很多，主要有以下几种：

（1）工艺过程卡（工艺过程综合卡）　这是简要说明零件整个生产过程的一种卡片。它包括零件生产过程所经历的工序名称及序号，完成各个工序的车间和工段。工艺过程卡相当于工艺规程的总纲，在焊接结构制造中零件的下料加工（简称备料）多用这种卡片。表2-8为工艺过程卡常见格式之一。

（2）工艺卡　是以工序为单位详细说明零件或部件加工方法和加工过程，直接具体指导加工的文件，它分为备料、装配、焊接工艺卡。对焊接结构制造中装配和焊接这两个主要工序，工艺规程常以工艺卡形式出现。表2-9所示为工艺卡中常见的焊接工艺卡格式之一。

（3）检验卡　此类卡片是指导产品检验的技术文件，内容应包括：检验项目、尺寸公差及技术要求、执行标准；检验设备、工具名称和规格；检验数量和百分数（抽检或同检）；检验简图，说明检验的定位方式、测量方法及操作等。检验卡片只有在质量要求较高或较复杂的产品中才使用，一般不专门编写。

（4）工艺装备设计任务书　根据所制定的焊接结构制造工艺提出所需工艺装备（如材料加工或成形用模具、装配焊接夹具和焊接变位机等）的设计任务书。表 2-10 为常见工艺装备设计任务书格式之一。值得注意的是，目前除非特殊情况，大多数焊接工艺装备均由专业生产企业制造生产。因此，在实际生产中工艺装备设计任务书并不常见。

表 2-8　工艺过程卡

<table>
<tr><td colspan="2">编　　号</td><td colspan="6">工艺过程卡片</td><td colspan="2">共　页　第　页</td></tr>
<tr><td>产品图号</td><td></td><td>零（部）件图号</td><td></td><td>材料</td><td></td><td>数量</td><td></td><td>编制</td><td></td></tr>
<tr><td>产品名称</td><td></td><td>零（部）件名称</td><td></td><td>毛坯规格</td><td></td><td>重量</td><td></td><td>审查</td><td></td></tr>
<tr><td>工序</td><td colspan="7">工序及说明（附图）</td><td colspan="2"></td></tr>
<tr><td></td><td colspan="7"></td><td colspan="2"></td></tr>
</table>

表 2-9　焊接工艺卡

<table>
<tr><td colspan="2">焊缝名称（附图）</td><td colspan="2">焊接顺序</td><td colspan="4">共　页　第　页</td></tr>
<tr><td colspan="2" rowspan="11"></td><td rowspan="11"></td><td rowspan="11"></td><td colspan="2">焊接工艺规程 No</td><td colspan="2"></td></tr>
<tr><td colspan="2">产品名称</td><td colspan="2"></td></tr>
<tr><td colspan="2">图号</td><td colspan="2"></td></tr>
<tr><td colspan="2">焊缝号</td><td colspan="2"></td></tr>
<tr><td colspan="2">预热温度</td><td colspan="2"></td></tr>
<tr><td colspan="2">层间温度</td><td colspan="2"></td></tr>
<tr><td colspan="2">焊后热处理</td><td colspan="2"></td></tr>
<tr><td colspan="2">检验方法</td><td colspan="2"></td></tr>
<tr><td>焊缝号</td><td>检验结果</td><td>焊缝号</td><td>检验结果</td></tr>
<tr><td></td><td></td><td></td><td></td></tr>
<tr><td></td><td></td><td></td><td></td></tr>
<tr><td>焊 接 位 置</td><td></td><td></td><td></td><td></td><td></td><td></td><td></td></tr>
</table>

（续）

层	道	焊接方法	焊接材料及规格	电源种类AC/DC	焊接电流/A	焊接电压/V	焊接速度/cm·min^{-1}	脉冲频率/min^{-1}	脉宽比(%)	保护气体/L·min^{-1}		喷嘴内径	钨极直径	伸出量	备注
										正面	背面				

表 2-10　工艺装备设计任务书

<table>
<tr><td>产品图号</td><td></td><td>工装图号</td><td></td><td colspan="3" rowspan="2">工艺装备设计任务书</td><td>第　　页</td></tr>
<tr><td>产品名称</td><td></td><td>工装名称</td><td></td><td>共　　页</td></tr>
<tr><td>零件图号</td><td></td><td>零件名称</td><td></td><td>零件材料</td><td></td><td>毛坯尺寸</td><td></td></tr>
<tr><td>产品台份</td><td></td><td>使用车间</td><td></td><td>装备数量</td><td colspan="3"></td></tr>
<tr><td>单台零件数</td><td></td><td>使用设备或工序</td><td></td><td>是否验证</td><td colspan="3"></td></tr>
<tr><td colspan="4" rowspan="2">装配或工序草图（示出加工部位或装夹基准）</td><td colspan="4">技术要求和工序说明</td></tr>
<tr><td colspan="4">会签意见</td></tr>
</table>

工艺员		审查		提出日期		登记日期		设计员		完成日期	

2.3　焊接结构生产工艺流程及控制

焊接结构的生产过程，简略地说，就是将各种金属轧制的成材或其他金属坯料，经过一系列的加工，最终制成具有一定用途的金属构件或产品的过程。

焊接结构种类繁多，其构造、用途和要求也有所不同。就其具体产品而言，生产过程和所包含的工艺和加工顺序等可能各有差异；但从宏观角度来看，由于焊接结构有其共同的特点，因此所有的焊接结构都有着大致相同的生产步骤和生产过程。如果将原材料加工生产前的准备工作也算在内的话，按照其生产顺序和完成的生产内容，可以将焊接结构的全部生产过程分为四个步骤，或者说焊接结构的生产是由四部分组成的。这四部分分别是生产前的准备，金属加工或零、部件的制作，装配焊接，成品加工、检查验收和包装出厂。以上每个部分中又有许多加工工序和工艺内容，所以，焊接结构的生产过程是一个包含有多道加工工序和很多工艺内容的、复杂的综合性生产过程。

我们把焊接结构生产制造中各生产工序的排列顺序称为生产工艺路线或称工艺流程。把表示工艺路线的框图称为工艺流程图。图 2-9 所示为典型焊接结构制造的完整工艺流程图。

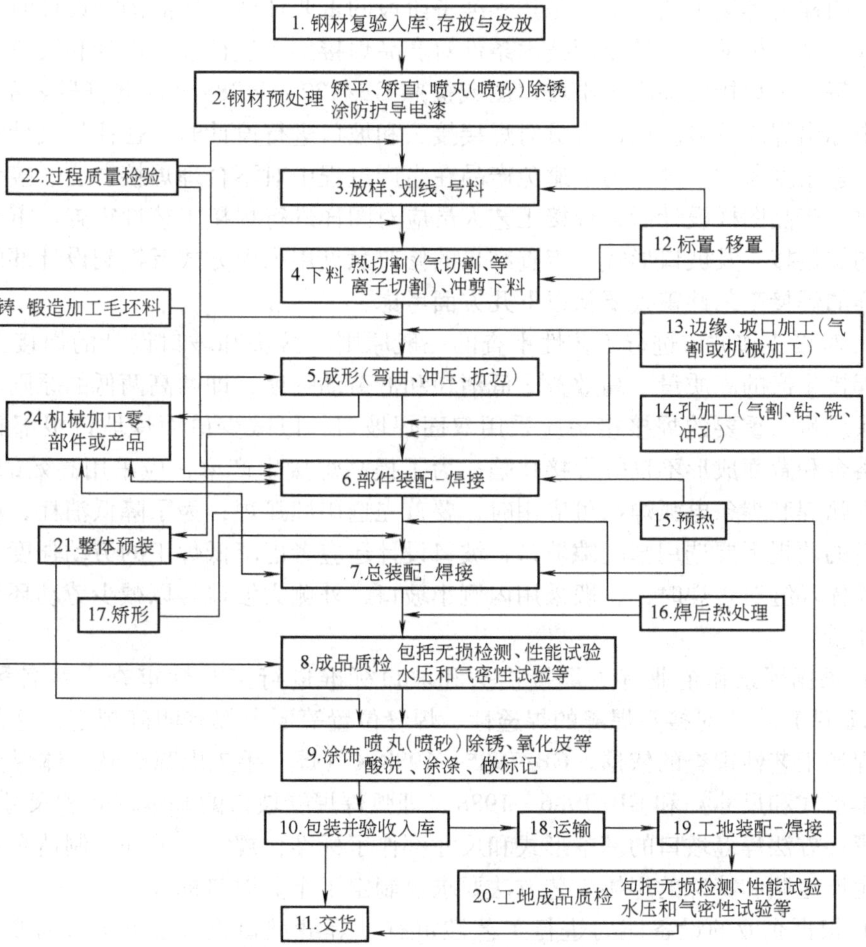

图 2-9　焊接结构制造的完整工艺流程图

2.3.1 生产前的准备

生产前的准备是指从企业接受生产任务和用户订货开始，到正式投入进行生产前的所有生产活动和工作。

生产前准备阶段的工作内容主要可以分为技术准备和物质准备两个方面，另外还包括生产组织的调配和生产人员的培训等。它们之间是相互关联又相互制约的。在当今科学技术迅速发展的形势下，生产技术对于整个生产来说往往占有主导地位。

1. 技术准备工作

它是做好物质准备的前提和依据。技术准备的内容主要包括对产品的分析和产品图样的焊接工艺性审查，了解和掌握产品的技术要求，找出生产中的关键，并以此确定生产方案和技术措施，选择合理的加工工艺方法，进行必要的工艺试验和评定，制定工艺规范，编制工艺文件以及根据工艺要求设计选定相应的工艺装备等。技术准备中最重要的文件是焊接结构生产工艺规程。

工艺规程的格式、填写方法和标注应分别按照 JB/Z 198.3—1988、JB/Z 254—1988 的规定执行。

产品图样的焊接工艺性审查是技术准备阶段的重要环节。产品图样设计时，设计人员根据设计及制造标准和产品专用技术条件对产品焊接接头进行强度设计和坡口形式及尺寸的设计。每一个焊接接头应绘出坡口图或按照 GB/T324—1988《焊缝符号表示法》标准，在图样中标出焊缝符号。设计人员对焊接接头和坡口进行设计时，往往从设计角度考虑较多，从工艺角度考虑较少。为了避免产品在生产过程中对不合理焊接方法、接头和坡口形式的更改，产品图样设计后，焊接工艺人员应对图样进行焊接工艺性审查。审查的重点是图样上的焊接接头及坡口形式，审查结果的修改意见用书面方式反馈到设计部门。具体对产品图样的焊接工艺性审查要从以下几方面考虑：

（1）对接头和坡口进行工艺性审查的一般原则　接头和坡口设计的焊接工艺性审查应坚持焊接生产的高质量、高效益、低消耗和低劳动强度，即两高两低的原则。例如，为确保接头质量，重要的焊接接头应采用双面焊坡口，以减少单面焊坡口根部夹渣、未焊透、未熔合和背面成形不良等焊接缺陷；为了提高焊接生产率，应采用高效的焊接方法，例如当埋弧焊和焊条电弧焊都可应用时，要首先选用埋弧焊；为了降低消耗，坡口设计在保证质量的前提下要选用窄间隙坡口；坡口设计还应考虑降低焊工的劳动强度，例如圆柱形容器筒体环缝对接焊时，一般采用内侧小坡口，外侧大坡口，以减少劳动环境差的内侧焊接工作量。

（2）根据国家和企业有关焊接接头和坡口标准进行工艺性审查　在各种产品标准（或技术条件）中，对接头焊缝的焊透性、焊缝位置等要求都有明确规定，这些规定是产品图样焊接工艺性审查的依据。GB/T985—1988《气焊、手工电弧焊及气体保护焊焊缝坡口的基本形式和尺寸》和 GB/T986—1988《埋弧焊焊缝坡口的基本形式和尺寸》，对常用的几种焊接方法焊缝坡口的基本形式和尺寸都作了标准化规定。另外，制造企业根据本企业焊接生产经验和特殊的焊接工艺方法要求也制定了企业坡口标准。

（3）根据企业的设备能力进行工艺性审查　焊缝坡口设计要符合企业的设备能力，包括焊接设备能力和坡口加工设备能力。不能离开本企业的设备能力来设计焊接坡口。例如，企业生产单位如果没有内环缝埋弧焊设备，就不能设计埋弧焊内环缝坡口。如果企业没有封头坡口机械加工设备，封头和筒体的环缝坡口就不能设计成U形机械加工坡口。这就要求设计者和焊接工艺人员要了解和熟悉企业制造设备的加工能力，使设计的坡口利用现有设备可以加工，方便焊接。

（4）应审查产品焊缝坡口焊接的可操作性　有的坡口设计在理论上是可行的，是符合标准的，但是在实际生产时无法操作或操作起来很困难，焊接质量无法保证。图样上一些无法操作或操作性很差的设计坡口，应在工艺审查时尽早发现并及时更改，否则，到生产过程中才发现，不仅会中断生产过程，而且临时进行工艺设计的更改，程序复杂，影响生产周期。例如，对于直径小、长度大、在内侧无法施焊部件的环缝或纵缝，如果设计成双面焊坡口，内部就无法焊接，必须更改成单面焊坡口。又例如，对于内侧焊接有施焊空间的双面焊坡口，如果被焊件材料焊接性差，焊前要预热100～200℃，这样在内部也很难焊接，审查时应考虑更改为单面外侧坡口。

（5）要根据产品、部件的制造工艺或工艺流程特点进行工艺性审查　部件的制造工艺不同，焊缝的坡口形式也不相同，要求焊接技术人员了解产品、部件的制造工艺或工艺流程，根据不同的制造工艺或工艺流程审查设计坡口。例如，大型球形封头要求拼焊，焊接工艺人员应了解制造工艺是拼焊后压制封头，还是先压制瓣片再拼焊成球形。若先拼后压制，则拼焊可采用埋弧焊坡口；若先压制后拼焊，拼焊坡口就很难加工，装配时难以保证坡口尺寸和形状，应选用焊条电弧焊坡口。

设计部门根据产品图样焊接工艺性审查提出的书面反馈单，对图样进行修改。工艺部门接到经过修改的产品图样后，才能进行焊接工艺方案的制定。

2. 物质准备工作

主要包括根据生产任务和技术要求，及时地组织原材料、焊接材料及其辅助材料、消耗材料和其他生产用品的供应，并对购入的材料进行质量检查和验收。其中对原材料（金属母材）的选购、检查和验收尤为重要，因它是制造结构产品的最基本材料，且用量大、品种多。前述的焊接结构制成品的某些性能要求，实质上就是对原材料性能的要求，因此必须予以保证。另外，母材的性能对焊接质量有着极其重要的影响，所以母材本身的质量控制是焊接结构生产中极为重要的问题。物质准备还包括生产设备的调配、安置和检修，以及工、夹、量具及其他生产用具的购置、制作和维修等。这些都需要根据工艺要求和生产实际需要来进行，且一般应在正式生产之前完成。

2.3.2　金属加工

金属加工是指对制造焊接结构所用的金属母材，按照工艺要求所进行的一系列加工。其目的是将金属母材制作成组成焊接结构所需要的各种基本元件——结构零件，为随后的装配焊接做好准备。所以，金属加工也可称为结构零件的制作。

在焊接结构制造过程中，金属加工涵盖的内容比较广泛，其主要工序有原材料复检、预处理、划线、下料、边缘加工（包括坡口加工）和成形加工等。根据结构形式的不同，金属加工所占用工时往往可达整个焊接结构制造工时的1/3以上，甚至超过50%，加工的质量和效率将直接影响产品质量和焊接生产率。因此，对每个金属加工工序都需进行严格的质量检查和控制。

焊接结构制造中零、部件加工的具体工艺过程参见第3章。

2.3.3 装配—焊接

装配和焊接是两个既有紧密联系，又各自有自己工艺内容的工艺过程，实质上是两个独立的工序。所谓装配，是将已经加工制备好了的各个分散的结构零件，采取适当的工艺方法按照施工图样组合在一起。而焊接则是将组合好的构件，用规定的焊接方法，采取正确的焊接工艺参数进行焊接加工，使之牢固地连接成为一个整体，使得金属材料最终变成了所要制作的结构产品。可见，装配和焊接工艺过程，构成了焊接结构制造整个过程中最重要的部分，也是最关键的生产环节，最主要的生产工艺过程。

装配的质量直接影响焊接质量乃至产品质量。所以，根据产品结构形式和技术要求的不同，常采用划线装配法、定位器装配法、模架（仿形）装配法、装配夹具装配法和安装孔定位装配法等不同的方法进行装配。

在焊接过程中，为了避免焊接裂纹和其他焊接缺陷的产生，改善焊接接头的韧性和降低焊接应力，还常常采取焊前预热、层间保温和焊后后热等辅助措施。

但装配—焊接工艺过程的结束，并不意味着任务已经完成或整个生产过程的结束。因为经过以上一系列加工制成的结构产品，需要进行全面的质量检验和鉴定。而对焊接结构质量检查和试验的一些方法，是有完整的工艺要求和过程的，具有某种生产性质。另外，对产品前期的加工中可能产生的缺陷和不足，对产品的某些要求可能还没有完全实现和满足，因此还必须进行补充加工和完善性加工。也就是说，还必须有一个最后加工阶段，那就是成品加工阶段。

焊接结构制造中产品装配—焊接的具体工艺参见第4章。

2.3.4 成品加工

成品加工是整个焊接结构生产的最后一个阶段。其任务是对已经制成的焊接结构产品进行最后的检查和试验，对尚未达到产品技术要求的地方和项目进行修整和补充加工，使产品全面达到技术要求和质量标准，以合格的产品向用户供货。

成品加工的主要生产内容包括焊后变形矫正、焊后热处理、成品性能测试，如无损探伤、水压试验和气密性试验、表面修饰加工及涂装、包装、堆放和保管等。

以上简述了焊接结构制造的生产过程和内容。这一过程基本上反映出了焊接结构制造的特点、生产内容的范围及它们之间的相互关系，是安排生产、组建生产劳动组织和划分生产单位（车间、工段和班组）的依据之一。

2.4 焊接专家系统及应用

2.4.1 专家系统简介

半个多世纪以来，计算机技术获得了巨大的发展和广泛的应用，渗透到国民经济的各个领域，进入政治、经济、国防以及人类社会生活的各个方面，推动了各行各业的信息化。与此同时，计算机辅助设计（CAD）、计算机辅助制造（CAM）和计算机辅助工艺规划设计（CAPP）已深入现代制造技术中的各个领域。网络技术的发展更加促进了信息化的进程，网络使得信息得以集中管理、高速运输、方便共享，提高了信息的利用率和安全程度。目前，除少数计算机仍用于数值计算外，绝大多数计算机已作为信息储存、处理、加工和传输的工具。同时，智能化也是当前信息科学领域中新方法、新技术和新产品的重要发展方向与开发策略之一。近年来，随着计算机与网络通信技术的迅猛发展，特别是因特网的大规模普及，人工智能与专家系统的研究再度活跃起来，并正在向更为广泛的领域发展，围绕人工智能与专家系统的研究和开发也迎来一个蓬勃发展的新时期。

专家系统是用于处理现实世界中提出的需要由相关领域专家来分析、判断和解决问题的智能程序系统。领域专家之所以能够很好地解决这些问题，在于他们具有丰富的经验和专门知识。专家系统要达到人类专家解决问题的能力和水平，也必须具有相应的经验和专门知识。首先，专家系统的知识来自特定领域的人类专家，或者是理论上的，或者是经验性的；其次，专家系统求解问题的方式，是应用人工智能技术模拟人类专家求解问题的思维过程，通过推理来求解需要专家才能解决的相关领域的困难问题，并达到领域专家的水平，这使得专家系统有别于一般的程序系统和数据库系统。一般的程序系统按事先规定的路线运行，获得知识的解答；而数据库系统只是简单地在数据库中存储数据，并通过对数据库的搜索获得答案。由于知识是专家系统求解问题的基础，因此专家系统也称为基于知识的系统（knowledge based system）。

1. 专家系统的基本特征

专家系统主要用于那些难于用准确数学模型描述的对象，尤其是对专家的能力和经验起重要作用的问题，专家系统的优势更为明显。一般来说，一个专家系统局限于在某一个专门的专业领域内，很难建立一个通用的专家系统。专家系统的基本特征有：

（1）具有专家水平的专门知识　专家系统中的知识一般分为三个层次，即数据级、知识库级和控制级。

（2）具有有效推理能力　专家系统的根本任务是模拟人类专家的思维过程，求解相关领域的实际问题，因此它必须具有相应的推理机制，能根据用户提供的已知事实，运用知识库中的专门知识和经验，进行有效的推理，实现对问题的求解。

（3）具有知识获取能力　人之所以能成为解决某一领域问题的专家，一个重要的原因是它能在处理实际问题的过程中善于学习、分析、总结、提高。作为模拟人类专家处理问题的专家系统，也应有这种自学习的能力，不断从外界和解决问题的过程中获取知识、积累经验，增强和提高系统自身解决问题的能力和水平。

（4）灵活性　专家系统的灵活性表现在两个方面：首先，专家系统可以描述那些没有严格数学模型的过程，通过总结专家从实践中获得的启发式规则和因果关系，解决一些相当复杂的实际问题，并且对数据不确切、知识不完备、证据有矛盾的问题也可以获得满意的解答，这些都是传统程序难以实现的，表现出了专家系统的强大能力和灵活性。其次，专家系统采用知识库与推理机相互独立的构造原则，增加了各自建造的灵活性。

（5）透明性　透明性是指用户对专家系统获得的问题解答，不仅知其然，而且知其所以然，从而提高用户对系统的信赖程度。

（6）交互性　交互是指专家或用户与计算机进行交流、对话，一方面它通过与领域专家或知识工程师进行对话可以获取知识；另一方面，它可以通过与用户对话索取求解问题所需的已知事实及回答用户的提问。

（7）实用性　专家系统具有实用性是专家系统获得广泛应用的基础，它只能有效解决相关领域的实际问题才能获得用户的认可。

（8）复杂性　由于必然存在的知识的不完整性，而且人类的思维过程尚未能清晰地表达，因此专家系统的构造和开发具有相当的复杂性和难度。

2. 专家系统的一般结构

专家系统的结构与其所选择的知识表达方法及知识处理机制紧密相关，不存在一种普遍适用的结构。一般包括人机接口、推理机、知识库及其管理系统、数据库及其管理系统和解释机构六大部分，如图2-10所示。

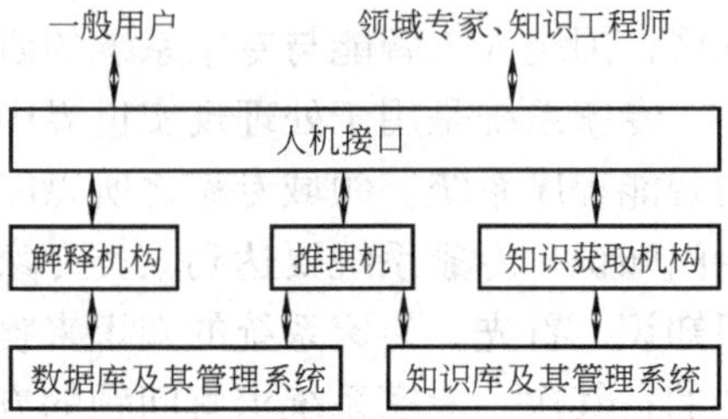

图2-10　专家系统的一般结构

（1）人机接口　人机接口是专家系统与领域专家或知识工程师及一般用户间的交流界面，由一组程序及相应的硬件组成，用于进行系统内部表示形式与外部表示形式的转换，完成输入和输出工作。

（2）知识获取机构　它是由一组程序组成，其基本任务是把知识输入到知识库中，并负责维持知识的一致性和完整性，建立起性能良好的知识库。

（3）知识库及其管理系统　知识库是知识的存储机构，用于存储领域内的原理性知识、专家的经验性知识以及有关的事实。

（4）推理机　推理机是专家系统的“思维”机构，即构成专家系统的核心部分。其任务是模拟专家的思维过程，控制并执行对问题的求解。

（5）数据库及其管理系统　数据库是用于存放用户提供的初始事实、问题描述，以及系统运行过程中得到的中间结果、最终结果、运行信息等的工作存储器。数据库是由数据库管理系统进行管理的。

（6）解释机构　解释机构是专家系统取信于用户的一个重要措施。它是由一组程序组成，能跟踪并记录推理过程，当用户提出询问并需要给出解释时，它能够根据问题的要求作相应的处理，回答用户提出的“为什么?”、“结论是如何得出的?”等问题，对自己的行为作出解释。

所谓焊接专家系统，是一种广泛用于焊接结构设计和制造的智能化的复杂软件系统，尤其是大型焊接专家系统，知识获取困难，系统设计复杂，一个实用系统的产生往往要经过多次反复、逐步提高。图2-11为建造焊接专家系统的一般步骤。由该图可知，一个性能

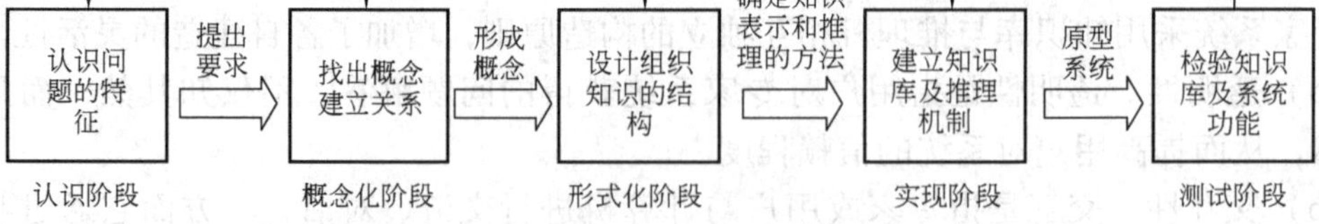

图2-11　建造焊接专家系统的一般步骤

良好的焊接专家系统的完成，必须经过由问题认识、系统设计、系统实现到系统测试的多次反复。

国际上，焊接专家系统的研究与开发始于20世纪80年代中期的欧、美等国。我国于1988年开始进行焊接专家系统的研究与开发，其中清华大学开发的“通用型弧焊工艺专家系统QHWES”和哈尔滨工业大学开发的“焊接工艺数据库与专家系统”已得到较好的应用。

2.4.2 焊接专家系统的类型和应用

1. 焊接工艺选择与制定类专家系统

焊接工艺选择与制定是最主要的焊接专家系统应用领域，据不完全统计，近几年国内外开发的焊接专家系统中，有关工艺选择和工艺制定的约占70%，表2-11列出了国内外的部分此类专家系统。焊接工艺涉及母材、焊接材料、接头及坡口、焊前预热与焊后热处理、焊接方法、焊接参数等许多因素。已开发的焊接工艺选择与制定专家系统中，有些是针对单一的工艺因素，如美国CSM&Weldselector。有些则是综合工艺设计或选择系统，如英国TWI的Weldgen、德国ISF的MAGWIN。对于综合工艺设计系统来说，如何处理各因素之间的联系和相互影响，是软件开发能否成功的关键。由于焊接工艺本身的复杂性，每个具体的焊接工艺选择与制定专家系统都有其一定的适用范围，比如特定的焊接方法、材料或焊接行业，甚至特定的焊接设备。此外，焊接工艺问题通常与有关焊接标准、规范、规程等有密切联系，这已在不少焊接工艺选择与制定专家系统中有所反映。

表2-11 部分焊接工艺选择与制定类专家系统

名　称	功能类型	开发者	备注
Welding Procedure Selection Expert System	工艺选择	Stone and Webstar Eng（美）	已商品化
Weldselector	焊材选择	CSM and AWI（美）	已商品化
Weldex	工艺制定	Tech. Univ. Berlin（德）	用Proiog开发
Expert Robot Welding System	工艺制定	Sicar and Levine（美）	
Infoweld	工艺制定	Wijtek（英）	已商品化
MIG EXPERT	工艺优化	Instiute de Soudure（法）	已商品化
Weldplan	工艺选择	Toyo Engineering Corp.（日）	已商品化
WES	焊材选择	CIGWELD（澳）	已商品化
Generating Ultrasonic Test Procedures	超声探伤工艺制定	TWI（英）	
弧焊工艺制定与咨询专家系统（ESW）	工艺制定 工艺选择	清华大学	已商品化
焊接工艺数据库及专家系统	工艺制定	哈尔滨工业大学 哈尔滨锅炉厂	已商品化 DOS and WINDOWS
通用型弧焊工艺专家系统（QHWES）	工艺选择 工艺制定	清华大学	已商品化
核电站弧焊工艺专家系统	工艺选择 工艺制定	清华大学	达实用水平 WINDOWS
压力容器焊接工艺设计专家系统	工艺设计	西安交通大学	实用原型
焊接材料选择专家系统	焊材选择	清华大学	研究原型

（1）通用型弧焊工艺专家系统 QHWES——焊接工艺选择与工艺制定　此专家系统由清华大学研制开发，1993 年推出其 DOS 产品，1996 年完成其 WINDOWS 版本。该系统在开发过程中灵活运用了模糊理论、默认推理、自然语言理解等技术，在知识获取方面，采用了统计分析及人工神经网络技术。该专家系统现已在化工机械制造、石化设备安装与检修、铁路机车制造、重型机械制造和钢铁冶炼等领域获得应用。

通用型弧焊工艺专家系统 QHWES 适用于一般电弧焊接。其主要功能包括产品焊接工艺编制、焊接工艺设计、焊接工艺管理、知识库维护、焊接工艺相关知识咨询、焊接材料用量及成本核算等。

（2）焊接工艺数据库及专家系统——焊接工艺制定　1991 年由哈尔滨工业大学和哈尔滨锅炉厂联合研制完成，已在哈尔滨锅炉厂等企业得到应用，并于 1996 年推出其 WINDOWS 版本。

该软件适用于锅炉和压力容器的焊接，能够为合金钢、耐热钢、不锈钢和铝合金设计焊接工艺。主要功能包括焊接工艺评定报告（PQR）数据库管理、工艺规程数据库管理及工艺设计专家系统。PQR 数据库管理系统除进行一般数据管理外，还具有工艺评定必要性判断功能。用户输入欲进行评定焊接工艺的有关参数，程序可根据工艺评定标准，自动判断数据库中是否有覆盖该工艺的 PQR。进入“焊接工艺设计专家系统”后，用户首先输入母材牌号、厚度和接头形式等数据，程序随后即依据其知识库进行推理，得到一份完整的焊接工艺。用户可据此进行工艺评定试验。该软件还包含一个“焊接接头力学性能预测”模块，能够对 20、20g、16MnR 等钢材预测在指定焊接条件下的焊缝金属及焊接热影响区的力学性能。

2. 焊接过程实时控制类专家系统

焊接过程实时控制是专家系统的重要发展方向，但目前已开发的系统不多，如表 2-12 所示，有待进一步拓展。

（1）Weldexcell——焊接工艺制定与实时监控系统　适用于船舶业的机器人焊接。该软件具有离线工艺制定和在线工艺监控两部分功能。在离线状态下，可完成焊接工艺规划，包括绘制焊缝符号、进行焊接接头设计、选择焊接材料、计算预热温度和编制焊接工艺指导书。此时，程序将向用户询问材料类型、焊件厚度等一系列信息，生成的工艺将被直接送往车间的机器人焊接控制器。焊接时，控制器借助于多种传感器监测机器人焊接参数，并依据已制定的焊接工艺来调节参数偏差。该系统具有多种传感信息并行处理的特点。

表 2-12　焊接过程控制类专家系统

名　称	功　能	开发（提供者）
Camtech 10000 and Adaptitech 1000	实时监控与诊断	Adaptive Technogies（美）
NEWCS	工艺制定、实时监控、诊断	General Digital Industries（美）
Weldexcell	工艺制定、实时监控	AWI and NIST（美）
Expert System for Control of Welding Parameters	实时监控	NKK Corporetion（日）

（2）NEWCS　用于军舰小批量自动焊，分为焊前、焊接过程及焊后三部分功能。焊前完成接头设计、焊接方法选择、材料选择和工艺制定等任务；焊接中通过传感器监控焊接工艺的执行；焊后进行故障诊断及焊缝检查分析。

上述两软件虽然已将离线工艺设计与在线实时控制相结合，但就其内容而言，只是按已经拟定的工艺对工艺参数进行控制，还不是一种真正意义上的实时专家系统。

（3）Camtech 10000 and Adaptitech 1000——真正的实时专家系统　该专家系统可完成零件的定位、焊接操作和质量检查等功能。在焊接过程中，系统根据来自传感器的光、温度、电弧等信息，自动调整焊接路径、热输入、送丝速度和摆动参数等，并可优化多道焊参数。

3．焊接裂纹预测与缺陷诊断类专家系统

该类专家系统可用于诊断焊接缺陷类型、缺陷致因，或进行具体工艺条件下的缺陷预测，见表2-13。开发此类系统的困难在于有关的专家知识是具有很强经验性的，较复杂而难以获取。此外，工程问题往往需要一些非常规的知识来表示及处理。

（1）Weldcrach Expert——焊接裂纹类型诊断系统　该软件适用于铁素体钢的结晶裂纹、氢致裂纹、消除应力裂纹（再热裂纹）、液化裂纹和层状撕裂等。启动该软件后，程序会提出一系列有关裂纹特征与位置以及焊接工艺、材料等方面的问题，在用户分别做出回答后，程序即依据其知识库进行推理，分析现存裂纹属于哪一种类型。该软件以文本、图解及图像等形式，为用户提供了比较丰富的敏感帮助，比如包含30余幅典型裂纹的金相照片，如需要的话，用户亦可将推理过程限制于某特定裂纹类型。

表2-13　焊接裂纹预测与缺陷诊断专家系统

名　称	功能（类型）	开　发　者	备　注
Weldcrack Expert	裂纹诊断	TWI（英）	已商品化
Welding Defects Prediction	缺陷预测	Cranfied Inst. of Tech.（英）	
Weld Defect Diagnosis Expert System	缺陷分析	Stone and Webster Eng.（美）	已商品化
Automatic Welding Identification System for Radiograph Testing	缺陷识别	KAWASAKI Heavy Industries, Co. Ltd（日）	图像处理
国产低合金高强度钢焊接冷裂纹专家系统		天津大学	实用原型
焊接缺陷识别专家系统（WDR）	缺陷诊断	上海交通大学	
焊接裂纹预测与诊断专家系统（WCPDES）	裂纹预测与诊断	天津大学	实用原型
焊接裂纹的计算机辅助评定系统		西安交通大学	研究原型
激光焊缝质量诊断实时焊接专家系统	缺陷实时诊断	清华大学	实用原型

（2）Welding Defects Prediction——焊接缺陷预测专家系统　该系统可在采用某焊接工艺进行焊接时，预测产生氢致裂纹的可能性。该软件内含数据库，存有母材及焊材的成分、性能等。用户首先输入有关焊接工艺数据，如电流、电压、焊接速度、送丝速度和母

材厚度等，程序随即启用其分析模块，进行预热评估、热过程分析、组织性能分析和应力分析等，得到硬度、冷却速度、预热温度、层间温度、淬硬性、焊道宽度、熔深和塑性等指标。然后，程序将进入缺陷分析阶段，经推理得出最终诊断结果。其结论包括发生氢致裂纹的可能性，发生氢致裂纹的温度是否低于临界点，是否存在导致氢致裂纹的焊接应力及推荐应采取的措施等。

4. 焊接结构安全（缺陷）评定类专家系统

该类专家系统用于对有缺陷焊接结构的安全性进行分析和评估，见表2-14。

表2-14 结构安全评定类焊接专家系统

名　称	功能（类型）	开 发 者	备　注
压力容器缺陷评定规范CVDA-84咨询专家系统	断裂评估	清华大学	达到实用水平
有缺陷结构安全评定专家系统	断裂评估	清华大学	达到实用水平
Crackwise	断裂评估	TWI（英）	已商品化
Patiguewise	疲劳评估	TWI（英）	已商品化

该类专家系统中，有代表性的要属“有缺陷结构安全评定专家系统”，它适用于有缺陷结构的断裂评估。该系统根据“合乎使用”的原则，对含缺陷结构进行不同层次的断裂与疲劳安全性分析及安全裕量敏感性分析。系统的功能如图2-12所示。系统提供了两种处理方式：自动分析和在用户参与下的详细分析。在自动分析方式下，用户只需输入与裂纹类型和尺寸、材料性能、承载情况等相关的一般基础数据，系统即可自动进行分析推理，判断含裂纹结构在“最有利”以及“最不利”的条件下是否安全。如在“最有利”的条件下是不安全的，或在“最不利”的条件下是安全的，则系统可得出结构是安全的或是不安全的确切结论。如介乎两者之间，则程序将启用详细分析功能。该软件还提供了多个国家和地区的压力容器及低温用钢的拉伸性能数据库，能够由有关试验数据推算出材料性能指标。程序评定结果能够以评定报告的形式输出至屏幕或打印机。

除了以上四类焊接专家系统外，还有焊接CAD类专家系统、焊接准备故障诊断类专家系统、焊接标准解释系统及其他类焊接专家系统等，这里不再一一介绍。

焊接专家系统的出现，对焊接结构制造产品质量和生产率的提高，起到了不可估量的推动作用。

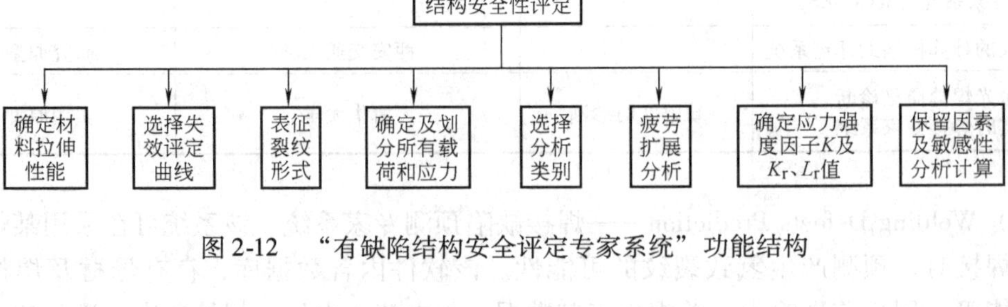

图2-12 “有缺陷结构安全评定专家系统”功能结构

第3章　零件的加工工艺

焊接结构零件的加工（即零件的备料加工）是焊接结构制造中不可缺少的工艺内容，它将为焊接结构制造的核心工序——装配—焊接做好必要的准备。零件的加工质量，将直接影响整个焊接结构的质量和生产效率。因此，了解和掌握零件加工的内容、各种工艺方法、特点和要求，对保证零件的加工质量是十分重要的。

3.1　钢材准备

3.1.1　钢材加工概述

1. 钢材加工的要求及特征

钢材加工即指对各种轧制钢材进行的各种加工。其目的在于：将经选定的钢材，通过一系列的加工逐次改变其尺寸和形状，最后制成符合图样要求的各种零件。

在进行各种加工过程中，应满足以下两方面的要求：第一，要注意加工尺寸或形状的准确性，要保持相应的精度，符合技术条件上的公差要求，并且不应该产生产品质量要求中所不允许的各种缺陷；第二，要注意保持加工钢材的原有性能，如力学性能和使用性能。这两点是确定钢材加工方法及工艺条件的主要依据之一。

焊接结构的钢材加工具有某些不同于机械加工及其他产品零件加工的特征，主要有以下几点：

1）钢材加工都属于只改变工件尺寸和形状而不改变其基本性质的物理加工，这就大大地简化了加工内容，缩小了加工范围，为焊接结构的制造创造了有利的条件。

2）钢材加工是以现成截面的轧材为坯料，并且是在不改变截面特征情况下的加工，故可简化加工工艺，减少加工环节，节省工时，缩短制造周期，降低生产成本。这在制造有一定精度的大型产品方面具有其独特的优点，这也是焊接结构的生产较之其他产品的生产，劳动生产率高，生产速度快，经济效益好的主要原因之一。

3）被加工的原材料及工件，一般来说尺寸轮廓都较大，重量也重，特别是加工尺寸范围大，且金属材料具有较高的力学性能，在进行尺寸及变形加工时，需要较大的加工能力，故属大型笨重加工。所以，尽量采用新工艺、新方法及现代化的机器设备，不断提高钢材加工的机械化和自动化程度，将是焊接结构制造发展的必然趋势。

4）结构零件尺寸大小和形状各有不同，种类繁多，且由于结构所用材料趋向于多样化、复杂化，故所要求的加工内容各有不同。所以，钢材加工是具有多种工艺内容、多工种、多种加工方法的综合性加工。

2. 钢材加工的工艺内容及工序划分

每一个零件从原材料到制成零件，都不可能是经过一道工序、一种加工方式就可以完成的，往往需要多种工序多种加工才可能完成。而不同的零件，由于其材料、尺寸大小、形状复杂程度和技术要求不同，其所包含的加工工序及加工内容也会有所不同。

如果将工件在一个工作地点或机台上连续完成的同一工作过程称为一道工序的话，则零件的加工应包括：钢材的表面预处理、钢材或加工件的矫正、划线和号料、下料、边缘加工与制孔、成形等诸多工序和工艺内容。

将一个工件应有的各道工序按其合理的加工顺序连接起来，就构成了其特有的全部加工工艺过程，亦称之为工艺流程。不同的零件，不仅包含的工艺内容不同，而且其工艺流程往往也是不同的。被加工工件加工顺序的确定，不仅要依据工件本身的特点，也要充分考虑到现有的加工条件和加工的方便程度，尽可能减少加工程序，减少工件的周转，应首先满足工艺要求，确保工件加工质量。

3. 钢材加工的基本方法

虽然钢材的加工包含上述的基本工序，但就其对工件所产生的作用和加工结果来说，可归纳为变形加工和分离加工两种基本方法。

（1）变形加工　变形加工是使作用于工件单位面积上的外力（这个力将使工件内部产生相应的内应力 σ）超过材料的屈服点 σ_s 又不致破坏材料的连续性，而使其产生永久变形，即塑性变形的一些加工。如钢材加工中的矫正、弯曲、卷制和压延等都属于这类加工。

（2）分离加工　分离加工是指作用于工件单位面积上的外力超过了材料的抗拉强度，而使之产生的塑性变形达到了极限，从而发生断裂，使材料的一部分与另一部分产生分离的加工方法。如钢材的剪断、冲切、边缘加工与制孔等属于此类加工。

从金属的应力-应变图（图 3-1）可知，变形加工和分离加工两者只是量上的区别，并没有本质的区别。

屈服点 σ_s 是从弹性变形过渡到塑性变形的转折点，而开始产生缩颈（应力为 σ_{xi}），是从均匀塑性变形过渡到不均匀塑性变形的转折点。当应力为 σ_d 时，变形达到了极限应变 ε_{max}。在塑性变形范围（$\sigma_s \sim \sigma_d$阶段）内的各种加工即为变形加工，而使材料达到极限应变 σ_{max} 而产生断裂的加工则为分离加工。

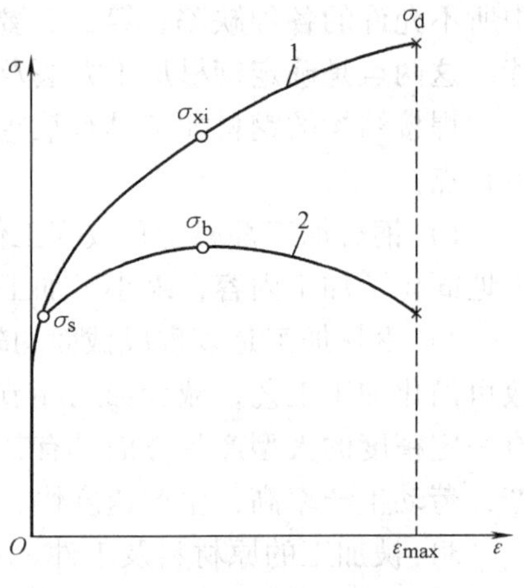

图 3-1　金属的应力-应变曲线
1—真实应力曲线　2—假象应力曲线

由上述分析不难理解，用于制造焊接结构的金属材料的各种加工都属于塑性变形的加工范畴。因此，加强对金属塑性变形理论、金属变形的规律和对其控制、金属变形能力、变形的极限程度，以及变形加工对金属材料的组织和性能的影响等问题的研究，是提高钢材加工质量，正确选择加工方法和工艺参数的理论基础。

决定金属变形加工的最基本的因素是被加工材料的性能，其中主要是材料的塑性。金属产生塑性变形而不遭破坏的能力称为金属的塑性。金属的塑性可用允许最大变形程度、伸长率 δ、断面收缩率 ψ、冲击韧度 a_K、屈强比 σ_s/σ_b 以及其他一些指标直接或间接的表示。

金属的塑性取决于金属的化学成分、组织结构和变形条件等。影响金属塑性的因素见

表3-1。

在焊接结构制造的金属加工中，要求被加工的金属材料应该有较高的延展性和韧性，较低的屈强比和时效敏感性。一般要求低碳钢的伸长率 $\delta \geqslant 16\%$，屈强比 $\sigma_s/\sigma_b \leqslant 70\%$；低合金钢 $\delta \geqslant 14\%$，屈强比 $\sigma_s/\sigma_b \leqslant 80\%$。否则材料的加工性能较差，会造成加工上的困难和不易于保证加工质量，需采取一定的工艺措施，以提高其加工性能。

表3-1　影响金属塑性的因素

因　素	提高塑性	降低塑性
化学成分	成分简单，合金含量低，分布均匀	成分复杂，合金含量低，分布不匀
相的数量和组成	相态少而简单	相态多而复杂
组织状态	锻轧组织，再结晶组织，晶粒细小且均匀	铸态组织，加工硬化组织，晶粒粗大，晶粒大小不均
表面状态	无裂纹，表面粗糙度值低	有裂纹，粗糙
变形温度	处于高塑性温度区间	处于低塑性温度区间
变形速率	变形速率引起软化作用，或由于热效应处于高塑性温度区间，高速成形	变形速率引起加工硬化作用，或由于热效应处于低塑性温度区间
受力状态	三向受压，而且压应力数值相近的变形方式，如闭式镦粗、挤压	有拉应力，或虽三向受压但压应力数值相差较大的变形方式，如锻轧
变形不均匀性	变形分布较均匀，摩擦作用不显著	变形分布不均匀，摩擦影响大

4．金属材料的加工性能与温度的关系

根据加工时的温度状态不同，钢材加工方法可有：

（1）冷加工　在常温下进行的各种加工。

1）冷加工的优缺点

① 不加热，无氧化皮产生，金属无烧损，节省能源，费用低。

② 工艺过程简单，操作方便，生产条件好。

③ 工件成形准确，加工质量好，不易造成压伤和划伤缺陷。

④ 材料变形抗力大，需要较大功率的加工设备来完成。

⑤ 加工硬化现象严重。

2）加工硬化。金属经塑性变形后，其强度指标（如 σ_s、σ_b）增加，而塑性指标（如 δ、ψ）大大降低，材料将变硬、变脆，变形抗力增加，这种现象即称为加工硬化。

避免和消除加工硬化的方法有：

① 合理选择加工工艺（预防措施），使被加工件受力均匀，变形一致，控制变形速度，避免在低温度区间进行塑性变形加工，防止脆断。一般在韧脆转变温度以上进行，碳素钢在20℃以上加工，冬季应预热到60～150℃。

② 对产生加工硬化的工件和材料，应用热处理的办法来消除，以恢复和改善钢材的力学性能。

③ 局部边缘产生加工硬化，可采用再加工的办法加以消除。如剪切产生的加工硬化可用刨、铣等方法消除；冲孔产生的加工硬化可用扩孔的方法消除。应注意，下料时应留取相应的加工余量。

④ 适当控制钢材的变形程度。变形程度越大，加工硬化越明显。对平板来说，同样直径，厚度越大者；同样厚度，直径越小者，则制成圆筒的变形程度越大。

变形程度一般用变形率来表示。通常按受拉部分最外层纤维的伸长率 ε 来计算，如：圆筒形

$$\varepsilon = \frac{50\delta}{R}\left(1 - \frac{R}{R_0}\right)\% \tag{3-1}$$

球形、碟形

$$\varepsilon = \frac{65\delta}{R}\left(1 - \frac{R}{R_0}\right)\% \tag{3-2}$$

式中 δ——钢板厚度（mm）；

R——截面重心层弯曲后曲率半径（mm）；

R_0——截面重心层原始曲率半径（mm）。

不同材料加工时允许的变形率不同。锅炉和压力容器的受压壳体符合下列情况可以进行冷加工：

碳素钢：$\delta \leqslant 20$mm，或 $\delta > 20$mm，而 $\varepsilon \leqslant 5\%$；合金钢：$\varepsilon \leqslant 3\%$。但为了安全起见，$\varepsilon$ 一般多控制在 2.5% ~3% 范围内。

（2）热加工　将工件加热，在高温状态下的加工。

1）热加工的优缺点

① 高温下强度降低，塑性增大，变形抗力减小，设备动力和人力消耗降低。

② 使冷态下不可能加工或难以加工的工件变得可能或容易加工，且不易断裂。

③ 热加工可以通过再结晶消除内应力，避免产生加工硬化。

④ 钢材或工件的加热需增添设备。

⑤ 工艺过程复杂，要求较高的操作技术，生产周期较长。

⑥ 产生大量氧化皮，易造成表面的压痕或烧损，影响表面粗糙度。

⑦ 高温作业生产条件差，劳动强度高。

基于上述优缺点，一般情况下，只对冷加工条件不足或不允许冷加工的工件才进行热加工。

2）热加工方法

① 局部加热法。时间短，节省能源，不需大型加热设备，多用于管件、型钢件弯曲时的局部加热。局部加热法有气体火焰加热、开式炉加热。前者设备简单，加热面积小而不均匀，温度难以控制；后者加热质量好，温度便于控制。

② 整体加热法。将整个工件放在炉中加热，热量均匀，温度控制准确；但所需设备较大、时间较长。此法多用于封头曲面厚板的压延成形。

在热加工时，实际加热温度不宜过高，要注意防止产生“热脆”和“过热”现象。

热脆是指当加热温度接近金属熔点时，由于晶界被氧化，晶粒间的结合力被削弱，使材料塑性降低或完全丧失，在外力作用下容易产生破裂的现象。而过热则是因加热温度过高或高温停留时间过长，使材料晶粒长大而引起力学性能下降的现象。在实际生产中，为避免金属材料产生“热脆”和“过热”，必须将其加热温度控制在适当的范围之内。常用金属材料的热加工温度范围见表 3-2。

表 3-2 常用金属材料的热加工温度范围

材料牌号	热加工温度/℃	
	加热	终止（≮）
Q235、Q235R、15、20、20g、22g	900～1050	700
Q345（16Mn、16MnR），Q390（15MnV、15MnVR、15MoTi），14MnMoV，18MnMoNb，18MnMoNbR，15MnVN，15MnVNRE	950～1050	750
Cr5Mo、12CrMo、15CrMo	900～1000	750
14MnMoVBRE、12MnCrNiMoVCu	1050～1100	850
14MnMoNbB	1000～1100	750
0Cr13、1Cr13	1000～1100	850
1Cr18Ni9Ti、12Cr1MoV	950～1100	850
黄铜 H62、H68	600～700	400
铝及铝合金 1060（L2）、5A02（LF2）、	350～400	250
钛	420～560	350
钛合金	600～640	500

（3）温加工　是介于冷、热加工之间的一种工艺方法。

温加工在一定程度上减轻了冷、热加工存在的缺点，兼顾了两种加工方法的某些长处。其温度范围在再结晶温度以下至蓝脆温度以上，如低碳钢一般在 500～600℃之间。温加工适用于冷加工困难而又不宜采用热加工的材料。但温加工只部分地解决了冷、热加工的困难，并不能解决加工中出现的主要难题，仍需一些补充措施来解决，所以温加工在生产中应用并不广泛。

3.1.2 钢材的表面预处理

钢材的表面预处理是钢材进入划线、号料或下料工序之前的一道必经工序。由于钢材表面的油污、锈蚀和氧化皮等都会影响产品的制造质量。因此，在进行材料划线、下料之前必须先进行表面预处理。钢材的表面预处理对于提高产品质量、延长产品寿命、减少环境污染具有重要意义。钢材的表面预处理方法主要有机械除锈法和化学除锈法两种。

1. 机械除锈法

工业生产中常用的机械除锈方法包括：风动或电动砂轮、钢丝刷、喷丸、喷砂等。其中喷丸除锈法发展较快，已实现机械化操作，效率高，除锈效果好。喷砂除锈法因粉尘污染环境，劳动条件差而被逐步淘汰。

喷丸是目前工厂应用较多的大面积净化方法之一。它用高速喷出的压缩空气流带出来的高速运动砂粒（带棱角的坚硬的硅砂或铁砂）冲击工件表面，打落铁锈，使金属表面形成均匀而较光洁的表层。钢材经此清理，并经喷涂保护底漆、烘干处理等工序后，既可保护钢材在生产或使用过程中不再生锈，又不影响机械加工和焊接质量。图 3-2 所示为 GYX-nM 型钢材预处理装置，其技术特性参数见表 3-3。它是一种大型喷丸除锈设备，既可以用于钢板、型钢的表面处理，也可用于结构部件的表面处理。

该装置进行钢材预处理的具体工艺过程为：电磁吊上料→辊道输送→预热

（40～50℃）→喷丸除锈→清理丸料→自动喷漆→烘干（60～70℃）→轨道输送出料。

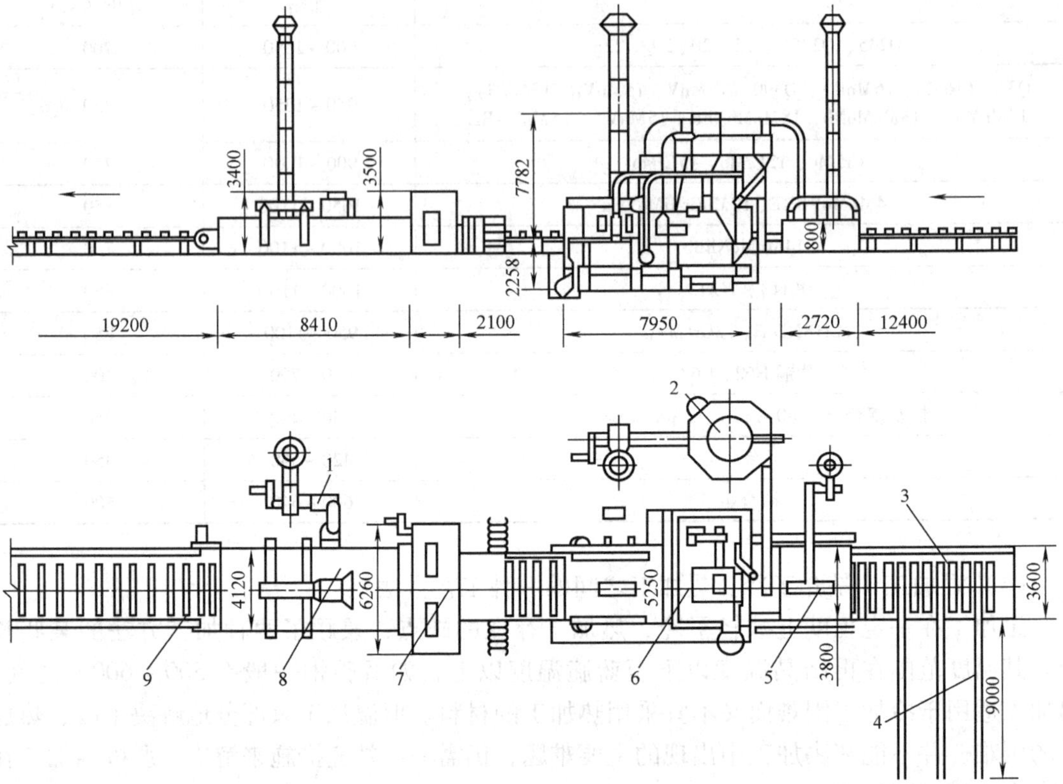

图 3-2　GYX-nM 型钢材预处理装置
1—滤气器　2—除尘器　3—进料辊道　4—横向上料机构　5—预热室
6—喷丸机　7—喷漆机　8—烘干室　9—出料辊道

表 3-3　GYX-nM 型钢材预处理装置技术数据

技术特性参数		GYX-3M	GYX-2M
预处理钢材规格	钢板/mm	宽 1000～3000	宽 1000～2000
		厚 6～600	
		长 2400～12000	
	型钢/mm	最小断面尺寸 60×8	
		最大断面尺寸 1000×300	
		长 2400～12000	
	构件/mm	最大高度 800	
		最大宽度 1450	
		长 2400～12000	
轨道最大负荷		2t/m	1t/m
焊件输送速度 v/m·min^{-1}		v=0.8～4，无级调速	板材 v=2～3 型材 v=1～1.2

（续）

技术特性参数		GYX-3M	GYX-2M
年处理量/t		20000～40000	10000～30000
处理质量	除锈等级	SIS05 5900Sa2 $\frac{1}{2}$（A，B）	
	涂膜等级/μm	15～25	
外形尺寸/（长/mm×宽/mm×高/mm）		55545×12655×7782（不包括通风设备）	62000×125000×7230（不包括通风设备）
动力消耗	总电量/kW	390.9（不包括预热）	440（包括预热）
	总通风量/$m^3\cdot h^{-1}$	37619	29600
	煤气耗量/$m^3\cdot h^{-1}$	420（电加热225kW）	—
	压缩空气量/$m^3\cdot h^{-1}$	400	400
设备总重/t		～130	～100

2．化学除锈法

化学除锈法是用酸或碱除锈液对钢材表面的油、锈、氧化皮产生溶解、渗透、剥离作用，使钢材表面的杂质很快溶解和脱落；钢材表面净化后，再敷以钝化液，使钢材表面处于钝化状态并形成钝化膜的方法。此法效率高，质量均匀稳定，可保持钢材较长时间不再生锈。通常，根据钢材或焊件的尺寸和数量，采用浸渍或喷射方法进行表面净化。

实际生产中多用10%～15%的HCl（或2%～4%的硫酸）的酸洗液去除氧化皮。将钢材放入酸洗槽内，铁与酸作用时还会产生氢离子，在氢离子形成氢分子的过程中，因产生自由电子而对氧化皮起到机械剥离作用。但酸洗时间不能过长，否则会引起钢的“氢脆”。在酸洗液中浸泡一定时间后，取出并立即放入1%～2%的温石灰液内，用来中和钢材表面残留的酸液。钢材从石灰液槽内取出后进行烘干，钢材表面会被一层石灰粉覆盖，可防止钢材再度氧化。化学除锈通常用于批量生产的薄板冲压件、不锈钢和有色金属等。但环境污染严重，成本较高，目前生产中应用越来越少。

3.1.3　钢材的矫正

1．矫正的目的及原理

钢材在轧制、运输、装卸和堆放过程中，由于自重、支撑不当，或装卸条件不良及其他原因，可能会产生弯曲、扭曲、波浪及表面不平等变形。当这些变形超过一定程度时，会给尺寸的度量、划线、剪裁及其他加工带来困难，而且会影响到成形零件的尺寸和几何形状的精度，从而影响到装配、焊接和整个产品的质量。所以，划线、下料前应予以矫正。

矫正（又称为矫形）就是使钢板或工件在外力的作用下产生与原来变形相反的塑性变形，以消除弯曲、扭曲、皱折、表面不平等变形，从而获得正确形状的过程。对钢材进行的矫平和矫直统称为矫正。矫正是焊接结构生产过程中加工工艺内容之一，但对每一个工件或制品来说，是否需要矫正及矫正的次数多少，将依钢材及工件的变形程度和工艺要求而定。钢材矫正后的变形允许偏差值见表3-4。

表 3-4 钢材矫正后的变形允许偏差值

偏差名称	简图	允许值
钢板、扁钢的局部挠度	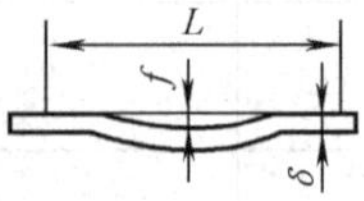	$\delta \geqslant 14\text{mm}$，$f \leqslant 1\text{mm}$ $\delta < 14\text{mm}$，$f \leqslant 1.5\text{mm}$
角钢、槽钢、工字钢、管子的直线度	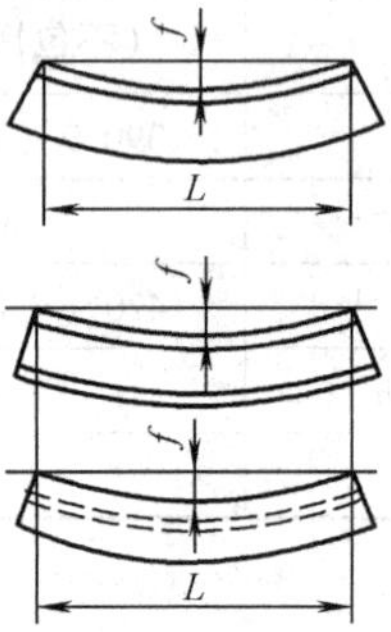	$f \leqslant \frac{L}{1000}$，且$\leqslant 5\text{mm}$
角钢的垂直度	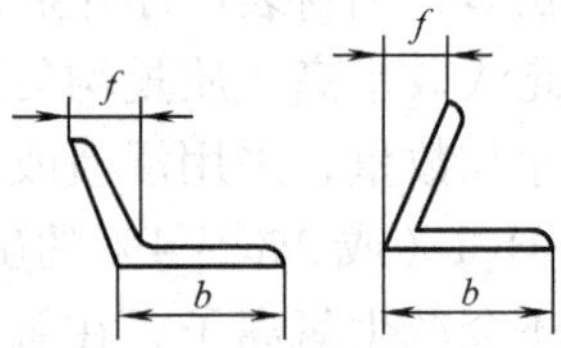	$f \leqslant \frac{b}{100}$，且$\leqslant 1.5\text{mm}$ （不等边角钢按大面计算）
槽钢、工字钢的翼缘倾斜度	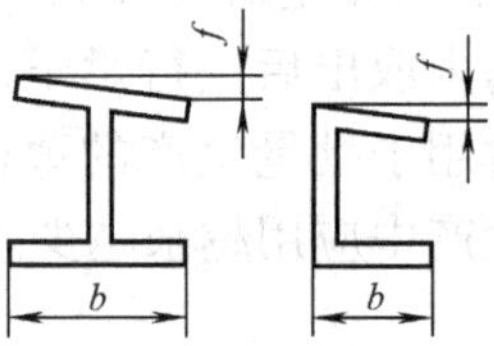	$f \leqslant \frac{b}{80}$
工字钢的扭曲	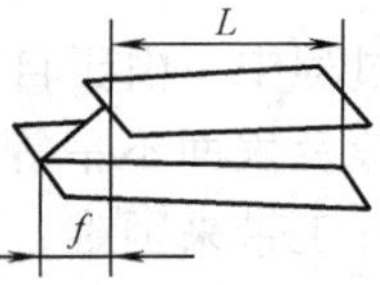	$L < 10\text{m}$，$f \leqslant 3\text{mm}$ $L > 10\text{m}$，$f \leqslant 5\text{mm}$

钢材在加工过程中，也会由于受力不均匀等工艺原因和其他原因，而使工件产生变形，为不影响下道工序的加工和确保加工质量，也需要进行矫正，称之为半成品工序间的矫形。另外，在装配-焊接之后，工件也会因焊接等原因产生某些变形，亦需矫正，此谓成品矫正。

钢材或工件的弯曲以及其他任何变形，都是由于其中一部分纤维被拉长而另一部分纤维被压缩的缘故。因此，矫正的实质是将被拉长的纤维缩短或将被缩短的纤维拉长，以恢复原状或使其他部分的纤维也拉长或缩短，产生与局部纤维相同的变形，从而达到矫正的目的。在实际矫正中，因压缩纤维比拉长纤维更困难，故多采用拉长纤维的方法。

2．矫正方法与设备

矫正可分为冷矫和热矫两种。通常都采用冷矫，热矫仅在材料塑性较差或变形严重或设备能力不足等不能采用冷矫的情况下采用。热矫又分整体矫正和局部矫正两种情况。整体矫正需在炉内加热；局部矫正多采用火焰和电进行加热。这里要特别指出的是，对于不锈钢类钢材，一般不宜采用热矫，倘要必须热矫，则需要采取相应的热处理措施。

按操作方法，矫正可分为手工矫正、机械矫正和火焰矫正三种。

（1）手工矫正　手工矫正常用的工具有大锤、手锤、平锤、用于型材的各种型锤和木锤等。一般多用于厚度小（3mm 以下）、数量少的小块板材矫正。

当钢板中间凸起超过其变形允许偏差值时，可按图 3-3 所示矫正顺序进行手工矫形。其原理是：在凸起部位的四周，用大锤或手锤有次序地敲击锤打，并对称地向凸起中心靠拢，同时减小锤击力，直到矫平。应当注意，当钢板太薄或太厚时，不能用此法矫正，且在同一部位的锤击次数不能太多，以免材料硬化而损伤材料的力学性能。

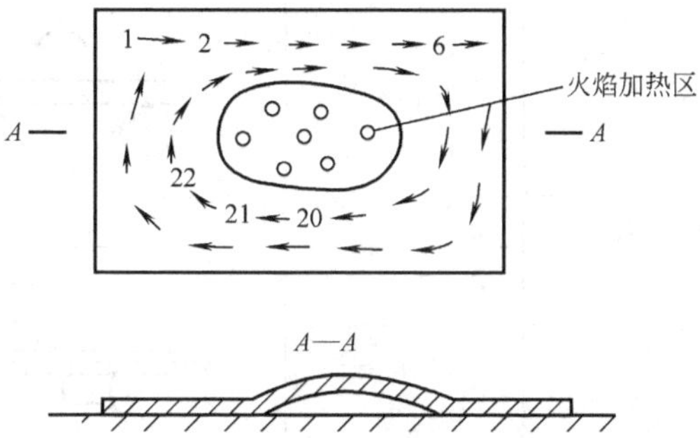

图 3-3　钢板凸起部位矫正顺序示意图

当钢板出现如图 3-4 所示的“马刀形”变形时，可把钢板置于平面上，用锤子锤击工件缩短的区域，使之伸长，从而达到矫正的目的。

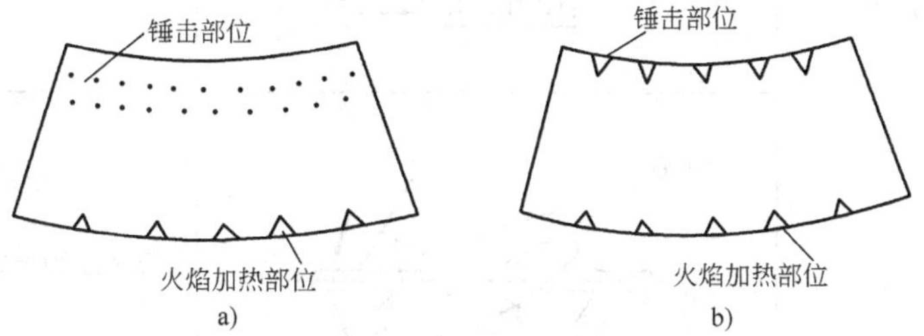

图 3-4　手工矫正“马刀”形变形示意图
a）较薄钢板　b）较厚钢板

手工矫正是一种原始的矫形方法，其生产效率低，劳动强度大，工件表面易于留下锤痕等缺陷，噪声大且不安全。随着生产技术的不断发展，手工矫正逐渐被机械矫正所代替。但手工矫正比较方便，适应性强，在无法进行机械矫正的场合，手工矫正却有其独特的优越性。

（2）机械矫正　按加力方式和对工件的作用，可分为弯曲矫正法、张力（拉伸）矫正法和辗轧矫正法等数种，各种方法都有相应的专用矫正机床和一定的适用范围见表3-5。

表 3-5　机械矫正的分类和适用范围

类　别		简　图	适 用 范 围
拉伸机矫正		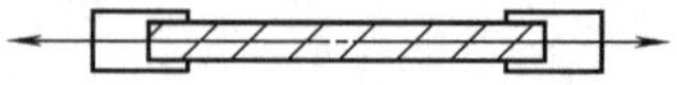	1. 薄板翘曲的矫正 2. 型材扭曲的矫正 3. 管材、带钢、线材的矫直
压力机矫正		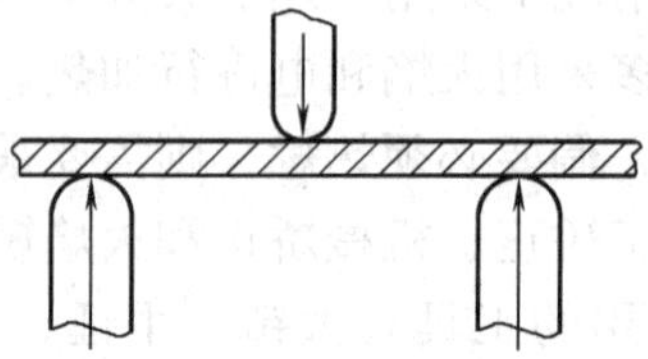	板材、管材、型材的局部矫正
辊式机矫正	正辊	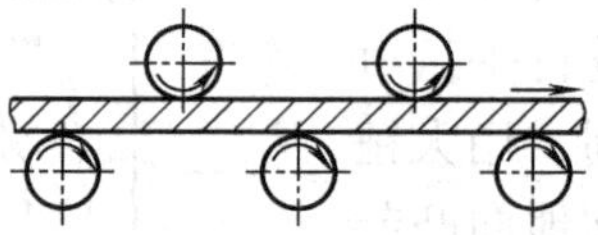	板材、管材、型材的局部矫正
	斜辊	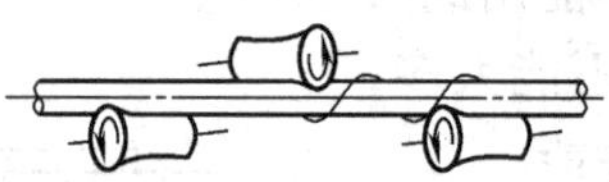	圆截面管材、棒材的矫正
		回转式 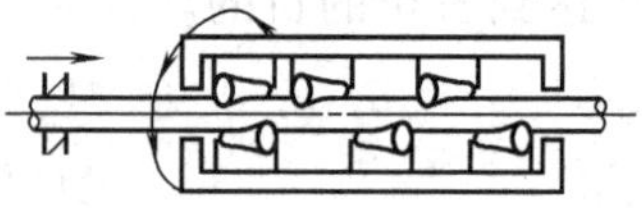	圆截面薄壁细管的精矫
		双辊式 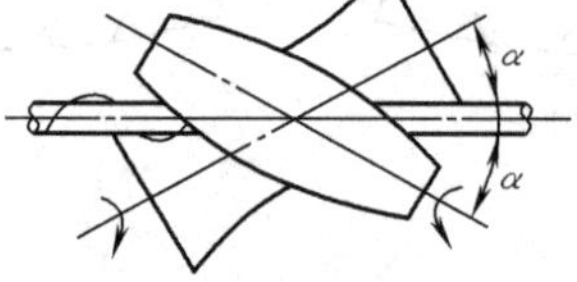	圆截面厚壁管材、棒材的矫直

1）钢板的矫正。当钢板有凹凸不平及弯曲变形，不符合技术要求和加工工艺要求时，则需进行矫正。

多辊矫平机（图 3-5a、）是金属板材、带材矫平的通用矫平设备。一般矫平辊数目越多，矫平质量越好。通常 5 ~ 11 辊用于矫平中、厚板；11 ~ 21 辊用于矫平薄板。其矫平原理如图 3-5b 所示，使板料通过矫平机的上下两列辊子之间，在辊子压力的作用下，受到多次反复弯曲，整个钢板得到均匀地伸长，使多种原始曲率逐步趋向一致变为单一，并不断减小，最终得到矫平。矫平的次数与矫平机上下两列辊子间调整的净空距离有关，一般是略小于被矫钢板的厚度。为了提高矫平效果，可使辊间距离前后不等（有这种调整的矫平机），前边辊间距离较小，使钢板产生较大的变形，以使弯曲均匀，而后面的辊间距离较大，使钢板的变形逐渐减小和平直，这样一次通过就能达到矫平目的。

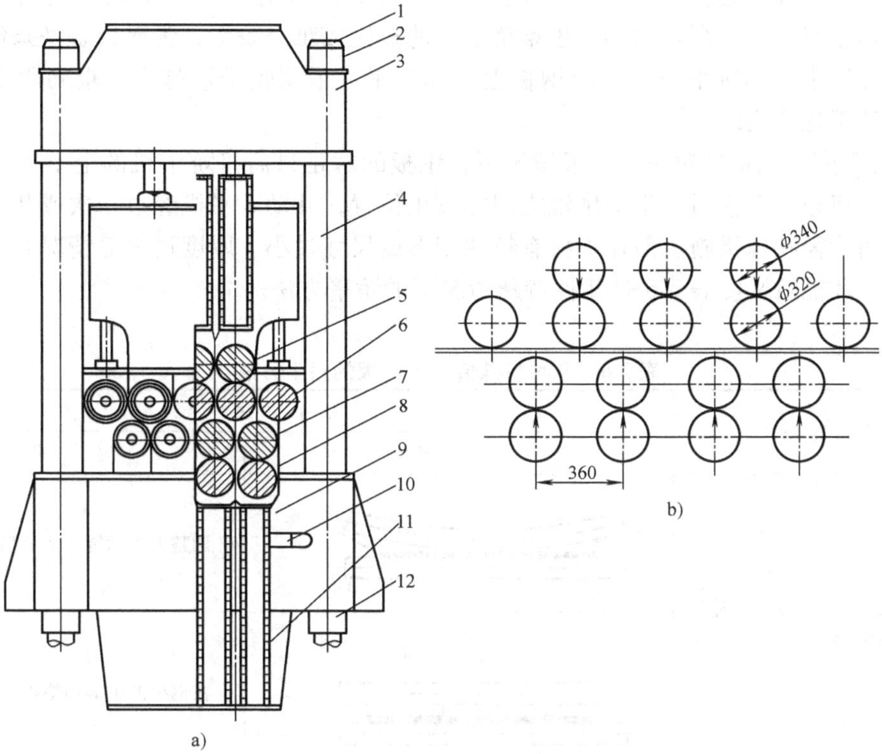

图3-5 4200×9 辊式中厚板矫平机

a）主体简图 b）原理图

1—螺杆 2—上螺母 3—上横梁 4—立柱 5—上支承辊 6、7—上、下工作辊 8—下支承辊 9—下横梁 10—楔键 11—下座梁 12—下螺母

矫平机的辊子直径、辊间距离和辊子数是影响矫平效果的主要因素。辊间距相当于两支点间距，辊间距越大，辊子使钢板弯曲变形所需的压力越小，但在相同的下压量时矫平效果差。反之，辊间距越小，钢板弯曲变形所需压力加大，矫平效果好，但此时钢板与辊子间的接触应力加大，加速辊子的磨损并损伤被矫钢板，所以最小辊间距取决于辊子与钢板间允许的最大接触应力。辊间距 t 按接触应力计算确定后，辊子直径可按 $D=(0.9\sim0.95)t$ 选择，并根据被矫钢板强度、最大厚度和宽度校核。辊子数越多，则矫平精度越高，但矫平机机构越复杂。钢板是否易于矫平，也与其本身的性质有关。钢板的矫平条件与被矫材料内的应力度系数 a 有关。应力度系数 a 可按下式计算：

$$a=\frac{E\delta}{2\sigma_s\gamma} \tag{3-3}$$

式中 E——被矫材料的弹性模量（MPa）；

δ——被矫钢板厚度（mm）；

σ_s——被矫材料的屈服点（MPa）；

γ——矫平曲率半径（mm）。根据板材的咬入条件，最小曲率半径为 $\gamma_{min}=Ct$，t 为辊间距，C 为与辊数 n 有关的常数。$n=5$ 时，$C=1.17$；$n=7$ 时，$C=0.90$；$n=9$ 时，$C=0.80$。

由式 3-3 可知：辊数越多，矫平曲率半径越小，则 a 越大，矫平质量越高；板厚越薄、材料屈服点越高，则 a 越小，越难矫平。薄板比较难以矫平，为改善矫平条件，有时将薄板重叠起来一起矫平或放在厚钢板上一起矫平。采用辊子数越多、辊间距小的矫平机，也是基于这个道理。

2）特殊变形钢板的矫正。一般情况下，钢板的矫正只需将矫平机的上下工作辊间距调节适当，将被矫钢板引入于两排辊之间并放正位置，开动矫平机经过一次或几次辊压即可矫平，而无需特殊措施。但在板材有特殊变形或尺寸过小、厚度过大等情况时，需采取一定的措施才能矫平。表 3-6 是几种特殊情况下的矫平方法。

表 3-6　几种特殊情况下钢板的矫平方法

钢板特征	矫平方法	
	简　图	说　明
松边钢板（中部较平，而两侧纵向呈波浪形）	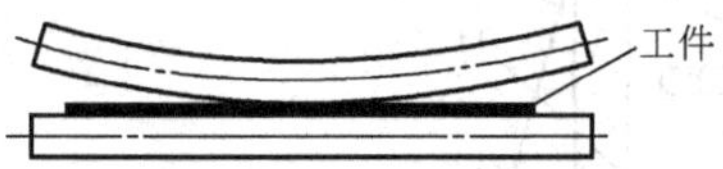	调整上支承辊，使上辊向下挠曲
	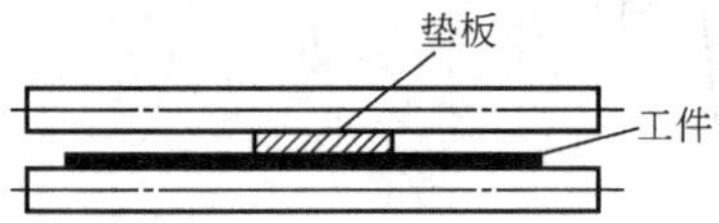	在钢板的中部加垫板
紧边钢板（中部呈波浪形，而两侧较平）	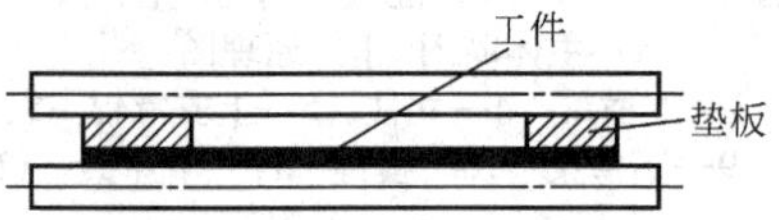	在钢板的两侧加垫板
单边钢板（一侧纵向呈波浪形，而另一侧较平）	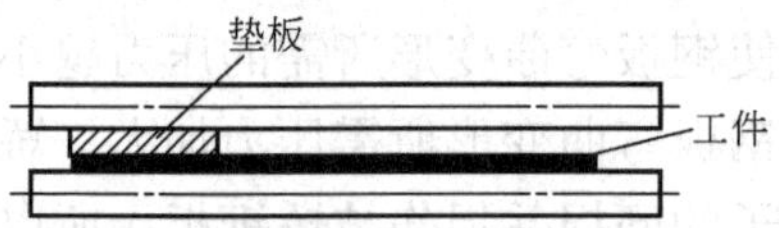	在紧边一侧加垫板
小块钢板	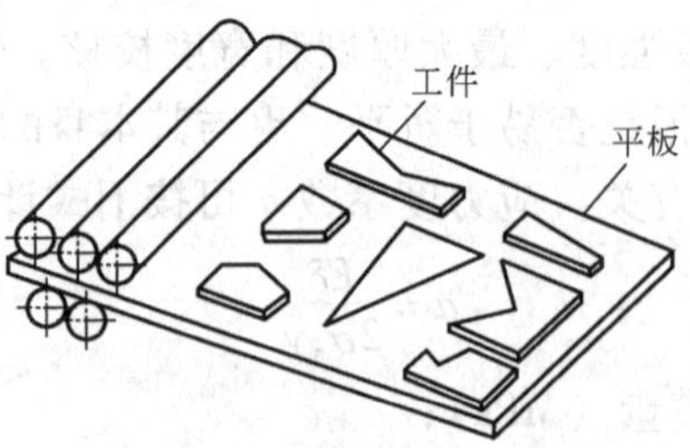	将许多块厚度相同的小块钢板均布于大平板上矫正，然后翻身再矫

当钢板较厚，矫平机能力不足或缺乏此种设备时，可用三辊卷机来代为矫平钢板。其原理与矫平机相同，是利用三点受力使钢板弯曲而达到矫平目的的。只是变形较大时，需往复辊压多次，甚至要几次将钢板翻转才成。

3）型材的矫正。型材的矫正一般也多是采用在常温下冷矫，只有在极少的特殊情况下才采用手工矫正或加热矫正。在进行冷矫时应考虑被矫钢材的变形情况，在一定的变形范围内才可进行冷矫。一般低碳钢型材可冷矫的最小曲率半径及最大挠度见表3-7。当超出此范围时，应采取适当的措施，防止型材截面畸变和扭曲。

表3-7 型材冷矫最小曲率半径及最大挠度

型材名称	简图	中性轴	最小曲率半径 r①	最大挠度 f
扁钢	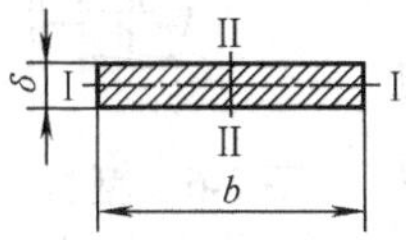	I-I II-II	50δ $100b$	$L^2/400\delta$ $L^2/800b$
角钢	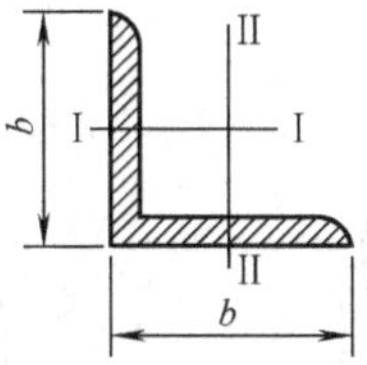	I-I II-II	$90b$	$L^2/720b$
槽钢	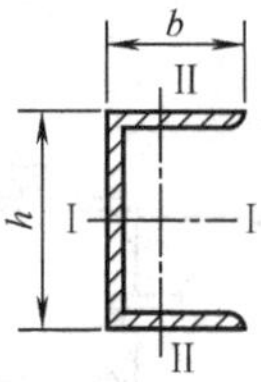	I-I II-II	$50h$ $90b$	$L^2/400h$ $L^2/720b$
工字钢	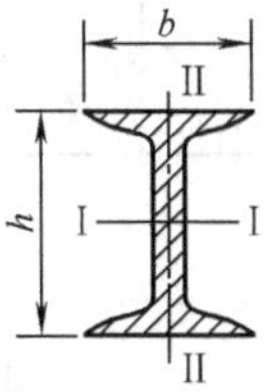	I-I II-II	$50h$ $50b$	$L^2/400h$ $L^2/400b$

注：表中 L—弯曲弦长；δ—板厚。

① 厚度0.5～2mm的薄板不受此限。

常见的型材机械矫正的方法主要有两种：一种是采用弯曲矫直机矫正，如图3-6所示，这种矫正机结构简单，作用力大，一般多用于较大型截面型材的矫正；另一种是采用辊式专用型材矫直机矫正，如图3-7a所示。这种型材矫直机结构较为复杂，矫正能力有一定限制，但矫正精度比较高，多用于较小截面的型材，主要是对角钢、管材、棒料的矫直。

弯曲矫直机有单向和双向两种，以单向为多。单向矫直机有一个冲压头和两个支撑。

冲压头也叫做推撑，与滑块相连，滑块在机械动力或液压传动的作用下，在一定的滑槽内作往复运动，推动冲压头前进向工件施加一定压力而产生弯曲作用。两个支撑间距离可以根据需要进行调节，支撑与推撑之间的距离有的也可以调节，以适应不同工件截面尺寸。在机床工作台两侧各装有一个托辊，以便于被加工型材的移动。双向矫直机是在滑块两端各有一个冲压头，在往复运动时两个方向都可以工作，有四个支撑，机床两端可以各自独立的进行工作，同时矫正两个工件。

辊式专用型材矫直机，其工作原理与矫板机基本相同。只是上下两列辊子的形状不是长的圆筒形表面，而应与所矫型材的截面相吻合，如图 3-7b 所示。具有某种一定辊形的矫正机，即为该种型材的专用矫直机，如角钢矫直机、槽钢矫直机等。有的矫直机辊轮可以根据欲矫正型材的不同截面，而随时更换，即为通用矫直机或称为万能矫直机。

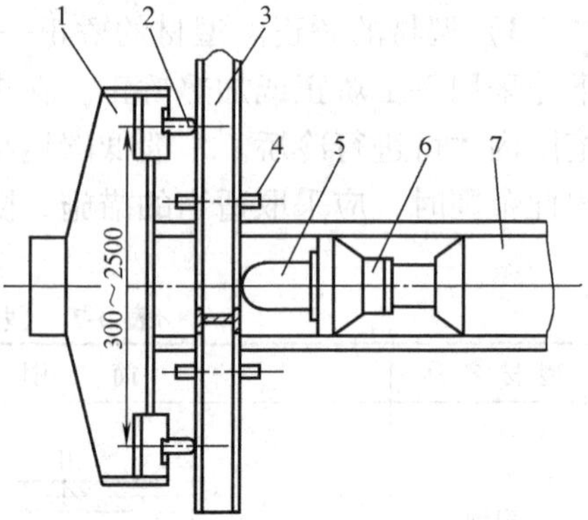

图 3-6　型材弯曲矫直机矫正示意图
1—后横梁　2—支撑　3—工件　4—托辊
5—冲压头　6—滑块　7—主工作缸

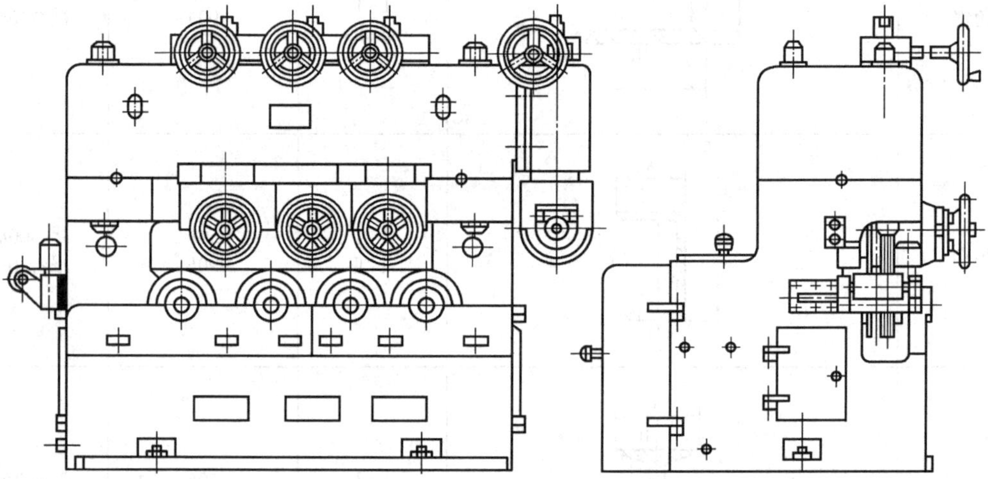

a)

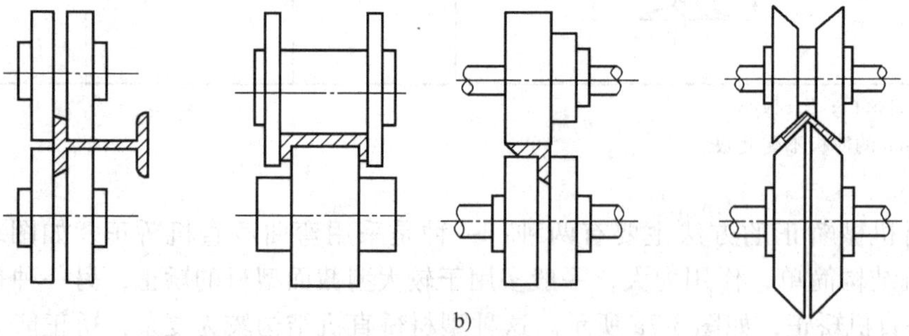

b)

图 3-7　辊式专用型材矫直机
a）W51—63 型多辊型材矫直机　b）专用型材矫直机矫正辊形状

矫正机械设备的选择，与以后谈到的各种加工设备的选择一样，应根据各种加工零件的加工技术要求和规格尺寸范围，选取具有相应性能参数和加工能力的机床。加工能力不足，无法满足加工要求；选择的过大，会造成机械设备的浪费。大批和大量生产时，同一类型的工件数量很多，可选用专业化程度较高的专用机床；生产的产品不确定或种类较多，被加工工件种类杂而数量少，且规格尺寸分散性较大时，应选用万能型的通用加工设备，这样可以提高设备的利用率和减少设备投资。

图3-8a所示为全自动油压矫直机结构图。它由检测、控制、压头及取送料机械手等四部分组成。该矫直机可自动检测弯曲程度并转换成可以计数的脉冲信号，以此向压下机构发送指令。压下机构按指令完成矫直工作。该机不仅能检测到工件的弯曲程度，而且能监测自己的工作状态，防止发生误动作，还可以修改程序。可根据预置信息和检测数据来计算矫直所需压弯曲率及递减情况，用最少的反弯次数，达到最好的矫直效果。其控制流程如图3-8b所示。

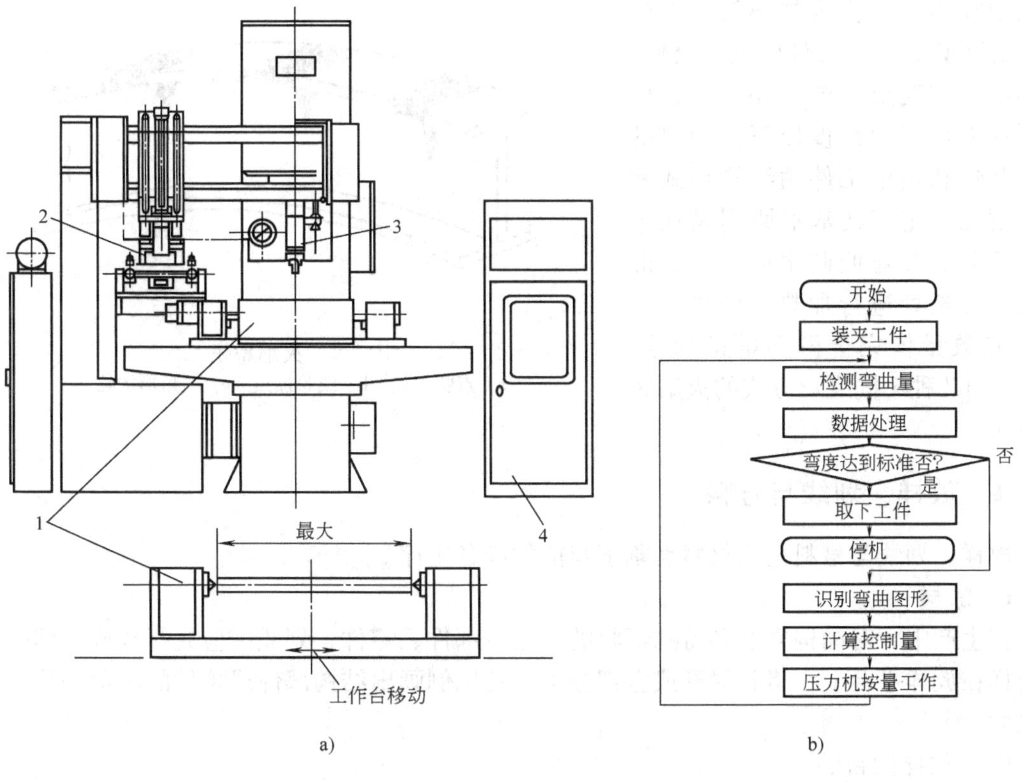

图3-8　全自动油压矫直机

a）结构简图　b）控制流程

1—装夹及检测装置　2—取送料机械手　3—压头　4—程序控制柜

（3）火焰矫正　火焰矫正是用气体火焰局部加热金属，利用金属材料热胀冷缩的特性，使金属产生局部变形而达到矫正目的的一种方法。因制造时的应力（焊接变形、受热不均、强力组装、吊运时的碰撞等）而产生新的变形，而这种变形往往无法用机械矫正，有时又不能用手工矫正，此时就可以用火焰矫正。

1）火焰矫正原理。金属具有热胀冷缩的特性。因此，在对钢板翘曲部位进行局部加热时，就会产生膨胀，当金属被加热处受到来自四周的压缩力超过其屈服点时，变形部位就会受到挤压；同时加热部位在冷却时会产生巨大的收缩力而产生缩短，使钢板在热应力作用下恢复原来形状。

为了加强矫形效果，有时还要用冷水喷洒加热区的四周及在冷却时喷洒加热区，以增强其挤压和收缩作用。但这种水激法只适用于塑性较好而无淬硬倾向的低碳钢等材料，对于其他材料在加热后应让其自然冷却，不得用水激，以免构件产生硬脆，发生破坏或降低力学性能。

2）火焰矫正方法。一般多使用气焊或气割的大号焊炬或割炬或特制火焰矫形枪，采用中性氧乙炔焰或其他气体火焰作为加热源。加热温度的高低取决于工件厚度、材质、结构形式和变形量的大小，一般应控制在钢材回火温度以下。加热的部位及形状也依工件的结构形式和变形情况而定。其基本原则是在平面突起部位及弯曲凸出的一侧，即纤维被拉长处进行加热。加热区的大小和数量依完全得到矫正为据。图3-9为几种不同变形方式的火焰矫正方法。

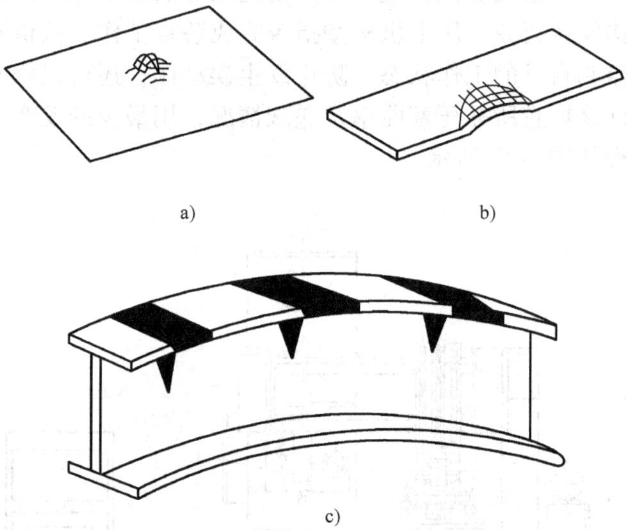

图3-9 火焰矫正
a）点状加热 b）线状加热 c）三角形加热

3.1.4 放样、划线与号料

放样、划线与号料是原材料切割下料前的准备工序。

1. 放样

在生产中，对结构复杂和特殊形状的产品、部件、零件，划线前应先行放样，即按设计图样在放样平台上，将其局部或全部按1∶1的比例画出结构部件或零件的图形和平面展开尺寸。

（1）放样的目的

1）通过放样，显示图样上各图形相互关系，零件、部件间的相互配合，修正设计时可能出现的尺寸上的矛盾、结构上的不合理等差错。

2）通过放样确定零件的真实形状和实际尺寸。焊接结构中很多零件是带曲面的，划线前就必须把零件曲面摊平在一个平面上，形成零件展开图，即展开放样。放样时，应考虑焊接结构制造工艺特点，如焊接的收缩变形、各种加工余量等，以便确定零件划线时毛坯的实际尺寸。

3）通过放样制作样板。成批或大量生产，或虽小批量生产却有相同外形零件时，为减少划线工作量，使零件外形准确，有互换性，利用样板进行划线排料，将边角废料降低到最低限度。

（2）展开放样　展开放样是运用某种方法把设计曲面摊平到一个平面上，形成展开图的放样过程。展开放样的方法有图解法、计算法和计算机辅助法等。

1）图解法。对于柱面、锥面和盘旋面这三种曲面，从理论上可以准确地展开为平面。曲面和它的展开图之间存在着等距对应关系，即展开前后，展开图与曲面面积相等，称之为可展曲面。

球面、螺旋面则只能作近似展开，称为不可展曲面。一般首先把被展开曲面划分为适当大小的曲面片，将每个曲面近似地看作柱面或平面等某种可展曲面，并用相应图解法，按投影原理画出零件的相关视图，在视图中划若干辅助线，求取实长、实形或相贯线等，然后做出展开图。这种方法的特点是运用投影原理作图，展开放样繁琐，误差大，适用于外形较为简单的中小形构件。

图解法常用的有平行线法（如圆柱管类构件）、放射线法（如圆锥类构件）和三角形法（如圆方过渡接头及平板组成的构件类）。

2）计算法。是根据零件的已知几何尺寸，推导计算形成零件展开图样需要的几何尺寸参数。对于可展曲面，一般可以直接推导出展开图上边界曲线的方程，但习惯上仍求出曲线上各等分素线端点的位置。对于不可展曲面，可计算出近似展开所需的长度、半径等几何参数，可利用它们绘制零件的展开图。

用计算法代替传统的几何放样，具有展开准确、迅速，不受作业场地大小的限制等特点；若把相应的计算过程编制成展开程序，由计算机进行运算处理，可大大地提高计算速度，并有助于实现板金制品的计算机辅助设计和制造。

3）计算机辅助法。计算机辅助展开放样方法有两种。一种是把计算法中得到的数学公式作为数学模型，通过编程由计算机进行运算得到数据，依据此数据进行展开放样。该方法计算效率高，结果准确。另一种是研究开发计算机辅助展开放样系统。这种系统通用性强、功能全面、使用方便，具有参数化和可视化特点。用户输入原始条件后，系统可输出展开图的数据信息（如板料质量、重心）、图形信息等，这些信息可直接用于制作展开样板，也可作为计算机辅助制造的数据源。利用计算机辅助展开放样系统、计算机编程自动切割系统，把划线、切割等工序一次完成，是高效而经济的先进加工技术，是焊接结构制造中金属材料放样展开（下料）的发展方向。

① 计算机辅助展开放样的编程。编制程序有两个重要的步骤：一是建立构件展开的计算公式（即数学模型）；二是采用计算机能识别的算法语言（例如BASIC语言）编制程序。计算公式一般由模拟投影方法的作图过程和利用解析几何的有关知识得出，是编程的依据和基础。

程序内容一般由输入语句、计算语句和输出语句三部分组成。构件展开的程序设计有难有易，如等径弯头、正圆锥的展开计算公式最为简单，程序设计时包括输入、计算和输出三部分，最多也不过几句到十几句；而相贯体或其他较为复杂的构件（如渐缩弯头、异径三通管、圆锥与圆柱的相贯构件），其展开计算公式本身就比较冗长和复杂，兼之需作许多分段和重复计算，因此需要考虑程序的分支转向、循环计算及输入和输出的方式，但此类构件的程序设计，表达计算公式的语句是比较简单，且易于掌握的。

程序编制完成后或首次应用程序时，应验证输出数据的可靠性。其方法有：一是利用已有的计算结果进行对照；二是用1∶1或缩小比例的方法作图检验，模拟施工现场用投影原理作展开图的实际过程，将作图数据与程序运行值两相比较。若相差很大，应查明是作图原因还是程序设计错误所致；若两者吻合或相差甚微，说明程序编制正确，既可投入使用。

②“两节等径弯头”（图3-10）的计算机辅助展开放样程序设计过程。

a. 已知条件。图3-10所示为两节等径弯头。由于两节结构相同，因此只需计算一节的展开尺寸就行。计算的已知条件是管外径 D，管壁厚 T，弯头两节轴线夹角 B 和等分点数 N。等分点数越多，展开图的精度越高。一般来说，管径小时等分点少，管径大时等分点应多一些，这样做出的展开曲线才光滑。

本节程序已经考虑管壁厚度的影响，计算时弯头内侧至中心轴一段取外径，中心轴至弯头外侧的一段取内径。

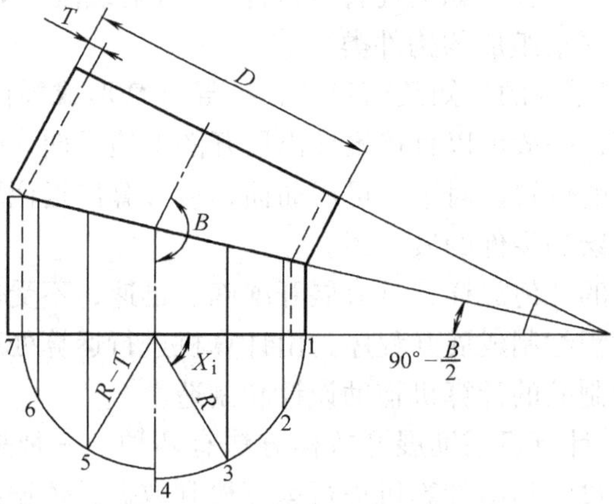

a)

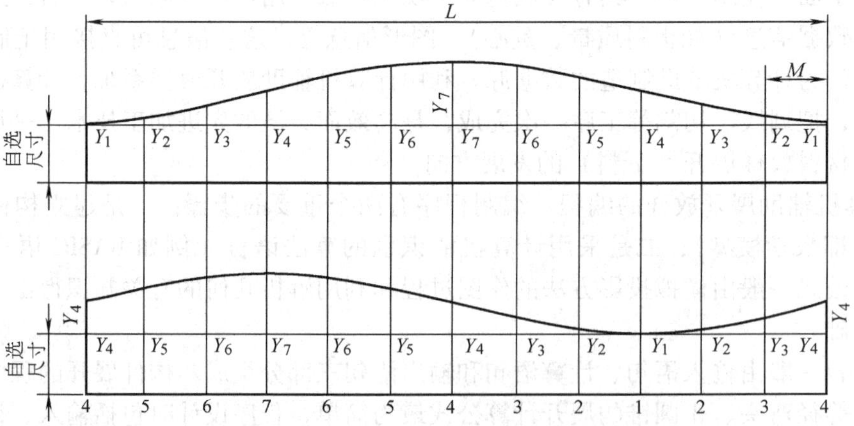

b)

图3-10 两节等径弯头

a）结构简图 b）展开图

b. 计算公式

$X_i = 360°\frac{i}{N} \quad (i=0, 1, 2\cdots\frac{N}{2})$

当 $0 \leqslant X_i \leqslant 90°$ 时

$$Y_i = \frac{D(1-\cos X_i)}{2\tan\left(\frac{B}{2}\right)} \quad (i=0, 1, 2\cdots\frac{N}{2})$$

当 $90° < X_i \leqslant 180°$ 时

$$Y_1 = \frac{1}{\tan\left(\frac{B}{2}\right)}\left[\frac{D}{2} - \left(\frac{D}{2} - T\right)\cos X_i\right] \quad (i=\frac{N}{4}+1\cdots\frac{N}{2})$$

$L = \pi D$，$M = \frac{L}{N}$

式中 X_i——圆心角在第 i 等分时的角度；

Y_i——展开素线高度；

L——外径展开长度；

M——L 的每等分值；

i——等分点的编号

c. 展开程序及运行结果。设管外径 $D = 1020$mm，管壁厚 $T = 10$mm，弯头角度 $B = 150°$，等分数 $N = 24$。将此数据输入 200 句 DATA 语句中，展开程序及运行结果如下：

```
10   REM MAKE"N-1"
20   READ D, T, B, N
30   B = B * 3.14159/180
40   FOR I = 1 TO N/2 + 1
50   X = (I - 1) * 2 * 3.14159/N
60   IF X > 1.5708 THEN 90
70   Y = D * (1-cos(X))/2/TAN(B/2)
80   GOTO 100
90   Y = (D/2 - (D/2 - T) * cos(X))/TAN(B/2)
100  Y = INT(Y * 10 + 0.5)/10
110  PRINT"Y ("; I;") ="; Y
120  NEXT I
130  L = 3.14159 * D
140  M = L/N
150  L = INT(L * 10 + 0.5)/10
160  M = INT(M * 10 + 0.5)/10
170  PRINT"L ="; L
180  PRINT"M ="; M
190  END
200  DATA 1020, 10, 150, 24
```

RUN

Y（1） =0	Y（6） =101.3	Y（11） =252.7
Y（2） =4.7	Y（7） =136.7	Y（12） =266.1
Y（3） =18.3	Y（8） =171.3	Y（13） =270.6
Y（4） =40	Y（9） =203.6	L =3204.4
Y（5） =68.3	Y（10） =231.4	M =133.5

d. 程序简介。程序由 20 语句读入已知数据，读入的 B 值角度，由 30 句改为弧度计算，40 句至 120 句为展开素线计算，130 句为展开长度计算，140 句为每等分值计算。100、150 和 160 句的作用是将输出的有效值确定在小数点后一位，110、170 和 180 句为显示或打印语句。

2. 划线

划线是根据设计图样及工艺上的要求（如留取加工余量、焊缝收缩量等），按 1∶1 的比例，将待加工工件形状、尺寸及各种加工符号划在钢板或经初加工的坯料上的加工工序。

划线按使用工具可分为手工划线和机械自动划线。手工划线又分为直接划线法和样板划线法。对于单件生产、零件形状简单，可直接在钢板上进行划线，但生产效率低，且难以保证划线工件的精度和质量，在实际生产中很少应用。在多数情况下是先制作样板，后用样板在钢板上划出待加工工件。

（1）样板划线法　样板划线的目的是为了提高生产效率，减少不必要的重复性劳动；保证零件尺寸和形状的准确性；当进行大批量生产时，便于套材号料，合理利用材料；便于对工件尺寸形状进行检查控制，保证零件的精确性和相互间的一致性。

1）制作样板的方法

① 直接放样法。根据施工图样直接在样板材料上划出零件实形，并标注产品合同号、图号、材质规格尺寸等参数的作图方法。

② 过样法。先将工件的实形按 1∶1 的比例划在划线平台上，并作实形线条的延长线；再将大于工件的样板材料覆盖在已放样的实形图上，用划针或粉线将各条延长线过到样板材料上，然后按轮廓线剪出样板的方法。

2）样板的种类。根据用途的不同，样板可分为：

① 号料样板。用于在钢板或型材上实地划线的样板。

② 加工样板。在变形加工中用来检查工件弯曲形状和角度是否达到要求的样板。主要用于弯曲成形工序，也称为卡样板。它有内卡样板和外卡样板之分。

③ 检查样板。专门用来检查工件质量的样板，用的较少，制作次数不多。加工样板有时也可用做检查样板。

目前，国内工厂多用油毡纸和普通薄铁板（0.4～1.0mm）作为样板材料。为了保持样板平面刚性和形状准确，有时需要钉上木板架。用于重要工件及作长期保存和反复使用的样板，有时也用镀锌薄钢板来制作。在工件数量较少，短期使用，质量要求不高的情况下，也可采用黄纸板（俗称马粪纸）来制作。

要求所制作的样板或样杆表面平整光洁，易于划线和标记，厚度一般不大于 2mm；有一定强度而又易剪裁，且弹性应尽量低；不受环境温度和湿度的影响，尺寸不易发生变化；轻便易携带，经济实用。样板的尺寸公差见表3-8。

表3-8 样板制作允许公差

尺寸名称	总长	总宽	两端孔中心距	相邻孔中心距	上下最外面孔中心距	空心位置	矩形对角线
公差/mm	-1.0	-1.0	-1.0	-0.5	-0.5	<0.5	-1.0

（2）机械自动划线法

1）光学（电子）照相法。先严格地按照零件图绘制成1∶10或1∶100的零件平面图（亦称比例放样图），然后用照相的方法将平面图拍摄成底片，再在暗室中用光学放大设备将底片放大到与实物成1∶1的实样，并投射到待加工的钢板上，工人按照投放在钢板上的零件实样进行划线。

2）电印（静电印刷）划线法。它是在光学照相法基础上发展起来的，其工艺流程如图3-11所示。它是利用氧化锌的光导电性能的一种静电照相方法，是静电摄影原理所展示的静电印刷装置。将投影底片上的线条和标记直接印刷到涂有感光剂的钢板上，整个划线过程完全在自动状态下进行。

3）数字程序控制自动划线法。计算机数控划线与数字程序控制切割机联合使用，其基本原理是按施工图及工艺要求，编制出计算机程序，由计算机控制切割机割嘴运动，直接割出工件所需的形状。在切割的同时完成划线、号料工作。

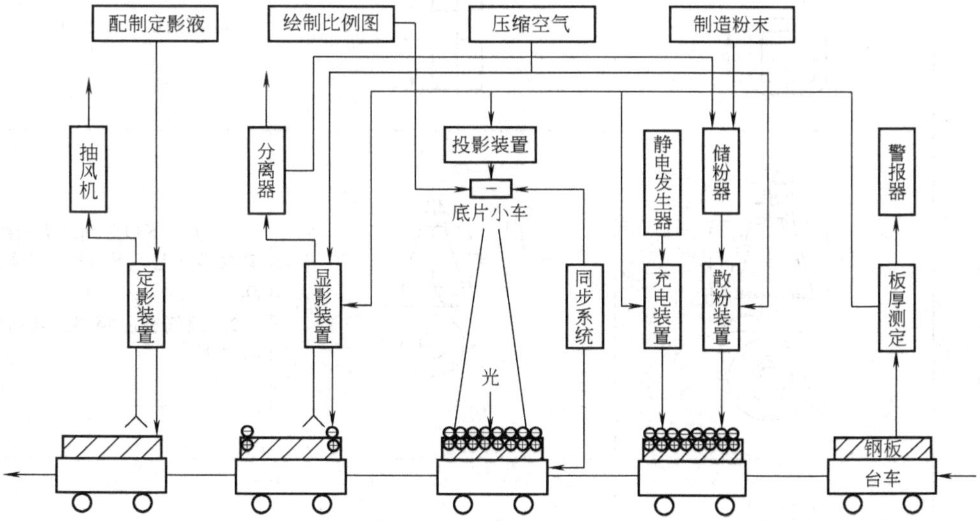

图3-11 电子照相划线工艺流程图

（3）划线时的板厚处理 各种展开原理与方法均是面向零厚度的理想曲面的，而设计曲面总会有一定板厚。当板面厚度较大时，展开中就应考虑板厚对板面的展开长度和两板面接口处形状的影响，以保证产品的形状符合设计要求。因此，在划线号料时，为消除和减小板厚对所制工件尺寸和形状造成的影响，必须采取相应的措施进行板厚的处理。

1）板料的板厚处理。不同形状构件的板厚处理见表3-9。当板厚≤1.5mm时，可以忽略板厚的影响。

表3-9 不同形状构件的板厚处理

类型名称	图形		处理方法
	零件图	放样图	
圆管类	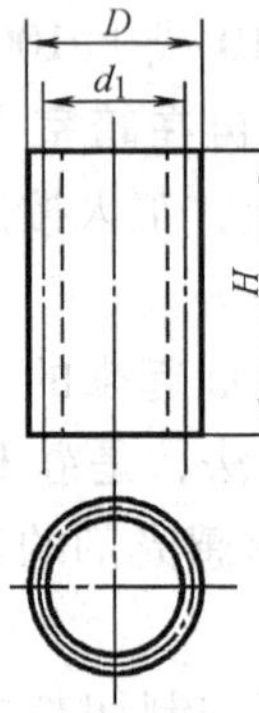	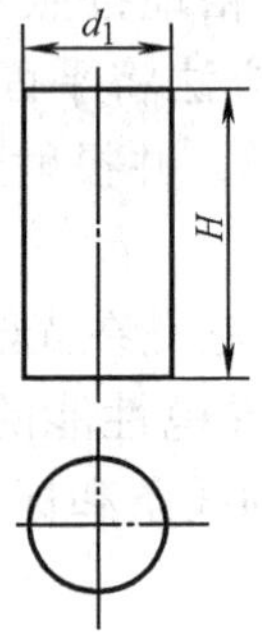	1. 断面为曲线形状，其展开长度以中径 d_1 为准计算（$R/\delta<4$ 除外）。放样图可只画出中径 2. 其高度 H 是不变化的 3. 展开长度 $L=d_1\pi$
矩形管类	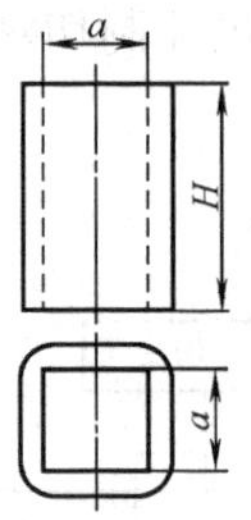	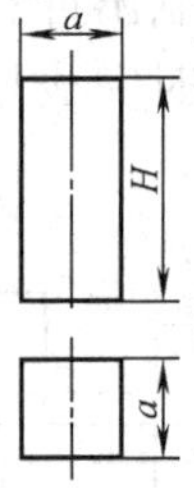	1. 断面为折线形状，其展开以里皮 a 为准计算，放样图画出里皮即可 2. 其高度 H 不变化
圆锥台类	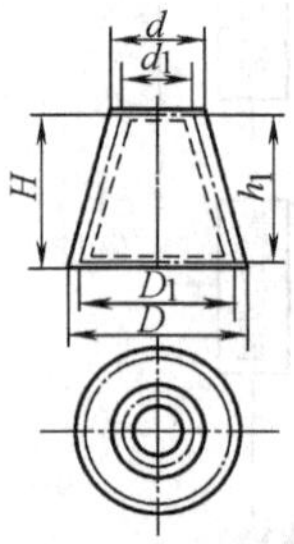	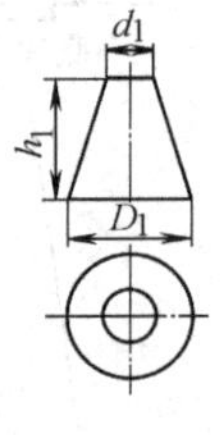	1. 上、下口断面均为曲线状，其放样图上、下口均以中径 d_1、D_1 计算 2. 因侧表面倾斜，其高度以 h_1 为准
棱锥台类	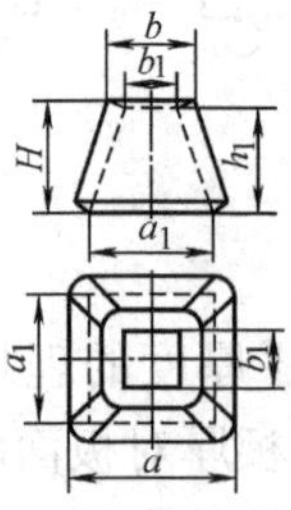	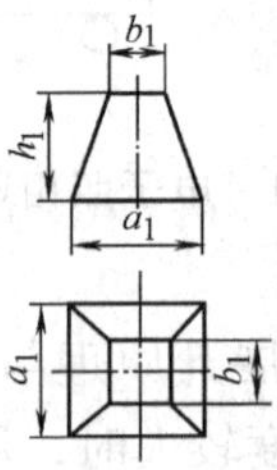	1. 上、下口断面为折线状，其放样图上、下口均应以里皮 a_1、b_1 为准 2. 因侧表面倾斜，其高度以 h_1 为放样基准线

（续）

类型名称	图形		处理方法
	零件图	放样图	
上圆下方类	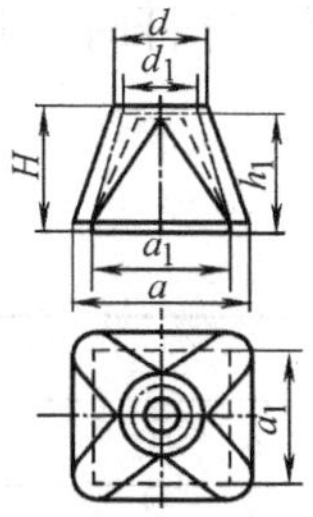	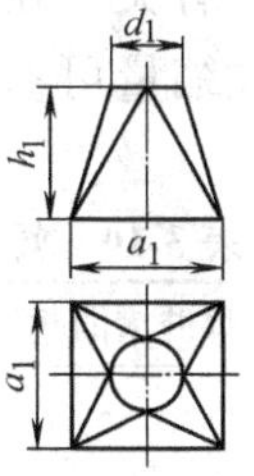	1. 上口断面为曲线状，放样图应取中径 d_1；下口断面为折线状，其放样图应以里皮 a_1 为准 2. 因侧表面倾斜，其高度以 h_1 为放样基准线

2）两构件接口处的板厚处理。构件有两个以上的形体相交的接合处即为接口。接口 分为不开坡口和开坡口两种情况。

① 两圆管形成90°接口（不开坡口）。若不进行板厚处理，接缝的中部有一定的缝隙（称为缺肉），弯头的夹角将小于90°，如图3-12a所示。当内侧半圆按外表皮展开（外接触），外侧半圆按内表皮展开（内接触）时，可得到如图3-12b所示较满意效果。

② 两圆接管形成90°接口（开坡口）。开对称无钝边X形坡口时，完全是板中心层部分接触。所以，展开时按中心层的尺寸展开就不会出现问题。

③ 两圆筒形构件相交形成接口（如三通管）。垂直相交时，支管以里皮尺寸展开，主管孔以外皮尺寸展开。斜交时，按①、②两项的展开原则处理。

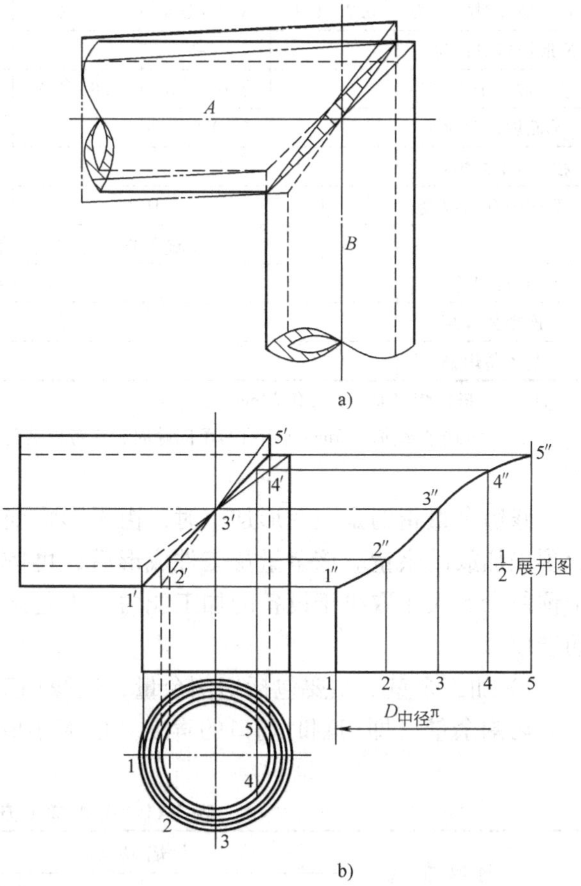

图3-12　90°圆管弯头接口的板厚处理
a）未进行板厚处理　b）进行了板厚处理

为了保证构件相互交接时装配尺寸和形状的准确，在展开放样时，必须要进行板厚处理。而接口处的板厚处理，应根据构件的结构形状特点和焊接坡口的要求进行正确的分析，其展开尺寸应按接触部位的尺寸为准。

（4）划线放样时的余量　放样展开的形状和尺寸是零件的设计尺寸（是加工制成后的尺寸）；样板的形状和尺寸是零件加工前的坯料尺寸，它是由零件的设计尺寸、工艺余量和加工余量组成的。

1）工艺余量。零件在加工过程中，由于工艺条件和工艺因素的影响而造成的尺寸变化和偏差，主要是焊缝收缩余量和成形后的修边余量。

焊缝收缩余量之大小与焊缝的数量、尺寸、形式及工件的厚度、尺寸形状、材料性质、焊接方法、焊接参数等许多因素有关。在划线及制作样板、样杆时，必须考虑焊接变形收缩量，以保证构件尺寸。焊缝收缩量可参考表 3-10。

表 3-10 焊缝收缩量

焊缝横向收缩量近似值							
接头形式	板厚/mm						
	3~4	4~8	8~12	12~16	16~20	20~24	20~30
	收缩量/mm						
V 形坡口对接接头	0.7~1.3	1.3~1.4	1.4~1.8	1.8~2.1	2.1~2.6	2.6~3.1	—
X 形坡口对接接头	—	—	—	1.6~1.9	1.9~2.4	2.4~2.8	2.8~3.2
单面坡口十字接头	1.5~1.6	1.6~1.8	1.8~2.1	2.1~2.5	2.5~3.0	3.0~3.5	3.5~4.0
单面坡口角接头	0.8			0.7	0.6	0.4	—
无坡口单面角焊缝	0.9			0.8	0.7	0.4	—
双面断续角焊缝	0.4	0.3		0.2	—	—	—
焊缝纵向收缩量近似值/mm · m^{-1}							
对接焊缝	0.15~0.30						
连续角焊缝	0.20~0.40						
断续角焊缝	0~0.10						

注：1. 搭接焊缝取 0.15~0.20mm；

2. 肋板焊缝取 0.5mm（当有装配间隙时，应考虑装配间隙的抵消作用）。

修边余量指的是在变形加工时，由于影响变形的因素很多，难以掌握工件的准确形状而预先加放的余量。该余量待工件成形后，再按正确的尺寸进行二次划线，予以去除。这个预留量的大小取决于设备的加工能力、工艺条件和生产技术水平，一般在 20~50mm 之间选取。

2）加工余量。主要包括切割余量、边缘加工余量。

切割余量（即切割时切口的宽度）的大小取决于板厚和切割方法，可按表 3-11 选取。

表 3-11 各种加工方法所需余量 （单位：mm）

材料厚度	火焰切割		等离子切割	
	手工	自动及半自动	手工	自动及半自动
<10	3	2	9	6
12~30	4	3	11	8
32~50	5	4	14	10
52~65	6	4	16	12
70~130	8	5	20	14
135~200	10	6	24	16

切割后尚需边缘机械加工（如刨边、端铣等）时，按表3-12留取余量。

表3-12 边缘加工余量 （单位：mm）

不加工	机械加工		去除下料热影响区
	板厚≤25	板厚>25	
0	3	5	>5

3. 号料

号料是用放样所取得的样板或样杆，在原材料或经粗加工的坯料上划下料线、加工线、检查线及各种位置线的工艺过程。

（1）号料的准备及注意事项 号料工作操作程序和注意事项有以下几点：

1）首先要熟悉和弄清施工图样，了解和掌握每一个工件的加工过程和每道工序的加工特点与技术要求，以便能正确掌握工件下料尺寸和画出必要的施工标记。

2）要认真检查、核对所用样板的正确性，弄清每一个零件的材质要求、规格和数量。检查各种使用工具是否安全可靠。

3）对数量、种类较多的零件号料时，应先进行排版布料，应尽可能地采用巧裁套料的方法，提高钢材的利用率。可将使用相同牌号材料且厚度相同的零件集中在一起，统筹安排，长短搭配，但同时应考虑下道裁料工序的方便和加工的可能性。材料利用率的计算公式为

$$\eta = \frac{nA_1}{A} \times 100\% \tag{3-4}$$

式中 η——材料利用率（%）；

n——材料上的零件数（件）；

A_1——单个零件的面积（mm^2）；

A——所用材料的面积（mm^2）。

材料经合理编套，可减少浪费，提高其利用率。目前，在多数大型企业中，已将合理用料工作由计算机来完成，并与数控切割等先进下料方法相匹配。

4）需要拼接的零件，应同时一次号料完成，且应做好拼接标记，划出拼接的基准线，并按照产品或结构单元成套进行下料，以利于装配而缩短生产周期。

5）用划针、石笔及粉线划好线后，为防止被涂抹不清和便于以后的加工，保证尺寸的精度，孔中心及中心线、基准线、加工线的两端都要用冲子打上印迹。此外，还要在坯料上标明各种加工符号，并指出正反面，如正弯、反弯及开坡口面等，以指导切割、成形、组焊等后续工序的进行。

（2）划线、号料的尺寸公差 在钢材上直接划线或用样板（杆）进行号料时的公差要求，见表3-13。

（3）二次号料 二次号料是在加工过程中，工序间对工件或部件的又一次划线。在下列情况下需要二次号料：

1）有变形加工的零件，在变形加工之前不能确定其下料尺寸，如封头的制作。在成形之后，要去掉多余的毛边和加工余量，需要进行二次划线。

表 3-13 划线、号料公差

尺寸名称	长　度	宽　度	两端孔心距	相邻孔心距	两排孔心距	冲子印与孔心偏差	冲子印与线偏差
公差/mm	-1.0	-1.0	-1.0	±0.5	±0.5	<0.5	±0.5

2）有要求钻孔的零件或构件，如连接孔、安装孔、装配孔等，位置及形状要求较严格，需要在变形加工后，装配-焊接之前，有的甚至是在装配-焊接之后，才进行加工制作，为确定其准确的位置和保证其正确的孔形，此时，也需要进行二次划线。

3）尺寸较大的构件，如桥式吊车主梁等长大构件，其长度尺寸要求很严，在不是大批量机械化生产的情况下，往往是采取先下加长的荒料，待装焊之后，再按要求的尺寸长度将多余的部分去掉，因而，也需进行二次划线。

二次划线号料是在第一次划线的基础上进行的，就其划线方法来说，两者是一样的，有的也需要预先制作样板，照样板进行划线；有的则是在构件上直接进行划线。二次号料与第一次号料所不同的是：

① 二次号料是在成形的构件或部件上进行的，因此它受部件形状、尺寸和位置的影响，任意性小，难度较大，要求有更丰富的实践经验和操作技术水平。

② 二次号料应先依据工件形状和技术要求来确定部件的基准点和基准线，然后再行划线，以保证划线的准确性。

二次号料时，首先要根据构件的形状和技术要求找出基准线，然后再依此划出其他必要的加工线，才能保证划线的准确。找基准点和基准线的方法很多，依其形状和要求不同而各异。

3.2 钢材的下料

准备制作焊接结构的原材料，经划线和号料后即转入下料工序。金属材料的下料可采用机械切割和热切割完成。对有加工硬化倾向或有淬硬倾向的金属材料，在机械剪切或热切割后，待焊边缘应作进一步机械加工。对厚板则需作边缘的坡口加工。

3.2.1 机械切割

金属材料的机械切割包括剪切、冲切、锯切和联合冲剪等方法。其中剪切是使用是最广泛的机械切割法。

1. 锯切

锯切是一种以切削的方法将各种型材和一定规格的钢板实施切断的加工方法。锯切的切口平滑、尺寸准确、精度高；但切割速度慢、效率低，只能切割在一定尺寸范围内较小截面的型材、管材、棒材或板材，所以在焊接结构制造生产中应用较少。

锯切又分为有齿锯切、无齿锯切、砂轮锯切三种方式。无齿锯切，又称为线切割，它是以高速旋转摩擦生热来加热软化金属，同时以强力推进磨削而切断金属材料，属于小型型材精密切割。砂轮锯切是用厚为2.5～5mm的高强度砂轮片为切削刃具，高速旋转（可达5000r/min），对金属进行快速磨削加工而切断金属。主要用于切断小截面的管材、棒材和小规格型材。

2. 剪切

剪切是在常温下的机械下料方法。

(1) 剪切的原理及特点　在专用剪切机床上，通过剪刃对钢材的剪切部位施加一定的剪切力，使剪刃压入钢材表面，当产生的切应力达到或超过金属的抗剪强度时，便会使金属产生断裂和分离。图3-13为剪床剪切过程示意图。

剪切具有操作方便，生产效率高，不仅是板料，大多数的型材也能剪断；切口平齐，加工质量高等优点，故在焊接结构生产中得到广泛应用。剪切主要用于中、薄板的下料，受剪切机功率的制约，目前钢板的剪切厚度$\delta \leqslant 40$mm。

凡经剪切的工件都会发生弯曲、扭曲等变形，剪切后需进行矫正（平）。因在外力作用下，切口边缘出现硬化区，硬化区域的宽度与板材厚度成正比，一般板厚≤25mm时，在1～2.5mm范围内。所以，在制造较为重要的结构件时，对非焊口的边缘应采用铣削或刨削的方法将硬化区域去除，一般刨削量为3～6mm；对于焊口处的硬化区，由于焊接热作用，相当于正火处理，完全可以消除硬化的影响，力学性能几乎可以完全恢复，所以不需要去除。

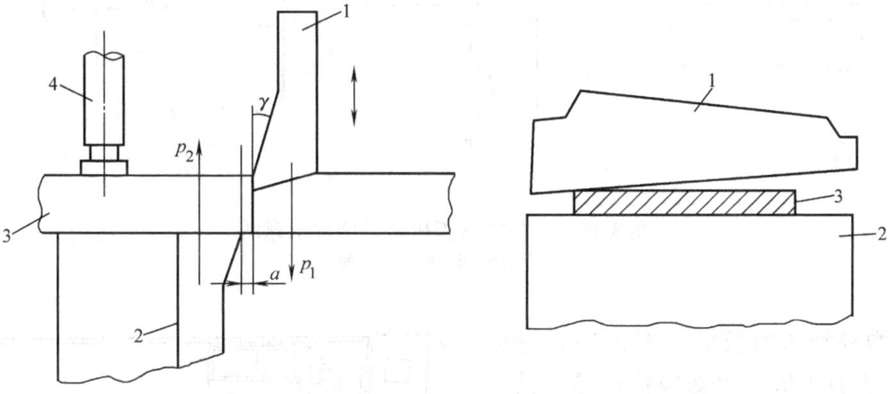

图3-13　剪切过程示意图
a）示意图　b）断面图
1—上剪刀　2—下剪刀　3—钢板　4—压头

(2) 常用剪切设备及应用范围　常用的剪切设备有剪板机、联合冲剪机、圆盘剪切机、振动剪床及专用或多用的型钢剪断机等。

1）剪板机。剪板机用于对板料的直线剪切。按其传动方式有机械传动剪板机（板厚$\delta \leqslant 10$mm)、液压传动剪板机（$\delta > 10$mm)。

① 机械传动龙门式剪板机，其结构如图3-14所示。按刀刃装配位置不同分为：平刃剪板机（两刀刃上下平行）和斜刃剪板机（两刀刃成一定角度)，如图3-15所示。

平刃剪切时，上、下剪刃的夹角（称为剪切角）为零，所需剪切力较大，适用于剪切厚度不大的板材，特别适用于薄板类坯料的剪切（图3-15a)。斜刃剪切时，一般剪切角ϕ为2°～6°（图3-15b)。剪刃是逐渐与材料接触来完成剪切的，所需剪切力较小，适用于剪切较厚的钢板。由于斜刃剪切材料受力不均，剪下的零件变形较大。

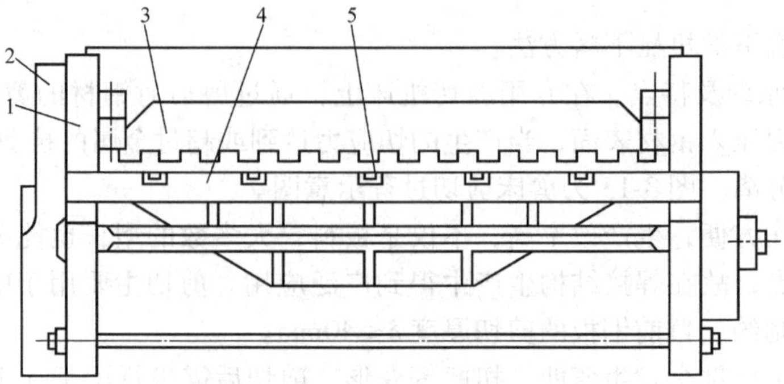

图 3-14　龙门式剪板机结构简图
1—床身　2—传动机构　3—压紧机构　4—工作台　5—托料架

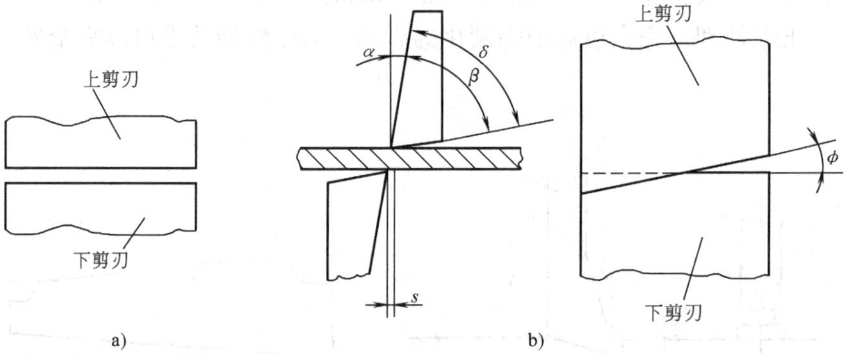

图 3-15　龙门式剪板机剪刃位置示意图
a）平刃剪切　b）斜刃剪切

② 数控液压剪板机（图 3-16）是传统的机械式剪板机的更新换代产品。其机架和刀架采用整体焊接结构，经振动消除应力，确保机架的刚性和加工精度。该剪板机采用先进的集成式液压控制系统，提高了整体的稳定性与可靠性。同时采用先进数控系统，剪切角和刀刃间隙能无级调节，工件切口平整，无毛刺，能取得最佳的剪切效果。

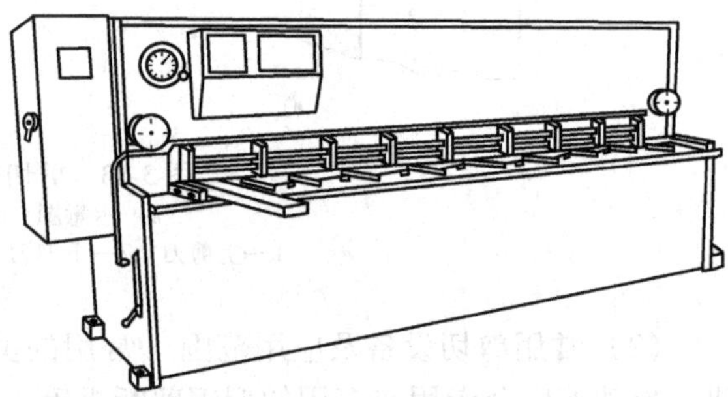

图 3-16　数控液压剪板机结构简图

数控液压剪板机的型号和技术参数见表 3-14。

2）联合冲剪机。如图 3-17 所示，该机属于多工位冲剪机。在机床的一端装有上下剪刃，可进行板料的剪切；另一端可进行冲剪加工，如冲孔、落料加工等；中间则可剪断型钢。上剪刃或冲头由同一传动轴通过偏心机构带动，各做上下往复运动，完成冲剪工作。但该设备既无自动停剪装置，又无压料装置，也无大的放料平台，几乎全由人工操作，所以，工件加工质量难以保证。在焊接结构生产中，主要用于冲孔和剪切中小型材。

表 3-14 数控液压剪板机的型号和技术参数

技术参数	型号			
	QC11K 6×2 500	QC11K 8×5 000	QC11K 12×8 000	QC12K 4×2 500
可剪最大板厚/mm	6	8	12	4
被剪板料强度/MPa	≤450	≤450	≤450	≤450
可剪最大板宽/mm	2 500	5 000	8 000	2 500
剪切角	0.5°~2.5°	50′~1°50′	1°~2°	1.5°
后挡料板最大行程/mm	600	800	800	600
主电动机功率/kW	7.5	18.5	45	5.5
外形尺寸（长×宽×高）/mm	3 700×1 850×1 850	5 790×2 420×2 450	8 800×3 250×3 200	3 100×1 450×1 550
剪板机质量/t	5.5	17	70	4

3）圆盘剪切机。如图 3-18 所示，它是通过圆盘刀具的不断旋转并对工件施加一定的剪切力是使工件沿剪口断裂分离而实现剪切的。它依靠调整两刀刃间隙之大小（一般取 0.05~0.2mm）决定剪切厚度；依靠两剪轮的角度大小决定剪切材料的形状。

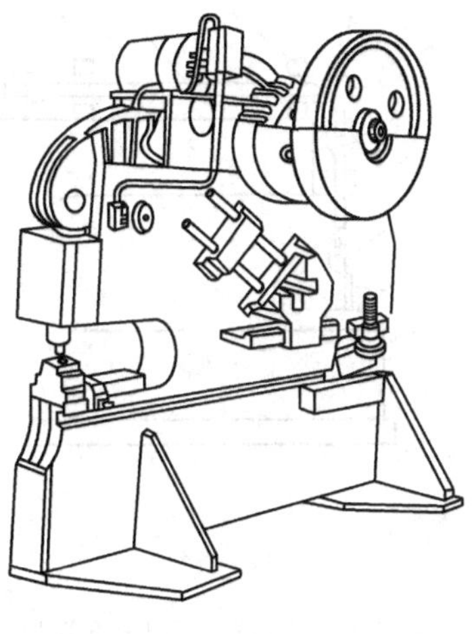

图 3-17 联合冲剪机

按照圆盘的配置方法可分为三种，如图 3-19 所示。直配置适用于将板料剪裁成条料或将方坯料剪切成圆坯料；斜直配置适用于剪裁圆形坯料或圆内孔；斜配置用于剪裁任意曲线轮廓的坯料。

4）振动剪床。可用于剪切 4mm 以下钢板的直线或曲线工件（包括圆孔）。图 3-20a 为振动剪床示意图。其工作部分是刃口很短（20~30mm）的两把剪刀，下剪刀固定在床身上，上剪刀装在刀座上，刀座靠偏心轴经连杆带动，作每分钟 1 500~2 000 次快速振动。上剪刀的行程为 4~8mm，两剪刃的间隙（约为 0.2~0.3mm）及重叠部分的大小可以板料厚度调整（图 3-20b）。在剪切材料时，剪切

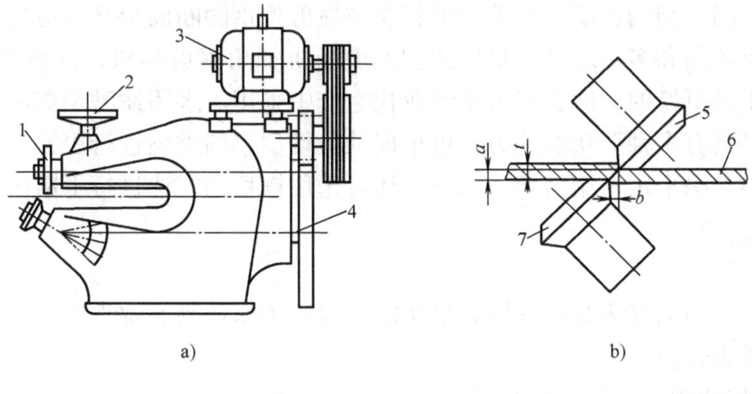

a）　　　　b）

图 3-18 圆盘剪切机

a）下剪刀倾斜 b）两剪刀轴线平行

1—圆盘剪刀 2—手轮 3—电动机 4—齿轮 5—上剪刀 6—工件 7—下剪刀

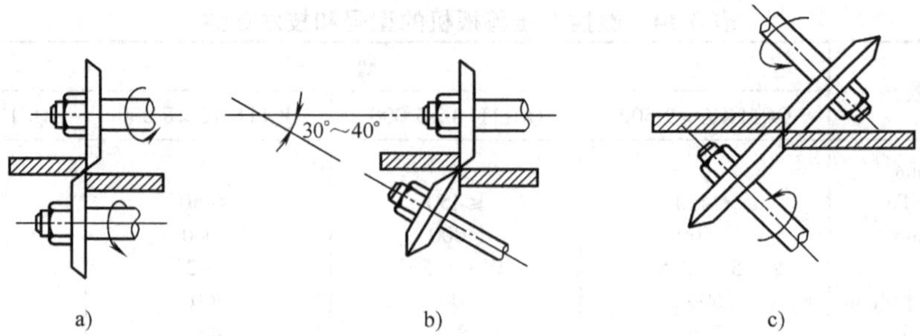

图 3-19　圆盘剪切机剪刀的配置方式

a）直配置　b）斜直配置　c）斜配置

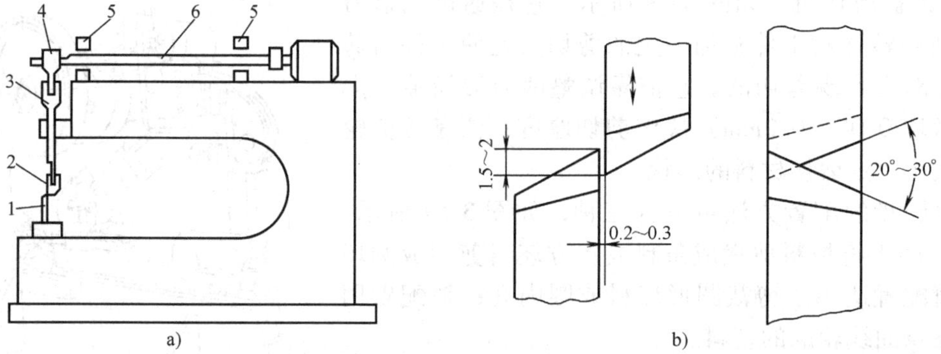

图 3-20　振动剪床

a）结构简图　b）剪刃的几何形状与尺寸

1—下剪刀　2—上剪刀　3、4—连杆机构　5—支座　6—偏心轴

过程是不连续的，所以生产率很低，且剪切质量差，适合于小批量或单件生产，对剪切不同形状和尺寸的零件或毛坯适应性好。

5）型钢剪断机。型钢剪断机工作原理和操作方法基本上与钢板的剪切相同，只是上、下剪刃的形状不同。型钢剪断机的剪刃形状应与被剪型钢的断面形状相适应。依其可剪断型钢的种类可有单用和多用之分。单用途型钢剪断机如角钢剪断机、圆钢棒料剪断机等，其剪刃形状是不可更换的，适合于大量专业化生产中采用。多用途型钢剪断机有多个不同形状的剪口或是具有多种形状的剪刃，可根据欲剪切型钢的类型进行更换。

型钢的下料，除采用专用剪切机床外，还可选用锯切的方法进行下料。

3.2.2　热切割

常用的钢材热切割方法有：气体火焰切割、等离子弧切割、激光切割等。其中以气体火焰切割应用最为普遍。

1. 气体火焰切割（简称气割）

（1）气割原理　气割的实质是金属在氧中的燃烧过程。它利用可燃气体和氧气混合燃烧的火焰产生的热量预热被切割金属表面，并使其呈活化状态，然后送进高纯度、高速度的切割氧流，使金属在氧气中剧烈燃烧生成金属氧化物熔渣，并放出大量的热量，借助这些燃烧热和高温熔渣的热传导，不断加热切口金属，直至工件底部；同时借助高速氧流把燃烧生成的氧化物熔渣吹除；再由被切割工件与割炬相对移动形成切缝。

气割设备简单、使用灵活方便；切割速度快、生产效率高；成本低、适用范围广。可切割各种形状的金属零件，厚度达1 000mm；可切碳钢、低合金钢；可用于零件毛坯的下料，亦可用于零件的开坡口或割孔。

（2）实现气割的条件　气割的金属应满足以下条件：

1）钢材的气割过程主要是燃烧过程，所以金属在氧气中的燃点应低于熔点，这是保证气割进行的基本条件。如低碳钢燃点约为1 100～1 350℃，熔点约为1 500 ℃，故低碳钢具有良好的气割性能。随着钢含碳量的增加，其燃点相应提高，熔点下降，则气割性能变差。当 w_C 大于0. 7%时，钢的燃点高于熔点，便难以气割。铜、铝、铸铁等是燃点高于熔点的材料，不能用气割方法进行下料可选用等离子弧切割。

2）燃烧后形成的金属氧化物的熔点应低于金属的熔点，且流动性好，粘度要小，便于高压氧气流从割缝中将其吹掉。低、中碳钢和普通低合金钢氧化物的熔点都低于金属本身，故可气割下料。但灰口铁、铝、不锈钢等氧化所产生的氧化物的熔点皆高于金属的熔点，故难以用气割下料。几种金属及其氧化物的熔点见表3-15。

表3-15　几种金属及其氧化物的熔点

<table>
<tr><th rowspan="2">金　属</th><th colspan="2">熔点/℃</th></tr>
<tr><th>金　属</th><th>氧 化 物</th></tr>
<tr><td>纯铁</td><td>1535</td><td rowspan="4">1300～1500</td></tr>
<tr><td>低碳钢</td><td>≈1500</td></tr>
<tr><td>高碳钢</td><td>1300～1400</td></tr>
<tr><td>铸铁</td><td>≈1200</td></tr>
<tr><td>纯铜</td><td>1083</td><td rowspan="2">1236</td></tr>
<tr><td>黄铜、锡青铜</td><td>850～900</td></tr>
<tr><td>铝</td><td>657</td><td>2050</td></tr>
<tr><td>锌</td><td>419</td><td rowspan="2">1800</td></tr>
<tr><td>铬</td><td>1550</td></tr>
<tr><td>镍</td><td>1452</td><td>≈1900</td></tr>
</table>

3）金属燃烧时应能放出大量的热，以预热下层金属是实现连续切割的条件。低碳钢切割时所放出的热量占预热金属所需热量的70%，因此具有良好的气割性能。

4）金属应有较低的热导率，否则热量散失较快，切口处温度降低，低于金属的熔点，使切割无法继续进行。铜、铝等金属因此而难以气割。

5）金属中含有阻碍气割过程进行和增大金属淬硬性的成分及杂质要少。一些合金元素对钢的气割性能的影响见表3-16。

（3）气割设备及其应用　气割按其控制（运行）方式分为手工切割、机械切割和自动切割三种类型。

表 3-16 合金元素对钢的气割性能的影响

元 素	影 响
C	w_C <0.25%，气割性能良好；w_C <0.4%，气割性能尚可；w_C >0.5%，气割性能显著变坏；w_C >1%，则不能气割
Mn	w_{Mn} <4%，对气割性能没有明显影响；含量增加，气割性能变坏；当 w_{Mn} ≥14%时，不能气割；当钢中 w_C >0.3%，且 w_{Mn} >0.8%时，淬火和热影响区的脆性增加，不宜气割
Si	硅的氧化物使熔渣的粘度增加。钢中硅的一般含量，对气割性能没有影响；当 w_{Si} <4%时，可气割；含量增大，气割性能显著变坏
Cr	铬的氧化物熔点高，使熔渣的粘度增加。w_{Cr} ≤5%时，气割性能尚可；含量大时，应采用特种气割方法
Ni	镍的氧化物熔点高，使熔渣的粘度增加。w_{Ni} <7%时，气割性能尚可；含量较高时，应采用特种气割方法
Mo	钼提高钢的淬硬性；w_{Mo} <0.25%时，对气割性能没有影响
W	钨增加钢的淬硬性，氧化物熔点高。一般含量对性能影响不大；含量接近10%时气割困难，超过20%时不能气割
Cu	w_{Cu} <0.7%时，对气割性能没有影响
Al	w_{Al} <0.5%时，对气割性能影响不大，超过10%，则不能气割
V	含有少量的钒，对气割性能没有影响
S、P	在允许的含量内，对气割性能没有影响

注：w 为质量分数，其下标为相应元素符号。

1）手工切割设备。手工切割设备的组成十分简单，主要由割炬、燃气瓶、氧气瓶、减压阀和回火防止器等组成。

割炬是实现手工气割的主要设备，其作用是将可燃气体与氧气按一定比例和方式混合后，形成具有一定热量和形状的预热火焰，并在预热火焰中心喷射切割氧气流进行切割。按其结构不同，可分为射吸式割炬和等压式割炬，如图 3-21 和图 3-22 所示。

利用手工气割可完成直线和圆形工件的下料。切割速度的快慢和割嘴的高低是人工控制的，其在割缝较长和形成切割过程中，很难满足尺寸精度和表面粗糙度要求。虽然手工切割有其局限性，但在一些使用半自动和自动切割不方便的场合，特别是在野外和高空作业时还必须使用。

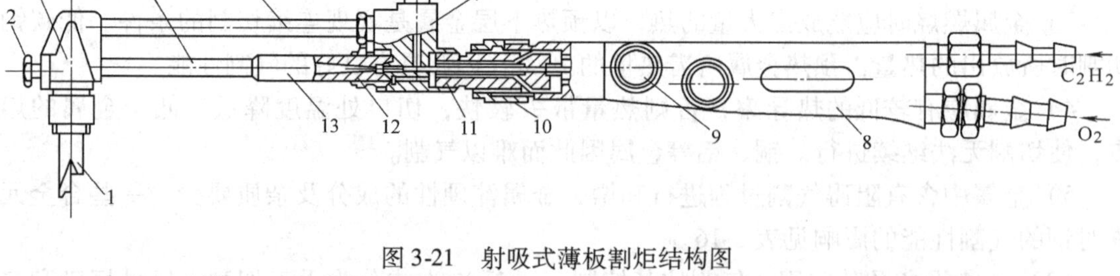

图 3-21 射吸式薄板割炬结构图

1—割嘴 2—支架螺钉 3—割嘴接头 4—混合气管 5—高压氧管 6—高压氧手轮 7—中部主体 8—手柄 9—氧气手轮 10—连接套 11—销钉螺母 12—射吸管螺母 13—射吸管

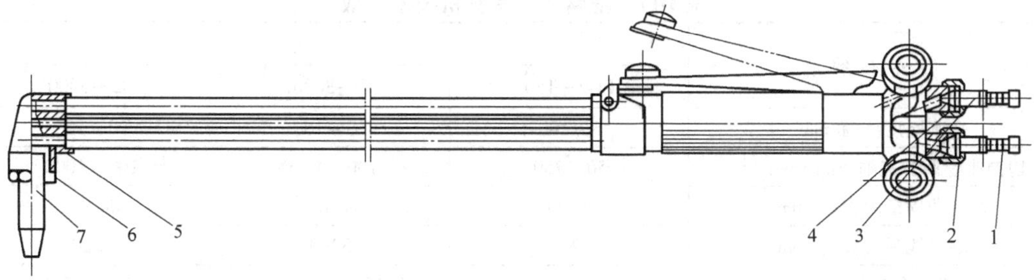

图 3-22　等压式手工割炬
1—乙炔软管接头　2—乙炔接管螺母　3—氧气软管接头
4—氧气接管螺母　5—割嘴接头　6—割嘴螺母　7—割嘴

2）机械切割设备。机械切割设备由机用割炬、行走小车或其他形式电动机驱动机械行走机构、电控系统和供气系统等组成。按其结构形式和功能可分为小车式直线气割机、摇臂仿形气割机、直角坐标仿形气割机等。

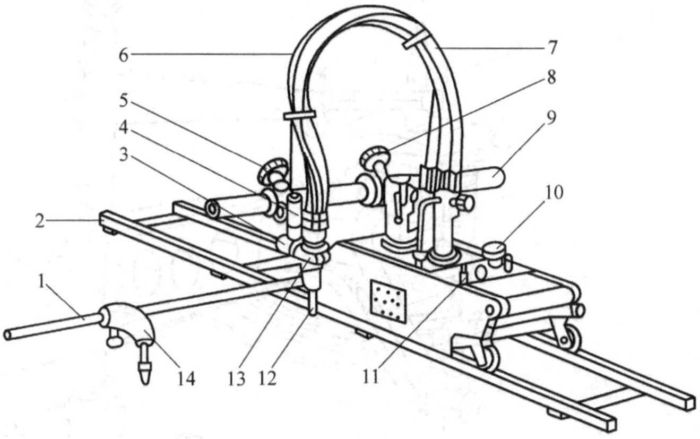

图 3-23　小车式直线气割机
1—半径杆　2—导轨　3—割炬升降手轮　4—升降杆
5—割炬横移手轮　6—氧气软管　7—燃气软管
8—齿条横移手轮　9—带齿条横移杆　10—电源插座
11—调速旋钮　12—割嘴　13—割炬夹持器　14—定位架

① 小车式直线气割机。又称半自动切割机，如图 3-23 所示，是通用的机械式气割设备，主要用来切割直线及开坡口。它由直流电动机驱动，无级调速，切割小车沿直线导轨行走进行自动切割。若配用大号割炬，切割厚度可达 300mm；配上圆心定位器和半径杆，可切割半径较大（直径大于 200mm）的圆形工件；也可配用等离子弧切割枪和相应的等离子弧切割电源，进一步扩大其应用范围。目前这种气割机在国内已标准化大批量生产，是应用最普遍的机械切割设备。

② 摇臂仿形气割机。当切割形状复杂多变的工件时，比较简单而经济的工艺方案是选择摇臂仿形气割机。仿形机构是采用磁轮在自转过程中跟踪靠模板的边缘复制切割轨迹，割炬随仿形机构运动完成仿形切割。磁轮由直流电动机驱动，可在较大范围内调节。仿形气割机可固定安装在工作平台上，与其他辅助设备组成切割工作站。

图 3-24 所示为 CG2—150 型摇臂仿形气割机的外形，割炬为等压式，既可使用普通割嘴，也能使用扩散形割嘴和氧割嘴进行快速切割。这种仿形气割机结构紧凑，操作方便，只要样板准确、安装平稳，即可提高生产效率又能保证零件的质量，非常适合有一定批量的同形中、小尺寸零件的切割下料，可获得良好的尺寸一致性。

表 3-17 列出三种不同型号的摇臂仿形气割机的主要技术参数。

表 3-17 摇臂仿形气割机技术参数

技术参数	型号		
	CG2—150	G2—3000A	G2—5000
切割厚度范围/mm	5~100	10~100	10~100
切割速度调节范围/mm·min^{-1}	50~750	100~1000	100~1000
切割圆周最大直径/mm	ϕ600	ϕ1400	ϕ2300
切割直线最大长度/mm	1200	3200	5300
切割正方形最大尺寸/mm	500×500	1000×1000	2000×2000
切割长方形最大尺寸/mm	400×900，450×750	3200×350	5000×600
机身外形尺寸（长×宽×高）/mm	1190×350×800	—	—

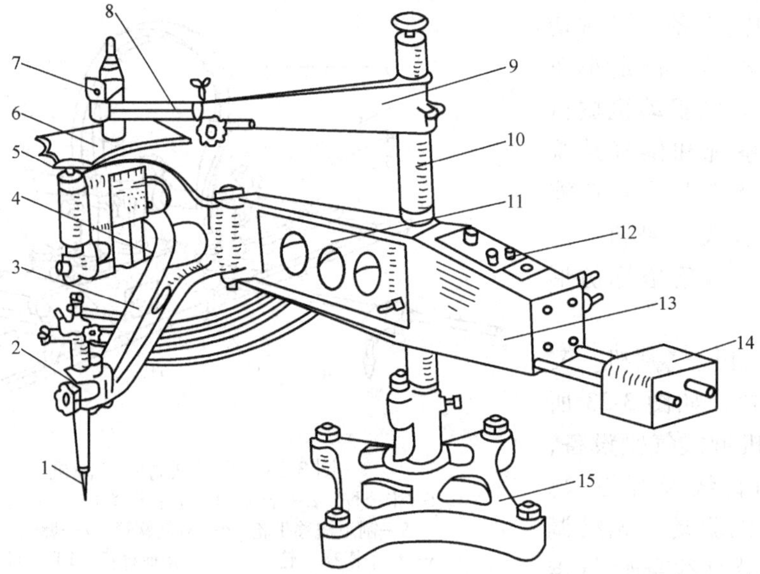

图 3-24 CG2—150 型摇臂仿形气割机

1—割嘴 2—割嘴调节架 3—主臂 4—驱动电机 5—磁性滚轮 6—靠模板 7—连接器 8—固定样板调节杆 9—横移架 10—立柱 11—基臂 12—控制盘 13—速度控制箱 14—平衡锤 15—底座

③ 直角坐标仿形气割机。它是利用磁头沿样板边缘移动，并通过传动机构门架和横梁作 $X-Y$ 二轴移动，实现任何形状零件的自动切割。图 3-25 所示为国产CG2—1600型直角坐标仿形气割机的外形图，其主要技术参数见表 3-18。在气割机横梁上可安装三个割炬，同时切割三个形状和尺寸相同的工件。

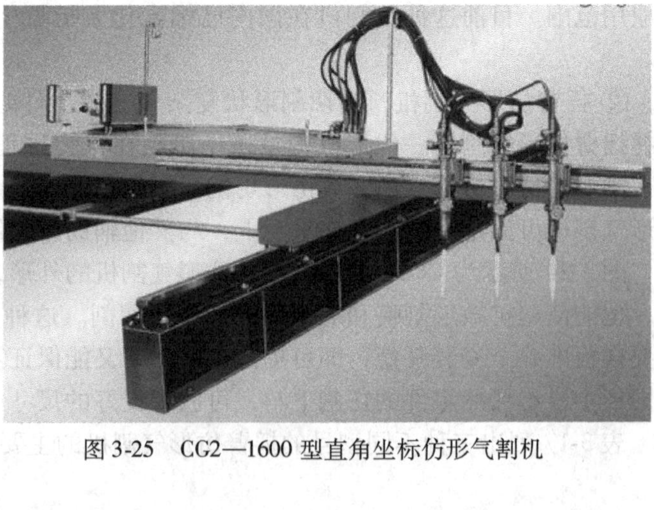

图 3-25 CG2—1600 型直角坐标仿形气割机

表 3-18 CG2—1600 型直角坐标仿形气割机主要技术参数

技术参数	型号
	CG2—1600
切割厚度范围/mm	5 ~ 150
切割速度调节范围/mm · min^{-1}	75 ~ 1000
切割件最大尺寸（长×宽）/mm	6500 × 1600
切割圆最大直径/mm	ϕ1600
割炬数	3
仿形精度	ϕ500 ± 1
机身外形尺寸/（长/mm×宽/mm×高/mm）	800 × 3235 × 1550

④ 门式气割机。它由驱动装置的门型机架和割炬组、轨道以及电气和气体操作盘等组成。图 3-26 为门式气割机的结构图。门式气割机是加工大规格钢板的板边、焊接坡口及割出板条的大型门架式自动气割设备。因其切割精度高，也称高精度门式气割机，并作为替代机械刨边或铣边加工的一种有效设备而得到广泛应用。国产 HGM 型系列门式气割机的主要技术参数见表 3-19。

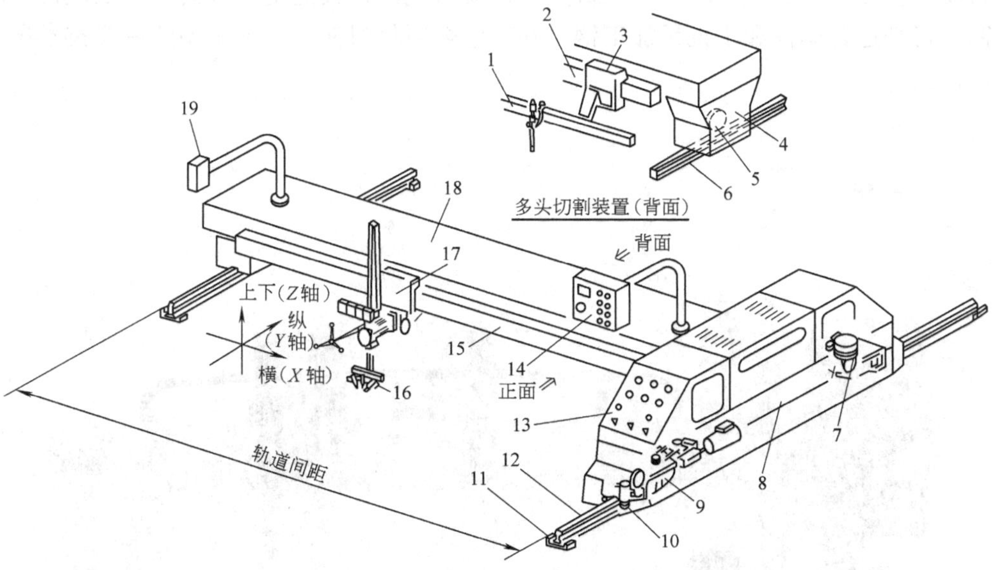

图 3-26 门式气割机

1—角形杆 2—横向滑杆 3—横移拖板 4—从动侧座架 5—从动轮 6—从动侧轨道 7—快速返回驱动轮 8—驱动机座板 9—驱动装置主动轮 10—侧面滚轮 11—轨道调整器 12—纵向基准轨道 13—气体操作盘 14—电气操作盘 15—横向导轨 16—坡口切割装置 17—横向导板 18—机架 19—副电气操作盘

3）自动切割设备。自动切割设备是一种不需要在切割前划线，无需靠模板或样板进行全自动气割的切割机。它具有切割效率、切割精度高的特点，已得到普遍使用。自动切割设备按自动控制的模式，可分为光电跟踪切割机和数控气割机两大类。

表 3-19 HGM 型门式气割机的主要技术参数

技术参数	型号		
	HGM3000	HGM4000	HGM5000
驱动方式	单侧驱动	单侧驱动	双侧驱动
轨距/m	3	4	5
轨长/m	10	12	14
切割最大宽度/mm	2.5	3.5	4.5
切割最大长度/mm	7.5	9.5	11.5

① 光电跟踪气割机。它是利用光电原理，按图样的线条或样板的轮廓进行自动跟踪，同时带动割炬进行仿形切割的一种自动化切割设备。光电跟踪气割机不需要编程和输入大量的数据，可省去制作号料样板和号料所需的材料和工时，而且能同时切割出多个零件。其缺点是除了切割平台外，还需配备跟踪平台，气割机的占地面积较大。因此，光电跟踪切割跟踪长度和跟踪宽度大多数在 2m 以下。

图 3-27 所示为 UXC 型光电跟踪气割机。它是目前功能最为强大的机种之一，配有 NCE280 型连续轨迹数控操作系统，兼有数控、光电跟踪、随机编程和寻踪读入等多种功能，自动化程度比一般光电跟踪气割机更高，既可气割，又能配上等离子割炬进行等离子弧切割，特别适合单件和小批量加工钢材和有色金属材料使用。该机型的主要技术参数见表 3-20。

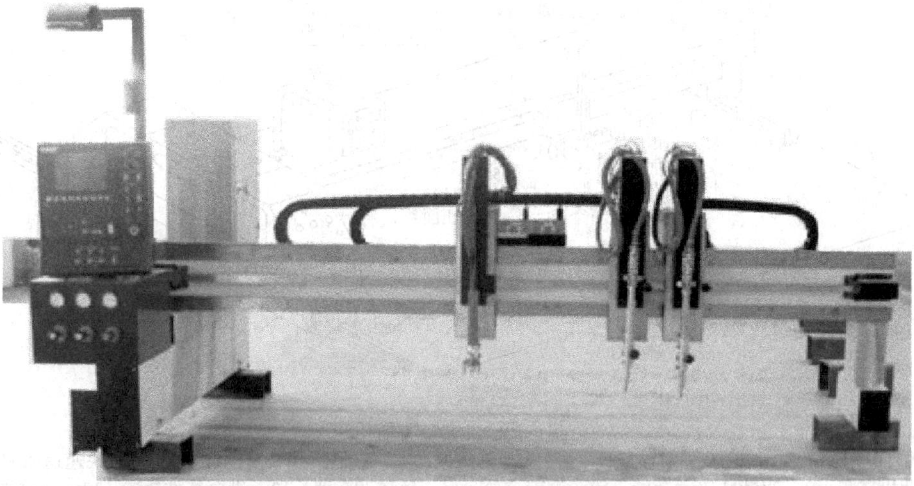

图 3-27 UXC 型光电跟踪气割机

② 数控气割机。数控气割机是一种高效的自动化切割设备，目前已成为批量生产型焊接结构加工单位不可缺少的下料工具。按所切割工件的形式不同，数控气割机可分为板材坐标式数控气割机、型材数控气割机和管材数控气割机几种。

表 3-20 UXC 型光电跟踪气割机主要技术参数

技术参数			气割机规格		
			12.5	15	15/20
切割宽度	单割炬	/mm	1250	1500	2000
	双割炬		2×625	2×750	2×1000
	三割炬		3×415	3×500	3×665
	四割炬		4×310	4×375	4×500
切割厚度	单割炬		3~200	3~200	3~200
	双割炬		3~125	3~125	3~125
	三割炬		3~75	3~75	3~75
	四割炬		3~75	3~75	3~75
最大平行切割宽度			1250（1500）	1500（1750）	2000
最小平行切割宽度			95	95	95
圆弧切割最大直径			ϕ1000	ϕ1000	ϕ1000
圆弧切割最小直径			ϕ150	ϕ150	ϕ150
3m 轨长切割长度			2250	2250	2250
4m 轨长切割长度			3250	3250	3250
跟踪台面尺寸（长×宽）			1000×1250	1000×1500	1000×1500
切割工作台高度			700	700	700
切割速度调节范围/$mm\cdot min^{-1}$			100~3000	100~3000	100~3000
适用燃气			乙炔/丙烷/天然气		
机身外形尺寸/（长/mm×宽/mm×高/mm）			3200×2100×700	3700×2100×700	4200×2100×700

根据加工工件图样和数控装置的规定由人工编出切割程序，由计算机根据程序进行运算，使割嘴沿图样要求的轨迹运动进行切割。它是现代热切割技术与计算机技术相结合的产物。数控切割在备料工艺中是一项重大的技术革命，改变了车间的工艺流程和设备布局，从根本上改善了焊件的质量，使整个焊接结构生产的现代化和自动化程度达到了一个新水平。

图 3-28 所示为一种典型的门架式数控气割机结构外形尺寸图，它主要用于板材的气割下料。其机械结构由 T 形机架、箱形横梁、纵向轨道及支柱、齿轮齿条传动机构和钢带传动机构等组成。气割机门架的纵向移动和割炬滑架的横向移动采用交流或直流电动机驱动，经减速齿轮箱减速，通过齿轮齿条啮合实现无级调速。在伺服电动机主轴上装有测速发电机或光电编码器，可在切割过程中进行速度和位置的取样和反馈，由双闭环脉冲宽调制驱动放大器实现切割恒速控制和精度的定位。

数控系统是决定数控气割机技术特性和功能的部件。国内外各自动控制系统生产商，已开发出众多品牌的适用于数控火焰切割，或等离子弧切割的数控系统，按照控制的精度和功能的完善程度，数控系统可分成高、中、低三个等级，以满足不同切割工艺和质量要求。例如，上海伊萨-仪考克有限公司的 NCE-2000 连续轨迹控制器属于高档的数控系统；中国航天数控的 CASNUC-901M 控制器属于中档的数控系统；上海开通工业自动化公司的

KT400C 控制器属于低档数控系统。上海伊萨公司的 NCE-2000 型控制器的电气框图如图 3-29 所示。

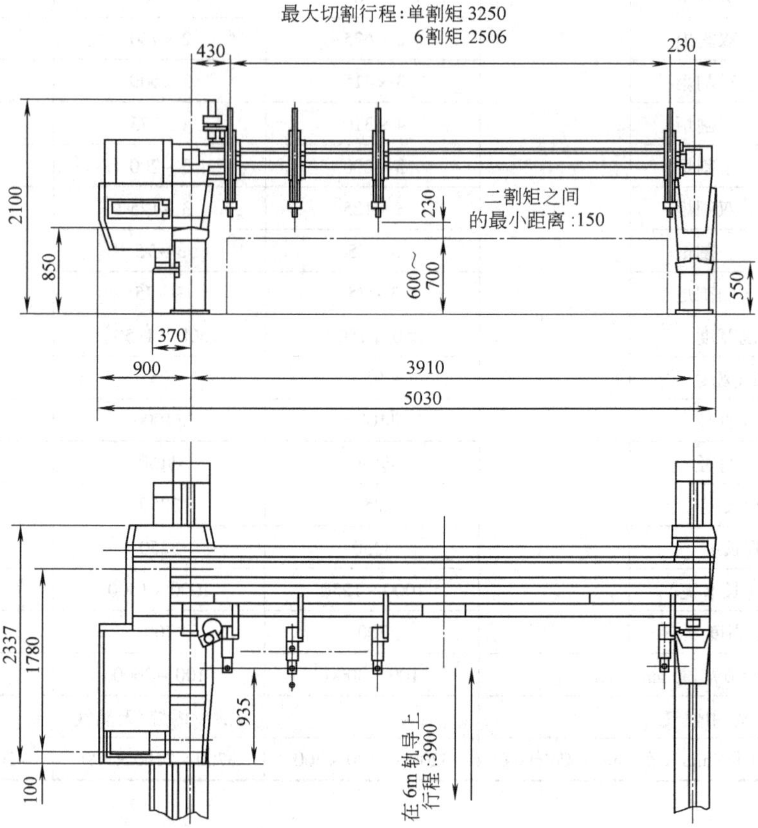

图 3-28 门架式数控气割机结构外形图

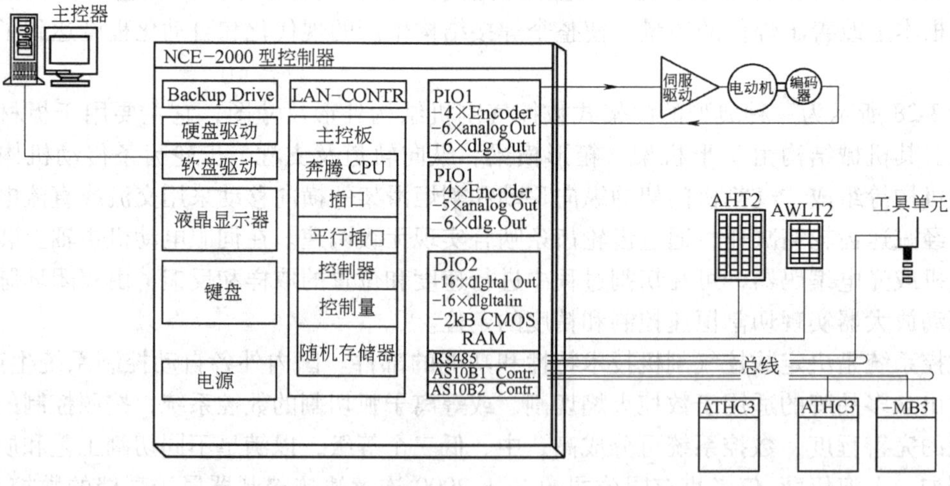

图 3-29 NCE-2000 控制器的电气框图

数控气割机的套料程序软件可通过重复、移动、旋转、组合及连接等方式，把多个套料程序组合起来形成一个套料程序，并且在指定切割顺序后，所有辅助功能，如起动、停止、切口补偿等程序自动形成。任何部件的图像，可以在使用套料和编辑模式时加以放大。另外还具有动态放大功能，便于在切割过程中修改切口的补偿，利用“货柜”方式，结合套料工艺，可快速地显示图形，特别适合于寻踪图形的排料。

然而，对于大多数气割机用数控系统不配备自动套料软件。为加快编程速度，缩短待机时间，目前已广泛采用 FastCAM 自动编程和自动套料软件，专用于板材的切割下料。该软件的功能包括工程制图、工程图输入、DXF 文件的优化编辑、切割路径的自动设计、批量零件的优化套排、切割过程中材料、工时和损耗等成本的核算和剩余材料的计算机管理等。FastCAM 系统软件由以下四个模块组成：

a. FnstCAM Drawing 绘图模块。专用于数控切割功能强大的绘图系统，具有读入 Auto CAD，DXF 文件进行清除和压缩，以及断开桥，连续桥，割炬补偿等编辑功能。

b. FastPATH 自动设置切割路径模块：可将形状复杂的大批量的零件在很短的时间内完成切割路径的设置，包括引入、引出线及打标记线，打孔位置的自动设置：可对不同的 NC 代码进行转换或将 NC 代码还原为 CAM 或 DXF 文件。

c. FastNEST 全自动优化套料模块；对 DXF，CAM 或 NC 文件进行自动和手动优化套料，包括在余料和多张钢板上进行优化套料：在套料过程中，可任意修改切割顺序和引入、引出线的位置。优化套料后，可选择齐整切割线，将余料整齐切下。图 3-30 所示为采用 FastCAM 软件优化套料的模块图形实例。

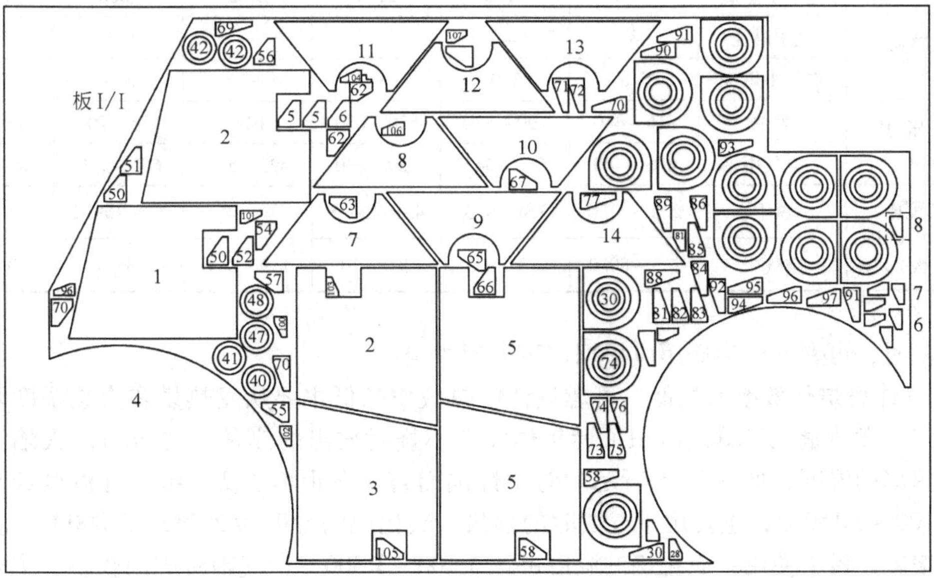

图 3-30　采用 FastCAM 软件优化套料的模块图形

d. FastPLOTNC 文件模拟和成本计算模块。可读入 NC 文件，进行逐步模拟切割过程和 NC 路径的编辑和校验。还可进行材料和切割成本的计算。

数控气割机主要技术参数包括轨距、切割宽度、最大切割长度、切割厚度、切割速

度、最高行走速度和割炬数等的技术数据

（4）气割用气体 气割所用的气体分为两类：即助燃气体（氧气）和可燃气体。

1）可燃气体。气割常用的可燃气体是乙炔，推广使用的可燃气体还有丙烷、丙烯、氢、天然气（以甲烷为主）、液化石油气（以丙烷为主）等。

常用可燃气体的性能见表3-21。

表3-21 常用可燃气体性能

指标＼可燃气体		乙炔	丙烷	丙烯	丁烷	天然气（甲烷）	氢
分子式		C_2H_2	C_3H_8	C_3H_6	C_4H_{10}	CH_4	H_2
分子量		26.01	44.06	42.05	58.08	16.03	2.016
标准状态下密度/$kg\cdot m^{-3}$		1.109	1.862	1.915	2.46	0.677	0.09
总热值	/$kJ\cdot m^{-3}$	55246	104458	88395	121482	37238	12050
	/$kJ\cdot kg^{-1}$	50208	51212	49204	49380	56233	—
一次火焰热值/$kJ\cdot m^{-3}$		19083	10041	16071	—	410	—
二次火焰热值/$kJ\cdot m^{-3}$		36162	94416	72325	—	26828	—
中性焰耗氧量/$m^3\cdot h^{-1}$	理论值	2.5	5.0	4.5	6.5	2.0	0.5
	实际值	1.1	3.5	2.6	—	1.5	0.25
中性焰温度/℃	氧中燃烧	3100	2520	2870	—	2540	2600
	空气中燃烧	2630	2116	2104	2132	2066	2210
火焰燃烧速度/$m\cdot s^{-1}$	氧中燃烧	8	4	—	—	5.5	11.2
	空气中燃烧	5.8	3.9	—	—	5.5	11.0
0.1MPa压力下燃点温度/℃	氧中	416~440	490~570	520~630	610	556~700	580~590
	空气中	406~440	515~543	520~630	493~577	650~750	580~590
爆炸范围（15.6℃，0.1MPa）（体积分数）/%	氧中	2.8~93.0	2.4~9.5	4.1~50.5	—	5.4~59.2	4.7~93.9
	空气中	2.5~80.0	2.3~9.5	2.0~10	1.9~8.4	5.3~14	4.0~74.2

气割时，可燃气体的选用应根据以下因素决定：

① 气体燃烧热效率的高低。可燃气体的热效率高低主要从发热量和火焰温度两方面进行评定。发热量是指单位体积可燃气体完全燃烧时放出的热量（kJ/m^3）。火焰温度是指火焰内焰的温度，如图3-31所示。对中性焰而言，在距焰心2~4mm处温度最高，可达到3 100~3 150℃，主要用于气割时的预热；碳化焰的温度为2 700~3 000℃，易使工件边缘增碳，极少使用；氧化焰的温度可达3 100~3 300℃，气割时应用较多，主要适于切割碳钢、低合金钢、不锈钢等材料。

② 经济性。气割时，要从两方面来考虑选择可燃气体的经济性：一是可燃气体本身造价的高低；二是气割时可燃气体与氧气的消耗量的大小。

③ 安全性。可燃气体是很容易引起爆炸的，它们与空气和氧气混合气的爆炸范围见表3-22。

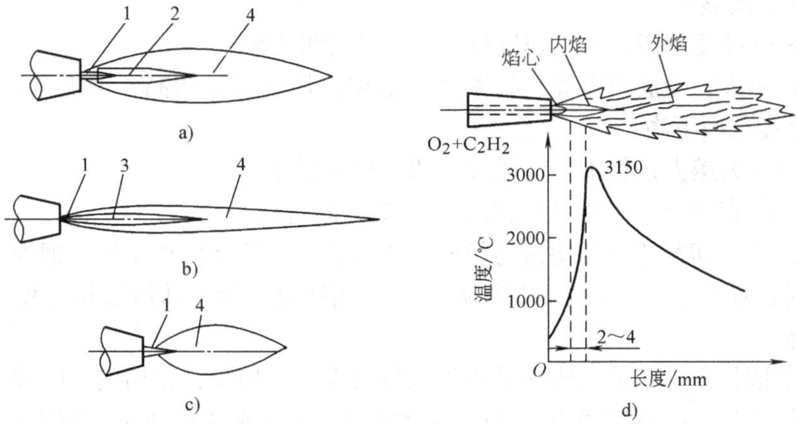

图3-31 气割火焰

a）中性焰 b）碳化焰 c）氧化焰 d）中性焰的温度分布

1—焰心 2—内焰（暗红色） 3—内焰（淡白色） 4—外焰

表3-22 可燃气体与空气和氧气混合气的爆炸极限

可燃气体名称	可燃气体在混合气中含量（体积分数）(%)	
	空气中	氧气中
乙炔	2.2~81.0	2.8~93.0
氢气	3.3~81.5	4.6~93.9
一氧化碳	11.4~77.5	15.5~93.9
甲烷	4.8~16.7	5.0~59.2
天然气	4.8~14.0	
石油气	3.5~16.3	

④ 储运的方便性。固态最方便，液态次之，气态较不方便。一般情况下，因乙炔气体的温度高出其他气体1 000℃，故多选用乙炔作为可燃气体。

2）助燃气体。氧气是气割唯一的助燃气体。氧气与可燃气体混合燃烧可以得到高温火焰，所以氧气广泛应用于气焊和气割作业。

氧气几乎能与所有可燃气体和液体燃料的蒸气混合而形成爆炸性混合气，且这种混合气具有很宽的爆炸极限范围。高压氧气与油脂、有机纤维等有机物接触会引起自燃。

可燃气体只有在纯氧中燃烧，才能达到最高温度。因此，用于切割的氧气的纯度要在99.5%以上，氧气纯度不够，会明显影响燃烧效率和切割效果。

（5）影响气割质量的主要因素 影响气割质量和气割过程的主要因素有：预热火焰能率、切割氧的纯度、切割氧流量、切割氧压力、氧流形状、割嘴到工件表面的距离、切割速度及钢材的初始温度等。

1）预热火焰能率。火焰能率是指可燃气体的消耗量，主要取决于割炬和割嘴的大小。火焰能率过大，易造成工件表面熔化，增加工件表面的粘渣；但能率过低，热量不足，则气割速度减慢，使气割过程难以进行。预热火焰多采用中性焰（氧与乙炔的混合比$\beta=1.1\sim1.2$）或轻微的氧化焰（$\beta>1.2$）。一般不采用碳化焰，主要是因碳化焰会使切边渗碳。

2）切割氧。气割的实质是铁和氧的燃烧。影响这一燃烧反应的是氧的纯度、氧流量大小、压力和氧流形状。

① 切割氧的纯度越高，切割速度越快，氧消耗量下降。

② 氧流量越大，吹渣力提高，切割速度加快，切口质量越高；但流量过大，切口被冷却，切割速度反而下降。

③ 切割氧压力越大，切割厚度增大，切口质量越好。

④ 氧流形状直而长，切割厚度加大，切口质量提高。

3）切割速度。切割速度的快慢与板厚、预热火焰、氧纯度和流量、钢板的初始温度、割炬形状等因素有关。一般来说，板厚越大，切割速度越慢；速度过快会使后拖量增加，切割质量下降。

4）割嘴的倾斜角。一般割嘴应垂直于工件表面进行切割，在切割不同板厚的材料时，为减小后拖量，应注意割嘴的角度。当直线切割时，板厚在 4 ~ 20mm，割嘴后倾20° ~ 30°，以减小后拖量，提高切割速度；板厚在 20 ~ 30mm，割炬应与被割件表面垂直；板厚 > 30mm，割嘴应前倾 20° ~ 30°。

5）割嘴至工件表面的间距。间距越小，空气对氧气流的污染减小，切割速度提高；但间距过小，切口会发生渗碳，割嘴易被飞溅物堵塞，寿命降低。一般直筒形割嘴间距保持在 3 ~ 5mm；扩散形割嘴，用氧–乙炔切割时间距取 8 ~ 11mm，用氧–液化石油气切割时间距取 6 ~ 10mm。

6）钢材初始温度。初始温度高，加热到燃点的时间缩短，切割速度提高。

另外，切割质量还与工件的形状、割缝形状（曲线、直线、坡口等）和位置、工件表面状态（氧化皮、油污等）等因素有关。

2. 等离子弧切割

由于切割效率高，可切割材料的种类多，生产成本低，等离子弧切割技术在工业生产中的应用范围仅次于气体火焰切割，在不锈钢和铝合金结构制造行业几乎已完全采用等离子弧切割下料。

有关等离子弧的形成及类型在其他专业课中已有介绍，在此不作重述。

（1）等离子弧切割原理及特点

1）等离子弧切割原理。等离子弧切割是利用高速、高温、高能量的等离子弧焰流来加热和熔化被切割材料，利用空气或其他气体作为工作气体，借助等离子弧焰流的冲击力排除已熔化金属，从而达到切割金属的目的。在高温等离子焰流形成的同时，喷嘴孔道内弧柱周围的冷却气体被弧柱加热，在孔道内形成高温高压气体，从喷嘴内向外高速喷出，使等离子弧的焰流在孔道口处具有很高的速度（可达声速或超声速），表现出强大的冲击力。

2）等离子弧切割特点。等离子弧是高能量密度的压缩电弧，它的温度一般在 10 000℃以上，最高温度可达 50 000℃，因而具有以下特点：

① 适用范围广。能切割现有的任何气体火焰和电弧所不能切割或难切割的不锈钢、铜、铝、铸铁以及其他难熔金属和非金属材料。

② 切割质量高。由于等离子弧柱较细，冲刷力大，所以切口窄小，边缘平滑整齐，热影响区小，所以不会产生气割时出现的边缘淬裂、淬硬或变形较大等现象，尤其适合加工各种成形零件。切割厚度可达 150mm，甚至更厚，所以是一种得到广泛使用的下料方法。

③ 切割速度快，生产效率高。切割厚度≤25mm 的碳钢时，速度可达气割的 5 ~ 6 倍，

但切割厚板的能力不及气割。

④ 切割用等离子弧的电源空载电压高，等离子流速高，热辐射强，噪声、烟气和烟尘严重，工作卫生条件较差，应注意加强安全防护。

（2）等离子弧切割方法及用途　等离子弧切割方法，因采用不同的工作气体而有所不同，见表3-23。可按其用途选用。

表3-23　等离子弧切割的种类及其主要用途

切割方法	工作气体	主要用途	切割厚度/mm
氩等离子弧	Ar，$Ar+H_2$ $Ar+N_2$ $Ar+N_2+H_2$	切割不锈钢、有色金属及其合金	4～150
氮等离子弧	N_2，N_2+H_2		0.5～100
空气等离子弧	压缩空气	切割碳钢和低合金钢，也适用于切割不锈钢和铝	0.1～40 （碳钢和低合金钢）
氧等离子弧	O_2或非纯氧		0.5～40
双重气体等离子弧	N_2（工作气体） CO_2（保护气）	切割不锈钢、铝和碳钢，不常用	≤25
水再压缩等离子弧	N_2（工作气体） H_2O（压缩电弧用）	切割碳钢、低合金钢、不锈钢及铝合金等有色金属	0.5～100

（3）等离子弧切割设备　按机械化和自动化程度，等离子切割设备可分为手工等离子弧切割、机械等离子弧切割和数控等离子弧切割设备。

由于空气的获取和压缩十分方便，成本低廉，除了某些要求特殊的场合外，目前在工业生产中普遍使用的是空气等离子弧切割设备。

机械等离子弧切割设备主要由电源、高频发生器、供气系统、水路系统、控制箱、割炬、切割小车等部分组成，如图3-32所示。其中主要组成部分的功能见表3-24。GD1—3050型小车式等离子弧切割机的技术参数见表3-25。

所有形式的机械气体火焰切割机，在配备等离子弧切割电源和等离子弧割炬后，都可作为等离子弧切割机使用。但在改装时，必须注意将切割机的电器控制器加装可靠的高频防护装置。

数控等离子弧切割机的基本结构与数控气割机类同。由于等离子弧切割工艺的逐步普及，许多数控气割机生产厂商，都在设计制造气体火焰和等离子弧两用的数控切割机。数控等离子弧切割机与数控气割机相比，除需要配备功能强大的数控系统和灵敏度较高的割炬调高器外，还应特别注意切割烟尘的排放和净化问题，尤其是空气等离子弧切割碳钢和不锈钢时，烟尘更为严重。因此，中、大型多割炬数控等离子弧切割机必须加装烟尘排放和除尘装置。

解决等离子弧切割空气污染的另一种方法是采用水下等离子弧切割，即将待切割的板材平放在切割水池内，采用特殊结构的等离子弧割枪进行水下切割。切割时等离子弧割炬浸入水面100mm，隔绝了切割过程中产生的有害烟尘。水下切割的另一优点是可以消除薄板的切割变形，提高切口质量。缺点是增加了设置费用，需添加密封水槽和大容量循环水泵。

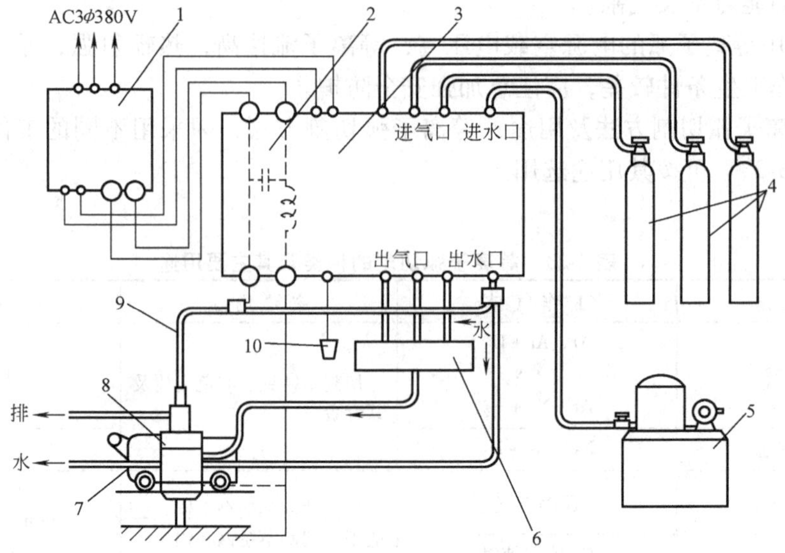

图 3-32 机械等离子弧切割机构成图

1—直流电源 2—高频发生器 3—控制箱 4—气瓶 5—冷却水泵
6—气体混合器 7—切割小车 8—割炬 9—水冷电缆 10—启动开关

表 3-24 等离子弧切割机主要组成部分及其功能

组 成 部 分	功能及其部件
电源	供给切割所需的工作电压和电流，并具有相应的外特性（通常采用陡降外特性），与等离子弧焊接不同的是切割电源具有较高的空载电压（150～400V）。常用的直流切割电源有专用切割电源和普通直流弧焊机串联使用作为切割电源两种
高频发生器	引燃等离子弧。通常设计为 3～6kV 高压，2～3MHz 高频电流。一旦主电弧建立，高频发生器电路自行断开。 现在某些国产小电流空气等离子弧采用接触引弧方式，而不需要高频发生器
供气系统	连续、稳定地供给等离子弧工作气体。通常由气瓶（包括压力调节阀、流量计）、供气管路和电磁阀等组成。 使用两种以上工作气体时，需设气体混合器和储气罐
水路系统	向割炬和电源供给冷却水，冷却电极、喷嘴和电源等，使之不致过热。通常可使用自来水，当需水量大或采用内循环冷却水时，需配备水泵。 水再压缩等离子弧切割机，还需要供给喷射水，需配备高压泵。同时对冷却和喷射水的水质要求较高，有时配备冷却水软化装置。 对小电流等离子弧和氧等离子弧割炬只采用气冷时，不设水路系统，由供气系统供给
割炬	产生等离子弧并实行切割的部件。对切割效率和质量有直接影响。主要由上下枪体和喷嘴三部分组成，喷嘴是割炬的核心部分，也是产生等离子弧的关键零件。它的结构形式是否合理，几何尺寸是否正确，直接影响着电弧压缩程度的大小和能否稳定燃烧；直接关系到切割能力、质量和喷嘴的使用寿命
控制箱	完成引弧提前送气，滞后停气，通水及切断电源等动作。在切割过程中，实现切割参数的调节。它主要由程序控制器、高频振荡器、电磁气阀及各种控制元件组组成
切割小车	实施机械化或自动化切割，提高切割精度、质量和效率。常用的有半自动、光电跟踪、和数控切割小车

表3-25　GD1-3050型小车式等离子弧切割机的技术参数

技术参数	型　号
	GD1—3050
切割板材厚度/mm	4～20
切割速度/mm·min^{-1}	50～2800
切割圆周直径/mm	200～2000
最大切割电流/A	80
电源型号	Powermax 800
等离子气体和保护气	空气
气体压力/Pa	8.3×10^5

（4）等离子弧切割工艺参数　等离子弧切割是一种熔融切割方法，影响切割效率和质量的主要工艺参数有：工作气体的种类和流量、电源的空载电压和切割电压、切割速度、切割电流、割嘴与工件的距离、钨极到喷嘴的距离、喷嘴孔径等。

1）工作气体种类。等离子弧切割用气体有：N_2、Ar、H_2及它们的混合气体、压缩空气、水蒸气等。

① N_2气携热性好，动能大，热压缩效果好，价廉易得应用广；但引弧效果和稳弧性较差，要求较高的空载电压（165V）；且要求其纯度在99.5%以上，否则会增加钨极烧损而引起双弧现象烧坏喷嘴。采用纯氮气，空载$U=250\sim350$V，工作$U=150\sim200$V，可切割工件厚度≤120mm，且切口质量较高。

② Ar气热容大，引弧较容易，空载电压70～90V，弧焰温度较高；但切割厚度小于30mm，造价高，不经济，一般不使用纯氩作切割气体。

③ H_2气携热和导热性好，压缩作用大，但空载电压高>350V，电弧稳定性较差，一般氢气是作为辅助气体来使用。

在切割时，两种气体混合使用效果比单一气体要好，因为它们可以取长补短。选择时，主要根据被切割材料的性质、厚度及其他工艺条件确定。表3-26是等离子弧切割不锈钢和铝时常用参数的选择。

表3-26　等离子弧切割不锈钢和铝时常用参数的选择

工件厚度/mm	气体种类（体积分数）	空载电压/V	工作电压/V	备　注
≤120	Ar	250～350	150～200	用于切割薄、中厚板；铝合金切割面不光洁
≤150	N_2(60%～80%)+Ar	200～350	120～300	适于切割薄、中厚板，切割效果好
≤200	N_2(50%～85%)+H_2	300～500	180～300	适于大厚板切割
≤200	Ar（65%）+H_2(35%)	250～500	150～300	切割薄、中、厚板均可，切割效果最好

2）气体流量。气体流量应与喷嘴孔径相适应。气体流量对切割质量的影响见表3-27。

表3-27 气体流量对切割质量的影响

氮气流量/$L \cdot h^{-1}$	切割电流/A	工作电压/V	切口宽度/mm	切口表面质量
2050	240	84	12.5	渣多
2200	225	88	8.5	有渣
2600	225	88	8.0	少渣
2700	230	90	6.0	无渣
3300	235	82	10	有渣
3500	230	84	—	未割透

3）空载电压与工作电压。空载电压由切割电源决定，但与切割厚度及选用的气体有关。用Ar作工作气体时，空载电压可低些；用N_2、H_2等双原子气体作工作气体时，空载电压应高些。

电流和电压决定了等离子弧的功率P，P越大，可提高切割速度和切割厚度；但是电流越大，弧柱变粗，切口变宽，割嘴易烧损。所以，在切割大厚度工件时，以提高切割电压为好。但也应注意，当工作电压达到空载电压的2/3时，就会出现电弧不稳现象，因此，为了提高工作电压需选用较高的空载电压（>150V）。

4）切割电流。切割电流由下式确定，即

$$I = (70 \sim 100)d \tag{3-5}$$

式中 I——切割电流（A）；

d——喷嘴孔径（mm）。

5）切割速度。是提高生产效率的主要标志，一般在保证切割质量的前提下应尽量选用较高的切割速度。速度快，切口小，热影响区小，但切割速度过快，不能割透工件；而速度过慢，生产效率下降，切口质量降低。

6）喷嘴到工件的距离。距离越大，电压越高，弧柱在空气中显露长度增加，热量散失增多，且对熔融金属的吹力减小，切口处熔渣较多，切口质量降低；反之，距离太小，喷嘴和工件易短路，烧坏或堵塞喷嘴。所以，该距离一般取8～10mm。

7）钨极到喷嘴的距离。距离合适，电弧燃烧稳定，压缩效果好。但过大，引弧困难，电弧不稳；而过小，切割能力下降，故一般取孔道长$L+$（2～4）mm，约6～11mm。

8）喷嘴孔径。喷嘴孔径d与孔道长度L是决定机械压缩效应强弱的主要因素。所以，两者的大小一般由其比值来决定，即$d/L = 1:1.5 \sim 1:1.8$时较合理，故d取2～4mm，L取4～7mm。

3. 激光切割

（1）激光的产生及特点 激光是利用原子受激辐射原理在激光器中使工作物质受激励而获得的经放大后射出的光。

1）激光的产生。由原子结构可知，电子绕核旋转，具有不同的轨道，在不同的轨道上的电子处于不同的能级。由于粒子有趋于低能级的特性，平衡状态时，低能级粒子数多于高能级粒子数（分布规律符合玻耳兹曼公式）。如果提供一个能源，使低能级粒子吸收能量，跃迁到高能级上，使高能级粒子数多于低能级粒子数，这就是所谓的“粒子居集数反转”。

高能级粒子有向低能级自发跃迁的趋势，一个电子自发跃迁一个能级，放出一个光子，称自发辐射。自发辐射放出的光子频率与跃迁的能级差成正比，符合普朗克公式，即

$$h\nu = E_2 - E_1 \tag{3-6}$$

式中 h——普朗克常数，$h=6.62610^{-34}$（J·s）；

ν——光子的频率（Hz）；

E_1、E_2——高能级和低能级能量。

此光子又激发 E_2 能级的粒子，使 E_2 能级的粒子受激放出频率、相位、方向与偏振方向完全一致的光子，即受辐射。此时，E_2 能级一粒子，产生两个完全相同的光子，这两个光子再激发 E_2 能级的粒子就产生四个相同光子，这种雪崩式的反应，使入射光子得到放大，使光强迅速增强。如果在粒子受激辐射系统两端设置两块相互平等的反射镜，构成光学谐振腔，平行于谐振腔轴线的光，在两个反射镜之间振荡放大，越来越强，直至 E_2 能级的粒子都受激跃迁到 E_1 能级时，粒子居集数反转现象消失，光强不再增加。

在反复反射过程中，与谐振光方向、波长不一致的光，不能形成谐振的光随时逸出谐振腔外而消失，最后得到光束是方向一致、亮度极高的单色光，即激光。

2）激光的特点。激光与其他光相比，具有以下特点：

① 亮度高，是世界上最亮的光源。

② 方向性好，近于理想的平行光，远距离传播时，扩散面积也很小。

③ 单色性好，光谱宽度极窄，比氪灯的光谱还窄几个数量级。

④ 功率密度高，激光束经聚焦后其光斑直径最小能达到0.01mm，相应的功率密度可达 $10^5\sim10^7$ W/cm^2，经充分聚焦后可达 $10^6\sim10^{12}$ W/cm^2。

⑤ 相干性好，光的相位相当一致。

⑥ 具有反射、折射、透射及被聚焦的特性。

（2）激光切割的原理、类型及特点

1）激光切割的原理。利用经聚焦的高功率密度激光束的热能量将被切割工件切口区熔化、汽化、烧蚀或达到燃点，同时借助与光束同轴的高速气流（这种气体称为辅助气体）吹除熔化物而形成切口。

2）激光切割的类型。根据工件的热物理特性和辅助气体的性状，激光切割过程分为以下几种：

① 激光熔化切割。利用激光加热工件使之熔化，同时借助非汽化性辅助气体排除熔融物质形成切口。大多数金属材料的切割属熔化切割。

② 激光汽化切割。当高功率密度的激光照射到工件表面时，材料在极短的时间内加热到汽化点，并以气体或者被气体冲击的液态、固态微粒形态逸出，形成切口。大部分有机材料和陶瓷的切割属汽化切割。

③ 激光燃烧切割。利用激光热能将工件加热到燃点，利用活性辅助气体（氧气、空气）使材料燃烧，并排除燃烧产物，形成切口，类似气割过程。钢和钛等金属的切割属这种类型。

④ 激光烧蚀。利用激光斑点的高温和穿透力，在脆性材料上烧刻小槽，然后施加一定的外力使材料沿槽口断开的方法。

3）激光切割的特点。激光切割与其他热切割方法相比具有以下特点：

① 切口窄小，如切割一般低碳钢，切口宽度可小到0.15mm左右；切口表面光洁美观，工件的尺寸精度可达±0.5mm，故有些工件切割后无需再加工，可直接使用或进行焊接。

② 可进行薄板高速切割和曲面切割，切口热影响区宽度仅为0.01～0.1mm，且切割后变形很小。

③ 激光束工作距离大，适合于可达性较差部位的切割加工；可实现多工位操作，一台激光器通过光缆可供多个工位使用；利用机器人可切割三维零件。

④ 可切割软、硬、脆、易碎及合成材料，如木板、布匹、纸板等。

⑤ 由于是无接触切割，所以无工具的磨损。

⑥ 切割时噪声低，污染小。

缺点是设备昂贵，且受激光发生器输出功率的限制，目前只能切割中、小厚度材料，一般切割厚度小于15mm。随着厚度的增大，切割速度明显下降。对大厚度材料的切割尚有一定困难。

4）材料的激光切割性。从原理上讲激光能够切割各种金属和非金属材料，但在实用上，材料的激光切割性同其热物理性能和对激光的吸收有很大关系。一般来说：

① 对激光的吸收比低的材料通常不易用激光切割。对切割常用的YAG固体激光和CO_2气体激光的波长，Cu、Al等金属的吸收比很低。但这些金属一经受热熔化，其对激光的吸收比就迅速增加，故用大功率、高能量密度的激光也能进行切割。另外，Au、Ag等金属对激光的反射比较Cu、Al还要高，故难以用激光切割。

② 蒸发（汽化）或熔化温度低、热导率小的材料，易于进行激光切割。

③ 热膨胀率大而热导率低的材料，如陶瓷等非金属材料，在激光切割过程中易产生裂纹。

④ 表面经特别抛光的材料，因其对激光的反射比很高，故难进行激光切割。

各种材料的CO_2激光切割性见表3-28。

表3-28　各种材料的CO_2激光切割性

材料及其特性				切割性能
金属	对激光的吸收比低	—	Au、Ag、Cu、Al	一般难以切割，用大功率激光，Cu、Al可以切割
	对激光的吸收比高	高熔点材料	W、Mo、Cr、Ta、Zr、Ti	薄板可用低速进行切割
		其他材料	Fe系、Ni、Pb、Sn等	较易切割
非金属	有机材料	透射白炽光材料	丙酰基材料、聚乙烯、聚丙烯、聚四氟乙烯聚脂材料	通常可用小功率激光器切割，但因其可燃，切割时有碳化（其中丙酰基、聚脂材料不易被碳化）
		不透射白炽光材料	皮革、木材、布、橡胶、纸、绝缘胶木、纤维增强塑料（玻璃钢）	
	无机材料	热膨胀大（小）	玻璃、玻璃纤维陶瓷、石英玻璃、石棉、云母、磁器	玻璃、陶瓷、磁器等在切割过程中或切割后易产生裂纹，但石英玻璃厚2mm以下切割性良好

(3) 激光切割设备　迄今为止，由于手工激光切割的普遍性和操作方便等方面还不能与气体火焰切割和等离子弧切割相比，因此手工激光切割机和普通机械激光切割机尚未进入工业性实用阶段。目前所使用的激光切割机都是由数控系统控制的。

大型数控激光切割设备，主要由门式机架、激光器、导光系统、激光切割头、CNC控制及驱动系统、供气系统和排烟除尘系统等组成，如图3-33所示。常用激光器的类型与用途见表3-29。

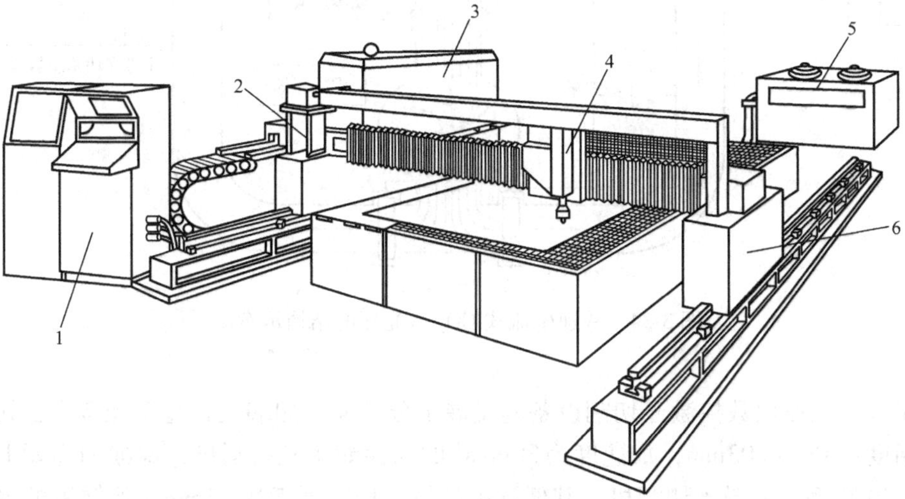

图3-33　数控激光切割机系统结构示意图

1—CNC控制系统　2—驱动系统　3—激光器　4—激光切割头　5—排烟系统　6—门式机架

表3-29　常用激光器的类型与用途

类型		波长/μm	工作方式	重复频率/Hz	输出能量	主要用途
固体激光器	红宝石	0.6943	脉冲	0～1	1～100J	点焊、打孔
	钕玻璃	1.06	脉冲	0～1/10	1～100J	点焊、打孔
	YAG激光器（钇铝石榴石）	1.06	连续脉冲	0～400	1～100J	点焊、打孔
					0～2kW	焊接、切割、表面处理
气体激光器	封闭式 CO_2 激光器	10.6	连续	—	0～1kW	焊接、切割、表面处理
	横流式 CO_2 激光器	10.6	连续	—	0～25kW	焊接、表面处理
	快速轴流式 CO_2 激光器	10.6	连续脉冲	0～5000	0～6kW	焊接、切割

大功率激光切割机大多数配有快速轴流式 CO_2 激光器。这类激光器的特点是气体流动方向、放电方向和激光输出方向均为同一方向，如图3-34所示。它由放电管、谐振腔（包括后腔镜和输出镜）、调速风机和热交换器等组成。

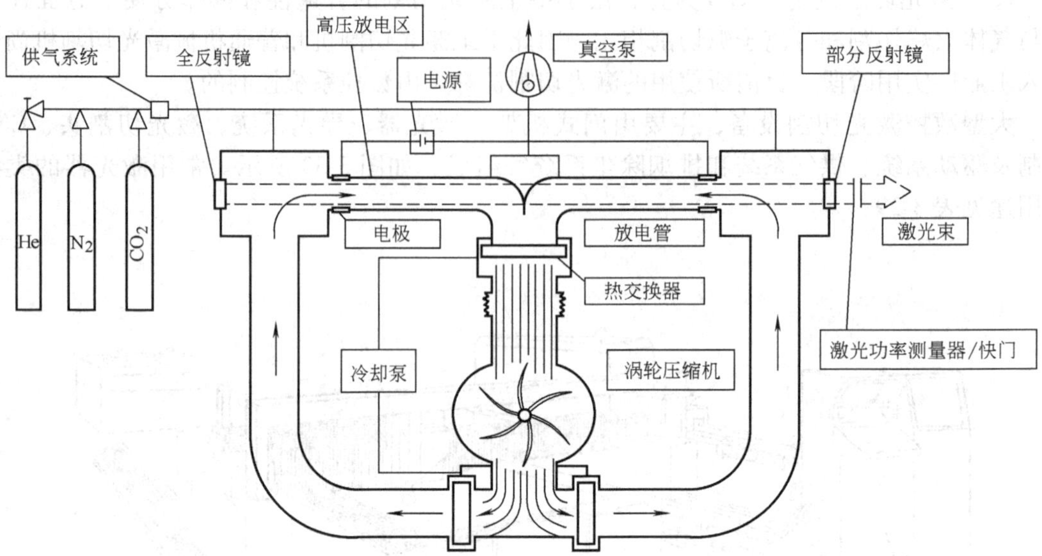

图 3-34 快速轴流式 CO_2 激光器的结构示意图

近年来，工业用数控激光切割设备的发展十分迅速，如瑞士百超激光有限公司已生产出切割精度达到 ±0.03mm，加速度为 30m/s^2 的高性能激光切割机；德国 TRUMPF 公司推出了 TLC3050 型调速激光切割机，其低碳钢的最大切割厚度达 25mm，不锈钢的最大切割厚度为 20mm；瑞典 ESAB 公司生产出 AXB 大型顶级激光切割机，激光器最大功率 4000W，其最大切割宽度为 5.5m，最大切割长度为 25m，最高切割速度为 25m/min，实测的定位精度为 0.4mm/12m。

（4）激光切割工艺参数的选择

1）光束模式。对激光切割来说，基模光束可聚焦成较小的光斑，获得高功率密度（比多模光束高 2 个数量级），切割金属应采用基模光束的圆偏振光。

2）激光功率与切割速度。激光功率取决于切割金属的材质、厚度和切割速度。功率越高，可达速度越大。功率一定时，切割速度随厚度增加而降低。表 3-30 列出了 CO_2 激光切割某些金属材料的实用最大厚度。

表 3-30 激光功率与切割金属的最大实用厚度

CO_2 激光功率/W	实用最大切割厚度/mm				
	碳素钢	不锈钢	铝合金（A5052）	铜	黄铜
1000	12	9	3	1	2
1500	14	—	6	3	4
2000	22	12	—	5	5
3000	25	14	10	5	8
15000	80	55	—	—	—

3）透镜焦距和离焦量。透镜焦距小，光束聚焦后功率密度高，但焦深也不大，适于

薄件高速切割；焦距大，则功率密度低，但焦深大，可用于切割厚工件。焦点与工件表面的距离为离焦量。它对切口宽度也有影响，其最佳值为工件表面下方的1/3板厚。不恰当的离焦量将会明显增加切口宽度。

4）辅助气体种类及流量。用氧气作为辅助气体可因激烈汽化反应产生大量热量，有利于提高切割速度和切割厚度；用氢作为辅助气体时无汽化，切口边缘干净，但切口下缘易产生挂渣，不易除去。氢气流量增大，切口宽度将减小。

5）喷嘴。喷嘴的形状和大小也是影响切割质量、气压分布以及切割速度的重要参量。不同的切割机喷嘴形状也不相同，具体形状和参数一般要通过测试来确定。

6）偏振方向。利用恰当的反射或折射镜调制激光偏振方向，可获得相应的偏振激光，而不同偏振方向的激光切割切口宽度将有明显的差别。但激光切割非金属及高吸收比材料时，这种影响不存在。

7）喷嘴到工件表面的距离。喷嘴口距工件表面太近，影响对溅散切割熔渣的驱散能力；但喷嘴口距工件表面太远，也造成不必要的能量损失。一般控制该距离为1～2mm。对异型工件的切割，主要靠自动调节高度装置来恒定喷嘴口到工作表面的距离。

4．水射流切割

（1）水射流切割的基本原理　水射流切割是利用高压换能泵产生100～400MPa的高压水，通过特殊设计的、孔径很小的喷嘴（材料为人造蓝宝石，孔径0.12～0.4mm），以数百米每秒（通常为2～3倍音速）的高速度喷出，并尽可能无损失地转变成水束动能，借助这种高速水射流的动能的冲击作用来实现对材料切割的一种方法。

按所用介质的不同，水射流切割可分为纯水（即纯水型）射流切割和在水中加各种磨料（即加磨料型）的水射流切割两种基本类型，如图3-35所示。加磨料水射流切割是利用水和磨料的巨大动能对材料产生的冲蚀作用及磨料的微细加工效应，将工件割开并形成良好的切割面。

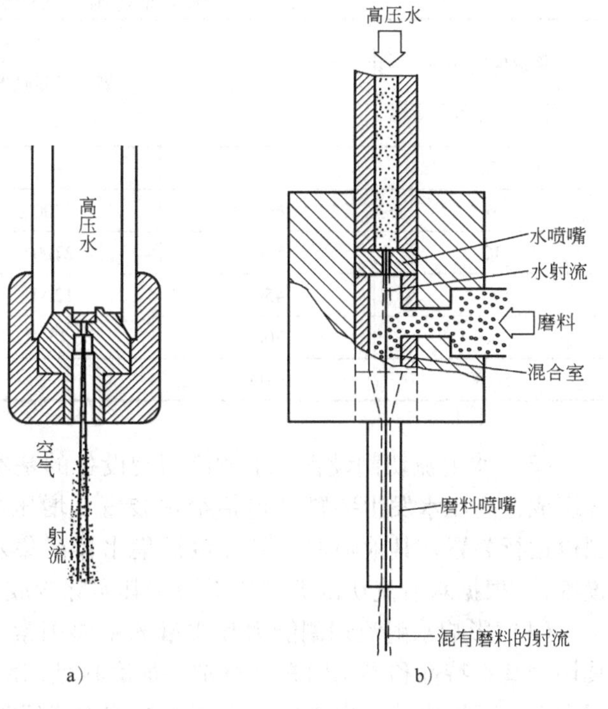

图3-35　水射流切割的类型
a）纯水型　b）加磨料型

（2）水射流切割的特点　其最大特点是一种非热源的高能量射流束加工，切割中无加热过程，故可切割所有的金属和非金属材料，尤其是其他加工方法难以加工的硬质合金和陶瓷材料。此外，还具有以下特点：

1）由于水的冷却作用，被切割工件的温升很小，切口中的温度低于100℃，因而不会产生热变形和热影响区，也就不会改变被切割材料的性能。这对于合金钢、有色金属，如钛、锆等热敏感性强的材料的加工尤为合适。

2）切口质量高，没有毛刺、挂渣，切割面垂直、平整，表面粗糙度细。

3）切口宽度小。纯水型切割时，水射流的直径通常在 1 ~ 0.5mm 之间；加磨料型的喷嘴孔径为 1.2 ~ 2.5mm。在套料切割的场合有利于提高材料的利用率。

4）因切割中反作用力小，割炬易用机器人操纵，故能切割三维曲面工件。

5）不产生有害人体健康的有毒气体和粉尘等，这对切割石棉、毛织物和各种纤维合成材料尤为适合。

6）对那些严禁明火的作业区域，如海洋石油钻井和采油平台、炼油厂、大型油、气贮罐区以及油气输送管道等场合可安全切割。

水射流切割的主要缺点是：设备成本比其他切割方法高；在切割硬质材料时切割速度较慢；切割精度与机械加工相比稍差；在某些场合需对废水进行处理；加磨料型的切割成本高。

水射流切割是一种极有应用前景的束流切割。它与几种热切割速度的比较见表 3-31。

表 3-31　水射流切割与几种热切割速度的比较

碳钢板厚/mm	切割速度/mm · min^{-1}			
	氧-乙炔切割	等离子弧切割	激光切割	水射流切割
<1	—	—	<5000	3300
2	—	—	3500	600
6	600	3700	1000	200
12	500	2700	300	100
25	450	1200	—	45
30	300	250	—	—
>100	>100	—	—	—

（3）水射流切割设备　水射流切割设备的基本构成如图 3-36 所示。通常由以下几部分组成：高压水发生装置（包括给水装置、增压器、高压泵和储压器等）、割枪组合件、割枪运行装置、其他辅助装置（包括集水器或集水槽、磨料贮罐及供给装置、水过滤装置等）。根据水射流切割类型的不同，其实际构成不完全相同。

（4）影响水射流切割能力和质量的主要因素　水射流切割的发展历程比较短，有关其切割基本特性和影响因素，特别是加磨料型切割的研究尚待继续深入。已知的主要影响因素有：高压水的喷出压力（高压水的威力或切割压力）、被加工材料的性质、割枪的移动速度（切割速度）、喷嘴孔径、水流量、喷嘴与工件表面的距离、割枪的倾斜角度、磨料的种类、粒度和供给量等。

（5）水射流切割技术的应用　水射流切割技术的发展时间虽然不长但目前应用范围已经很广，包括汽车制造业、航空航天工业、建材和建筑工业、造船业、造纸业、皮革业乃至食品行业。英、美、法等国已将低压加磨料型水射流切割应用于拆除报废的海洋采油平台，并将在平台修理中获得广泛应用。

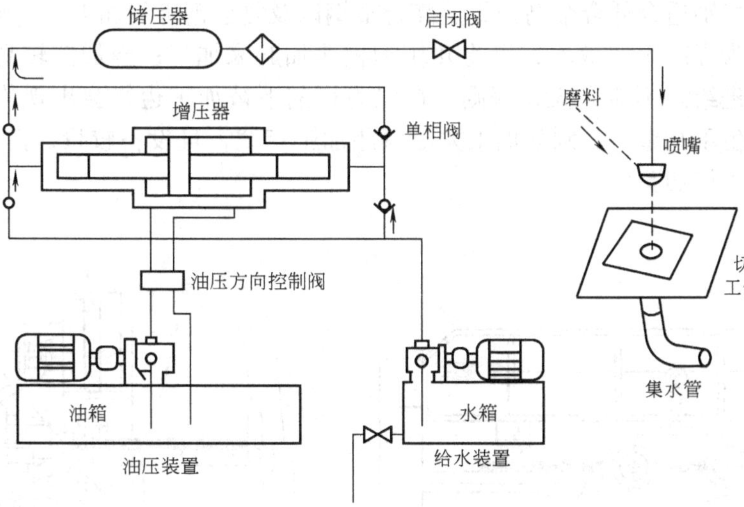

图3-36 水射流切割设备的基本构成

水射流切割所加工的材料品种很多，主要是一般切割方法不易加工或不能加工的金属和非金属材料。其中汽车内部装饰材料就占水射流加工材料的40%。这是因为利用先进的自动化水射流切割装置（尤其是机器人），可加工各种立体工件，而且通过更换控制程序能适应不同形状零件加工和设计改变的需要。

3.2.3 边缘加工与制孔

1. 边缘加工

（1）边缘加工及其目的 边缘加工是将工件的边缘或端面加工成符合工艺要求的形状和尺寸精度的加工工序，通常采用前两节所述的方法来完成。对下料后的零件进行边缘加工的主要目的是：

1）消除前道工序加工所产生的加工硬化层和热影响区。

2）根据工艺要求完成坡口加工。

3）消除装配、焊接工件边缘或自由边的各类缺陷，以提高结构的整体质量。

4）提高结构的表面质量，也可为产品的后期制作创造条件。

（2）常用的边缘与坡口加工方法及设备 金属材料的边缘和坡口加工，可采用刨削、铣削、车削等切削加工工艺。板材边缘和坡口的加工一般采用刨削、铣削和滚剪等加工方法；管材、厚壁筒体、端盖、封头和法兰等工件的边缘和坡口主要采用车削加工方法；对于大型或重型结构部件，如厚壁容器筒体外环缝的清根和坡口修整，因工件尺寸大大超过机床的加工，可改用电动砂轮磨头进行磨削加工；对于大直径薄壁容器的环缝，也可采用碳弧气刨进行背面的清根和坡口的制备；对于不锈钢和铝合金制容器和管道，可采用等离子弧气刨进行焊缝和坡口的修整工作。

边缘与坡口的加工设备，根据工件加工工艺要求的不同，有以下几种：

① 刨边机（图3-37）。可进行钢板的直线边缘加工和开坡口，且加工精度高，坡口尺寸准确，刚性夹紧装置可以防止产生加工变形，不会出现加工硬化和热切割中出现的淬硬

组织和熔渣等，特别适合低合金高强钢、高合金钢以及复合钢板的加工。当刨削较薄钢板的平直边缘时，为提高生产效率，可将几块钢板叠加起来加工；当加工较高强度的材料时，应注意每次进给量不能太大，否则，在强力切削下被加工边缘会出现均布的细小裂纹，对焊接将产生不利影响。刨削加工方法只能加工直线，且设备较贵，占地面积较大，其加工速度也比火焰切割慢。

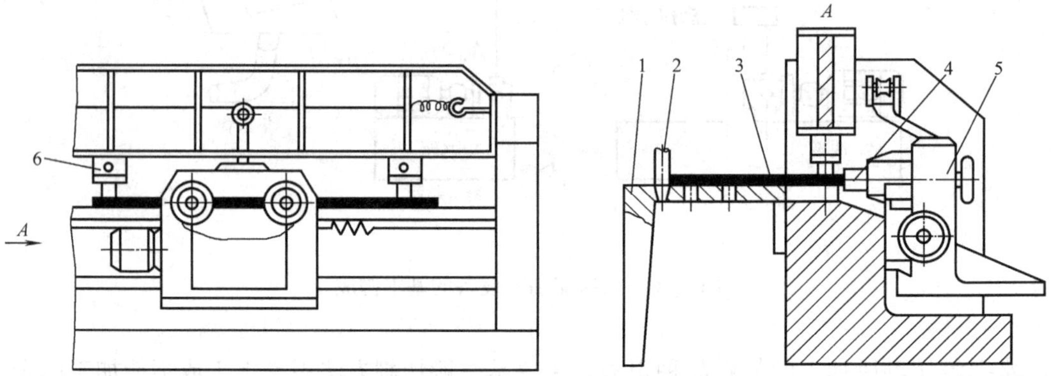

图 3-37 刨边机
1—工作台 2—挡销 3—工件 4—刀具 5—主轴箱 6—压紧器

② 铣边机。由于铣削的效率大大高于刨削，刨边机正逐渐被铣边机所替代。但是对于加工硬化倾向较高的材料，如铬镍不锈钢材料，只能用刨边机进行加工。

为进一步提高铣边机的工作效率和加工精度，现已生产出自动化程度较高的数控铣边机（图 3-38），并已得到生产应用。这种数控铣边机装有双铣头，一次行程可加工双面 K 形坡口，其主要技术参数见表 3-32。该机的主要缺点是外形尺寸较大，设备一次性投资较高。

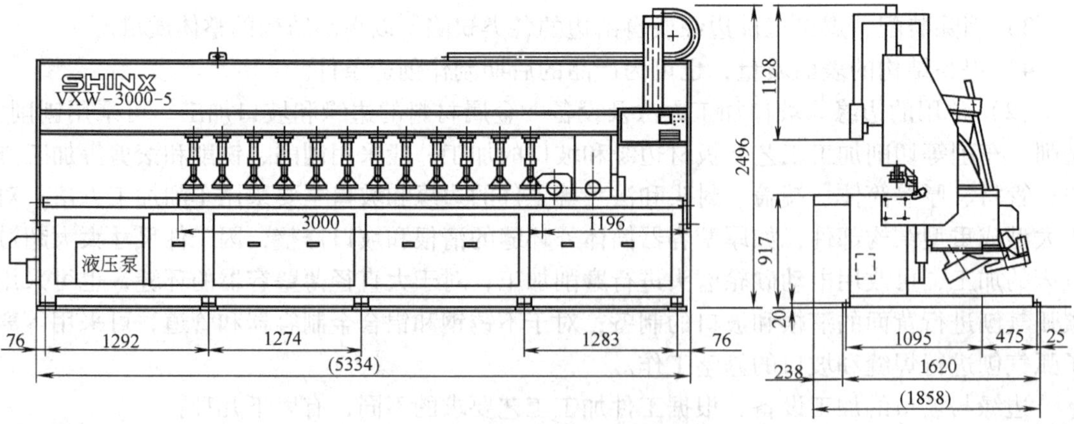

图 3-38 数控铣边机的结构外形图

③ 坡口铣边机（图3-39）。体积小、结构简单、操作方便、工效高，所加工的板材无论是圆板还是直板，在理论上不受直径、长度、厚度的限制。缺点是由于受铣刀结构的限制，不能加工U形坡口，坡口的钝边部分也无法加工。

表3-32　数控铣边机的主要技术参数

技术参数	型　号
	VXW-3000-5
最大加工长度/mm	3000
最大加工板厚/mm	60
坡口加工角度/(°)	0°~84°（上坡口） 0°~60°（下坡口）
加工速度/$mm \cdot min^{-1}$	100~750（无级可调）
压紧液压压力/t	2×12
主轴电动机功率/kW	5.5×2
液压泵电动机功率/kW	2.2
总重/kg	8000
外形尺寸（长/mm×宽/mm×高/mm）	5334×1858×2496

④ 筒体及封头坡口加工设备。薄壁筒体纵、环缝的坡口通常是在板材切割下料时一并加工完成的。对于用不锈钢、铝合金和钛合金制成的筒体，则在板料成形前采用刨边机加工坡口。薄壁封头的坡口加工可采用如图3-40所示的封头余量切割装置进行加工。对于不能用切割方法进行坡口加工的材料，可在立式车床上进行封头边缘和坡口的加工。

厚壁筒体的纵、环缝坡口加工都是在筒体卷制成形后进行的。筒体纵缝坡口可利用龙门铣或龙门刨加工；环缝坡口则可在大型专用边缘车床上加工。

厚壁封头环缝坡口，在封头热冲压成形后，选用封头余量切割机切去边余量，再上立式车床加工出所需要的坡口。

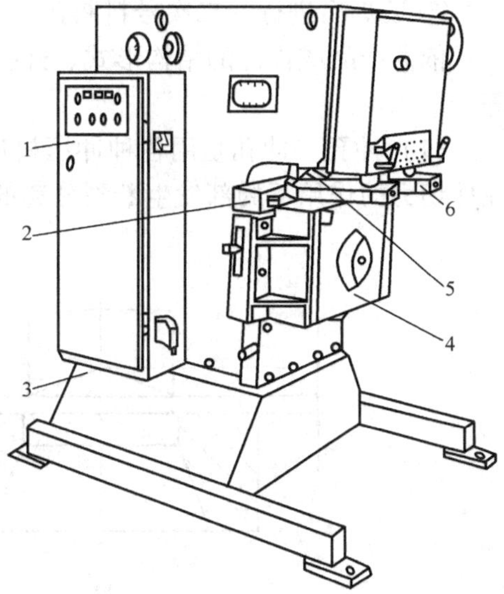

图3-39　坡口铣边机
1—控制柜　2—导向装置　3—床身
4—升降工作台　5—铣刀　6—压紧和防翘装置

⑤ 碳弧气刨。碳弧气刨是一种对金属进行"刨削"加工的工艺方法。它主要用在清理焊根、清除有缺陷的焊缝；也可用于焊缝开坡口，特别是开U形坡口；同时可用于切割气割难以加工的金属，如铸铁、高合金钢等。碳弧气刨所用设备，对于焊条电弧焊来说是非常简单的，只需要一个与焊条电弧焊一样的，具有陡降外特性的弧焊电源和一把碳弧气刨枪就可以了。

碳弧气刨具有生产效率高、劳动强度小、设备简单，操作方便，可在窄小空间施工等优点。但碳弧气刨时吹除的液体金属和熔渣等溅落在金属表面难以清除，会产生较大的飞溅，污染空气及环境，应注意通风和采取适当保护措施。

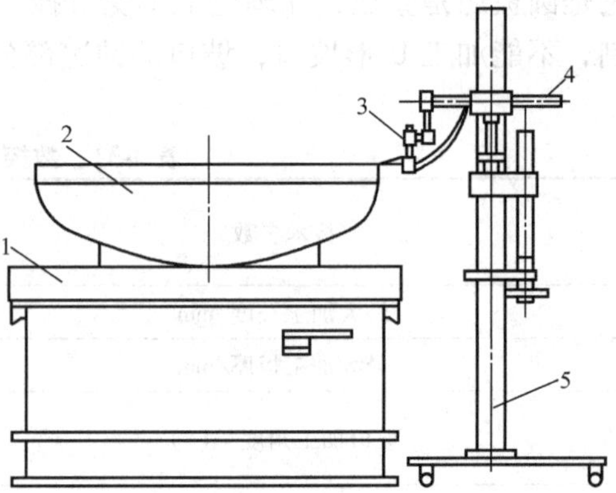

图 3-40 封头余量气割装置
1—转胎 2—封头 3—割炬 4—横移臂 5—柱

2. 制孔

制孔是焊接结构制造中，实现构件间螺栓连接及满足制造工艺需要的辅助加工工序和手段。如大型结构相互间的连接与安装，有时需用螺栓来实现，则需要开螺栓孔；又如板结构，尤其是容器结构，要在筒体和封头上的人孔、手孔、视镜孔、物料的进出口、接管及安装压力表、液位计、流量计、安全阀等都需要制孔。所以，制孔也是焊接结构生产不可缺少的生产工序。

按制孔工序的先后和质量要求的不同，可分为：

① 对孔位置和质量要求不高的预制孔，在号料时进行孔的定位。

② 变形加工后制孔，如压力容器下接管、人孔的制孔。

③ 装焊后进行的二次号料制孔，如锅炉框架、吊车梁端铣后的端部制孔。

依据产品或构件的结构形式、开孔的尺寸和数量，制孔方法分为：冲孔、钻孔、割孔等。

（1）冲孔　冲孔是用各种冲压机床，通过冲孔模具对工件施加一定的剪切力，使其在剪切力的作用下局部发生断裂分离的加工过程，如图 3-41 所示。

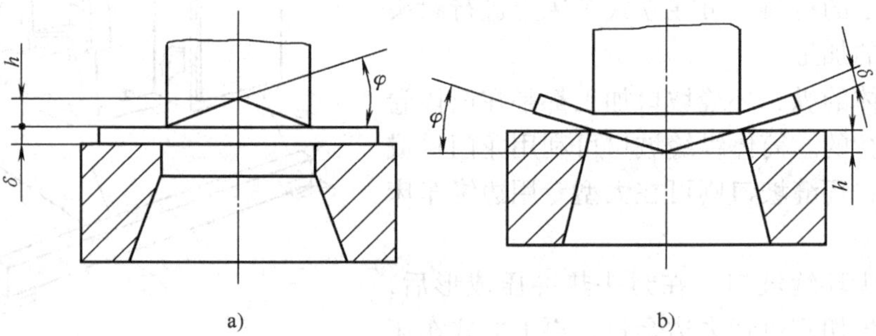

图 3-41 冲孔示意图
a）斜刃冲孔 b）需用压边圈的平刃冲孔

冲孔设备有：普通冲压机床（用于大孔径、大厚度工件的孔加工）、联合冲剪机和专用冲剪机（适用于小孔径、厚度较小的多孔工件的孔加工）。

在冲孔过程中，机床提供冲剪力，在模具上实施工件分离。冲剪力指使材料分离时的最大抗剪能力。理论冲剪力的计算公式为

$$F_P = L\delta\tau_b \tag{3-7}$$

式中　F_P——冲剪力（N）；

L——冲剪的周边长度（mm）；

δ——板料厚度（mm）；

τ_b——材料的抗剪强度（MPa）；一般 τ_b = （0.7～0.8）σ_b。

实际生产中，还应考虑机床的类型、剪刃类型的钝化、摩擦损耗、材质变化、孔径大小及板厚偏差等因素造成抗剪强度的增大，故实际冲剪力为

$$F_0 = KL\delta\tau_b \tag{3-8}$$

式中　F_0——实际冲剪力（N）；

K——系数，$K=1.1\sim1.3$。从安角度考虑，K 取大值。

模具设计时，应根据板厚不同，留取相应的冲剪间隙，以保证冲剪质量。如图3-42所示，间隙 c 是凹、凸模之间的尺寸差，$c=(D-d)/2$。当板厚 $\delta\leq$6mm，间隙取 c = 0.8mm；6mm $<\delta\leq$ 14mm，c = 1.2mm；$\delta>$ 14mm，c = 1.5mm。

（2）钻孔　钻孔是以钻头钻削金属的制孔方法。钻孔的设备有：立式钻床、摇臂钻床及其他钻床和手持电钻、风钻等。

钻孔与冲孔比较，它具有不会（或轻微）使孔眼边缘的材质产生冷硬现象、钢板正反面孔径相同、位置正确和孔壁光滑等优点。故质量要求比较高的孔一般都采用钻孔。它是制孔最主要的方法，但钻孔的速度不如冲孔快。

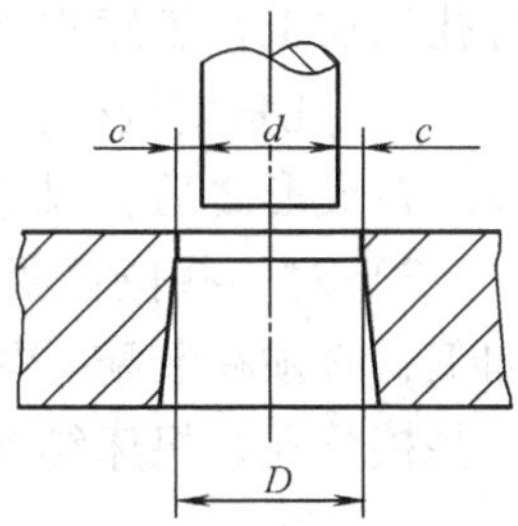

图3-42　冲剪模具间隙

为了提高生产效率，当用钻床钻孔时，可将同样零件重叠起来一起钻，这样不仅可以减少工作的划线时间，而且大大减少取放和装卡零件的时间，且使孔眼位置一致。

对于一些孔多而又密集的工件，可采用多头钻床进行多头钻。这不仅可以提高生产效率，还能保证孔中心距离的准确一致。

一些尺寸公差要求较高的孔，如装配孔、安装孔等，一般是先用小直径的钻头进行钻孔，在安装时再按图样尺寸扩孔。扩孔有的在工厂内进行，有的则需要在安装工地进行。扩孔工具一般是用所需直径的钻头。而当对孔壁要求较高时，可用扩孔钻头或叫做铰刀的刀具，其切削性质与钻头相似，但切削刃形状不同，刃数较多，切削刀具前端有一定锥度，所以它比钻头引导好，多次渐近切削，孔壁比较光洁。

当孔径很大，如一次要钻成30mm以上直径的大孔时，其钻头端部阻力很大，且直径越大，阻力越大，所以钻起来很慢。如果先钻成小孔后再扩孔，则阻力减小，因而进钻快，可提高钻孔效率。

当工件较小，孔边距离不大且孔径较小时，可用立钻钻孔。但一般结构尺寸都比较大，孔至板边距离也较大，由于立钻加工尺寸范围有限，所以，结构制造厂最多最普通采用的是摇臂钻床进行钻孔。

大型零件或装配、焊接后的重型件上的孔，由于尺寸或形状上的原因，无法用钻床钻孔时，可用一人或两人操作的手扶电钻或风钻钻孔。这种钻孔方法虽然不及钻床钻孔质量好和省力，但比较机动灵活，只要是风钻电线能拉到的地方，一般来说都可以进行钻孔加工，且不需要搬动工件。这对于笨重工件的钻孔尤为方便。

（3）割孔　对于一些直径很大和非圆形孔，以及由于工件很大、形状复杂，无法用冲孔或钻孔进行加工的孔，如人孔、手孔以及在成形及装配和焊接之后要进行开孔的工件，可采用气体火焰切割或电弧切割的方法进行开孔，故称之割孔。割孔可用手工切割和半自动切割的方法进行，其切割工艺及规范参数与切割材料时完全相同。

割孔属于热加工。割孔之后，对于某些钢材，如高强钢及合金钢等，在孔的边缘可能会产生组织变化和性能降低等不利影响。因此，在切割时应预先留有加工余量，割孔之后，应采用机械方法将受影响、质量不符合要求的边缘部分去掉，尤其是将进行接管或装配其他工件，随后要进行焊接的孔的边缘，需要进行二次加工，以保证焊接质量。对于边缘要求严格，尺寸精确的也边缘，也需要进行二次加工。

最后，需要指明的是对制孔这道工序的安排，应注意以下几点：

1）对于一些孔的加工质量和位置要求较低，对以后的加工和整个产品的质量影响不大的有孔工件，或是工件比较简单，预先可以确定其孔的准确位置，后继加工也不会影响孔的位置和形状、尺寸的工件，可以在划线时一次号料，在裁断或是边缘加工后，即可进行孔的加工，工序先后可不作严格要求。

2）凡是要进行变形加工的有孔工件，为了保证孔的准确位置和工件形状的正确，一般应在成形之后，尺寸不再发生变化时再进行二次划线，而后进行制孔。

3）对一些位置要求准确、制孔质量较高的孔，甚至在零件成形之后也不能进行孔的加工，必须在装配–焊接之后才可进行二次划线，而后进行割孔和加工。如压力容器上的一些接管孔、机床结构的一些装配孔就应如此。

3.3 成形

在焊接结构制造中，弯曲及成形加工占有相当大的比例。在某些焊接结构的制造中，金属材料的80%～90%需进行弯曲和成形加工，如压力容器和各种化工设备的筒体与封头、锅炉的筒体、高炉的炉皮、焊接管道及球形容器等。

利用金属材料的塑性变形，将毛坯弯曲成一定曲率、一定角度形成所需形状工件的加工工艺称为弯曲。对板材、管材和型材的弯曲可以在压力机上使用弯曲模压弯，也可以在弯板机、弯管机、滚弯（或称卷板）机和拉弯机上进行。各种弯曲方法虽然使用的设备及工具不同，但其变形过程及特点都有共同的规律。

3.3.1 板材的压弯

板材的弯曲一般是在压力机或卷板机上进行的，统称为压弯或卷弯。本小节重点讨论板材的压弯成形。板材的卷弯（或称卷制）在3.3.3中介绍。

1. 板材压弯变形过程

图3-43所示是V形件的压弯过程。在弯曲的开始阶段，毛坯自由弯曲（图3-43a、b），凸模下压，毛坯的直边与凹模工作表面靠拢，同时曲率半径和弯曲力臂逐渐变小；到坯料与凸模三点接触（图3-43c），凸模两侧与坯料直边接触的点压坯料直边使其向相反方向变形，直到坯料与凹模完全接触，弯曲角度与凹模基本相同；凸模继续下压坯料与凹模完全吻合（图3-43d），得到成形零件。在弯曲变形过程中，弯曲半径r_0、r_1、…、r_k及支点

距离 l_0、l_1、…、l_k 随着成形过程变化而逐渐减小。

2. 弯曲力的计算

在板料压弯前，先要计算它所需的弯曲力，以便选择合适的压力机。

（1）自由弯曲时的弯曲力

V 形弯曲件：

$$F_1 = \frac{0.6KB\delta^2\sigma_b}{R+\delta} \tag{3-9}$$

U 形弯曲件：

$$F_1 = \frac{0.7KB\delta^2\sigma_b}{R+\delta} \tag{3-10}$$

式中　F_1——自由弯曲力（N）；

B——板料宽度（mm）；

δ——板料厚度（mm）；

σ_b——材料的抗拉强度（MPa）；

R——压弯件的内弯曲半径（mm）；

K——安全系数，一般取 $K=1.3$。

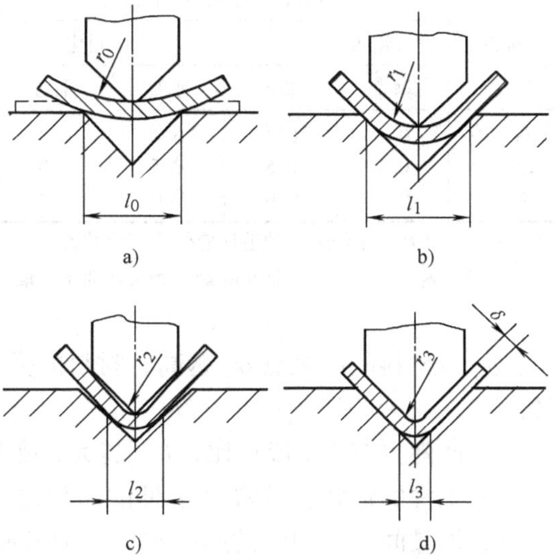

图 3-43　板料弯曲变形过程
a)、b) 自由弯曲阶段　c) 接触弯曲阶段
d) 矫正弯曲阶段

（2）矫正弯曲时的弯曲力　为了提高弯曲件的精度，在弯曲的终了阶段对弯曲件的圆角及直边进行精压，称为矫正弯曲。矫正弯曲时的弯曲力可按下式计算：

$$F_2 = fA \tag{3-11}$$

式中　F_2——矫正弯曲力（N）；

A——压弯件被矫正部分的投影面积（mm^2）；

f——单位面积上的矫正力（MPa），按表 3-33 选取。

表 3-33　单位矫正力 f 值　（单位：MPa）

材料	材料厚度/mm				材料	材料厚度/mm			
	≤1	>1 ~ 2	>2 ~ 5	>5 ~ 10		≤	> ~	> ~	> ~
铝	10 ~ 15	15 ~ 20	20 ~ 30	30 ~ 40	10 ~ 20	20 ~ 30	30 ~ 40	40 ~ 60	60 ~ 80
黄铜	15 ~ 20	20 ~ 30	30 ~ 40	40 ~ 60	25 ~ 35	30 ~ 40	40 ~ 50	50 ~ 70	70 ~ 100

3. 弯曲工艺及设备

（1）最小相对弯曲半径 R_{min}　又称最小弯曲系数，是弯曲件的内角半径 r 与板料厚度 δ 的比值，即 $R_{min}=r/\delta$，是衡量弯曲件变形程度的主要标志。R_{min} 值越小则变形程度越大，工件就越容易在外层开裂。

最小相对弯曲半径 R_{min} 不仅与材料的力学性能和热处理状态等有关，而且与板材的平面方向性、侧面和表面质量也都有关系。R_{min} 值的选取见表 3-34。

（2）冷压弯时的回弹　在实际生产中，回弹是影响弯曲件质量的主要因素，为此，应采取相应的技术措施加以预防。

1）影响回弹的因素

表 3-34　最小相对弯曲半径 R_{min}　（单位：mm）

材料	弯曲线与轧制纤维的位置				材料	弯曲线与轧制纤维的位置			
	退火与正火		冷作硬化			退火与正火		冷作硬化	
	垂直	平行	垂直	平行		垂直	平行	垂直	平行
08～10	0.1	0.4	0.4	0.8	35～40	0.3	0.8	0.8	1.5
15～20	0.1	0.5	0.5	1.0	45～50	1.0	1.5	1.4	2.5
25～30	0.2	0.6	0.6	1.2	50～60	1.5	2.3	2.5	3.8

注：1. 冲裁后未经退火的毛坯应作为硬化状态。
2. 表中所列及未列材料的最小相对弯曲半径取自 JB/T5109—1991。

① 当材料的屈服点 σ_s 越高，材料的弹性模量 E 越大，变形越小，压弯角的回弹量越大。

② 回弹量与 R_{min} 成正比，R_{min} 越大，变形越小，则回弹值越大。

③ 工件的形状，通常 U 形件的回弹比 V 形件的回弹小。

④ 模具间隙对回弹的影响很大，两者成正比。

⑤ 矫正力与弯曲回弹成反比。

2）减小回弹的措施

① 增加工件刚性。在工件设计上改进某些结构，可使回弹角（回弹角 $\Delta\alpha = \alpha_1 - \alpha$，$\alpha_1$ 为回弹后的角度，α 为压制角度，见图 3-44）减小。例如在弯曲区压制加强肋（图 3-45a、b）或利用成形边翼（图 3-45c），增加弯曲区的塑性变形程度，同时也增加了工件的刚性，牵制材料，从而减小回弹。

② 提高材料塑性。在弯曲件材料选用上，采用屈服强度小，弹性模量大，力学性能比较稳定的材料。对硬材料或经冷作硬化的材料，在弯曲前进行退火软化处理。

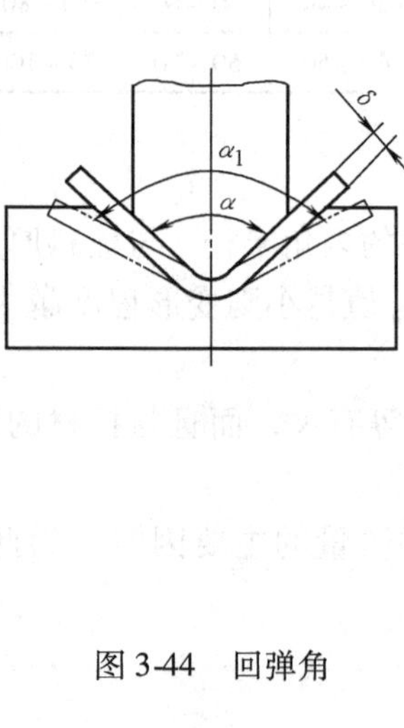

图 3-44　回弹角

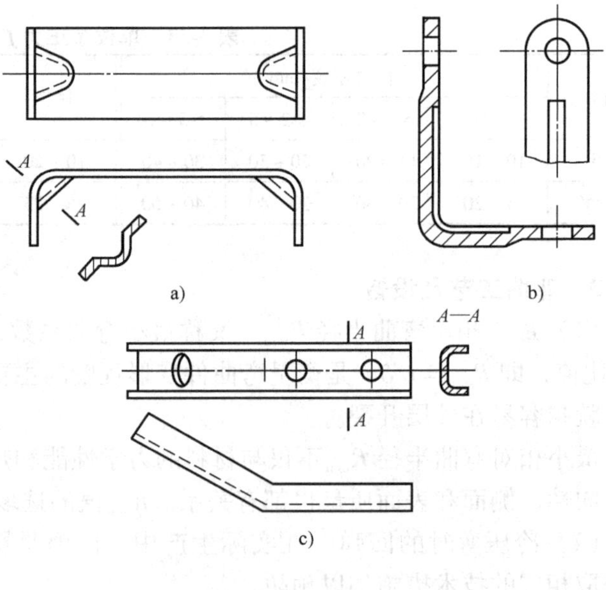

图 3-45　改进工件结构以增加刚性

③ 修正模具。将模具的角度减小一个回弹角，或将凸模做出等于回弹角的倾斜度，也可将凸模和顶板做成圆弧曲面，利用曲面部分的回弹来补偿两直边的回弹量，如图3-46所示。

④ 加压矫正法。在弯曲终了时进行加压矫正，以增加弯曲处的塑性变形程度，使弯曲件内、外表面拉压两区纤维回弹趋于抵消，可减小回弹量，如图3-47所示。

⑤ 拉弯法。当弯曲大圆弧工件时，由于相对弯曲半径很大，这时可采用拉弯工艺。拉弯工艺可以在专用拉弯机上进行（图3-48），也可采用拉弯模在普通压力机上进行。拉弯模的结构如图3-49所示。工作时，上模下行，模具两侧夹子2首先把板料夹住，同时使弹簧3压缩，并沿斜面滑行，把材料拉伸，最后上模（凹模）1和下模（凸模）4把板料弯曲成形。

⑥ 缩小模具间隙。当其他条件相同时，缩小凸、凹模间隙，使材料有挤薄现象发生，也可有效地减小回弹。

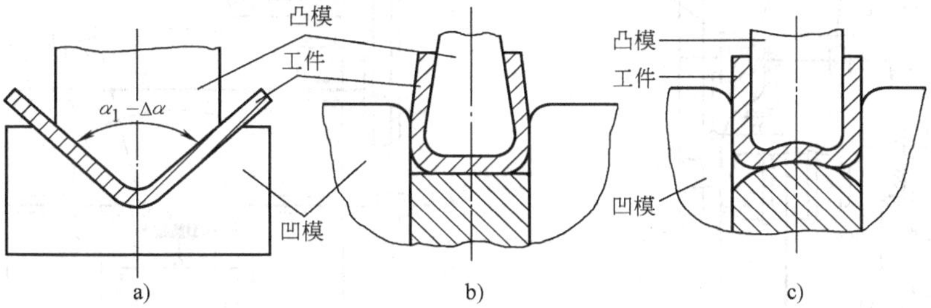

图3-46 修正模具法

a）V形件压弯时减小回弹角 b）凸模带倾斜度的U形件压弯 c）凸模和顶板带曲面的U形件压弯

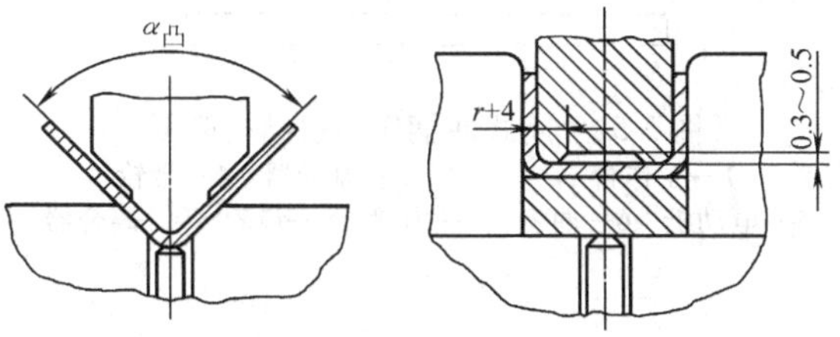

图3-47 加压矫正法

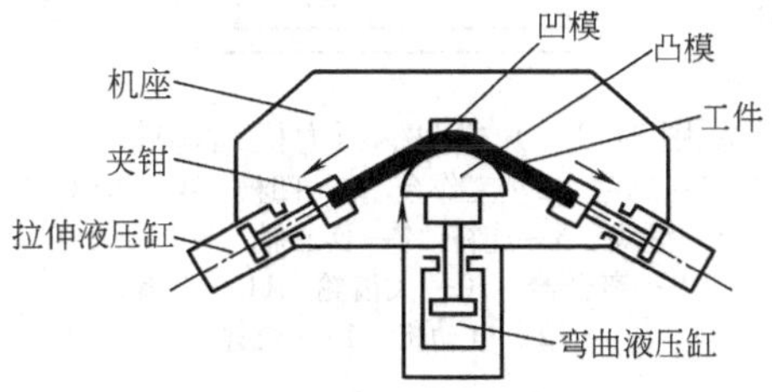

图3-48 专用拉弯机原理图

（3）热压变形收缩量的计算 热压变形的收缩量是指弯曲件在热压后发生的收缩。它与工件材质、形状、尺寸、厚度、脱模温度及冷却条件有关。收缩率δ一般按下式计算：

$$\delta=\alpha\Delta T\times100\% \tag{3-12}$$

式中 α——材料的线膨胀系数；

ΔT——脱模温度与室温的温度差（℃）。

（4）常用冲压设备 冲压设备是利用冲模对钢板进行冲裁、落料、切边、压弯、拉伸、矫正等工作的。常用的冲压设备有机械式压力机和液压机两大类。压弯过程中所用设备除此两类外，尚有专用压弯机。进行板材压弯时，可根据板材的性质、形状、尺寸、冲压工艺要求来选用相应吨位的加工设备。

1）机械式压力机。机械式压力机有曲柄压力机和摩擦压力机两种。曲柄压力机又称冲床。图 3-50 和图 3-51 分别是开式曲柄压力机和闭式曲柄压力机结构示意图。曲柄压力机利用电动机带动曲柄（轴）旋转，通过连杆驱动滑块作上、下的往复运动实现冲压。

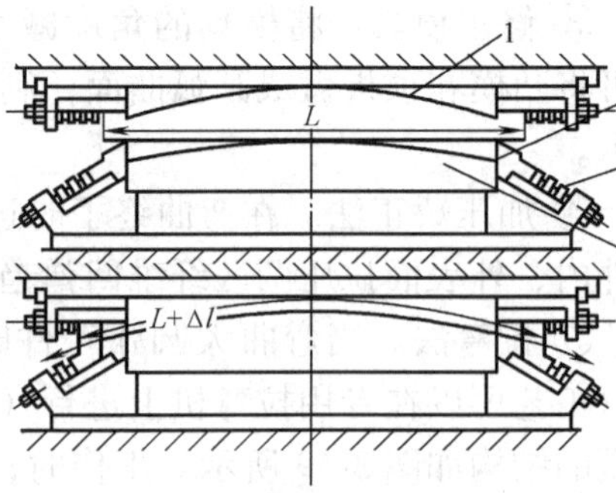

图 3-49　拉弯模

1—上模　2—夹子　3—弹簧　4—下模

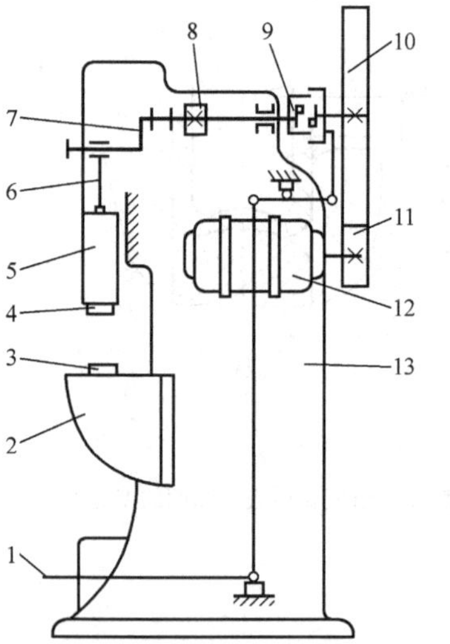

图 3-50　开式曲柄压力机结构简图

1—脚踏　2—工作台　3—凹模　4—凸模　5—滑块　6—连杆　7—偏心轴　8—制动器　9—离合器　10—大齿轮　11—小齿轮　12—电动机　13—机体

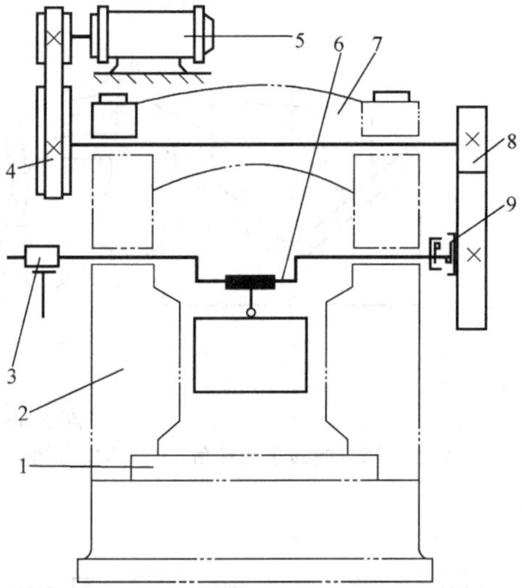

图 3-51　闭式曲柄压力机结构简图

1—工作台　2—立柱　3—制动器　4—带轮　5—电动机　6—曲柄　7—横梁　8—齿轮　9—离合器

图 3-52 所示为摩擦压力机结构简图，其工作原理是：主螺杆 4 的上端与飞轮 3 连接，下端与滑块 6 相连，由主螺母 5 将飞轮-主螺杆的旋转运动转变为滑块的上、下直线运动。电动机经带轮带动摩擦盘 1 转动。当向下行程开始时，右边的气缸 2 进气，推动摩擦盘压紧飞轮，搓动飞轮旋转，滑块下行，此时飞轮加速并获得动能。在冲击工件前的瞬间，摩擦盘与飞轮脱离接触，滑块以此时具有的速度锻压工件，释放能量至停止。锻压完成后，开始回程，此时，左边的气缸进气，推动左边的摩擦盘压紧飞轮，搓动飞轮反向旋转，滑块迅速提升；至某一位置后，摩擦盘与飞轮脱离接触；滑块继续自由向上滑动，至制动行程处，制动器动作，滑块减速至停止，至此完成一个工作循环。

在板料压弯中，摩擦压力机主要用于多品种小批量工件的冷弯和热弯。

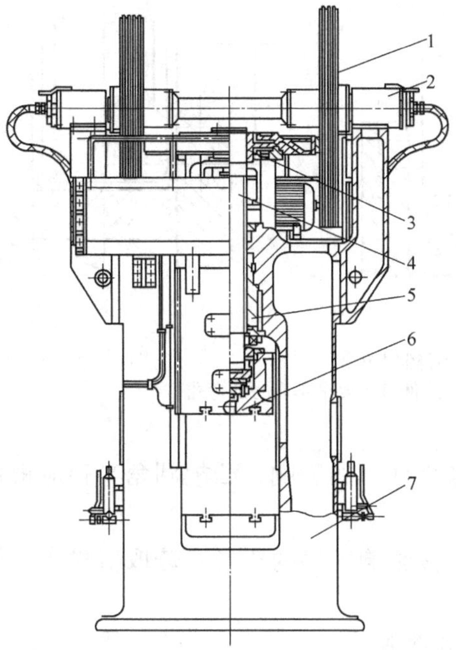

图 3-52 JB53—400 型摩擦压力机
1—摩擦盘 2—操纵气缸 3—飞轮 4—主螺杆
5—主螺母 6—滑块 7—机身

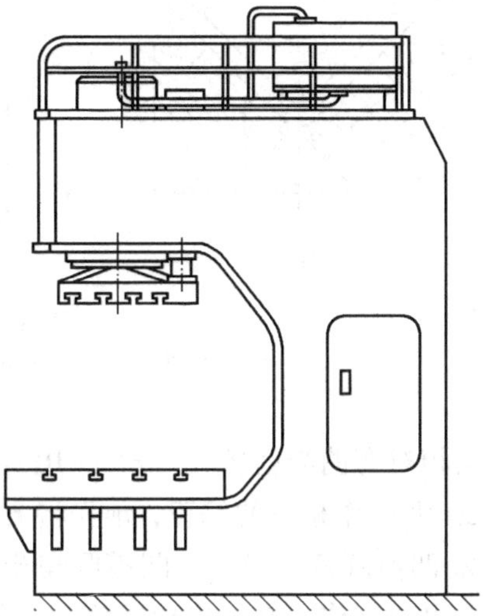

图 3-53 单臂式液压机外形图

2）液压机。液压机分为水压机和油压机两种。它们都是利用密闭液体具有传递压强的帕斯卡原理制成的。液压泵产生的高压液体进入到液压缸中，产生强大的压力（压力等于压强乘以活塞的面积），供给冷作加工之用。图 3-53 所示为单臂液压机外形图。

3）板料折弯机。板料折弯机用于将钢板弯曲成各种形状，还可用于剪切和冲孔。压弯也可在折弯机上进行。常用的折弯机有机械传动和液压传动两种。图 3-54 为板料折弯机外形图。

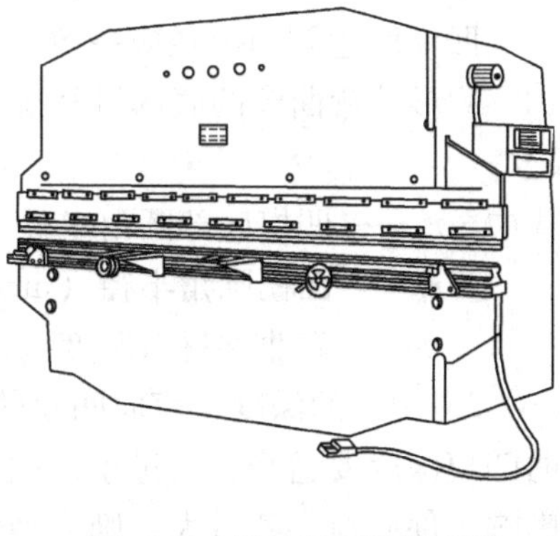

图 3-54 板料折弯机外形图

（5）弯曲模具工作部分的尺寸计算 弯曲模具的结构形式较多，通常是与压弯件的形状、数量和所使用压力机的结构有关。弯曲模具工作部分的尺寸（图 3-55）主要指凸模、凹模的圆角半径和凹模的深度。U 形件弯曲模还须确定凸、凹模之间的间隙。

1）凸、凹模的圆角半径

① 凸模圆角半径 r_p。当相对弯曲半径 r/δ 较小时，凸模圆角半径 r_p 就等于弯曲件的弯曲半径 r，但不能小于允许的最小弯曲半径 r_{min}。

$$r_p = r \geqslant r_{min} \tag{3-13}$$

若因弯曲件结构需要，出现弯曲半径 $r < r_{min}$ 的情况时，则应使凸模圆角半径大于或等于最小弯曲半径（$r_p \geqslant r_{min}$），最后经整形工序达到弯曲半径，整形凸模的 $r_p = r$。

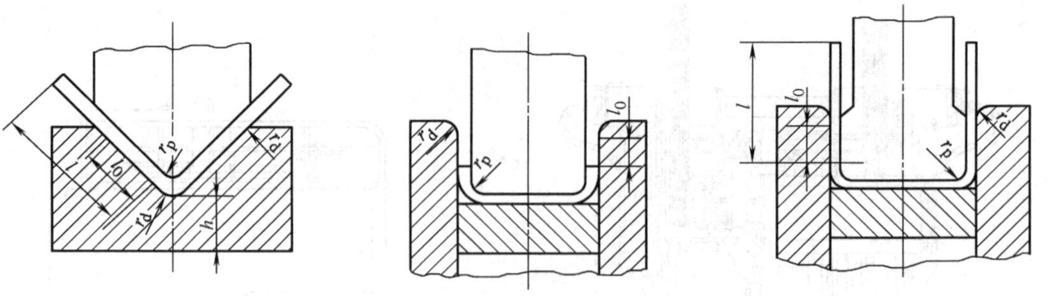

a)　　b)　　c)

图 3-55　压弯模具结构尺寸

a）V 形件弯曲　b）U 形件弯曲　c）U 形件直边要求不高时的弯曲

当相对弯曲半径较大（$r/\delta>10$）时，则应考虑回弹的影响，凸模圆角半径应根据回弹量 Δr 大小作相应的修正，预先将 r_p 修小 Δr。

② 凹模圆角半径 r_d。凹模圆角半径的大小直接影响工件的成形。若取值过小，材料表面会出现划伤，甚至出现压痕。一般 $r_d \nless 3$mm。

实际生产中，凹模圆角半径通常按材料厚度 δ 选取。

$\delta<0.5$mm　　$r_d=(6\sim12)\delta$

$\delta=0.5\sim2$mm　　$r_d=(3\sim6)\delta$

$\delta=2\sim4$mm　　$r_d=(2\sim3)\delta$

$\delta>4$mm　　$r_d=(1.5\sim2.5)\delta$

凹模两边圆角半径应一致，否则在弯曲时板料会发生偏移。

V 形件弯曲模的底部可开退刀槽或按下式计算：

$$r'_d=(0.6\sim0.8)(r_p+\delta) \tag{3-14}$$

式中　r'_d——凹模底部圆角半径（mm）；

r_p——凸模圆角半径（mm）；

δ——弯曲件材料厚度（mm）。

2）凹模的深度。弯曲凹模的深度的大小与弯曲件的形状、尺寸及弯曲方式有关。弯曲凹模深度要适当，若过小，则工件两端直边的自由部分太多，弯曲件回弹大，不平直，影响工件质量；若过大，则多消耗模具材料，而且需较大的冲压行程。

V 形件弯曲时，凹模深度 l_0 及底部最小厚度 h 如图 3-55a 所示。其数值可见表 3-35。

表 3-35　弯曲 V 形件的凹模深度及底部最小厚度值　（单位：mm）

弯曲件边长 l	材料厚度 δ					
	≤2		2～4		>	
	h	l_0	h	l_0	h	l_0
10～25	20	10～15	22	15	—	—
>25～50	22	15～20	27	25	32	30
>50～75	27	20～25	32	30	37	35
>75～100	32	25～30	37	35	42	40
>100～150	37	30～35	42	40	47	50

U形件弯曲时，若弯边高度不大或要求两边平直，则凹模深度应大于工件的高度，如图3-55b所示。图中 l_0 值查表3-36。若弯曲件直边较长，而对平直度要求不高时，可采用如图3-55c所示结构，凹模深度值见表3-37。

表3-36　弯曲U形件凹模深度值（l_0）　　　（单位：mm）

板料厚度 δ	≤1	1~2	2~3	3~4	4~5	5~6	6~7	7~8	8~10
l_0	3	4	5	6	8	10	15	20	25

表3-37　弯曲U形件凹模深度值（l_0）　　　（单位：mm）

弯曲件边长 l	材料厚度 δ				
	<1	>1~2	>2~4	>4~6	>6~10
<50	15	20	25	30	35
>50~75	20	25	30	35	40
>75~100	25	30	35	40	40
>100~150	30	35	40	50	50
>150~200	40	40	55	65	65

3）凸、凹模的间隙。V形件弯曲时，凸、凹模的间隙靠调整压力机的闭合高度来控制，不需要在设计模具和制造模具时确定。

U形件弯曲时，凸、凹模间隙的大小对工件质量和弯曲力有很大的影响。间隙越小，则弯曲力越大；间隙过小，会使工件边部板料厚度减薄，而降低模具使用寿命；间隙过大，则将引起回弹增大，降低工件的精度。因此，必须确定合理的间隙值。凸、凹模单边间隙值 C 可用下式计算：

$$C = \delta_{max} + x\delta = \delta + \Delta + x\delta \tag{3-15}$$

式中　δ——工件材料厚度的基本尺寸（mm）；

Δ——材料厚度的正偏差（mm）；

x——弯曲间隙系数。

4. 常见缺陷及控制方法

板材压弯件常见缺陷的类型、产生原因及控制方法见表3-38。

表3-38　板材压弯件常见缺陷的类型、产生原因及控制方法

缺陷类型	简图	产生原因	控制方法
裂纹	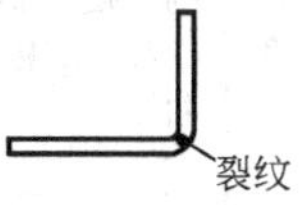	1. 凸模弯曲半径过小 2. 毛坯有毛刺的一面处于弯曲的外侧 3. 板材的塑性较低 4. 落料时毛坯硬化层过大	1. 适当增大凸模圆角半径 2. 将毛刺一面处于弯曲内侧 3. 用经退火或塑性较好的材料 4. 弯曲线与纤维方向垂直或成45°方向
底部不平	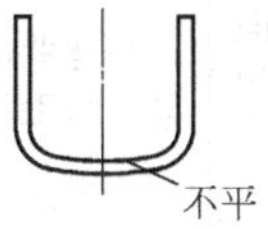	弯曲时板料与凸模底部没有靠紧	采用带有弹性压料顶板的模具，在弯曲开始时顶板便对毛坯施加足够的压力，最后对弯曲件进行矫正

（续）

缺陷类型	简 图	产生原因	控制方法
翘曲	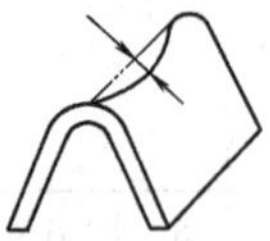	由于变形区应变状态引起沿弯曲方向的应变在中性层外侧是压应变，内侧是拉应变，而形成翘曲	采用矫正性弯曲，增加单位面积压力；根据翘曲量修正模具
孔不同心	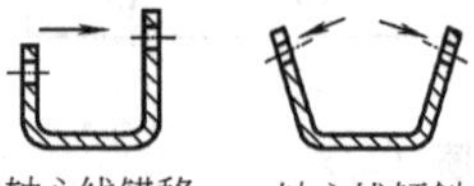	1．弯曲时毛坯产生了偏移 2．弯曲后的回弹使孔中心线倾斜	1．毛坯要准确定位，保证左右弯曲高度一致 2．设置防止毛坯窜动的定位销或压料顶板 3．减小工件回弹
直边高度不稳定	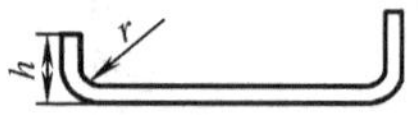	1．高度尺寸太小 2．凹模圆角不对称 3．弯曲过程中毛坯偏移	1．保证高度尺寸不小于最小弯曲高度 2．修正模具圆角 3．采用弹性压料装置或工艺孔定位
表面擦伤		1．金属的微粒附在模具工作部分的表面上 2．凹模圆角半径过小 3．凸、凹模的间隙过小	1．清除模具表面脏物 2．适当增大凹模圆角半径 3．采用合理的模具间隙
弯曲线与两孔的中心线不平行	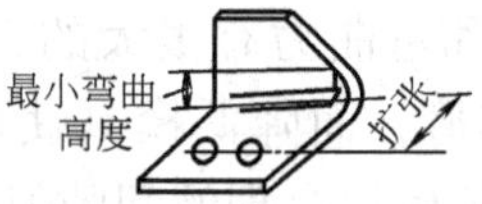	弯曲高度小于最小弯曲高度，在最小弯曲高度以下出现张口	设计工件时应保证大于或等于最小弯曲高度
偏移	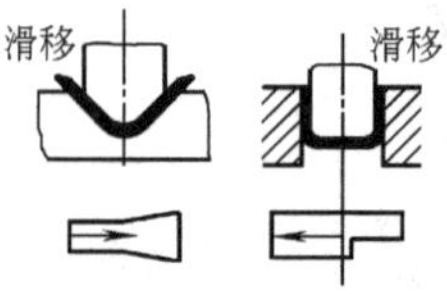	弯曲不对称形状工件时，毛坯在向凹模内滑动时，两边受到的摩擦阻力不相等	1．采用弹性压料顶板的模具 2．毛坯在模具中定位要准确 3．在可能的情况下，采用成双弯曲后再切开
孔变形	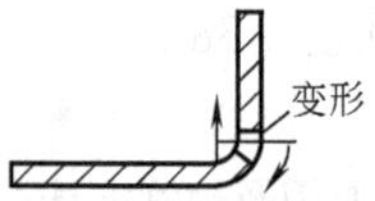	孔边离弯曲线太近，在中性层内侧为压缩变形，而外侧为拉伸变形，故孔发生了变形	1．保证孔到弯曲线的距离大于一定值 2．在弯曲部位设置工艺孔，以减轻弯曲变形的影响
弯曲角度变化	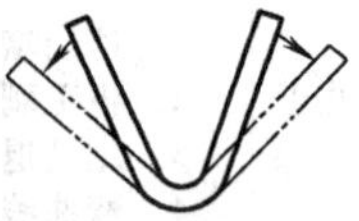	塑性弯曲时伴随着弹性变形，当弯曲工件从模具中取出后，便产生弹性回复，而使角度发生变化	1．以预定的回弹角来修正模具的角度，达到补偿目的 2．采用矫正性弯曲代替自由弯曲
弯曲端部鼓起	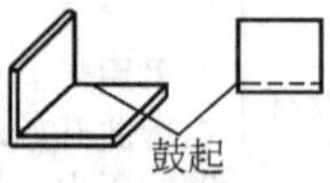	弯曲时中性层内侧的金属层纵向被压缩而缩短，宽度方向则伸长，故宽度方向边缘出现突起，以厚板小角度弯曲最为明显	在弯曲部位两端预先做成圆弧切口，将毛坯毛刺一边放在弯曲内侧

（续）

缺陷类型	简图	产生原因	控制方法
扭曲	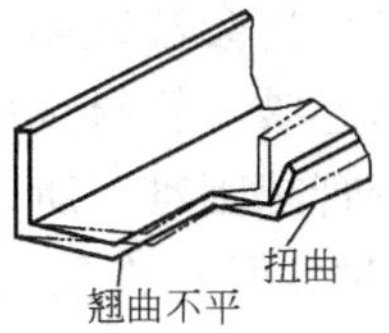	1. 因毛坯两侧宽度、弯边高度相差悬殊，弯曲变形阻力不等，弯曲时，宽度窄、弯边高度低的一侧易产生扭曲 2. 又因两端缺口较大，顶出器压不住料，使带缺口的底部翘曲不平，加剧了弯边的扭曲	1. 两侧增加工艺余量，弯曲后切除余量 2. 在产生扭曲的一侧和缺口处安装导板，可减轻扭曲程度
断面形状不良 棱角不清晰	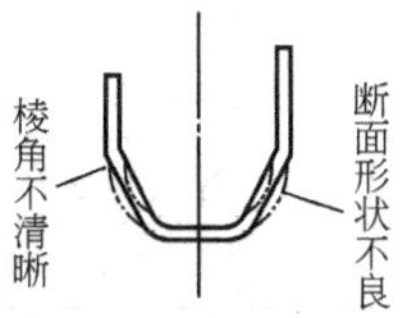	因弯曲凸模底部呈锥形，使它与凹模及顶板之间存在自由空间，毛坯与凸模锥面无法保证贴合，故得不到理想的断面形状	在顶板上加一橡胶垫，使毛坯在弯曲过程中逐步包紧在凸模上，工件形状完全由凸模形状确定
侧壁失稳	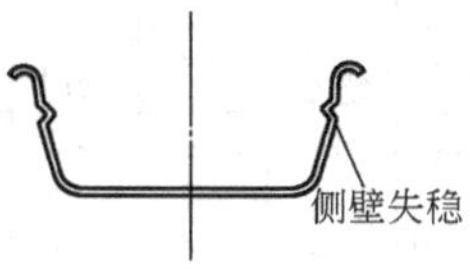	1. 第一道弯曲，半成品只弯出1/4圆弧，由于卷耳时金属流动不畅，压力较大，导致侧壁失稳 2. 卷耳凹模弯曲半径处表面粗糙度较大，增加了卷耳时的摩擦阻力	1. 将半成品弯成1/2圆弧 2. 降低卷耳凹模圆角处的粗糙度 3. 更换弹性元件，增加对工件底部的压料力

3.3.2 管材和型材的弯曲

1. 管材的弯曲

（1）管子弯曲时的变形　管子在弯曲时，在弯曲力矩 M 的作用下，除产生所预期的弯曲变形外，还将产生其他变形，如图3-56所示。中性层外侧管壁由于受到拉应力 σ_1 而减薄；内侧管壁在压应力 σ_2 作用下而变厚。在合力 F_1 和 F_2 的作用下，管子的截面形状将发生畸变，被压扁而成为如图3-57a所示椭圆状；当采用弯管模及芯轴等工具进行弯管时，管子截面的变形受到一定的限制，如图3-57b、c、d所示。

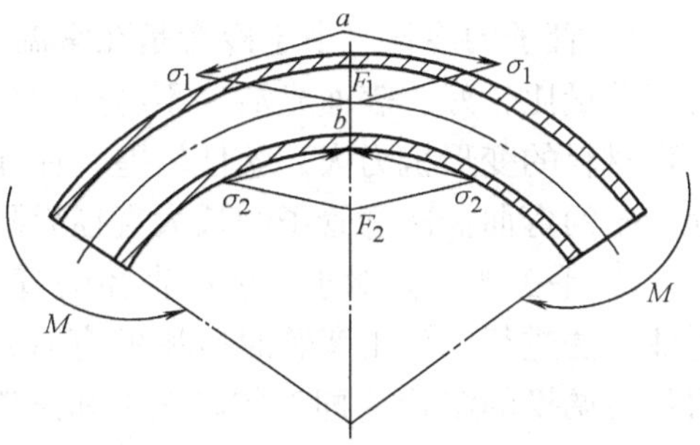

图3-56　管子弯曲时的受力分析

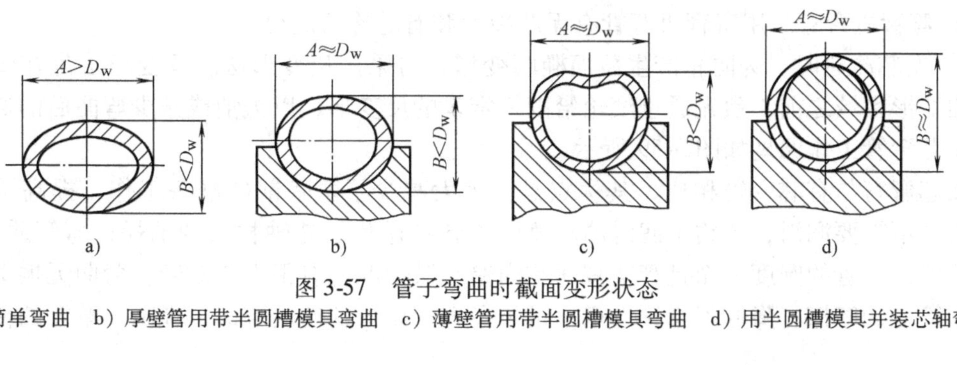

a)　b)　c)　d)

图3-57　管子弯曲时截面变形状态

a）简单弯曲　b）厚壁管用带半圆槽模具弯曲　c）薄壁管用带半圆槽模具弯曲　d）用半圆槽模具并装芯轴弯曲

管子弯曲产生的上述变形的大小取决于相对弯曲半径（$R_X = R/D$）和相对壁厚（$S_X = S/D$）值，其中 R 为管子的弯曲半径，D 为管壁中心直径，S 为管子壁厚。R_X 和 S_X 的值越小，则变形越加严重。当达到极限状态时，弯管过程将会被破坏，外侧壁因过度拉伸减薄而致破裂，内侧壁在很大的压缩作用下丧失稳定而起皱。管材规格一定，将主要取决于管子的弯曲半径。弯曲半径越小，则变形越严重，弯管越困难。所以，在工程上对于管子的弯曲半径都要加以控制。管子在普通热弯和冷弯时，所允许的最小弯曲半径见表3-39。

表 3-39 管子的最小弯曲半径

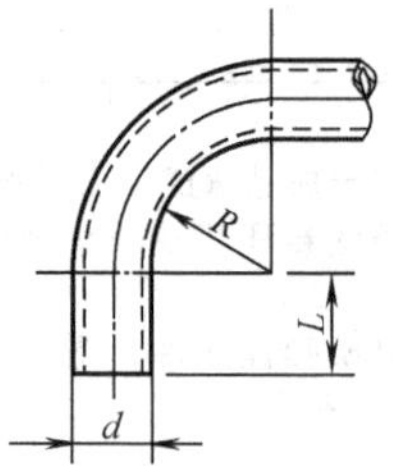

管子	弯曲工艺		管子外径 d	弯曲半径 $R \geqslant$				备注
	热弯		任意值	$3d$				L 为弯管端最短直管长度，一般 $L = 2d$，但应≥45mm
钢管	冷弯	焊接钢管	任意值	$6d$				
		无缝钢管	5～20	壁厚≤2	$3d$	壁厚>2	$3d$	
			>20～35		$3d$		$3d$	
			>35～60		—		$4d$	
			>60～140		—		$5d$	
铜管	冷弯		≤18	$2d$				
铝管			>18	$3d$				

（2）管子的弯曲方法　管子的弯曲方法有很多种，但归纳起来不外是冷弯和热弯两种，可依据弯管的规格、弯曲半径和生产条件，选取最为适宜的方法。

1）管子的冷弯。由于冷弯是在常温下进行的，所以其加工过程比较简单，操作方便，弯管质量比较好，表面光洁，不易产生截面变形。因此，一般情况下多选用冷弯方法。但冷弯材料的变形抗力大，塑性较差，往往受到弯曲半径及设备能力的限制，故多用于小直径管子的弯曲。冷弯管子的最大直径界限取决于现有弯管设备的弯管能力。

① 手工弯管。对于一些小直径的管子的弯曲，可以利用简单的弯曲模具，采用手工弯曲方法进行。手工弯管时所用的弯管器结构如图3-58所示。这种手工弯管器是利用一对不可调换的滚轮（即工作扇轮1和滚轮2）的滚压作用而进行的，故它只能弯曲一种直径的管子。其弯曲半径由工作扇轮直径决定。工作扇轮的工作半径通常为管径的4倍以上，因而手工弯管器能弯曲管子的最小半径也不小于管径的4倍。手动弯管一般多用于弯制管径小于32mm的无缝钢管。

② 弯管机弯管。用弯管机弯管有无芯冷弯和有芯冷弯之分。

a. 无芯冷弯时，为防止产生截面椭圆变形，可采用反变形法。反变形法是在管子进入弯曲变形区域之前，预先通过滚轮给以一定量的反变形，以抵消或减少弯曲后的椭圆变形。无芯弯管工作原理如图3-59所示。

无芯弯管与有芯弯管相比，其优点是：大大减少了弯管前的准备工作，提高了生产率；管内不需要润滑，节约了润滑油和喷油设备；避免了芯轴材料的消耗；弯管质量好，不仅能保证弯管的圆度，而且管壁减薄和内壁起皱情况也有很大有改善；弯曲无振动，无芯轴与管壁的摩擦，降低了弯管力矩，延长了弯管设备的使用寿命，提高了弯管的使用能力。无芯弯管的应用较为广泛，当 $R_x \geqslant 1.5$ 时，通常采用此法；只有直径大、管壁较薄，才采用有芯弯管法。

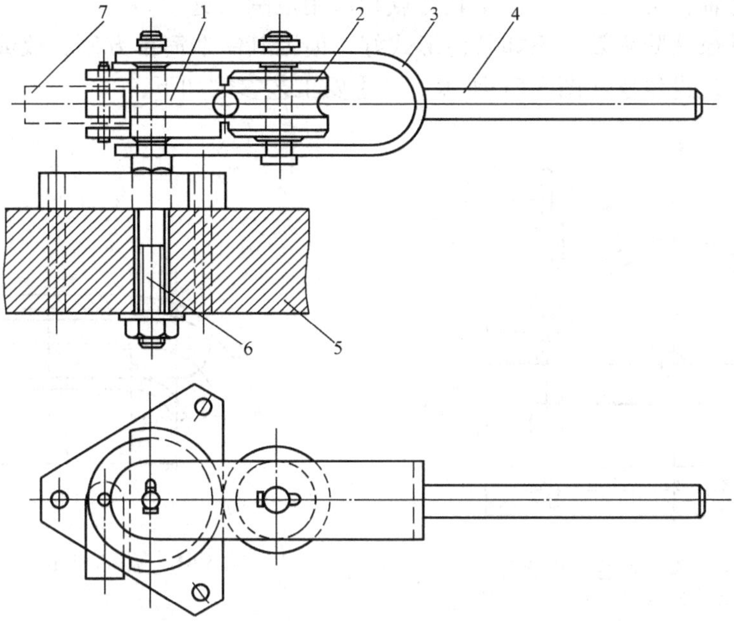

图 3-58　手工弯管器结构简图

1—工作扇轮　2—滚轮　3—夹叉　4—手柄　5—工作台　6—轴　7—夹子

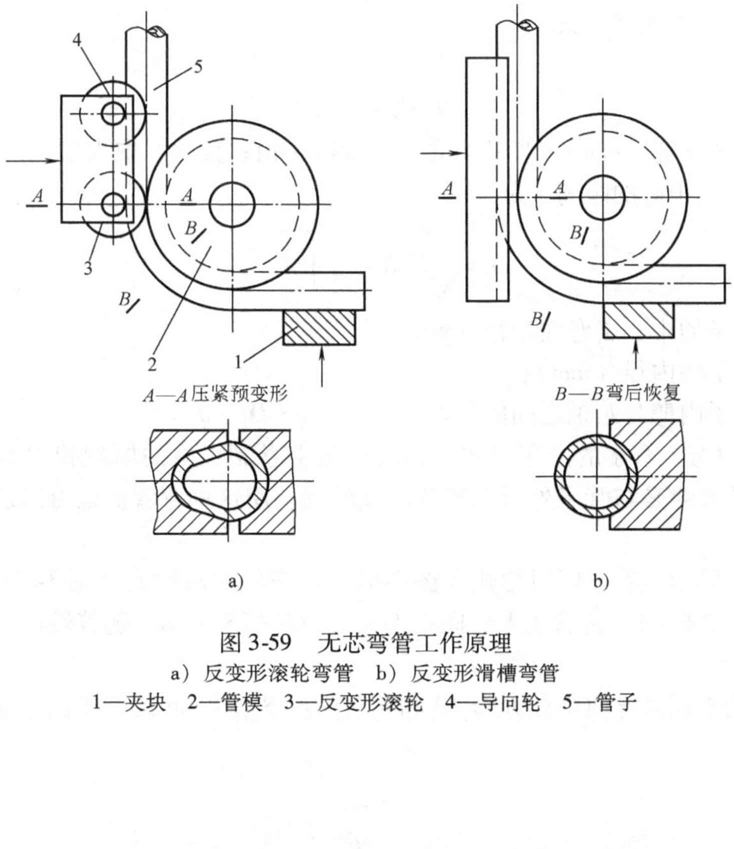

图 3-59　无芯弯管工作原理

a）反变形滚轮弯管　b）反变形滑槽弯管

1—夹块　2—管模　3—反变形滚轮　4—导向轮　5—管子

b. 有芯弯管一般是在弯管机上进行，采用芯轴是为了改善管子的断面变形。有芯弯管工作原理如图 3-60 所示。芯轴的结构形式、送进位置、尺寸大小正确与否，决定着弯管质量的优劣。

弯管用的芯轴种类很多，可依据其特点和适用范围来选用。

圆头式芯轴虽然防扁效果不如其他形式好，但因其制造简单方便，故最为常用。圆头式芯轴的尺寸和送进位置如图 3-61 所示，其主要工艺参数如下：

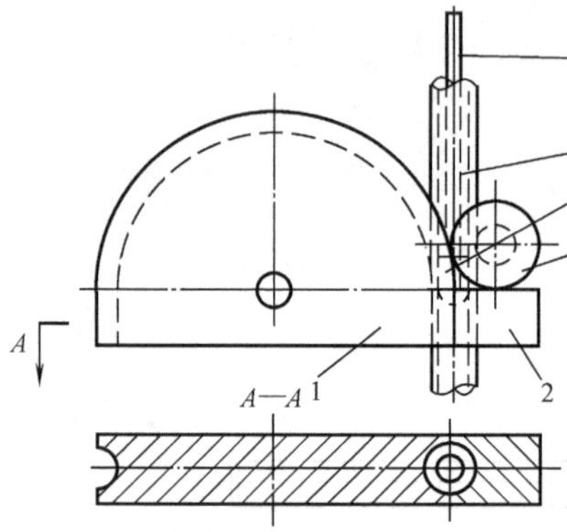

图 3-60 有芯弯管工作原理
1—弯管模 2—夹块 3—压紧导轮
4—芯轴 5—管子 6—芯轴杆

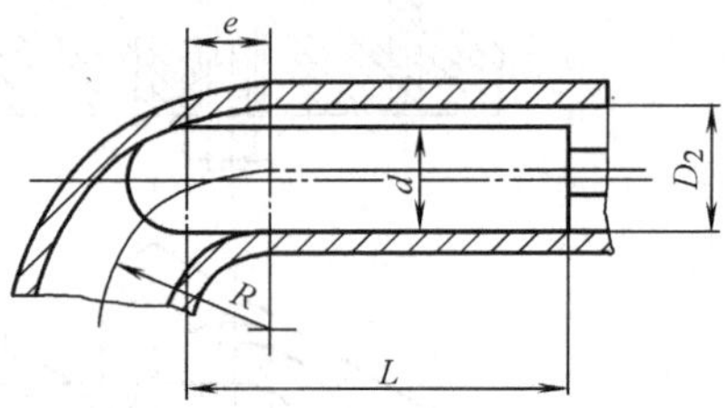

图 3-61 圆头芯轴的尺寸及位置

芯轴的直径 d 为

$$d = D_2(0.5 \sim 0.75) \tag{3-16}$$

式中 D_2——管子的内径（mm）。

芯轴的长度 L 为

$$L = (3 \sim 5)d \tag{3-17}$$

式中 L——芯轴长度（mm），当 d 大时，系数取小值；反之，取大值。

芯轴伸入弯模中心的距离 e 为

$$e = \sqrt{2\left(R + \frac{D_2}{2}\right)z - z^2} \tag{3-18}$$

式中 R——管子的中心层弯曲半径（mm）；

D_2——管子的内径（mm）；

z——管子内壁与芯轴之间的间隙（mm），$z = D_2 - d$。

③ 管子的滚弯。管子的滚弯与在三辊卷板机上卷制板材的原理相类似，所不同的是弯管所用辊子的外缘是与管子外形相吻合的型槽辊。用这种弯管机也可以进行螺旋管的弯曲。

弯管机的结构形式有三辊对称式（图 3-62a）、三辊非对称式（图 3-62b）和四辊式三种。弯管时（图 3-62c），将管子 1 夹固在夹头 2 与转模 3 之间，随着转模的转动，管子被弯曲成形。

滚弯一般用于相对弯曲半径 $R_X > 10$ 和相对壁厚 $S_X > 0.06$ 的管子的弯曲成形。

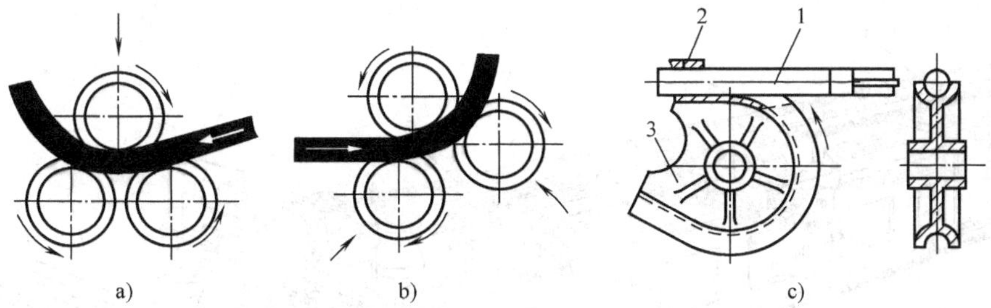

图3-62　管子的滚弯
a）三辊对称式弯管　b）三辊非对称式弯管　c）滚弯原理
1—管子　2—夹头　3—转模

④ 管子的压弯。如图3-63所示，是用弯曲压力机或顶弯机进行弯管的一种方法。它分为有填充物压弯和无填充物压弯两种方式。它常用于相对弯曲半径$R_X \geqslant 1$，且管壁较薄的场合。弯曲时，将装好填料的管子放在与管子外形相吻合的二滚轮之间，借助压头的压力使管子弯曲。

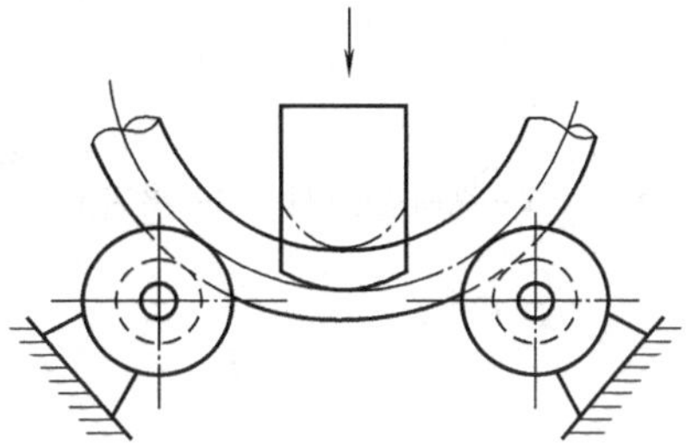

图3-63　管子的压弯

2）管子的热弯。当冷弯设备条件不具备，管子的材质要求热弯，弯曲半径过小或形状复杂而无法采用冷弯时可采用热弯。

热弯也分为加填充物和不加填充物两种方法。

① 有填充物热弯。热弯以砂子（多用硅砂）作为填充物。弯管前在管子内装砂子的目的除防止管子弯曲时截面产生椭圆变形和表面折皱外，还因砂子有吸收和保存热量的作用，故可避免管壁冷却过快而来不及全部成形或再次加热。有填充物热弯主要是采用手工弯管，适用于管壁较薄或弯曲半径较小的场合。

弯管时，为使管子产生均匀的变形，保证弯管质量，管子的加热应缓慢而均匀，且保持使管内砂子也达到相同温度。管子加热后一般是放在弯管平台上，管径较小时可人力搬弯；而管径较大时，可用卷扬机等机械来拉弯。弯曲时用力要均匀一致，加力方向应与管子轴线成90°角。否则会使弯管的内侧或外侧出现附加的压缩伸长量，增加管子的起皱和断裂的可能性。

② 无填充物热弯。一般是在带有加热装置的专用弯管设备上进行弯管。加热方法有中频感应加热和气体火焰加热两种。

中频感应加热弯管：图3-64为感应加热式弯管机的外形图，它主要由纵向进给机构、夹紧滑座、管子支撑装置、弯曲辊移动装置、感应变压器等组成。其工作原理是依靠套在管子外部的中频（一般选用1 000～2 500Hz的频率）感应加热圈，将管子局部环形区域加热至所需温度，随即对管子的加热部位进行弯曲，并立即喷水冷却，以免继续变形。管子是在连续移动中被弯曲成形的，通过水冷却使感应圈出口处的加热区受到限制。在坚硬的冷却部位之间形成一温度达1 000℃的窄变形段，该段具有很小的塑性变形阻力和较高的稳定性，因此可避免受压区域出现起皱。

中频感应加热弯管分为拉弯和推弯两种形式，如图3-65所示。

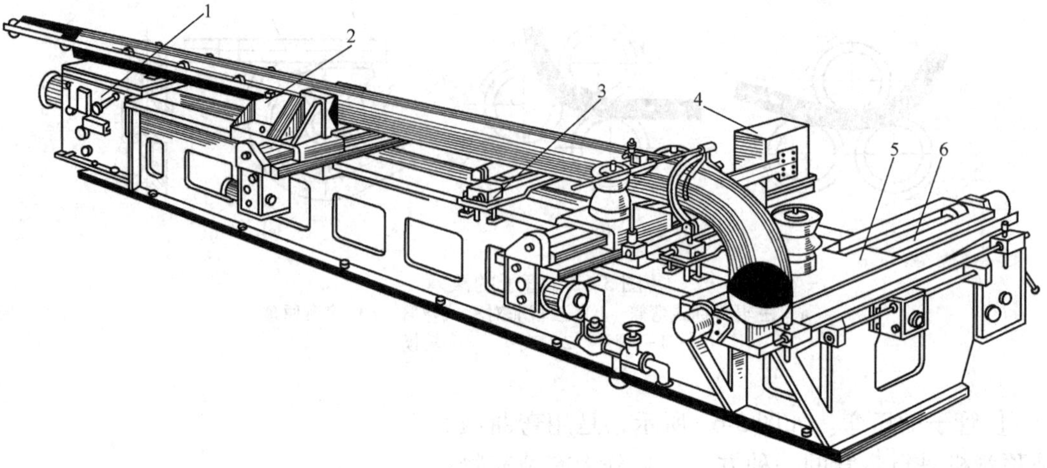

图 3-64　感应加热式弯管机

1—纵向进给机构　2—夹紧滑座　3、5—管子支撑装置　4—感应变压器　6—弯曲辊移动机构

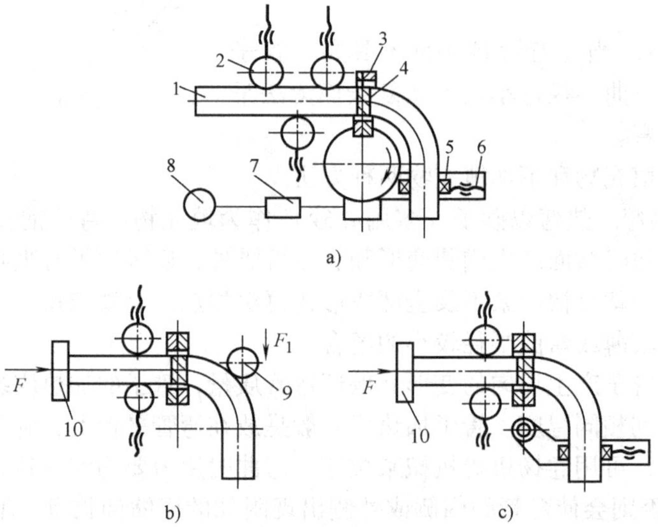

图 3-65　中频感应加热弯管

a）拉弯　b）、c）推弯

1—管子　2—支撑滚轮　3—感应加热圈　4—加热区　5—夹头　6—转臂　7—减压器　8—电动机　9—推力轮　10—推力挡板

火焰加热弯管：采用火焰加热圈来取代中频感应加热圈进行加热，而工作原理与中频感应加热弯管原理一样。图 3-66 为火焰加热拉式弯管机示意图。

用火焰加热弯管，具有可不用昂贵的模具、弯曲半径调节方便、弯管机结构简单、造价低、维修容易等优点。但火焰加热效率低，故只适用于薄壁管的弯制。

（3）弯管质量与控制　管子在弯曲时一般会在中性层以外管壁厚度受拉而减薄、中性层以内管壁受压而出现起皱、管子弯曲断面变成椭圆形等三种缺陷。

1）圆度误差。管子某一断面的变形程度用圆度误差 a 来表示，计算公式为

$$a=(D_{max}-D_{min})/D\times 100\% \quad (3\text{-}19)$$

式中 D——弯管的理论外径（mm）；

D_{max}、D_{min}——弯管某一断面处外径的最大值与最小值（mm）。

当管子外径 $D>60$mm 时，弯管后的圆度误差允许值见表3-40。当管子外径 $D\leqslant 60$mm 时，对于要求精度高的弯管应进行钢球通过检查。检查所用钢球的直径与管子的弯曲半径有关，见表3-41。

2）管壁厚度减薄量。弯管的管壁厚度减薄量 b 的理论计算公式为

$$b=(\delta_0-\delta)/\delta_0\times 100\% \quad (3\text{-}20)$$

式中 δ_0——弯管壁厚（mm）；

δ——弯管上壁厚实际最小值（mm）。

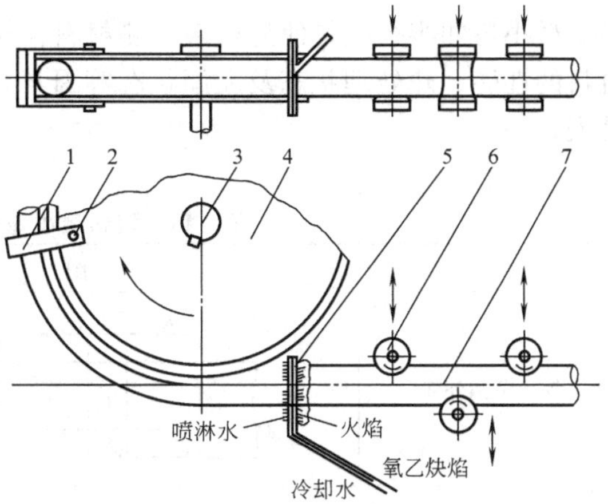

图3-66 气体火焰加热拉式弯管机示意
1—管夹 2—销子 3—传动轴 4—工作扇轮 5—环形加热圈 6—定位销 7—管子

表3-40 弯管圆度误差允许值

弯曲半径 R	$\leqslant 1.4D$	$1.4D<R<2.5D$	$\geqslant 2.5D$
圆度误差 a（%）	≤14	≤12	≤10

表3-41 钢球直径允许值

弯曲半径 R	$\leqslant 1.8D$	$1.8D\leqslant R<2.5D$	$2.5D\leqslant R<3.5D$	$\geqslant 3.5D$
钢球直径	$\geqslant 0.75D_n$	$\geqslant 0.8D_n$	$\geqslant 0.85D_n$	$0.9D_n$

注：D_n 为管子内径。

弯管壁厚的减薄量应不超过表3-42所规定的数值。

表3-42 弯管上允许的壁厚减薄量

弯曲半径 R	$\leqslant 1.8D$	$1.8D<R\leqslant 3.5D$	$\geqslant 3.5D$
壁厚减薄量 b（%）	≤25	≤15	≤10

2. 型材的弯曲

（1）型材弯曲时的变形 型材包括角钢、槽钢、工字钢、T形钢、圆钢和扁钢等。除圆钢和扁钢外，其他型材在弯曲时，由于重心线与力的作用线不在同一平面上，型材除受弯曲力矩外还受到扭曲的作用。因此，型材的断面会发生畸变。型材弯曲时，中性层以外的材料由于受拉而产生翘曲变形；中性层以内的材料由于受压而产生起皱变形。

当型材受力而弯曲时，在中性层外侧和内侧的材料分别受拉力和压力的作用，拉力的大小主要由弯曲半径决定。弯曲半径越小，型材外侧所受的拉力就越大，材料就会发生

翘曲而使壁厚减薄，严重时会产生撕裂现象。因此，必须限制型材弯曲时的最小弯曲半径。

最小弯曲半径就是使型材最外侧材料在拉力作用下临近发生撕裂时的弯曲半径。它与材料的性能、热处理状态及表面状态等因素有关。常用型材最小弯曲半径的理论计算公式见表3-43。

表3-43 型材最小弯曲半径理论计算公式

名　称	简　图	状　态	最小弯曲半径计算公式
等边角钢外弯	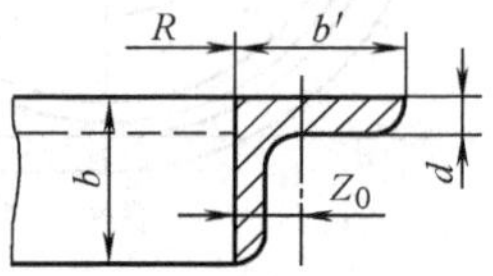	热	$R_{\min} \approx 7b - 8Z_0$
		冷	$R_{\min} = 25b - 26Z_0$
等边角钢内弯	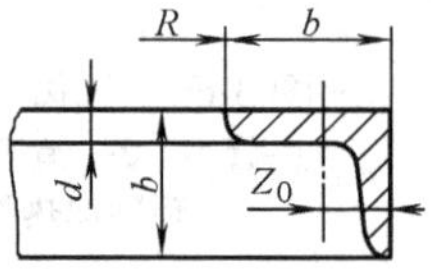	热	$R_{\min} \approx 6\ (b - Z_0)$
		冷	$R_{\min} = 24\ (b - Z_0)$
不等边角钢小边外弯	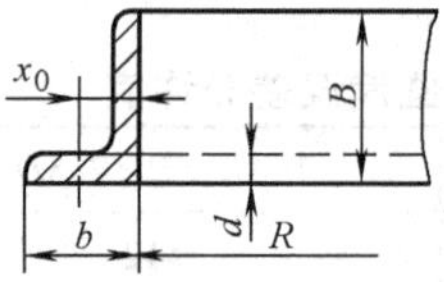	热	$R_{\min} \approx 7b - 8x_0$
		冷	$R_{\min} = 25b - 26x_0$
不等边角钢大边外弯	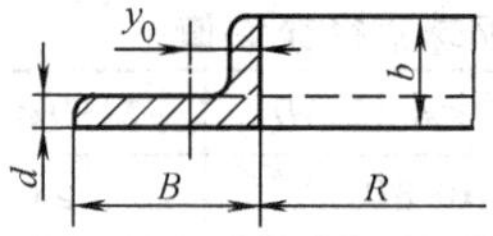	热	$R_{\min} \approx 7B - 8y_0$
		冷	$R_{\min} = 25B - 26y_0$
不等边角钢小边内弯	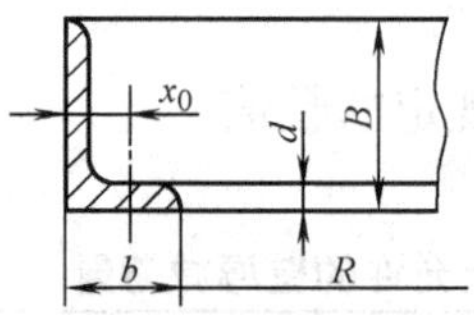	热	$R_{\min} \approx 6\ (b - x_0)$
		冷	$R_{\min} = 24\ (b - x_0)$
不等边角钢大边内弯	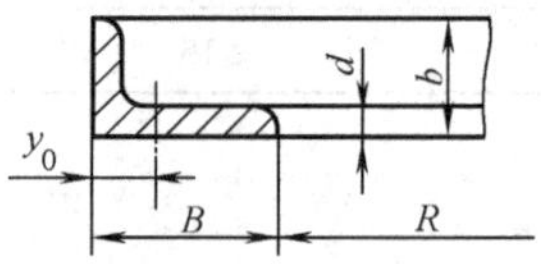	热	$R_{\min} \approx 6\ (B - y_0)$
		冷	$R_{\min} = 24\ (B - y_0)$
工字钢以 $x_0 - x_0$ 轴弯曲	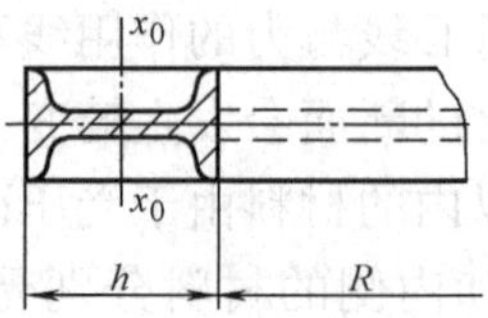	热	$R_{\min} \approx 3h$
		冷	$R_{\min} = 12h$

（续）

名　　称	简　　图	状　　态	最小弯曲半径计算公式
工字钢以 y_0-y_0 轴弯曲	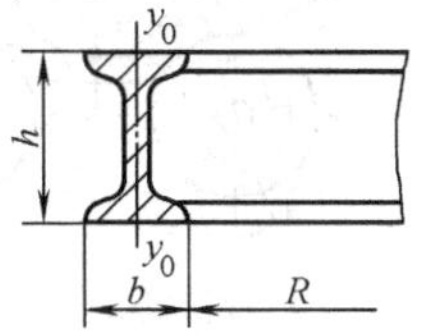	热	$R_{min}\approx 3b$
		冷	$R_{min}=12b$
槽钢以 x_0-x_0 轴弯曲	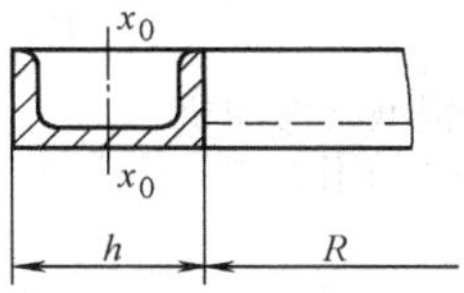	热	$R_{min}\approx 3h$
		冷	$R_{min}=12h$
槽钢以 y_0-y_0 轴外弯曲	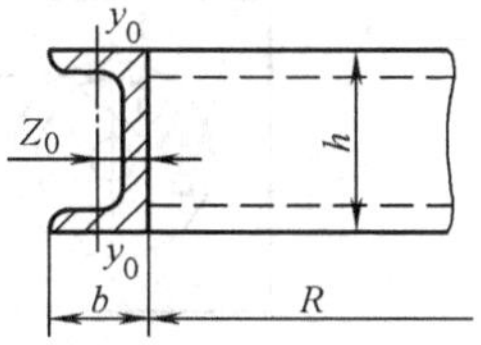	热	$R_{min}\approx 7b-8Z_0$
		冷	$R_{min}=25b-26Z_0$
槽钢以 y_0-y_0 轴内弯曲	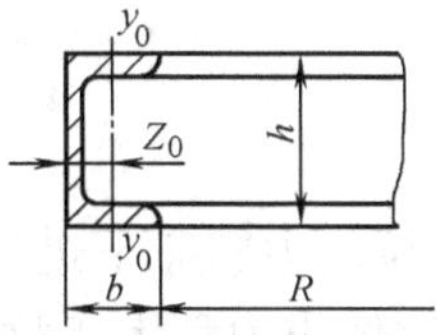	热	$R_{min}\approx 6\ (b-Z_0)$
		冷	$R_{min}=24\ (b-Z_0)$
圆钢弯曲	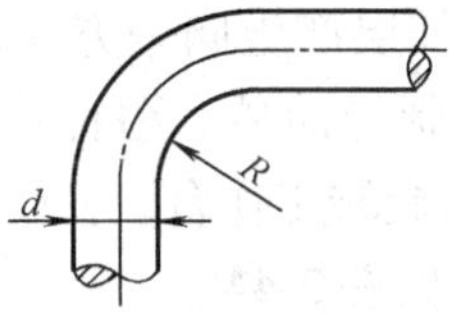	热	$R_{min}\approx d$
		冷	$R_{min}=2.5d$
扁钢弯曲	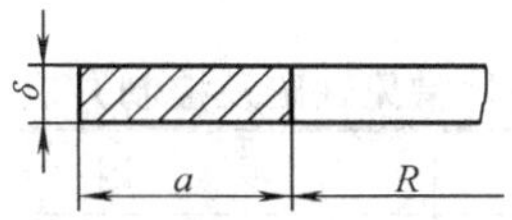	热	$R_{min}\approx 3a$
		冷	$R_{min}=12a$

（2）型材的弯曲方法　型材的弯曲也有冷弯和热弯，选取的原则与板材及管子的弯曲是一样的。由于冷弯速度快、质量好，因此在条件允许的情况下以冷弯应用的更为普遍。

根据型材弯曲时所用设备，机械弯曲分为卷弯、压弯、拉弯等方法。

1）卷弯。在专用型材弯曲机上进行，如图3-67所示。型材弯曲机工作部分采用三个或四个辊轮，其工作原理与板材的卷制大致相同。卷弯时只需调节中间辊轮的位置，即可将型材弯曲成不同的曲率半径。卷弯不同的型材，只需更换相应的辊轮即可。

2）压弯。压弯是在压力机或矫直机上利用模具进行弯曲的方法。在型钢弯曲矫直机上压弯时，将型材置于支座与压头之间，依靠压头的往复运动使型材成形。利用压力机压弯型材时，为防止型材断面发生变形，模具上必须加工出与型材断面相同的形槽，如图3-68所示。

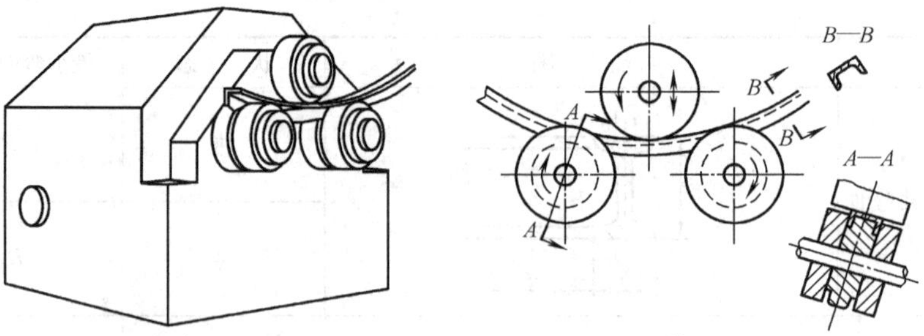

a) b)

图3-67 三辊型材弯曲机
a）外形 b）工作过程

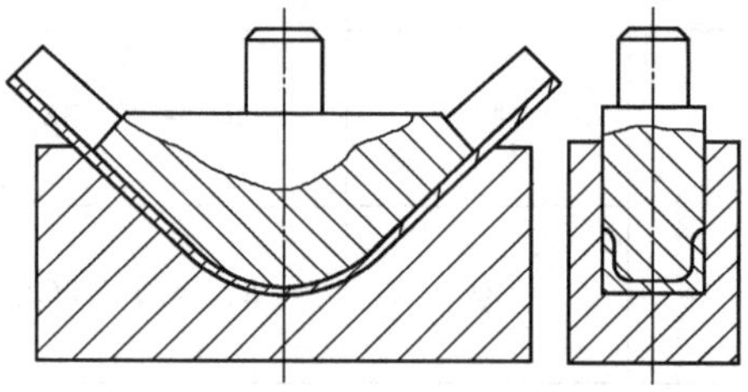

图3-68 压力机压弯槽钢示意图

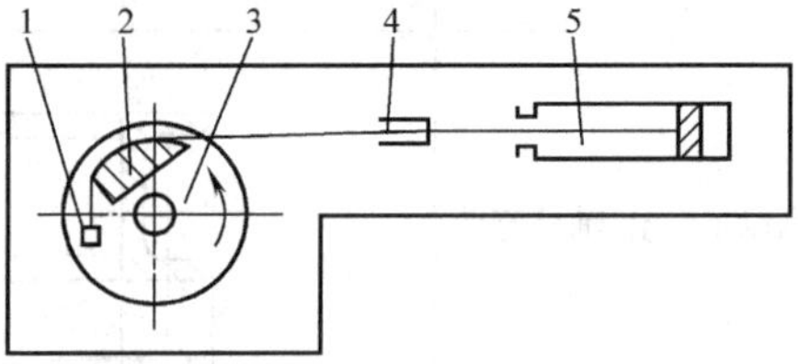

图3-69 型材拉弯工作原理简图
1—夹头 2—靠模 3—旋转工作台
4—型材 5—拉力液压缸

3）拉弯。拉弯是利用专用设备使型材在拉应力状态下进行弯曲变形的方法。拉弯时，型材同时受到拉伸力和弯曲力矩的作用，使拉伸应力稍大于材料的屈服点而小于材料的抗拉强度；卸载后，受拉伸作用的材料内层和外层产生同一方向的回弹，但回弹很小。拉弯件既不会起皱，也不会增厚，精度高，模具制造简单。型材拉弯工作原理如图3-69所示，在拉力液压缸作用下，型材产生拉应力，然后旋转工作台，使受拉的型材沿靠模发生弯曲。

（3）型材弯曲件常见缺陷及控制方法 见表3-44。

表3-44 型材弯曲件常见缺陷及控制方法

名 称	简 图	原 因	控制方法
受拉面撕裂	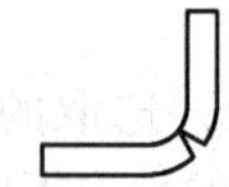	1. 材料塑性低 2. 受拉面存在缺陷 3. 弯曲半径过小	1. 增加退火或正火工序 2. 修磨弯曲区域 3. 增大弯曲半径
弯曲角度变化	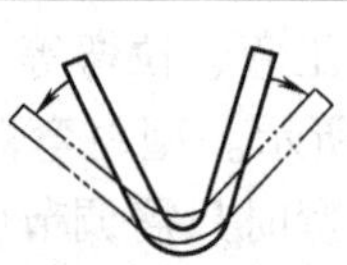	材料在弯曲塑-弹性变形，所以弯曲后必然产生回弹	1. 模具设计时减小弯曲角 2. 无模时适当过弯一些
弯曲端部凸起	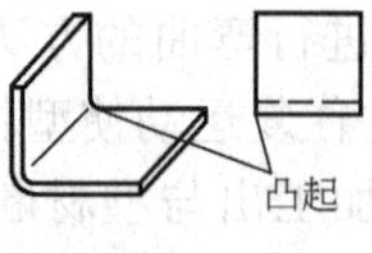	弯曲时，中性层内侧的金属层在纵向被压缩而缩短，在宽度方向则伸长，故宽度方向的边缘会凸起，尤以厚板小角度弯曲时更为明显	在弯曲部位的两端可先做成弧形切口

3.3.3　板材的卷制

钢板的卷制（亦即滚弯）是对已经按尺寸要求剪裁下料，并经边缘加工后的板材实施弯曲的工艺方法。它是在卷板机（或称滚弯机）上，利用工作辊相对位置变化和旋转运动对坯料进行连续弯曲加工的，是焊接结构生产中圆筒形、锥形等工件的主要加工方式。

1. 卷板机及其工作原理

（1）卷板机的结构　卷板机的主要结构形式分为三辊、四辊及立式卷板机。典型对称式三辊卷板机的结构如图3-70所示。

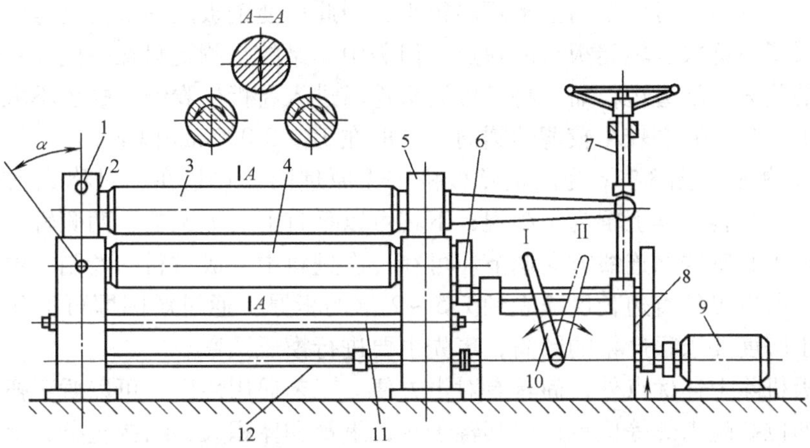

图3-70　典型对称式三辊卷板机的结构简图
1—插销　2—活动轴承　3—上辊　4—下辊　5—固定轴承　6—齿轮　7—卸板装置
8—减速器　9—电动机　10—操纵手柄　11—拉杆　12—上辊压紧传动螺杆

（2）卷板机的工作原理　图3-71所示为三种类型卷板机的工作原理示意图。

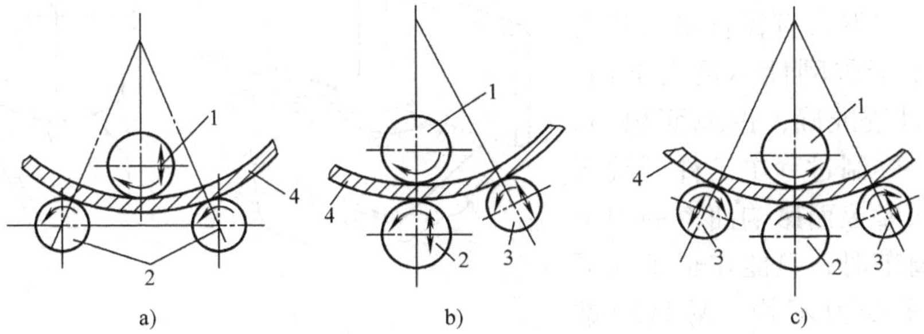

图3-71　卷板机的工作原理
a）对称式三辊卷板机　b）不对称式三辊卷板机　c）四辊卷板机
1—上辊　2—下辊　3—侧辊　4—板料

1）对称式三辊卷板机。其工作原理如图3-71a所示。上辊1可在垂直方向上下调节，两个下辊为主动辊，可正反两方向旋转，并对称于上辊中心线排列。弯曲时将钢板放入上、下辊之间，然后上辊向下移动将钢板压紧并使之弯曲，使钢板达到塑性变形状态，再驱动两下辊旋转，并借助于钢板与辊子之间的摩擦力使钢板左、右移动，同时上辊也随之转动，这样，就使钢板连续通过垂直平面，受到相同的弯曲，产生相同的变形，钢板成为曲率相同的弧形板。一次行程之后，再将上辊下压一定距离，又驱动下辊，使钢板进一步受到弯曲。上辊几次下压，就将钢板弯卷到需要的曲率半径。板料的两端不能同时进入三辊之间部分得不到弯曲，称为剩余直边。剩余直边的长度约为两下辊中心距的一半。

2）不对称式三辊卷板机。其工作原理如图3-71b所示。上辊1是位于一个下辊2（主动辊）的上方位置，而另一下辊3在侧面，称为侧辊，可沿其本身中心轴线与上辊中心轴线之连线方向调节，可使之与上辊距离很小，因此可使钢板的一端完全弯曲而不留有剩余直边，克服了对称式三辊卷板机的缺点。但美中不足的是侧辊只在一侧，只能消除一端的直边。要消除另一端直边，需要将工件调头重新进入卷板机卷制，故也不太方便。此卷板机能力有限，只能卷制较小较薄的圆筒，一般在32×3 000mm以下。

3）四辊卷板机。图3-71c为四辊卷板机工作原理图。它是在不对称式三辊卷板机基础上增加了一个侧辊，其上辊为主动辊，下辊可以垂直上、下调节，两侧辊可沿其本身中心轴线与上辊中心轴线之连线方向调节。可在一次进料中完成材料的卷制。由于板边都可以得到弯曲，所以可使直边长度减少到1.5～2倍的板厚，通过矫圆即可消除，而不必预弯。不过对于圆度要求很严格的圆筒，事先也要进行模压预弯。

四辊卷板机除上述优点外，尚具有对中方便、工艺通用性广，可以矫正扭斜、错边等缺陷，可以即位装配点焊等优点；但其辊子多，重量和体积大，结构复杂，上下辊夹持力使工件受氧化皮等压伤严重，对称卷圆曲率不太准确，操作技术不易掌握，故多适用于重型工件及自动化水平和技术水平较高的场合，如自控或仿形卷板等。

4）立式卷板机。立式卷板机的辊子是垂直安置的。这种卷板机的优点是：在卷制大厚度圆筒时，氧化皮不会卷入辊子与钢板之间，因而可避免产生压痕，在卷大直径较薄的圆筒时，钢板也不会因刚性不足而下塌，用样板测量时较准确，占地面积小。但其缺点是：卷制过程中工件下端面与下边支撑面摩擦而影响曲率的均匀性；卷较短筒节时，只能在辊子的下部卷制，辊子受力不均，易呈现锥形；卸料及工件放入不方便，非矩形坯料不易找正，支撑不稳。图3-72所示为立式卷板机的结构示意图。

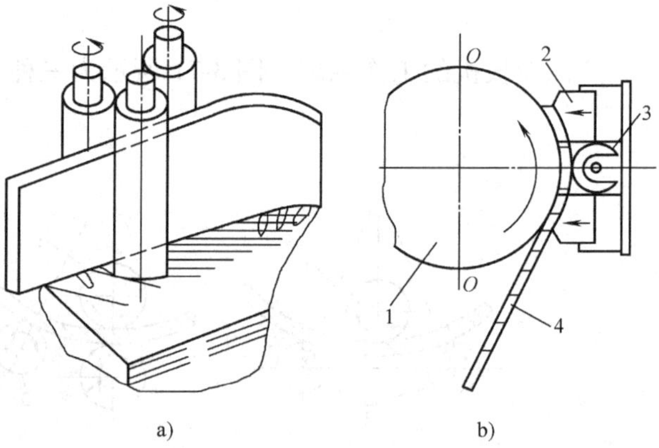

图3-72 立式卷板机结构示意图
a）结构形式之一 b）结构形式之二
1—辊轮 2—侧压杆 3—压辊 4—板料

立式卷板机的动作原理类似压弯机，它除了弯曲圆筒外，还可以作钢板搬边、矫平、弯曲型钢及卷制圆锥面，更适合于大直径薄筒、窄而长的板料等有自重下塌倾向工件的卷制。

2. 板材卷制工艺过程

现以对称式三辊卷板机为例，介绍钢板卷制的工艺过程。

（1）预弯 如前所述，用对称式三辊卷板机弯卷钢板时，钢板两端各有一平直段无法弯卷。为使钢板都能弯曲成同一曲率，在卷板前要先将其两端弯曲成所需要的曲率，这一步骤叫做预弯。

常用的预弯方法有三种，如图 3-73 所示。

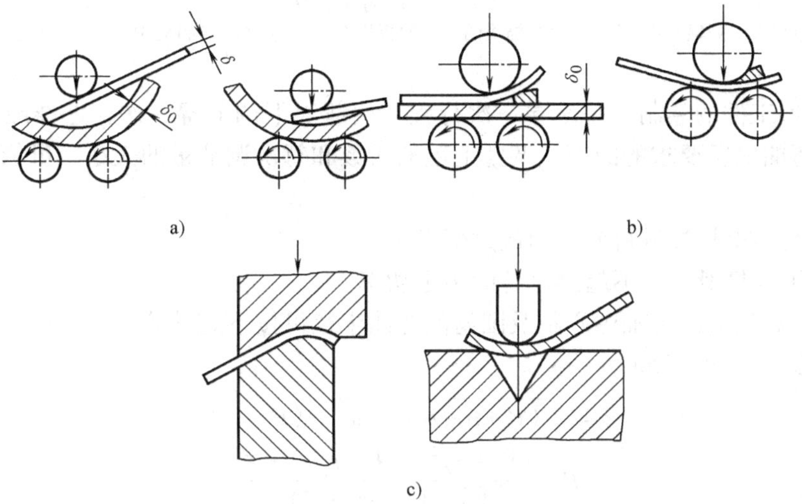

图 3-73 常用预弯方法

a）适于 $\delta_0 \geqslant 2\delta$，$\delta \leqslant 24$mm b）适于较薄板 c）适于各种板厚

1）利用弯曲模和卷板机预弯（图 3-73a）。当预弯板厚不超过 24mm 时，可用三辊卷板机，借助一块预弯模板进行辊卷预弯。模板厚度一般取卷制钢板厚度的两倍或稍多些，其曲率半径应小于被弯钢板的曲率半径，这样既可以不致增加卷板机的负担，免于损坏机床，又可保证钢板的预弯曲率。这种方法简单，节省材料和设备，故此方法用得最多。预弯的长度一般应大于两下辊中心距的一半，可取（6～20）δ，通常为 150～200mm。

2）利用楔垫板预弯（图 3-73b）。在无弯模的条件下，取一板厚为 δ_0 的平板（$\delta_0 \geqslant 2\delta$），在平板上放置一楔形垫板，将工件板边置于垫板上，压下上辊，以使板边弯曲。

3）利用模具和压力机预弯（图 3-73c）。这种方法适用于各种板厚的板料。由于受模具长度的限制，板料的压弯需逐段进行，且在压制过程中需要随时用样板检查曲率半径的大小，以保证成形尺寸满足要求。它分为专用模具预弯（适用于批量生产）和通用模具预弯（用于单件小批量生产）。

（2）对中 板料预弯之后，将放入卷板机上下辊之间进行滚卷前必须使板料的母线与辊的轴线平行，使板料的纵向中心线与辊的轴线保持相互垂直，也就是对中。其目的是防止钢板在滚卷过程中产生扭斜。常用的对中方法如图 3-74 所示。

（3）卷圆 钢板对中后，即可用上辊压住板料并使之产生一定弯曲，开动机床进行滚卷。

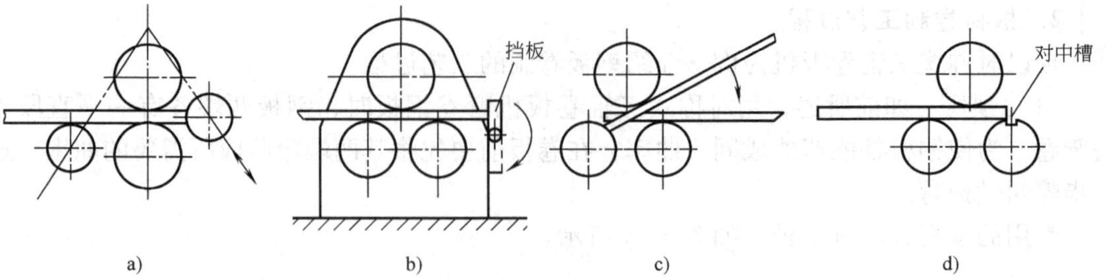

图 3-74 常用对中方法
a）用四辊卷板机的侧辊对中 b）有对中挡块的三辊卷板机对中 c）倾斜进料对中 d）用下辊对中槽对中

1）圆筒形工件的卷制。每滚卷一次行程，便适当下调上辊一次，这样经过多次滚卷就可将板料弯曲成所要求的曲率。调整上辊的次数和每次调节量的大小，可依下述原则来确定：

① 冷卷时不得超过材料允许的最大变形率。

② 板料不致打滑，且不超过设备的额定功率。

卷制时，卷板机的辊轴中心距及圆筒的弯曲半径可按下式计算：

三辊卷板机（图 3-75a）

$$h=\sqrt{(R+\delta+r_2)^2-a^2}-(R-r_1) \tag{3-21}$$

$$R=\frac{(r_2+\delta)^2-(h-r_1)^2-a^2}{2[h-(r_1+r_2+\delta)]} \tag{3-22}$$

式中 h——上、下辊的中心距（mm）；
R——圆筒弯曲内半径（mm）；
δ——板料厚度（mm）；
r_2——下辊半径（mm）；
r_1——上辊半径（mm）；
a——两下辊中心距的一半（mm）。

四辊卷板机（图 3-75b）

$$h=r_1+R+\delta-\sqrt{(r_2+R+\delta)^2-a^2} \tag{3-23}$$

$$R=\frac{r_2^2-(r_1-h)^2-a^2}{2(r_1-r_2-h)}-\delta \tag{3-24}$$

式中 h——下辊与侧辊的中心距（mm）；
R——圆筒弯曲内半径（mm）；
δ——板料厚度（mm）；
r_2——侧辊半径（mm）；
r_1——下辊半径（mm）；
a——两侧辊中心距的一半（mm）。

在滚卷过程中还应注意：要随时用卡样板测量，看是否达到曲率要求，不可过卷量太多，因过卷要比曲率不足难以修正，且易使金属性能变坏。但在冷卷时，考虑到回弹的影响，必须施加一定的过卷量。

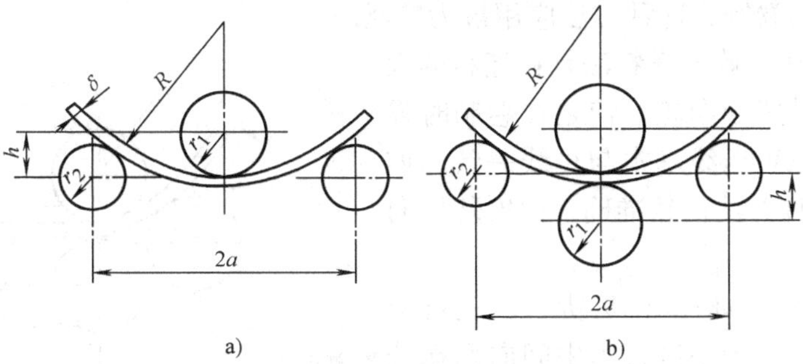

图3-75 卷板机辊子的位置关系
a）三辊卷板机 b）四辊卷板机

当卷制达到要求曲率时，还应在此曲率下多卷几次，以使其变形均匀和释放内应力，减少回弹。高强钢的回弹量较大，为减少回弹，最好在最终成形前进行一次退火。

热卷时，对于闭合的圆筒，一般只要控制下料的尺寸，卷至刚好闭合即可。为了防止工件过早从卷板机上卸下而产生变形，应在终卷曲率下继续对工件进行不断的滚卷，直到工件表面颜色发暗，至温度小于500℃为止。并在取下后，注意要合理地摆放，如立放或使其开口在最下位置横放等，以防止加工后的变形。

2）圆锥形工件的卷制。在实际生产中，也经常会遇到圆锥形的工件，如变径管、容器的锥形封头等，其两端直径不相同，这类工件的展开形状为扇形面。圆锥形工件的卷制过程与圆柱体是相同的，但卷制的操作方法不同。圆锥形工件的卷制通常采用以下几种方法：

① 分区压弯法。这种方法是首选在扇形坯料上均匀地划出若干条射线（母线）作为压弯线。线间距离在20～40mm之间。然后放在压力机的下胎模上，以先压两端后压中间的顺序，按压弯线逐渐压制，如图3-76所示。待两边对合后，将对合边焊好，最后进行矫正即成。这种整体压弯成形适用于薄壁圆锥形工件。当钢板较厚时，可将扇形坯料分成几块小扇形板，分别压弯后再组合焊接成圆锥体。但这种方法费时费料，劳动强度较大，生产效率较低，多适用于大锥度厚壁圆锥形工件的成形加工。

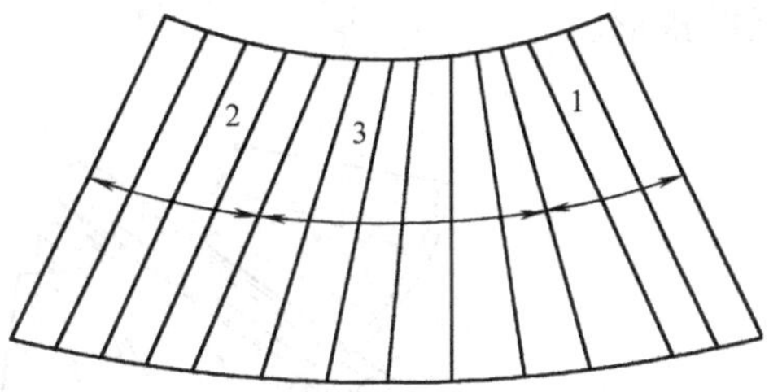

图3-76 圆锥体在压力机上分区压弯成形

② 小口减速法。如图3-77所示，在卷板机卷制工件的小口端安置挡块、柱销或其他阻力工具，靠于扇形坯料的内圆弧面上。卷制时，由于摩擦阻力而减慢小口端的卷制速度，从而

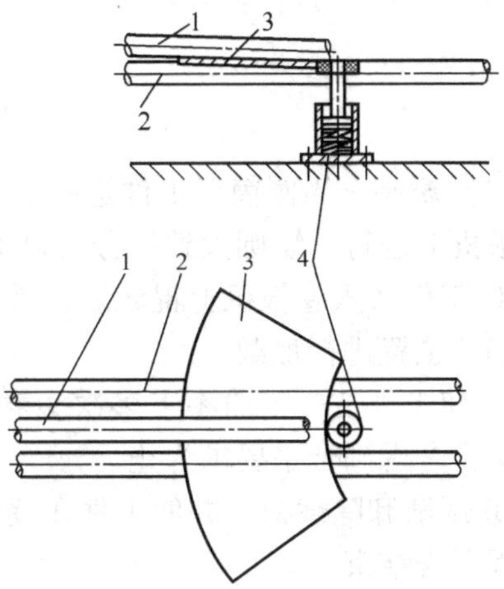

图3-77 小口减速法进行圆锥体的卷制
1—上辊 2—侧辊 3—坯料 4—减速装置

实现圆锥形工件的卷制，这种方法应用最为广泛。

③ 旋转送料法。旋转送料法是在坯料的大口和小口的边缘设置导向轮，使之在卷制时强制旋转送进而保证辊压线基本与母线一致，如图 3-78 所示。这种方法比较准确，但安装导向轮较麻烦。

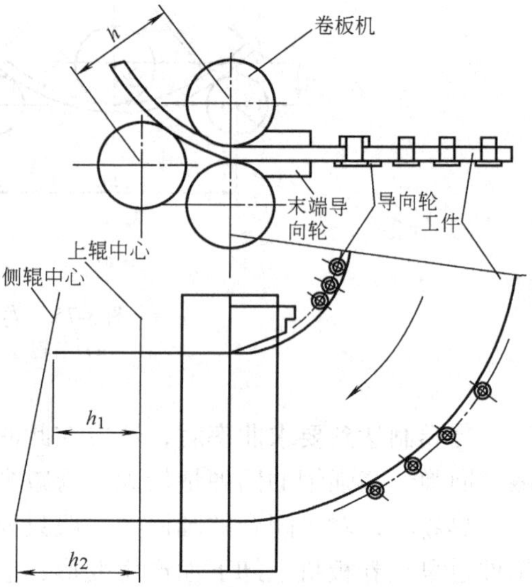

图 3-78　旋转送料法

④ 分区卷制法。如图 3-79 所示，先将扇面坯料沿母线分成若干小区，由中间向两端分区卷制，以跨区的移动来近似的调速。其步骤是：先将上辊对准 5－5′线进行滚卷至大端到 4 为止；再将上辊对准 4－4′线进行滚卷至大端 3 为止；仿照以上步骤卷完各区，就基本上形成了圆锥体。但这种方法比较麻烦，生产效率低。

⑤ 双速四辊卷制法。如图 3-80 所示。将四辊卷板机的上、下辊和侧辊分别加两套传动装置，用上、下辊带动板料的大口，侧辊带动板料的小口，并通过传动装置的适当调速来使大口和小口的送进角速度一样，卷成比较准确的锥形。

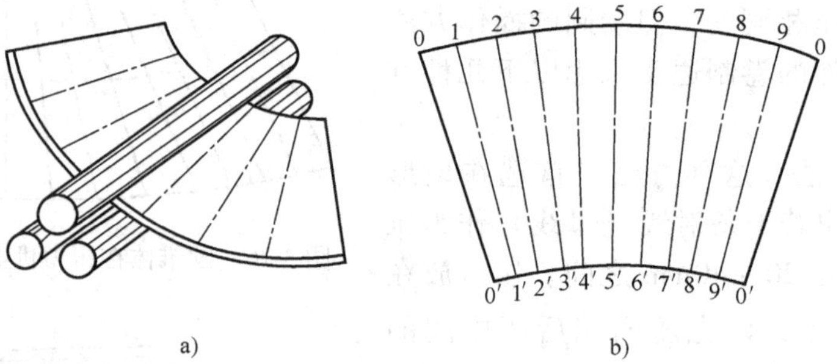

图 3-79　分区卷制法

（4）矫圆　当圆筒形工件进行点装和纵缝焊接之后，一般还要进行矫圆。矫圆多是在卷板机上进行。矫圆大致可分为以下三个步骤：

① 工件放入卷板机上辊之后，首选是根据经验或计算，将上辊调至所需要的最大矫正曲率的位置进行加载。

② 使工件在矫正曲率下多次滚卷，并着重于焊缝区的矫正，使圆筒曲率均匀一致。经测量，考虑到合乎要求为止。

③ 逐渐卸除载荷，并使工件在逐渐卸除载荷的过程中多次滚卷，至此整个钢板的卷制过程即告结束。

3．卷板质量控制

（1）筒体卷制质量要求　钢板卷制质量的高低，将会直接影响后续工序的施工和产品的最终质量。因此，必须予以有效的控制。

1）钢制压力容器卷制筒体

① A、B类焊接接头对口错边量 b（图3-81a）的允许值见表3-45。锻焊容器B类焊接接头对口错边量 b 应不大于对口处钢材厚度 δ_s 的1/8，且不大于5mm。复合钢板的对口错边量 b（图3-81b）不大于钢板复层厚度的50%，且不大于2mm。

② 筒体圆度误差 $D_{max}-D_{min}$ 应不大于该截面设计内径的1%，且≤25mm。

③ 筒体接口棱角度 $\Delta c \leqslant (\delta_0/10)+2$，且不大于5mm。

2）锅炉卷制筒体质量要求见表3-46。

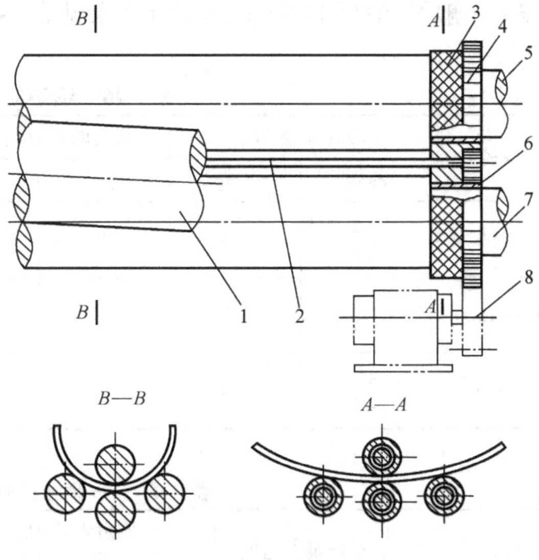

图3-80　双速四辊卷制法
1—侧辊　2—板料　3—滚花套筒　4—齿轮　5—上辊　6—轴套　7—下辊　8—大口传动装置

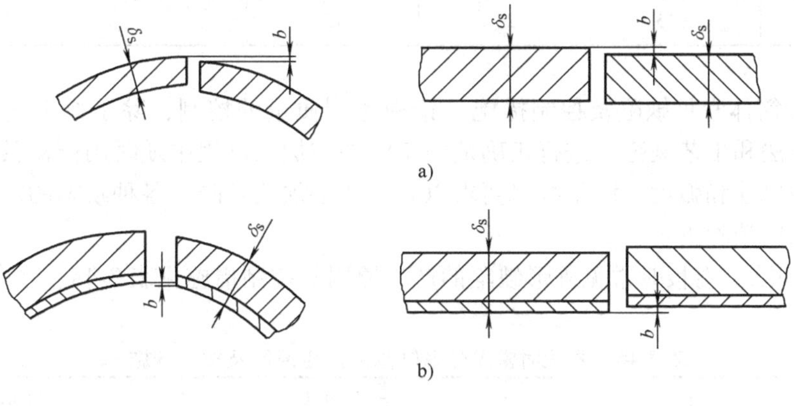

图3-81　筒体的对口错边量
a）单层钢板焊接接头　b）复合钢板焊接接头

表3-45　筒体焊接接头对口错边量　（单位：mm）

对口处钢材厚度 δ_s	按焊接接头类别划分对口错边量	
	A	B
≤12	$\leqslant\delta_s/4$	$\leqslant\delta_s/4$
>12～20	≤3	$\leqslant\delta_s/4$
>20～40	≤3	≤5
>40～50	≤3	$\leqslant\delta_s/8$
>50	$\leqslant\delta_s/16$，且≤10	$\leqslant\delta_s/8$，且≤20

注：球形封头与筒体连接的环向接头，以及嵌入式接管与筒体或封头对接的A类接头，按B类焊接对口错边量要求。

3）一般结构件的卷制筒体质量要求见表3-47。

表3-46　锅炉筒体卷制公差　（单位：mm）

公称内径 D_n	内径偏差 ΔD_n		圆度误差 $D_{max}-D_{min}$		棱角度 Δc		端面不平度 Δf	
	冷卷	热卷	冷卷	热卷	冷卷	热卷	冷卷	热卷
≤1000	+3 −2	±5	4	6	3	3	2	2
1000～1500	+5 −3	±7	6	7	4	4	2	2
>1500	+7 −5	±8	8	8	4	4	3	3

表3-47　一般结构件筒体卷制公差　（单位：mm）

外径 D_n	外径偏差 ΔD_w	圆度误差 $D_{max}-D_{min}$		棱角度 Δc	错边量 b
		壁厚≤30	壁厚>30		
≤1000	±5	8	5	3	不大于壁厚的10%，且不超过2mm
>1000～1500	±7	11	7	4	
>1500～2000	±9	14	9	4	
>2000～2500	±11	17	11	5	
>2500～3000	±13	20	13	5	
>3000	±15	23	15	6	

（2）卷制筒体常见缺陷及控制措施　钢板卷制质量的控制，除了按工艺要求，正确地选择加工方法和工艺规范，进行正确地施工，并在加工过程中随时用样板及其他测量工具检查卷制的尺寸和弧度，满足技术要求以外，还必须注意防止各种缺陷的产生，并对已产生的缺陷加以消除。

1）外形缺陷。卷板时常见外形缺陷的产生原因及控制措施见表3-48。

表3-48　卷板时常见外形缺陷的产生原因及控制措施

名　称	简　图	产 生 原 因	控 制 措 施
过卷	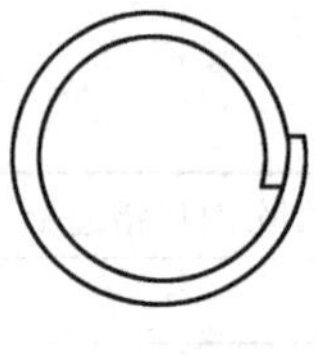	辊轴间距调节不当，致使接口处两边的曲率不同	在卷制接近曲率要求时，要逐渐调整下压量使之逐步展开 当出现过卷时，可用大锤锤击筒身的一侧边缘使直径扩展，以消除过卷；也可在上辊与小直径边缘内表面之间垫调整块滚压矫正
锥形	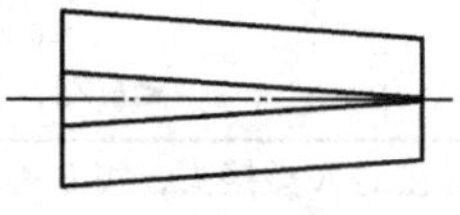	上、下辊或上辊与侧辊轴线平行所致	在卷制前仔细检查辊子轴线是否平行 当卷制时出现锥形时，要调节曲率半径较大一侧辊的送进速度

（续）

名　称	简　图	产生原因	控制措施
鼓腰	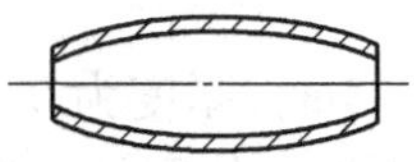	1. 下辊刚性或下辊顶力不足 2. 操作不当所致	1. 增加下辊的刚性 2. 在鼓腰处加垫块一起滚卷
束腰	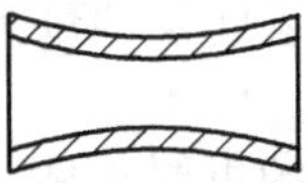	上辊下压力过大或下辊顶力太大使辊发生反向弯曲	正确选择上辊的下压力或增加下辊刚性来矫正
扭斜	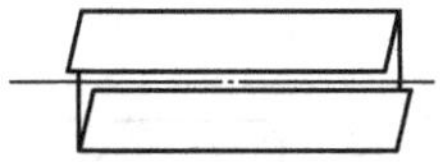	1. 坯料不是矩形 2. 送料时未对中 3. 沿辊轴受力不均造成局部轧薄	1. 检查坯料尺寸和形状 2. 认真对中
棱角	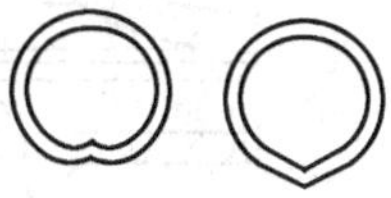	弯边过大产生内棱角；弯边不足产生外棱角	用样板检查后调整

2）表面压伤。由于氧化皮及其他杂物附着在板料或辊子上，会造成板料表面压伤。特别是热卷和热矫时，氧化皮的危害尤为严重。为了减少氧化皮等的危害，常采用以下措施：

① 坯料表面氧化皮应预先清理干净，必要时涂上保护层后再行卷制。

② 坯料加热时应尽量缩短高温停留时间，采用中性火焰及采用防氧化涂料等，以减少氧化皮的产生。

③ 选用氧化皮压伤可能性最小的卷板机，如立式卷板机等。

④ 采用氧化皮压伤可能性最小的操作方法，如用四辊卷板机时应使下辊的顶压力尽可能小；不断吹除外侧剥落的氧化皮；矫圆时尽量减少反转次数等。

非铁金属、不锈钢及精密板料卷制时，应特别注意卷板设备的干净等。

3）卷裂。由于板料卷制变形曲率过大，或在板料切割边缘产生淬硬层及应力集中等因素而导致卷裂。防止卷裂的主要措施有：

① 限制变形率，当变形率较大时应采用热卷。

② 消除坯料表面可能导致应力集中的因素，下料时注意钢板轧制方向，尽可能使纤维方向与卷制方向一致；当板厚 $S \geqslant 50$mm 时，其机械加工端面最好有适当的圆角；拼接焊缝应经修磨；对非铁金属板料，打磨方向应与弯曲辊轴线方向垂直。

③ 钢板最好经过正火处理，对调质钢及经过气割等热循环的淬火钢，应消除淬硬层；对新材料应掌握其宽板冷弯性能。

④ 卷板时，室温应高于板料的韧脆转变温度，否则，应进行预热，对于厚板尤应注意。对缺口敏感的钢种，最好预热到 150～200℃ 进行卷制。

3.3.4　板材的压延

压延也称拉延或拉深，是利用具有一定半径的模具，将已下料得到的平板坯料制成各种形状的开口空心零件的冲压工序。

压延可以在普通的压力机或专用压延压力机或液压机上进行。压延所用模具与冲裁模不同，其凸、凹模没有锋利的刃口，而其工作部分都具有较大的半径，并且凸、凹模之间的间隙一般大于板料厚度δ。

压延工序加工零件的尺寸范围可以从直径几毫米到2～3m，厚度为0.2～300mm。用压延工序可以制成筒形、锥形、球形、方盒形和其他不规则形状的零件。但由于几何形状的特点不同，故其在确定压延的工艺参数、工序数目及工艺顺序方面都不一样。本节以整体封头的成形过程来介绍压延的基本原理。

封头是锅炉、压力容器、炼油和化工设备等受压容器上的重要构件。封头按其形状可分为平底封头、碟形封头、椭圆形封头及球形封头等。

1. 封头的压延工艺过程

在封头冲压过程中，板料的变形很大。对于壁厚或冲压深度过大的封头，若在冷态下冲压，不仅需要较大功率的压力机，而且会使成形后的封头产生严重的冷作硬化，甚至形成裂纹。为保证封头的质量，多采用热冲压。

（1）压延成形过程　整体封头的压延如图3-82所示。先将工件加热到适当温度，然后将其放置在下模上，并对准中心；放下压边圈，将坯料压紧到合适程度，以保证冲压时使坯料各处能均匀变形，防止封头产生波纹和起皱。开动压力机加压，使坯料逐渐变形，并落入下模。最后上提脱模板，使封头与上模（凸模）脱离。

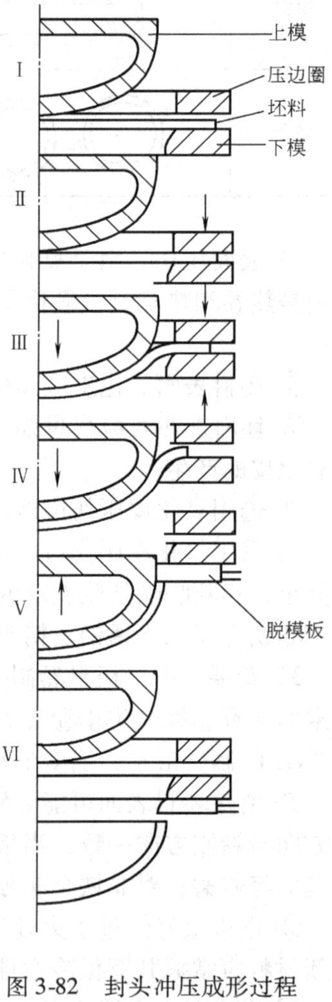

图3-82　封头冲压成形过程

由于成形后的封头在温度降低后会产生收缩，加之凸模受热后又稍有膨胀，因而封头被紧紧地裹在凸模上，使脱模困难。为解决这个问题，除严格控制终压温度外，也可在下模的圆周方向上穿几只（一般是4～6只）活动销来脱模。

$6\delta \leqslant D_p - D_n \leqslant 45\delta$的封头为中厚壁封头（$\delta$为壁厚、$D_p$为坯料直径、$D_n$为封头内径），用普通模具一次压延成形，不需要特殊措施。

$D_p - D_n > 45\delta$的薄壁封头，需通过二次压延成形，如图3-83所示。先用比封头内径小200mm左右的下模压成碟状，可2～3块坯料叠压；再用配套的下模压成所需要的封头形状，必要时可分3～4次压延。

$D_p - D_n < 6\delta$的为厚壁封头。这类封头多为球形封头。在冲压过程中，边缘厚度剧增，尤其直边高度>100mm的球形封头，增厚率常达10%以上，容易导致封头底部严重减薄。压延时必须增大模具间隙，或将坯料边缘削薄后进行压延成形，如图3-84所示。

（2）封头的壁厚变化　整体封头的压延过程，无论是否采用压边圈，一般在接近大曲率部位，封头壁厚都要变薄。椭圆形封头在曲率半径最小处变薄最大（图3-85a），一般壁厚减薄量：碳钢封头可达 8% ~10%，铝封头可达 12% ~15%。球形封头在底部变薄最严重，可达 12% ~14%（图 3-85b）。这在设计封头和制定其冲压工艺时，都应予以考虑。

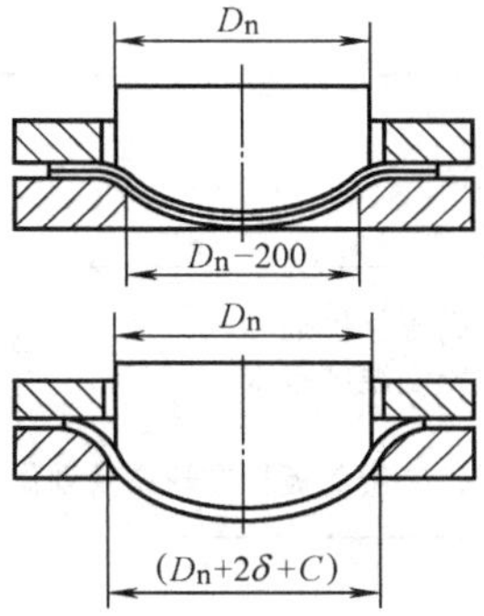

图 3-83　薄壁封头的二次压延
Ⅰ—第一次预成形　Ⅱ—最后成形

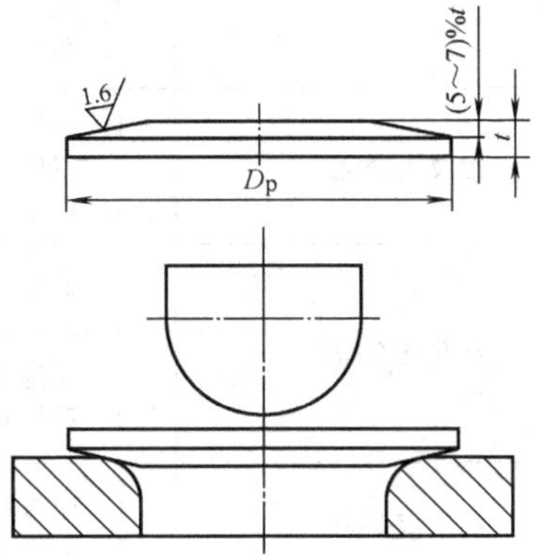

图 3-84　厚壁封头的压延

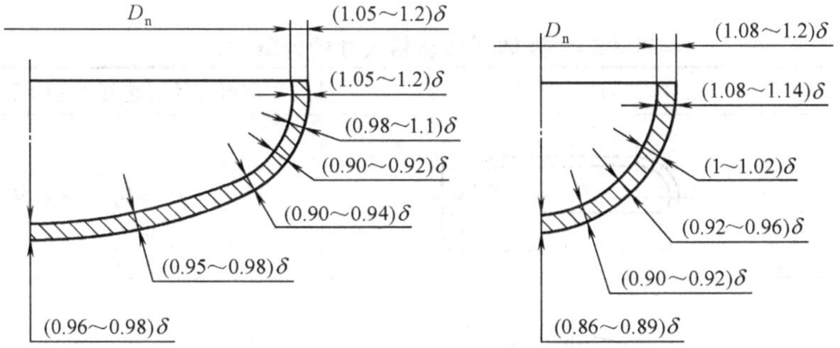

a)　　b)

图 3-85　典型钢制封头的壁厚变化情况
a）椭圆形封头　b）球形封头

影响封头壁厚变化的因素有：

① 材料强度越低，壁厚变薄量越大。

② 变形程度越大，封头底部越尖，壁厚变薄量越大。

③ 上、下模间隙及下模圆角越小，壁厚变薄量越大。

④ 压边力过大或过小，压制温度超高，都会导致壁厚减小。

各种不同材料由于它物理性能的差异其压延成形工艺也各有不同。表 3-49 列出了不锈钢及非金属材料封头的压延要点。

2. 封头坯料的计算

整体封头坯料的计算方法见表 3-50。由于影响坯料尺寸的因素很多，如钢板厚度、加热温度、压延次数、压制设备不同等，所以在批量生产时，应先试制确定坯料尺寸后再成批生产。

表 3-49　不锈钢及非铁金属压延要点

封头材料	压制要点
不锈钢	1. 在条件允许时以冷压为主 2. 下模及压边圈工作表面应保持光洁 3. 不锈钢冷却速度快，热压时动作要快 4. 热压时模具最好预热至 300～350℃ 5. 热压后应进行奥氏体化处理
铝及铝合金	1. 一般采用热压 2. 下模及压边圈工作表面应保持光洁 3. 热压时模具最好预热至 250～320℃
钛及钛合金	1. 钛板易氧化，坯料加热时应涂以高温保护剂 2. 钛板硬化倾向较大，应严格控制压制温度范围 3. 压延变形速度 <0.25m/min 4. 钛板对切口等表面缺陷敏感性高，应避免板料有缺口及划伤
铜及铜合金	1. 通常坯料在退火状态下冷压 2. 下模及压边圈工作表面应保持光洁
复合钢板	1. 热压温度范围按复层材料制定 2. 热压时加热时间要短，操作要迅速，以免分层

表 3-50　整体封头坯料尺寸的计算方法

名　称	图　形	坯料直径（包括工艺余量）计算公式
平底形	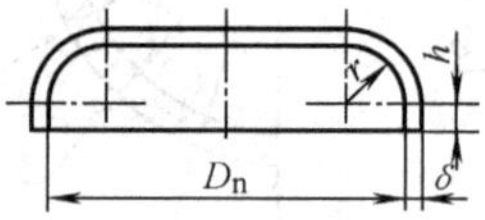	$D_p = D_n + r + 1.5\delta + 2h$
碟形、椭圆形	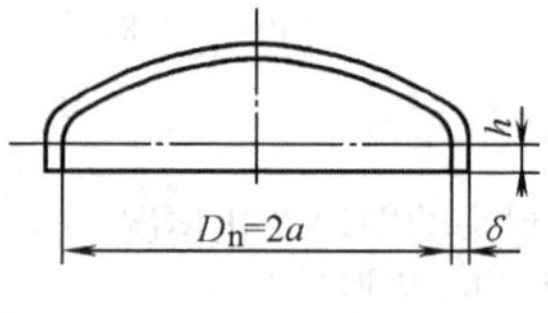	$D_p = K(D_n + \delta) + 2h$ （K影响系数）
球形	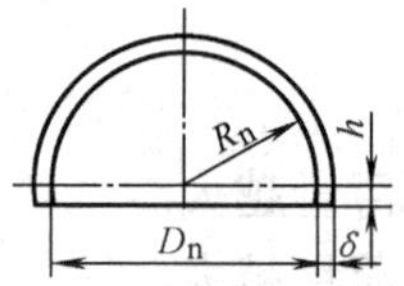	$D_p = 1.42(D_n + \delta) + 2h$
球缺形	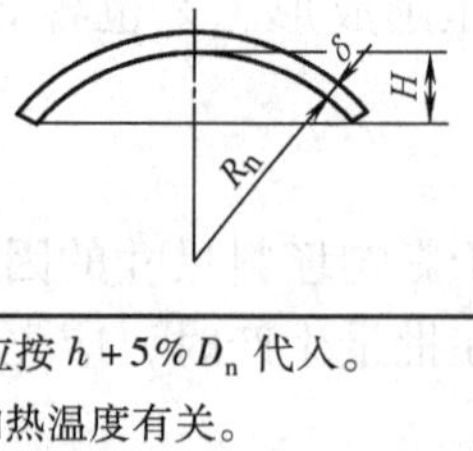	$D_p = \sqrt{8(R_n + 0.5\delta)(H + 0.5\delta)} + C$ $C < 4\delta$，且 < 100

注：1. $h > 5\% D_n$ 时，$2h$ 值应按 $h + 5\% D_n$ 代入。

2. D_p 还与模具间隙和加热温度有关。

3. **压延力的计算**

封头冲压时，压延力的计算常采用下面经验公式计算，它是正确选择冲压设备的依据。

$$F = eK\pi(D_p - D_{xm})\delta\sigma_b^t \tag{3-25}$$

式中　F——压延力（N）；

e——压边力影响系数，无压边时 $e=1$，有压边时 $e=1.2$；

K——封头形状影响系数，碟形及椭圆形封头 $K=1.1\sim1.2$，球形封头 $K=1.4\sim1.5$；

D_p——坯料直径（mm）；

D_{xm}——下模直径（mm）；

δ——坯料厚度（mm）；

σ_b^t——材料的高温抗拉强度（MPa）。

如需压边力时，压边力按下式求之：

$$F_q = Aq \approx \frac{1}{4}\pi q[D_p^2 - (D_{xm} + 2R_{xm})^2] \tag{3-26}$$

式中　F_q——压边力（N）；

A——压边面积（mm^2）；

q——单位压边力（MPa）；对于钢 $q=(0.011\sim0.0165)\sigma_b^t$，热压时取小值，冷压时取大值。

D_p——坯料直径（mm）；

D_{xm}——下模直径（mm）；

R_{xm}——下模圆角半径（mm）。

4. **封头压延成形模具**

（1）封头压延成形模具的设计要求

1）设计凸模、凹模尺寸时，必须考虑到工件热成形冷却后的收缩量和冷压延成形后的回弹量。

2）凸模应有脱模斜度，工件脱模方法应简单、方便、可靠。

3）在模具结构上要考虑到防止受热变形而造成模具的损坏。

4）定位装置要保证坯料进出方便、迅速、定位准确。

5）尽量选用自润滑性好的材料制造模具。

（2）封头压延成形模具的结构

1）整体凸模式封头成形模具的结构如图3-86所示，其结构简单，制造容易，适用于直径在1 800mm以下的封头压延成形。因采用卸料板进行硬性脱模，容易造成工件变形，

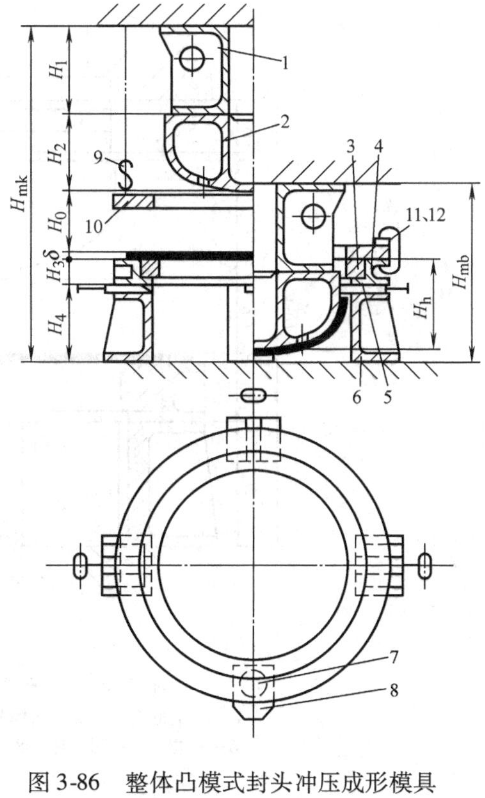

图3-86　整体凸模式封头冲压成形模具
1—托架　2—凸模　3—凹模　4—凹模座　5—卸料板　6—底座　7—管支座　8—塞板　9—铁链　10—压边圈　11—卡子　12—垫铁

故对壁厚小于10mm的大直径封头脱模较困难。

2）滑套凸模式封头成形模具的结构如图3-87所示，其凸模由凸模体和滑套组成。封头压延通过凸模后，滑套法兰便托在凹模或压边圈上。当凸模继续下行时，滑套便从封头中脱出，实现自动脱模。这种模具结构相对简单，自动脱模效果好，但由于封头脱模是依靠滑套的作用，故凸模的行程较长。

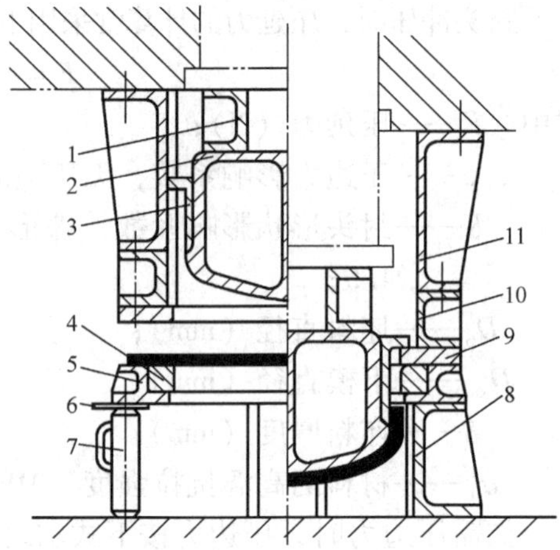

图3-87 滑套凸模式封头冲压成形模具
1—凸模托架 2—凸模体 3—滑套 4—凹模 5—凹模座 6—塞板 7—管支座 8—底座 9—压边圈 10—连接件 11—托架

3）三瓣凸模式封头成形模具的结构如图3-88所示。由于封头在压制成形后，凸模靠自重沿圆锥形芯子下滑而缩小其直径，实现了封头的自动脱模。这种模具适用于直径在2 000mm以上的封头，特别是对于大直径的薄壁封头，更显其脱模方式的优越性，因而能确保封头的冲压质量。但模具结构复杂，加工制造难度较大。

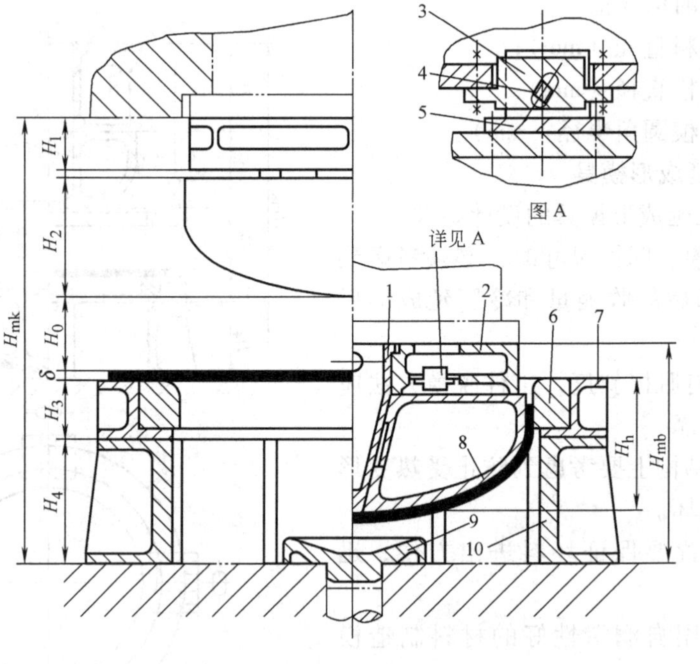

图3-88 三瓣凸模式封头冲压成形模具
1—圆锥形芯子 2—凸模托架 3—滑块 4—销轴 5—支座 6—凹模 7—凹模座 8—扇形凸模体 9—托盘 10—底座

（3）封头压延成形模具的设计参数 根据制造要求的不同，封头的压延成形可分为冷压和热压两种。

当采用冷压模具时，封头在成形后会产生回弹，其数值大小与所用材料的力学性能、变形程度、工件形状、模具结构及间隙有关，一般是靠经验数据确定后，再采用试压来修正模具的方法确定。

当采用热压模具时，封头在成形后必然会收缩，其数值大小与所用材料、工件形状、尺寸、板厚、脱模温度及冷却条件有关。

1）凸模设计参数，如图3-89所示。以内径为基准的封头，模具设计时应将回弹量和收缩量取在凸模上，间隙取在凹模上。

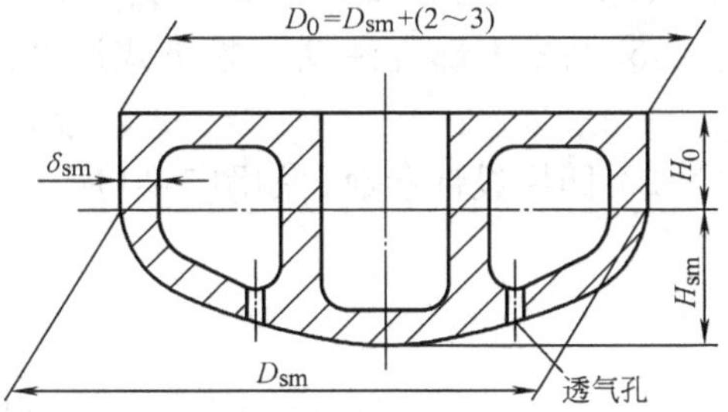

图3-89　凸模尺寸

① 凸模直径 D_{sm}

$$D_{sm}=D_n(1\pm\delta) \tag{3-27}$$

式中　D_n——封头的名义内径（mm）；

$+\delta$——封头热压时的收缩率（见表3-51）；

$-\delta$——封头冷压时的回弹率（见表3-52）。

表3-51　封头热压收缩率

D_n/mm	≤ϕ600	ϕ700 ~ ϕ1000	ϕ1000 ~ ϕ1800	≥ϕ2000
δ（%）	0.50 ~ 0.60	0.60 ~ 0.70	0.70 ~ 0.80	0.80 ~ 0.90

注：1. 薄壁封头取下限，厚壁封头取上限。

2. 不锈钢封头收缩率按表中数值增加30% ~ 40%。

3. 需调质处理的封头应另减调质后的胀大量，通常取0.05% ~ 0.10%。

4. 封头余量采用气割时，应增加气割收缩量，通常取0.04% ~ 0.06%。

表3-52　封头冷压回弹率

材　料	碳　钢	不　锈　钢	铝	铜
δ（%）	0.20 ~ 0.40	0.40 ~ 0.70	0.10 ~ 0.15	0.15 ~ 0.20

② 凸模曲面部分高度 H_{sm}。主要考虑封头的形状，不同形式的封头，其曲面部分的高度不同，一般用下式求之：

$$H_{sm}=H(1\pm\delta) \tag{3-28}$$

式中　H——封头曲面部分高度（mm）；

$\pm\delta$——意义同上式。

③ 凸模直边高度 H_0。根据封头形状、卸料板厚度和直边高度及修边余量来确定，即

$$H_0=H_1+H_2+H_3+H_4 \tag{3-29}$$

式中　H_1——封头设计直边高度（mm）；

H_2——封头直边高度修边余量（mm），通常取15 ~ 40mm；

H_3——卸料板厚度（mm），通常取40 ~ 80mm；

H_4——保险余量（mm），通常取40 ~ 100mm。

④ 凸模壁厚 δ_{sm}。δ_{sm}的选取与压力机的吨位有关。

压力机吨位≤400kN 时，$\delta_{sm}=30\sim40\text{mm}$；

压力机吨位≥1500kN 时，$\delta_{sm}=70\sim90\text{mm}$。

⑤ 凸模上部直径 D_0。按下式计算：

$$D_0=D_{sm}+(2\sim3) \tag{3-30}$$

2）凹模设计参数，如图 3-90 所示。

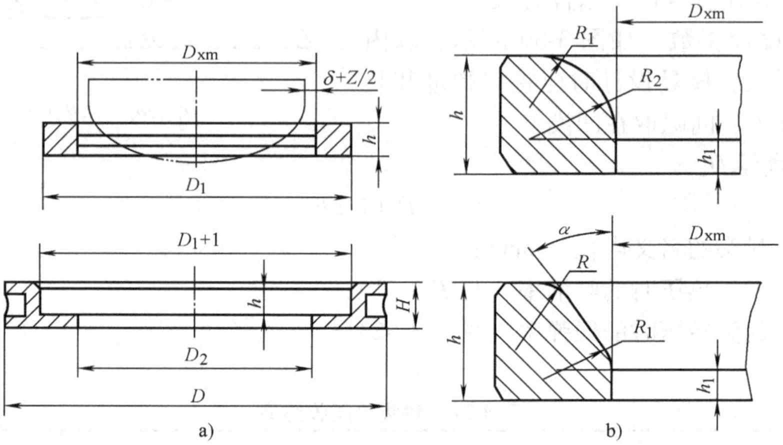

图 3-90 凹模尺寸

a）凹模 b）特殊凹模圆角

① 凹模直径 D_{xm}

$$D_{xm}=D_{sm}+2\delta+Z \tag{3-31}$$

式中 δ——封头坯料厚度（mm）；

Z——模具间隙（mm），热压时 $Z=(0.1\sim0.2)\delta$；冷压时 $Z=(0.2\sim0.3)\delta$。球形封头或直边较长的椭圆形封头取较大值。设备能力偏小时，取大值，并可适当加大间隙范围。

② 凹模圆角半径 R_{xm}。有压边圈时，$R_{xm}=(2\sim3)\delta$；无压边圈时，$R_{xm}=(3\sim6)\delta$。若因坯料很厚而凹模高度受限时，可采用如图 3-90b 所示的双曲率圆角或斜坡圆角。$R_1=80\sim150\text{mm}$；$R_2=(3\sim4)\delta$；$\alpha=30°\sim40°$。

③ 凹模直边高度 h_1。$h_1=80\sim150\text{mm}$。

④ 凹模总高度 h。$h=100\sim250\text{mm}$。

⑤ 凹模外径 D_1。$D_1=D_{xm}+(200\sim400)\text{ mm}$。

如果封头尺寸是以外径为准，设计模具时应将收缩量与回弹量放在凹模上，间隙设计则在凸模上。

3）压边圈，如图 3-91 所示。确定封头压制是否需要压边圈，可根据不同封头的相对厚度（$\delta/D_p\times100$）而定，可查有关手册。

① 压边圈内径 D'。$D'=D_{xm}+(50\sim80)\text{ mm}$。

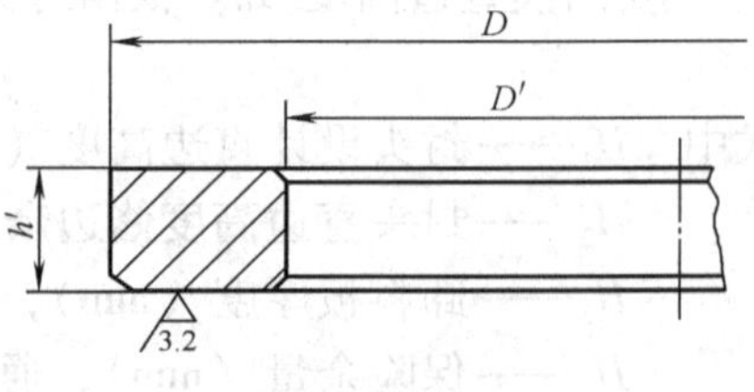

图 3-91 压边圈

② 压边圈厚度 h'。$h'=70\sim240\text{mm}$。

4）模具的开启高度与闭合高度。见图3-86所示。

① 开启高度 H_{mk}。模具的开启高度 H_{mk} 应小于压力机的开启高度 H_{jk}。

$$H_{mk}=H_1+H_2+H_0+\delta+H_3+H_4 \tag{3-32}$$

式中 H_1——凸模连体高度（mm）；

H_2——凸模高度（mm）；

H_0——凸模距坯料间距（mm）；

δ——封头坯料厚度（mm）；

H_3——凹模高度（mm）；

H_4——底座高度（mm）。

② 闭合高度 H_{mb}。模具的闭合高度 H_{mb} 应大于压力机的开启高度 H_{jb}。

$$H_{mb}=(H_1+H_2+H_3+H_4)-H_h \tag{3-33}$$

式中 $H_1\sim H_4$——意义同上式；

H_h——凸模压入凹模深度（mm）。

5. 封头压延成形缺陷及控制方法

封头压延成形缺陷及控制方法见表3-53。

表3-53 厚板封头压延成形常见缺陷及控制方法

缺陷名称	图例	产生原因	控制方法
皱折	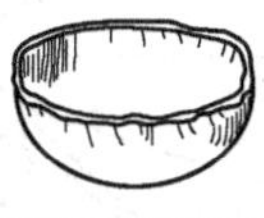	1. 切向压应力大，径向拉应力小，使变形材料失稳而起皱、鼓包 2. 加热温度不均匀、压边力不合适或压边力撤得过早 3. 模具间隙过大，凹模圆角过大，降低了压边效果	1. 加大压边力，增加径向应力 2. 采用薄壁封头冲压法 3. 保证加热均匀 4. 合理选择模具间隙
鼓包	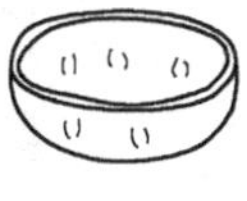		
拉痕、压坑	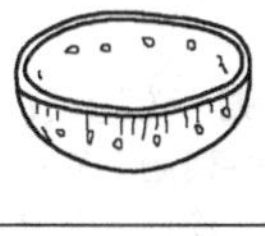	1. 凹模或压边圈工作表面拉毛 2. 坯料气割熔渣未清理干净 3. 润滑不良	1. 采用铸铁凹模，并及时清理模具上粘附的氧化皮及金属屑等杂物 2. 清理坯料气割熔渣 3. 改善润滑
纵向撕裂	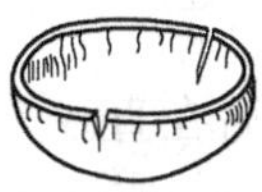	1. 坯料边缘有缺口 2. 加热不均匀 3. 脱模温度过低	1. 清理、打磨坯料边缘 2. 保证加热均匀 3. 控制合理脱模温度
外表面微裂纹	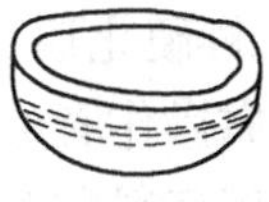	1. 坯料加热时间过长 2. 凹模圆角半径过小或不光滑 3. 凹模温度太低	1. 合理制定并遵守加热工艺，采取快加热 2. 加大凹模圆角半径并修磨光滑 3. 凹模预热至250～300℃
偏斜		1. 坯料定位不准 2. 加热温度不均匀 3. 模具间隙不均匀	1. 保证坯料定位准确 2. 保证加热均匀 3. 将模具间隙调整均匀
束腰	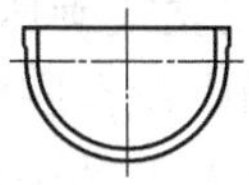	1. 凹模圆角过小 2. 压边力过大或施加程序不合适	1. 加大模具圆角半径 2. 合理选择压边力，并随着冲压的深入，逐渐减小压边力

（续）

缺陷名称	图　例	产 生 原 因	控 制 方 法
直径椭圆	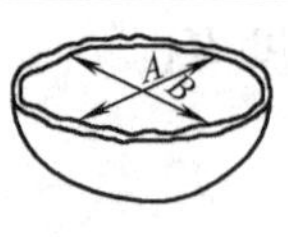	1. 脱模方法不对 2. 热压后未冷却到一定程度就吊运	1. 改善模具脱模形式 2. 热压后待封头冷却到500℃以下再吊运
直径大小不同	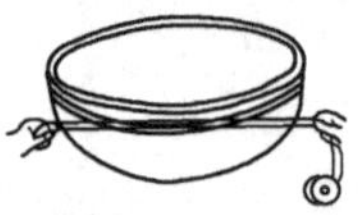	1. 脱模温度不一致 2. 加热温度不均匀 3. 在批量热压时，模具受热膨胀	1. 严格控制脱模温度 2. 大批量加热时，要有一定的时间间隔

3.3.5 特种成形技术简介

1. 旋压成形

旋压成形工艺是不需要大型压力机和模具的，与压延相比，具有设备简单，机动性好，用简单模具可制造形状复杂的零件，大大缩短了生产准备周期，对制造大型零件优点更为明显。封头旋压可减小变形力，降低设备自重，增加设备柔性，适应产品种类多变的场合。旋压过程不损伤金属的组织，且表面平滑；板料旋压部位减薄量小，最大不超过板厚的3%；旋压封头的圆度准确，误差不超过直径的0.05%～0.08%，

（1）旋压成形基本原理　旋压成形可以完成工件的拉延、收口、翻边和胀形等不同成形工序。旋压成形的基本原理如图3-92所示。坯料1用尾顶针5上的压块4紧紧地压在模胎2上，当主轴3旋转时，坯料和模胎一起旋转。操作旋棒7对坯料施加压力，同时旋棒又作纵向运动。开始旋棒与坯料是一点接触，由于主轴旋转和旋棒向前运动，坯料在旋棒的作用下，产生由点到线、由线到面的变形，逐渐地被赶向模胎，直到最后与模胎贴合为止，完成旋压加工成形。

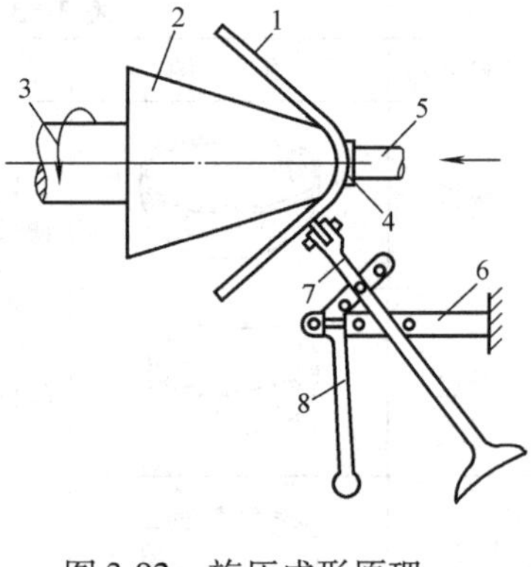

图3-92　旋压成形原理
1—坯料　2—模胎　3—主轴　4—压块　5—顶针　6—连杆　7—旋棒　8—手柄

（2）旋压成形工艺及设备　旋压前除检查坯料牌号、厚度、尺寸、表面质量外，主要是旋压工件展开图的形状和尺寸下料。旋压工件的展开坯料可以按压延工件计算公式初步确定，即按面积相等的原则将坯料展开为圆形，然后在直径方向加上切割余量，每道工序的切割余量约为10～15mm。

工件在旋压过程中，材料变薄和冷作硬化比压延时大得多，材料硬化后，旋压费力，变形困难，因此，要根据工件硬化程度进行中间退火。退火时机全靠操作者的经验。

旋压过程中，坯料受旋棒的压力，一方面产生塑性变形，使局部坯料贴合模胎；另一方面产生弹性变形，使坯料弯曲。前者为旋压所必需的，后者因坯料失去稳定性而起皱，这是旋压所要防止的。

1）旋压封头。封头的旋压有立式和卧式两种。图3-93所示为在立式旋压机上旋压封头工作原理。封头坯料通过上、下转筒6、7固定在主轴9上，主轴由设在底座11下的电动机、减速器带动。内滚轮5的外形与封头内壁形状一致，能通过水平轴1及垂直轴10

作左、右或上、下运动。在旋压前调整好内滚轮 5 的位置，旋压过程中内滚轮位置不变，内滚轮回转是依靠与封头内壁之间的摩擦力而进行的。

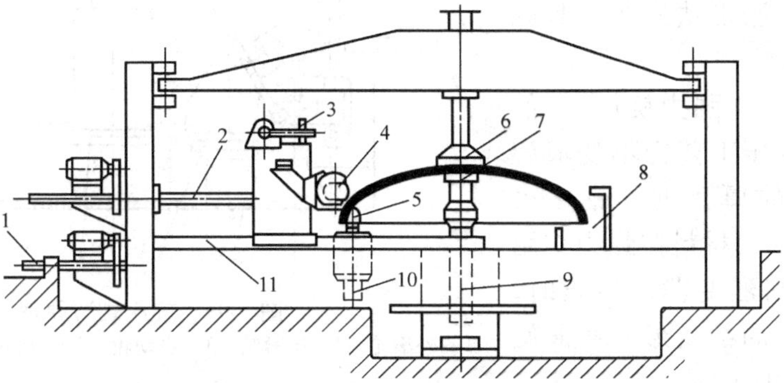

图 3-93 封头立式旋压机工作原理

1、2—水平轴 3、10—垂直轴 4—外滚轮 5—内滚轮
6—上转筒 7—下转筒 8—加热炉 9—主轴 11—底座

封头圆角部分的加热在加热炉 8 上进行。由于封头以主轴为中心旋转，使封头圆角部分加热均匀。旋压是依靠外滚轮 4 的作用。外滚轮位置由水平轴 2 和垂直轴 3 调节，加上外滚轮本身也可以自由转动，使坯料在外滚轮的压力下成形为封头。

目前，有的旋压机不设置加热炉，能对 ϕ5 200 × 32mm 以下尺寸的封头全部冷旋压成形。工业生产中应用的封头二步冷旋压设备，如图 3-94 所示。它是由坯料剪圆机、压鼓机和翻边机组成的封头旋压加工中心。其工作过程是：先将剪切好的圆形坯料在压鼓机上压制成碟形，使封头的中心部位达到所要求的曲率半径，然后再在翻边机上将封头的边缘部分旋压成形。

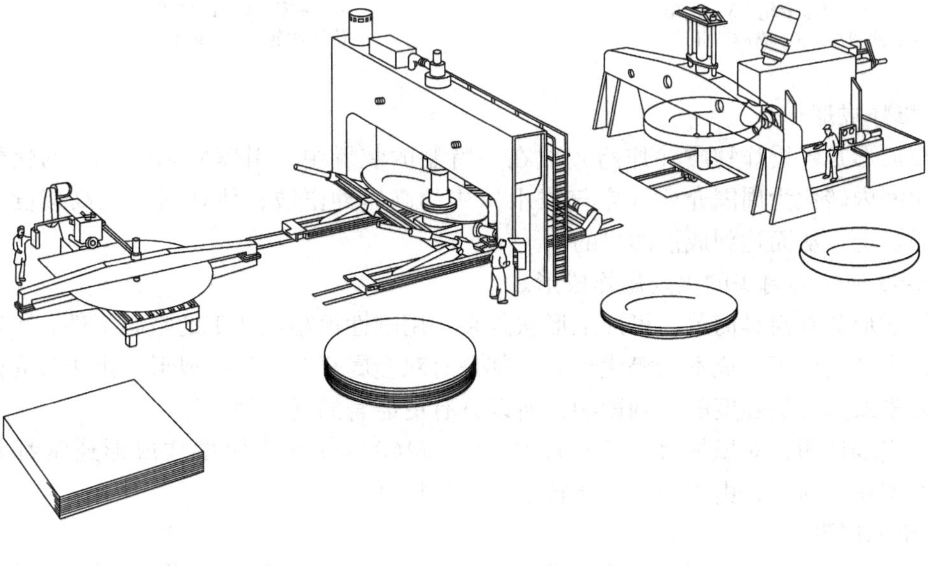

图 3-94 二步旋压机组示意图

2）旋压翻边。旋压翻边通常是指锥体的翻边。其原理如图 3-95 所示。

3）旋压胀形。对于制造中心直径比两端大的鼓形空心旋转体工件，一般宜采用旋压胀形法进行，其原理如图 3-96 所示。

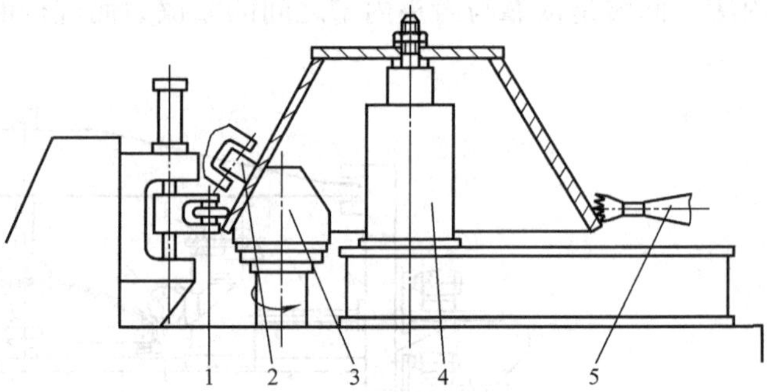

图 3-95 旋压翻边原理
1—外滚轮 2—压紧轮 3—主动轮 4—中心架 5—加热火焰

4）变薄旋压（强力旋压）。前面介绍的几种旋压工艺为不变薄旋压，其旋压件的厚度是：钢 $\delta \leqslant$ 3mm；铝 $\delta \leqslant$ 6mm。材料在强力作用下通过旋压可剧烈变薄，旋压时，变形区域很小，局部变形。变薄旋压的原理如图 3-97 所示。

变薄旋压成本低，表面质量好，节省材料，且工件尺寸精度高。

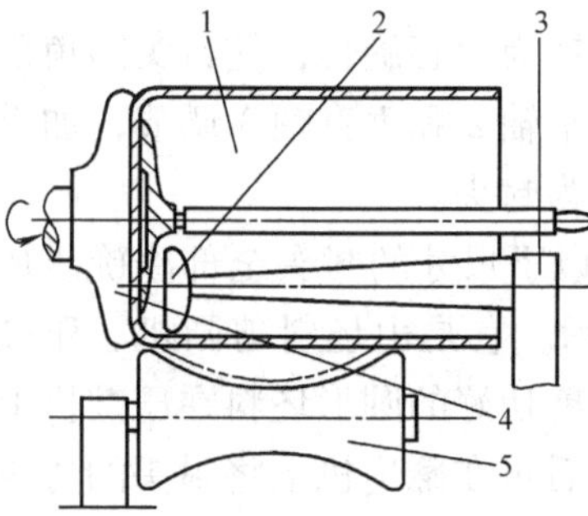

图 3-96 旋压胀形原理
1—工件 2—旋压滚轮 3—支架
4—主轴圆盘 5—靠模滚轮

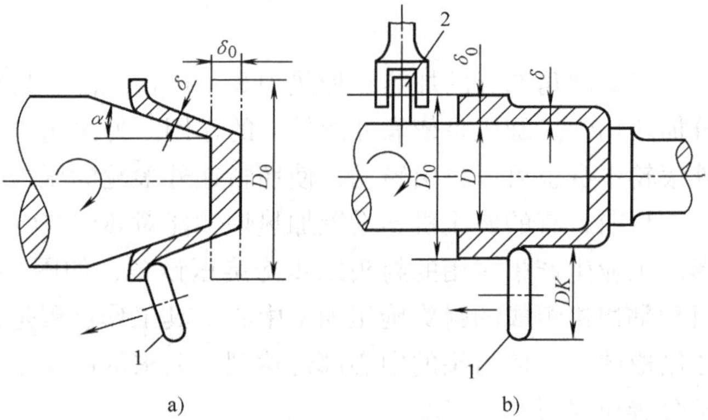

图 3-97 变薄旋压原理
a）锥体 b）圆柱体
1—旋压滚轮 2—支承滚轮

2．爆炸成形

爆炸成形是将爆炸物质（炸药）放在一特制的装置中，引爆后利用产生的化学能在极短的时间内转化为周围介质（空气或水）中的高压冲击波，使坯料在很高速度下变形并贴在模具上，从而达到成形的目的。

图 3-98 所示为封头的火药爆炸成形。

爆炸成形具有模具简单，可加工形状复杂、用刚性模难以加工的空心工件，不需要专用设备，生产周期短，成本低等优点。尤其是对双金属复合板材的成形，由于没有热加工对合金元素及复合层强度的不利影响，所以具有更显著的优越性。

生产实践证明，对壁厚 8～20mm，ϕ100～ϕ1600mm 封头用爆炸成形通常都是成功的。而大型厚壁封头，由于爆炸用药较多，不易控制。

3．电磁成形

电磁成形又称磁力成形或磁脉冲成形。它是利用坯料在强脉冲磁场中受磁力作用而产生塑性变形的一种高能率成形方法，其原理如图3-99所示。当高压放电开关S闭合，充电后的储能电容器组 C 对工作线圈放电并产生一脉冲电流，该电流在线圈周围形成一强磁场 B，由于穿过金属管坯的磁通量发生急剧变化，管坯内表面会产生感应电流，方向与线圈电流方向相反；同样，感应电流形成磁场 B'，其反向磁通阻止初始磁通穿过工件，迫使磁感应线密集在线圈与管坯的间隙内。线圈及管坯合成磁场的轴向分量使管坯内表面各部分受到沿半径向外的冲击力 F_r，而合成磁场的径向分量则产生轴向电磁力 F_z。如果径向冲击力 F_r 足够大，则管坯产生塑性变形。

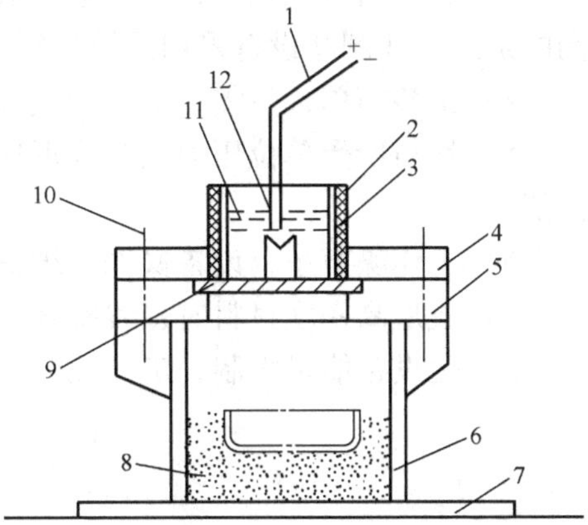

图3-98　封头的火药爆炸成形
1—导线　2—塑料布　3—竹圈　4—上模　5—下模　6—支架　7—底板　8—砂子　9—坯料　10—螺栓　11—水　12—炸药

在实际应用中，为扩大电磁成形工艺应用范围，提高线圈的承载能力和使用寿命，常采用集磁器来改变磁场分布以满足成形工件的需要，如图3-100所示。集磁器上通常开有一沿高度方向的径向窄缝，当加工线圈中流过脉冲电流 i_1 时，由于高频电流的集肤效应，集磁器中产生感应电流 i_2，并沿其内、外表面形成回路。在 i_2 的作用下，坯料中产生感应电流 i_3。这样，集磁器便将磁场集中于局部加工区域。集磁器一般用高导电率、高强度材料制成，如铍青铜或黄铜，缝隙宽度取0.2～0.5mm为宜。

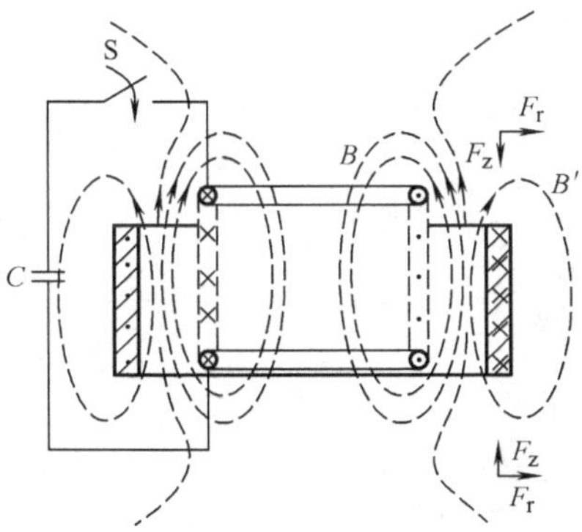

图3-99　电磁成形原理

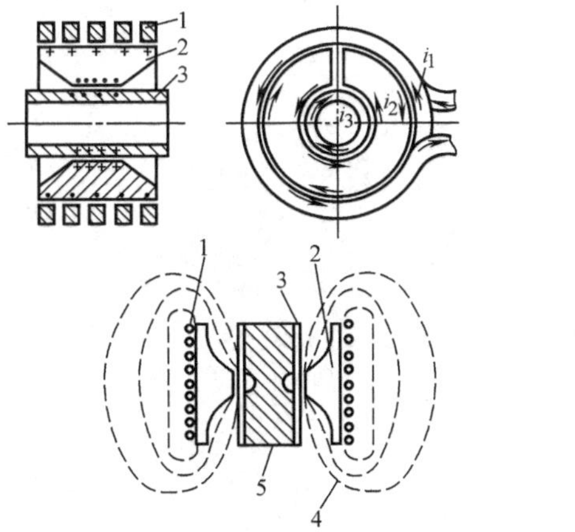

图3-100　采用集磁器的加工原理
1—加工线圈　2—集磁器　3—坯料　4—磁力线　5—模具

电磁成形工艺可直接或借助弹性传压介质实现工件的成形、翻边、扩（缩）口、矫形、精压、冲裁、冷焊、装配及其组合工序，也可用于铆接加工和粉体材料的成形压实。与其他成形工艺相比，电磁成形具有如下优点：

1）工艺过程易于实现机械化和自动化，生产率高。

2）放电能量可以准确控制，成形精度高，工艺重复性好。

3）工艺适应性强，在同一电磁成形装置上，只需更换线圈或集磁器便可进行多种不同的加工，线圈和设备采用柔性导线连接可实现难接触部位的加工。

4）工装简单，只需一个凸模或凹模即可进行加工，也可无模成形。

5）坯料所受单位压力大，成形速度快，加之感应电流的热效应，可提高材料的成形性能。

6）工作噪声小，设备操作、维护简单。

7）成形高密度材料时，线圈强度显著下降。

8）受设备能量限制，工件几何尺寸不宜过大。

第 4 章　焊接结构的装配及工艺装备

近年来，在重要的焊接结构中，对焊件结构尺寸的公差，焊缝的内在质量和外观质量都提出了越来越高的要求，促使焊接结构生产企业尽可能采用先进的装配焊接及相应的装备，提高装配、焊接工艺过程的机械化和自动化程度。

在焊接结构制造过程中，将组成结构的各个零件按照一定的位置、尺寸关系和精度要求组合起来的工序，称为装配。装配在焊接结构制造工艺中占有很重要的地位，这不仅是由于装配工作的质量好坏直接影响着产品的最终质量，而且还因为装配工序的工作量大，约占整个产品制造工作量的 30% ~40%。所以，提高装配工作的效率和质量，在缩短产品制造工期、降低生产成本、保证产品质量等方面，都具有重要的意义。

本章将系统地介绍焊接结构的装配与装配焊接夹具、焊接变位机械等。

4.1　装配的基本条件及工件的定位

4.1.1　装配的基本条件

进行焊接结构的装配，必须具备定位、夹紧和测量三个基本条件。

1. 定位

定位就是将待装配的零件按图样的要求保持正确的相对位置的方法。图 4-1 所示在平台 6 上装配工字梁。工字梁的两翼板 4 的相对位置是由腹板 3 和挡板 5 来定位的，腹板的高低位置由垫块 2 来定位，而平台工作面则既是整个工字梁的定位基准面，又是结构装配的支承面。

2. 夹紧

夹紧就是借助于外力使零件准确到位，并将定位后的零件固定。图 4-1 中翼板与腹板间相对位置确定后，是通过调节螺杆 1 来实现夹紧的。

3. 测量

测量是指在装配过程中对零件间的相对位置和各部尺寸进行一系列的技术测量，以衡量定位的准确性和夹紧的效果，以指导装配工作。图 4-1 中所示的工字梁装配中，在定位并夹紧后，需要测量两翼板的平行度、腹板与翼

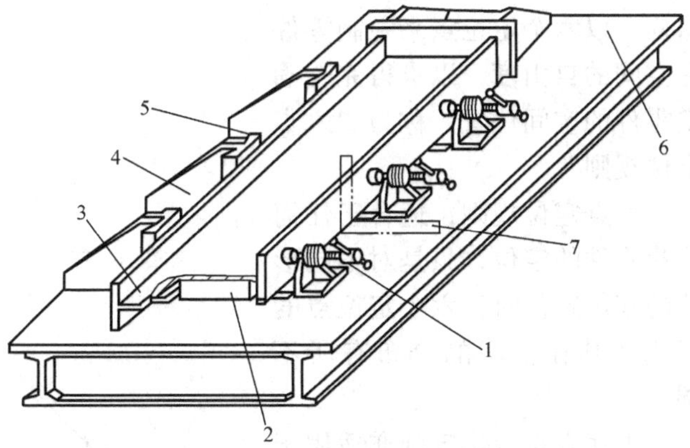

图 4-1　工字梁的装配

1—调节螺杆　2—垫块　3—腹板

4—翼板　5—挡板　6—平台　7—90°角尺

板的垂直度、工字梁高度尺寸等项指标。例如通过用 90°角尺 7 测量两翼板与平台面的垂直度，来检验两翼板的平行度是否符合要求。

上述三个基本条件是相辅相成的，缺一不可。若没有定位，夹紧就变成无的放矢；若没有夹紧，就不能保证定位的准确性和可靠性；而若没有测量，就无法进行正确的定位，也无法判定装配的质量。

4.1.2 工件的定位

1. 工件的定位原理

（1）六点定位原理 如图 4-2a 所示，任何空间的刚体未被定位时都具有六个自由度，即沿三个互相垂直的坐标轴的移动（图 4-2b）和绕这三个坐标轴的转动（图 4-2c）。因此，要使零件（一般可视为刚体）在空间具有确定的位置，就必须约束其六个自由度。

为要限制零件在空间的六个自由度，至少要在空间设置六个定位点与零件接触。如图 4-3 所示，为了确定一长方体零件的空间位置，在三个互相垂直的坐标平面内，分布了六个定位点，其中：在 xOy 平面上的三个定位点，限制了零件的三个自由度，使零件不能绕 Ox、Oy 轴转动和沿 Oz 轴移动；在 yOz 平面上的两个定位点，限制了零件的两个自由度，使零件不能沿 Ox 轴移动和绕 Oz 轴转动；在 xOz 平面上的一个定位点，限制了零件沿 Oy 方向移动的最后一个自由度。这样，以六个定位点来限制零件在空间的自由度，以求得完全确定零件的空间位置，称为“六点定位规则”。

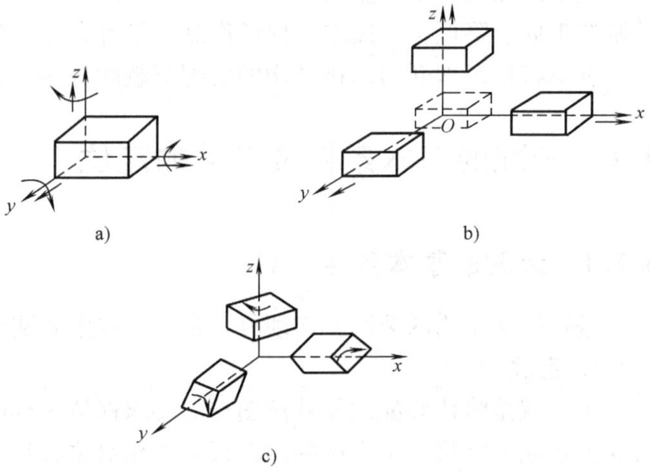

图 4-2 空间物体的六各自由度
a）刚体时六个自由度 b）刚体三个互相垂直的移动
c）刚体绕三个坐标轴的转动

六点定位规则，适合于任何形状零件的定位，只是对不同形状的零件定位时，六个定位点的形式及其在空间的分布有所不同。

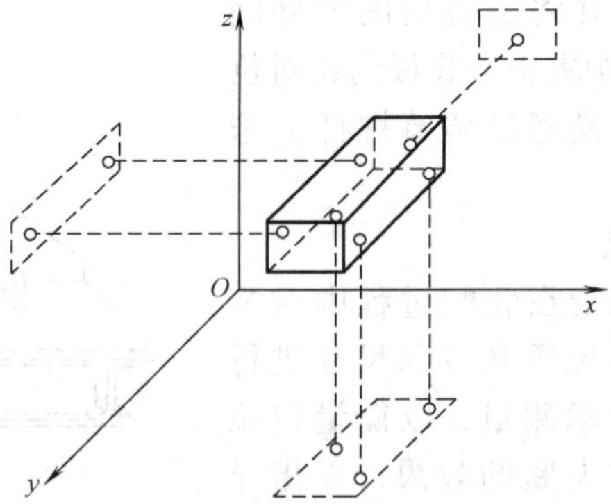

图 4-3 长方体的六点定位

上述六点定位定则亦适用于装焊工装夹具的设计，但应加以灵活应用。对于某些焊接结构件来说，其结构元件大多是钢板成形件和型材，在未组装之前，刚度小，容易产生变形．在这种情况下，应采用装配平台的台面作为焊件的安装基面，这样，装配平台就成为夹具体，起定位器的作用。

对于待装配的每个结构元件，不必都以六个支承点来定位，而可利用先装好的零件作为后装配零件的定位支承点。这就可简化夹具的结构，减少定位器的数量。

在实际装配中，可由定位销、定位块、挡板等定位原件作为定位点；也可以利用装配台或工件表面上的平面、边棱及胎架模板形成的曲面代替定位点；有时还由在装配平台或工件表面划出的定位线起定位点的作用。

（2）定位基准及其选择

1）定位基准。在结构装配过程中，必须根据一些指定的点、线、面，来确定零件或部件在结构中的位置，这些作为依据的点、线、面，称为定位基准。

如图 4-4 所示，圆锥台漏斗上各件间的相对位置，是以轴线和 *M* 面为定位基准确定的。

图 4-5 所示为一四通接头，装配时支管Ⅱ、Ⅲ在主管Ⅰ上的相对高度是以 *H* 面为定位基准而确定的，而支管的横向定位则以主管轴线为定位基准。

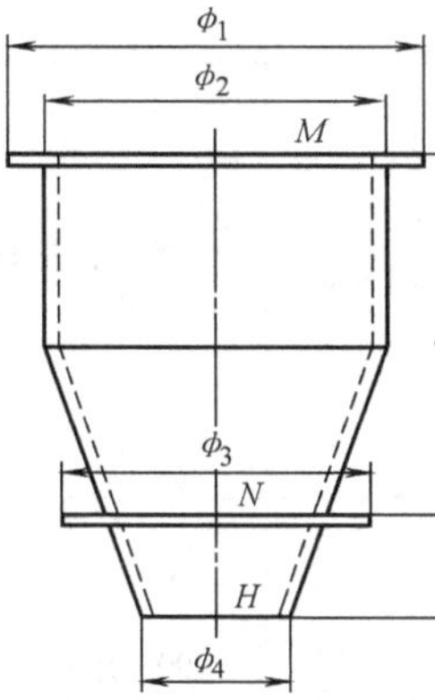

图 4-4　圆锥台漏斗

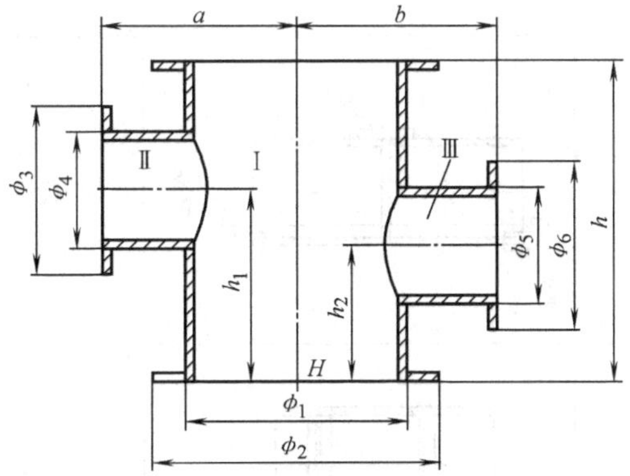

图 4-5　四通接头

2）定位基准的选择。合理地选择装配定位基准，对保证装配质量，安排零、部件装配顺序和提高装配效率都有着重要的影响。通常根据如下原则选择定位基准。

① 尽可能选用设计基准作定位基准，这样可以避免因定位基准与设计基准不重合而引起较大的定位误差。

例如图 4-4 所示的圆锤台漏斗，*M* 面为其设计基准之一。按其使用要求，装配中应保证大、小两法兰盘上 *M*、*N* 面间的距离。装配时，若以 *H* 面为定位基准进行小法兰盘的装配定位，则 *M*、*N* 面间的距离要由 *a* 和 *b* 两个尺寸来保证，其定位误差是这两个尺寸误差之和；而若以 *M* 面为定位基准，*M*、*N* 两面间的距离仅由 *b* 一个尺寸来保证，其定位误差仅是尺寸 *b* 的误差，显然要比前者小，故实际装配时应选 *M* 面为定位基准。此外，从 *M* 面的尺寸大于 *H* 面尺寸来看，这样的选择也是合理的。

② 同一构件上与其他构件有连接或配合关系的各个零件，应尽量采用同一定位基准，

这样能保证构件安装时与其他构件的正确连接或配合。例如图 4-5 所示的四通接头的两支管Ⅱ、Ⅲ，就应以同一定位基准进行装配定位。

③ 应选择精度较高、又不易变形的零件表面或边棱作为定位基准，这样能够避免由于基准面、线的变形造成的定位误差。

④ 所选择的定位基准应便于装配中的零件定位与测量。

在实际装配中，定位基准的选择要完全符合上述所有的原则，有时是不可能的。因此，应根据具体情况进行分析，选出最有利的定位基准。常用构件定位与找正方法见表 4-1。

表 4-1　构件装配常用定位与找正方法

装配内容	简　图	找 正 内 容	基 准 部 位	找 正 工 具
纵缝	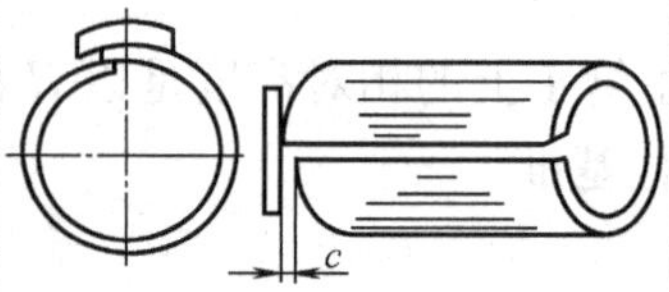	错边 错位	外壁　端面	圆弧样板，直尺
环缝	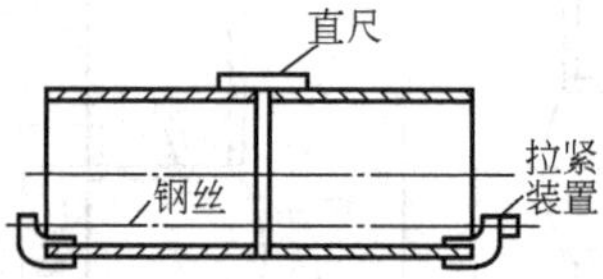	平行度，同心度	内外壁，纵向缝	直尺，钢丝架，准直仪
内件	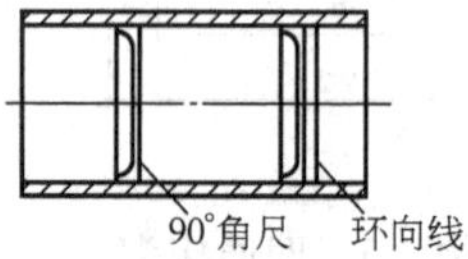	与轴线垂直度，与基面平行度	环、向线、内壁. 纵向线	90° 角尺，水平尺，经纬仪，准直仪
管座	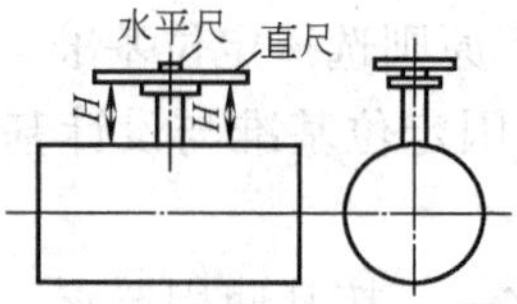	法兰与筒体垂直度，法兰面角度及水平度	管座孔。筒体外壁，法兰面	直尺，90°角尺。水平尺，量具
梁柱	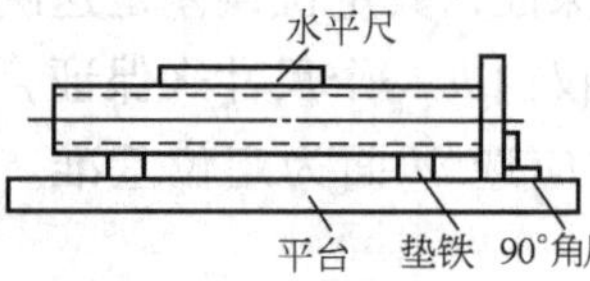	平行度，底面角尺度	外表面，端面	90°角尺，水平尺，平台，垫铁

2．定位器

定位器是将待装配零件在装焊夹具中固定在正确位置的器具，亦可称定位元件。结构较复杂的定位器称为定位机构。

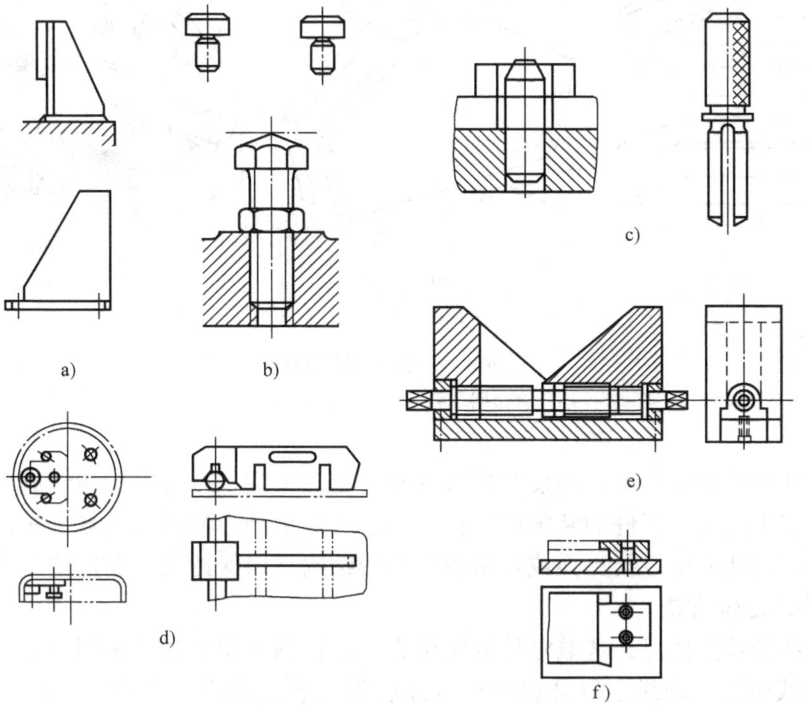

图4-6　各种形式的定位器
a）挡铁　b）支撑钉　c）定位销
d）定位槽　e）V形铁　f）定位样板

在装焊工装夹具中常用的定位器主要有挡铁、支撑钉、定位销、定位槽、V形铁、定位样板等。这些定位器的外形如图4-6所示。其中挡铁和支撑钉用于零件的平面定位，定位销用于零件的基准孔定位，V形铁用于圆柱体和圆锥体的定位，定位槽用于矩形截面零件的定位，定位样板则用于不规则曲面零件和组件的定位。带有旋转、位移等调整器的定位机构如图4-7所示。对于铁磁性零件的定位，可采用图4-8所示的永磁定位挡块。

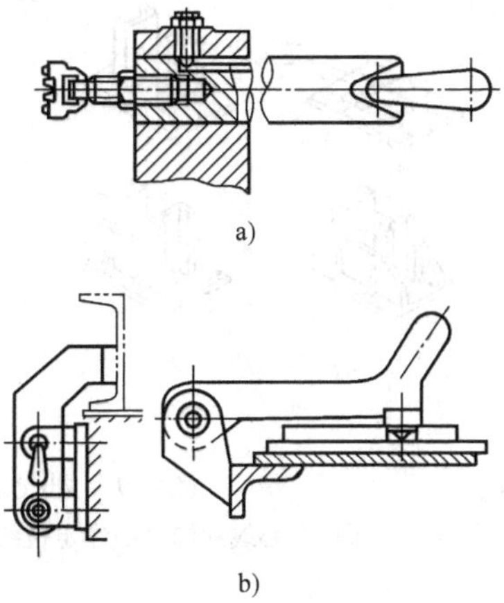

图4-7　手动定位机构示例
a）进退式　b）翻转式

定位器是保证待装配零件之间保持正确的相对位置的重要元件，因此定位器首先应按高精度加工，保证在夹具体上的安装精度。装焊夹具在使用前，应按规定的程序校验定位器与基准面之间的形位公差，是否符合夹具设计图样的要求。在安装基面上的定位器要承受焊件的重力，并与焊件表面接触。因定位器工作面易磨损，应采用硬度较高的钢材制作。在导向基面和定程基面上的定位器，可能要承受因焊接变形引起的应力，故定位器还应具有足够的强度和刚度。

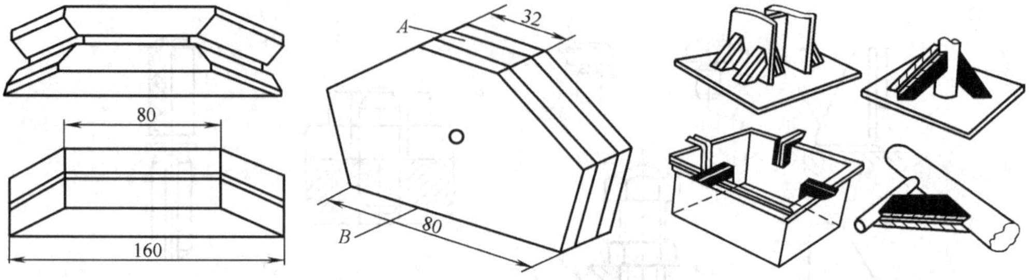

a) b) c)

图 4-8 永磁式定位挡块

a）直角用 b）多用 c）应用示例

在多品种小批量生产中，为使装焊夹具有一定的柔性，可将定位器做成可拆卸或可调节的，以适应不同规格工件的装配或焊接。对于批量生产中使用的装焊夹具，与焊件接触的定位元件应设计成可方便更换或可精确调整的结构，以保持夹具的定位精度。

3. 零件的定位方法

根据零件的具体情况，选取零件的定位方法。根据定位方法的不同可分为如下几种：

（1）划线定位 划线定位是利用在零件表面或装配台表面划出工件的中心线、接合线、轮廓线等作为定位线，来确定零件间的相互位置，通常用于简单的单件小批量装配或总装时的部分较小零件的装配。图 4-9a 所示为以划在工件底板上的中心线和接合线作为定位线，以确定槽钢、立板和三角形加强肋的位置；图 4-9b 所示为利用大圆筒盖板上的中心线和小圆筒上的等分线（也常称其为中心线）来确定两者的相对位置。

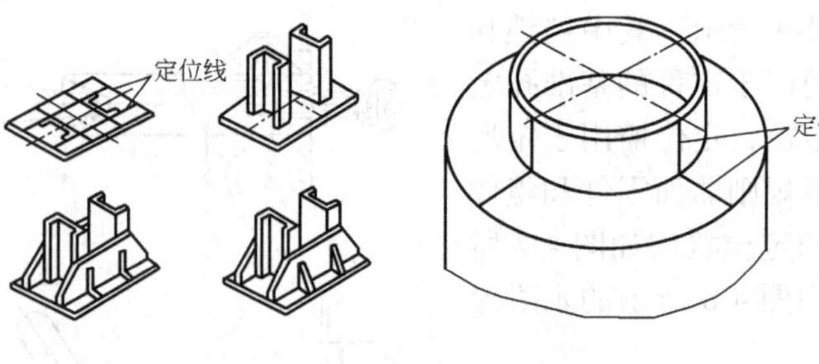

a) b)

图 4-9 划线定位装配举例

a）中心线和结合线作定位线 b）圆筒等分线作定位线

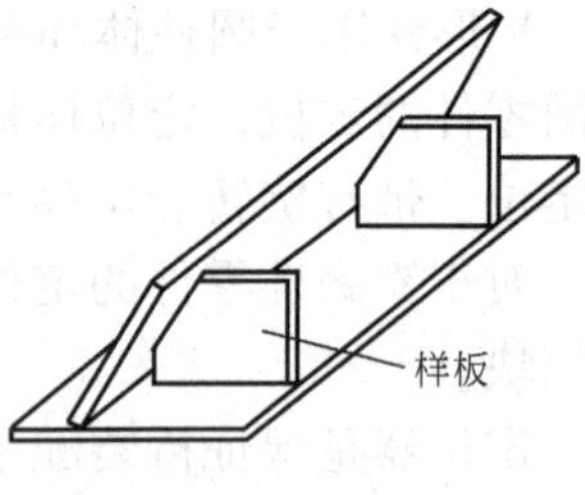

图 4-10 样板定位

（2）样板定位 图 4-10 所示为斜 T 形结构的样板定位装配，根据斜 T 形结构立板的斜度，预先制作样板，装配时在立板与平板接合线位置确定后，即以样板来确定立板的倾斜度，使其得到准确定位。断面形状对称的结构，如钢屋架、梁、柱等结构，可采用样板定位的特殊形式——仿形复制法进行装配。

（3）定位元件定位　是用一些特定的定位元件（如板块、角钢、销轴等）构成空间定位点，来确定零件的位置，并用装配夹具夹紧装配。它不需划线，装配效率高，质量好，适用于批量生产。

图 4-11 所示为双臂角杠杆的焊接结构，它由三个轴套和两个臂杆组成。装配时，臂杆之间的角度和三孔距离用活动定位销 1 和固定定位销 3 定位；两臂杆的水平高度位置和中心线位置用挡铁 2 定位；两端轴套高度用支承垫 4 定位后夹紧，定位焊完成装配。其装配全部用定位元件定位后完成的，装配质量可靠，生产效率高。

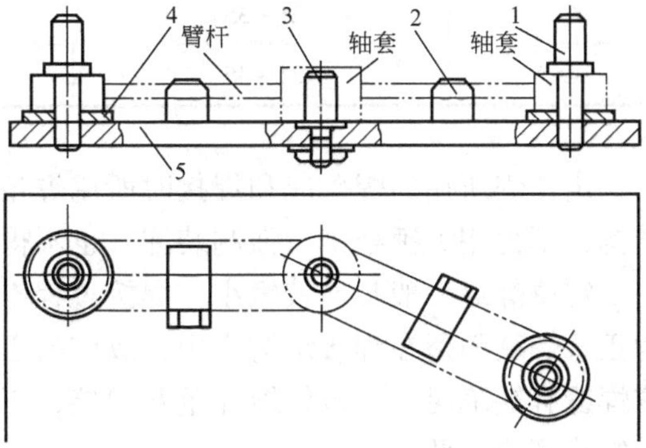

图 4-11　双臂角杠杆的装配

1、3—定位销　2—挡铁　4—支承垫　5—夹具台

（4）胎卡具（又称胎架）定位　在金属结构中，当一种工件数量较多，内部结构又不很复杂时，可将工件装配所用的各定位元件、夹具和装配胎架三者组合为一个整体，构成装配胎卡具。图 4-12a 所示为汽车横梁结构，它由拱形板 4、槽形板 3、角形板 6 和立平板 5 等零件组成。其装配胎卡具如图 4-12b 所示，它由定位铁 8、螺栓卡紧器 9、回转轴 10 共同组合连接在胎架 7 上。装配时，首先将角形板置于胎架上，用定位铁 8 定位并用螺栓卡紧器 9 固定，然后装配槽形板和立平板，它们分别用定位铁 8 和螺栓卡紧器 9 卡紧，再将各板连接处定位焊。该胎卡具还可以通过回转轴 10 回转，把工件翻转到使焊缝处于最有利的施焊位置焊接。

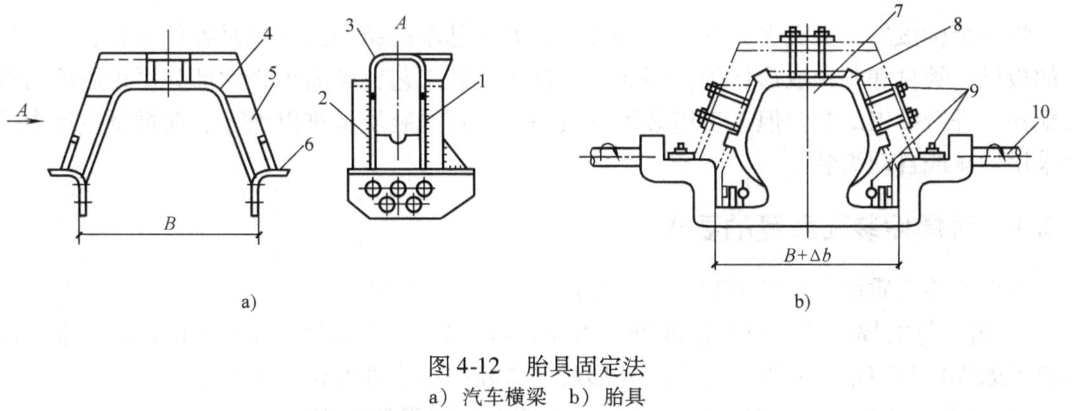

图 4-12　胎具固定法

a）汽车横梁　b）胎具

1、2—焊缝　3—槽形板　4—拱形板　5—立平板　6—角形板　7—胎架　8—定位铁　9—螺栓卡紧器　10—回转轴

4. 定位焊

定位焊是用来固定各焊接零件之间的相互位置，以保证整个结构件得到正确的几何形

状和尺寸。定位焊有时也叫点固焊。定位焊尺寸可参考表4-2。

表4-2 定位焊尺寸 （单位：mm）

板厚	长度	间距	高度要求
1~3	15~25	100~150	自动焊时一般为板厚的一半，最大不得超过6~8
4~8	25~35	150~250	
≥9	35~45	250~350	

定位焊所用的焊条应和焊接时所用焊条相同，保证焊接质量。对于重要及特殊材料的结构，不得用大锤敲击及强制装配，也不得在工件上任意引弧和焊接临时性构件。

定位焊缝一般都比较短小，焊接过程不够稳定，容易产生各种焊接缺陷。而它又是作为正式焊缝而留在焊接结构之中，故应与正式焊缝要求完全一样，甚至更高些。若发现定位焊缝有缺陷时，应该铲掉并重新焊接，不允许留在焊缝内，尤其对化工锅炉，压力容器的制作更应如此。

进行定位焊时应注意以下事项：

1）定位焊的起头与结尾处应圆滑，否则在焊缝接头时容易在该处造成未焊透。

2）定位焊应与该构件的焊接工艺相同（如预热、焊材等）。

3）定位焊由于是间断焊，工件温度较正式焊接时为低，因热量不足而容易产生未焊透，因此定位焊的焊接电流应较正式焊接时高10%~15%。

4）在焊缝交叉处和焊缝方向急剧变化处，不要进行定位焊。

5）局部强行组对的结构，其定位焊缝长度可视其情况适当增长。

4.2 焊接结构的装配

焊接结构虽然种类繁多，形式千变万化，但其基本的结构元件就是各种型材、不同规格的板材、管材和各种成形件等。因此，焊件的组装工艺比较简单，大部分可采用简易的装配夹具进行手工组装。但手工组装不仅效率低，且组装质量难以保证。在批量生产中广泛采用机械或自动组装。

4.2.1 对焊件装配质量的要求

焊件的装配质量应满足下列基本要求：

1）组装好的焊件首先应定位准确、可靠，符合施工图样规定的尺寸和公差要求，同时应考虑焊接收缩量，使焊件焊后的外形尺寸应控制在容许的误差范围之内。

2）接头的装配间隙和坡口尺寸应符合焊接工艺规程的规定，同时应保证在整个焊接过程中，接头的装配间隙保持在容许的误差范围之内。

3）接头装配定位后，错边量应符合相应制造技术规程或产品制造技术条件的规定，例如，对于锅炉和压力容器，筒体对接纵缝的错边量不应超过壁厚的10%，最大不得超过3.0mm；筒体对接环缝的错边量不应超过壁厚的15%，最大不得超过5.0mm。

4）碳钢焊件的定位焊焊缝，原则上不容许在焊缝坡口内，应采用定位板点固在坡口的两侧。如因结构形状所限，定位焊必须点固在焊缝坡口内时，则应按产品主焊缝的焊接工艺规程施焊，以保证定位焊缝的质量。

对于不锈钢、镍合金、铝合金及钛合金等焊件，装配定位必须采用机械夹紧定位方法，严禁在焊件的任何部位加设点固定位焊缝。

对低合金高强度钢等具有淬硬倾向钢材的焊件，原则上亦应采用机械夹紧定位方法，如施工现场不具备条件，而必须采用定位板进行定位焊定位时，则应严格按焊接工艺规程施焊。采用低氢型焊条或 CO_2 气体保护焊，焊前按规定进行局部预热，防止定位焊部位裂纹的产生。待焊缝焊到一定厚度时，将定位板拆除，定位焊缝清除，并将定位焊焊缝表面修磨平整，作磁粉探伤检查表面裂纹。

5）薄壁件或结构形状复杂、尺寸精度高焊件的装配，必须采用相应的装焊夹具或装焊机械。焊件装配定位符合要求后，立即进行焊接。夹具的结构设计应考虑焊件的刚度和可能产生的回弹量，保证焊件焊后的尺寸符合产品图样的规定。

6）对于已经机械加工而焊后无法再加工的精密部件的装配，如O形密封环、大直径法兰密封面和机架轴承座等，除应编制详细的装配工艺卡外，还应采用精密的装焊夹具或装焊机械。定位后应对其关键尺寸按图样要求和工艺卡规定的程序进行测量。符合规定要求后，再按焊接工艺规程进行焊接，确保焊接过程中的变形量和焊后的残余变形量不超过容许的极限。

7）对于刚度较小且焊接变形量较大焊件的装配，在装配定位时，应将焊件作适当的反变形，以抵消焊接过程中过量的变形。对于某些拘束度较大的焊件，焊件的夹紧方式和点固定位时应允许某些零件有自由收缩的余地，防止焊接过程中由于焊接应力过大而产生裂纹。

4.2.2　装配前的准备

装配前的准备工作是装配工艺的重要组成部分。通常包括如下几方面：

1）熟悉产品图样和工艺规程，就是弄清各部件之间的关系和连接方法，选择好装配基准和装配方法。

2）装配现场和装配设备的选择，是依据产品的大小和结构件的复杂程度来选择。装配工作场地应尽量设置在起重机的工作区间内，而且要求场地平整、清洁，人行道通畅。

3）装配中常用的工、量、卡夹具和各种专用吊具，都必须配齐并组织到场，此外，根据装配需要配置的其他设备，如焊机、气割设备、钳工操作台、风砂轮等也必须安置在规定的场所。

4）产品装配前，对于上道工序转来或零件库中领取的零、部件都要进行核对和检查，以便于装配工作的顺利进行，同时，对零、部件连接处的表面要进行去毛刺、除锈垢等清理工作。

4.2.3　装配

1. 焊接结构装配特点

焊接结构由于结构的形式与性质不同，装配工作有下列特点：

1）产品的零件由于精度低、互换性差，所以装配时需选配或调整。

2）产品的连接大多采用焊接等不可拆的连接形式，所以返修困难，易导致零部件报废，因此对装配程序有严格的要求。

3）装配过程中常伴有大量的焊接工作，故应掌握焊接的应力和变形的规律，在装配时应采取适当的措施，以防止或减少焊后变形和矫正工作。

4）产品一般体积较庞大，刚性较差，容易变形，装配时应考虑加固措施。

5）某些特别庞大的产品需分组出厂或现场总装，为保证总装进度和质量，应先在厂内试装，必要时将不可拆卸的接头改为临时的可拆卸的连接。

2. 装配—焊接顺序基本类型

焊接结构都是由许多零、部件组装而成的，每种结构装配—焊接顺序均有几种方案。选择合理的装配—焊接顺序，有利于高质量、低成本、高效率地进行生产。目前装配—焊接顺序基本有三种类型。

（1）整装整焊　即先将全部零件按图样要求装配起来，然后转入焊接工序。此种类型是装配工人与焊接工人各自在自己的工位上进行，可实行流水作业，停工损失很小。装配可采用装配胎夹具进行，焊接也可采用滚轮架、变位器等工艺装备，有利于提高装配—焊接质量。这种方法适用于结构简单、零件数量少、大批量生产的构件。

（2）分部件装配　将结构件分解成若干个部件，先由零件装配焊接成部件，然后再由部件装配焊接成结构件。这一方式适合批量生产，可实行流水作业，几个部件同步进行，有利于应用各种先进工艺装备，有利于控制焊接变形，有利于采用先进的焊接工艺方法。适用于可分解成若干个部件的复杂结构，如车辆底架、起重机卷扬车架、船体等。为此，焊接设计人员在进行结构设计时，尽量考虑使所设计的结构能分解出若干个部件，以利于组织生产。

（3）随装随焊　即先将若干个零件组装起来，随之焊接相应的焊缝，然后再装配若干个零件，再进行焊接，直至全部零件装完并焊完，成为符合要求的构件。这种方法是装配工人与焊接工人在一个工位上交叉作业，影响生产效率，也不利于采用先进的工艺装备和先进的焊接工艺方法。此种类型适用于单件小批量生产和复杂的结构生产。

3. 装配工艺方法及特点

零件备料及成形加工的精度对装配质量有着直接的影响，但加工精度越高，其工艺成本就越高，因此，不能不顾及构件的生产成本。在长期的装配实践中，根据不同产品、不同生产类型，有不同的装配工艺方法。其特点如下：

（1）互换法　这种方法的实质是用控制零件的加工误差来保证装配精度。这种装配法的特点是：零件完全可以互换的，装配过程简单，生产率高，对装配工人的技术水平要求不高，便于组织流水作业，但要求零件的加工精度较高。

（2）选配法　这种方法是将零件按一定的加工精度进行制造（即零件的公差带放宽了）。这种方法特点是：装配时需挑选合适的零件进行装配，以保证规定的装配精度要求。对零件的加工工艺要求放宽，便于零件加工，但装配时要由工人挑选，增加了装配工时和装配难度。

（3）修配法　是指零件上预留修配余量，特点在于装配过程中修去该零件上多余的部分材料，使装配精度满足技术要求。此法零件的制作精度可放得较宽，但增加了手工装配的工作量，而且装配质量取决于工人的技术水平。

在选择装配工艺方法时，应根据生产类型和产品种类等方面来考虑。对一般单件、小批量生产或重型焊接结构生产，常以修配法为主，互换件的比例较少，工艺的灵活性大，大多使用通用工艺装备，常为固定式装配；对成批生产或一般焊接结构，主要采用互换法，也灵活采用选配法和修配法，工艺划分应适应批量的均衡生产，使用通用或专用工艺装备，可组织流水作业生产。

4.2.4　装配的质量检验与公差

1. 装配的质量检验

装配工作的好坏将直接影响着产品的质量，所以产品总装后应进行质量检验，以鉴定是否符合规定的技术要求。

装配的质量检验，包括装配过程中的检验和完工产品的检验，主要有如下内容：

1）按图样检查产品各零、部件间的装配位置和主要尺寸是否正确，并达到规定的精度要求。

2）检查产品的各连接部位的连接形式是否正确，并根据技术条件、规范和图样来检查焊缝间隙的公差、边棱坡口的公差和接口处平板的公差。

3）检查产品结构上为连接、加固各零、部件所作的定位焊的布置是否正确，必须使这种布置保证结构在焊接后不产生内应力。

4）检查产品结构连接部位焊缝处的金属表面，不允许焊缝处的金属表面上有污垢、铁锈和潮湿，以防止造成焊接缺陷。

5）检查产品的表面质量，以便找出钢材上的裂缝、起层、砂眼、凹陷以及焊接疤痕等缺陷，并根据技术要求，酌情处理。

装配质量的检验方法，主要是运用测量技术以各种量具、仪器进行检查，有些检验项目如表面质量，也常采用外观检查的方法。

2. 装配间隙与偏差

装配间隙在坡口接头上称根部间隙，是焊前在接头根部之间预留的间隙，须通过装配来保证。根部间隙对焊缝成形、填充材料消耗和焊接变形产生影响，在其他条件不变的情况下，根部间隙过小，则焊缝根部不易焊透；根部间隙过大，则易烧穿，且填充材料消耗大，焊接变形也增加。当坡口的钝边减小或没有钝边时，以及采用穿透力强的焊接方法时，根部间隙可减小至零；单面焊背面带永久性衬板的接头，装配间隙可放宽，以焊透为度。因此，必须根据接头坡口准备的实际情况和焊接工艺条件在工艺规程中规定装配间隙的要求。国家标准 GB/T985—1988 和 GB/T986—1988，分别对气焊、焊条电弧焊、气体保护焊和埋弧焊的各种焊缝坡口的根部间隙范围作了规定，可以在给定范围内在保证熔透又不致烧穿的前提下进行调节；也可以按表 4-3 提供的在一定板的厚度范围内给出根部间隙的名义尺寸（见图中实线所示），然后给出偏差值的要求。对于装配时的位置偏差，可以根据表 4-4 提出要求。

表 4-3 坡口焊缝的根部间隙

	V 形坡口	X 形坡口
平焊	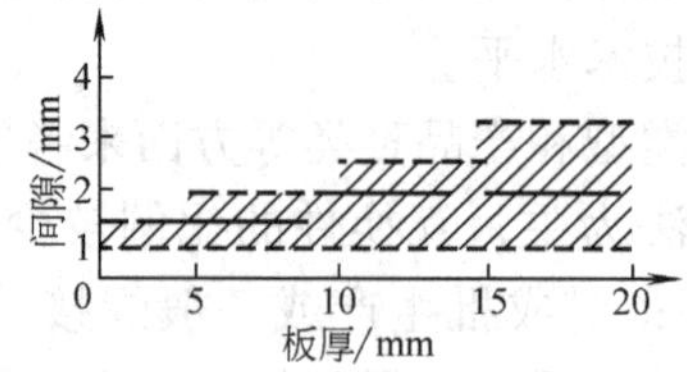	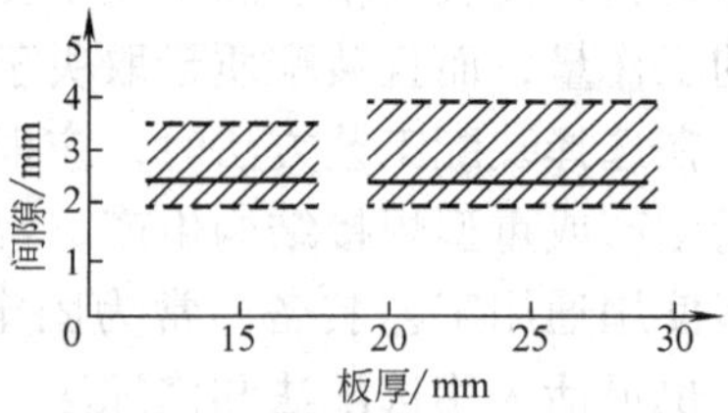
横焊或仰焊	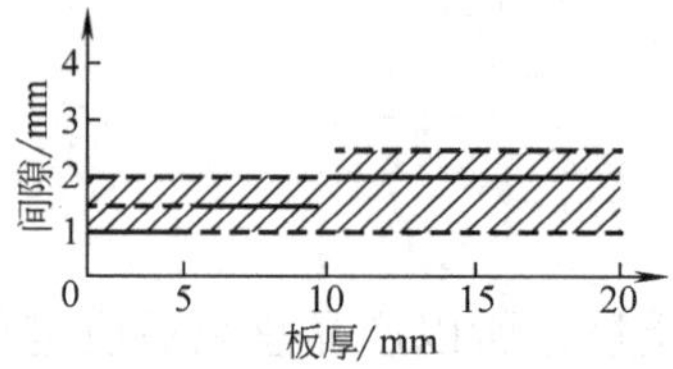	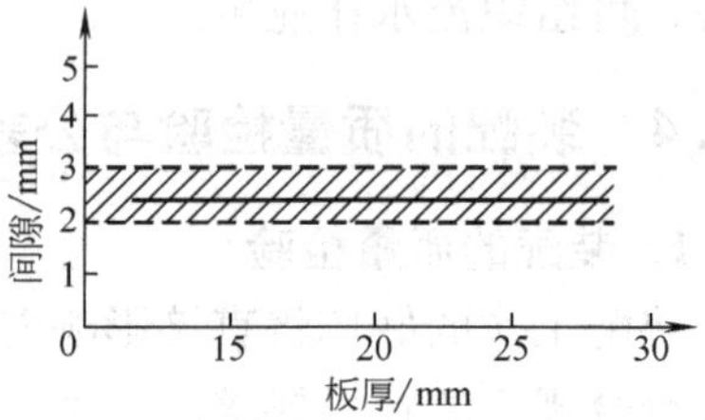
立焊	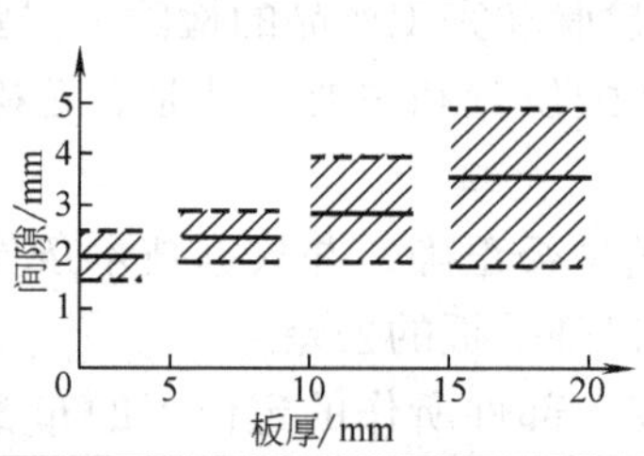	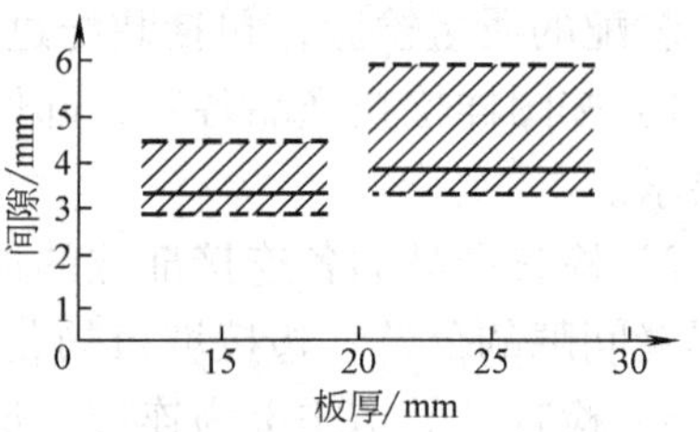

注：图中实线为根部间隙的名义尺寸，虚线为公差。

表 4-4 装配件的相互位置偏差 （单位：mm）

项 目	简 图	允许偏差值（Δ*t*）		
钢板对接	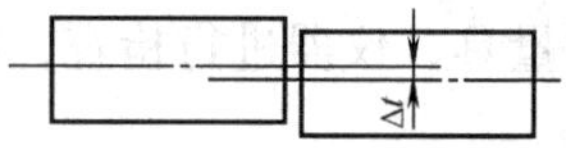	板厚	≤6	<1
			>6	<2
型钢对接	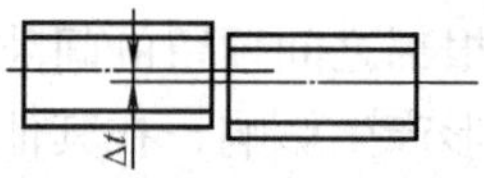	型钢高	≤180	<1
			>180～260	<1.5
			>360～630	<2
对接接头的偏移		焊条电弧焊		埋弧焊
	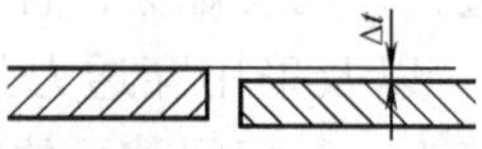	<1.0		<1.0
	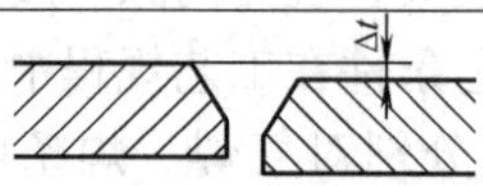	<1.5		
对接接头的偏移	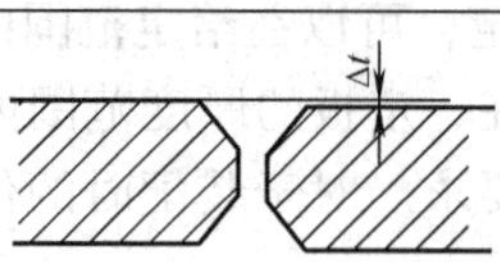	<2.0		<1.0

（续）

项　目	简　图	允许偏差值（Δt）	
		焊条电弧焊	埋弧焊
搭接接头的偏移	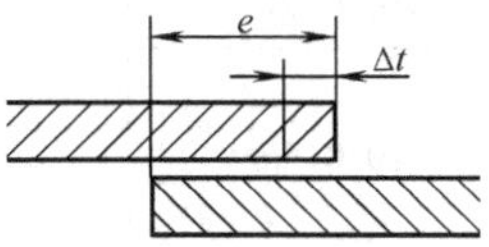	+5.0	+1.0
		−3.0	−1.0
T形接头的偏移	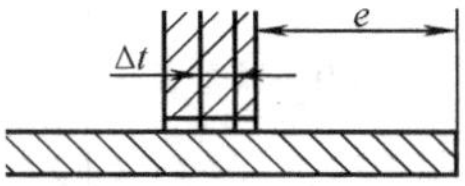	±2.0	
工字梁腹盖板偏移	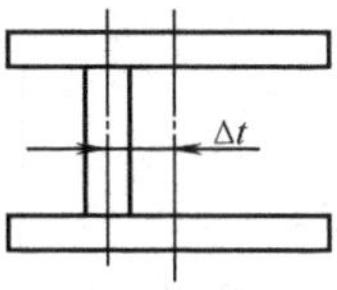	≤2.0	
工字梁盖板倾斜	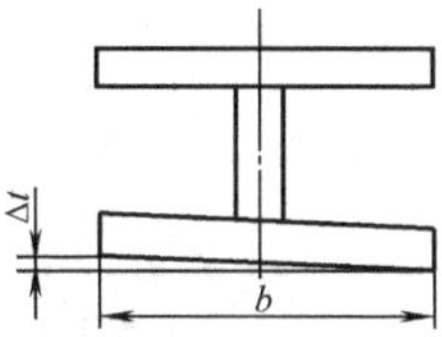	≤0.01b，且最大≤2	
腹板倾斜	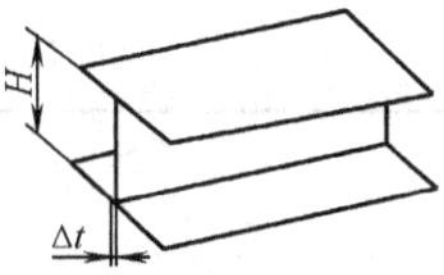	H≤500	≤1.5
		H>500	≤2.0
肋板倾斜	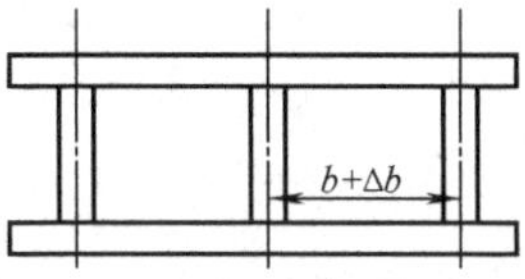	b≤80	Δb≤3
		b>80	Δb≤5
箱形梁腹板距离	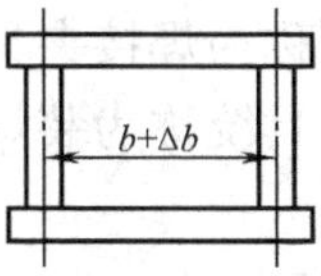	Δb≤3	
箱形梁盖板倾斜	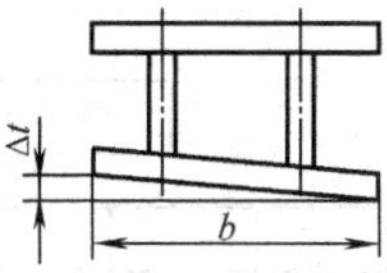	≤0.01b，且最大≤2	
工字梁的歪扭	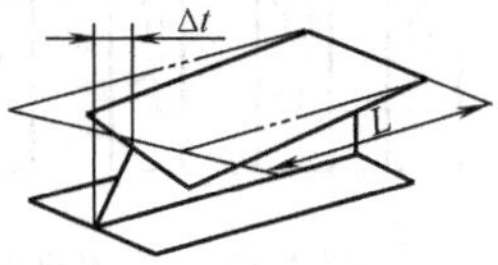	L≤250	≤2
		L>2500～5000	≤3
		L>5000	≤5

（续）

项　目	简　图	允许偏差值（Δt）		
		型钢高 h	$B \leqslant 1000$	$B>1000$
截面复杂结构的偏移	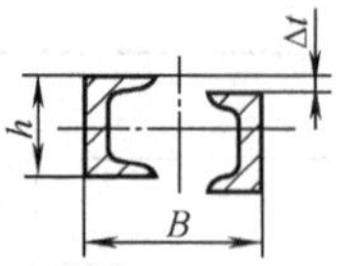	$\leqslant 100$	$\leqslant 0.015h$	$\leqslant 0.02h$
	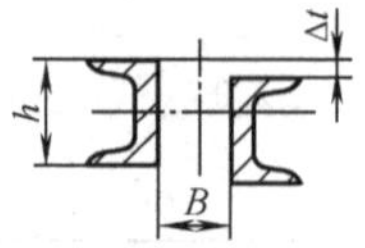	$>100 \sim 240$	$\leqslant 0.01h$	$\leqslant 0.015h$
	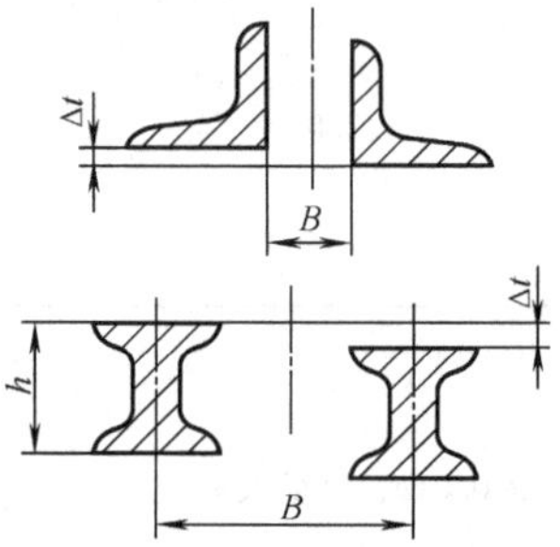	>240	$\leqslant 0.008h$	$\leqslant 0.01h$
	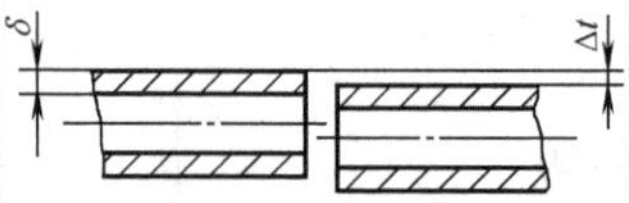	$\delta \leqslant 5$	$\leqslant 0.5$	
		$\delta>5$	$\leqslant 0.1\delta$	

4.3 装配焊接夹具及装备

4.3.1 概述

装配焊接夹具是指将待装配的零件准确组对、定位并夹紧的工艺装备。某些夹具专用于装配工序，称为装配夹具；某些夹具专用于焊接工序，则称为焊接夹具；既可用于装配又可用于焊接的夹具，则称为装焊夹具。也可把上列几类夹具统称为装焊夹具。

1. 装配焊接夹具的分类

装配焊接夹具按夹紧机构动力的种类可分成如图 4-13 所示的六类。装配焊接夹具若按其结构形式和用途，还可分成通用装焊夹具、专用装焊夹具、单一装焊夹具、复式装焊夹具和组合式装焊夹具等。

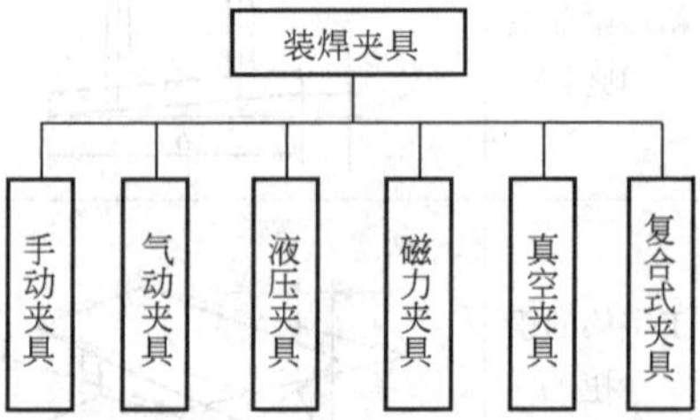

图 4-13　装焊夹具的分类

2. 装焊夹具的组成

装焊夹具通常由各种定位器、夹紧机构、夹具体和装配平台等组成。按照所装配焊件的结构，夹具体上可安装多个不同的夹紧机构和定位器。夹具体必须按所装配焊件的结构进行设计，而定位器、夹紧机构和装配平台，则大多数是通用的标准件。

3. 装焊夹具的特点

装焊夹具的特点，是由装配焊接工艺和焊接结构的形式决定的，与其他夹具比较有如下特点：

1）由于焊件一般由多个简单零件组焊而成，而这些零件的装配和定位焊，在装焊夹具上是按顺序进行的，因此，它们的定位和夹紧是一个个单独进行的。

2）在焊接过程中，零件会因焊接加热而伸长或因冷却而缩短，为了减少或消除焊接变形，要求夹具能对某些零件给予反变形或者作刚性的夹固。为了减少焊接应力，又要允许某些零件在某一方向可以自由伸缩，因此，焊接夹具不是对所有的零件都作刚性的夹固。

3）装焊完的结构，其尺寸增大，重量增加，形状变得复杂，增加了结构从夹具上卸下的难度。

4）对用于熔焊的夹具，工作时主要承受焊件的重力、焊接应力和夹紧力，有的还要承受装配时的锤击力；用于压焊的夹具还要承受顶锻力。

5）焊接夹具往往是焊接电源二次回路的一个组成部分，因此绝缘和导电是设计中必须注意的一个问题。例如，电阻焊用的夹具，如果绝缘处理不当将会引起分流，使接头强度降低。

6）装焊夹具一般比较大，其夹具上的夹紧点、定位点多达几十个，因此，设计难度较大，特别是定位点、夹紧点的数量、选位和两者的对应关系，都会影响夹具的功能和定位夹紧的质量。

7）装焊夹具主要用来保证焊接结构各连接件的相对位置精度和整体结构的形状精度，而其他（机床）夹具主要用来保证零件的加工精度。

8）除精密焊件所用的夹具外，一般焊接夹具本身的制造精度及对焊件的定位精度均低于其他（机床）夹具的相应指标。

以上八点是装焊夹具与其他（机床）夹具的主要不同之处，设计焊接夹具时，要充分考虑这些区别，使设计出来的夹具，能满足使用要求。

4.3.2　装焊夹具

1. 装配夹具

在装配过程中，凡属用来对零部件施加外力，使其获得正确定位的工艺装备，统称为装配夹具。它包括简单轻便的通用夹具和装配胎架用的专用夹具。

装配夹具对零件的紧固方式有夹紧、压紧、拉紧、顶紧（或撑开）等四种，如图 4-14 所示。装配夹具按其动力源，可分为手动、气动、液压、磁力夹紧等方式。

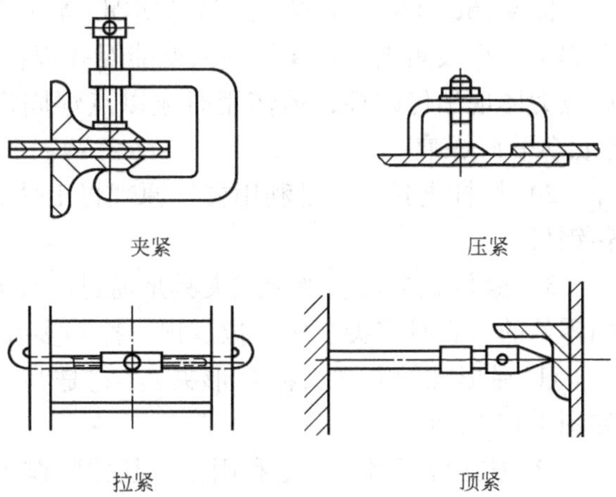

图 4-14　装配夹具的四种紧固方式

（1）手动夹具

1）楔条夹具。楔条夹具是利用锤击或用其他机械方法获得外力，利用楔条的斜面移动，将外力转变为所需的夹紧力，从而达到对工件的夹紧。

图4-15为楔条夹紧的两种基本形式。图4-15a为楔条直接作用于工件上，这种方式要求被夹紧的工件表面比较平整、光滑。图4-15b为楔条通过中间元件把作用力传到工件上，改善了楔条与工件表面的接触情况。

为保证楔条夹具在使用过程中能自锁，楔条（或楔板）的楔角α不能超过摩擦角，一般采用10°~15°，否则就不能自锁。若需要增加楔条的作用力，可在其下面加入垫块，不可以增加楔条厚度而随意加大楔角。图4-16是楔条夹具的几种应用实例。

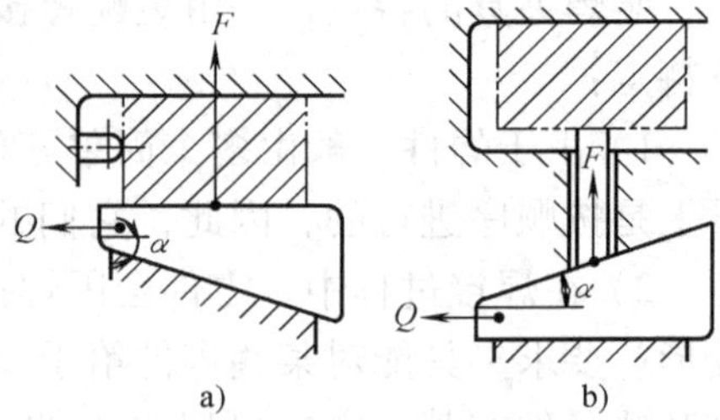

图4-15 楔条夹紧示意图
a）楔条直接作用于工件
b）楔条通过中间元件把作用力传到工件

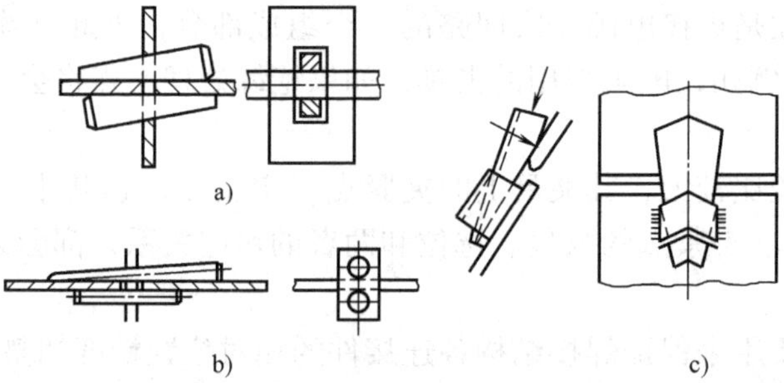

图4-16 楔条夹具的应用实例
a）矩形楔条夹具 b）圆形楔条夹具 c）角钢制作的简易斜楔

图4-16a、b是带嵌板的楔条夹具。楔条的截面形状可以做成矩形或圆形。这种夹具主要用于对齐板料，因为使用了嵌板，所以应在板料对接处有间隙的情况下才能使用。

图4-16c是用角钢制作的简易斜楔。将适当长度的角钢气割成楔形，并在较低的板料上焊上一小段角钢，将楔子敲入就能对齐板料。角钢楔条夹具简单而易行，对化工现场检修更为体现出优越性，但使用时应以点焊固定在构件上，用完后应将夹具敲掉，并凿平（或磨平）焊疤。

2）杠杆夹具。它是利用杠杆原理将工件夹紧的，既能用于夹紧，又能用于矫正和翻转钢材。

3）螺旋式夹具。螺旋式夹具是通过丝杆与螺母间的相对运动传递外力，使之达到紧固零件的，它具有夹、压、拉、顶、撑等多种功能。

① 弓形螺旋夹（又称C形夹）。它是利用丝杆起夹紧作用。常用的弓形螺旋夹结构如图4-17所示。

② 螺旋拉紧器。它是利用丝杆起拉紧作用，其形式有多种。图4-18a为简单的螺旋拉紧器，旋转其螺母就可起到拉紧作用；图4-18b所示为组合螺旋拉紧器，弯臂1焊有用来夹紧钢板的弓形卡，螺杆2用来夹紧钢板，旋转拉紧螺杆3就可调节接缝间隙大小，而接

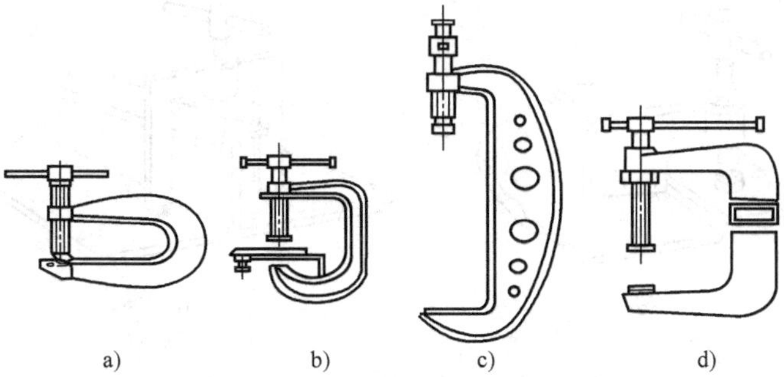

图 4-17　常用弓形螺旋夹结构

a）丁字形的弓形螺旋夹　b）工字形的弓形螺旋夹

c、d）弓形板上开孔及断面箱形结构螺旋夹

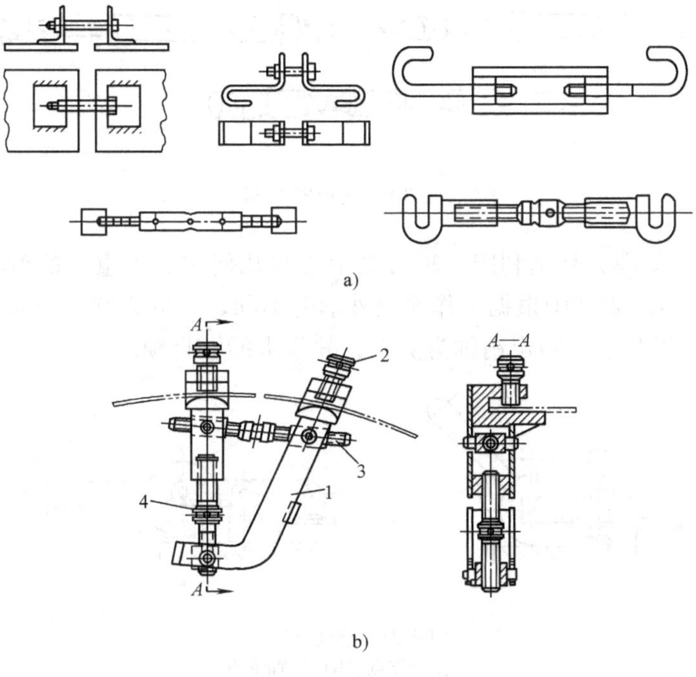

图 4-18　螺旋拉紧器

a）简单的螺旋拉紧器　b）组合螺旋拉紧器

1—弯臂　2，3，4—螺杆

缝的高低偏差用螺杆 4 来调节。这种夹具用来组对圆筒构件的拼缝非常方便、准确，适用于装配不同直径和壁厚的圆筒。

③ 螺旋压紧器。它通常是将支架临时焊固在工件上，再用丝杆起压紧作用的。图 4-19a为常用的固定螺旋压紧器，在对接板件时借助 L 形铁达到调整钢板高低的目的；图 4-19b是借助 U 形铁达到压紧目的。

④ 螺旋推撑器。它是起顶紧或撑开作用，不仅可用于装配中，还可以用于矫正零件。图4-20a是最简单的螺旋顶具，它由丝杆、螺母、圆管组成，由于这种螺旋顶具头部是尖的，不利于保护零件表面，只适用于顶撑表面精度要求不高的厚板或较大的型钢。图4-20b

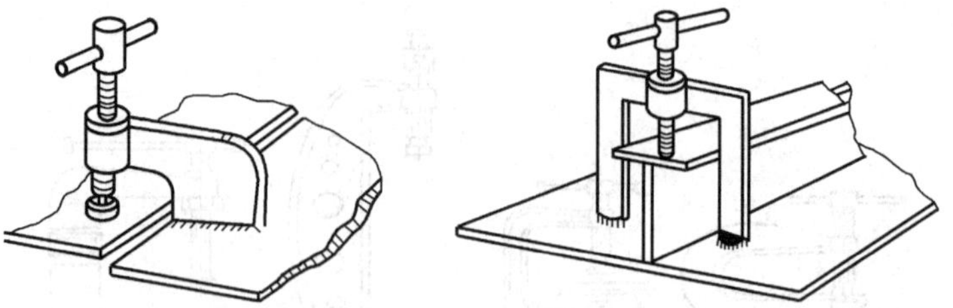

图 4-19　螺旋压紧的形式与应用

所示，在丝杆头部增加了活动垫铁，顶压时不会损伤工件，也不容易打滑。图4-20c所示的推撑器丝杆，具有正反方向的螺纹，可加快顶、撑动作。

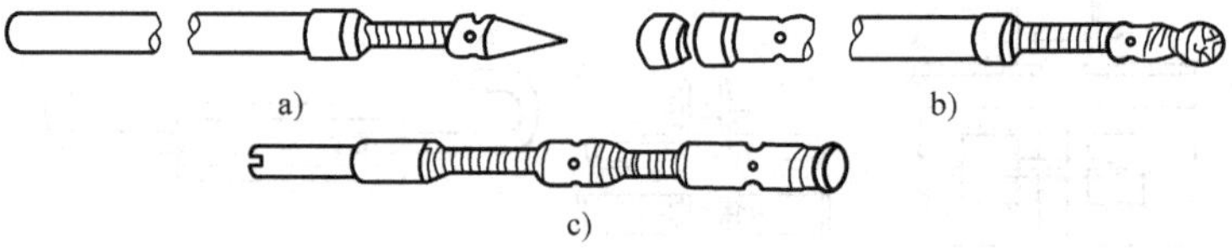

图 4-20　螺旋推撑器

⑤ 偏心夹具。偏心夹具是利用一种转动中心与几何中心不重合的偏心零件来实现夹紧的，如图4-21所示。生产中根据工作表面外形的不同，可分为圆偏心轮和曲线偏心轮两种形式。偏心夹具以弹簧或固定销轴为支点，并要求能够自锁。

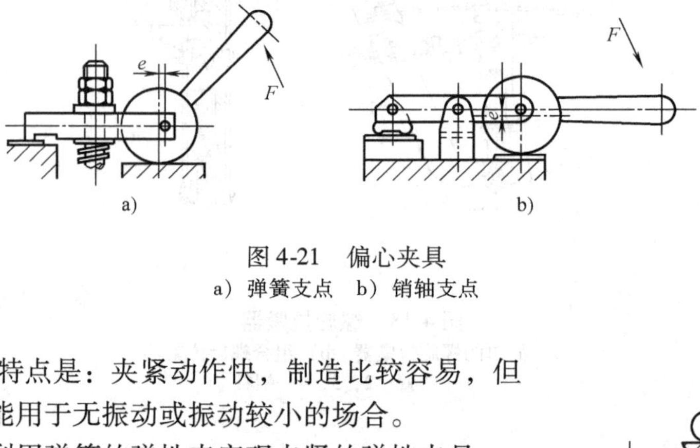

图 4-21　偏心夹具
a）弹簧支点　b）销轴支点

偏心夹具的特点是：夹紧动作快，制造比较容易，但夹紧力较小，只能用于无振动或振动较小的场合。

此外，还有利用弹簧的弹性来实现夹紧的弹性夹具。

（2）气动夹具　它主要是由汽缸、活塞和活塞杆组成，是利用其气缸内的压缩空气的压力推动活塞，使活塞杆做直线运动，施加夹紧力的装置，如图 4-22 所示。

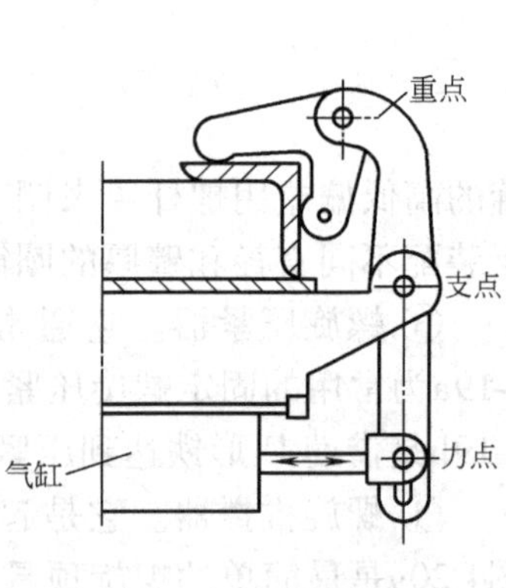

图 4-22　气动夹具的工作方式

（3）液压夹具　液压夹具的工作原理与气动夹具相似，如图 4-23 所示。其优点是：比气动夹具有更大的压紧力，夹紧可靠，工作平稳；缺点是液体容易泄漏，辅助装置多，且维修不便。

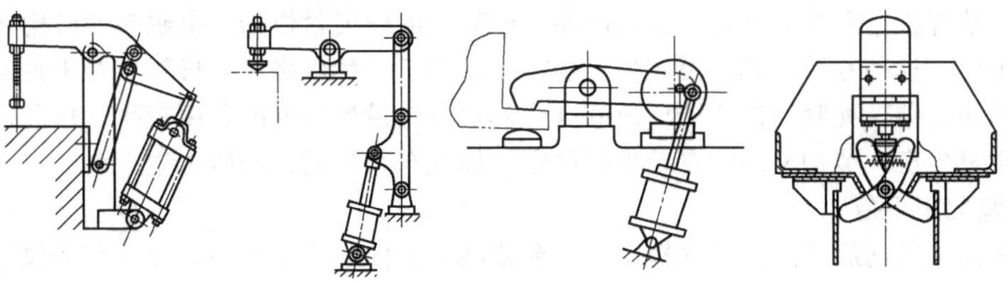

图4-23　液压式夹具

（4）磁力夹具　它主要靠磁力吸紧工件，可分为永磁式和电磁式两种类型，应用较多的是电磁式磁力夹具，如图4-24所示。磁力夹具操作简便，而且对工件表面质量无影响，但其夹紧力通常不是很大。

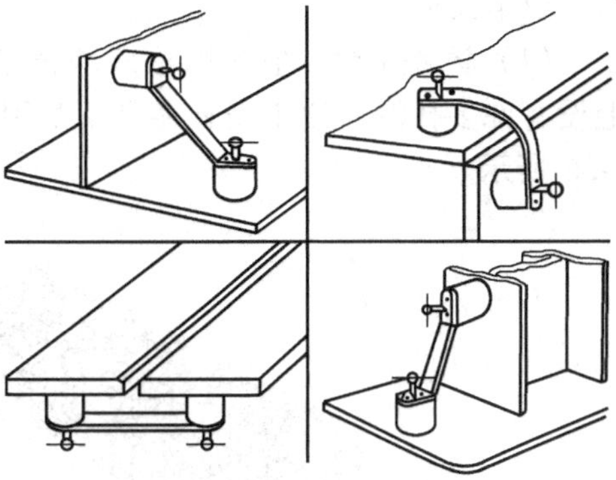

图4-24　磁力夹具

（5）真空夹紧机构　真空夹紧机构是利用真空泵或以压缩空气为动力的喷嘴所射出的高速气流，使夹具内腔形成真空，借助大气压力将焊件压紧的装置。它适用于夹紧特薄的或挠性的焊件，以及用其他方法夹紧容易引起变形或无法夹紧的焊件。在仪表、电器等小型器件的装焊作业中应用较多。

真空夹紧机构若是通过喷嘴喷射气流而形成真空的，以压缩空气为动力，省去了真空泵等设备，比较经济。但因其夹具内腔的吸力与气源气压和流量有关，所以要求提供比较稳定的气源。另外，工作时会发出刺耳的噪声，不宜用在要求工作安静的场所。

（6）组合夹具和专用夹具　组合夹具和专用夹具在机械化和自动化装焊作业中已起到越来越重要的作用，对于提高焊件的装配精度，缩短装配周期，实现精密焊接等都是不可缺少的工艺装备。其应用正在不断地扩大。

1）组合夹具是由一系列可任意组合的装配平台，各种形式和规格的定位器，紧固件和夹紧器等拼装而成，是一种可拆卸、又可重新拼装的工装夹具。夹具的各种元件采用键、销和螺栓等紧固件联接，装拆灵活方便。适用于单件小批量的生产，或要求试装的精密部件的装焊作业。

2）专用夹具是为某一特定形状的部件或整个焊件而设计的一种装焊夹具。其特点是夹具体的结构形状、定位器和夹紧机构的布置只是按所装焊的焊件形状和形位公差考虑的。这种夹具通常用于大批量生产的流水作业线中。图4-25示出一种

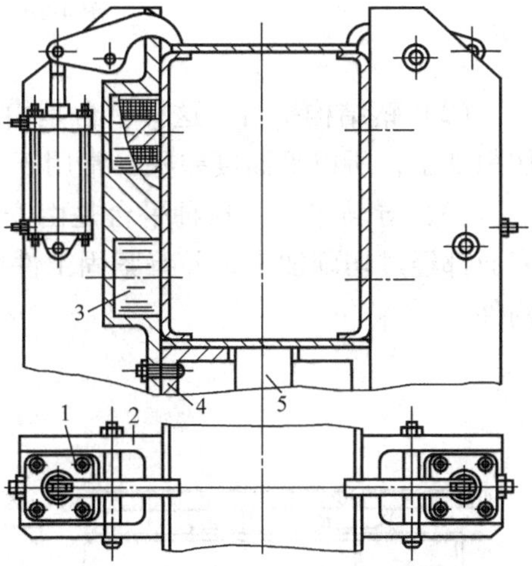

图4-25　焊接箱形梁组装用专用夹具
1—液压杠夹紧器　2—立柱（腹板定位器）
3—腹板电磁夹紧器　4—夹具体（兼有定位作用）　5—顶出液压缸

专用于组装焊接箱形梁的夹具，它由底座、侧架、液压夹紧机构、电磁夹紧机构和液压顶出机构组成。这种专用夹具不设调整机构，只适用于一种规格的箱形梁。专用夹具的特点是组装顺序简单，夹紧动作快捷，效率高。其缺点是设计制造的费用较高。目前，它主要用于大批量生产，节拍又快的自动生产线中，如汽车车身的自动流水生产线。

2. 装配用平台

为了保证装配后产品的尺寸精度，平台或胎架表面应光滑平整，要求水平放置；对于尺寸较大的装配胎架应安置在相当坚固的基础上，以免基础下沉导致胎具变形；胎架应便于对工件进行装、卸、定位焊等装配操作；所选用的设备构造简单，使用方便，维修容易，成本要低。

（1）铸铁平台　它是由许多块铸铁组成的，结构坚固，工作表面平面度比较高，面上设有许多孔洞，便于安装夹具。常用于进行装配以及用于钢板和型钢的热加工弯曲如图4-26所示。

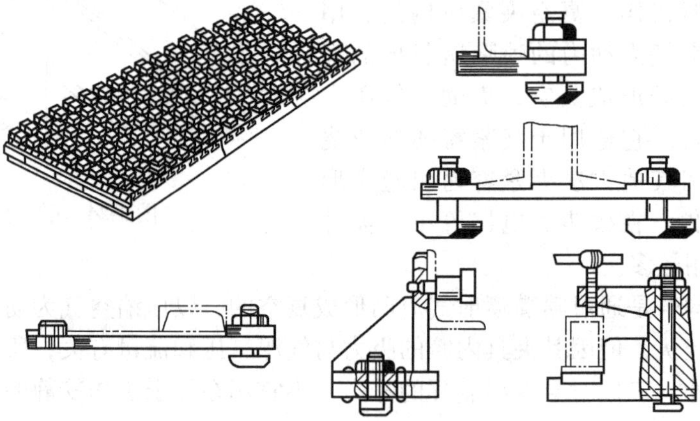

图4-26　铸铁平台及各种工艺装备

（2）钢结构平台　这种平台是由型钢和厚钢板焊制而成的。它的上表面一般不经过切削加工，所以平面度差些，常用于制作大型钢结构的焊接或制作桁架结构。

（3）导轨平台　这种平台是由安装在水泥基础上的许多导轨组成的。每条导轨的上表面都经过切削加工，并有紧固工件用的螺栓沟槽（图4-27）。这种平台用于制作大型结构件。

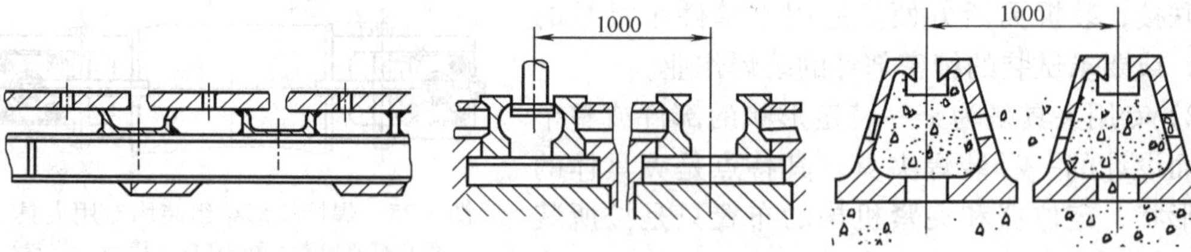

图4-27　导轨平台

(4) 水泥平台 它是由水泥浇注而成的一种简易而又适合于大面积工作的平台。浇注前在一定的部位预埋拉桩、拉环，以便装配时用来固定工件。在水泥平台面上还放置交叉形扁钢（扁钢面与水泥面对齐），作为导电板或用于固定工件。这种水泥平台可以拼接钢板、框架和构件，又可以在上面安置胎架进行较大部件的装配。

(5) 电磁平台 它是由平台（型钢和钢板焊制而成）和电磁铁组成的。电磁铁能将钢板或型钢吸紧固定在平台上，焊接时可以固定工件减少变形。充气软管和焊剂的作用是组成焊剂垫，用于埋弧焊，可防止漏渣和铁液下淌。

3. 装焊用胎架

在工件结构不适于以装配平台作支承（如船舶、机车车辆底架、飞机和各种容器结构等）时，就需要制造装焊胎架来支承工件进行装配。所以，胎架经常用于某些形状比较复杂，要求精度较高的结构件。它的主要优点是利用夹具对各个零件进行方便而精确的定位。有些胎架还可以设计成可翻转的，把工件翻转到适合于焊接的位置。利用胎架进行装配，既可以提高装配精度，又可以提高装配速度。但由于胎架制作费用较大，故常为某种专用产品设计制造的，适用于流水线或批量生产。

4.3.3 夹紧夹具的设计

1. 夹紧夹具的设计要点

正确的设计和选用夹紧夹具，可大大缩短装配和焊接的周期，减轻劳动强度，提高生产效率，保证焊件的装配和焊接质量。与相应的自动化焊接装备相配，可进一步发挥焊接装备的能力，有利于实现装配焊接的综合机械化和自动化。

夹紧夹具的设计原则是：高效、优质、保证装配精度、经济和合理。其设计的依据是焊件结构尺寸的公差要求、组成焊件的零件和坯料的加工工艺及尺寸公差、焊件的装焊次序、拟采用的焊接工艺方法和焊件的生产批量。方案设计的内容，包括夹具体的结构、定位方法、定位基准、定位器数量、夹紧机构形式、布置和数量。对于在批量生产中应用的夹具，方案设计的内容还应包括夹紧夹具在生产线上的位置和移动机构。

根据上述夹紧夹具的设计原则，应对其提出如下的基本要求：

1）应能快装、快卸、结构简单和操作方便。手动夹具的操作高度应设在操作者易用力的部位。

2）应有足够的空间，便于装配和焊接操作，易于装卸焊件。所有定位器和夹紧机构与焊件的接缝应有适当的距离，便于观察接缝的对中和测量。

3）应夹紧可靠。夹紧过程中不应使焊件移位或改变几何形状，同时不应损伤焊件的表面。夹紧薄壁焊件和软质材料时，夹紧力应适中，并加大顶压点的接触面积，或加设铜铝衬垫等。

4）应按焊接工艺的要求装有适当的导热、导电、隔热、隔磁和绝缘等装置，以防止各种定位块、夹紧机构对焊接过程产生不利的影响。

5）用于大型结构的夹紧夹具，应具有足够的刚度和强度，以保证焊件的装配焊接精度。特别是对于焊后无法再作矫正或加工的焊件，夹具的设计必须经过严格的检测程序来加以验证。

6）夹具上的定位块、定位器和夹紧机构，应尽量采用通用化和标准化的元件。在同一台夹具上应尽量采用同一种动力源的定位器和夹紧机构。

7）应易于制造和组装，同时又能达到所要求的制造精度。通常夹具的制造精度应高于焊件所要求的装配精度。

8）气动和液压夹紧夹具，应设置必要的安全保护装置，以防止误操作引起的安全事故。

2. 夹紧夹具的设计步骤

装焊用夹紧夹具的设计大体可分为三个阶段：第一阶段是确定设计方案；第二阶段是设计计算；第三阶段是绘制设计图样。

（1）确定夹具结构设计方案

1）分析原始资料，明确设计目的与任务。首先分析产品结构和技术要求，即产品的几何形状、尺寸、重量、焊缝位置、数量、工件刚度等，以确定夹具的结构形式。

深入了解产品和有关产品加工制造方面技术要求，以及有关工艺人员对要设计夹具的要求。根据所选定装配焊接基本方法和程序，以及夹具技术与精度的要求，选择确定夹具类型和结构类型。此外，还要注意车间、现有夹具所存在的问题，作为设计新夹具的借鉴。

了解生产类型，单件小批生产可选择或设计通用夹具；批量或大量生产，可设计高效率、省工、快速作用的专用夹具，以获得好的综合经济效益。

了解车间的生产条件，也是设计夹具重要原始资料，如车间作业面积、起重运输能力、车间有无压缩空气、车间内建筑物是否具备固定夹具的条件等，也是决定夹具工作方式和结构形式的重要因素之一。

总之，只有对上述原始资料进行全面分析研究，才能准确提出夹具设计的基本任务和要求，乃致提出完善的设计方案。

2）制定设计方案。对可供选用的设计方案进行充分论证，选出其中最佳的方案后，即可对夹具进行总体设计。

① 确定定位方案时，首先确定各个零件装配顺序及相互关系；需限制几个自由度，有无过定位和欠定位；分析定位误差是否小于工件允许误差。其次，是确定定位基准和定位基面。定位基准是用以确定工件位置的点、线、面；定位基面则是工件上与定位元件相接触的表面。如将圆柱形工件安放在V形铁上定位，工件外圆中心在V形铁的理论中心位置上，工件定位基准是圆柱的轴心线，而定位基面则是外圆柱面。只有在平面定位时，定位基准与定位基面才是一致的。

② 确定夹紧方案，正确分析计算各种力，如重力、支承反力、摩擦力、惯性力、焊接残余应力及对工件的作用，考虑装配焊接对工件夹固（夹紧）的要求，确定夹紧力的方向、大小以及夹紧力的数目与作用，最后确定夹紧机构，尽量选择通用、标准夹紧机构和元件。

③ 确定夹具体及其他组成部分。夹具体是在上面安装定位器、夹紧器及承受工件重量的部分，它有平面型、箱型、框架型、曲轴型以及组合型等多种。

各种焊件变位机的工作平台及车间装配平台，就是通用的夹具体。在大批量生产设计专用夹具时，其夹具体是根据被装焊工件的形状、尺寸、定位及夹紧要求以及装焊工艺等专门设计的。

夹具体是定位、夹紧元件和工件的承载体，所以要求它有足够的强度和刚度。为便于装配和焊接作业的实施，有利于定位器、夹紧机构安装和调节，还应有必要的导电、导热、导气通风等条件，夹具体尽量采用焊接结构。

④ 确定各种装置的布局及夹具的整体结构。确定各种定位元件、夹紧机构及相关零部件在夹具体上的位置及相互关系，最终确定出夹具的整体结构，绘出夹具总体结构草图。设计最好能提出多种设计方案，进行分析对比后选出最佳方案。

（2）设计计算　方案确定后，即可进行诸如夹紧机构、传动系统、能源（动力）系统以及必要强度、刚度的设计计算，确定夹具必要几何形状与尺寸、能源、水、气等需求量。

（3）绘制夹具设计图

1）确定图面布置视图。根据夹具轮廓尺寸、结构复杂程度，确定总图的图面大小、视图与剖面的数量和种类。在夹具总图中应能清楚表示夹具的工作原理和构造，各个零件的相互位置关系。主视图一般应选取最能表示夹具主要结构，尽可能按操作者的正对位置展示其结构。

2）画出工件外形轮廓及夹具整体结构图。用双点划线或红线绘出工件的外形轮廓，并显示出工件尺寸变动范围，即夹具可动部分极限位置和工件极限位置。总图上的工件是一个假想的透明物体，然后再按照工件位置和形状，依次画出定位、夹紧和传动装置，最后画出完整夹具（体）。

3）标准尺寸和公差

① 外形轮廓尺寸。

② 工件与定位元件间联系尺寸。

③ 装配尺寸，即包括工件定位基准与夹具定位元件的配合尺寸、各定位元件位置尺寸、定位元件与夹具体的配合性质及尺寸。这类尺寸的公差一般为工件尺寸公差的1/2～1/3。一般由下式计算：

$$\Delta f_x \leqslant \delta_k - \sum \Delta i - \sum \Delta f_m$$

式中　Δf_x——夹具制造公差（mm）；

δ_k——工件加工公差（mm）；

$\sum \Delta i$——影响工件加工精度的工艺系统误差（mm）；

Δf_m——夹具磨损引起的误差（mm）。

从另一方面来看，装配焊接夹具大多都要有控制变形，但不能完全消除变形，从而使提高夹具精度来提高工件精度的作法在很大程度上要失去意义。对工件的自由公差，国内还没有一个合适的标准，表4-5、表4-6仅供具体情况参考选用。

表 4-5　长度自由公差　（单位：mm）

精度等级	基本尺寸范围									
	>30 ≤120	120～400	400～1000	1000～2000	2000～4000	4000～8000	8000～12000	12000～16000	16000～20000	20000
A	±1	±1	±2	±3	±4	±5	±8	±7	±8	±9
B	±2	±2	±3	±4	±6	±8	±10	±12	±14	±16
C	±3	±4	±6	±8	±11	±14	±18	±21	±24	±27
D	±4	±7	±9	±12	±16	±21	±27	±32	±36	±40
<30mm 的尺寸允许偏差 ±1mm										

表 4-6　焊接结构件的形位公差

精度等级	基本尺寸（平面的较大边长）/mm									
	>30 ≤20	>120 ≤400	>400 ≤1000	>1000 ≤2000	>2000 ≤4000	>4000 ≤8000	>8000 ≤12000	>12000 ≤16000	>16000 ≤20000	>2000
E	1.5	1	1.5	2	3	4	5	6	7	8
F	1.0	1.5	3	4.5	8	8	10	12	14	16
G	1.5	3	5.5	9	11	16	20	22	25	25
H	2.5	5	9	18	18	26	32	36	40	40

夹具与焊件联系尺寸公差、定位装置之间尺寸公差，一般取相应尺寸公差的1/2～3/4。以工件平均尺寸作为夹具相应尺寸，在标注它的公差时，一律取双向对称分布公差。

4）绘制夹具零件图。绘出所有非标准件全部零部件图。对于标准件、通用件和成套借用件，不必画零件图，但应在相应装配图中全部反应出来。在零件图标注尺寸时应注意；

① 非配合尺寸，只注尺寸，不注公差和配合性质。

② 零件间相关尺寸，同样可用尺寸链的方法求出。

③ 应按国家标准，标注配合性质和配合面尺寸。

3．装焊夹具的组成

工件在夹具上的安装包括定位和夹紧两个密切联系的统一过程。为使工件在定位件上所占有的规定位置在焊接过程中保持不变，就要用夹紧装置将工件夹紧，才能保证工件的定位基准与夹具上的定位表面可靠地接触，防止装焊过程中移动或变形。

（1）夹紧装置的组成　典型的夹紧装置，可以分为以下三个部分。

1）力源装置。它是产生夹紧作用力的装置。通常是指机动夹紧时所用的气动、液压、电动等动力装置。图 4-28 中的气缸便是一种力源装置。

2）中间传力机构。它是将力源产生的力传递给夹紧元件的机构，如图 4-28 中的斜楔。传力机构的作用有三种：改变夹紧力的方向，改变夹紧力的大小（扩力），保证夹紧的可靠性、自锁性。

3）夹紧元件。即与工件相接触的部分，它是夹紧装置的最终执行元件。通过它和工件直接接触而完成夹紧动作。图 4-28中的压板即为夹紧元件。

以上三部分的相互关系，可用图 4-29 框图表示。在手动夹紧装置中，没有第一部分，手动夹紧的力源是由人力来保证的，

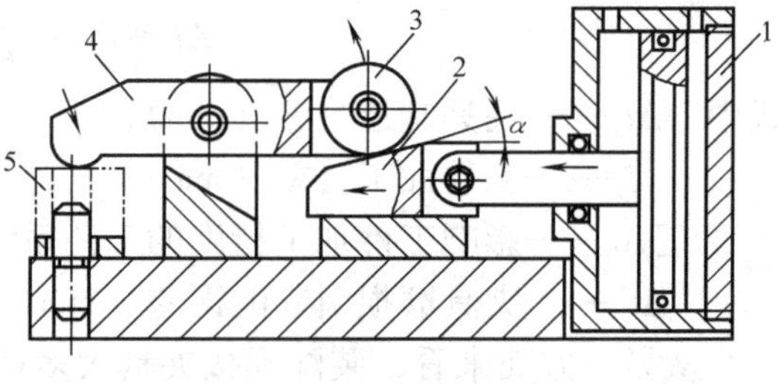

图 4-28　夹紧装置的组成
1—气缸　2—斜楔　3—滚子　4—压板　5—工件

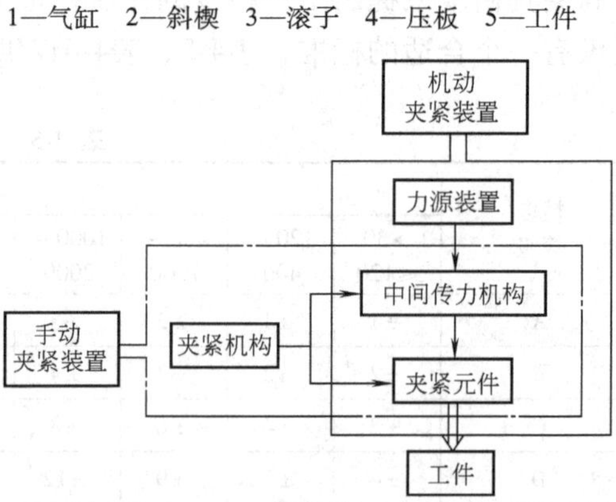

图 4-29　夹紧装置组成框图

中间传力机构和夹紧元件组成为夹紧机构。夹紧装置的设计内容，就是设计这几个部分。夹紧装置的具体组成是由工件特点、定位方式、工艺条件等来综合考虑的。

（2）对夹紧装置的基本要求　选择工件的夹紧方式，一般同选择定位方式一起考虑，有时工件的定位也是在夹紧过程中实现的。设计夹紧装置时，必须满足下列基本要求：

1）正——夹紧时，不能破坏工件在定位元件上所获得的正确位置，为此要正确选择夹紧力的方向和作用点。

2）牢——夹紧力的大小要适当、可靠。夹紧机构一般要有自锁作用，保证在装配焊接过程中工件不会松动，又不会使工件产生的变形和表面损伤超出技术条件的允许范围。

3）快——夹紧装置应操作方便、安全省力，夹紧迅速，以便减轻劳动强度，缩短辅助时间，提高生产率。

4）简——结构要力求简单、紧凑，并具有足够的刚性，使工装具有良好的工艺性和使用性。夹紧器不应受到或是不怕焊接热量及飞溅物的影响。尽量选用标准件，以便缩短制造周期和方便维修。夹紧装置的复杂程度和自动化程度应与生产批量和生产条件相适应。

4. 夹紧力的确定

为满足夹紧装置的基本要求，必须合理选择夹紧力。夹紧力包括力的方向、作用点和大小三个要素，它对夹紧装置的设计起着决定性的作用。确定夹紧力是一个综合性的问题，必须结合工件定位方式、结构特点、装配焊接工艺要求、工件在装配焊接过程中的受力状况等情况来综合考虑。在综合考虑后，首先要确定的就是夹紧力的三要素，然后进一步选择适当的传力方式，具体设计夹紧机构。

（1）夹紧力方向的选择

1）夹紧力的方向应垂直于主要定位基准面。这是因为工件上被作为主要定位基准的面积都是比较大的，以求定位稳定可靠。夹紧方向若垂直于主要定位基准，那么，既能使工件更好地保持与定位件接触，又可使夹紧力引起的变形较小。

2）夹紧力的方向应有利于减小工件变形。工件变形的大小与工件材料、结构、夹具刚性、夹紧力方向和大小，以及焊接工艺等因素有关。为了减少夹紧力所致的变形，夹紧力方向应选择在工件刚度最大的方向上，同时应使承力表面最好是定位件与定位基准接触面积较大的表面，最好是平面。为了减少焊接变形，工装夹具要有足够的刚度，夹紧力方向选择要根据工艺要求和焊接变形的特点来确定。如薄板对接时主要产生波浪变形，可以用琴键式压板在焊缝两侧均匀施加压力如图4-30所示。角焊缝主要产生角变形，在夹具上采用刚性固定，限制角变形的方法如图4-31所示。为了减少焊接过程中产生的拘束应力，应在某些方向（如板平面内的纵向或横向）上允许工件自由伸缩，因而在这些方向上就不要夹紧。

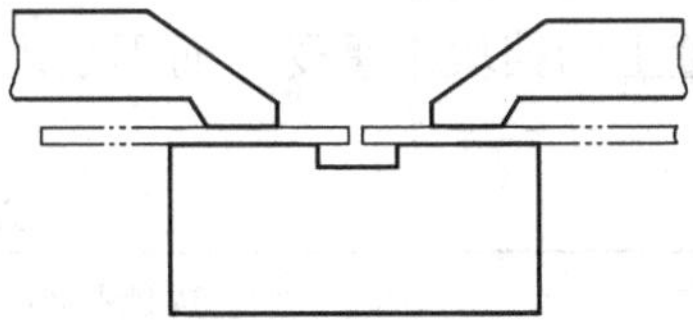

图4-30　琴键式压板

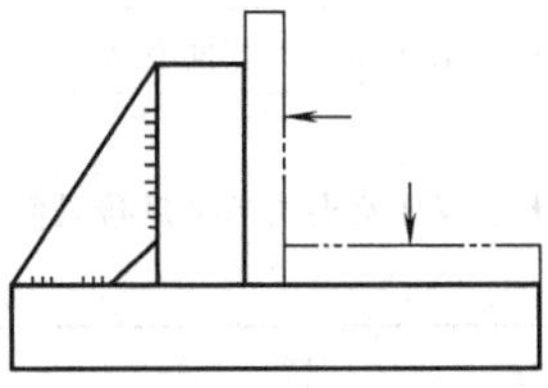

图4-31　角焊缝刚性固定

3）夹紧力的方向应有利于减小夹紧力。在保证夹紧可靠的情况下，减小夹紧力可以减轻工人的劳动强度，提高劳动效率，简化夹紧机构，使其轻便紧凑，以及使工件的压伤和变形减少。图4-32所示为从实际夹具中抽象出来的表示夹紧力 F_j 与重力 G 及焊接热引起的作用力 F_h 之间关系的几种典型情况。通常主要定位基准面是水平向上的，被装配的零件放置在它的上面，因而图4-32a的夹紧力最小，有些情况下可不施加夹紧力，仅靠工件自重即可装配焊接。图4-32b中 F_h 与主要定位表面平行，需要较大的夹紧力 F_j，使其摩擦力能克服 F_h，即夹紧力必须满足下式要求：

$$F_j \geqslant \frac{F_h}{f} - G \tag{4-1}$$

式中 f——摩擦因数，与表面粗糙度有关，见表4-7；

F_j——夹紧力（N）；

F_h——作用力（N）。

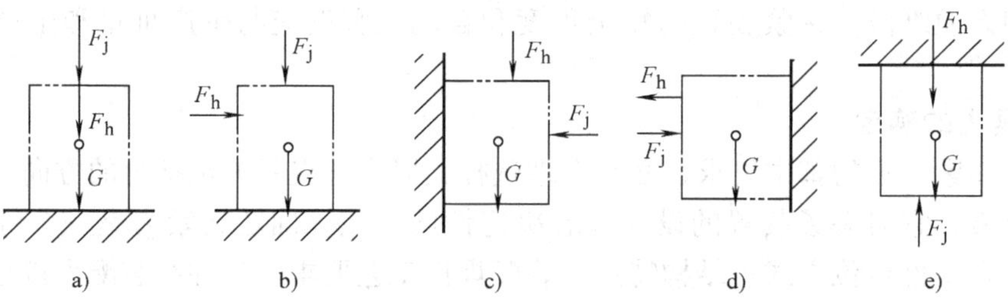

图4-32 夹紧力方向与夹紧力大小的关系

图4-32c 和 d 是定位表面在垂直平面的情况，此时需要足够大的摩擦力来平衡重力 G 或焊接热引起的作用力 F_h，故所需夹紧力 F_j 都很大，尤以图4-32c的情况最糟糕。图4-32e所示情况是夹紧力 F_j 与重力 G 和焊接热引起的作用力 F_h 方向相反，所以要求夹紧力 $F_j \geqslant (F_h + G)$。通过以上分析，可以看出，所需夹紧力的大小与其方向有关，因此，设计时承受重力的定位表面最好是水平向上，应尽可能使力 F_h 与 G 由夹具的定位面或装置上的挡块来承受，而不是由工件与夹具面的摩擦力或夹紧器本身来承受。

表4-7 各种接触表面之间的摩擦因数

接触表面的形式		摩擦因数
接触面均为加工过的光滑表面		0.1～0.15
工件表面为毛坯，夹具支承面为球面		0.2～0.3
夹紧元件和支承表面有齿纹		0.6～0.7
卡盘或弹簧夹头的夹爪接触面	光滑表面	0.16～0.18
	沟槽相互垂直	0.4～0.5
	网状齿纹	0.7～1.0

（2）夹紧力作用点的选择 夹紧力作用点是指夹紧件与工件接触的部位（局部接触面积）。选择作用点的问题是指在夹紧方向已定的情况下确定夹紧作用点的位置和数量。选择夹紧力的作用点时必须注意以下几点：

1）夹紧力作用点的选择应不破坏工件定位已确定的位置，即应作用在支承上或支承所组成的面积范围之内。如图4-33所示，用三个支承钉支承一个钢件，用一个力夹紧时，这个夹紧力就应作用在这三个支承点所构成的三角形范围之内，如 A 点，若在 B 点夹紧，将破坏工件定位。图4-34所示，如在 B 处夹紧，则它将和支承反力 F_f 形成力偶，易使工件翻转而破坏定位，此时应改在 A 处夹紧。对于刚性较大的零件，在不至引起弯曲变形的前提下，夹紧力的数目可以少于所用支承点数。这时力的作用点要落在支承点组成的面积范围之内。对于刚性小的零件，如图4-35所示薄板零件、刚性小的梁，夹紧力最好指向定位支承件，若有困难，也尽量靠近定位支承件。

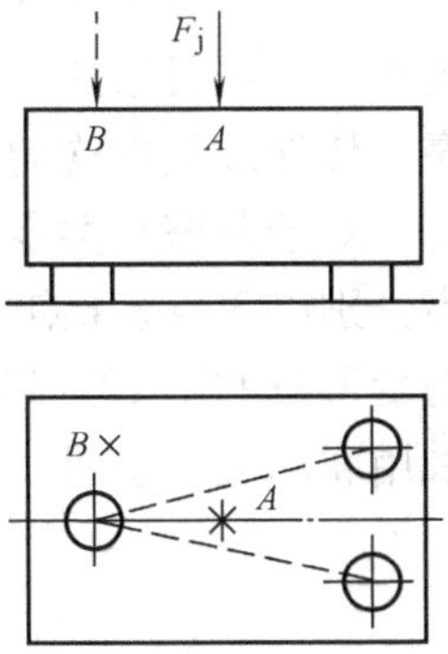

图 4-33　夹紧力作用点

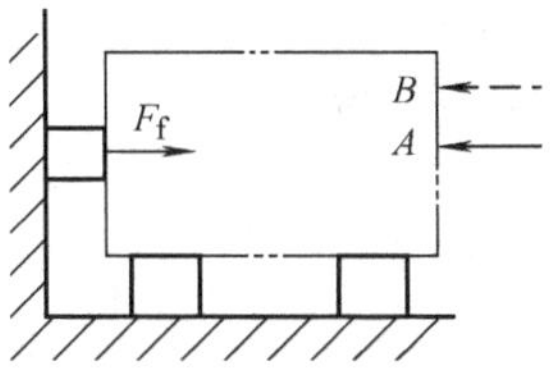

图 4-34　夹紧力作用点的选择

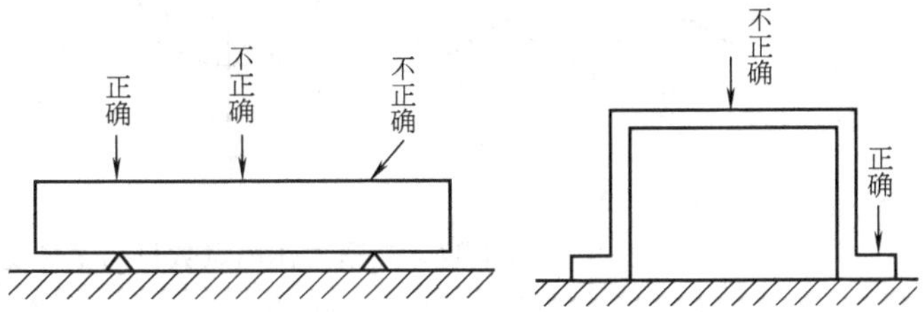

图 4-35　夹紧力作用点的布置

另外，还应注意防止因夹紧力的摩擦力而引起的转动或移动。图 4-36a、b、c、d 所示为在夹紧时因摩擦力而使工件发生转动或移动的一些例子，其相应的改进方法如图 4-36e、f、g、h 所示。

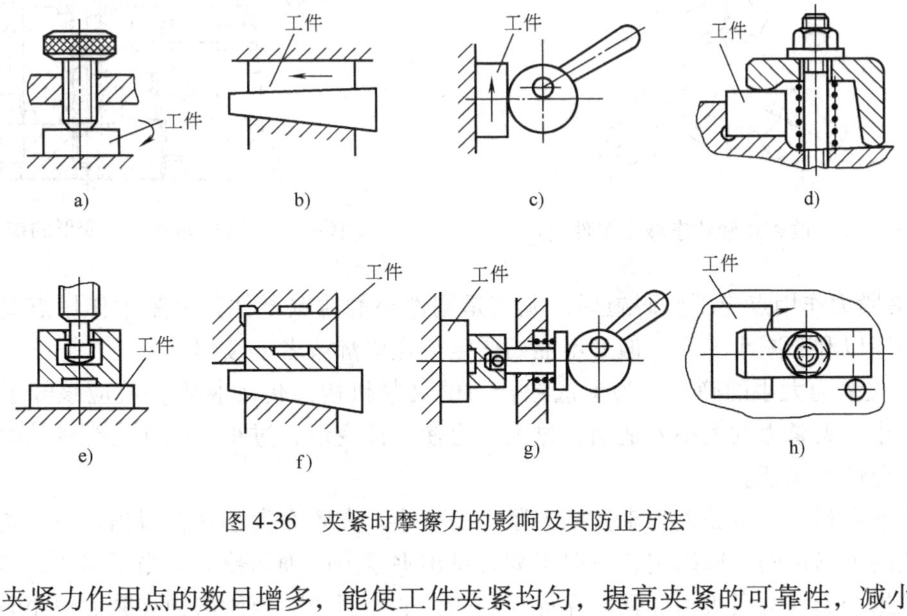

图 4-36　夹紧时摩擦力的影响及其防止方法

2）夹紧力作用点的数目增多，能使工件夹紧均匀，提高夹紧的可靠性，减小夹紧变形。这一点对于薄壁零件尤为重要。例如，薄板对接采用琴键式压板，使整条焊缝边缘上的压紧点数目增加，焊接过程中产生的变形明显减少，因为每个作用点压力均匀，接触可靠，传导散热也均匀，能保证焊缝熔宽均匀。

对于薄壁管类零件，径向夹紧时作用点的数目与其变形有很大关系。如图 4-37 所示，当分别以 3 点、4 点、6 点夹紧时，其变形量可逐步减小，图 4-37c 的变形量仅为图 4-37a 的变形量的 1/10。增加夹紧点的数目，并不等于每一点都要有它独立的夹紧装置，可以采用联动夹紧装置。

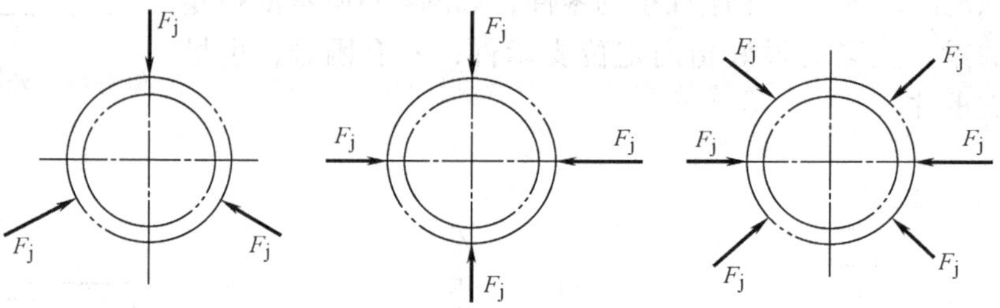

图 4-37　夹紧力作用点数目与工件变形的关系

另外，可以增加接触点的面积来减小工件变形，如图 4-38 所示，三爪夹头使点接触变为面接触。如图 4-39 所示，为了避免薄壁管径向受压失稳，可以在压板下面加一块厚度较大的锥面垫圈，使夹紧力通过垫圈均匀地作用在薄壁上，防止使工件局部压陷。

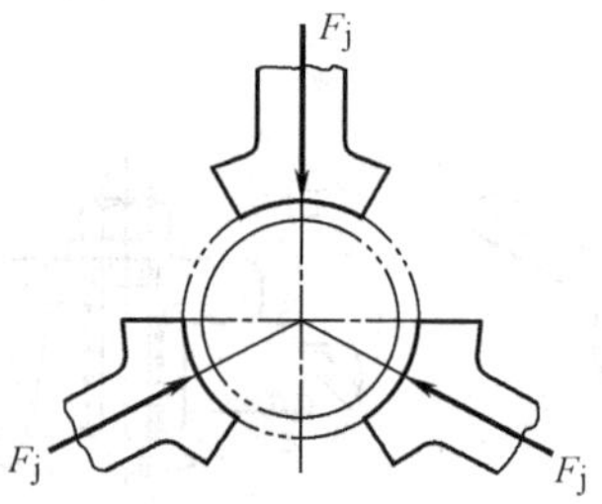

图 4-38　改善接触状态减小工件变形

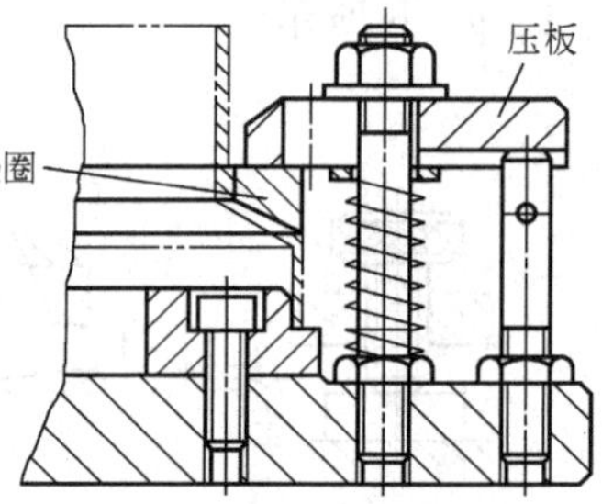

图 4-39　防止薄壁工件变形的措施

3）夹紧力作用点应不妨碍施焊，尤其是刚性小的薄壁零件。夹紧力作用点要尽量靠近焊缝边缘以利于减小变形，但又不能妨碍定位点固焊或者连续焊接。

（3）夹紧力大小的确定　为了选择合适的夹紧机构及传动装置，就应该知道所需夹紧力的大小。夹紧力的大小要适当，过大了会使工件变形，过小了则在装配焊接时工件易松动，安全性无保证。

在手动夹紧时，可凭人力来控制夹紧力的大小。夹紧力大小是否得当，可用类比方法参考同类的夹紧机构予以确定，一般不需要算出夹紧力的确切数值。当所需的夹紧力较大时，可根据经验将夹紧机构加强以保证得到较大的夹紧力。当所需的夹紧力很小时，夹紧件的最小尺寸取决于操作的方便，如通常夹紧螺钉不小于 M8，夹紧螺母不小于 M6，这样所能达到的夹紧力一般足够了。

当设计机动（如气压、液压等）夹紧装置时，则需要计算夹紧力大小，以便确定动力部件的尺寸（如气缸活塞的直径等）。在实际应用中，动力部件尺寸往往参考在相似条件下经过考验的同类型动力部件，以便进行类比设计和选用。

确定夹紧力大小时，一般考虑下列因素：

1）夹紧力应能够克服零件上局部变形，这些变形不是因为长度的变长或缩短所致，而是因为零件刚性不足，在备料（剪切、气割、冷弯等）、储存或运输过程中可能引起的局部不平直。严重的必须经矫正后才能投入装配，因为强力装配要引起很大的装配应力。只有轻微的变形，才能通过夹紧装置去克服。例如圆筒体的卷圆，不可避免要出现错边，卷圆过度或不足的现象，在装配时就要借助夹具对它进行拉、压、顶才能顺利地装配。

2）当工件在胎具上实现翻转或回转时，夹紧力足以克服重力和惯性力，把工件牢牢地夹持在转台上。

3）需要在工装夹具上实现焊件预反变形时，夹具就得具有使焊件获得预定反变形量所需要的夹紧力。

4）夹紧力要足以应付焊接过程热应力引起的拘束应力。

并不是每一个夹紧装置都会遇到上述受力情况。但是，从安全角度出发，应当全面考虑这些因素，把最不利的受力状态所需要的最大夹紧力确定下来。由于焊接热所引起的作用力很难精确计算，只能粗略估计，一般是将计算的理论值增加 2 ~ 3 倍（安全系数），作为设计夹紧机构的基本数据。

综上所述，夹紧力三要素是互相矛盾的，又是互相关联和统一的。在力的分析中要将作用到工件上的各种外力综合考虑和处理。另一方面，必须以合理的结构设计来实现各种矛盾因素的统一，只有这样才能使夹紧机构既保证定位的稳定性又保证装配焊接的安全可靠性。在实践中，合理的结构设计不但能满足力学的分析要求，而且还能合理地实现焊接工艺的要求，这就需要设计者有丰富的工艺知识和经验。

5. 螺旋夹紧机构及夹紧力的计算

利用螺旋直接夹紧或与其他元件组合来实现夹紧工件的机构，统称为螺旋夹紧机构（screwclamp）。这类夹紧机构由于结构简单、夹紧可靠，通用性强，既可独立使用，也可以安装在夹具上与定位器配合使用，所以在焊接生产中广为应用。其缺点是夹紧和松开工件时比较费时费力。

（1）螺旋夹紧件的基本构造　螺旋夹紧件已经是标准件，只有在特殊需要时才自行设计。它有两种基本形式：一种是螺钉夹紧件，一种是螺母夹紧件。

图 4-40 为简单螺钉夹紧机构。图4-40a中，由于螺钉的脚部与工件为点接触，易将工件压伤，且夹紧力集中，易引起变形。为保护工件表面不被压伤，往往在下面装上压块，如图

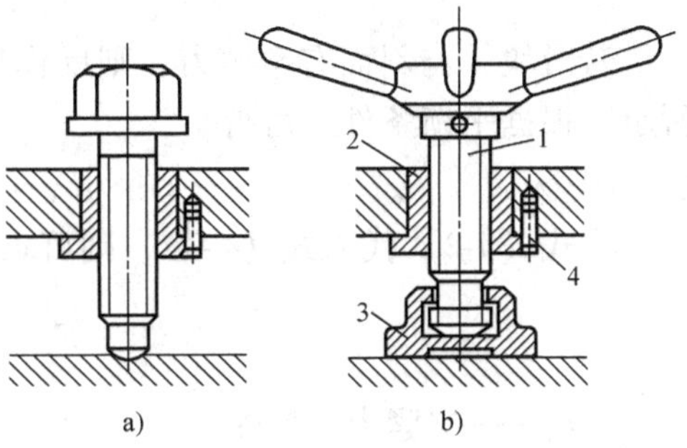

图 4-40　螺钉夹紧机构

1—螺杆　2—螺纹套　3—压块　4—止动销

4-40b所示。旋转螺杆1通过压块3将工件压紧。压块3的作用是防止在旋紧螺杆时带动工件一起转动，并避免螺杆头部直接与工件接触而造成压痕，同时也可增大与工件的接触面积，使夹紧更可靠。应该指出，在成批生产用的夹具上，与螺杆相配的螺孔，如结构上允许，最好做在螺纹衬套上（如图中螺纹套2），而不直接做在夹具体上，以便于修理更换。止动销4用来防止螺纹套2松动。螺钉夹紧机构的主要元件已经标准化，其规格形式、使用材料、结构尺寸和性能特点等在夹具设计手册中均可查得。

（2）螺旋夹紧力的计算　螺旋夹紧时，其受力分析如图4-41所示。螺杆可认为是绕在圆柱体上的一个斜面，螺母看成是斜面上的一个滑块A，因此其夹紧力可根据楔的工作原理来计算。

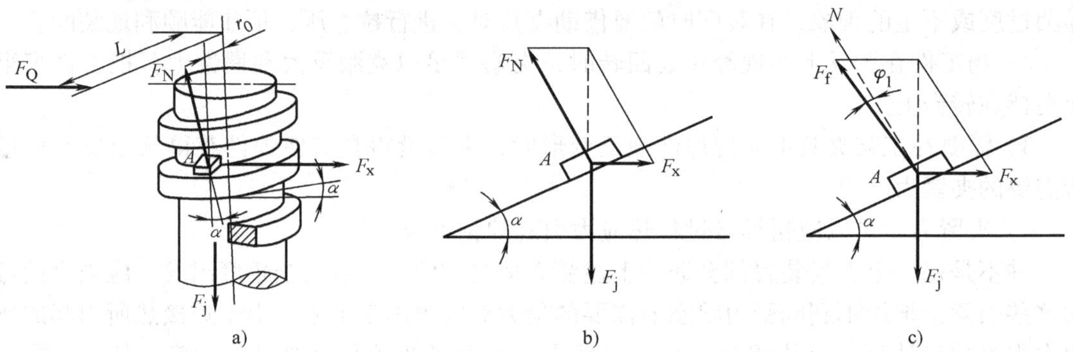

图4-41　螺旋夹紧受力分析

在手柄的作用下，滑块A沿螺旋斜面移动。已知螺杆的螺纹为方牙螺纹，手柄上的外加力为F_Q，手柄长度为L，螺纹平均半径为r_0（螺纹中径$d_o=2r_0$），则可求出作用在滑块A上的水平力F_x，即

$$F_Q L = F_x r_0 \qquad (4\text{-}2)$$
$$F_x = F_Q L / r_0$$

当滑块A沿着斜面作匀速运动时，可求出水平力F_x与夹紧力F_j之间的关系。若不考虑摩擦力时，则作用在滑块A上的力有三个，即夹紧力F_j、斜面反作用力F_N和水平力F_x，如图4-41b所示，由于这三个力处于平衡状态，可得

$$F_x = F_j \tan\alpha。$$

若滑块A与斜面有摩擦力，则反作用力F_f与法线N偏斜一个摩擦角φ_1，如图4-41c所示，根据平衡条件，可得

$$F_x = F_j \tan(\alpha + \varphi_1) \qquad (4\text{-}3)$$

将式（4-2）代入式（4-3），则可求出夹紧力F_j，即

$$F_j = \frac{F_Q L}{r_0 \tan(\alpha + \varphi_1)} \qquad (4\text{-}4)$$

式中　F_j——夹紧力（N）；

F_Q——手柄上的作用力（N）；

L——手柄的臂长（mm）；

r_0——螺纹平均半径（mm）；

α——螺纹升角（°）；

φ_1——螺母与螺杆间的摩擦角（°），（实际计算可取 $\varphi_1=8°30'$）。

对于标准三角螺纹，螺纹升角都不大于3°30′，远比摩擦角为小，故可保证自锁。

使用力臂 $L=14d_0$ 的标准扳手，若取 $\alpha=3°$，$\varphi_1=8°30'$，代入式（4-4）得

$$F_j=140F_Q$$

可见螺旋夹紧力是很大的，这是其他简单夹紧件所不及的。但当螺杆端部为平端面或用螺母夹紧形式时，还须考虑其旋转接触面间的摩擦力矩损失，此时夹紧力的计算公式为

$$F_j=\frac{F_QL}{r_0\tan(\alpha+\varphi_1)+r'\tan\varphi_2} \tag{4-5}$$

式中　φ_2——螺杆端部与工件（或压块）间的摩擦角（可取 $\tan\varphi_2=0.15$）；

r'——摩擦力矩的当量半径（mm）。

当量半径 r' 与接触处的形状有关，当平面接触时，如图4-42a所示，$r'=2r/3$；当圆环面接触时，如图4-42b所示，$r'=1.25r$。

用上述条件简化，可得

1）螺杆头部是平的，如图4-42a所示，则

$$F_j\approx90F_Q$$

2）螺母夹紧形式，如图4-42b所示，则

$$F_j\approx70F_Q$$

关于螺旋夹紧产生的夹紧力 F_j 可参考表4-8。选用时，夹紧工件的力应小于表中所列的数值。

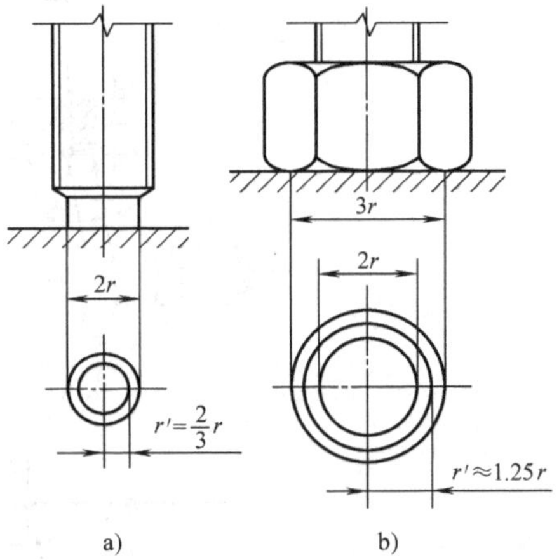

图4-42　螺钉受力分析

表4-8　单个螺旋夹紧的许用夹紧力

螺纹直径 /mm	中径之半 r_0/mm	手柄长度 L/mm	原始作用力 F_Q/N	产生的夹紧力 F_j/N		
				点接触	圆周线接触	圆环面接触
10	4.50	120	25	4200	3000	4000
12	5.43	140	35	5700	4000	5800
16	7.35	190	65	10600	7200	8500
20	9.19	240	100	16500	11400	11500
24	11.02	310	130	23000	16000	14600

6. 铰链—杠杆夹紧机构及夹紧力计算

（1）铰链—杠杆夹紧机构的形式　在气动（液压）铰链—杠杆夹紧器中，气缸（液压缸）的输出力首先经铰链机构（铰链连接臂）扩力，然后再经杠杆扩力或缩力来实现夹紧。

利用铰链夹紧机构进行扩力，其扩力比大，摩擦损失小，但一般不具备自锁性能，因此，这种机构多用在要求动作迅速、效率较高、作业频繁的气动夹具中。

按铰链连接臂的扩力形式分为五种类型，其工作原理图和对应的结构示例如图4-43所示。

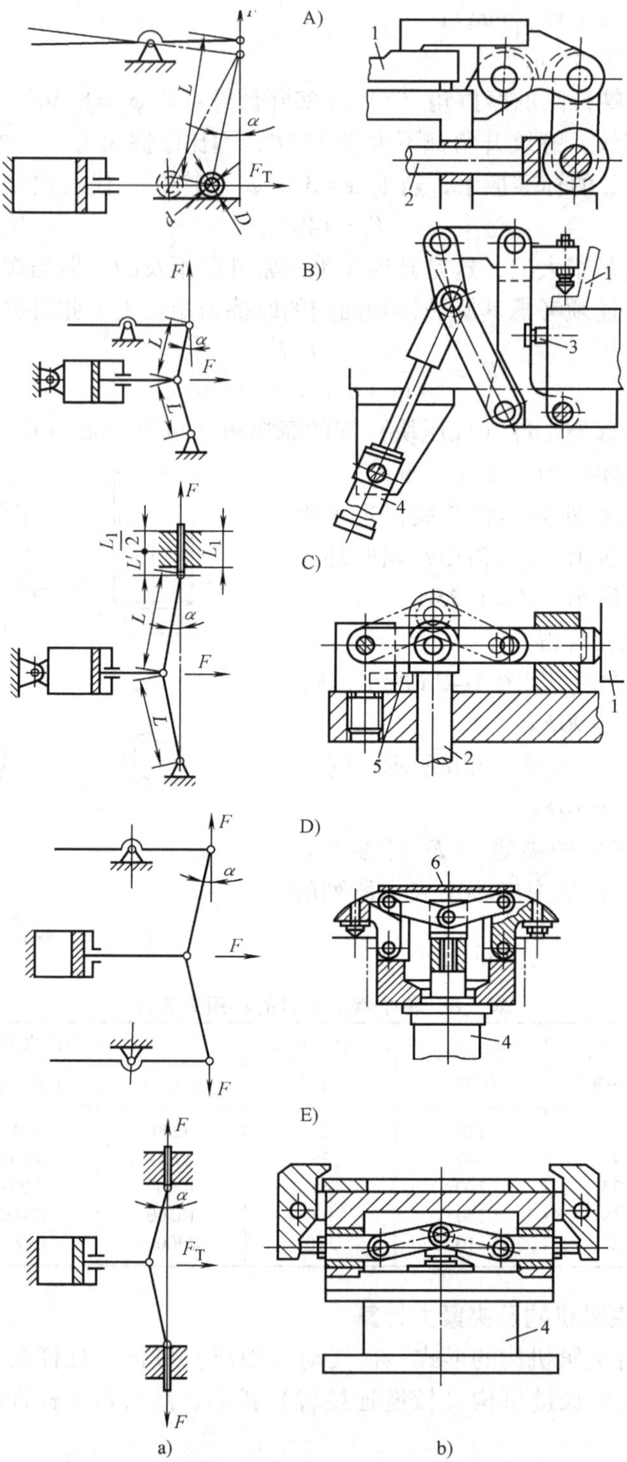

图 4-43　铰链—杠杆夹紧机构扩力类型与相应结构图例

a）扩力类型简图　b）结构示例图

A）Ⅰ型　B）Ⅱ型　C）Ⅲ型　D）Ⅳ型　E）Ⅴ型

1—焊件　2—气缸活塞杆　3—挡块　4—气缸　5—挡销　6—顶盖

图4-43A 所示是单臂铰链夹紧机构。臂的两头是铰链连接，其中一头带滚子，另一头与夹紧杠杆铰接，并推动该杠杆绕支点旋动而起夹紧作用，称为Ⅰ型铰链扩力机构。图4-43B所示是双臂单向作用的铰链扩力机构。双臂两头是铰链连接，两臂之间有一个共同的连接铰链，其中一臂的另一头通过铰链的支座与夹具体相连接，而另一臂的另一头与夹紧杠杆铰接，并推动该杠杆绕支点旋动而起夹紧作用，称为Ⅱ型铰链扩力机构。图4-43C所示是双臂单向作用带移动柱塞的铰链扩力机构。双臂的两头均是铰链连接，两臂之间有一个共同的连接铰链，其中一臂的另一头通过铰链支座与夹具体相连接，而另一臂的另一头则与移动柱塞铰接，并推动柱塞而起夹紧作用，称为Ⅲ型铰链扩力机构。图4-43D所示是双臂双向作用的铰链扩力机构，两臂之间有一个共同的连接铰链，两臂的另一头与相应夹紧杠杆铰接，并推动该杠杆旋动而起夹紧作用，称为Ⅳ型铰链扩力机构。图4-43E所示是双臂双向作用带移动柱塞的铰链扩力机构。两臂之间有一个共同的连接铰链，两臂的另一头通过带铰链的移动柱塞起夹紧作用，称为Ⅴ型铰链扩力机构。

（2）单臂铰链夹紧机构的夹紧力计算　Ⅰ型铰链夹紧机构夹紧力的计算如图4-44a 所示，以铰链臂2 和滚轮1 为示力体，分别画出它们在平衡状态时的受力图，如图4-44b、c 所示。

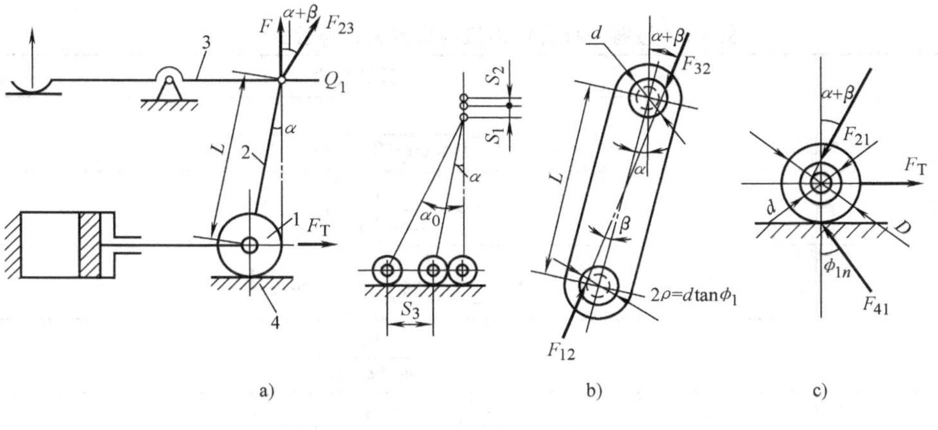

图4-44　Ⅰ型铰链夹紧机构的受力分析

a）机构受力图　b）铰链臂受力图（$2\rho = d\tan\phi_1$）　c）滚轮受力图

1—滚轮　2—铰链臂　3—夹紧杠杆　4—夹具体

由图4-44a 知，夹紧力

$$F = F_{23}\cos(\alpha + \beta) \tag{4-6}$$

由图4-44c 列出滚轮受力平衡方程式

$$F_T = F_{21}\sin(\alpha + \beta) + F_{41}\sin\phi_{1n} \tag{4-7}$$

$$F_{21}\cos(\alpha + \beta) = F_{41}\cos\phi_{1n} \tag{4-8}$$

由式（4-7）、式（4-8）联立解得

$$\begin{aligned} F_T &= F_{21}\sin(\alpha + \beta) + \frac{F_{21}\cos(\alpha + \beta)\sin\phi_{1n}}{\cos\phi_{1n}} \\ &= F_{21}\cos(\alpha + \beta)\left[\tan(\alpha + \beta) + \tan\phi_{1n}\right] \end{aligned}$$

$$F_{21}\cos(\alpha+\beta)=\frac{F_T}{\tan(\alpha+\beta)+\tan\phi_{1n}} \tag{4-9}$$

考虑到 $F_{21}=F_{12}=F_{32}=F_{23}$，将式（4-9）中 F_{21} 换成 F_{23} 代入式（4-6）得

$$F=\frac{F_T}{\tan(\alpha+\beta)+\tan\phi_{1n}} \tag{4-10}$$

式中 F——铰链处夹紧力（N）；

F_T——气缸推动力（N）；

α——夹紧状态时铰链臂的倾斜角（°）；

β——铰链孔所受反力 F_{32} 或 F_{12} 与铰链孔中心连线的夹角（°），由图 4-44b 知，$\sin\beta=\frac{2\rho}{L}=\frac{d}{L}\tan\phi_1$，式中，$\rho$ 为铰链处摩擦圆半径（mm）；$\tan\phi_1$ 为铰链孔处的摩擦因数；L 为铰链孔的中心距（mm），d 为铰链孔的直径（mm）；

$\tan\phi_{1n}$——铰链孔滚轮外径处的当量摩擦因数，且 $\tan\phi_{1n}=\frac{d}{D}\tan\phi_1$，其中，$D$ 为滚轮外径（mm）。

按上述方法，也可推导出其他几种类型铰链扩力机构的夹紧力计算公式，汇总见表4-9。

表 4-9 铰链—杠杆扩力机构夹紧力计算公式

铰链扩力类型	夹紧力计算公式
Ⅰ	$F=\frac{F_T}{\tan(\alpha+\beta)+\tan\phi_{1n}}$
Ⅱ	$F=\frac{F_T}{2\tan(\alpha+\beta)}$
Ⅲ	$F=\frac{F_T}{2}\left[\frac{1}{\tan(\alpha+\beta)}-\tan\phi_{2n}\right]$
Ⅳ	$F=\frac{F_T}{\tan(\alpha+\beta)}$
Ⅴ	$F=F_T\left[\frac{1}{\tan(\alpha+\beta)}-\tan\phi_{2n}\right]$

注：式中各符号的意义同式（4-9）。

（3）铰链夹紧机构的传动效率　铰链夹紧机构的传动效率 η 是实际扩力比 i_p 与理想扩力比 i 之比，即

$$\eta=\frac{i_p}{i} \tag{4-11}$$

实际扩力比 $i_p=\frac{F}{F_T}$，可由表4-9所列公式算出。而理想扩力比 i 是在无摩擦理想状态下的扩力比，此时的当量摩擦角 ϕ_{1n}、ϕ_{2n} 以及 β 角均为 0，将各值代入表 4-9 所列公式后，得出各型铰链扩力机构的理想扩力比为

$$\text{Ⅰ、Ⅳ、Ⅴ 型}\qquad i=\frac{1}{\tan\alpha}$$

$$\text{Ⅱ、Ⅲ 型} \qquad i = \frac{1}{2\tan\alpha} \tag{4-12}$$

由式（4-11）、式（4-12）可知，各类铰链扩力机构的效率不是定值。它随铰链臂倾斜角 α 的大小变化，与夹紧状态有关。当 $\alpha=0$ 时，$\eta=0$，说明这时铰链扩力机构正好自锁。但气动（液压）扩力机构很少在这种状态下使用，而是在 $\alpha\neq0$ 的较小角度下夹紧焊件，这样可在获得较大扩力比的同时有很好的使用安全性。这也是为什么铰链扩力机构一般不具有自锁性的原因。所以为了生产安全，在气动液压控制系统中，应有防范动力源突然切断而导致松夹的措施。

4.3.4 焊接夹具计算机辅助设计

1. 焊接夹具计算机辅助设计概述

焊接夹具是根据焊件的结构形式和装焊工艺要求设计制造的。焊件结构的千变万化及其制造工艺的多样性，决定了焊接夹具结构的千姿百态。采用传统的人工设计方法进行设计时，费时费力，已不能适应当今产品生产多样化、个性化以及更新换代频繁的要求。计算机辅助设计（CAD）的出现与发展，使设计工作具有了敏捷性、时效性和快速反应的能力，并且随着计算机技术的发展与提高，设计软件的丰富与完善，而获得了越来越广泛的应用。在夹具设计领域内，国内外最初都是从机床夹具，特别是机床组合夹具的 CAD 开始的，其设计软件，在发达国家已经实用化，且有市售软件供应。我国目前正处在实用化的过渡阶段。焊接工装夹具的 CAD，在国内外都可以说是刚刚起步。人们借鉴机床夹具 CAD 的研究方法，针对在薄板焊件装焊作业中应用较多的手动杠杆—铰链式夹具，开展了焊接工装夹具计算机辅助设计（WFCAD）的研究，现将阶段性成果作一简介。

2. 手动杠杆—铰链焊接工装夹具的三维参数化 CAD

（1）WFCAD 系统　WFCAD 系统以第一类手动杠杆—铰链焊接工装夹具作为设计对象，以 AutoCAD 386 R12 作为支撑软件，所有程序均利用其 ADS 开发系统，采用 C 语言编写，用 WATCOM C/3869.0 编译。该系统包括信息输入、设计计算、工程设计库、绘图、服务和设计评价 6 个模块，每个模块又分为 2～3 个子模块，子模块下还有二级子模块，系统的总体结构如图 4-45 所示。

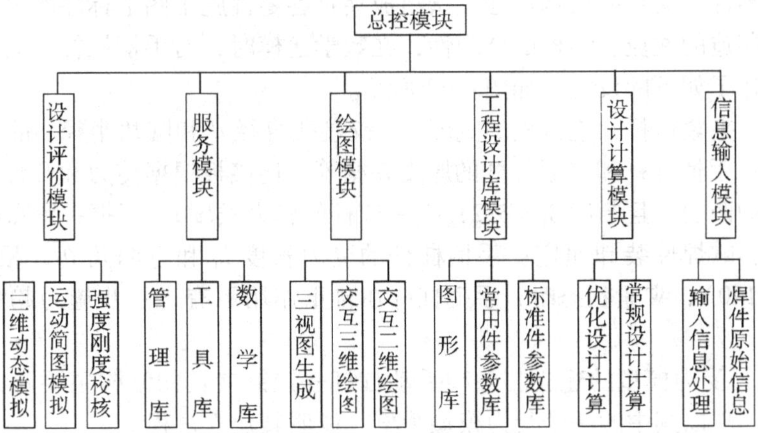

图 4-45　WFCAD 系统的总体结构图

（2）基本尺寸的数学建模与计算　夹具三维参数化 CAD 的实现，关键是夹具尺寸的数学建模。第一类手动杠杆—铰链焊接工装夹具是夹紧杠杆和手柄杠杆通过与连接板的铰接组合而起夹紧作用。该类夹具的夹紧机构多属平面四连杆机构中的双摇杆机构，据此，先建立基本尺寸的数学模型；再以此为基础建立结构尺寸的数学模型。

1）基本尺寸的数学建模与计算。第一类手动杠杆—铰链焊接工装夹具夹紧状态原理如图 4-46 所示。基本尺寸是指铰接点 A、B、C、D 的间距 a、b、c、d，计算时，先根据焊件的形状、夹紧点的位置、夹紧力的大小、夹具的安装位置以及松夹时夹紧杠杆的开度，对底座两铰接点 A、D 的间距 d，手柄杠杆 ABP 和夹紧杠杆 DCF 在夹紧时分别与水平线形成的角度 ψ_0 和 ϕ_0，以及松夹时形成的角度 ψ_1 和 ϕ_1 作初步的设定。然后，根据夹紧状态时 A、B、C 三点共线的自锁条件作出△CAD，并用 ads-distance 函数精确算出 $(a+b)$ 值和 c 值；再根据以下数学模型算出 a、b 值。

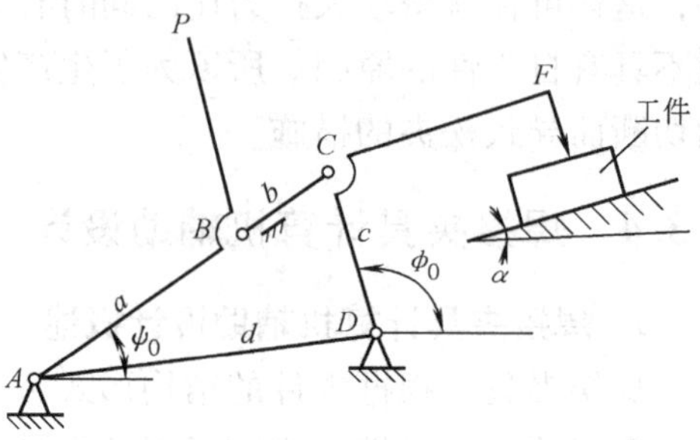

图 4-46　第一类手动杠杆—铰链夹具夹紧状态原理图

$$\cos\psi_1 = p_0\cos\phi_1 + p_1\ (\phi_1 - \psi_1) + p_2$$

$$p_0 = \frac{c}{a}$$

$$p_1 = -\frac{c}{d}$$

$$p_2 = \frac{a^2 + c^2 + d^2 - b^2}{2ad}$$

根据以上数学模型编写的计算程序，设计者只要输入 d、ψ_0、ϕ_0、ψ_1、ϕ_1 等初始位置参数，便得到夹具的基本尺寸，并以此作为下一步结构尺寸计算的主要参数。

2）结构尺寸的数学建模与计算。第一类手动杠杆—铰链焊接工装夹具，其结构主要由夹紧机构的手柄杠杆、夹紧杠杆、连接板和底座 4 个零件组成，其次还有销轴、压头、螺母、垫圈等零件。夹具的结构尺寸是指组成夹具各零件施工图上标注的尺寸。为了简化计算，并考虑制造的便捷和结构的合理性，在数学建模时，对手柄杠杆、夹紧杠杆和连接板的结构尺寸作了如下的设定，如图 4-47 所示。

手柄杠杆、夹紧杠杆和连接板的宽度 h、铰接孔直径 d 和圆角半径 r 都分别相等，且 $h = 2d$，$r = d$；手柄杠杆和夹紧杠杆的厚度 δ 相等，连接板根据传力和开合的需要，其结构设计成相同的两块，且厚度 $\delta_1 = \delta/2$；夹紧杠杆的施力长度 l，根据夹紧点的位置以及松夹时其开度不影响焊件装卸而定；手柄杠杆的受力长度 l_0 和弯曲角 θ_0，根据操作方便，操作力不大于 150N，夹紧状态时，手柄杠杆在自重作用下有进一步施力趋势，且不妨碍焊接作业而定。

① 夹紧杠杆受力模型的建立。各种手动杠杆—铰链夹具的结构主要随其夹紧机构的结构形式而异。现以其中的一个受力模型为例，说明其建立过程。

图 4-48a 所示为夹紧机构受力模型，此时，夹紧机构处在自锁状态，夹紧杠杆的受力

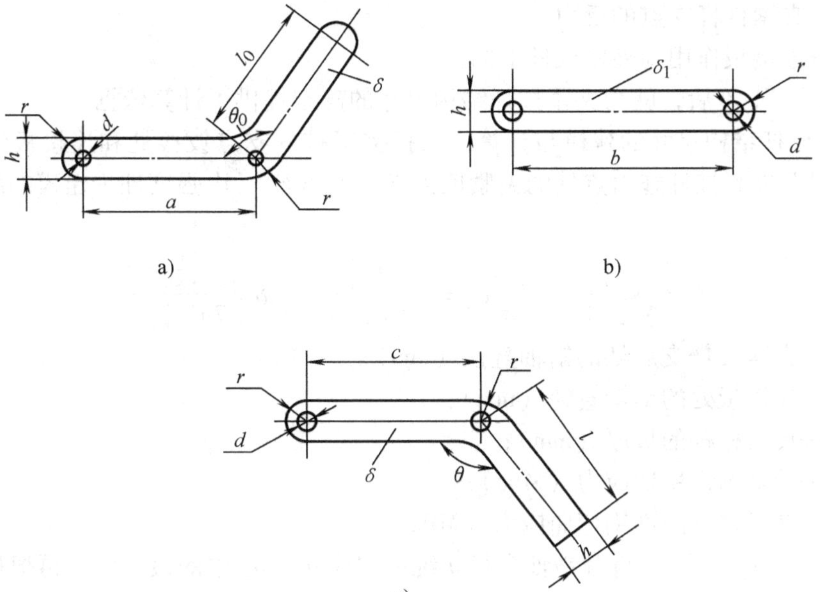

a)　b)　c)

图 4-47　主要零件的结构尺寸
a）手柄杠杆　b）连接板　c）夹紧杠杆

情况也随之建立（图 4-48b），由该图可得到以下的力关系式

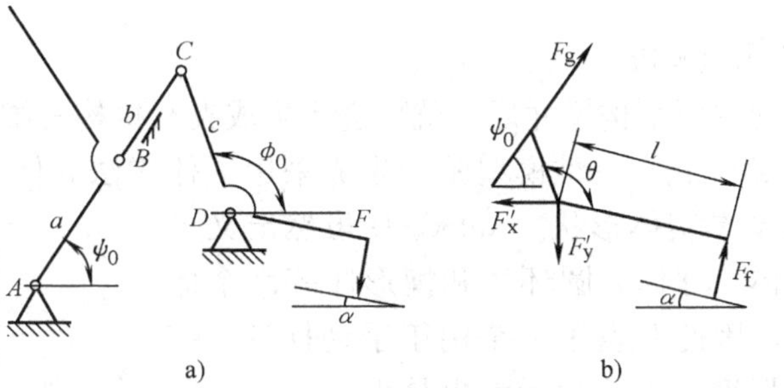

a)　b)

图 4-48　受力模型
a）手动杠杆—铰链夹紧机构　b）夹紧杠杆

$$F_g = \frac{Fl}{c\sin(\phi_0 - \psi_0)}$$

$$F' = \sqrt{(F'_x)^2 + (F'_y)^2} = \sqrt{F_g^2 + F^2 + 2FF_g\sin(\alpha + \psi_0)}$$

$$\theta = \phi_0 + \alpha$$

式中　F——夹紧力，是与焊件刚度、焊接变形量、夹紧点数量及分布情况有关的量，根据专家经验或类比法设定；

α——工件的倾角，是与夹紧处焊件位置有关的量；

F'——夹紧杠杆支点的反力；

F_g——连接板作用到夹紧杠杆上的力。

算出 F_g、F'、θ 后，就为夹紧杠杆结构尺寸的确定提供了计算依据。

② 夹紧杠杆结构尺寸的建模与计算。根据夹紧杠杆支点铰接处和连接板铰接处所受力 F'和 F_g 以及夹紧杠杆施力点处的夹紧反力 F_j（$F_j=F$），由强度理论建模的结构尺寸数学表达式为

$$d_1=\sqrt{\frac{2F'}{[\tau]\ \pi}}\qquad d_2=\sqrt{\frac{2F_g}{[\tau]\ \pi}}\qquad \delta=\frac{12Fl}{7d^2\ [\sigma]}$$

式中 d_1——夹紧杠杆支点处的销轴直径（mm）；

d_2——连接板处的销轴直径（mm）；

δ——夹紧杠杆的板厚（mm）；

$[\tau]$——销轴的许用切应力（MPa）；

$[\sigma]$——夹紧杠杆的许用弯曲应力（MPa）。

计算出 d_1、d_2、δ 后，将各销轴直径 d 统一取成 d_1、d_2 中的最大值，再根据前面设定的结构尺寸关系，即可全部得出夹紧杠杆的主要结构尺寸。

③ 手柄杠杆和连接板主要尺寸的确定。根据前述结构尺寸的设定关系，手柄杠杆和连接板的截面尺寸、以及铰接孔的直径实际上已经确定。由于手柄杠杆和连接板的受力均小于夹紧杠杆，其结构尺寸也必然满足强度要求，但是，对连接板还要按下式进行稳定性校核。

$$\frac{2d\delta_1\sigma_{ij}}{F_g}\geqslant 2.5$$

式中 σ_{ij}—— 临界应力（MPa）。

得到上述各零件的主要结构尺寸后，就可进入生成夹紧机构三维模型图阶段。

（3）三维模型图的生成 三维模型图的生成采用了体素法。体素是由有限个尺寸参数定义的不能再分的基本实体形状。AutoCAD 虽然定义了长方体、锥体、圆柱体、球体、圆环体和楔形体等六个体素，但使用很不方便。因此开发了一个用于手动杠杆—铰链夹紧机构的三维图形库，库中的元素也是由六个基本体素组成的简单实体，这些体素是经过拆分大量夹紧机构的零件得到的。考虑到孔存在的广泛性，编制了孔的生成程序。

它可在任意平面上生成任意直径、任意深度的孔，同时给出了三种定义孔中心的方法（即与两条边的距离；与一已知圆或一段圆弧同心；在旋转体上孔均布）。此外还编制了装配程序，一次可装配多个实体，并且不需要知道装配点的精确坐标和精确距离。

采用体素法建立三维图形库，极大地提高了设计效率，并且大大减少了图形库的元素，可用对话框管理，容易添加新的元素，也便于维护。图 4-49 所示就是根据

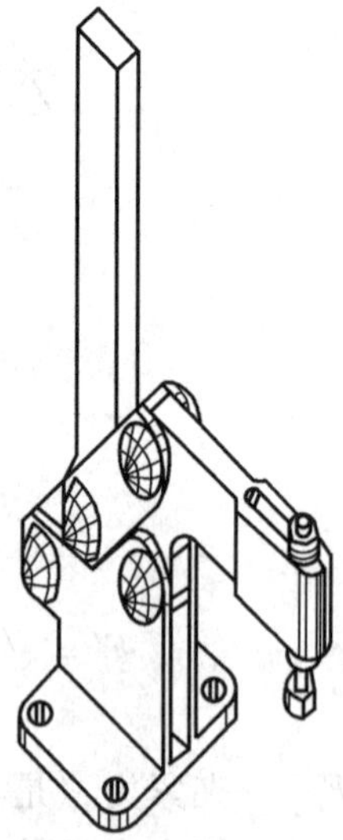

图 4-49 夹紧机构的三维模型图

结构尺寸，用自建的图形库，调用三维造型程序生成的夹紧机构三维模型图的举例。

（4）三维动态模拟 前已述及，焊接工装夹具在夹紧和松夹过程中应动作灵活，不能有卡死和运动干涉现象；另外在夹紧和松夹两个极限位置时，不能妨碍生产作业。采用传统的手工设计，要想知道会不会发生这些情况是很麻烦的，而三维动态模拟就很方便地解决了这一问题。

模拟时，以手柄杠杆匀速转动，根据双摇杆机构的理论，可计算出夹紧杠杆和连接板的相应转动角度和移动距离。可以从夹紧位置连续模拟到松夹位置，并有平面模拟和立体模拟两种方法可供选择。在模拟过程中，可随时检查夹具各零件是否相互干涉；在夹紧位置时是否影响焊接作业；在松夹位置是否影响焊件的装卸作业等。模拟结束后，便自动报告夹具各零件的转动角度，并建议是否采用止动销和挡销。

为了确保程序正确，还设计了一个出错处理装置。在程序运行过程中，各构件每转一个角度，就计算出连接板上施力点与受力点的间距，如果此间距与连接板上两铰接孔的中心距不相等，程序就会停止执行，从而说明此程序采用的数学模型有误。

（5）三维模型图自动生成经过消隐处理的二维视图 夹具动态结构模拟通过后，就以其三维模型图为依据生成二维图，从而得到施工装配图和零件图。

AutoCAD 的 AME 模块提供了三个辅助绘图命令，以生成三维实体的特征面、截面和剖面。应用程序接口 API 也提供了两个辅助绘图函数 AP-SECT-OBJ 和 AP-EVALPR OFILE，以生成实体的剖面和外形轮廓。这虽然给用户由三维模型图生成二维三视图带来很大方便，然而它们都有不足：如 AME 命令不能区别实体，不管有几个实体都只当成一个实体看待，所以生成装配图时，所有截面的剖面线方向一致，间隔大小相等；用 API 函数生成的截面则没有剖面线；同时，用上面两种方法都不能正确生成孔的截面，都会出现断线现象。由于不能控制截面的大小，所以不能形成旋转剖、阶梯剖等剖切视图。

为了弥补以上不足，补充开发了全剖、阶梯剖、旋转剖和半剖视图的生成程序。运行该程序时，首先处理实体，然后调用一次 AP-SECT-OBJ 函数，得到截面轮廓图。同时，调用 HATCH 命令，为截面加上剖面线，每个实体的剖面线方向和间距都是不相同的。最后，调用函数 AP-EVALPROFILE，得到完整的截面轮廓图。完成后，用 WBLOCK 命令把所有选择的实体都分别制成块，用 IN-SECT 命令将所有生成的块插入适当位置，即可得到正确的剖切视图。

另外，还编制了局部放大图、局部剖面图和中心线的生成程序；图纸尺寸、尺寸公差、形位公差和表面粗糙度的标注程序，能够设置图幅、填写标题栏，绘制出符合国家制图标准的施工装配图和零件图。图 4-50 就是根据图 4-49 三维模型图，调用三视图生成模块完成的夹紧机构装配图。

以上针对第一类手动杠杆—铰链式夹紧机构，介绍了焊接工装夹具 CAD 软件的编制思路和方法。当然，对设计人员来说，并不是人人都要去研究和开发这些软件，而是作为一种得力的设计工具，一旦有这种商业化的专用软件上市，就应积极选用，以提高设计质量和设计速度。这是设计工作发展的必然趋势，也是工装设计人员必须掌握的技能。

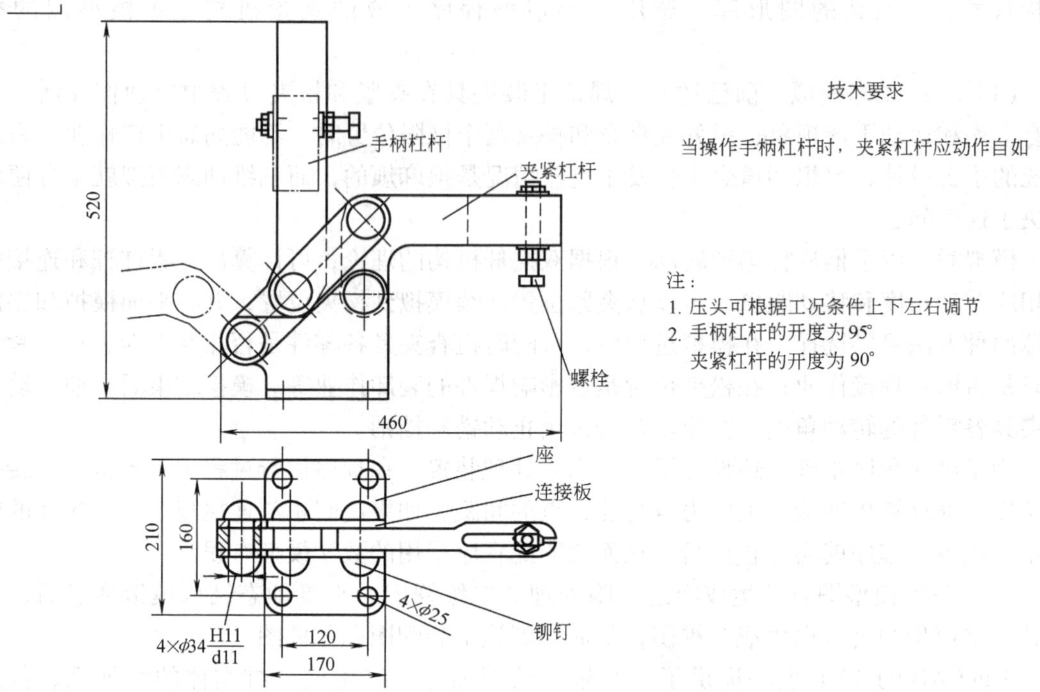

图 4-50　手动杠杆—铰链夹紧机构装配图

4.4　焊接变位机械

焊接变位机械是改变焊件、焊机或焊工空间位置来完成机械化、自动化焊接的各种机械装备。

使用焊接变位机械可缩短焊接辅助时间，提高劳动生产率，减轻工人劳动强度，保证和改善焊接质量，并可充分发挥各种焊接方法的效能。

焊接变位机械的分类及各类所属设备 如图 4-51 所示。

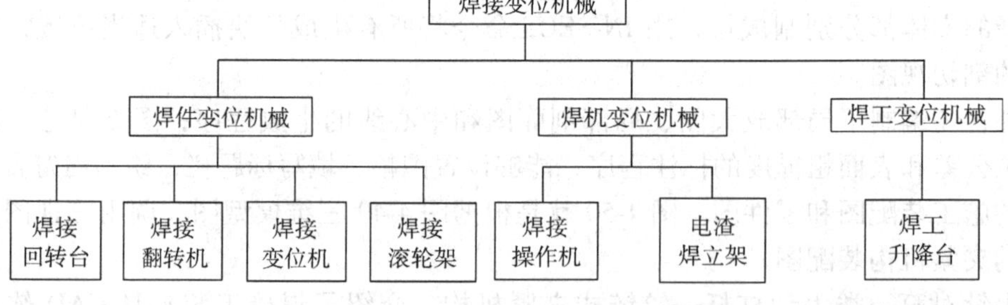

图 4-51　焊接变位机械的分类

各种焊接变位机械都可单独使用，但在多数场合，焊件变位机械是与焊机变位机械相互配合使用的，用来完成纵缝、横缝、环缝、空间曲线焊缝的焊接以及堆焊作业。焊件变位机械也是机械化、自动化装焊生产线上的重要组成部分。在以弧焊机器人为中心的柔性加工单元（FMC）和加工系统（FMS）中，焊件变位机械也是组成设备之一。在复杂焊件焊接和要求施焊位置精度较高的焊接作业中，都需要焊件变位机械的配合，才能完成其作业。

4.4.1　焊件变位机械

焊件变位机械是在焊接过程中改变焊件空间位置，使其有利于焊接作业的各种机械装备。根据焊件变位机械的功能不同，可分为焊接回转台、焊接翻转机、焊接变位机和焊接滚轮架等四类。

它们各自的变位特点是有差异的，应注意选择。此外，还要注意各自的承重能力、驱动方式及驱动功率和制动、自锁能力等。下面分别进行介绍。

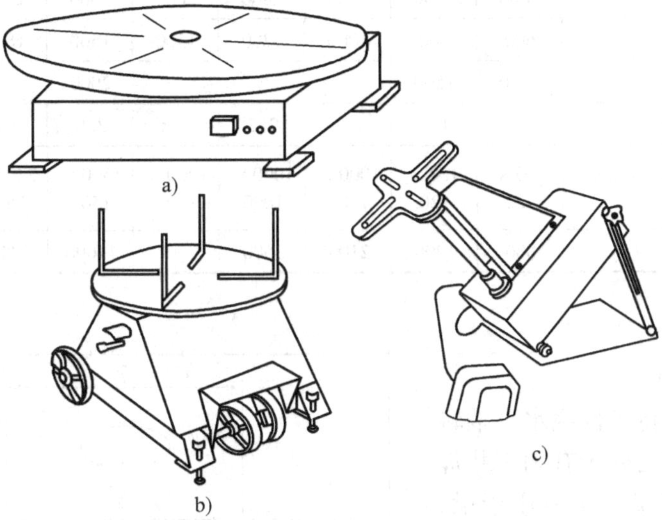

图4-52　几种常用的焊接回转台
a）固定式电动回转台　b）移动式回转台　c）倾角可调式回转台

1. 焊接回转台

焊接回转台是将工件绕垂直轴或倾斜轴回转的焊件变位机械，主要用于回转体工件的焊接、堆焊或切割。图4-52是几种常用回转台的具体结构形式。其中图4-52a是最常用的固定式电动回转台，工作台转速均匀可调，载重能力可选择或设计；图4-52b是一种中小型可移动回转台，载重量在500kg左右，工作台面也是水平的，驱动方式可选择电动（用于连续焊接）或手动（单纯变位）两种；图4-52c是一种回转轴倾角在一定范围内可调式小型回转台，用于小件焊接。

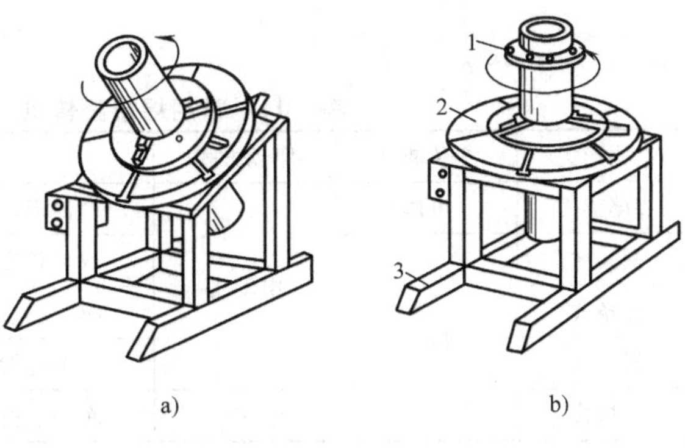

图4-53　中空式回转台
a）工作台倾斜　b）工作台水平
1—工件　2—回转台　3—支架

为了适应管件与接盘的焊接，回转台的工作台还可做成中空的形式如图

4-53所示，其工作台也可选择水平或倾斜两种类型。

焊接回转台外形尺寸如图4-54所示，相关技术数据可见表4-10。

表4-10 国产焊接回转台的主要技术数据

技术参数	型号								
	ZT—0.5	ZT—1	ZT—3	ZT—5	ZT—10	ZT—20	ZT—30	ZT—50	ZT—100
最大载重量/t	0.5	1	3	5	10	20	30	50	100
最大偏心距/mm	150	150	300	300	300	300	300	300	300
工作台转速/$r \cdot min^{-1}$	0.02~0.2			0.1~1	0.05~0.5		0.03~0.30		
工作台直径/mm	1000	1500	1500	1800	2000	2000	2500	2500	3000
工作台高度/mm	600	600	1000	1200	1500	1500	1800	1800	2000
最大焊接电流/A	1000	1500	2000						
电动机功率/kW	0.6	1.1	1.5	2.2	2.2	3.0	4.0	5.5	7.5
外形尺寸/（长/mm×宽/mm）	920×920	920×920	1000×1000	1000×1000	1200×1200	1500×1500	2400×1500	2600×2000	3000×2500
机身重量/kg	880	1200	2100	3500	7500	14000	20000	38000	45000

2. 焊接翻转机

焊接翻转机是将工件绕水平轴转动或倾斜，从而使之处于有利于装焊位置的焊件变位机械，主要用于梁、柱、框架等结构的焊接。焊接翻转机的种类较多，常见的有头尾架式、框架式、转环式、链条式、推拉式等，如图4-55所示。基本特征及应用范围见表4-11。

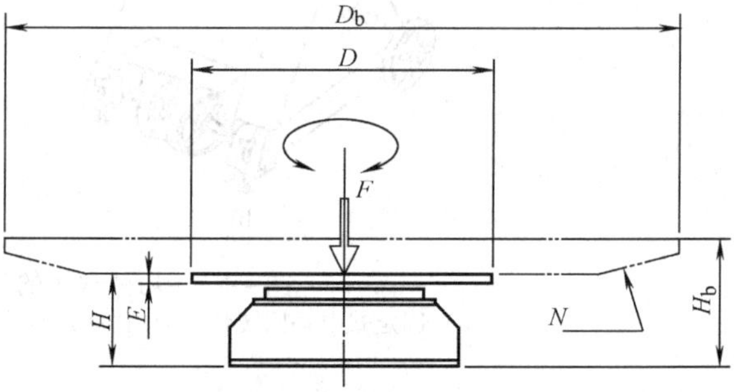

图4-54 焊接回转台外形尺寸标注代号
D—回转平台直径 E—平台厚度
H—平台高度 D_b—加长支撑直径 H_b—支撑平面高度

表4-11 常用焊接翻转机的基本特性和应用范围

结构形式	变位速度	驱动方式	应用范围
头尾架式	可调	电动机	圆筒形、椭圆形焊件环缝焊、轧辊表面堆焊
框架式	恒速		焊件长度较大的板焊结构、桁架结构和构架等焊接
链条式			梁、柱型构件的翻转变位
转环式			大型框架结构，梁柱构件的变位
推拉式		液压缸	车架、机座、底座板焊结构和桁架结构件的翻转变位

（1）头尾架式翻转机 结构形式与车床类似，其头架为驱动端，可单独使用，利用安装在头架卡盘上的夹具，可为短小的工件翻转变位（图4-56a）。为适应不同长度的系列

产品生产需要，尾架可模仿车床上的尾座，做成可移动式（图 4-56b）。国产头尾架式焊接翻转机技术数据见表 4-12。

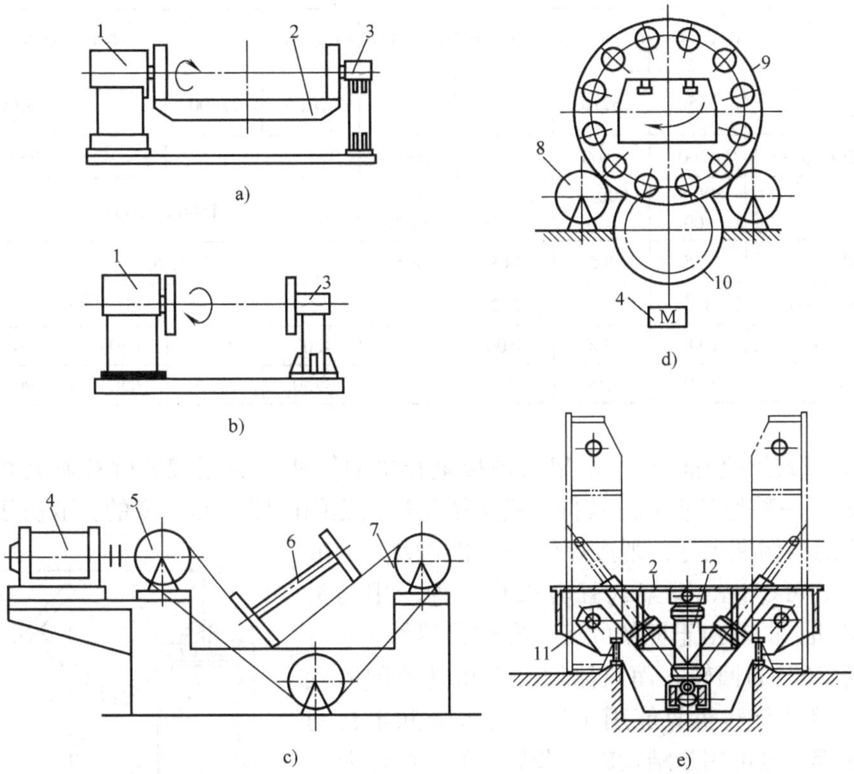

图 4-55　焊接翻转机

a）框架式　b）头尾架式　c）链条式　d）转环式　e）推拉式

1—头架　2—翻转工作台　3—尾架　4—驱动装置　5—主动链轮　6—工件　7—链条　8—托轮　9—支承环　10—钝齿轮　11—推拉式轴销　12—举升液压缸

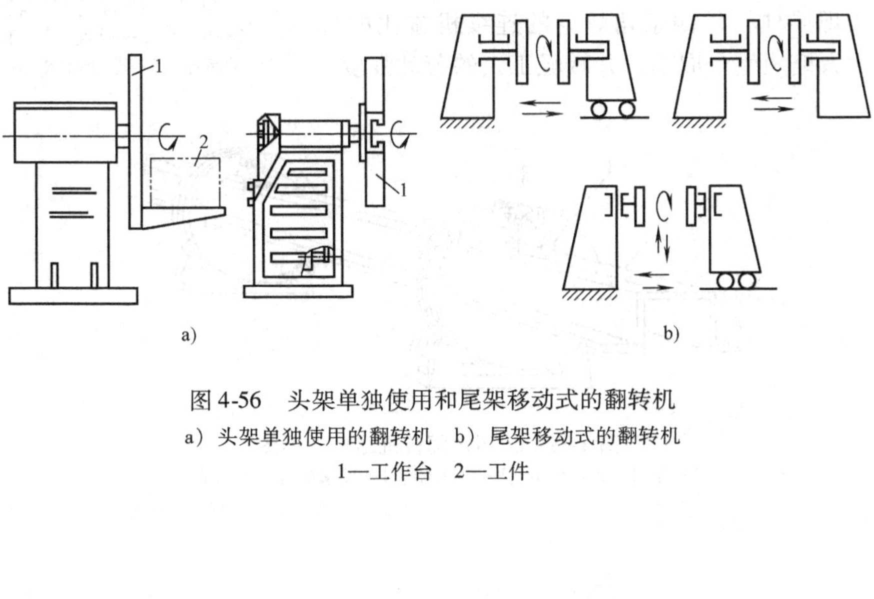

图 4-56　头架单独使用和尾架移动式的翻转机

a）头架单独使用的翻转机　b）尾架移动式的翻转机

1—工作台　2—工件

表4-12 国产头尾架式焊接翻转机的技术数据

<table>
<tr><td rowspan="2" colspan="2">主要技术参数</td><td colspan="9">型号</td></tr>
<tr><td>FZ—2</td><td>FZ—4</td><td>FZ—6</td><td>FZ—10</td><td>FZ—16</td><td>FZ—20</td><td>FZ—30</td><td>FZ—50</td><td>FZ—100</td></tr>
<tr><td colspan="2">最大承载重量/t</td><td>2</td><td>4</td><td>6</td><td>10</td><td>16</td><td>20</td><td>30</td><td>50</td><td>100</td></tr>
<tr><td colspan="2">工作台转速
/r·min⁻¹</td><td>0.1~1.0</td><td>0.1~1.0</td><td>0.15~15</td><td>0.1~1.0</td><td>0.06~0.6</td><td colspan="4">0.05~0.5</td></tr>
<tr><td colspan="2">许用回转力矩
/N·m</td><td>3450</td><td>6210</td><td>8280</td><td>13800</td><td>22080</td><td>27600</td><td colspan="3">46000</td></tr>
<tr><td colspan="2">最大承载电流/A</td><td>1500</td><td>1500</td><td></td><td>2000</td><td colspan="2"></td><td colspan="3">3000</td></tr>
<tr><td>工作台尺寸</td><td rowspan="2">mm</td><td>800×800</td><td>800×800</td><td>1200×1200</td><td>1200×1200</td><td colspan="4">1500×1500</td><td>2500×2500</td></tr>
<tr><td>中心高度</td><td>705</td><td>705</td><td>915</td><td>915</td><td colspan="4">1270</td><td>1830</td></tr>
<tr><td colspan="2">电动机功率/kW</td><td>0.6</td><td>1.5</td><td>2.2</td><td colspan="3">3</td><td>5.5</td><td colspan="2">7.5</td></tr>
<tr><td colspan="2">头架自重/kg</td><td>1000</td><td>1300</td><td>3500</td><td>3800</td><td>4200</td><td>4500</td><td>6500</td><td>7500</td><td>20000</td></tr>
<tr><td colspan="2">尾架自重/kg</td><td>900</td><td>1100</td><td>3450</td><td>3750</td><td>3950</td><td>3950</td><td>6300</td><td>6900</td><td>17000</td></tr>
</table>

（2）框架式焊接翻转机 框架式焊接翻转机的结构与头尾架式焊接翻转机相似，实际上是后者的一种特殊形式。其特点是头架与尾架之间的距离是不变的，取决于框架的长度，而框架的结构和尺寸，则按焊件的形状和夹具的形式进行设计。可以说，框架式翻转机是一种专用的头尾架式翻转机。同时由于框架的底板支撑着焊件，不可能使焊件作360°的回转，而只能作一定角度范围的倾斜。因此，这种翻转机只能用于焊条电弧焊和半自动的气体保护焊，也可用于结构较复杂焊件的装配作业。

（3）链条式翻转机 链条式翻转机是利用电动机驱动链轮带动环形链条翻转焊件的一种变位机械。图4-57示出一种大型链条式翻转机，专用于梁柱等板焊结构的翻转变位。在H型钢或箱形梁焊接生产线中，链条式翻转机配合龙门式自动焊接装置或悬臂式自动焊接装置，实现梁柱构件四条角焊缝的连续机械化的焊接，可以大大缩短生产周期，并减轻工人的劳动强度。

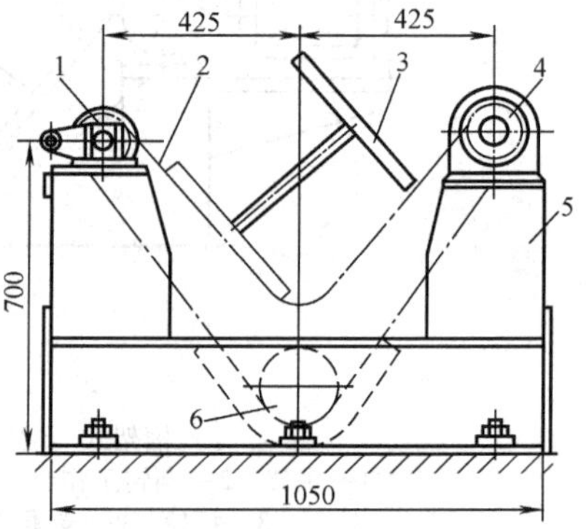

图4-57 一种专用于梁柱构件自动焊接的链式翻转机
1—链轮 2—链条 3—工字梁 4—轴承座 5—驱动机构 6—制动轮

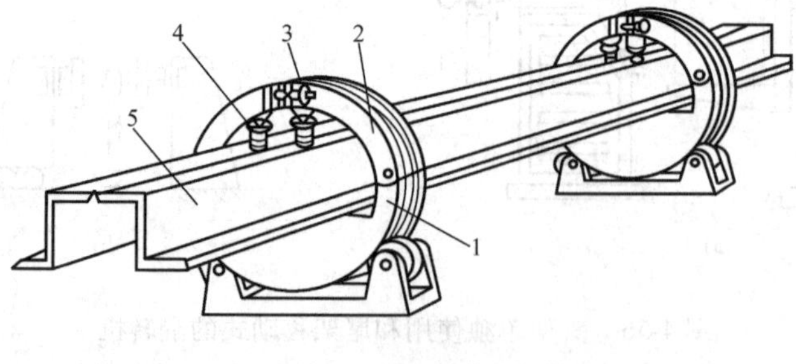

图4-58 转环式翻转机结构外形图
1—下环 2—上环 3—夹紧器 4—顶紧螺栓 5—焊件

（4）转环式翻转机 对一些形状较特殊的型钢及桁架结构，采用上述链条式翻转机翻转变位比较困难，对于这些构件可以采用转环式翻转机，如图4-58所示。它主要由圆环翻转架和支撑滚轮架组成。滚轮架的结构可按焊件的形状、重量和偏心距制成单驱动或双驱动，并装有自锁、制动和定位机构。圆环翻转架上的夹具应与焊件的外形相配，且装卸轻便灵活。

（5）推拉式翻转机 推拉式翻转机是利用液压缸和杠杆机构，将焊件翻转到预定位置的一种变位机构。它具有结构简单、动作快捷和操作方便的特点，经常用于梁柱焊接生产线中配合自动焊接装置，将焊件翻转到船形位置施焊。图4-59示出推拉式翻转机与悬臂式自动焊装置组合使用的示意图。

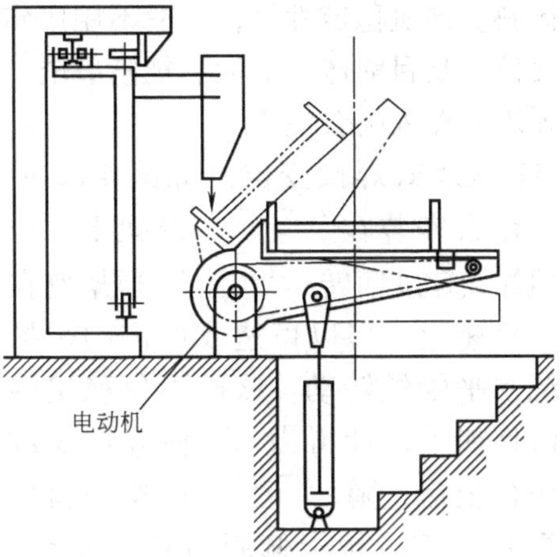

图4-59 推拉式翻转机与悬臂式自动焊装置的组合使用

3. 焊接变位机

（1）功能及结构形式 焊接变位机，是在焊接作业中将焊件回转并倾斜，使焊件上的焊缝置于有利施焊位置的焊件变位机械。

焊接变位机主要用于机架、机座、机壳、法兰、封头等非长形焊件的翻转变位。

焊接变位机按结构形式可分为三种：

1）伸臂式焊接变位机如图4-60所示。其回转工作台绕回转轴旋转并安装在伸臂的一端，伸臂一般相对于某一转轴成角度回转，而此转轴的位置多是固定的，但有的也可在小于100°的范围内上下倾斜。这两种运动都改变了工作台面回转轴的位置，从而使该机变位范围大，作业适应性好。但这种形式的变位机，整体稳定性较差。

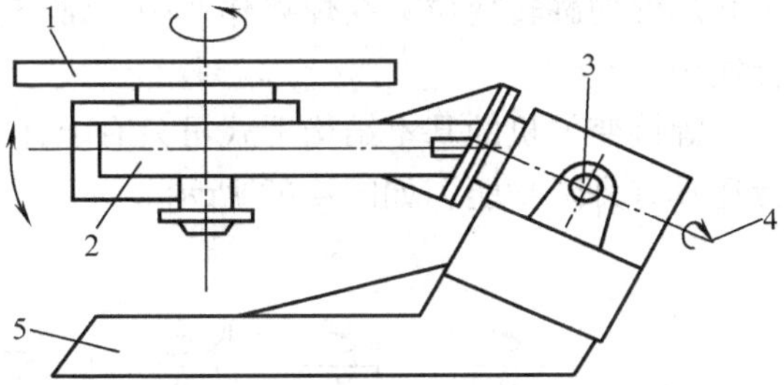

图4-60 伸臂式焊接变位机
1—回转工作台 2—伸臂 3—倾斜轴 4—转轴 5—机座

该机多为电动机驱动，承载能力在0.5t以下，适用于小型焊件的翻转变位。也有液压驱动的，承载能力多在10t左右，适用于结构尺寸不大，但自重较大的焊件。

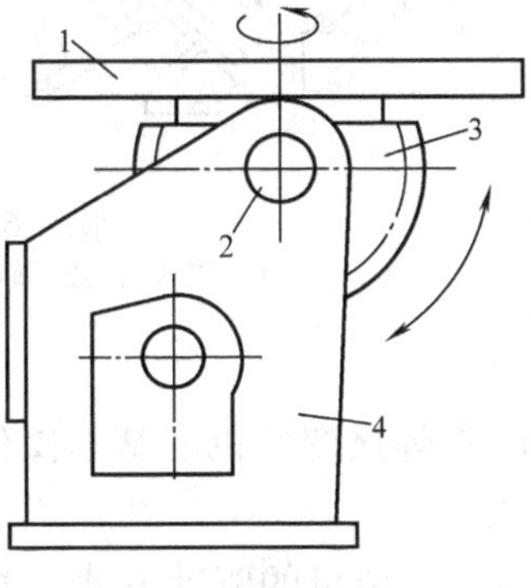

图4-61 座式焊接变位机
1—回转工作台 2—倾斜轴 3—锥齿轮 4—机座

伸臂式的焊接变位机在手工焊中应用

较多。

2）座式焊接变位机如图 4-61 所示。其工作台连同回转机构通过倾斜轴支承在机座上，工作台以焊速回转，倾斜轴通过锥齿轮或液压缸，多在 110°～140°的范围内恒速或变速倾斜。该机稳定性好，一般不用固定在地基上，搬移方便，适用于 0.5～50t 焊件的翻转变位，是目前产量最大、规格最全、应用最广的结构形式。它常与伸缩臂式焊接操作机或弧焊机器人配合使用。

3）双座式焊接变位机如图 4-62 所示，工作台安装在“⅂⅃”形架上，以所需的焊接速度回转；“⅂⅃”形架座在两侧的机座上，多以恒速或所需的焊接速度绕水平轴线转动。该机不仅稳定性好，而且如果设计得当，可使焊件安放在工作台上后，随“⅂⅃”形架倾斜的综合重心位于或接近倾斜机构的轴线，从而使倾斜驱动力矩大大减小。因此，重型焊接变位机多采用这种结构。

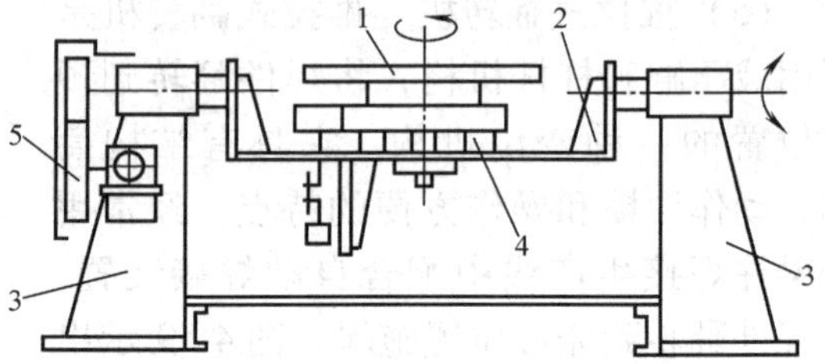

图 4-62　双座式焊接变位机
1—工作台　2—“⅂⅃”形架　3—机座
4—回转机构　5—倾斜机构

双座式焊接变位机适用于 50t 以上大尺寸焊件的翻转变位。在焊接作业中，常与大型门式焊接操作机或伸缩臂式焊接操作机配合使用。

焊接变位机的基本结构形式虽只有上述三种，但其派生形式很多，有些变位机的工作台还具有升降功能，如图 4-63 所示。

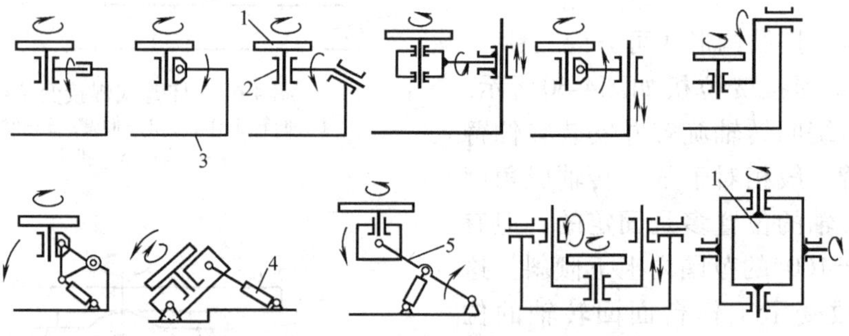

图 4-63　焊接变位机的派生形式
1—工作台　2—轴承　3—机座　4—推举液压缸　5—伸臂

图 4-64 是焊接变位机的基本操作状态示意图。该图中工件上方的箭头用来示意焊嘴的位置和方向。

（2）焊接变位机的驱动方式　焊接变位机的工作台兼有回转、倾斜两个运动，有的中型焊接变位机的工作台还有升降运动。它们各自的驱动机构是相对独立的，力源也是可以选择的。其中，工作台的回转运动大都配合焊接操作，多采用直流电动机驱动，无级调速。近年出现的全液压变位机，其工作台的回转运动也是用液压马达驱动的。工作台倾斜运动有两种主要的驱动方式：一种是采用锥齿轮机构，通过电动机传动，带动工件（工作台）倾斜（图4-61）；另一种是采用液压缸来推动工作台倾斜如图4-65所示。这两种方式都有应用，但在小型变位机中以前者为多。此外，在工件不重的情况下，若驱动力小于200N时，也可采用人力驱动。工作台倾斜运动仅用于工件变位（指不用于施焊过程）时，其倾斜速度可以是恒定的，但对于应用在焊接空间曲线以及利用倾斜运动完成焊接操作的场合（如半球形封头经线焊缝的焊接），则采用无级调速方式。工作台的升降运动多用在大型工件的场合，因此，多采用液压驱动，通过柱塞式液压缸使工作台平稳升降。

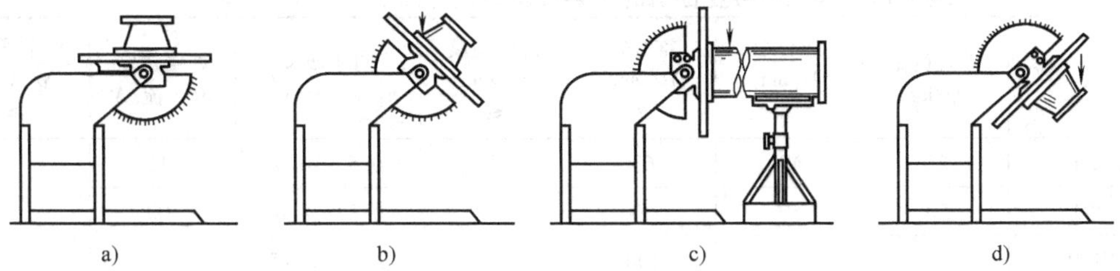

图4-64 变位机操作示意
a）工作台水平 b）工作台倾斜45° c）工作台倾斜90° d）工作台倾斜135°

完善的变位机传动系统中，均考虑到机构的自锁性，以克服工件偏心或失电等情况造成的重力反驱动。另外，在驱动系统的控制回路中应设有行程保护、过载保护、断电保护及制动等装置以及工作台倾角指示等。

近年来，随着焊接机器人的推广应用，作为其周边设备的数控变位机也应运而生。它多采用步进电动机驱动，点位控制，具有很高的到位精度（0.5～1.0mm）。其传动链中，多采用谐波减速器、滚珠丝杆、精密齿轮副等传动元件。在控制系统中还留有与机器人联动的控制接口，并可遥控。

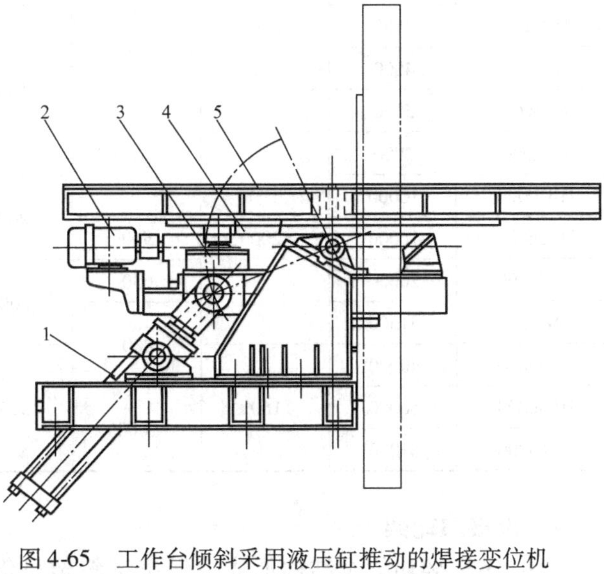

图4-65 工作台倾斜采用液压缸推动的焊接变位机
1—液压缸 2—电动机 3—减速器 4—齿轮副 5—工作台

（3）焊接变位机的选用 焊接变位机的选用，可以按下列步骤进行：

1）确定拟采用焊接变位机焊接的各种焊件的最大重量以及必要的工夹具的重量。

2）确定焊件重心位置及其至工作平台回转中心的距离，即综合重力偏心距。

3）计算所需的回转力矩，即负载重力（N）×偏心距（m）=回转力矩（N·m）。

4）计算所需的翻转力矩，即焊件在工作平台上的重心高加上工作平台至翻转轴中心线的距离×焊件总重力：翻转力矩（N·m）。

5）按工件总重，所需的回转力矩和翻转力矩综合考虑并加一定的裕量，从标准系列中选择大于计算值1.3~1.5倍的焊接变位机。

在选择焊接变位机时还应考虑拟采用的各种焊接工艺方法，以确定合理而适用的回转速度范围及转速控制精度的要求。另外，应按焊件的结构外形及所要焊接的焊缝位置确定变位机最大的倾斜角和工作平台的外形尺寸。对于批量生产或形状较复杂的焊件，还应要求在工作平台上安装气动、液压或电磁夹具。

座式焊接变位机的主要技术参数，见表4-13。

表4-13 座式焊接变位机的主要技术参数（按JB/T8833—2001）

<table>
<tr><th>参数
型号</th><th>最大负荷
Q/kg</th><th>偏心距
A/ mm
≥</th><th>重心距
B/ mm
≥</th><th>台面高度
n/ mm
≤</th><th>回转速度
n_1/r·min^{-1}</th><th>焊接额定
电 流/A</th><th>倾斜角度
α/（°）
≥</th></tr>
<tr><td>HB25</td><td>25</td><td>40</td><td>63</td><td rowspan="3"></td><td>0.5~16.0</td><td>315</td><td rowspan="12">135</td></tr>
<tr><td>HB50</td><td>50</td><td>50</td><td>80</td><td>0.25~8.0</td><td rowspan="2">500</td></tr>
<tr><td>HB100</td><td>100</td><td>63</td><td>100</td><td>0.10~3.15</td></tr>
<tr><td>HB250</td><td>250</td><td>160</td><td>400</td><td>1000</td><td>0.05~1.6</td><td>630</td></tr>
<tr><td>HB500</td><td>500</td><td>160</td><td rowspan="8">400</td><td>1000</td><td rowspan="2">0.05~1.6</td><td rowspan="2">1000</td></tr>
<tr><td>HB1000</td><td>1000</td><td rowspan="5">250</td><td rowspan="2">1250</td></tr>
<tr><td>HB2000</td><td>2000</td><td rowspan="3">0.03~1.0</td><td rowspan="4">1250</td></tr>
<tr><td>HB3150</td><td>3150</td><td rowspan="4">1600</td></tr>
<tr><td>HB4000</td><td>4000</td></tr>
<tr><td>HB5000</td><td>5000</td><td rowspan="3">0.025~0.80</td></tr>
<tr><td>HB8000</td><td>8000</td><td rowspan="5">200</td><td rowspan="3">1600</td></tr>
<tr><td>HB10000</td><td>10000</td><td rowspan="2">2000</td></tr>
<tr><td>HB16000</td><td>16000</td><td>500</td><td rowspan="3">0.016~0.50</td><td rowspan="3">120</td></tr>
<tr><td>HB20000</td><td>20000</td><td>630</td><td rowspan="2">2500</td><td rowspan="5">2000</td></tr>
<tr><td>HB31500</td><td>31500</td><td rowspan="2">800</td></tr>
<tr><td>HB40000</td><td>40000</td><td rowspan="3">160</td><td rowspan="3">3150</td><td rowspan="3">0.010~0.315</td><td rowspan="3">105</td></tr>
<tr><td>HB50000</td><td>50000</td><td rowspan="2">1000</td></tr>
<tr><td>HB63000</td><td>63000</td></tr>
</table>

4．焊接滚轮架

（1）滚轮架功能及结构形式　焊接滚轮架是借助主动滚轮与焊件之间的摩擦力，带动焊件旋转的变位机械。

焊接滚轮架主要用于筒形焊件的装配与焊接。若对主、从动滚轮的高度作适当调整，也可进行对锥体、分段不等径回转体的装配与焊接。对于一些非圆长形焊件，若将其装卡在特制的环形卡箍内，也可在焊接滚轮架上进行装焊作业。

焊接滚轮架按结构形式分为两类：

第一类是长轴式滚轮架。滚轮沿两平行轴排列，与驱动装置相连的一排为主动滚轮，另一排为从动滚轮（图4-66），也有两排均为主动滚轮的，主要用于细长薄形焊件的组对与焊接。

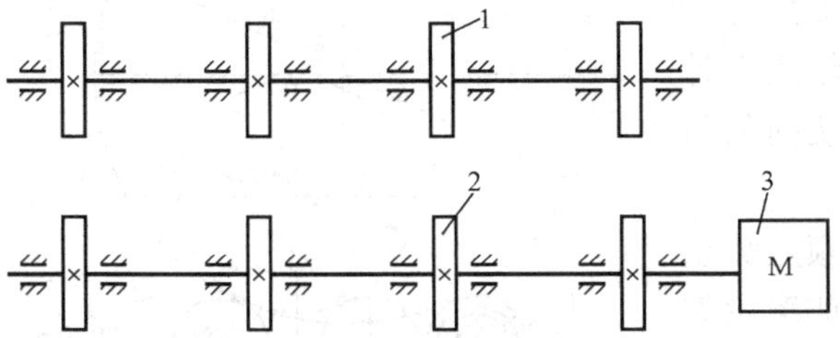

图4-66　长轴式焊接滚轮架
1—从动滚轮　2—主动滚轮　3—驱动装置

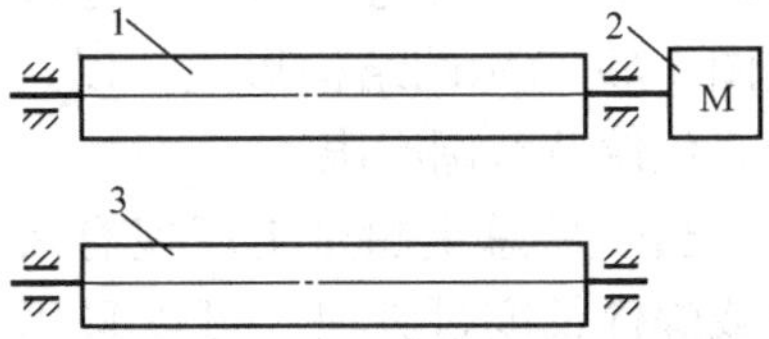

图4-67　滚柱式焊接滚轮架
1—主动滚柱　2—驱动装置　3—从动滚柱

有的长轴式滚轮架其滚轮为一长形滚柱，直径0.3～0.4m、长度1～5m。筒体置于其上不易轴向变形，适用于薄壁、小直径、多筒节焊件的组对和环缝的焊接如图4-67所示。

长轴式滚轮架多是用户根据焊件特点自行设计制造的，市场可供选用的定型产品很少。

第二类是组合式滚轮架如图4-68所示，它的主动滚轮架如图4-68a，从动滚轮架图4-68b所示，混合式滚轮架（即在一个支架上有一个主动滚轮座和一个从动滚轮座）如图4-68c所示都是独立的，使用时可根据焊件的重量和长度进行任意组合，其组合比例也不仅是1与1的组合。因此，使用方便灵活，对焊件的适应性很强，是目前应用最广泛的结构形式。国内外有关生产厂家，均有各自的系列产品供应市场。

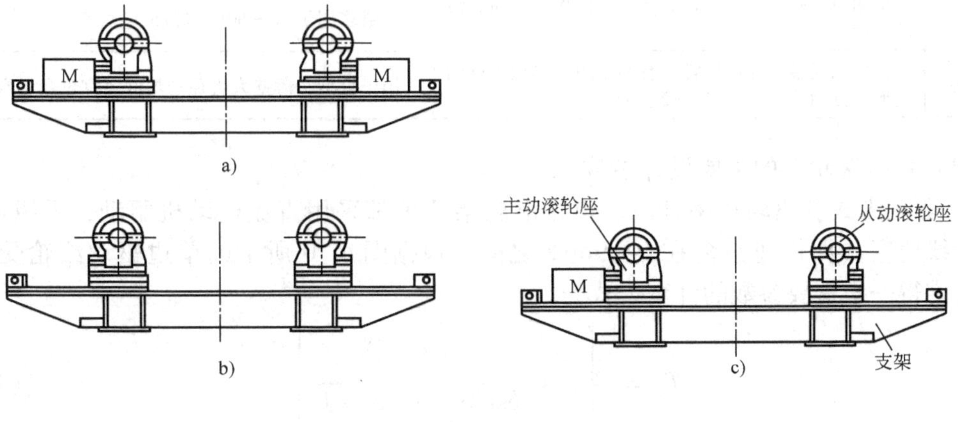

图4-68　组合式焊接滚轮架
a）主动滚轮架　b）从动滚轮架　c）混合式滚轮架

若装焊壁厚较小而长度很长的筒形焊件时，宜用几台混合式滚轮架的组合，这样，沿筒体长度方向均有主动滚轮驱动，使焊件不致打滑和扭曲。若装焊壁厚较大、刚性较好的筒形焊件时，则常采用主动滚轮架和从动滚轮架的组合，这样即使是主动滚轮架在筒体一端驱动焊件旋转，但因焊件刚性较好，仍能保持转速均匀，也不致发生扭曲变形。为了焊接不同直径的焊件，焊接滚轮架的滚轮间距应能调节。调节方式有两种：一种是自调式的；一种是非自调式的。自调式的可根据焊件的直径自动调整滚轮的间距；非自调式的是靠移动支架上的滚轮座来调节滚轮的间距。也可将从动轮座设计成图4-69所示的结构形式，以达到调节便捷的目的，但调节范围有限。

当焊件总重超过工厂现有滚轮架的额定载重量或焊件长度过大时，可以采用1付主动滚轮架+2付被动滚轮架组合的形式。如必须采用4付滚轮架，则其中2付必须是主动滚轮架。

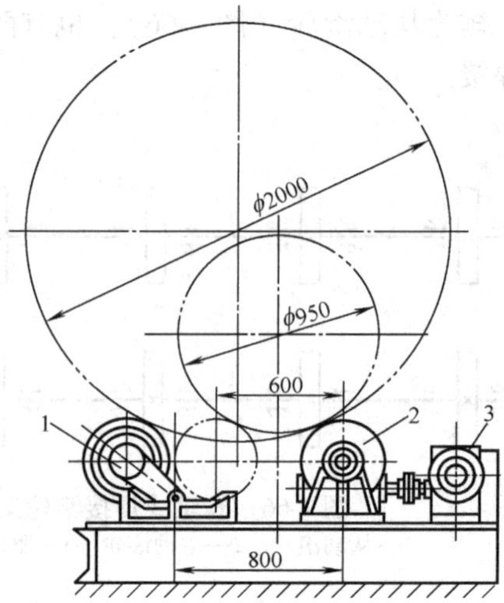

图4-69 通过连杆机构调节滚轮间距的焊接滚轮架
1—从动轮座 2—主动轮座 3—驱动装置

（2）滚轮是焊接滚轮架中的核心部件 主要有四种类型，其应用特点和适用范围见表4-14。金属材料的滚轮，多用铸钢和合金球墨铸铁制作，其表面热处理硬度约为50HRC，滚轮直径多在200～70mm之间。

表4-14 滚轮结构的特点和适用范围

类型	特 点	适用范围
钢轮	承载能力强，制造简单	一般用于重型焊件和需预热处理的焊件以及额定载重量大于60t的滚轮架
胶轮	钢轮外包橡胶、摩擦力大、传动平稳但橡胶易压坏	一般多用于10t以下的焊件和有色金属容器
组合轮	钢轮与橡胶轮相结合，承载能力比橡胶轮高、传动平稳	一般多用于10～60t的焊件
履带轮	大面积履带和焊件接触，有利于防止薄壁工件的变形，传动平稳，但结构较复杂	用于轻型、薄壁大直径的焊件及有色金属容器

（3）焊接滚轮架的主要设计参数

1）驱动方式及驱动功率计算。焊接滚轮架几乎都采用直流电动机驱动，无级调速，其滚轮线速度（即焊速）多在6～9m/h之间。根据图4-70所示的单边驱动滚轮受力状态，可推得一组重要参数的计算公式为

$$T_1 = G\left[\varepsilon + \frac{\varepsilon + \sin\frac{\alpha}{2}}{b\sin\alpha + \cos\alpha - 1}\right] \tag{4-13}$$

$$T_2 = G\frac{\varepsilon + \sin\frac{\alpha}{2}}{b\sin\alpha + \cos\alpha - 1} \tag{4-14}$$

$$Q_1 = \frac{G}{2\cos\frac{\alpha}{2}}\left[1 - \frac{\varepsilon\cos\alpha}{\sin\frac{\alpha}{2}} + \frac{\varepsilon + \sin\frac{\alpha}{2}}{b\cos\frac{\alpha}{2} - \sin\frac{\alpha}{2}}\right] \tag{4-15}$$

$$Q_2 = \frac{G}{2\cos\frac{\alpha}{2}}\left[1 + \frac{\varepsilon}{\sin\frac{\alpha}{2}} + \frac{\varepsilon + \sin\frac{\alpha}{2}}{b\cos\frac{\alpha}{2} - \sin\frac{\alpha}{2}}\right] \tag{4-16}$$

式中　T_1——主动滚轮上的驱动圆周力（N）；

T_2——从动轮上的转动阻力（N）；

Q_1——主动轮上的支反力（N）；

Q_2——从动轮上的支反力（N）；

G——工件的重力（N）；

α——中心角（°）；

ε——$\varepsilon = e/R$，e 为偏心距，R 为工件半径；

b——$b = \dfrac{D_r}{fd_r + 2f_s}$，其中 D_r 为滚轮直径；f 为滚轮轴承的摩擦因数，对滑动轴承 $f = 0.1$，对圆锥滚子轴承 $f = 0.02$；d_r 为滚轮轴径；f_s 为滚动摩擦因数，对钢轮 $f_s = 0.06 \sim 0.08$，对胶轮 $f_s = 0.25 \sim 0.35$。

主动滚轮所受总扭矩为

$$M_n = T_1\frac{D_r}{2} + \left(f\frac{d_r}{2} + f_s\right)\sqrt{Q_1^2 + T_1^2} \tag{4-17}$$

滚轮架驱动总功率 P（kW）为

$$P = \frac{M_n n}{9550\eta} \tag{4-18}$$

式中　M_n——主动轮所受的总扭矩（N·m）；

n——主动轮转速（r/min）；

η——总传动效率。

2）中心角的选择。使用滚轮架时，选择合适的中心角 α（图4-70），有利于工件的稳定和传动的均匀，并可降低滚轮的支反力和驱动圆周力，因而节省能源消耗。中心角 α 受工件的非倾覆条件和改善传动状况的双重约束，一般取 45°～110°，在已知滚轮中心距 L 及滚轮直径 D_r 时，工件的直径不应超过下述范围，即

$$D_{\max} = \frac{L}{\sin 22.5°} - D_r$$

$$D_{\min} = \frac{L}{\sin 55°} - D_r$$

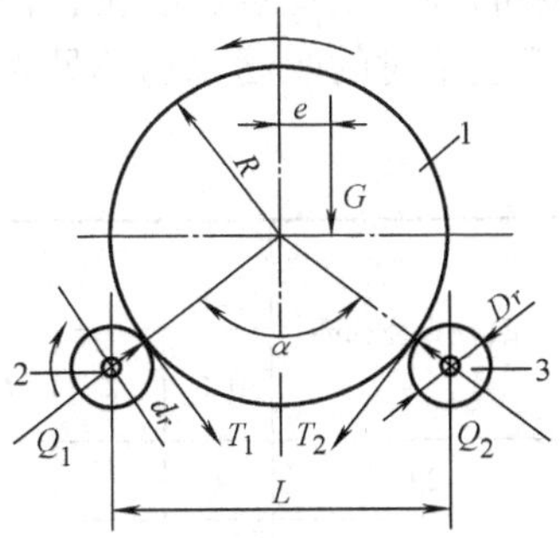

图4-70　滚轮受力状态图
1—工件　2—主动轮　3—从动轮

化简后有

$$D_{\max} = 2.6L - D_r \tag{4-19}$$

$$D_{\min} = 1.22L - D_r \tag{4-20}$$

3）附着力的校验。为了防止工件在滚轮上打滑，还应对附着力 F_z 进行校验，并应满足

$$F_Z = Q_1\varphi \geqslant 3T_1 \tag{4-21}$$

式中 Q_1——主动轮上的支反力；

φ——工件在主动轮上的附着系数；

T_1——主动轮上的圆周力。

（4）防止工件轴向窜动的探讨　由于滚轮架安装不当或工件本身存在形状偏差（圆度）、重心偏移等原因，往往使筒形工件在滚轮驱动力矩的作用下产生螺旋运动，伴有轴向位移（即轴向窜动），有时相当严重，每旋转一周，工件能够产生 30～50mm 的轴向窜动量，甚至更大。若没有可靠的跟踪措施，就会导致焊缝焊偏，严重影响焊缝质量。

为了满足压力容器的焊接要求，国内外均对防止工件轴向窜动的问题进行了有关探讨，主要有两种不同的控制思路：

1）在改善滚轮架安装精度、提高工件成形质量的同时，增设工件轴向限位滚轮，达到抑制轴向窜动的目的。

2）运用抵消原理，动态调节工件的旋向，使工件获得相对稳定状态。其调节原理是：若滚轮架上处于旋转状态的筒体产生轴向窜动，即作螺旋（左旋或右旋）运动，此时，若采取某种措施把筒体的左（右）旋运动改为右（左）旋运动，则工件可向初始位置返回（即复位）。这一过程的识别，需要有位移传感元件的配合，并在几个回合后，才能相对稳定在给定的控制范围内。

（5）滚轮架的标准化　我国在 1990 年颁布了焊接滚轮架的行业标准（ZBJ/I33003—1990）。该标准对滚轮架和滚轮形式进行了分类，并规定主动滚轮的圆周速度应在 6～60mm/h范围内无级可调，速度波动量按不同的焊接工艺要求，要低于 ±5% 和 ±10%，滚轮转速应稳定、均匀，不允许有爬行现象。传动机构中的蜗轮副、齿轮副等传动零件，应符合国标中的 8 级精度要求。滚轮架的位置精度，标准中也有明确的规定，同时要求焊接滚轮架必须配备可靠的“焊接电缆旋转接地器”（即导电装置）。标准中也规定了滚轮架的额定载重量、滚轮直径及许用焊件的最小、最大直径见表4-15。同时推荐了不同额定载重量时的驱动总功率见表 4-16。

表 4-15　焊接滚轮架技术参数

滚轮直径/mm	额定载重量/t									筒体焊件直径/mm	
	0.6	2	6	10	25	60	100	180	250	最小直径	最大直径
200	+									200	1000
250		+	+	+						250	1600
315			+	+	+					315	2500
400				+	+					400	3150
500				+	+	+	+			500	4000
630					+	+	+	+		630	5000
800						+	+	+	+	800	6300
1000								+	+	1000	8000
1250									+	1250	10000

表 4-16　焊接滚轮架驱动功率推荐值

额定载重量/t	0.6	2	6	10	25	60	100	160	250
电动机最小功率/kW	0.4	0.75	1	1.4	1.4	2.2	2.8	2.8	5.6

注：所列功率值为一台电动机驱动一对主动滚轮时的功率，如果用两台电动机分别驱动两个主动滚轮时，电动机功率值应为表中所列数值的一半。

（6）特种用途焊接滚轮架　在工业生产中应用的特种用途焊接滚轮架主要有顶升式装配滚轮架和防轴向窜动的焊接滚轮架。图 4-71 所示为一种顶升式装配滚轮架机构简图。它由被动支承滚轮、可垂直顶升的托架、电动螺旋千斤顶和支座等组成。被动滚轮安装在托架上，通过控制器调节其高度。当装配圆柱形焊件时，可利用这种滚轮架的提升功能来调节焊件的水平面及同心度，实现两圆柱形筒体准确对中。

如果将顶升式装配滚轮架安装在轨道平车上，则可提高圆柱形筒体纵环缝装配作业的机械化程度，并可确保装配的质量，图 4-72 示出这种机械化装配作业的过程原理。

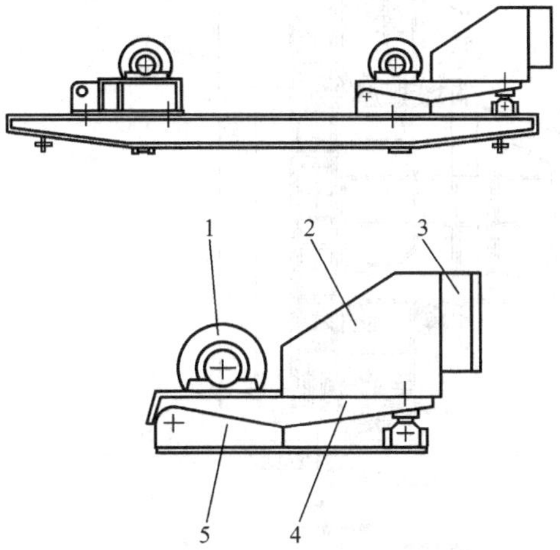

图 4-71　顶升式装配滚轮架机构简图
1—被动支承滚轮座　2—电动螺旋千斤顶
3—控制盒　4—托架　5—支座

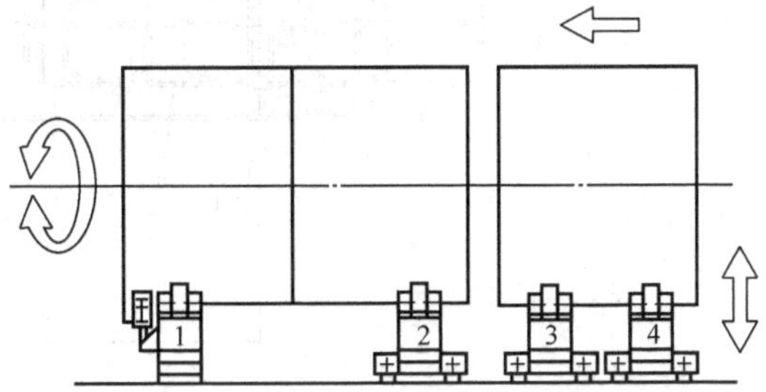

图 4-72　利用可移动的顶升式滚轮架进行圆柱形筒体纵、环缝的机械化装配
1～4—滚轮架

4.4.2　焊机变位机械

焊机变位机械是改变焊接机头空间位置进行焊接作业的机械设备。它主要包括焊接操作机和电渣焊立架。

1. 焊接操作机

它是能将焊接机头（焊枪）准确送到待焊位置，并保持在该位置或以选定焊速沿设定轨迹移动的焊接机头的变位机械。

（1）焊接操作机的结构、分类及应用　焊接操作机的结构形式很多，使用范围很广，常与焊件变位机械相配合，完成各种焊接作业。若更换作业机头，还能进行其他的相应作业。按其结构形式及应用特点可分为三种：

1）平台式操作机。见图 4-73，焊机放置在平台上，可在平台上移动；平台安装在立架上，能沿立架升降；立架座落在台车上，可沿轨道运行。这种操作机的作业范围大，主要应用于外环缝和外纵缝的焊接。

平台式焊接操作机又分为单轨台车式（图4-73）和双轨台车式两种。单轨台车式操作机实际上还有一条轨道，不过该轨道一般设置在车间的立柱上，车间桥式起重机移动时往往引起平台振动，从而影响焊接过程的正常进行。平台式操作机的机动性、使用范围和用途均不如伸缩臂式焊接操作机，在国内的应用已逐年减少。

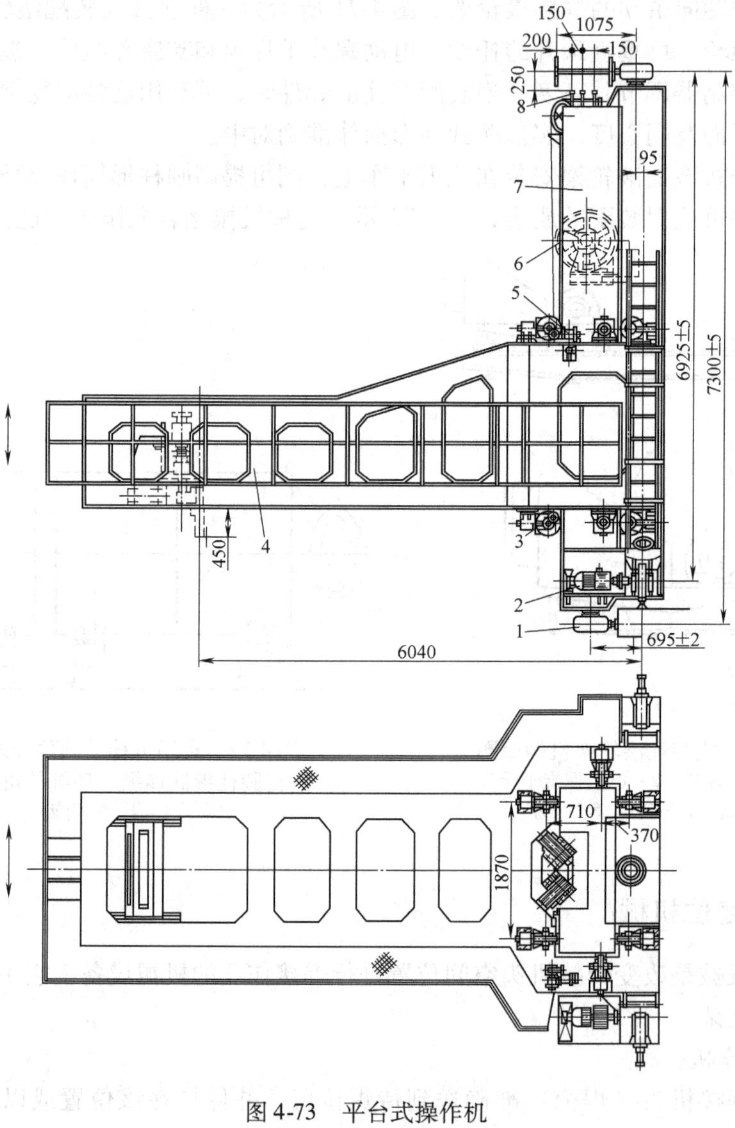

图4-73 平台式操作机

1—水平导向轮装置 2—台车驱动机构
3—垂直导向轮装置 4—工作平台 5—起重绞车
6—平台升降机构 7—立架 8—集电器

2）横臂式焊接操作机。这类焊接操作机根据横臂的结构不同又分为：

① 悬臂式操作机。图4-74a所示为短悬臂式焊接操作机，主要由底座1、立柱2、悬臂升降机构3、悬臂4以及机头移行机构5等组成。其中悬臂固定安装在悬臂升降滑座

上，可连同滑座一体沿立柱升降或绕立柱轴线转动；机头移动机构可沿悬臂导轨水平移动，以适应不同焊接位置的对中；立柱可直接安装在底座上。图 4-74b 所示的细长固定悬臂式焊接操作机，机头是固定在悬臂的端部，通过三维调整机构来实现焊枪的对中状态。为改善整机的稳定性特在另一侧增设配重。该操作机将立柱固定在台车上，使整机可沿导轨移动。这类操作机主要用于筒体内、外环缝的焊接，也可用于筒节内外纵缝的焊接。目前，这种固定悬臂式操作机有被伸缩臂式操作机取代的趋势，应用日趋减少。

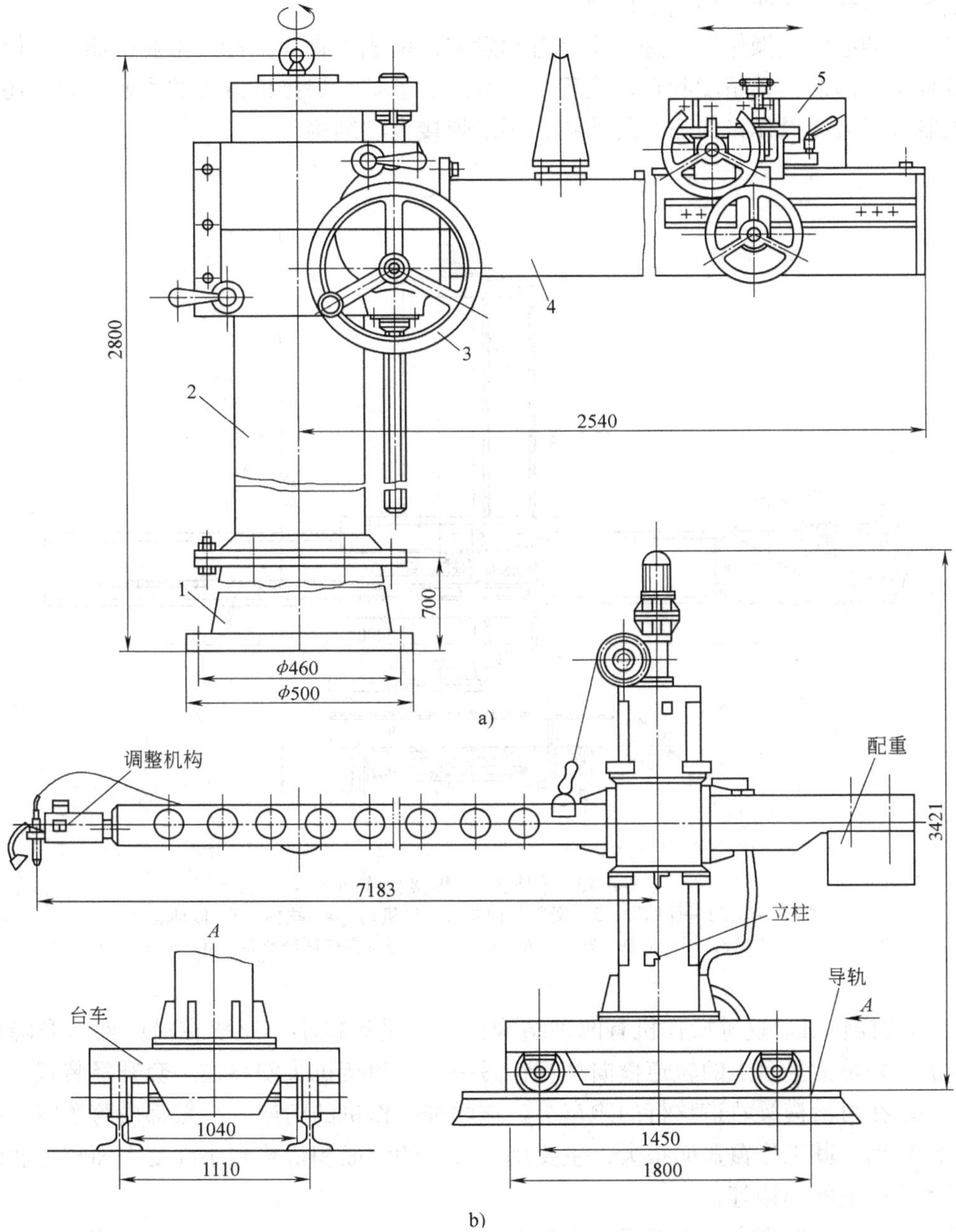

图 4-74　悬臂式操作机

② 伸缩臂式操作机。如图 4-75 所示，焊接小车或焊接机头和焊枪安装在伸缩臂的一端，伸缩臂通过滑鞍安装在立柱上，并可沿滑鞍左右伸缩。滑鞍安装在立柱上，可沿立柱升降。立柱有的直接固接在底座上；有的虽然安装在底座上，但可回转；有的则通过底座，安装在可沿轨道行驶的台车上。这种操作机的机动性好，作业范围大，与各种焊件变位机构配合，可进行回转体焊件的内外环缝、内外纵缝、螺旋焊缝的焊接，以及回转体焊件内外表面的堆焊，还可进行构件上的横、斜等空间线性焊缝的焊接。它是国内外应用最广的一种焊接操作机。此外，若在其伸缩臂前端安上相应的作业机头，还可进行磨修、切割、喷漆、探伤等作业，用途很广泛。

另外，伸缩臂式操作机的进一步完善和发展，就成了直角坐标式工业机器人。但后者较前者具有更高的运动精度和自动化程度。有时为了扩大焊接机器人的作业空间，还可将焊接机器人安装在操作机伸缩臂的前端，用来焊接大型结构。

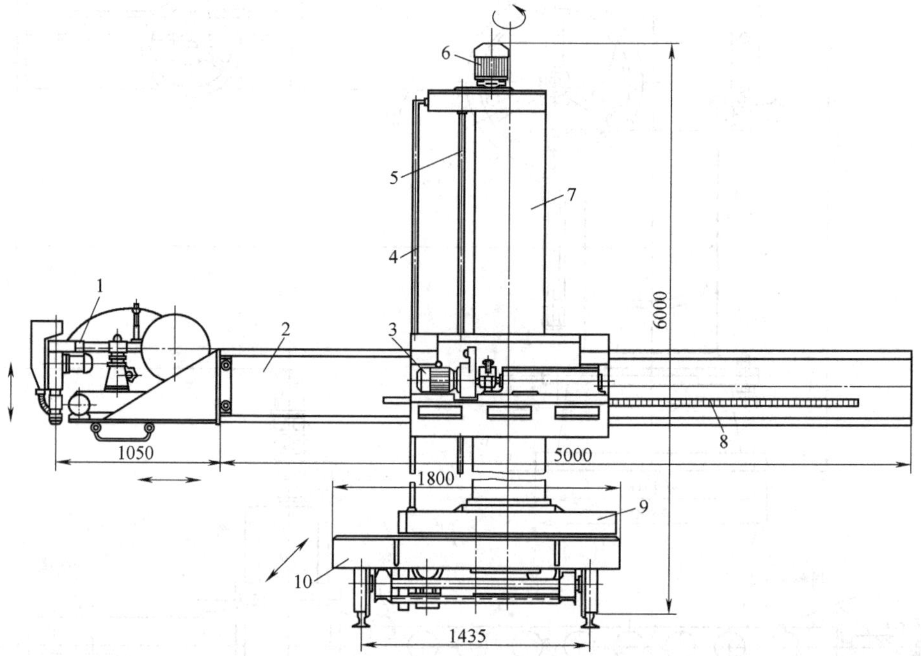

图 4-75　伸缩臂式焊接操作机

1—焊接小车　2—伸缩臂　3—滑鞍和伸缩臂进给机构　4—扶梯　5—传动丝杠
6—伸缩臂升降机构　7—立柱　8—传动齿条　9—底座及立柱回转机构　10—行走台车

3）门式操作机。这种操作机有两种结构：一种是焊接小车座落在沿门架可升降的工作平台上，并可沿平台上的轨道横向移行；另一种是焊接机头安装在一套升降装置上，该装置又座落在可沿横梁轨道移行的跑车上。这两种操作机的门架，一般都横跨车间，并沿轨道纵向移动。其工作覆盖面很大，主要用于板材的大面积拼接和小高度大面积金属结构以及筒体外环缝的焊接等。

门式操作机结构庞大，在船厂和大型金属结构厂应用较多。门式操作机若不需要较高支腿时，可将其改造成类似于桥式起重机结构的桥式操作机，以免与车间的天车形成阻碍作用。

（2）传动形式与驱动机构

1）伸缩臂与平台的升降。操作机的平台升降多为恒速或快、慢两档速度；伸缩臂的升降多为快、慢两档速度或无级调速，速度在0.5～2m/min之间者为多，其各种传动形式及其对比见表4-17。

操作机升降系统若恒速升降，多采用交流电动机驱动，若变速升降，多采用交流电动机驱动。近年来在国外一些公司年产的操作机上。也有采用交流变频驱动和直、交流伺服电动机驱动的。在升降的两个极限位置，应设置行程开关。除螺旋传动的以外，在滑鞍与立柱的接触处应设防平台或伸缩臂坠落的装置。该装置有两种类型：一种是偏心圆或凸轮式的；一种是楔块式的。

另外，为了降低升降系统的驱动功率，并使升降运动的运行更加平稳，在大中型操作机上，常用配重来平衡平台或伸缩臂等构件的自重。

表4-17 操作机升降系统的传动形式

传动形式	驱动机构	性能及适用范围	备注
链传动	电动机驱动链轮，通过链条使平台或伸缩臂升降 小型操作机采用单列链条，大型的采用多列链条	制造成本低，运行稳定可靠，但传动精度不如螺旋和齿条传动，在平台式、伸缩臂式操作机上广泛采用	链条一端设有平衡重，恒速升降
螺旋传动	电动机通过丝杠驱动螺母运动以带动平台或伸缩臂升降，小型操作机若起升高度不大，也可手动	运行平稳，传动精度高，多用在起升高度不大的各种操作机上	丝杠下端多为悬垂状态，恒速或变速升降
齿条传动	电动机与其驱动的齿轮均安装在伸缩臂的滑座上，齿轮与固定在立柱上的齿条相啮合，从而带动伸缩臂升降。小型操作机采用单列齿条，大型的采用双列齿条	运行平稳可靠，传动精度最高，制造费用最大，多用在要求精确传动的伸缩臂式操作机上	恒速或变速升降
钢索传动	电动机驱动钢索卷筒，卷筒上缠绕着钢丝绳，钢丝绳的一端通过滑轮导绕系统与平台或伸缩臂相连，带动其升降	投资最省，运动稳定性和传动精度低于以上各种传动，适用于大升降高度的传动，在平台式操作机上应用最多，在伸缩臂式的操作机上已不采用	恒速升降

2）伸缩臂的回转。伸缩臂的回转运动有手动和恒速电动两种驱动方式，前者多用于小型操作机，后者则多用于大中型操作机（图4-75）。回转速度一般为0.6r/min，在回转系统中还设有手动锁紧装置。不管是圆形立柱或非圆形立柱，伸缩臂的回转几乎都采用立柱自身回转式，立柱底端直接（手动回转）或通过齿圈（电动机驱动）座落在推力轴承上，保证立柱的灵活转动。其传动机构如图4-76所示。

3）伸缩臂的进给（伸缩）。伸缩臂的进给运动多为直流电动机驱动，近来也有用直流或交流伺服电动机驱动的。由于焊纵缝时伸缩臂要以焊速进给，所以对其以焊速运行的

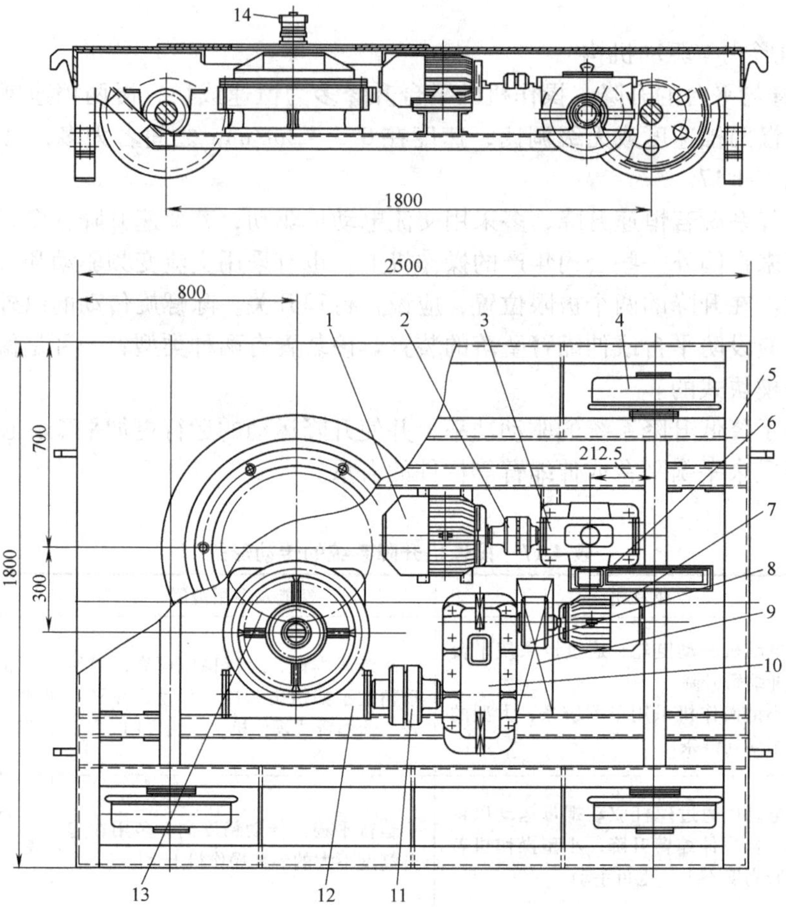

图 4-76　立柱回转机构及台车行走机构

1—台车行走电动机　2、11—联轴器　3—蜗杆减速器　4—走轮　5—台车架
6—开式齿轮副　7—立柱回转电动机　8—带制动轮的弹性联轴器　9—电磁制动器
10—齿轮减速器　12—蜗杆减速器　13—齿圈　14—小齿轮

平稳性要求较高，进给速度的波动要小于5%；速度范围要覆盖所需焊速的上下限，一般在6～90m/h之间，并且均匀可调。有的操作机还设有一档空程速度，多在180～240m/h之间，以提高作业效率。为了保证到位精度和运行安全，在进给系统中设有制动和行程保护装置。伸缩臂的进给传动形式主要有三种，见表4-18。

表 4-18　伸缩臂伸缩系统的传动形式

传动形式	驱动机构	性　能
摩擦传动	电动机减速后，驱动胶轮或钢轮，借助其与伸缩臂之间的摩擦力，带动伸缩臂运动	运动平稳，速度均匀，超载时打滑，起安全保护作用，但以高速伸缩时，制动性能差，到位精度低
齿条传动	电动机减速后，通过齿轮驱动固定在伸缩臂上的齿条，从而带动伸缩臂伸缩	运动平稳，速度均匀，传动精确，是采用最多的传动形式，但制造费用较高

（续）

传动形式	驱动机构	性　能
链传动	电动机减速后，通过链轮驱动展开在伸缩臂上的链条，从而带动伸缩臂伸缩	制造费用较低，运动平稳性不如前二者，但仍能满足工艺要求

4）台车的运行。各种操作机台车的运行，多为电动机单速驱动，行速一般在120～360m/h之间，最高可达600m/h。通常门式操作机的行速较慢；平台式操作机行速较快，运行系统中设有制动装置，在台车与轨道之间设有夹轨器。门式操作机是双边驱动的，并设有同步保护装置。单速运行的台车，多用交流电动机驱动；变速运行的台车，现在已多用交流变频方式驱动。

伸缩臂式操作机的台车传动机构如图4-76所示。

（3）结构及其设计要求　门式操作机的门架多为桁架结构和板焊结构；平台式操作机也以桁架结构为多；桥式操作机的横梁则多是“I”形的或箱形板结构的；伸缩臂式操作机的立柱，主要是大径管结构或箱形、“Ⅱ”形板焊结构。由于立柱是主要承载构件，除强度外，还要求有很好的刚度和稳定性，因此，有些伸缩臂式操作机还采用双立柱结构。焊接结构的立柱，焊后应退火消除内应力。立柱导轨处应机械加工，以保证滑鞍平稳升降所需的垂直度和平行度。

伸缩臂既要求重量轻，又要有很好的刚度，形位精度要高，在工作运行中不能有颤抖，在全伸状态下端头下挠应控制在2mm以内，否则，应设高度跟踪装置。伸缩臂多采用薄壁空腹冲焊整体结构。

对伸缩行程较大的操作机，过去采用多节式的伸缩结构，现在行程达8m的操作机也采用整体结构，从而保证了伸缩臂的整体刚性和运行的平稳性。另外，在伸缩臂的一端装有焊接机头，另一端装有送丝盘和焊剂回收等装置，要尽可能使两端设备的自重不要悬殊过大 。

行走台车是操作机的基础，要有足够的强度，车架要采用板焊结构，整体高度要小，要尽量减小离地的间距。行走轮的高度要可调，装配时要保证四轮着地。台车上应放置焊接电源等重物，以降低整机的重心，增加运行的稳定性并防止整机倾覆。

我国和工业发达国家都有专门工厂生产焊接操作机，对于伸缩臂式操作机还形成了各自产品系列，除大型的以外，其性能完全可以满足生产的需要，应优先予以选用。其有关技术数据见表4-19。

表4-19　伸缩臂式操作机技术数据

名称＼型号	W型（微型）		X型（小型）				Z型（中型）				D型（大型）			
臂伸缩行程/m	1.5	2	3	3	4	4	4	4	5	5	5	5	6	6
臂升降行程/m	1.5	2	3	4	3	4	4	5	4	5	5	6	5	6
臂端搭载重量/kg	120	75	210		120		300		210		600		500	
臂的允许总荷重/kg	200		300				500				800			
底座形式	底板固定式		地板固定式、台车固定式、行走台车固定式											

（续）

名称 \ 型号	W型（微型）	X型（小型）	Z型（中型）	D型（大型）
台车行走速度 /mm·min^{-1}	80～3000（无级可调）			
立柱与底座结合形式	固定式	固定式、手动回转式	固定式、手动或机动回转	固定式、机动回转式
立柱回转范围/（°）	—	±180		
立柱回转速度/r·min^{-1}	—	—	机动回转 0.03～0.75	
臂伸缩速度/mm·min^{-1}	60～2500（无级可调）			
臂升降速度/mm·min^{-1}	2000		2280	3000
台车轨距/mm	—	1435	1730	2000

此外，在选用订购焊接操作机时，还应注意：

1）操作机的作业空间应满足焊接生产的需要。

2）对伸缩臂式操作机，其臂的升降和伸缩运动是必须具备的，而立柱的回转和台车的行走运动，要视具体需要而定。

3）要根据生产需要，考虑是否要向制造厂提出可搭载多种作业机头的要求，例如，除安装埋弧焊机头外，是否还需要安装窄间隙焊、碳弧气刨、气保护焊、打磨等作业的机头。

4）施焊时，若要求操作机与焊件变位机械协调动作，则对操作机的几个运动要提出运动精度和到位精度的要求。操作机上应有和焊件变位机械联控的接口。

5）对小筒径焊件内环缝、内纵缝的焊接，因属盲焊作业，所选焊接操作机要设有外界监控设施。

6）操作机伸缩臂运动的平稳性，以及最大伸出长度时端头下挠度的大小，是操作机性能好坏的主要指标，选购时应予特别重视。

总之，随着焊接结构产品的多样化及焊接方法的多样性，焊接操作机的设计也将不断更新，随着微电子技术、微计算机技术的发展，在控制手段及自动控制方式上也将不断完善和发展，在焊接生产中将发挥越来越大的作用。

2. 电渣焊立架

电渣焊立架如图 4-77 所示，是将电渣焊机连同焊工一起按焊速提升的装置。它主要用于立缝的电渣焊，若与焊接滚轮架配合，也可用于环缝的电渣焊。

电渣焊立架多为板焊结构或桁架结构，一般都安装在行走台车上。台车由电动机驱动，单速运行，可根据施焊要求，随时调整与焊件之间的位置。

桁架结构的电渣焊立架由于重量较轻，因此，也常采用手驱动使立架移行。

电渣焊机头的升降运动，多采用直流电动机驱动，无级调速。为保证焊接质量，要求电渣焊机头在施焊过程中始终对准焊缝，因此在施焊前，要调整焊机升降立柱的位置，使其与立缝平行。调整方式多样，有的采用台车下方的四个千斤顶进行调整；有的采用立柱上下两端的球面铰支座进行调整。在施焊时，还可借助焊机上的调节装置随时进行细调。

有的电渣焊立架，还将工作台与焊机的升降做成两个相对独立的系统，工作台可快速

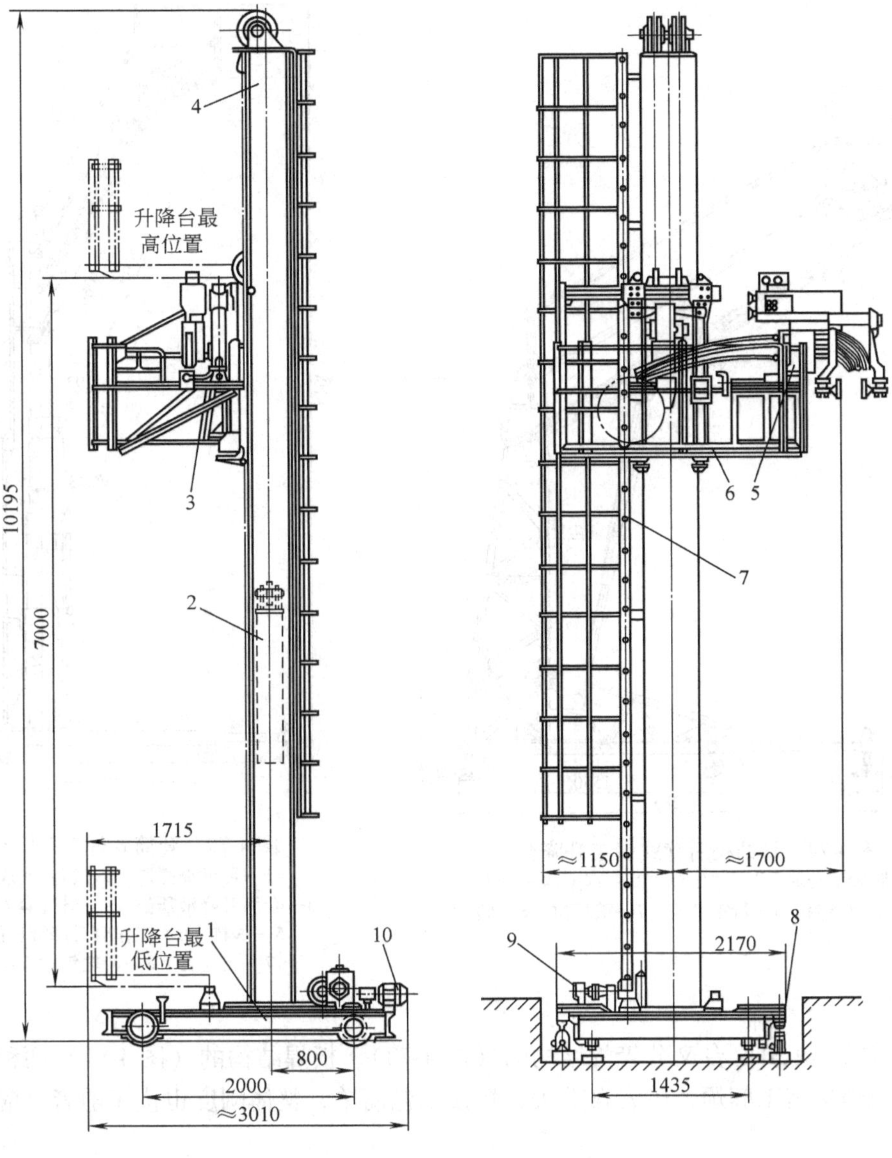

图 4-77　电渣焊立架

1—行走台车　2—升降平衡重　3—焊机调节装置　4—焊机升降立柱
5—电渣焊机　6—焊工、焊机升降台　7—扶梯　8—调节螺旋千斤顶
9—起升机构　10—运行机构

升降，焊机则由自身的电动机驱动，通过齿轮—齿条机构，可沿导向立柱作多速升降。由于两者自成系统，可使焊机在施焊过程中不受工作台的干扰。

4.4.3　焊工变位机械

焊工变位机械是改变焊工空间位置，使之在最佳高度进行作业的设备。它主要用于高大焊件的手工机械化焊接，也用于装配和其他需要登高作业的场合。

焊工升降台的常用结构有肘臂式（图 4-78）、套筒式（图 4-79）、铰链式（图 4-80）

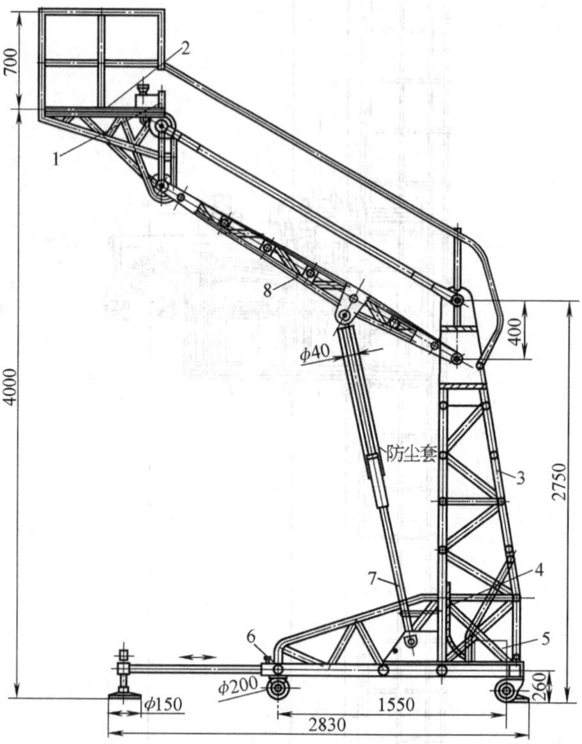

图 4-78 管结构肘臂式焊工升降台

1—脚踏液压泵 2—工作台 3—立架 4—油管 5—手摇液压泵 6—行走底座 7—液压缸 8—转臂

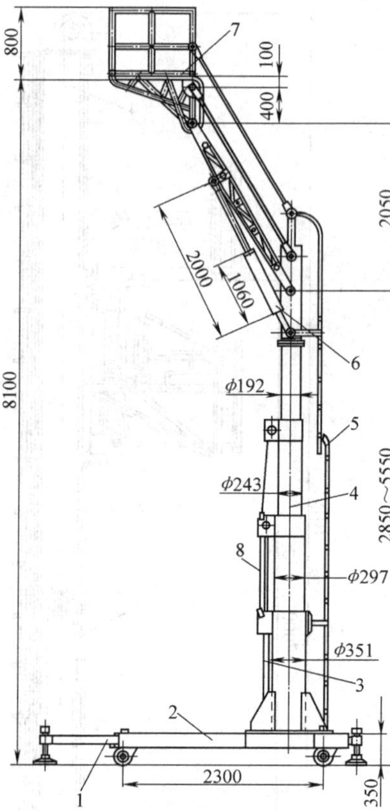

图 4-79 套筒式焊工升降台

1—可伸缩撑脚 2—行走底座 3—套筒升降液压缸 4—升降套筒总成 5—扶梯 6—工作台升降液压缸 7—工作台 8—滑轮钢索系统

三种。肘臂式焊工升降台又分管焊结构的（图 4-78）、板焊结构的（图 4-81）两种。前者自重小，但焊接施工麻烦；后者自重大、焊接工艺简单，整体刚度也优于前者，应用比较广泛。

焊工升降台其工作台的升降几乎都是液压驱动。大高度的升降台采用电动液压泵驱动。一般高度的采用手动或脚踏液压泵驱动，而且操作系统有两套：一套在地面上粗调升降高度；一套在工作台上操纵，进行细调。

焊工升降台的载重量一般在 200～500kg 之间，工作台最低高度为 1.2～1.7m，最大高度为 4～8m，台面有效工作面积为 1～3m^2，台面上应铺设木板或橡胶绝缘板并设置护栏。焊工升降台，其底座下方均设有走轮，靠拖带移动，工作时利用撑脚承载。

焊工升降台的液压系统要有很好的密封性，特别是液压缸前后油腔的密封和控制阀在中间位置的密封，都至关重要。为保证焊工的人身安全，设计安全系数均在 5 以上。升降台的整体结构，要有很好地刚度和稳定性，在最大载荷且工作台位于作业空间的任何位置时，升降台都不得发生颤抖和整体倾覆。

图 4-78 是一管焊结构的肘臂式焊工升降台，其整体结构除个别部分用了少量钢板和

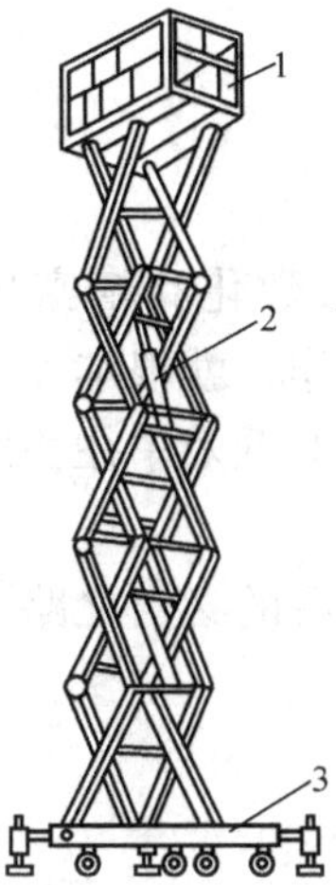

图 4-80　铰链式焊工升降台示意图
1—工作台
2—推举液压缸　3—底座

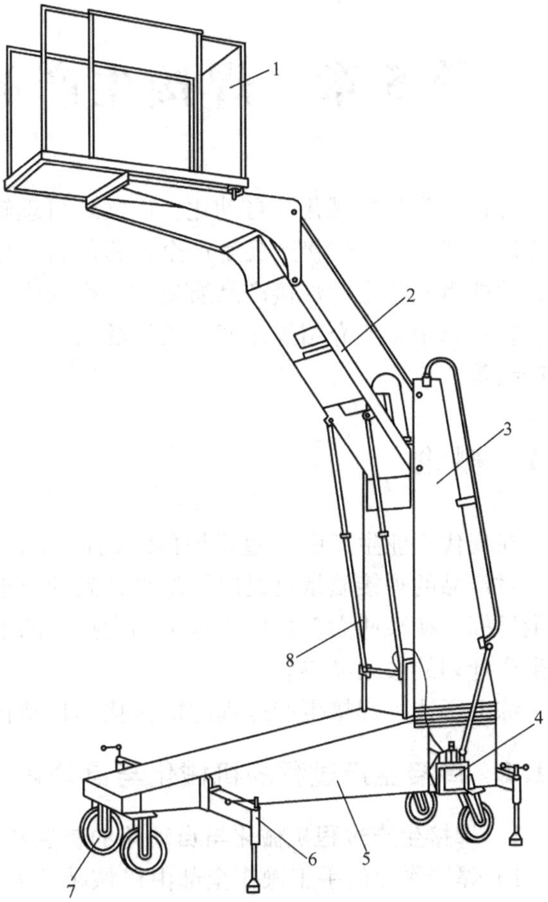

图 4-81　板结构肘臂式的焊工升降台
1—工作台　2—转臂　3—立柱　4—手摇液压泵
5—底座　6—撑脚　7—走轮　8—液压缸

槽钢外，其余均由钢管焊成。工作台由柱塞式液压缸起升，靠自重返回 。装在升降台底座下方的伸缩式撑脚，其高度可以调节。

图 4-79 为套筒式的焊工升降台。它的起升高度较大，采用两个手动液压泵驱动。液压方式与肘臂式焊工升降台类似。

套筒式和肘臂式焊工升降台，国内用户大都是自行设计制造的。目前，已有厂家定型生产多用途铰链式升降台和用于飞机检修的升降台，也可用来作为焊工升降台使用。

第5章 焊接生产的机械化与自动化

焊接过程的机械化与自动化，广义地可理解为包括从备料、切割、装配、焊接、检验等工序组成的一个焊接产品生产全过程的自动化。只有实现了这一全过程的机械化和自动化，才能得到稳定的焊接产品质量和均衡的生产节奏，同时获得较高的劳动生产率。

在本章中主要介绍焊接变位机械的组合、焊接中心和焊接自动机、焊接机器人和焊接生产线等。

5.1 概论

在现代工业生产中，随着焊接结构向大型化、重型化、高参数化和精密化方向的发展，对产品的焊接质量也提出了越来越高的要求，如单靠手工操作，就根本无法达到高的质量目标。在某些大型焊接工程中和大批量的生产中，手工操作的低效率往往成为按期完成生产计划的最大障碍。

综上所述，焊接生产过程的机械化和自动化是工业现代化发展的必由之路。

5.1.1 焊接生产过程的机械化与自动化

1. 焊接生产过程机械化与自动化的首要任务

1）焊接作业的手工操作全部由机械装置和自动控制来代替，使操作工人无需靠近焊接区，免受或少受焊接气体的危害。

2）焊件的搬运和变位由输送辊道、传送带或机械手以及变位机械来完成，替代或减少工人的体力劳动。

3）采用高效的焊接方法，以人力难以胜任的快速的生产节拍连续完成焊接作业。

4）通过准确的机械动作和先进的自动控制技术确保稳定可靠的焊接质量。

5）改善劳动条件和作业环境，逐步实现无公害生产。

焊接工艺与其他加工方法相比，由于工艺参数和影响焊接质量的因素更为复杂，且难以检测，使焊接生产过程的自动化大大迟后于其他工业生产过程。不过近10年来，计算机控制技术、软件技术、传感技术和信息技术的快速发展，加速了焊接生产过程全面自动化的进程。目前世界工业发达国家的焊接自动化程度已高达80%。在我国，按手工焊和自动焊所消耗的焊材重量比率计算，名义上焊接自动化的程度约为30%。

焊接生产中，纯焊接时间仅占焊接结构件装配焊接总时间的25%～30%，其余均为组装、翻转、运输、焊机或焊件变位等辅助时间。如何提高焊接结构生产效率，出路在于提高焊接全过程的机械化和自动化水平。

2. 焊接生产过程机械化与自动化的实施

从国内外经验得知，提高焊接机械化自动化水平，首先必须大力推广先进的自动、半自动焊接工艺和焊接变位机械（如焊接变位机，焊接操作机、滚轮架、回转台、翻转机等）的应用，建立单元焊接机械化中心，如筒体焊接中心，由焊接操作机、滚轮架、机头、电源、焊剂进给和回收装置，以及控制系统等组成。组建集约化焊装生产工段（生产线），如中等直径管体焊接生产工段（生产线），把下料、成形、组装、焊接、检验等有机联系起来，提高机械化水平。然后，根据企业生产规模、产品品种、批量和资金情况，还可组织不同水平的生产流水线，自动线或柔性生产线。在大批大量生产企业中，可建立高水平的自动线，在各工位上采用高效定位夹具，焊接机器人，全线动作按编程进行，电脑控制，生产过程通过工业电视监控，各种工艺参数数显和记录。随着焊接变位机、焊接操作机、滚轮架的国产化，标准化，系列化和各种类型装配夹具专业化生产的供应。工厂不断进行技术改造，我国的焊接生产机械化和自动化水平将会不断完善和提高。

5.1.2　机械化与自动化焊接装备的种类

目前，在工业生产中实际应用的机械化与自动化焊接装备有以下几种基本形式：

1. 机械化焊接装备

机械化焊接装备分为半自动和自动两种。半自动装备，即焊接过程的起动、电弧的自动调节、焊丝的给送均由焊机的机械和电控装置来完成，而焊枪沿焊缝的移动靠手工操作。这种半自动装备的优点是施工作业比较灵活，缺点是仍需手工操作。自动装备除了具备半自动装备功能外，焊枪沿焊缝的移动也是由焊机自身的机构来完成的。

2. 早期自动化焊接装备

早期的自动化焊接装备，大多是按照开环控制原理设计的。虽然整个焊接过程是由机器自动完成的，但对焊接过程中焊接参数的波动不能进行闭环的反馈控制；焊接机头或焊件的运动只能按照预先规定的路径（例如轨道）进行，而不能随机纠正可能出现的形位偏差；操作工还需目测监视焊头运动的方向，并对焊接参数的变化作适当的调整。如人工调整不及时，就有可能产生各种焊接缺陷，甚至导致焊接失败。因此，这种自动化焊接装备不能算作真正意义上的自动化焊接装备。但与机械化焊接装备相比已前进了一步，在工业生产中已得到广泛的应用。

3. 自适应控制自动化焊接装备

自适应控制焊接设备是一种自动化程度较高的现代化的焊接装备。它采用最先进的高度灵敏的传感技术和检测手段，对焊缝的轨迹自动导向和跟踪，对焊接电流、焊接电压、焊接速度和送丝速度实行闭环的反馈控制。通过对焊接参数的程序控制，使焊接熔池始终保持良好的状态。对焊接过程中可能出现的偏差能以最快的速度予以纠正。焊接过程中能始终稳定保持预置的各重要焊接参数，无需操作工监视和调整。使用这种自适应控制的焊接装备时，操作工只需作必要的预调整，起动焊接后不再干预，整个焊接过程将按预置的程序和工艺参数自动完成。因此一名操作工可操纵和管理多台焊接装备。这不仅大大提高了生产效率，确保焊接质量，而且使焊工摆脱了繁重的体力劳动。

4. 智能化自动焊接装备

智能化自动焊接装备是一种具有人类某种智能而实现高度自动化的焊接装备。它利用各种高级传感器，如视觉传感器、触觉传感器、光敏传感器、激光扫描器等，并借助计算机软件系统、数据库和专家系统而具有识别、判断、实时检测、运算、自动编程、参数优化、自动编排焊道顺序、焊接参数记忆和调用，以及自动生成质量记录文件等功能。这种智能化自动焊接装备可部分取代焊接工程师的工作。焊接生产之前，焊机操作工只需输入所焊接焊件的基本参数，如材料的牌号、坡口形式、板厚、焊丝直径、焊剂牌号或保护气体种类、焊接参数，即能自动生成，或直接按焊件编号调用已存储的一组焊接参数进行全自动焊接。这对于要求焊接质量一致性高的产品具有重要的意义。

5.1.3 机械化与自动化焊接装备的功能与组成

1. 机械化与自动化焊接装备具备的功能

1）具有电控起动、保持电弧稳定和进行连续焊接。

2）具有自动稳定地向电弧给送焊丝，并能按要求精确调整送丝速度。

3）具有焊接参数调整，并维持参数恒定的功能，以获得成形良好的焊缝。

4）具有在较宽的范围内调节焊枪移动速度（即焊接速度）。

5）具有焊枪沿焊缝轨迹导向和跟踪的功能，对于高级别的自动化焊接装备，还应具有补偿和纠偏功能。

2. 机械化与自动化焊接装备的组成

1）焊接电源。其功率与特性应与拟采用的焊接方法相匹配，并受主控制器控制。

2）送丝机的控制与调速系统。对于送丝速度精度要求较高的送丝机应加测速反馈。

3）焊接机头移动机构。如焊接小车、操作机横臂、悬挂式拖板和机械手等。对于精密焊接，机头移动机构应采用装有编码器的伺服电动机驱动。

4）焊件移动或变位机构。如筒体环缝焊时，用于转动焊件的滚轮架，焊接球形封头拼缝和球形容器环缝使用的变位器或翻转机等。

5）焊件夹紧机构。主要用于形状较复杂焊件的焊接，通常安装于焊件变位机构的工作平台上，并装有气压或液压夹紧器。

6）主控制器。亦称系统控制器，主要用于上列各组成部分联动控制、焊接程序控制、主要焊接参数的设定、调整和显示、故障诊断和显示等。

7）计算机软件是数控自动化焊接与切割装备不可缺少的组成部分。常用的计算机软件有：编程软件、功能软件、工艺方法软件和专家系统等。

8）导向或跟踪机构、弧压自动控制器、焊枪横摆器和监控系统等。这些已成为现代自动化焊接装备中保证焊接质量的必要组成部分。

9）辅助装置。如送气系统、焊剂回收装置、焊丝盘支架和电缆软管及拖链等是连续稳定地焊接所必需的装置。

5.2 焊接变位机械组合

在装配焊接中，各种焊件变位机械（如焊接变位机）和焊机变位机械（如焊接操作机）都是配合使用，才能完成各种轨线焊缝的焊接。它们组合形式是多种多样，这要依产品制造工艺和所要达到机械化、自动化程度而定，只有它们之间合理的、有效的配合，才有可能发挥各种焊接变位机械的作用，提高焊接机械化水平。焊接变位机械组合基本有三种方式：

1）操作机将焊机或机头（焊枪）送至并保持待焊位置，借助焊件变位机驱动工件运动（如：移动、旋转）实现焊接。

2）焊件变位机将工件运动至最方便焊接位置，借助焊接操作机的运动，完成焊接。

3）通过焊接变位机，即工件与焊接操作机同时运动（或相对运动）施行焊接，但最常见是1）、2）两种组合。焊接变位机械组合在很多情况下不是焊件变位机和焊接操作机简单组合，而往往要根据焊接需要加以改进，选用最佳的匹配，乃至组成一台完全崭新的组合式机床，具有变位、焊接等多种功能。

5.2.1　梁柱的焊接变位机械组合

图5-1所示是属于前述第二种机械组合，它是用于焊接工字形或箱形梁柱，推举式翻转机与悬臂式自动焊装置的组合使用。

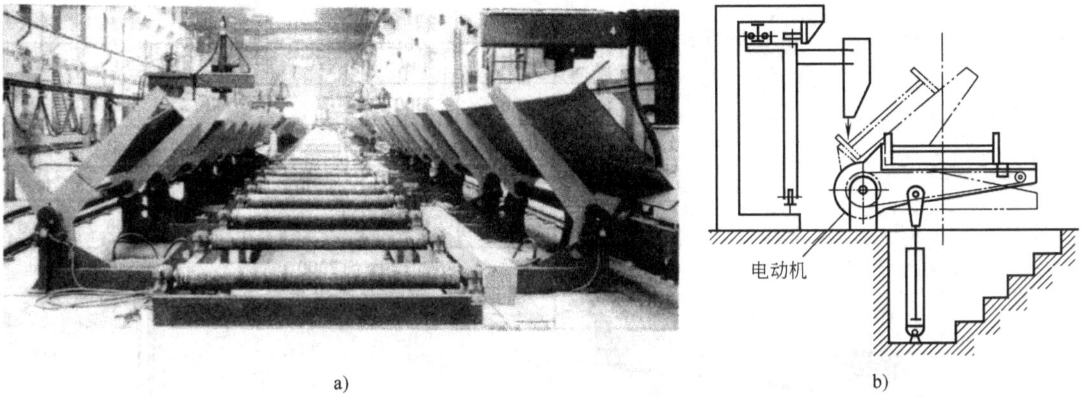

图5-1　推举式翻转机与悬臂式自动焊装置的组合使用
a）实物照片　b）示意图

5.2.2　焊接圆柱形容器的焊接变位机械组合

焊接圆柱形容器环缝或纵缝各种变位机械组合。它属于前述的第一种机械组合。焊接操作机与滚轮架的组合如图5-2所示。操作机与焊接变位机的组合如图5-3所示。焊接翻转机与操作机的组合实例如图5-4、图5-5所示。

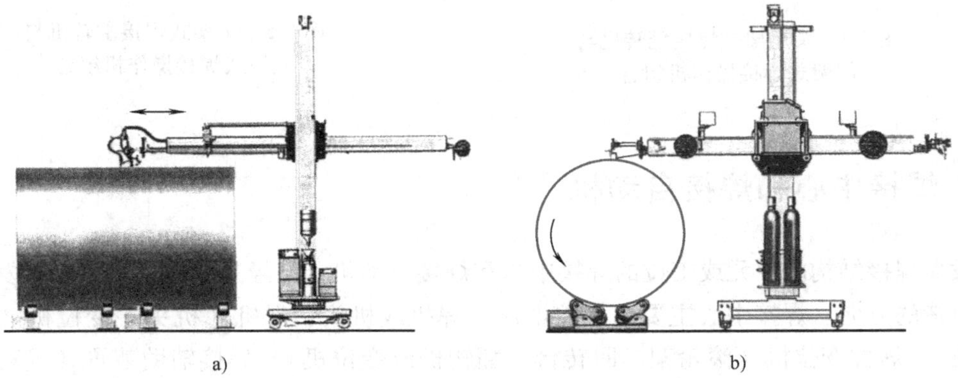

图5-2　焊接操作机与焊接滚轮架组合
a）筒体纵焊缝　b）筒体环焊缝

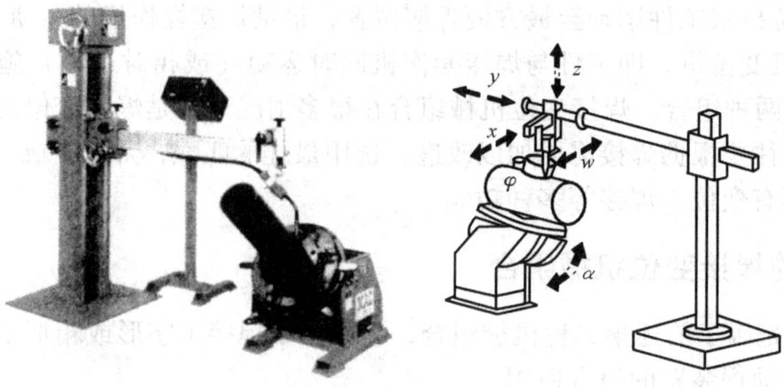

a)　　b)

图 5-3　焊接操作机与焊接变位机组合

a）实物照片　b）示意图

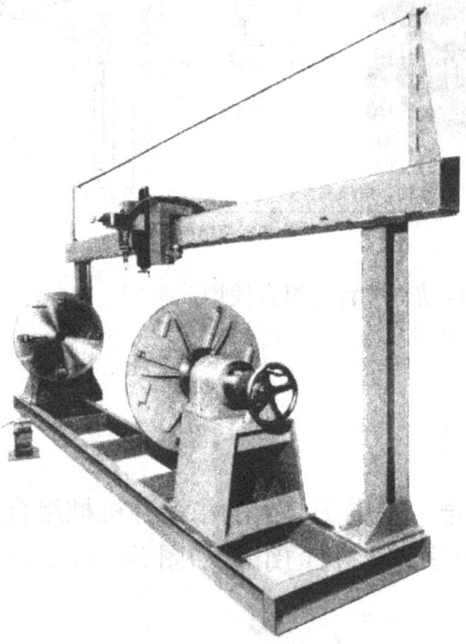

图 5-4　头尾架式焊接翻转机与门架式焊接操作机组合

图 5-5　头架式焊接翻转机与立柱式焊接操作机组合

5.3　焊接中心和焊接自动机

发展焊接结构的单元或工位的焊接中心和焊接自动机，已经是焊接生产中今后发展或技术改造的方向。焊接中心主要由焊接电源、焊机或机头、焊机（机头）变位机（焊接操作机）、焊件变位机（滚轮架、回转台、翻转机或变位机）、焊接辅助装置（气动焊剂垫、焊剂自动送给和回收装置）、焊缝自动跟踪和焊丝干伸长自动调节装置，以及它们的综合电气控制系统等组成。而焊接自动机则是实现焊接过程的机械化自动化机器。

5.3.1　中等直径管节纵缝焊接中心

产品对象：管节直径 $\phi400 \sim \phi1200$mm，管节长度 $L \leqslant 3$m，板厚 $\delta = 6 \sim 14$mm。材质为低碳钢和低合金钢。

1. 管节内纵缝焊接中心

管节内纵缝焊接中心如图 5-6 所示。它是由管节内纵缝焊接操作机、焊接滚轮架、内纵缝焊剂垫、管节气动顶出装置和电气控制系统组成。

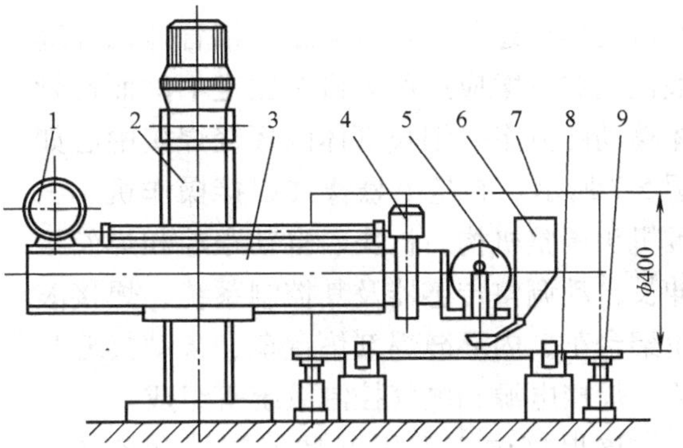

图 5-6　中等直径管节内纵缝焊接中心
1—焊丝盘　2—焊接操作机立柱　3—伸缩臂　4—机头调整机构　5—机头　6—焊剂漏斗　7—管节　8—焊接滚轮架　9—内纵缝焊剂垫

中等直径管节内纵缝焊接中心的特点如下：

1）结构紧凑，严格控制焊接机头及其调整机构、焊剂漏斗等的尺寸，且能在一定范围内上下、左右灵活地移动，可满足最小直径为 400mm 管节的内部埋弧焊的要求。

2）焊丝进给采用拉丝式，送丝电动机在机头上，焊丝盘安装在伸缩臂最末端，通过绝缘软管将 $\phi4$mm 焊丝送入机头导电嘴。

3）采用了内纵缝焊剂垫技术，可以最大限度地采用高效焊接参数。

4）采用了焊剂自动回收技术。

5）伸缩臂前端设置了机动机头调整机构，既可手控来实施焊缝跟踪和焊丝干伸长调整，也可配以传感器和自动跟踪控制箱，实现焊缝的自动跟踪和焊丝干伸长的自动调整。

6）管节内纵缝施焊完毕，伸缩臂复位后启动开关，焊剂垫下降复位，启动推料气缸，将管节推出焊接滚轮架。

7）内纵缝焊接中心设置两套主、副控制盘和焊接手控盒。主控制盘和焊接手控盒设置在最便于焊工观察和操纵焊接全过程的位置。

8）操作盘等控制系统，设置了安全自锁保护系统，以防因误动而影响焊接过程的正常进行。

9）内纵缝焊接中心实现了机电一体化。

2. 管节外纵缝焊接中心

管节外纵缝焊接中心由外纵缝焊接操作机、焊接滚轮架、管节顶推装置和电气控制系统等组成。与内纵缝焊接中心类似，不同之处仅在于：

1）因焊接机头处有足够大的活动空间，所以焊丝盘就近设置在伸缩臂靠近机头处。

2）为适应管节直径在 $\phi400 \sim \phi1200$mm 范围，伸缩臂可随同滑座升降，所以该操作机将比内纵缝焊接操作机立柱加高 600 ~ 800mm。

5.3.2　中等直径管体环缝焊接中心

1. 管体内环缝焊接中心

由于管体长度不同，管体内环缝焊接中心宜采用不同形式。

（1）较短管体内环缝焊接中心　该中心采用管体不动，由焊接操作机伸缩臂移动使机头到达内环缝的方案。因此，该中心由伸缩臂式焊接操作机、焊接滚轮架、内环缝焊剂垫台车和电气控制系统等组成。

（2）细长管体内环缝焊接中心　为防止管体移位或焊接过程中伸出臂或机头抖动而影响焊接过程的正常实施，细管体内环缝最佳施焊方案应选用为机头固定不动而使管体移动的方案。细长管体内环缝焊接中心如图5-7所示。它是由悬臂式焊接操作机、三维机头调整机构、机头、自动跟踪和焊丝干伸长自动调整传感器及其控制系统、焊接滚轮架台车、内环缝焊剂垫台车、自动找缝装置、焊接电源和电气控制系统等组成。

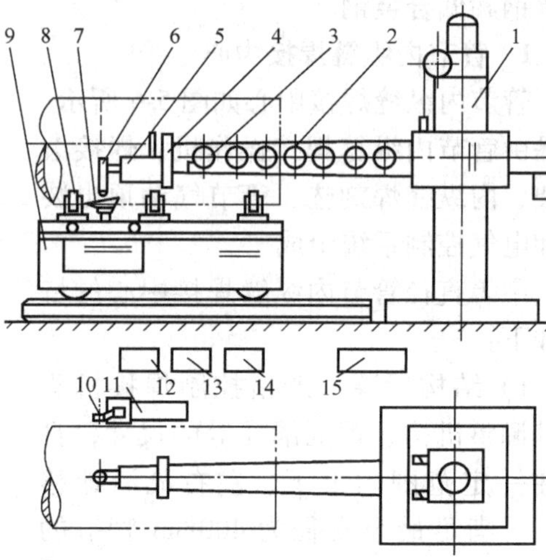

图5-7　细长管体内环缝焊接中心
1—悬臂式焊接操作机　2—送丝机构
3—自动跟踪前置放大器　4—三维机头调整机构
5—传感器　6—焊枪　7—内环缝焊剂垫台车
8—焊接滚轮架　9—焊接滚轮架台车
10—焊缝找正聚光灯　11—主操作盘
12—自动跟踪控制箱　13—主控制箱
14—焊接电源　15—混合气

该焊接中心适用产品范围：直径 $\phi \geqslant 400\text{mm}$，管体长度 $L \leqslant 13\text{m}$，板厚 $\delta = 6 \sim 14\text{mm}$。细长管体施焊多条内环缝，要求焊接过程稳定，焊缝质量优良，技术难度较大。焊接方法选用MAG焊。该中心可以实现使焊枪自动寻找和跟踪焊缝，并且能够自动调整焊枪高度，按照合适的程序自动引弧焊接。收弧时，系统具有电流自动衰减、延时熄弧，延时闭气及焊枪自动抬起功能。实现焊接全过程程序自动控制。细长管体内环缝焊接中心主要设计特点：

1）管体细而长（直径 $\phi \geqslant 400\text{mm}$，$L \leqslant 13\text{m}$），所以焊接操作机的伸出臂采用固定式悬臂结构，焊前准备时悬臂可以升降。

2）因尺寸受限，送丝机构2和自动跟踪前置放大器3均设置在悬臂内，机头（焊枪）调整机构4和传感器5均设置在悬臂的前端，它们都被严格地限制在直径 $\phi \leqslant 400\text{mm}$ 管内自由活动。地面操纵盘处设置一个聚光灯10，其聚光点指向焊枪活动范围的中间位置。当焊接滚轮架台车带动管体运行，将焊枪遮蔽在管体内时，可通过管体上的聚光点确定焊枪的位置。

3）该焊接中心功能齐全，操纵盘上有8个开关22个按钮。调节设备，操作者可以方便地观察、控制和调节设备的各种机动动作、气动动作和焊接参数，使设备处在最佳工作状态和最佳位置进行工作。

4）该焊接中心还有一套简单可靠的自动控制程序。平时，焊工只需按动启动、停止及台车左右移动4个按钮，就能控制焊接中心完成管体内环缝的焊接工作。只有管体直径变化很大时，才需启动滑座升降按钮，调整悬臂的高度。

焊接工件时，先按下台车移动按钮，使操作盘聚光灯的光点落在管体待焊焊缝位置，焊工即可按下启动按钮，启动自动焊接程序：

启动→机头自动下降至预调的工作位置→焊接滚轮架按预定的方向旋转→内环缝焊剂

垫自动升起托在焊道背面→焊枪自动寻找焊缝中心并且保持对中，偏差在 ±1mm 以内→启动焊机引弧程序→电弧引燃，开始正常的自动焊接过程。此时除了停止按钮外，其他各控制开关及按钮均失去人工控制操纵功能，以免误操作而影响焊接过程或损坏设备。

焊完一圈焊缝，焊工按下停止按钮即开始熄弧程序：

停止→焊接电流开始衰减并逐渐熄弧→焊接滚轮架停止转动→焊剂垫自动落下→机头自动抬起 25mm→操纵盘各控制开关和按钮恢复人工操纵功能。

熄弧后 25s 左右，可启动焊接滚轮架台车，将工件的下一条焊缝快速移至聚光灯的光点附近，再按启动按钮即开始另一条新焊缝的焊接，其中辅助工作时间是非常短暂的。

5）该焊接中心设置有一台大而平稳的焊接滚轮架台车，滚轮架转速就是焊接速度。焊接滚轮架由直流电动机驱动。闭环调节和多极放大的晶闸管调速电路，可使焊接速度既能无级调节，又有很强的补偿能力，即使负载或网路有很大变化，也能保证焊接速度稳定不变。焊接滚轮架台车上还有一个内环缝焊剂垫台车，焊剂垫准确地托住焊道，可采用合理焊接参数，以确保焊接质量。

2. 管体外环缝焊接中心

管体外环缝采用埋弧焊工艺。管体外环缝焊接中心由台车式焊接操作机、焊接电源、固定式焊接滚轮架和电气控制系统组成。焊接操作机、焊接电源、电气控制箱和操纵盘等均安装在台车上。焊工坐在台车上即可实施全部外环缝的焊接。

5.3.3　汽车车轮合成内缝或外缝焊接中心

汽车车轮由轮辋与轮辐合成，CA141 轮辋厚为 7mm，轮辐厚为 10mm。选用 ϕ2.0mm 焊丝自动 CO_2 气体保护焊。为确保焊缝成形和焊接质量，提高焊接生产效率，车轮合成的搭接接头，其角焊缝选用船形位置施焊为宜。该焊接中心是由焊机、焊接电源、车轮合成变位机、输送辊道和电气控制系统等组成的，详见图 5-8 所示。

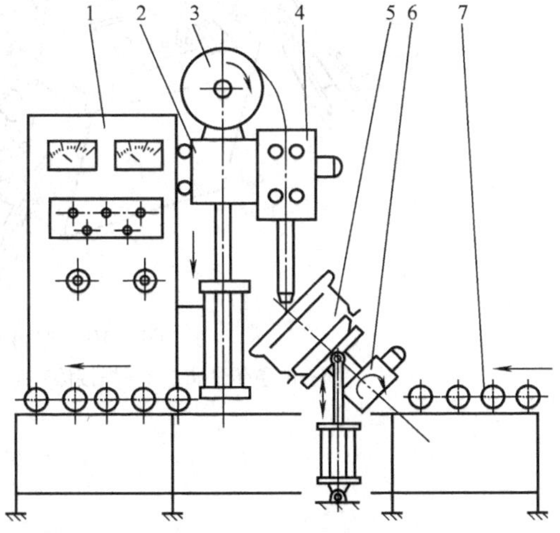

图 5-8　CA141 车轮合成内环缝焊接中心
1—操纵盘　2—机头调整机构
3—焊丝盘　4—送丝机构　5—车轮合成
6—车轮合成变位机　7—车轮合成辊道

5.3.4　柴油机水套的焊接自动机

水套是机车柴油机的一个重要部件，是由材质为 20 钢的无缝钢管与锻制法兰组焊而成，其结构如图 5-9 所示。焊后，全部 X 射线探伤检查，加工后进行 0.5MPa 水压密封试验。

为确保焊缝质量，提高无损探伤一次合格率和生产效率，水套采用了粗丝（ϕ2.0mm）自动 CO_2 气体保护焊（图 5-10）。探伤合格率达 95% 以上，与焊条电弧焊比提高效率 5～10倍。

（1）水套自动焊接机组成　它是由链条传送带、焊接滚轮架、焊接电源、焊枪及其调整机构、电气控制系统等组成。图 5-11 所示链条传送带将装配点固合格的水套逐个自动输送到焊接滚轮架上，进行焊接。传送带是气缸驱动，需要传送水套时，启动气缸阀门，气缸推动送料杆并带动拨叉，拨动链条前进一定距离，则把弧形板上的水套，从 A 位置依次送到 B 位置。同时把 B 位置上的水套送到焊接滚轮架 C 上

（2）水套的装配焊接　水套的装配与焊接是分别进行的。水套装配是手工焊点固，然后送入传送带待焊。如果能够实现装焊一体化，改为装配顶紧不点固施焊方案，焊接实施手控电动或传感器控制焊缝自动跟踪，则焊接质量和焊接生产效率会进一步提高。

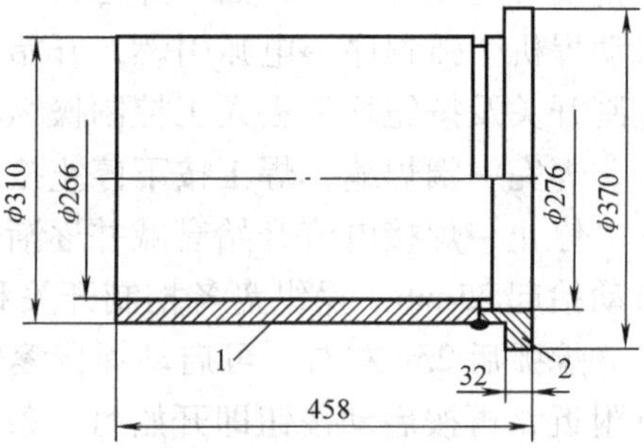

图 5-9　机车柴油机水套结构图
1—水套体　2—水套法兰

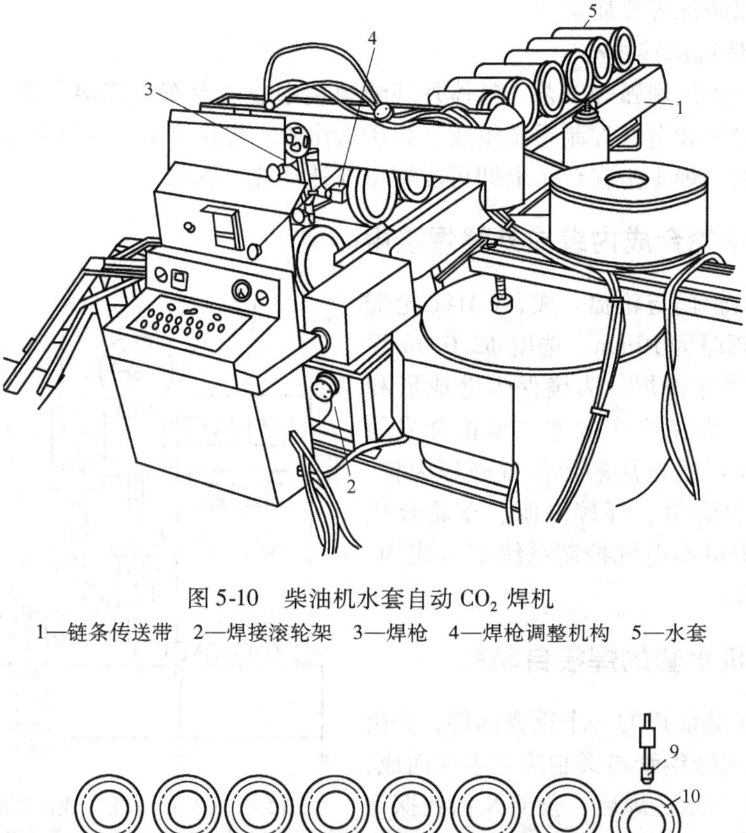

图 5-10　柴油机水套自动 CO_2 焊机
1—链条传送带　2—焊接滚轮架　3—焊枪　4—焊枪调整机构　5—水套

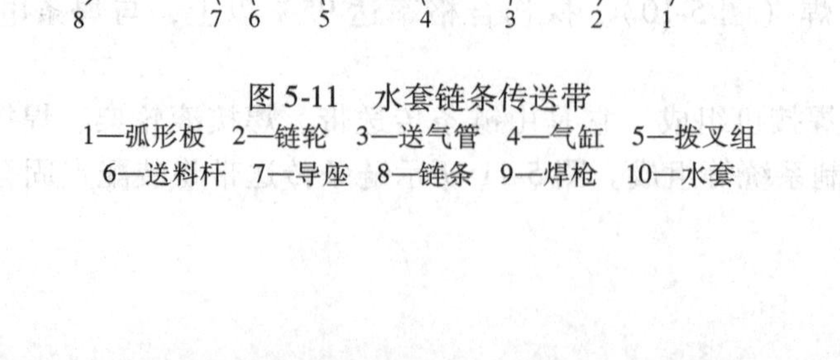

图 5-11　水套链条传送带
1—弧形板　2—链轮　3—送气管　4—气缸　5—拨叉组
6—送料杆　7—导座　8—链条　9—焊枪　10—水套

5.3.5　大型储罐的气电立、横焊自动焊接机

气电立、横焊自动焊接机是一种高效率、高质量的焊接方法，首先在大型储罐焊接中获得应用。气电立焊焊接类似电渣焊，但比电渣焊效率更高，一般是用 CO_2 气体保护，焊缝性能好，尤其保证了焊缝的冲击韧度。气电立焊焊接熔敷速度是焊条电弧焊的 30 多倍。

气电立焊焊机自动控制技术的核心是：焊接小车上升速度能自动适应立焊缝坡口尺寸大小变化，实现同焊接熔池同步增长，连续提升。在焊接过程中，焊丝连续不断地被送进凹槽中，滑块由焊接小车携带，采用闭环全自动控制上升，焊接速度自适应焊接熔池的上升速度，熔池底部金属相继冷却结晶，形成焊缝。

气电横焊焊接机如图 5-12 所示。采用单面埋弧焊焊接方法进行横缝焊接。配备后操作架后，设备既能够实现单面横焊，又能够实现双面横焊。焊剂回收选用进口工业专用高效真空风机，性能有效可靠。

气电立、横焊自动焊接机的主要特点如下：

（1）轻便的轨道　轨道采用铝合金制成，镶嵌齿条。轨道表面进行强化处理，采用中空结构，保证具有很好的刚性，具有一定的柔性和轻便。如图 5-13 所示，轨道支座采用电磁铁与永磁铁组合方式吸附固定，保证焊接小车在轨道上安全平稳的运行，具有方便安装和拆卸点等优点，不仅可以立、横焊，还可以进行环缝的焊接。

图 5-12　气电横焊焊接机

图 5-13　焊机柔性轨道与焊枪摆动器

（2）调节方便迅速的焊枪摆动器　焊枪摆动器是小车的一个独立组件，不用时可拆卸。摆动器采用带减速器的直流电动机，计算机控制，参数控制精度高，运行可靠耐用。有独立可调的 4 个参数。摆动参数的调节是根据板的厚度，坡口的尺寸及对焊缝的具体要求选择的。

（3）高速、可靠、稳定的送丝系统　气电立焊的熔敷率高，焊丝干较长，调节范围较大，良好的焊丝校直机构；焊丝输送软管具有良好的柔韧度，阻力小并有水冷装置，防止过热。

（4）完善的控制系统　控制系统集中了焊接过程的全部控制模块，焊接操作均可通过固定在焊接小车上的操作盘完成。

5.4 焊接机器人

（操作型）工业机器人（manipulating）industrial robot，其操作机是自动控制的，可重复编程、多用途，并可对三个和三个以上轴进行编程。它可以是固定式或移动式，在工业自动化中使用。

焊接机器人（welding robot）是机器人与现代焊接技术相结合的，是自动化焊装生产线中的基本单元，并常和其他设备一起组成机器人柔性作业系统，如弧焊机器人工作站。

5.4.1 焊接机器人基础

1. 概述

机器人作为现代制造技术发展的重要标志和新兴产业之一，正对高新技术领域和人们的生活产生深远影响。

随着国内制造业，尤其是汽车工业的发展，采用机器人焊接将是我国21世纪焊接自动化的重要发展方向。同时，焊接机器人的性能亦在不断提高，并逐步向智能化方向发展。机器人就其技术发展进程可分为三代，见表5-1。

表 5-1 机器人的分代

名 称	说 明
第一代机器人（示教再现型机器人）	基本工作原理是示教再现，对环境的变化没有应变能力，是目前广泛使用的机器人
第二代机器人（适应型机器人）	在第一代机器人上加感知系统（视觉、力觉等），对环境的变化可进行一定范围的适应性调整，目前已进入实用阶段并开始逐渐推广
第三代机器人（智能型机器人）	它不仅具有感知功能，还具有一定决策和规划的能力，能根据人的命令或按照所处的环境，自行做出决策，规划动作，即按任务编程。目前已制成了科研样机

（1）焊接机器人的主要优点

1）稳定和提高焊接质量，焊接机器人的采用，带动了零部件制造水平和质量的提高，以及生产管理水平的提高，也避免了操作者人为因素造成焊接质量的影响，产品整体质量大大提高，从而质量的稳定性得到了保证。

2）焊接机器人可在有害的环境下长期工作，改善了工人的劳动条件。

3）可以适应焊接柔性生产，满足多品种生产及缩短产品改型换代的准备周期。

4）可以一天24h连续运转，提高了生产效率和设备利用率。

（2）焊接机器人工作站的基本构成 焊接机器人工作站由工业机器人、焊接设备、周边设备、系统控制设备、辅助装置及安全防护装置等组成。

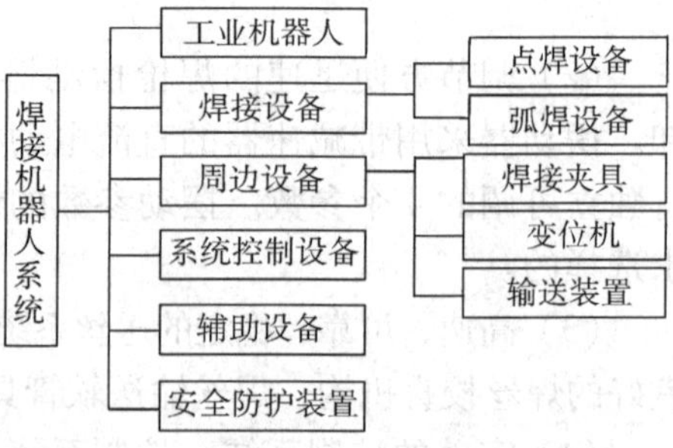

图 5-14 焊接机器人工作站配置框图

多个焊接机器人工作站相连接，则可组成一条焊接机器人生产线。焊接机器人工作站的配置框图如图5-14所示。其组成分别简述如下：

1）工业机器人。工业机器人的基本构成包括机器人本体（操作机）、控制柜、示教盒和基座。如图5-15所示。

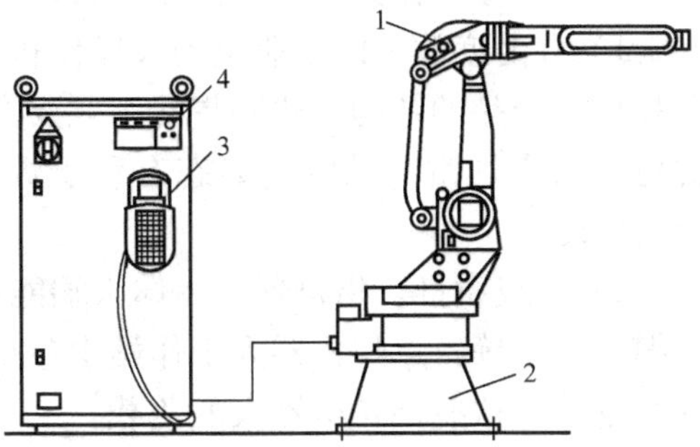

图5-15　工业机器人的基本构成
1—操作机　2—基座　3—示教盒　4—控制柜

2）焊接设备。机器人用焊接设备包括弧焊设备（或点焊设备）、机器人控制系统与焊接设备之间的接口装置、焊接指令控制电缆及附属设备等组成。

3）周边设备。包括焊接夹具、变位机及输送设备等。

4）系统控制设备。控制焊接机器人工作站的装置包括工业机器人控制柜、可编程控制器及操作盘。系统控制装置对焊接机器人工作站的启动、停止、急停、暂停、手动、自动等运行进行控制，并对工作站的运行和报警进行显示。

5）辅助装置。为保证焊接机器人工作站的正常连续运行，整个工作站应包括清枪装置、剪丝装置、点焊电极磨削装置及不同功能的传感器等。

6）安全防护装置。安全防护装置对于焊接机器人工作站和焊接机器人生产线是必不可少的。安全防护装置包括焊接机器人工作站范围边缘设置的安全防护栏、安全保护用光栅、设备检修维护用的连锁安全门，以及弧焊机器人工作站的弧光防护屏等组成。

（3）焊接机器人工作站的应用

1）焊接机器人工作站集成技术。根据用户提出的待焊产品结构、焊接工艺方法，用户在质量、成本、生产节拍上的要求，以及产品的使用条件，焊件的搬入搬出，工装夹具和变位机等的制作及动作控制、操作使用的安全措施和使用环境等各个因素，对焊接机器人工作站的配置及各部分设备的选用，不是一个一个独立考虑，而是综合各种因素分析、设计，为用户提供最佳的系统，这就是焊接机器人工作站的系统集成技术。

随着科学技术的进步，焊接机器人工作站各部分配置设备的更新换代，自动控制技术和计算机技术的发展，系统集成技术也在不断地发展。

2）焊接机器人工作站的选用原则。工业机器人是一种通用机器人，在机器人本体的腕部端部更换上不同用途的工具，就可以让它做各种各样的工作。各个机器人厂家都生产了不同系列的多种机型，以提供焊接机器人工作站选用。在应用焊接机器人工作站时，要综合考虑以下因素：

① 由于不同类型的焊件，相应采用不同的焊接方法，焊接系统的配置形式也有很大不同。

② 因焊接方法的不同，焊枪（或焊钳）的形式和质量也不同，则决定了机器人的负载质量。

③ 焊件的外形尺寸及其焊接部位限定了机器人的工作范围，也就决定了机器人的机型。

④ 焊件的结构尺寸和焊缝（或点焊的熔核）的位置不同，对机器人有不同的要求，决定了机器人的安装方式，从而影响到机器人选择。

⑤ 焊件的形式和生产批量、节拍、用户的特殊要求，也决定了机器人的选用和焊接

机器人工作站的配置。

⑥ 用户对项目的投资和生产成本的要求对系统配置有很大影响。

（4）焊接机器人工作站的主要技术指标

1）自由度数。即工业机器人操作机独立驱动的关节数。这是反映机器人灵活性的重要指标。产品的结构形式和焊接工艺要求工业机器人不仅能达到空间某位置，而且要保证焊枪（或点焊钳）的空间姿态有利于焊接作业。因此，焊接用工业机器人通常都采用6个自由度。

2）负载质量。指机器人本体末端能承受的额定载荷。弧焊机器人工作站中包括焊枪、电缆、气管等；点焊机器人工作站中包括点焊钳、变压器、电缆、压缩空气管路组件、冷却水管等。这些都是机器人的负载。

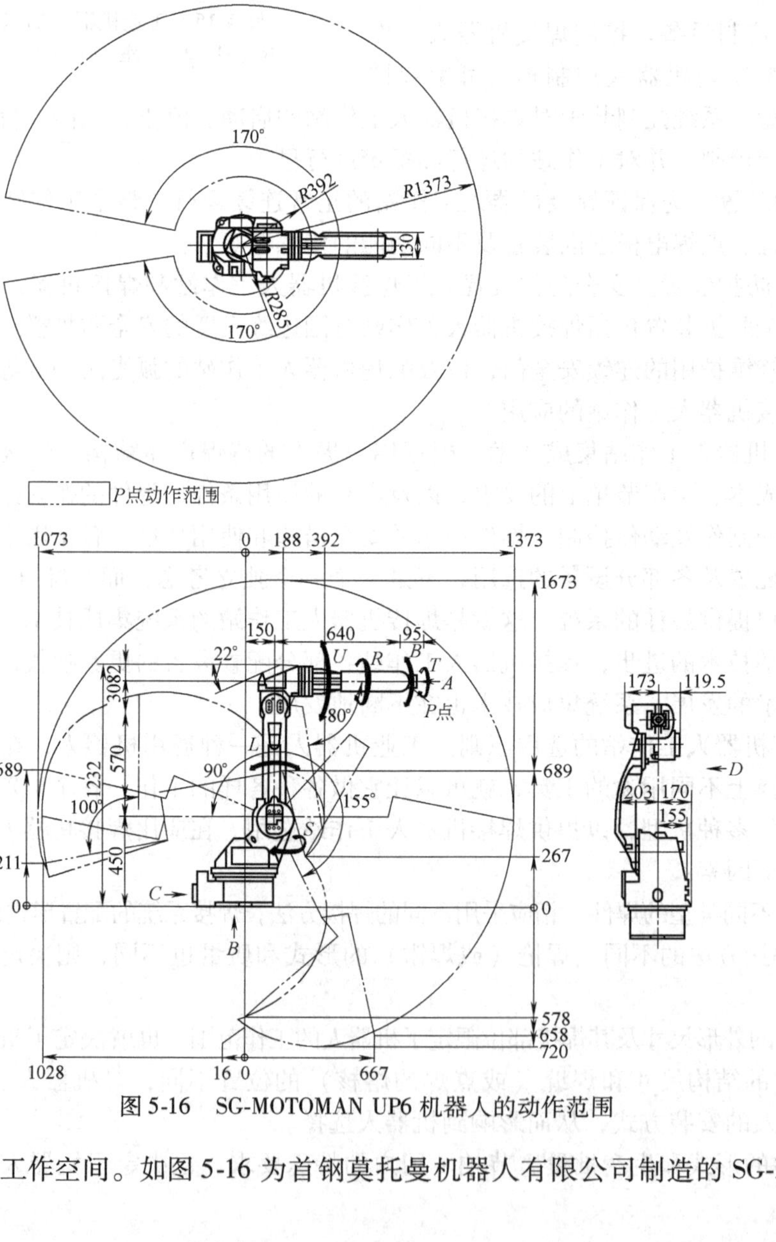

图 5-16 SG-MOTOMAN UP6 机器人的动作范围

3）机器人工作空间。如图 5-16 为首钢莫托曼机器人有限公司制造的 SG-MOTOMAN-

UP6 机器人的动作范围示意图。

机器人的工作空间为机器人手腕部末端在未装任何操作工具的情况下最大的可达空间，包括机器人末端运动范围和各个轴可达到的最大动作范围。它决定了机器人的动作范围。

4）最大速度。机器人各个轴运动的最大角速度，以及各轴联动情况下机器人末端所能达到的最大线速度。

5）精度性能指标。与机器人运动精度有关的性能指标，主要有位姿精度、距离精度、轨迹精度等。其中，最重要的是位置重复定位精度，它表示经示教后，机器人重复 n 次再现时实际到位置的不一致程度。

6）安装使用环境。包括对电源容量、电压等的要求，以及机器人对工作环境的温度、湿度的要求等。

7）存储容量。包括输入输出信号点数、机器人命令点数和文件数。这些都说明了机器人的控制能力。存储容量大，则适应性强，通用性好，从事复杂作业的能力强。

8）语言转换功能。示教盒显示屏幕可由多种语言显示。例如首钢莫托曼机器人有限公司开发的机器人语言中文显示功能，可以实现从中文、英文、日文等十种语言文字中任选两种文字切换显示功能。这对于机器人应用系统的操作十分方便。

9）协调控制功能。即一台机器人控制柜可同时控制多个运动轴的能力。如安川电机株式会社生产的 YASNAC-XRC 配控制柜可同时控制 27 个运动轴，并能够同时控制三台机器人和外部轴协调动作，完成焊接作业。整个操作只用示教盒就可实现。

10）自诊断功能。机器人系统具有对主要元器件、主要功能模块进行自动检查、故障报警、故障部位显示及故障排除功能。

11）自保护及安全保障功能。主要包括驱动系统过热自断电保护、超速自断电保护、动作超限位（软极限）自断电保护等功能。同时，可由用户坐标设定干涉监视区域，在与夹具及其他机器人共用作业空间时，可自动锁定动作，避免机械干涉。因此，可以防止机器人伤人或损害周边设备。

2. 机器人构成及工作原理

现在广泛应用的焊接机器人都属于第一代工业机器人，它的基本工作原理是示教再现。从功能角度分析可将机器人分解成四个部分：操作机、末端执行器、传感器系统、控制器，如图 5-17 所示。

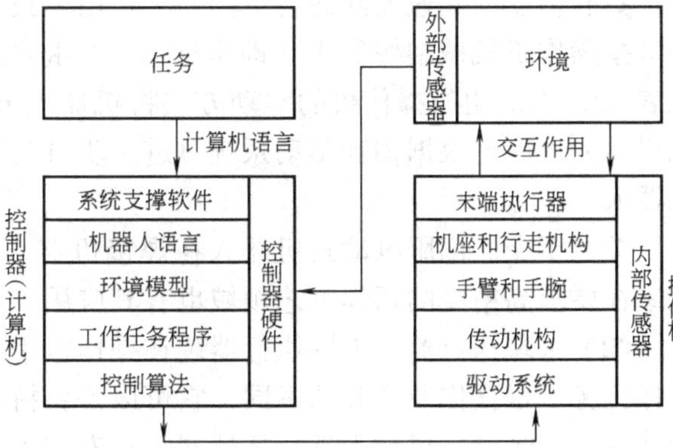

图 5-17　机器人结构框图

（1）操作机　操作机由机座（如是移动式机器人其机座上还有行走机构）、手臂和手腕、传动机构、驱动系统等组成，其功能是使手腕具有某种工作空间（机器人执行任务时，其腕轴交点能在空间活动的范围），并调整手腕使末端执行器实现作业任务要求的动作。

1）手臂和手腕。图 5-18 为关节型机器人操作机的机械结构，其中手臂由腰、机身、大臂、小臂组成。手臂的三个关节（腰轴、肩轴、肘轴）用以改变参考点的位置，称为定位机构。手腕也有三个关节，通常其轴线垂直相交于一点，理论上可使末端执行器在空间达到任意的姿态，因此手腕是定向机构。图5-19为一种三自由度手腕的示意图和传动图，它是由安装在远距离的驱动系统来带动几组锥齿轮旋转实现的。

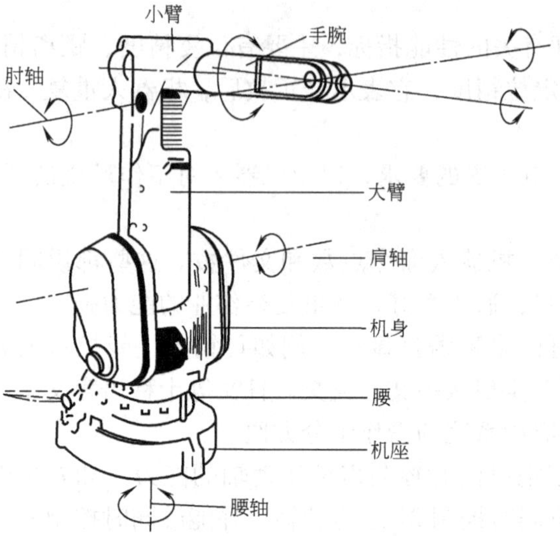

图5-18 操作机机械结构

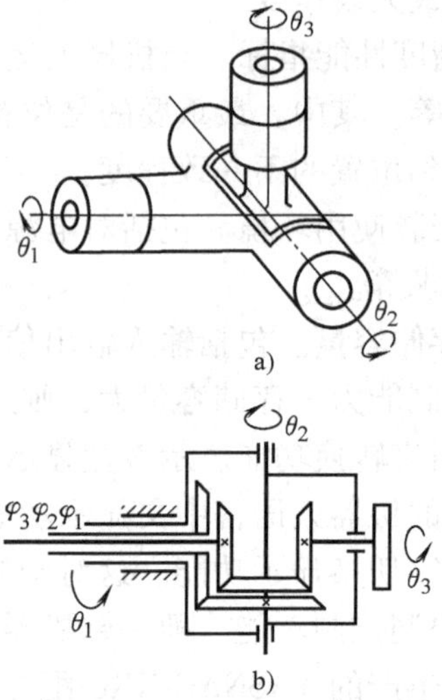

图5-19 三轴垂直相交的手腕
a）示意图 b）传动图

2）传动机构。是用来将原动机发出的机械能传递给关节或其他工作部分，以实现机器人各种必要的运动。常用的传动机构有齿轮传动、螺旋传动、带及链传动等。

3）驱动系统。常用的驱动方式主要有液压驱动、气压驱动和电气驱动三种基本类型。除上述驱动方式外，近年来国外在SGARA式机器人中开始采用直接驱动方式，它不需要机械减速装置而由变速电动机直接驱动操作机关节，这就消除了机械减速装置引起的误差，具有精度高和速度高的特点。当然，由于技术难度较高，目前应用尚不普遍。

按操作机机械结构形式（即坐标形式）将机器人予以分类，是采用最多的分类方法，见表5-2。有时也按操作机的驱动方式将机器人分成气动式机器人、液压式机器人、电动式机器人，后者根据伺服驱动系统可进一步分为直流伺服电动式机器人和交流伺服电动式机器人。

关节型交流伺服电动式机器人在焊接机器人中获得日益广泛的应用，SCARA机器人近来在要求高精度的弧焊工艺领域也有其应用。

（2）末端执行器　末端执行器装在操作机手腕的前端（称机械接口），用以直接执行工作任务。根据作业任务的不同，它可以是夹持器或专用工具等。夹持器是具有夹持功能的装置，如吸盘、机械手爪、托持器等；专用工具是用以完成某项作业所需要的装置，如用于完成焊接作业的气焊枪、点焊钳等。并由此，将焊接机器人又可细分为CO_2焊机器人、TIG焊机器人、MAG/MIG焊机器人、气焊机器人、钎焊机器人、点焊机器人、激光焊机器人等。

（3）传感器系统　机器人所用传感器又分为内部传感器和外部传感器二类。前者用来检测自身状态的信息，主要是位置、速度、加速度等传感器，并且作为反馈信号构成伺服控制；后者是用来检测机器人作业对象和作业环境信息的传感器，如测量夹持器夹紧力的压力传感器，对外界进行识别的视觉、触觉、听觉等传感器。

（4）控制器　控制器是个专用计算机，相当于机器人的大脑，它以计算机程序方式来完成给定任务。目前，大部分工业机器人都采用二级计算机控制：第一级为主 CPU，完成系统的监控、作业管理、自诊断等；第二级为子 CPU，完成各关节伺服系统的控制等。

表 5-2　机器人按机械结构类型的分类

名称	机器人结构形式	工作范围	说　明
直角坐标机器人	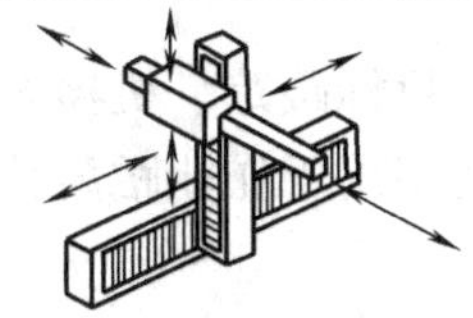	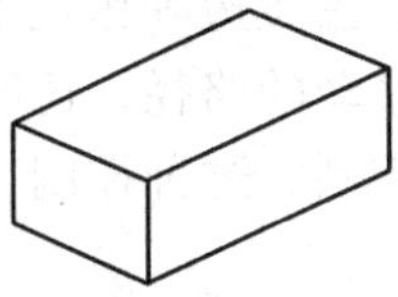	手臂具有三个棱柱关节，其轴线按直角坐标配置；运动学模型简单直观，需要较大的操作空间，可达性差；多做成大型龙门式或框架式机器人
圆柱坐标机器人	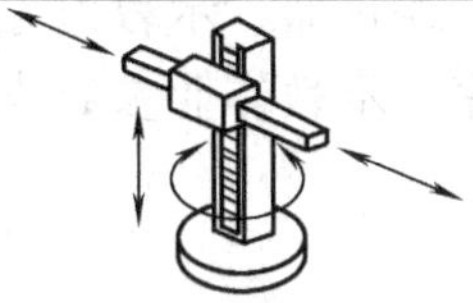		手臂至少有一个回转关节和一个棱柱关节，其轴线按圆柱坐标配置；运动学模型简单直观，易于进入空腔和开口部分；水平臂外伸距离越长，位移分辨率越低
极（球）坐标机器人	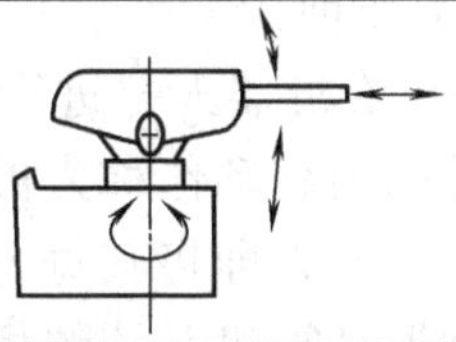	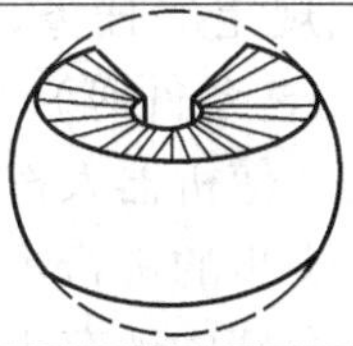	手臂有二个回转关节和一个棱柱关节，其轴线按极坐标配置；运动学模型较复杂。视觉上也不直观；占用空间较小，操作范围大和灵活
关节型机器人	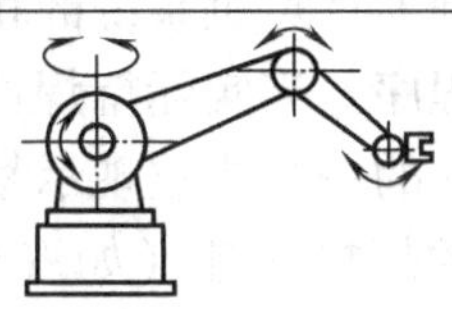	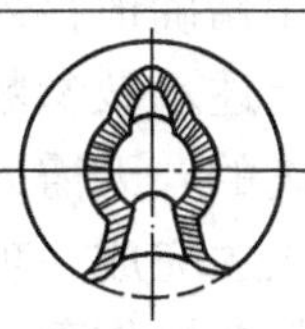	手臂具有三个回转关节；具有最好的操作灵活性和可达性，工作空间大，旋转关节易于密封；运动学模型解算复杂，视觉上不直观，结构刚度较差
SCARA 机器人	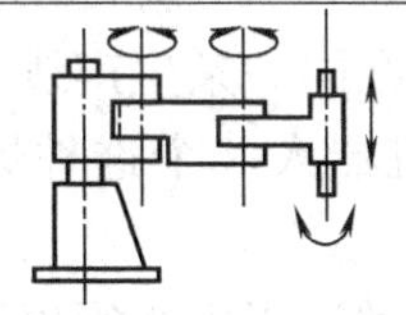	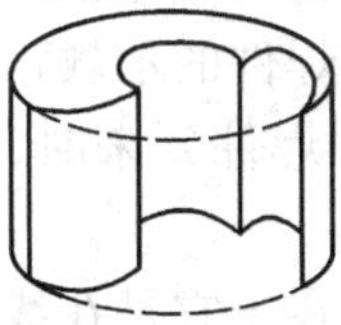	它有三个旋转关节和一个移动关节，为水平关节型结构；动力学上的计算比关节型机器人容易，柔顺性好；能够实现高精度和高速度运动

图 5-20 中主 CPU 为总控制器，主要进行系统控制和坐标计算与变换，包括坐标变换、插补计算、自动加减速计算、加速度验算、横摆计算、自诊断等。子 CPU 主要作动作控制，包括脉冲分配、机器人零点复位、零点减速和开关位置检测等。主 CPU 对子 CPU

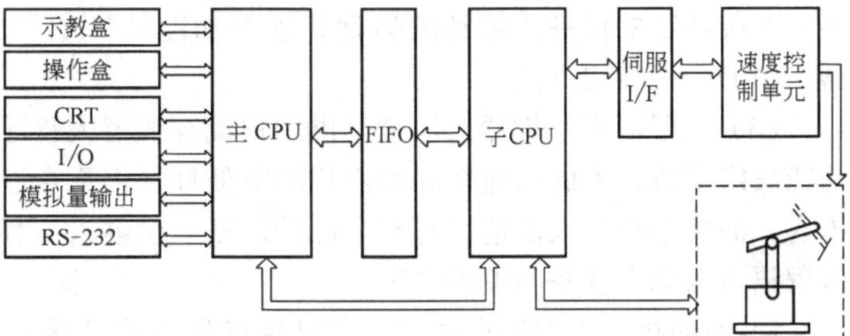

图 5-20　二级计算机控制系统原理图

的控制是以命令的形式通过 FIFO 栈来传递的；而子 CPU 的状态与请求是通过并行 I/O 接口来进行的。

机器人控制器的控制功能大致有下述三类：

第一类是点位控制，简称为 PTP 控制，它只要求机器人手臂末端能快速准确地从一点到相邻点运动，而对其运动路径不作具体规定。这种控制功能用于搬运、点焊、装配等作业中。

第二类是连续路径控制，又称连续轨迹控制，简称 CP 控制。它不但要求机器人手臂末端从一点到相邻点运动，而且要求所走过的路径是连续平滑的，这就需要插补运算，所以这种控制功能多用于喷涂、弧焊、去飞边等作业中。

第三类是移动控制，它包括对移动的路径、速度、目标跟踪、机器人操作机的稳定平衡、越过障碍物及回避障碍物等的控制，这种控制功能多用于作业距离较长或野外作业等需要机器人移动甚至行走的场合。

此外，机器人还有一类附加装置，如手动操作器、编程器、示教器等。用这些附加装置可以进行手动调整机器人状态、编制机器人作业程序、示教作业参数或输入修改系统参数等工作。

3. 机器人的示教、编程及语言

（1）示教再现　为使机器人完成规定的任务，在工作前由操作者把作业要求的内容（如机器人的运行轨迹、作业顺序、工艺条件等）预先教给机器人，进行这种操作称为示教。把示教的内容保存下来称为记忆。使机器人按示教的内容动作称为再现。例如，由操作者对焊接机器人按实际焊接操作一步步的进行示教，机器人即将其每一步示教的空间位置、焊枪姿态以及焊接参数等，按顺序精确地存入控制器计算机系统的相应存储区。示教结束的同时，就会自动生成一个执行上述示教参数的程序。当实际待焊件到位时，只要给机器人一个起焊命令，机器人就会精确的、无需人介入的一步步重现示教的全部动作，自动完成该项焊接任务。如果需要机器人去完成一项新的焊接任务（如汽车车型改变），无需对机器人作任何改装，只需要按新任务操作重新对机器人示教就可以实现。如果在机器人控制器计算机内存中同时存储多种焊件的示教程序，在同一条生产线上就可以很容易地实现多种焊件的生产；而仅需在一种焊件到来时，给机器人一个这种焊件的识别编码即可，这就是所谓柔性。

（2）离线编程　示教编程的缺点在于它是在线，示教过程中必须停工。离线编程则可克服这一缺点。所谓离线编程，即是在与机器人分离的装置上编制任务程序（为定义机器人系统特定的任务所编制的运动和辅助功能的指令集，称任务程序）后，再输入到机器人中的一种编程方法。

（3）编程语言　机器人语言是供用户编写机器人程序的专用计算机语言。编程语言的功能决定了机器人的适应性和给用户的方便性，但至今还没有完全公认的通用机器人编程语言，而每个机器人制造厂都有自己的语言。机器人编程语言主要有两类：面向机器人的编程语言与面向任务的编程语言。

1）面向机器人的编程语言，主要特点是描述机器人的动作序列，每一条语句大约相当于机器人的一个动作，整个程序控制机器人完成全部作业。

2）面向任务的机器人编程语言，其特点是允许用户发出直接命令，以控制机器人去完成一个具体的任务，而不需要说明机器人需要采取的每一个动作的细节。

焊接机器人的编程语言，目前都属于面向机器人的语言；面向任务的机器人语言尚属开发阶段。

5.4.2　点焊机器人

在工业生产中，电阻焊是最常用的焊接方法之一，应用非常广泛。目前，机器人多用于电阻点焊，例如汽车、农机、摩托车等行业。通常，装配一台汽车车身大约需要完成4000～5000个焊点。点焊机器人工作站取代了人工把持焊钳的笨重、单调、重复的体力劳动；可以长时间的重复工作，设备利用率高；重复定位精度高，更好地保证焊接质量；能够适应多品种生产和新产品的开发，组成柔性自动化生产系统。

1．点焊机器人工作站的基本构成

点焊机器人工作站主要由工业机器人本体、控制系统及点焊设备系统三大部分组成，如图5-21所示。

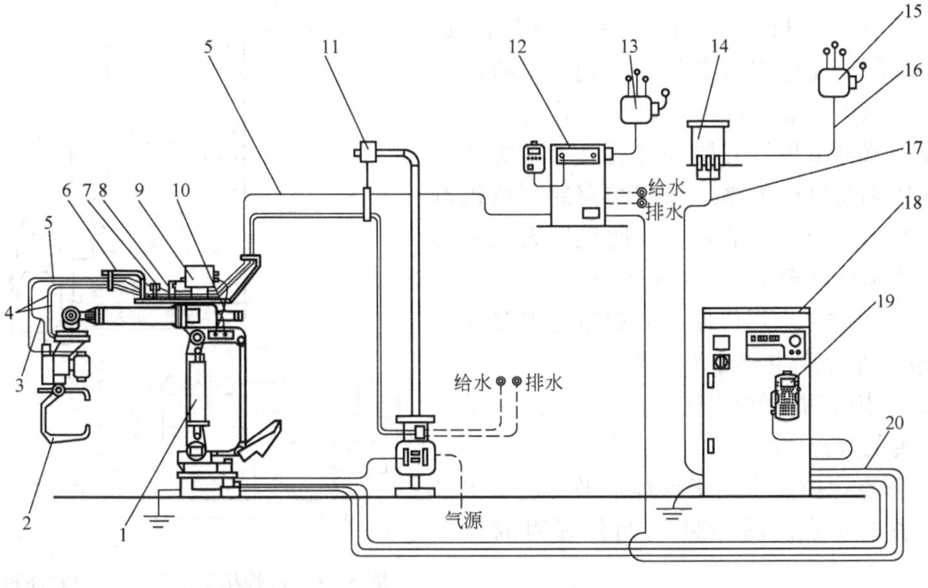

图5-21　SG-MOTOMAN点焊机器人工作站构成图

1—机器人本体　2—点焊钳　3—气管　4—冷却水管　5—焊钳电缆　6—中继盒安装基座　7—电缆中继接头　8—加压电磁阀　9—中继盒　10—装备电缆　11—管线支架　12—点焊机　13、15—三相电源（380V）　14—机器人用变压器　16——次电缆　17—控制电缆（380V/200V）　18—机器人控制柜　19—示教盒　20—示教盒电缆

（1）机器人本体　目前点焊用工业机器人本体，多为垂直多关节型，6个自由度，由交流伺服电动机驱动。它能在可到达的工作区间内任意调整焊钳姿态，以适应焊件不同的结构形式、不同位置的焊接要求。同时，由于点焊钳重量较大，机器人手腕部抓取的重量要足够，多选用负载重量大的大型机器人。

（2）控制系统　控制系统由机器人本体控制部分与点焊功能控制部分组成。

1）机器人本体控制部分主要是控制机器人运动轨迹，实现示教再现，控制焊点位置及精度和控制外部轴。

2）点焊功能控制部分是在机器人控制器中，加装了点焊专用功能控制基板和专门的点焊作业软件。通过控制电缆将点焊控制器与点焊钳之间进行信号交换，实现点焊过程电极加压、通电焊接、维持及结束焊接等各程序段的时间控制及程序转换。通过改变主电路晶闸管的导通角，实现焊接电流的调节控制。图5-22为点焊机器人控制系统方式的框图。

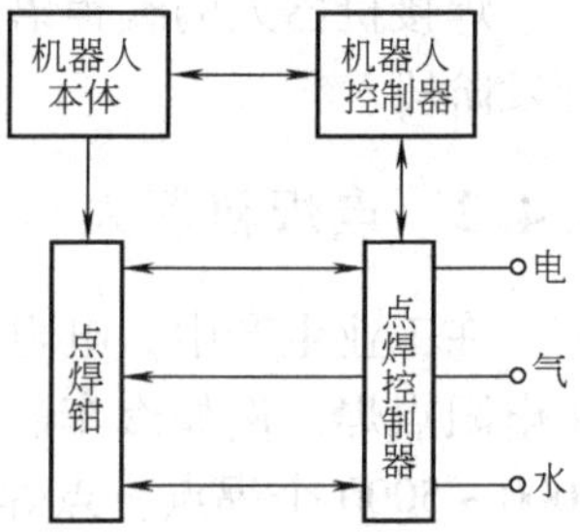

图5-22 点焊机器人控制系统框图

2. 点焊机器人焊接设备系统

点焊设备系统主要包括点焊控制器（点焊机）、点焊钳、水电气路及辅助部分组成。

（1）点焊控制器 点焊控制器是由CPU、EPROM及部分外围接口芯片组成的微机控制系统。通过操作盘可完成点焊时的焊接参数输入、点焊时间程序控制、焊接电流控制、焊接系统水、电、气的通断及故障自诊断，并且通过控制电缆实现与机器人控制计算机及示教盒的通信联系。焊接控制系统与机器人控制器之间采用应答式通信联系。

图5-23为点焊机器人工作站控制原理图。通常由点焊控制器完成焊接参数的编制，由机器人控制器编制点焊作业程序文件。点焊作业时，由机器人控制器给出焊接开始信号后，整个焊接过程由点焊控制器自行控制。焊接结束后，给机器人控制器发出点焊完了信号，以便机器人控制器控制机器人本体移至下一个焊点位置。

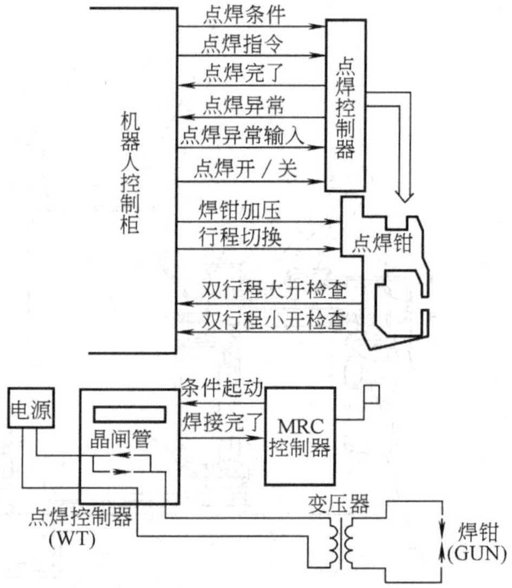

图5-23 点焊机器人工作站控制原理图

（2）点焊钳 点焊机器人的焊钳有很多种。

1）按用途分类主要分为两类

① C形点焊钳。常用于点焊垂直及近于垂直的倾斜位置的焊点。

② X形点焊钳。常用于点焊水平及近于水平的倾斜位置的焊点。图5-24为两种焊钳的外形图。

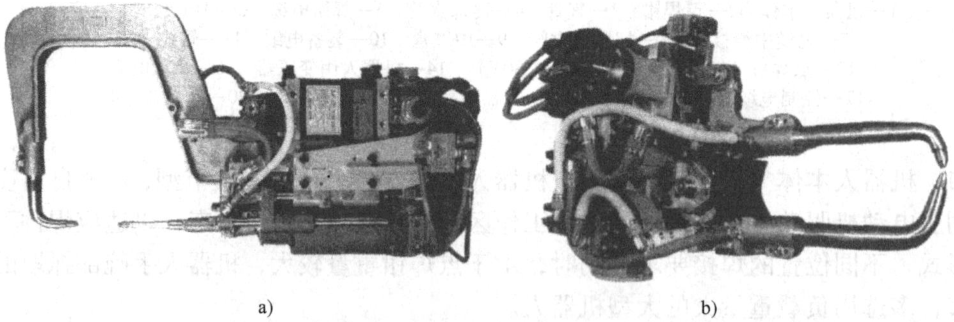

a) b)

图5-24 点焊机器人焊钳的外形图
a）C形点焊钳 b）X形点焊钳

2）按结构形式分为三类

① 分离式点焊钳。这类焊钳的特点是电阻焊变压器与钳体分离，钳体安装在机器人手腕末端。焊接变压器悬挂在机器人上方，二者间用二次电缆相连。其优点是减小了机器人的负载。但是，点焊时的大电流通过二次电缆，电能损耗大，电缆较粗大，使点焊机器人的移动受限制。

② 内藏式点焊钳。这种结构的特点是将电阻焊变压器安放在机器人的手臂内，使其尽可能接近焊钳。变压器的二次电缆安在手臂内部。这种结构机器人本体结构复杂，在机器人本体设计时必须统一考虑。

③ 一体式点焊钳。如图5-25所示，这种点焊钳是将电阻焊变压器和钳体安装在一起，然后共同固定在机器人手腕末端。它的主要优点是省掉了粗大的二次电缆及电阻焊变压器的悬挂架，焊接变压器的输出端直接与焊钳的上下臂相连；另一个优点是节省电能。随着逆变电源技术的发展，电阻焊变压器的体积和重量大大减小。目前点焊机器人大多采用一体式点焊钳。

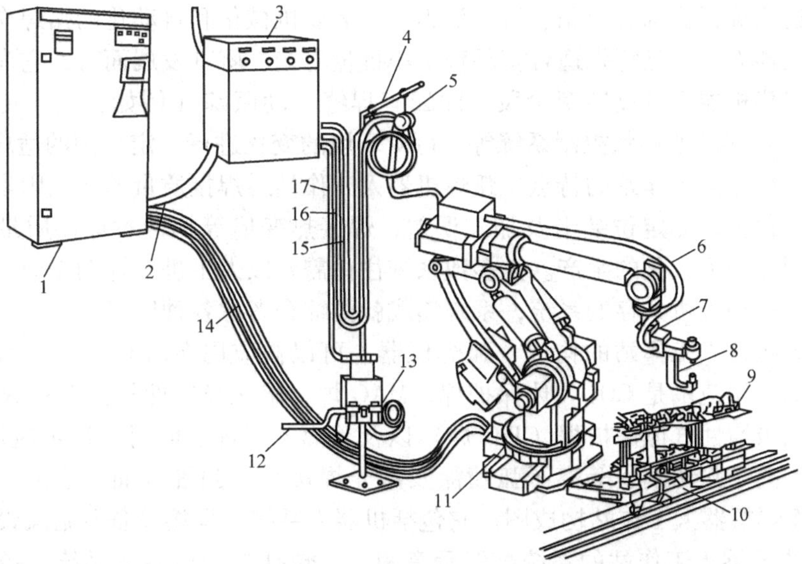

图5-25 安装一体式点焊钳的点焊机器人工作站

1—机器人控制柜 2—点焊设备控制电缆 3—点焊机 4—支架 5—挂钩 6—电缆、气管、冷却水管 7—焊接变压器 8—点焊钳 9—焊件 10—夹具 11—机器人 12—气源 13—三位一体气阀 14—电缆 15—水冷却管 16—电缆 17—气阀控制电缆

3）按电极加压方式分为三类

① 液压式点焊钳。采用液压缸加压，但是由于结构复杂及易漏油，很少采用。

② 气压式点焊钳。采用气缸加压，是目前点焊钳中采用得最多的形式。

③ 伺服点焊钳。采用交流伺服电动机作为压力执行机构，由机器人控制器与机器人的六个轴一起集中控制。其优点是：省掉了很多外围单元；可任意设定焊钳电极的开放行程；可任意设定加压的压力；任意调节电极运动速度；焊钳开闭时间达到最短；电极加压

无冲击；焊接质量稳定。这种点焊钳是今后的发展方向。

3．点焊设备的选择原则

1）应选用具有浮动加压装置的专用点焊钳。这种焊钳应重量轻，有长短两个行程，便于快速焊接及越过障碍、修整及更换电极。

2）要求焊接电缆必须柔性好，强度高，在机器人频繁快速移动和快速旋转时，不致因疲劳而损坏，有较长的工作寿命。

3）按焊件的形状、焊缝位置、材料种类及板厚，选择点焊设备的功率和点焊钳的结构形式和尺寸。

4）点焊控制器应和机器人控制系统协调控制，焊接参数调节方便，对水、电、气路系统有监视和自诊断、自保护功能。

5.4.3　弧焊机器人

1．弧焊机器人概述

弧焊机器人的应用范围很广，除汽车行业外，在通用机械、金属结构、航空、航天、机车车辆及造船等行业都有应用。可以认为，在需要机械化和自动化的弧焊作业场合都可以采用弧焊机器人，并且特别适合多品种中小批量生产。就其发展而言，它尚处于第一代机器人向第二代机器人过渡转型阶段，即配有焊缝自动跟踪（例如，电弧传感器、激光视觉传感器等）和熔池形状控制系统等，可对环境的变化进行一定范围的适应性调整。

（1）弧焊机器人工作站的特点　弧焊机器人工作站对焊接质量的影响因素较多，外界因素的干扰也很多，如定位装卡及加工误差，焊接热变形等都会对焊接质量有影响。因此，难以实现完全无人化的生产。大多数系统往往需要以人工进行辅助作业。装卸焊件及检查监视，是一种人机共存的系统，系统集成就要综合考虑各种因素。

（2）弧焊机器人工作站的构成　弧焊机器人可以被应用在所有的弧焊和切割技术领域，最常用的应用范围是CO_2气体保护焊、MAG焊、熔化极惰性气体保护焊（MIG焊）、自动填丝的钨极惰性气体保护焊（TIG焊）以及等离子弧焊。同时。还可应用在氧-燃气火焰切割、等离子弧切割、等离子弧喷涂及激光焊接和切割等方面。图5-26是一套SG-MOTOMAN弧焊机器人工作站构成图。它包括机器人系统、焊接设备及附属设备等。图5-27是一套弧焊机器人工作站的系统配置示意图。它包括弧焊机器人系统、控制系统、周边设备和安全装置等。

（3）弧焊工艺对机器人的基本要求　在选用或引进弧焊机器人及弧焊机器人工作站时，必须注意以下几点：

1）弧焊作业均采用连续路径控制（CP），其定位精度应$\leqslant \pm 0.5$mm。

2）必须使弧焊机器人可达到的工作空间大于焊接所需的工作空间，经常将机器人悬挂起来或安装在运载小车上使用。

3）按焊件材质、焊接电源、弧焊方法来选择合适种类的机器人，例如，钢材一般选CO_2/MAG弧焊机器人；不锈钢选MIG弧焊机器人；铝材选脉冲TIG弧焊机器人或MIG弧焊机器人等。

4）正确选择周边设备，组成弧焊机器人工作站。弧焊机器人仅是柔性焊接作业系统的主体，还应有行走机构及小型和大型移动机架，以扩大机器人的工作范围。同时，还设有各种定位装置、夹具及变位机。多自由度变位机应能与机器人协调控制，使焊缝处于最佳焊接位置（平焊、船形焊）。

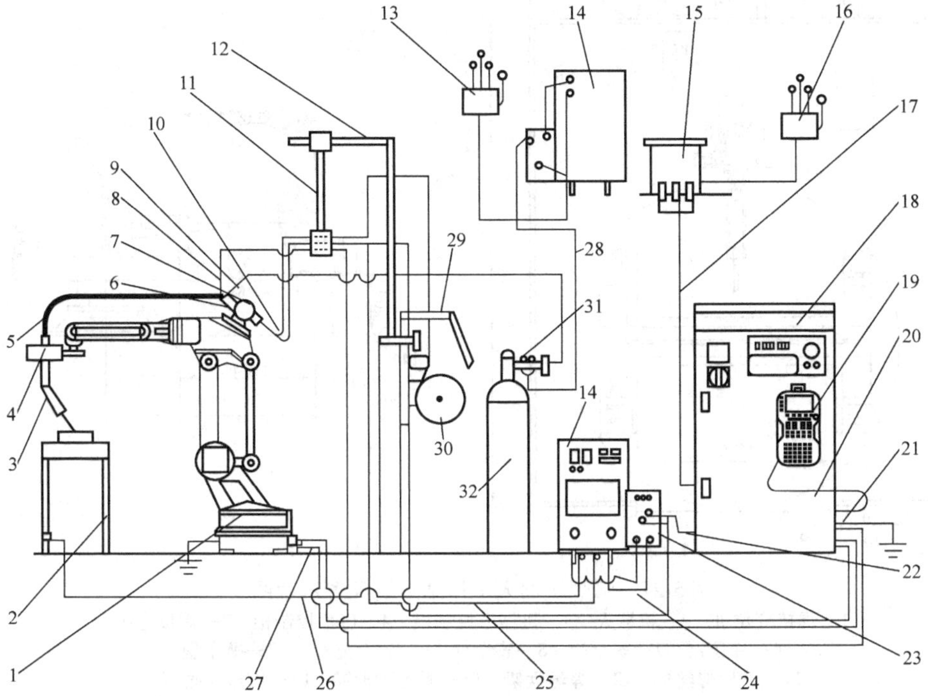

图 5-26 SG-MOTOMAN 弧焊机器人工作站构成图

1—机器人本体 2—夹具工作台 3—焊枪 4—带碰撞传感器的焊枪把持器 5—焊枪电缆、传感器电缆及保护气管 6—送丝机安装基座 7—送丝机 8—碰撞传感器电缆 9—保护气软管 10—送丝管及电缆 11—电缆吊挂 12—焊丝及电缆支架 13、16—三相电源（380V） 14—焊机（正面及背面） 15—变压器（380V/220V） 17—接控制柜电源线 18—YASNAC-XRC 控制柜 19—示教盒 20—示教盒用电缆 21—第三种接地电缆 22—焊接指令电缆 23—焊机的接口线路板（内置） 24—控制电缆 25—焊接电缆（焊枪侧） 26—焊接电缆（焊件侧） 27—机器人用电缆 28—保护气气压检测线 29—焊丝盘支架 30—焊丝盘 31—气体调节器 32—保护气体气瓶

5）弧焊机器人应具有以下重要相关功能：防碰撞及焊枪矫正、焊缝自动跟踪、熔透控制、焊缝始端检出、定点摆弧及摆动焊接、多层焊、清枪剪丝等。

6）机器人应具有较高的抗干扰能力和可靠性（平均无故障工作时间应超过 2000h，平均修复时间不大于 30min；在额定负载和工作速度下连续运行 120h 应正常），并有较强的故障自诊断功能（例如，“粘丝”“断弧”故障显示及处理等）。

7）弧焊机器人示教记忆容量应大于 5000 点。

8）弧焊机器人的抓重一般为 5 ~ 20kg，经常选用 8kg 左右。

9）在弧焊作业中焊接速度及其稳定性是重要指标，一般情况下焊速约取 5 ~ 50mm/s，只有在薄板高速 MAG 焊中焊速可能高达 4m/min 以上。因此，机器人必须具有较高的速度稳定性，在高速焊接时还对焊接系统中电源和送丝机构有特殊要求（采用伺服焊枪、高速送丝机等）。

10）离线示教方式的选择。这是由于弧焊工艺复杂，示教工作量大，现场示教会占用大量生产时间，因此弧焊机器人必须具有离线编程功能。其方法：

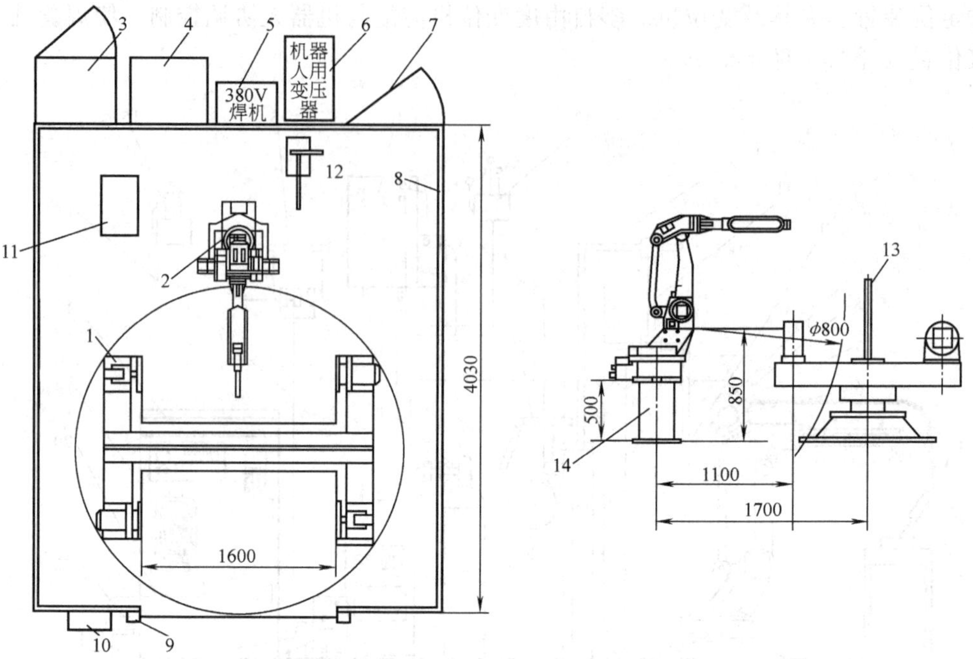

图 5-27　弧焊机器人工作站系统配置示意图

1—焊接变位机　2—机器人　3—机器人控制柜　4—PLC 控制柜　5—焊接电源
6—变压器　7—安全门　8—安全栏　9—安全光栅　10—操作盘
11—清枪剪丝机　12—焊丝盘架　13—弧光防护屏　14—机器人底座

① 在生产线外另安装一台所谓主导机器人，用它模仿焊接作业的动作，然后将生成的示教程序传送给生产线上的机器人。

② 借助计算机图形技术，在显示器（CRT）上按焊件与机器人的位置关系对焊接动作进行图形仿真，然后将示教程序传给生产线上的机器人。目前已经有多种这方面商品化的软件包可供使用。

2. 弧焊机器人焊接系统

弧焊机器人焊接质量的保证主要取决于二点：保持焊枪运动轨迹正确是必要条件；焊接系统（弧焊电源及传感器等）其性能要好将是关键。

（1）弧焊电源　机器人要求配备的弧焊电源应有以下功能：

1）外特性。控制通过不同算法可获得恒流特性、恒压特性和其他不同形状外特性，以满足各种弧焊方法和场合的需要。

2）动特性控制。对于 CO_2 焊接短路过渡等负载状态变化较大的场合，要求能对短路电流上升率 di/dt 等进行控制，以使焊接过程平稳，减少飞溅。

3）预置焊接参数。根据不同的焊丝直径、焊接方法、工件材料、形状、厚度、坡口形式等进行预置焊接参数，再现记忆，监控各组焊接参数，并根据需要实时变换参数。

4）对焊接电流波形进行控制。通过软件设计，可获得各种适合焊接的脉冲电流波形，即可对脉冲频率、峰值电流、基值电流、脉冲宽度、占空比及脉冲前后沿斜率的任意控制，以便对电弧功率实现精确控制。

5）具有与中央计算机双向通信的能力。目前应用最多的是弧焊逆变电源。因为同等容量的逆变焊机体积只有晶闸管整流焊机的1/4、重量的1/3，而效率可达85%以上，功率因数接近1。而更为重要的是，焊机的控制性能得到很大改善。例如，利用波形控制法，可以精确地控制 CO_2 焊熔滴短路过渡的每一阶段，依此设计的表面张力过渡（STT）逆变电源（美国LINCOLN电气公司产品），基本可做到无飞溅焊接。实践证明，逆变式弧焊电源可以很好满足机器人对焊接电源的上述各项功能的要求。

新型的弧焊机器人逆变式弧焊电源，如图5-28所示。它是采用积木式结构，硬件上保留逆变电源的本体（包括功率主电路和必要的电压、电流检测元件），通过编程由计算机软件来控制焊机的外特性、输出波形，因此更适合焊接机器人的柔性加工特点，它可方便的实现一机多用（CO_2/MAG/MIG/TIG）。

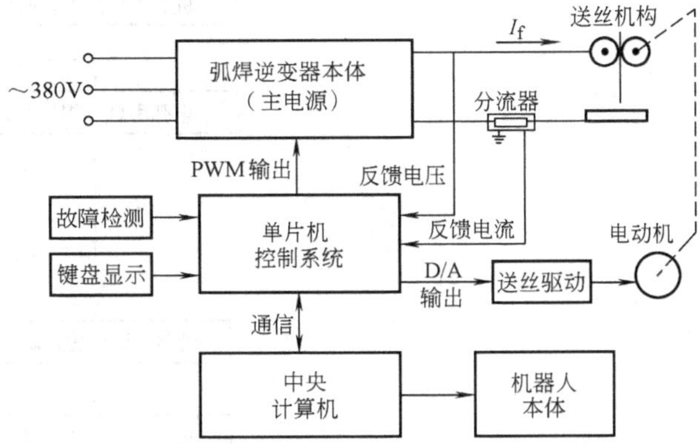

图5-28　机器人逆变式弧焊电源系统组成框图

目前，机器人专用逆变式弧焊电源大部分独立布置在弧焊机器人系统里，也有一些集成在机器人控制器中。

（2）焊接传感器　当前最普及的焊缝跟踪传感器为电弧传感器。它是利用焊接电极与工件之间的距离变化能引起电弧电流或电压变化这一物理现象来检测坡口中心，因不占用额外的空间而使机器人可达性好。同时，因是直接从焊丝端部检测信号，易于进行反馈控制，信号处理也比较简单。特别是由于它的可靠性高、价格低而得到了较广泛应用。但该传感器必须在电弧点燃情况下才能工作，电弧在跟踪过程中还要进行摆动或旋转，故适用的接头类型有限。它不能应用于薄板工件的对接、搭接、坡口很小等情况下的接头，在熔化极短路过渡模式下也存在应用上的困难。如果用光学传感器，尤其是基于三角测量原理的激光视觉传感器系统却具有很多优点。

（3）弧焊机器人的工作流程　弧焊机器人的工作路线主体，由机器人来控制。在编制程序作业文件时，直接将控制焊接电源的命令写入，机器人与焊接电源共同工作的结果构成基本的工作流程，如图5-29所示。

在实际的弧焊机器人工作站和柔性生产线上，焊接机器人要完成许多复杂的焊缝施焊，要与周边设备联机控制，工艺流程也要复杂得多。

（4）弧焊机器人工作站的协调焊接　弧焊机器人工作站可以根据焊件的焊接工艺要求，实现系统的协调焊接，使焊接作业始终处于最佳位置。图5-30为几种基本的协调焊接方式示意。

图5-30a为弧焊机器人与变位机外部轴的同步协调，焊件与焊枪随时保持最佳姿态，实现均匀焊接，提高了焊接质量。

图5-30b为焊接机器人与夹持焊件的机器人的双协调动作，完成焊接作业，取消了固定工件的夹具和变位机。

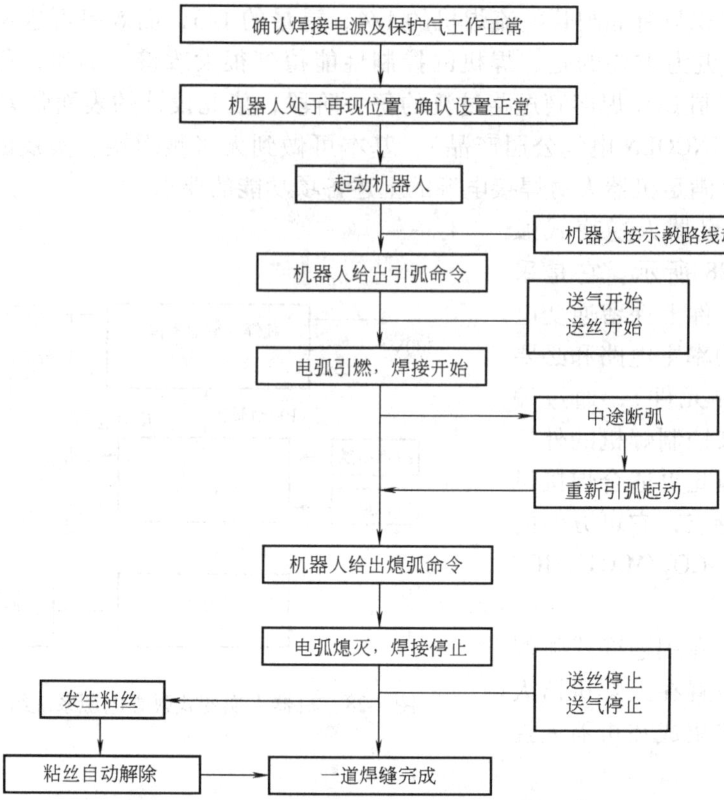

图 5-29　弧焊机器人的工作流程图

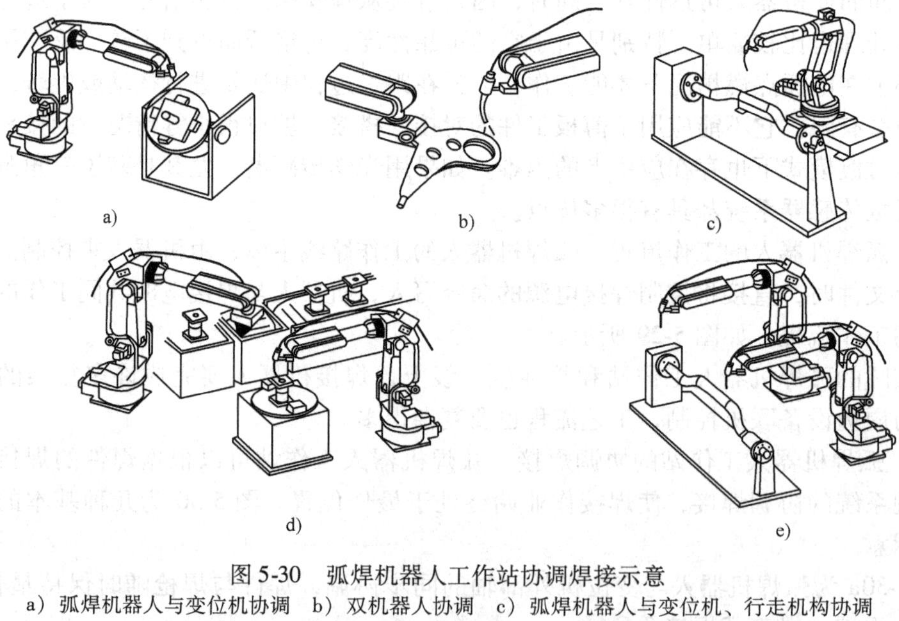

图 5-30　弧焊机器人工作站协调焊接示意
a）弧焊机器人与变位机协调　b）双机器人协调　c）弧焊机器人与变位机、行走机构协调
d）弧焊机器人与搬运机器人、输送装置协调　e）双机器人与变位机协调

图 5-30c 为弧焊机器人、行走机构及变位机的协调动作，可实现长焊件的焊接。

图5-30d为焊接机器人与搬运机器人、输送装置的协调操作，用于弧焊机器人生产线。

图5-30e为双机器人同步协调焊接作业。在焊件比较长时，可以使用两台弧焊机器人在对称或不对称的焊件两侧，同时进行焊接。两台机器人与变位机可同步协调控制，也可以分别独立控制运行，这种方式大大提高了焊接生产效率。

5.4.4　焊接机器人的选择

机器人的应用一般分为三个阶段：机器人应用规划、机器人应用设计以及机器人应用工程的实施。应根据各阶段特点和应用对象的不同，进行严格细致的技术论证，以实现最佳的系统配置和工程实施方案。

1. 焊接机器人的选型

机器人型号选择及系统配置是机器人应用设计中的关键环节，应遵循以下原则。

（1）技术先进性　焊接机器人主要由操作机、控制器、焊接系统组成，反映技术先进性的主要性能见表5-3、表5-4。

表5-3　操作机性能

指　　标	说　　明
结构形式	参见表5-2
负载能力	在全速或加速状态下
作业范围	带焊钳（焊枪）或不带
自由度数	能满足位置要求即可，不要求多
电机类型	交流伺服电动机、直流伺服电动机
减速器类型	RV减速器、谐波减速器或其他减速器
反馈部件	绝对码盘、相对码盘、旋转变压器
自重负载比	操作机自重和负载的比值
加减速性能	本体最大速度和加速度
机械固有频率	该值的高低反映了本体刚度及重量大小
精度	机器人的重复定位精度和轨迹精度

表5-4　控制器性能

指　　标	说　　明
控制轴数	控制机器人和周边设备多轴联动能力
插补周期	机器人进行每个周期插补所需时间
控制方式	交流伺服、直流伺服、模数混合控制、全数字控制
对外接口	传感器控制能力、周边设备控制能力、通信能力
人机界面	操作方便、界面清楚
环境适应能力	电磁兼容性、温度、湿度、振动等
可靠性和可维护性	平均无障碍时间40000～60000h，且易于维修

（2）生产厂商综合实力及其技术支持　综合实力强的机器人生产厂商，可保证其产品技术的先进性及快速升级换代能力，并具有很强的设备配套能力。同时，还要注意厂商的技术支持。因为机器人是一种复杂的机电一体化产品，从售前、工程实施一直到售后服务都需要很强的技术支持。售后服务往往是薄弱环节，因此当选用国外机器人时，要尽量选择在国内建立了技术服务中心的厂商。

（3）优化机器人系统配置　根据作业要求，尽量减少机器人系统的自由度数，缩小机器人占用空间，以降低工程成本；尽量减少传感器使用数量，使机器人在尽量确定的环境下工作，避免或少使用价格昂贵的视觉传感器；具有较高的安全性，包括机器人系统自身的安全和操作人员的安全。

2. 焊接机器人的操作与安全

（1）焊接机器人的操作技术　焊接机器人普遍采用示教盒示教方式工作。以弧焊机器人为例，首先通过示教盒的操作键引导到起始点，然后用按键确定位置、运动方式（直线或圆弧插补）、摆动方式、焊枪姿态以及各种焊接参数。同时，还可通过示教盒确定周边设备的运动速度等。焊接工艺操作包括引弧、施焊、熄弧、填充弧坑等，亦通过示教盒给定。示教完毕后，控制器进入程序编辑状态，焊接程序生成后即可进行实际焊接。图5-31给出一个焊接操作实例。

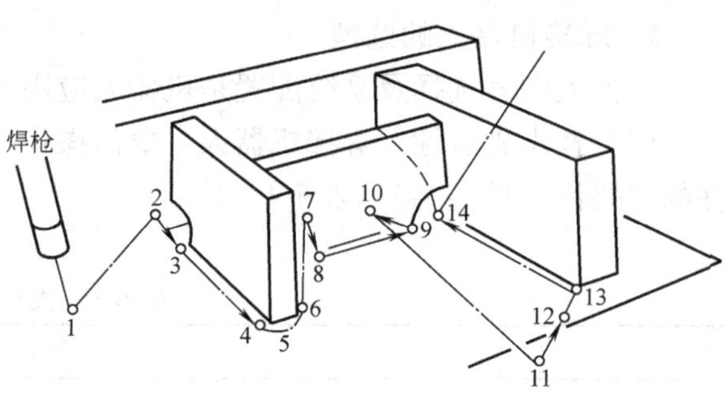

图5-31　焊接操作实例

1）F＝2500；以 TV＝2500cm/min 的速度到达起始点。

2）SEASA＝H_1，L_1＝0；根据 H_1 给出起始点 L_2＝0，F＝100。

3）ARCON F＝35，V＝30；在给定条件下开始焊接 I＝280，TF＝0.5，SENSTON＝H_1 并跟踪焊缝。

4）SENSCON＝H_1；给出焊缝结束位置。

5）CORN＝＊CHFOIAI；执行角焊缝程序＊CHFOIAI。

6）F＝300，DW＝1.5；1.5s 后焊速为 v＝300cm/min。

7）F＝100；以 v＝100 cm/min 并保持到下一示教点。

8）ARCON，DBASE＝＊DHFL09；开始以数据库 ＊ DHFL09 的数据焊接。

9）arcoff，VC＝20；ic＝180；在要求条件下结束焊接 TC＝1.5．F＝200。

10）F＝1000；以 v＝1000 cm/min 的速度运动。

11）DW＝1，OUTB＝2；1s 后在#2 点发出 1 个脉冲。

12）F＝100；以 v＝100 cm/min 的速度运动。

13）MULTON＝＊M；执行多层焊程序＊M。

14）MULTOFF，F＝200；结束多层焊接。

（2）焊接机器人的安全技术　机器人的运行特性与其他设备不同。机器人以高速运动掠过比其机座大的空间，机器人手臂的运动形式和启动很难预料，且可能随生产和环境条件而改变。

在机器人驱动器通电情况下，维修及编程人员有时需要进入其限定空间。且限定空间与其他相关设备的工作区之间，可能相互重叠而产生碰撞、夹挤，或由于夹持器松脱而使工件飞出等危险。影响焊接机器人安全的危险源可能由机器人系统本身产生，也可来自周边设备，或来自人与机器人系统的相互干扰。为此：

1）机器人系统的设计和安全防护，应符合制造厂所在国家制定的机器人安全规范标准。

2）用户应对机器人或机器人系统的编程、操作、维护或检修人员进行培训，实行持证上岗。

有关焊接机器人的安全详细内容可参见 GB/T11291—1997《工业机器人安全规范》。

5.5　焊接生产线

焊接生产线（production line of welding），是指必须经过焊接工艺才能完成完整产品的综合生产线。其中必然包括专用焊接设备（专机、机器人等）、辅助工位设备（工艺装备、辅助器具等）以及各种传输装置等。

焊接生产线是各种加工、装配、焊接、焊接质量的无损检验等中心，焊件的上料、卸料、传输等诸机械装置及生产线的电控及通信系统等综合组合体，即机电一体化。它也可以是部分作业中心与上料、卸料、传输装置的综合组合体。

焊接生产线工序安排及其所用生产设备如图 5-32 所示。

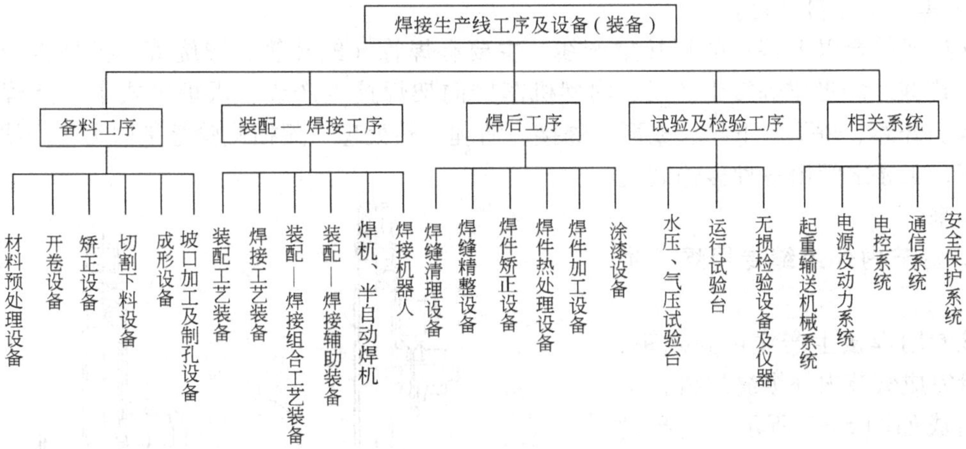

图 5-32　焊接生产线主要工序及设备

目前，焊接生产线可有三种类型：刚性焊接生产线、柔性焊接生产线和介于二者之间的过渡型焊接生产线。

由于焊接结构的多样化及生产过程的复杂性，或因焊接生产类别的不同，焊接生产线的组成和机械化、自动化、柔性化的程度亦是不同。但从提高生产率、降低成本、提高质量、增强产品参予国际市场竞争力出发，均应加强以下工作：

1）提高材料预处理与备料工序的机械化、自动化。

2）采用先进的高效焊接工艺，研制各种专用自动焊机，实现焊接过程的机械化和质量控制。

3）采用先进的起重输送机械，并在各工位之间配置专用的区域性起重运输设备及传送带，组成立体运输网络。

4）大量使用机械化程度高的变位机、操作机、焊接夹具等工艺装备和辅助器具，以使焊缝处于最佳焊接位置（平焊或船形焊位置）。

5）在必要工位设置焊接机器人及焊接机器人工作站，以提高生产线的柔性。

6）对某些产品（如汽车、摩托车、工程机械等）的关键焊接结构（如车身等）应尽快建立柔性装焊生产线。

5.5.1 刚性焊接生产线

1. 主要特点

刚性焊接生产线属传统制造系统，在我国已有近30年的应用历史，对国民经济作出过重大贡献。近年来，随着先进制造技术的蓬勃发展，工业产品更新换代的加快，这类生产线正面临着技术改造的艰巨任务。

刚性焊接生产线具有以下特点：

1）通常把作业划分为较多个简单工序。

2）按分批投入的方式，顺序完成上述各简单工序。

3）完成工序时间很短。

4）单个工序自动化。

接近或符合以上特点的焊接生产线，主要有焊管（鳍片管、螺旋管、各种直径管体等）生产线、箱形梁焊接生产线、内燃机车转向架焊接生产线、锅炉膜式水冷壁焊接生产线等。开卷、矫平、下料、成形、焊接、清理、热处理、无损检验等是这类生产线的基本工序，工序之间由各种传输装置联系起来。

2. 管节内外纵缝专用焊接生产线

该专用焊接生产线可高效率、高质量完成管节内外纵缝焊接，生产线组成如图5-33所示。生产过程如下：管节压形装配定位焊合格后，用起重机置于存料架2上（可同时放置4~5节）；启动气缸1使挡料架3落平而造成管节自动滚落到内纵缝滚轮架7上，并启动开关使挡料架3自动返回。管节内纵缝焊接操作机5施焊完毕伸缩臂归位后，启动开关控制卸料架9上升，卸料架到位后其上开关控制推料气

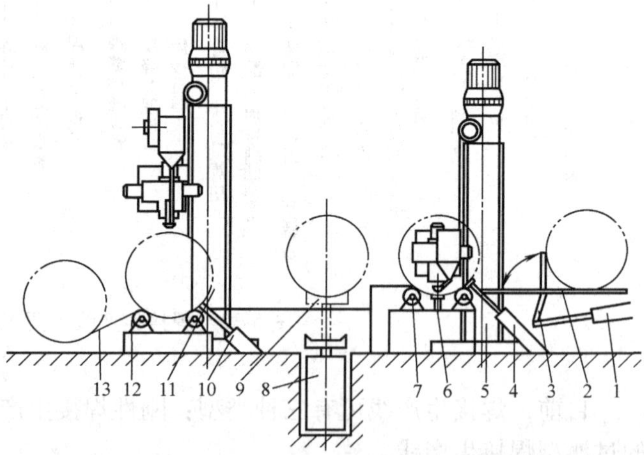

图5-33 管节内外纵缝专用焊接生产线
1—挡料气缸 2—存料架 3—挡料架 4—内纵缝推料气缸 5—管节内纵缝焊接操作机 6—焊剂垫及气缸 7—内纵缝滚轮架 8—卸料气缸 9—卸料架 10—外纵缝推料架气缸 11—管节外纵缝焊接操作机 12—外纵缝滚轮架 13—滚料架

缸4把管节顶推入卸料架9中，启动其上开关控制件9下降，管节落在外纵缝存放架中待焊；管节外纵缝施焊完毕，外纵缝焊接操作机11伸缩臂归位后启动推料架气缸10，管节被顶推出滚轮架12，通过滚料架13滚入管节堆放场，滚料架13上开关控制推料架气缸10归位。内外纵缝在两个工位施焊，管节移位不再使用起重机，大大缩短了移位辅助时间，显著提高了焊接生产率。

3. 管体焊接生产线

管体由管节内外纵缝与管体内外环缝拼焊而成，生产线组成如图5-34所示。其主要部分为管节内外纵缝焊接中心、管体内环缝焊接中心、管体外环缝焊接中心、管体X射线工业电视无损检验中心等。生产线性质为少品种，成批量生产。生产过程如下：进厂钢板质量检查→钢板矫平→数控切割下料→管节压形并定位焊→管节内纵缝自动焊接→管节移位→管节外纵缝自动焊接→管节焊缝质量检验→（返修）→管体装配与定位焊→管体内环缝自动焊→管体外环缝自动焊→管体环焊缝质量检验→（返修）→装配与定位焊加强肋板→肋板自动焊接→总装→产品质量检验。

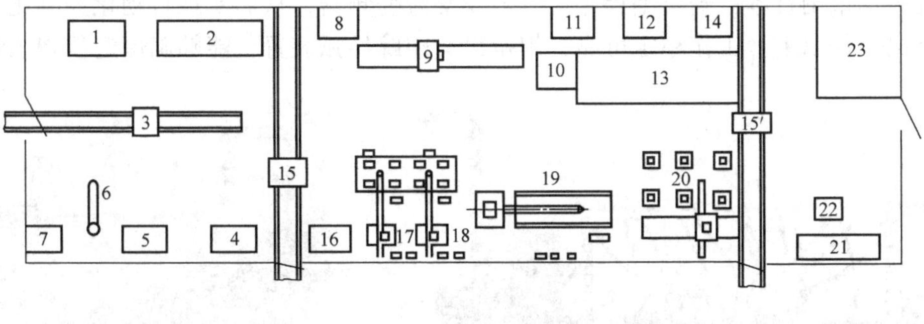

图5-34　管体焊接生产线平面布置图

1—钢板矫平机　2—半自动切割下料区　3、15、15′—进出料车　4、5—剪板机　6—摇臂钻床　7—砂轮机　8—数控切割机控制间　9—数控切割机　10、16—卷板机　11—硅整流焊接电源（10台）　12—CO_2焊接电源（6台）　13—管体装配工位　14—马鞍形切割机　17—内纵缝焊接中心　18—外纵缝焊接中心　19—管体内环缝焊接中心　20—管体外环缝焊接中心　21、22—管体加强肋板装焊中心　23—管体工业电视无损检验中心

该生产线主要优点为：生产过程全部设备配套（下料、成形、装配、焊接、质量检验均实现了机械化生产）；各专项技术配套，功能齐全而实用（参见前述各焊接中心介绍），各加工中心实现了机电一体化；埋弧焊工位全部配置了焊接参数微机自动监测系统。

该生产线不足之处为：各加工中心之间依靠进出料车和起重机联系，没有实现机械化传输。

4. 轻型H型钢焊接生产线

H型钢又叫宽翼缘工字钢，是现代建筑、桥梁和机械设备中广泛应用的一种型钢。由于用量大，各国都已规格化和系列化进行定型大量生产。图5-35为H型钢（轻钢）生产线，主要由切割机、组对机、龙门式焊机、翼缘矫正机、抛丸机等主要设备组成。在生产工艺上为单机独立操作，比较灵活，可在不同工艺段任意增添设备，以提高整体运行效率。

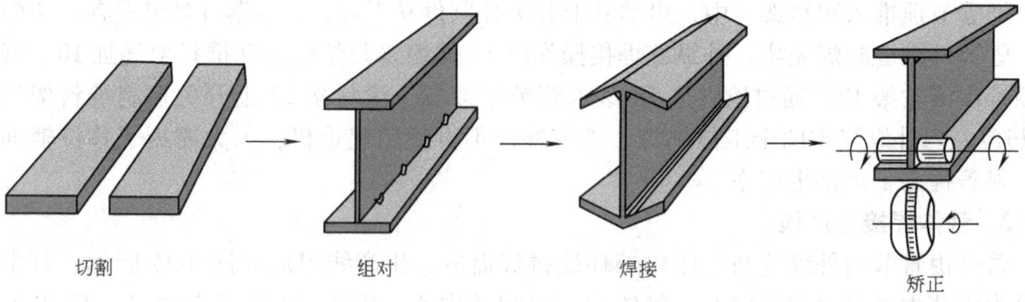

图 5-35 H 型钢（轻钢）生产线

多头直条切割机图 5-36 所示，是一种高效率的板条切割设备，纵向割矩可根据要求配置，一次可同时加工多块条板，并配套氧气乙炔汇流排，避免了频繁更换气瓶，采用交流变频技术调速控制，运行安全，可靠。

H 型钢组对机如图 5-37 所示。该机可进行翼板、腹板、夹紧对中、定位、自动定位焊等过程，均采用日本三菱可编程序控制器及交流变频器，从而实现自动化控制比一般产品效率高出一倍以上。工作稳定可靠，焊枪设有跟踪导弧装置，能够确保定位焊质量。

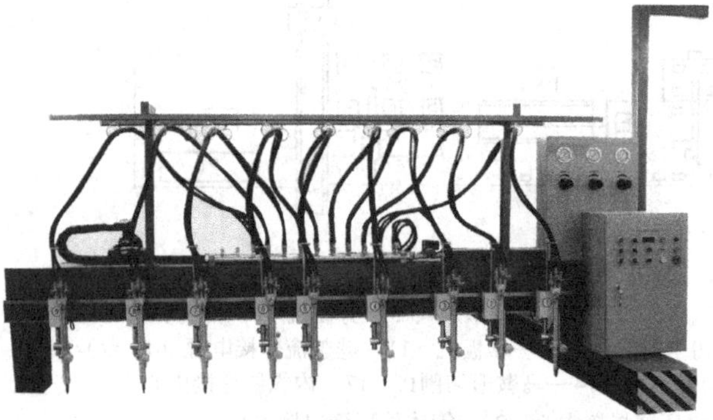
图 5-36 多头直条切割机

图 5-37 H 型钢组对机

图 5-38 是 H 型钢龙门式自动焊接机，采用交流变频器调速控制，具有运行平稳可靠，快速返程等优点。采用自动跟踪导弧对中机构，能够确保焊枪自动、准确对中。主机与焊机实行联动控制，并配套焊剂自动输送回收系统，操作方便，效率高。其中悬臂式自动焊接机，可以根据用户需要加大腹板高度。

H 型钢翼缘矫正机如图 5-39 所示。该机为矫正焊接后 H 型钢翼缘板变形的专用设备，具有结构简单，操作方便，效率高，工作可靠等特点。

图 5-38 H 型钢龙门式焊接机

H 型钢（轻钢）焊接生产工艺流程如图 5-40 所示。

5. 桥式起重机箱形主梁焊接生产线

这里仅介绍生产桥式起重机箱形主梁流水线上的几个主要生产环节及所用装备，如图 5-41 所示。其中图 5-41a 为用埋弧焊焊机机头 4 焊接上翼板 5 的拼接焊缝（内侧），依靠龙门架 2 通过真空吸盘 3 把上翼板送至拼焊地点；图 5-41b 所示为按装长肋板 6；图 5-41c 所示为由龙门架 8 运送和安装腹板，再由龙门架 9 上的气动夹紧装置使腹板向肋板和上翼板贴紧，然后定位焊；图 5-41d 所示为有两个工作台同时工作，主梁翻转 90°处于倒置状态后，焊接腹板里侧的拼接焊缝和肋板焊缝，焊完一侧后，翻转 180°再焊另一侧；图 5-41e 所示

图 5-39　H 型钢矫正机

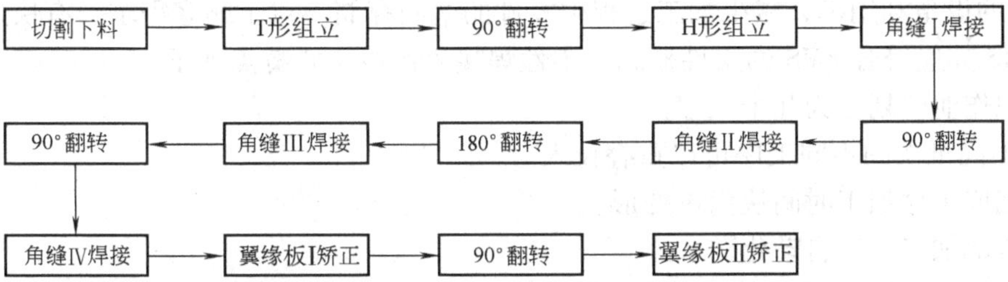

图 5-40　H 型钢（轻钢）焊接生产工艺流程

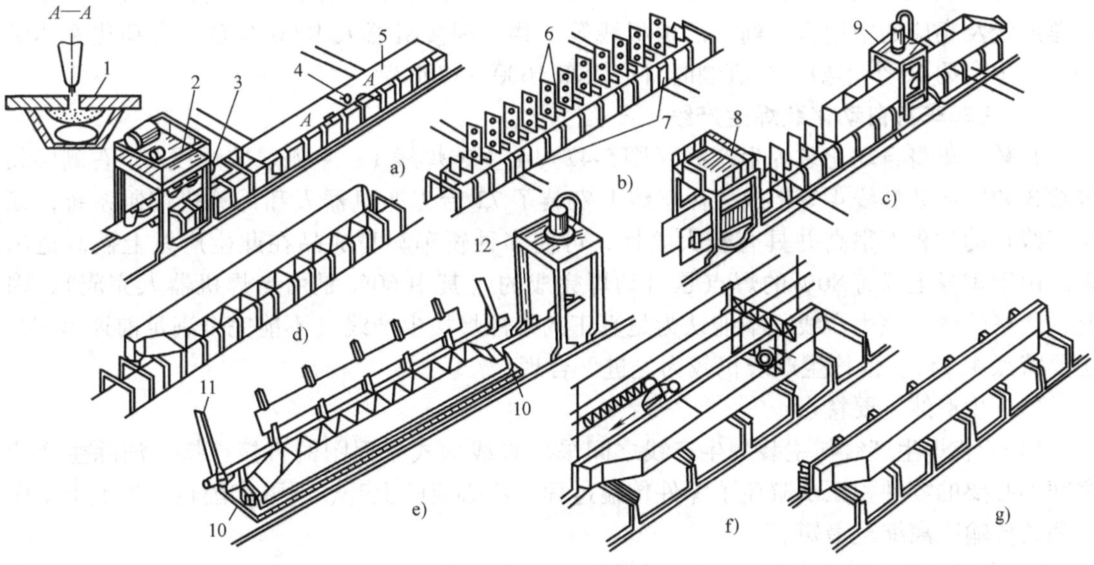

图 5-41　装焊主梁生产线示意图

1、5—上翼板　2、8、9、12—移动式龙门架　3—真空吸盘　4—焊机机头　6—肋板　7—小车　10—液压千斤顶　11—翻转机

位置是装配下翼板，用液压千斤顶10压住主梁两端，再由翻转机11送进下翼板，在龙门架12的气动夹紧装置的压紧下进行定位焊，全部定位焊后松开主梁，然后焊接上翼板外面的拼接焊缝；图5-41f所示为焊接箱形主梁外侧的纵向角焊缝和腹板的拼接缝；图5-41g处是进行质量检验，整个箱形主梁即告完成。

5.5.2 柔性焊接生产线

柔性焊接生产线属柔性制造系统（FMS），称之为“焊接FMS（WFMS）”。近年来，随着FMS技术在机械制造业，尤其在汽车工业中的广泛应用，焊接生产线的柔性化已引起充分的重视。其一，用机器人柔性制造单元（FMC）来代替生产线上的专用工艺装备和自动焊机，从而改造刚性焊接生产线，增加其柔性；其二，根据产品的生产规模、品种和工艺相似性等原则进行设计并建设柔性焊接生产线。

1. 主要特点

这FMS的柔性通常是指对产品的柔性，即系统为不同的产品和产品变化而进行设置，以达到高的设备利用率，减少加工过程中零件的中间存储，对于顾客需求具有快速响应能力。WFMS亦应符合FMS的柔性概念。柔性焊接生产线主要特点如下：

1）把作业仅划分为几个工序。

2）不同批次的不同工序可以重叠投入。

3）完成工序加工时间快而不变形。

4）全部加工工序自动化。

5）产品（零件、部件、总成等）的焊接主要由WFMC完成。

接近或符合以上特点的焊接生产线，主要分布在汽车、摩托车、工程机械等行业中。例如在美国的卡特比勒，瑞典的沃尔沃，德国的大众、宝玛格，日本的本田等公司均大量使用柔性焊接生产线。德国Benz的Sindelfingen工厂布置有三条车身焊接总装线、三条地板总成线及相应的中地板、前、后地板线等，共有焊接机器人1000余台，自动化率达到95%，生产约10个车型，二班制时日产汽车1600~1700辆。

2. 汽车车身自动化装焊生产线

某轿车车身自动化装焊生产线（图5-42）由主装焊线1、左侧层装焊线2、右侧层装焊线3和底层装焊线4等组成。由于线上安装了72台工业机器人和计算机控制系统，该生产线自动化程度很高并具有较大柔性，可使多种轿车车身成品在此生产线上被制造出来。由于车身上只有80%的焊点是自动焊完成的（其中60%是由点焊机器人完成），因此，严格的说，该生产线还不能认为是真正的柔性焊接生产线（不能完全满足前述WFMS主要特点4、5）；但该生产线仍较为先进、合理。

（1）生产线主要特点

1）子装焊生产线与主装焊生产线之间采用直线形式流程图的直接连接，消除生产线之间不必要的零件积压及避免了零件传输过程中不必要的上升、下降和翻转，把上下工序之间的传输距离缩至最短。

2）大量使用机器人和计算机控制系统，显著提高了生产线柔性，可进行多品种车身的装焊。

3）自动化焊接程度高达80%，并可获得稳定的焊接质量。

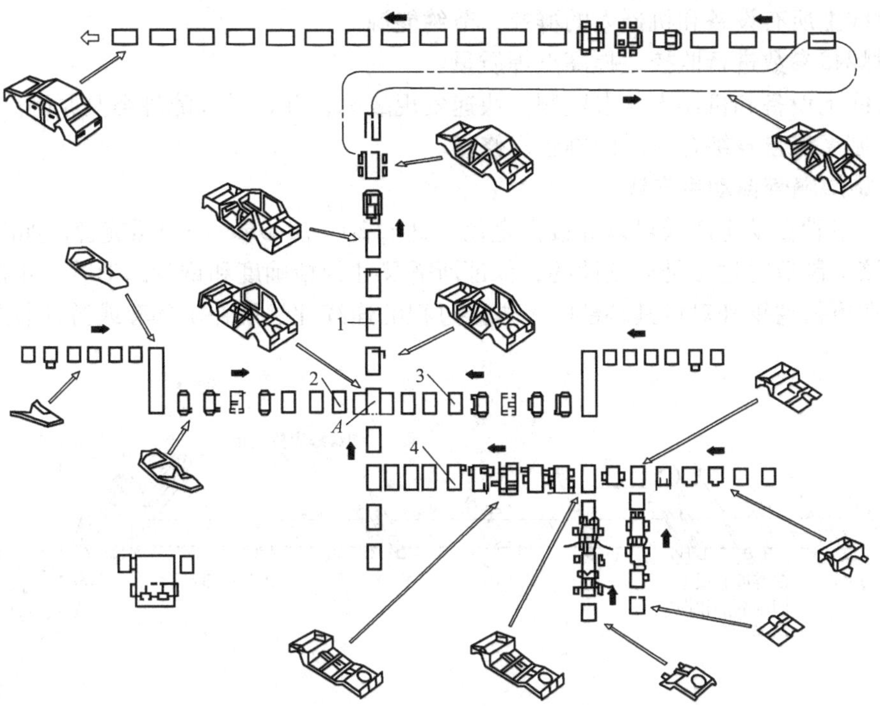

图5-42　轿车车身自动化装焊生产线平面布置
1—主装焊线　2—左侧层装焊线　3—右侧层装焊线
4—底层装焊线　A—侧、底层装焊线与主装焊线直接交汇点

4）生产线工作可靠、稳定并易于维修。

（2）生产线上机器人　选用车身自动化装焊生产线所用机器人应主要考虑以下原则：

1）焊接效率高、焊接质量好并且尽可能经济性好。

2）结构可靠，能承受大焊钳重量及电极压力，尤其是焊接底层的焊点。

3）自由度能满足要求即可。

4）使用可靠，易于维护，故障率低等。

因此，该生产线上大量选用了专用直角坐标点焊机器人，这种机器人仅具有3个自由度即可满足要求。

图5-43为该生产线局部图，侧面点焊机器人被固定在底板上，完成车身侧面的焊接；底层点焊机器人具有传送设备，完成车身底层的焊接；顶面移动点焊机器人被悬挂在生产线的顶部，完成车身上部和内部的焊接。

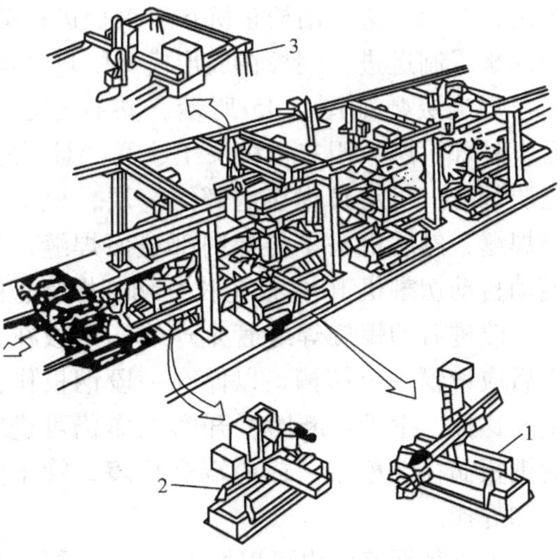

图5-43　采用直角坐标点焊机器人生产线局部
1—侧面点焊机器人　2—底层点焊机器人
3—顶面移动点焊机器人

（3）生产线控制系统　为实现多品种车身成品在同一条生产线上被制造出来，该生产线组合安装了一个大尺寸的多功用程序控制器PAC（可编程序自动控制器），可实现：

1）对线上所有设备和机器人的群控，节约能源。

2）对焊接参数进行监控，提高点焊质量。

3）对线上设备和机器人状态监测，快速发现故障，并显示故障种类及原因。

4）控制系统自身综合状态的判断、修正。

3. 螺旋焊缝管自动生产线

螺旋焊缝管自动生产线可以焊接大直径（$D=520\sim1420$mm）的螺旋管，如图5-44所示，采用该法制造时过程是连续性的，保证所需尺寸的精确度和钢管的形状，不需要随后的校准。在更换卷钢和对接其端部时，焊接过程的连续性是用补偿环套或游动装置来保证的。

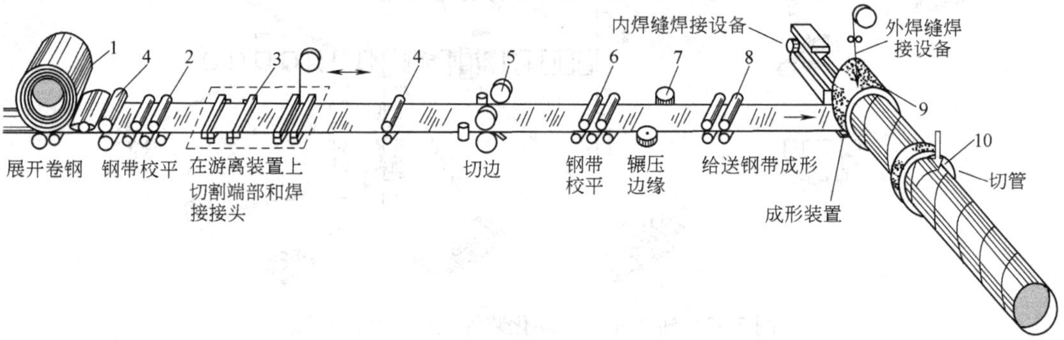

图5-44 螺旋焊缝管自动生产线示意图

螺旋焊缝管自动生产线的工艺过程：

卷钢1开卷，驱动辊4移动卷钢板，钢板在矫正机2第一次校平；3为移动式卷钢剪切拼焊装置，即将用完的卷钢，用第一组剪刀切断，用第二组剪刀切断新开卷的卷钢头并快速移位对焊，在移动的焊接装置中焊接对接缝；钢板在传送过程中，用圆盘剪刀5对钢板进行两边切边，用校正机6对钢板进行第二次校平；用滚轮7挤压两侧坡口，用辊子8使钢板强制送进；钢板在成形模9中自动弯制成螺旋管；最后由切管机10切成管段。

焊接层数如图5-45所示，共有三层，内部两层，外部一层。用三个机头Ⅰ、Ⅱ、Ⅲ分别施焊这三层焊缝，机头Ⅲ焊接内部第一层，机头Ⅱ焊接外部焊缝，然后机头Ⅰ再焊内部盖面焊缝；最后采用随动自动切割机10按规定长度切割螺旋管的长度。

改进后的螺旋焊缝管生产线，钢板在开卷和矫正后应设置一个储槽，以储存一段钢板作为机动留量。这样，钢管切断时，开卷工作仍可进行；移送的钢板储存在槽中，或前端有故障，管子照样可卷制和焊接。

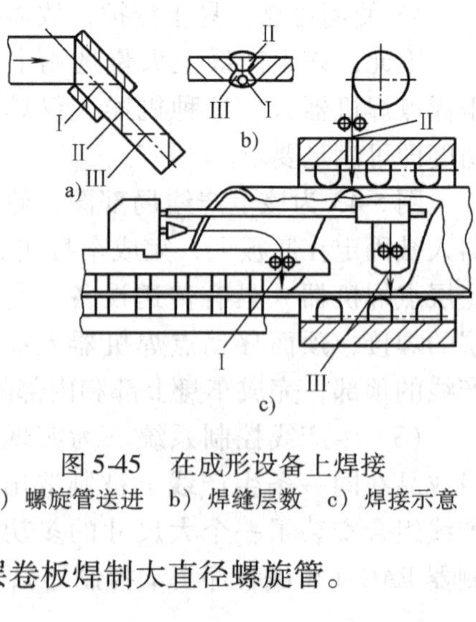

图5-45 在成形设备上焊接
a）螺旋管送进 b）焊缝层数 c）焊接示意

大直径螺旋管也可以按上述方式采用平板焊接，仅需在前述所示螺旋管生产线中，加设一套平板对缝装置即可。当所需螺旋管管壁较厚时，也可以用双层卷板焊制大直径螺旋管。

第 6 章　典型焊接结构的制造技术

焊接结构品种繁多，运用广泛，其设计和制造与结构本身的特点密切相关。本章仅选择焊接结构中几种常用的典型结构，重点论述其制造难点、加工制造方法及技术关键问题等。

6.1　容器结构

6.1.1　压力容器结构及特点

所谓容器是指用于储存气体、液体和固体原料、中间产品或成品的设备。压力容器是容器的一种，是指最高工作压力 $p \geqslant 0.1\mathrm{MPa}$，内直径 $\geqslant 0.15\mathrm{m}$，容积 $V \geqslant 0.025\mathrm{m}^3$，工作介质为气体、液化气体或最高工作温度高于或等于标准沸点液体的容器。

1．压力容器的分类

压力容器的分类方法很多，主要的分类方法如下：

（1）按设计压力（p）分类　可分为四个承受等级。

1）低压容器（代号 L）：$0.1\mathrm{MPa} \leqslant p < 1.6\mathrm{MPa}$。

2）中压容器（代号 M）：$1.6\mathrm{MPa} \leqslant p < 10\mathrm{MPa}$。

3）高压容器（代号 H）：$10\mathrm{MPa} \leqslant p < 100\mathrm{MPa}$。

4）超高压容器（代号 U）：$p \geqslant 100\mathrm{MPa}$。

（2）按综合因素分类　在承受等级分类的基础上，综合压力容器工作介质的危害性（易燃、致毒等程度），可将压力容器分为Ⅰ、Ⅱ和Ⅲ类。

1）Ⅰ类容器：一般指低压容器（Ⅱ、Ⅲ类规定的除外）。

2）Ⅱ类容器：①中压容器（Ⅲ类规定的除外）；②易燃介质或毒性程度为中度危害介质的低压反应容器和储存容器；③毒性程度为极度和高度危害介质的低压容器；④低压管壳式余热锅炉；⑤低压的搪瓷玻璃压力容器。

3）Ⅲ类容器：①毒性程度为极度和高度危害介质的中压容器且 pV 大于或等于 $0.2\mathrm{MPa}\cdot\mathrm{m}^3$ 的低压容器；②易燃或毒性程度为中度危害介质且 pV 大于或等于 $0.5\mathrm{MPa}\cdot\mathrm{m}^3$ 的中压反应容器和大于或等于 $10\mathrm{MPa}\cdot\mathrm{m}^3$ 的中压储存容器；③高压、中压管壳式余热锅炉；④高压容器；⑤中压的搪瓷玻璃压力容器；⑥移动式压力容器；⑦使用抗拉强度规定下限 $\geqslant 570\mathrm{MPa}$ 材料制造的压力容器。

（3）按容器的用途和化工工艺过程的性质分类　可将其分为反应容器、换热容器、分离容器和储运容器，主要表现为储罐类（包括立式、卧式储罐和球罐等）容器，工业锅炉及气包，石油化学工业中的反应器、反应釜、蒸煮球及合成塔等。此外，高炉、转炉、洗涤塔和水泥窑炉等结构的焊接壳体及水电站的涡壳，核能、航天及深海探测器的一些特殊的压力壳等，也属于此类结构。

若从压力容器安全技术角度可将容器分为固定式容器和移动式容器。

2．压力容器的结构特点

压力容器有多种结构形式，最常见的结构为圆柱形、球形和锥形三种，如图 6-1 所示。下面简单介绍圆柱形压力容器的结构特点。

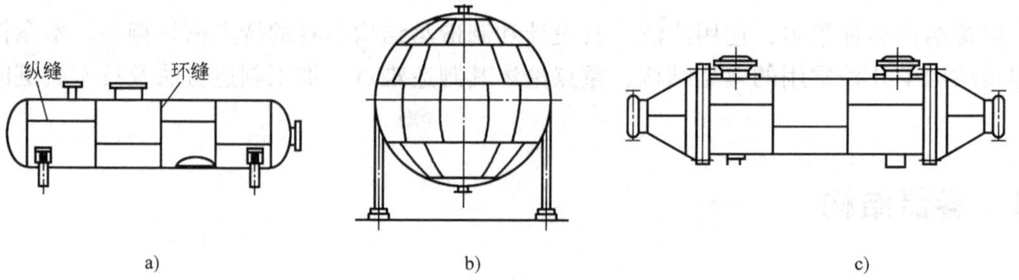

图 6-1 典型压力容器的结构形式
a）圆柱形 b）球形 c）圆锥形

（1）筒体 筒体是压力容器最主要的组成部分，由它构成储存物料或完成化学反应所需要的大部分压力空间。当筒体直径较小（小于 500mm）时，可用无缝钢管制作。当直径较大时，一般用钢板卷制或压制（压成两块半圆板或数块弧形板）后焊接而成，以卷制筒体多见。当容器的直径不是很大时，一般只有一条纵焊缝（即由一块钢板卷制而成）。随着容器直径的增加，由于受钢板幅面尺寸的限制，可能有两条或两条以上的纵焊缝。当容器的长度较短时，可在一个圆柱形筒节两端连接上两个封头，便制成了压力容器的壳体；而当容器较长时，就需要用钢板卷焊成若干个筒节，再组装焊接成所需长度的筒体。中、低压容器筒体一般为单层结构；高压容器筒体可采用多层包扎结构。

（2）封头 根据几何形状的不同，压力容器封头可分为凸形封头、锥形封头和平盖封头三种，其中凸形封头使用最多。凸形封头包括球形封头和椭圆形封头。图 6-2 所示为几种常见的封头结构形式。

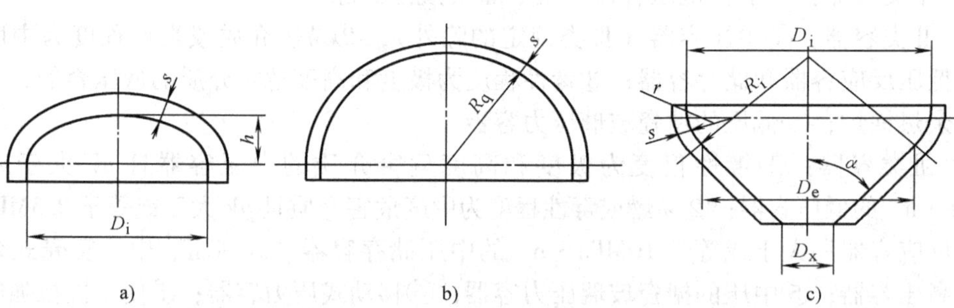

图 6-2 封头的结构形式
a）椭圆封头 b）球形封头 c）带折边锥形封头

（3）法兰 法兰按其所连接的部分分为管法兰和容器法兰。用于管道连接和密封的法兰叫管法兰；用于容器顶盖与筒体连接的法兰叫容器法兰。法兰与法兰之间一般加密封元件，并用螺栓连接起来。

(4) 开孔与接管　由于工艺要求和检修时的需要，常在石油化工容器的筒体和封头上开设各种孔或安装接管，如人孔、手孔、视镜孔、物料进出接管，以及安装压力表、液位计、流量计和安全阀等接管开孔。手孔及人孔是用来检查容器内部并用来装拆和洗涤容器内部的装置。手孔直径一般不小于150mm。直径大于1200mm的容器应开设人孔。筒体与封头开设孔后，开孔部位的强度被削弱，一般应进行补强。

(5) 支座　压力容器靠支座支承并固定在基础上。视圆柱形容器的安装位置不同，可采用立式容器支座和卧式容器支座两类。对卧式容器主要采用鞍式支座，对于薄壁长容器也可采用圈座。

上述五大部分即构成了一台压力容器的外壳。

3. 压力容器焊缝规定

在GB/T 150—1998《钢制压力容器》中规定，压力容器受压元件用钢应具有钢材质检证书，制造单位应按照该质检证书对钢材进行验收，必要时还应进行复检。同时，把压力容器受压部分的焊缝按其所在的位置分为A、B、C、D四类，如图6-3所示。其中，A类焊缝最为重要。

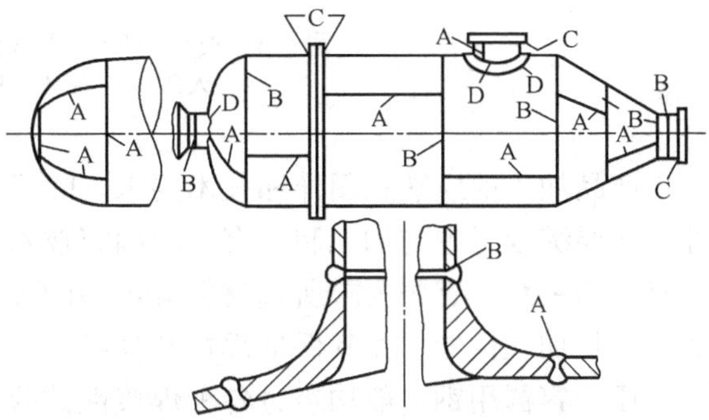

图6-3　压力容器上焊缝的分类

(1) A类焊缝　包括受压部分的纵向焊缝（多层包扎压力容器层板的层间纵向焊缝除外），各种凸形封头的所有拼接焊缝，球形封头与圆柱形筒节连接的环向焊缝，以及嵌入式接管与圆柱形筒节或封头对接连接的焊缝均属于此类焊缝。

(2) B类焊缝　包括受压部分的环向焊缝、锥形封头小端与接管连接的焊缝，均属于此类焊缝（已规定为A、C、D类的焊缝除外）。

(3) C类焊缝　包括法兰、平封头、管板等与壳体、接管连接的焊缝，内封头与圆筒的搭接角焊缝以及多层包扎压力容器层板的纵向焊缝，均属于此类焊缝。

(4) D类焊缝　包括接管、人孔、凸缘等与壳体连接的焊缝，均属于此类焊缝（已规定为A、B类焊缝的除外）。

6.1.2 薄壁圆柱形容器的制造

容器壁的薄厚是一个相对的概念。薄壁容器一般是指壁厚与直径之比很小的容器，占容器的大多数。薄壁容器的制造难点是：焊接变形的控制，尤其是壳体的波浪变形和焊接区的棱角（失稳变形）；焊缝质量要求高；重要结构（如航天用壳体等）还要求很高的密封性。图6-4为典型薄壁圆柱形容器结构示意图。薄壁圆柱形容器的筒体是用单层钢板卷制后焊接而成；封头经压制而成。此类容器具有结构成熟、设计理论较完善、工艺成熟、工艺路线（流程）简单，可利用热处理方法提高材料的性能等优点。

薄壁卷制容器的生产过程主要有：焊前准备，制定工艺流程，备料加工，装配和焊接，检验及成品加工等。

1. 焊前准备

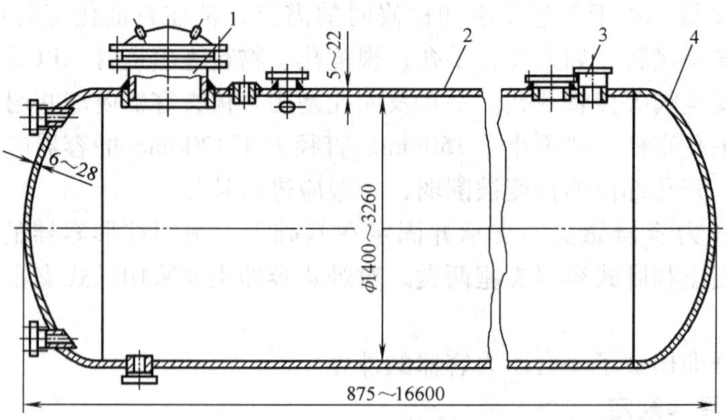

图 6-4 典型薄壁圆柱形容器（卧式储罐罐体）
1—人孔 2—筒体 3—接管 4—封头

产品加工前应熟悉图样和技术要求。除了对产品的结构、形状及尺寸进行审核和分析外，还要综合考虑与加工制造有关的国家技术标准和规范。压力容器的可靠性与所选用材料有密切关系，首先要求所选材料有足够的强度、塑性、韧性及稳定性；其次应具有良好的冷、热加工性能，尤其保证焊接性良好。

压力容器用钢一般均经过各种焊接性试验，以确定与之匹配的焊接材料和焊接工艺的适应性。此外，它还应当具有能适应各种形式热处理的特性。对在腐蚀介质中工作的容器，还必须具有相应的耐蚀性和抗氢能力。为确保压力容器安全可靠运行，设计选用钢材倘若需代用时，应按压力等级选用同级或高一级材料；若扩大使用范围则应增加检验项目，检查能否被代用材料的标准。沸腾钢不允许作为压力容器用钢。

所有焊接参数均应由焊接工艺评定来确定。

2．制定工艺流程图

典型产品的工艺流程一般如图 6-5 所示。

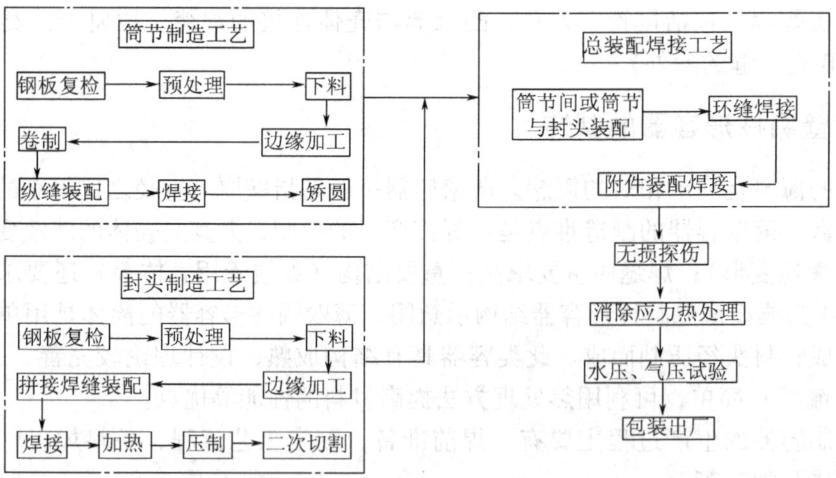

图 6-5 典型单层卷制薄壁容器生产工艺流程图

值得注意的是，除了无损探伤外，其实每个生产环节也都应贯穿着质量控制（检验）工作。另外，封头直径较小时，可用一块钢板制成，无需拼接工艺。

3. 备料加工

备料加工就是各种零、部件毛坯料的准备过程，这里主要叙述筒节和封头的备料加工工艺，而对其他附件的加工不做描述。

（1）筒节的备料加工　首先应对所用母材进行复检，内容包括化学成分、各种力学性能、表面缺陷及外形尺寸（主要是厚度）的检验。一般采取抽检的方法，抽检的百分比由容器的种类决定。

复检合格后，进行矫正、喷丸及喷漆等预处理加工，之后进行划线下料。由于筒节为圆柱形回转体，划线前要进行展开，可采用计算展开法，考虑壁厚因素，一般按中径展开。具体展开公式如下：

$$L = \pi(D_g + \delta) + S \tag{6-1}$$

式中　L——筒节毛坯展开长度（mm）；

D_g——容器公称直径（mm）；

δ——容器壁厚（mm）；

S——加工余量（包括切割余量、刨边余量和焊接收缩量等）（mm），如两侧均需刨边，则取10～15mm。

筒节展开后，其实就是一块矩形金属板。毛坯宽度为筒节的长度，其大小取决于原材料的宽度和容器上焊缝的分别情况（焊缝不允许十字交叉）。注意，毛坯实际宽度也要包括加工余量S（可在某一块板料上加放焊接收缩量）。

划线后进行下料加工。薄板和宽度较小的毛坯料可用剪板机剪切下料；而对中厚板（8～30mm厚的低碳钢和低合金钢板）多采用气体火焰切割。对奥氏体不锈钢板和铜、铝等有色金属及其合金，则需采用等离子弧切割。现在，由于数控切割机的普及，实际上人工划线工序已被省略，只需将尺寸数据输入数控切割机即可完成划线工序的工作。

毛坯料切割好后，要进行坡口的加工，一般采用刨边机完成此工作。至此，筒节的备料加工工艺过程结束。

（2）封头的备料加工　母材的复检与筒节相同，不再复述。复检合格后，进行划线下料。比较常用的封头为椭圆形封头。其带有直边的椭圆形封头的近似展开公式见第3章。下料方法应优选数控切割。

倘若封头毛坯直径较大，由于受板材宽度的限制，需进行毛坯料的拼接，要求拼接焊缝必须焊透。封头拼接焊缝的坡口加工、装配和焊接工艺与筒节纵缝相同。通常先将毛坯拼接成边长大于D_p（D_p为毛坯计算展开直径）的正方形毛坯板，然后再以D_p为直径切割成圆形毛坯板。

至此，封头的备料加工工艺结束。

4. 成形加工

零件的成形加工就是将板材或型材加工成立体结构的过程。如前所述，这里只进行筒节和封头成形加工过程的阐述。

（1）筒节的卷制　可选用三辊或四辊卷板机，对已加工好的筒节毛坯料进行卷制加工。通常用对称式三辊卷板机来完成此工作，但要对毛坯料两端事先进行预弯。预弯方法有两种：一是借助模具用压力机压制完成；二是借助厚度超过毛坯料厚度一倍的胎板由对称式三辊卷板机滚卷完成。预弯的长度至少为对称式三辊卷板机两下辊中心距的一半。对厚度超过 20mm 的高强钢可考虑热卷。要保证筒节的卷制质量，不可以产生错口、鼓形、锥形及椭圆等缺陷。

（2）封头的成形　封头的成形方法主要有三种。

1）借助于胎、模具的冲压成形。

2）旋压成形。

3）爆炸成形。

以使用冲压成形（也称压制或压延）方法居多。

对于直径 3000mm 左右的低碳钢和低合金钢中厚板封头，常采用 1000～1500t 四柱式液压机进行压制。考虑到常温下压制（冷压）时母材变形抗力较大等因素，多采用加热后压制（热压）的方法来加工封头，加热温度为母材金属的 A_3 线以上。封头压制成形后，进行二次划线，然后借助于焊接回转台进行二次切割。经验收合格后待装配。

5．筒节纵缝装配焊接

筒节卷制完成后，进行纵焊缝的装配焊接。

筒节的装配一般在 V 形铁或焊接滚轮架上进行。装配时经常采用各种夹具来保证质量。图 6-6 为几种常用的装配夹具。其中图 a、b 为错边的防止措施，图 c 为间隙的调整。生产中还常用杠杆－螺旋夹紧器（第 4 章）来调整筒体轴向和周向错边。通过采用夹具保证纵缝边缘平齐，且沿整个长度方向上间隙均匀一致（符合技术要求）后，可进行定位焊。定位焊多采用焊条电弧焊，焊点要有一定尺寸，且焊点间距为 200～300mm。上述装配工作也可在卷板机上完成，但可能会影响卷板机的利用率。为防止纵缝装配后在吊运和存放过程中筒节产生变形而影响它的圆度，往往可在筒内焊上临时支承。对重要容器，纵缝焊接时要备有焊接试板，如图 6-7 所示。若成批生产，可设计或选用专门的装配装置来提高生产率。

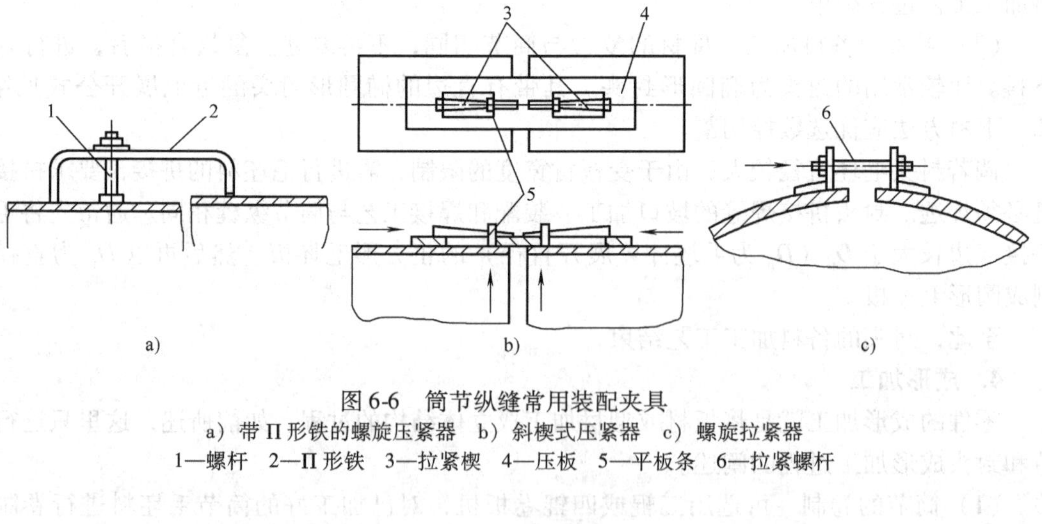

图 6-6　筒节纵缝常用装配夹具

a）带 Π 形铁的螺旋压紧器　b）斜楔式压紧器　c）螺旋拉紧器

1—螺杆　2—Π 形铁　3—拉紧楔　4—压板　5—平板条　6—拉紧螺杆

为提高焊接生产率，对结构钢母材制造的筒节常用埋弧焊。中厚板对接焊缝通常有以下几种具体的焊接方法：

（1）无衬垫双面埋弧焊　此种方法对边缘加工和装配要求较高，要求边缘必须平直，保证间隙小于1mm。焊接第一面的熔深为板厚的40%～50%，第二面要控制熔深达到板厚的60%～70%，以保证焊透。

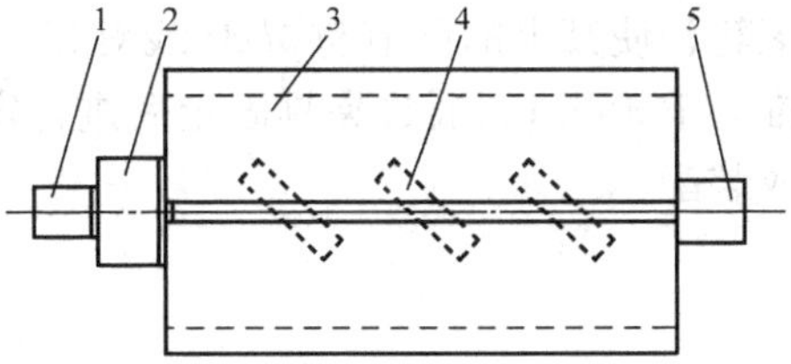

图6-7　筒节纵缝装配方法之一
1—引弧板　2—试板　3—筒节
4—搭板　5—引出板

（2）焊条电弧焊封底的单面埋弧焊　这是一种常用的方法，先用焊条电弧焊封底，熔深为板厚的30%～35%，然后用埋弧自动焊焊接正面焊缝。值得注意的是，采用此焊接工艺时，往往需要用碳弧气刨清理焊根后再进行埋弧焊。这种方法不用焊剂垫，对装配要求也不严格，但生产率较低。

（3）焊剂垫或铜垫上单面或双面埋弧焊　在焊剂垫、铜垫上进行单面焊双面成形或双面焊。由于有了衬垫可以防止熔池金属和熔渣流淌，并可防止烧穿。例如双面焊的正面焊时，控制熔深为板厚的50%～60%；反面焊接时可不用衬垫，焊接参数与正面焊接时相同即可保证焊透。而单面焊双面成形是正面焊接时背面通过衬垫强迫成形的一种工艺措施。

为提高焊接生产率和产品质量，可借助平台式焊接操作机或伸缩臂式焊接操作机进行筒节纵缝的焊接。当板材厚度较大时，多采用双面多层、甚至多道焊。靠平台上的焊接小车或伸缩臂沿焊缝线移动来完成焊接。

筒节焊接结束，割去引弧板、熄弧板和试板后需进行无损探伤和矫圆，合格后筒节的成形加工即告完成，等待装配。保留焊接试板，待与筒体一起热处理后进行力学性能试验。

6. 筒体环缝装配焊接

（1）环缝装配　环缝装配分筒节间装配和筒节与封头间装配。筒节间的环缝装配方法有立式装配法和卧式装配法两种。立式装配法是在装配平台或车间地面上进行，而卧式装配法多在焊接滚轮架或V形铁上进行。

立式装配法是利用车间内的吊车，先将一筒节吊放在装配平台上，然后再将另一筒节吊在其上，如图6-8a所示。当调整好间隙后，即可沿四周进行定位焊（也可焊接定位板固定）。其余各筒节组装完全相同，如图6-8b所示。对直径较大，无法在装配平台上组装的筒体，也可在车间地面上进行装配，但地面必须平整。立式装配时，除将筒节的端口调整至水平外，还应在距离端口50～100mm处用水平仪标定一条环向基准线，用作以后各筒节组装的测量基准。

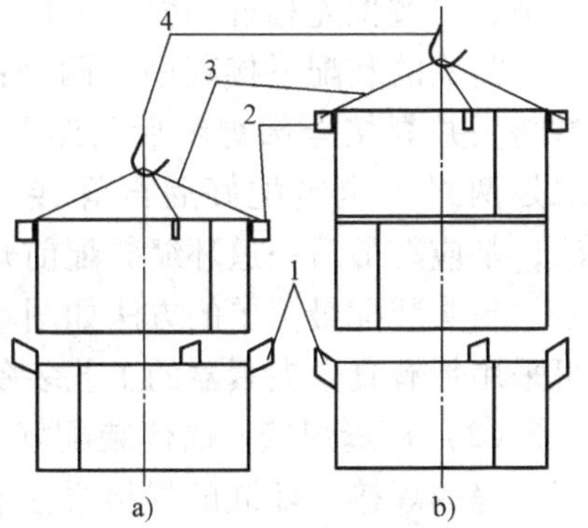

图6-8　筒节的立式装配法
1—定位板　2—吊耳
3—钢丝绳　4—吊钩

立式装配的主要特点是间隙调整方便，占用车间作业面积小；但要求厂房高度大，焊工高空作业及定位焊为横焊，要求焊工水平高。

生产中运用比较多的还是卧式装配法，如图6-9所示。先将要组装的筒节置于焊接滚轮架1上，将另一筒节放在小车式滚轮架4上，移动辅助装配夹具3，同时调节夹具中线

M-M 使其与滚轮架 1 上的筒节端面对齐。再调节小车式滚轮架 4 上可升降和平移的四个滚轮，使其上的筒节与 *M-M* 线对齐。当两筒节连接可靠后，将小车式滚轮架 4 上的筒节推向滚轮架 1，通过夹具固定后进行定位焊。对筒体有多个筒节时，可照上述方法依次完成装配。

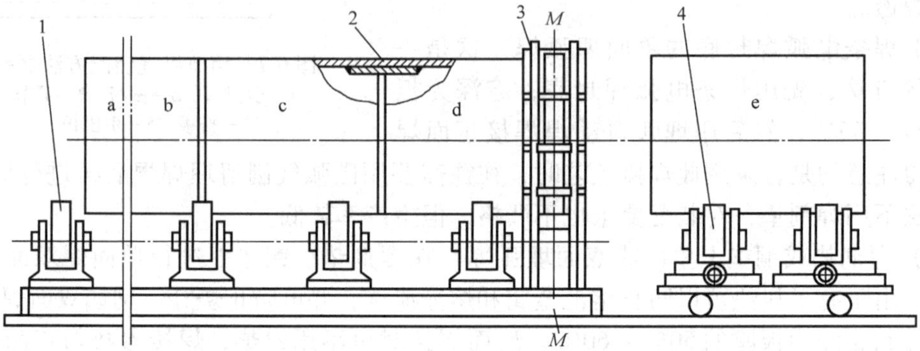

图 6-9 筒节的卧式装配法
1—滚轮架 2—顶焊搭板 3—装配夹具 4—小车式滚轮架

卧式装配的主要特点是焊工无需高空作业，定位焊质量好，工作空间不受限制；但间隙调节不方便，占用的作业面积大。

可见，立式装配法和卧式装配法各有所长。一般立式装配法适合大直径薄壁容器筒节的组装，而卧式装配法适合小直径容器筒节的组装。但不论采用何种装配方法，施工时都要注意错开筒节间的纵缝以避免焊缝十字交叉，同时要保证筒体的平行度。为了提高生产率，大批量生产时可采用特殊的装配筒节环缝的工艺装备。

筒节环缝装配比筒节纵缝装配困难些。一方面由于各筒节下料的精度可能有误差，另一方面是受弯卷拉伸的影响，可能造成各筒节间直径和圆度上的偏差。因此，在可能的条件下，可按偏差相近的筒节进行选配或均匀地分布错边量。

封头的装配焊接程序有两种：一是装配一端封头并焊接全部焊缝后再装配另一端封头；二是两封头全装配好后再焊接。不论哪种方法，都应在最后一道环缝装配前开人孔。

封头装配最简单的方法如图 6-10 所示。还可采用带有真空夹紧器的工艺装备来完成。

（2）环缝焊接 筒体装配好之后，就可进行环缝的焊接。环缝的焊接方法有电焊条电弧焊、埋弧焊、气体保护焊和窄间隙埋弧焊等。其中以埋弧焊应用最为广泛，它通常由埋弧焊机或机头与焊接操作机和焊接滚轮架相互配合来完成。焊接时，置于操作机上的焊机或机头固定不动，由焊接滚轮架以焊接速度带动筒体

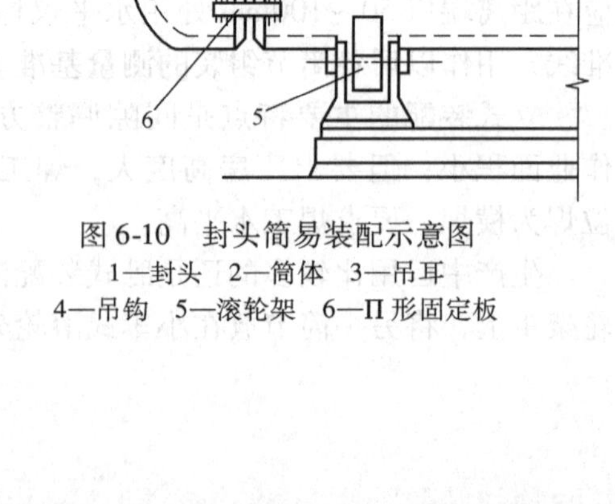

图 6-10 封头简易装配示意图
1—封头 2—筒体 3—吊耳
4—吊钩 5—滚轮架 6—Π 形固定板

旋转。

环缝埋弧焊技术与筒节纵缝埋弧焊技术类似。双面焊时，先在焊剂垫上焊接内（或外）焊缝，然后再焊接外（或内）焊缝。如内焊缝采用焊条电弧焊打底，焊接外焊缝前应清理焊根。为了保证焊接质量，可将焊条电弧焊打底改为氩弧焊打底，这样，既可避免焊条电弧焊打底时在焊缝根部易产生缺陷，又可免去劳动强度较大的清理焊根工作。

埋弧焊功率大，单层焊一次可以获得较大的熔深，但如果焊接接头焊后不进行热处理，焊缝极易产生粗晶组织，其塑性和韧性下降，可能达不到容器的设计要求。经验表明，多层多道焊接能有效提高焊缝金属的塑性和韧性。故一般采用 ϕ4mm 的焊丝，用中等焊接参数进行多层多道焊接较为可行。

选择钢制容器的焊接参数和工艺措施时，要充分考虑保证接头的性能，尤其是冲击韧度。对强度级别较低的母材，如 Q235B、20g 及 Q345（16Mn）钢等，因其塑性较好，故对接头的冲击韧度要求不高，可选用与母材匹配的 ϕ5mm 焊丝，并用较大电流进行焊接。对强度较高的低合金钢，如 18MnMoNb 和 14MnMoVN 等，只能选用 ϕ4mm 甚至 ϕ3mm 的细焊丝，并用较小的电流施焊。注意，按母材的强度级别选用相匹配的焊条或焊丝。

环缝焊接的容器直径小于 2000mm 时，如机头（焊丝）所处位置不当，将会造成焊缝成形不良。焊接外环缝时，若将焊机机头（焊丝）置于环缝最高点，由于电弧后倾，熔池金属将向右下方流淌，致使熔深加大，焊缝余高增加，熔宽减小；焊接内环缝时，若将焊机机头（焊丝）置于环缝最低点，熔池处于电弧的左方，液体金属积于电弧的下面，使熔深变浅，熔宽增加，余高减小。为了防止上述问题的产生，环缝焊接时，焊机机头所处的位置要有一个提前量，其值应在环缝最高点或最低点前移 30～50mm，如图 6-11 所示。这样可使熔池大致在水平位置凝固，以得到正常成形的焊缝。

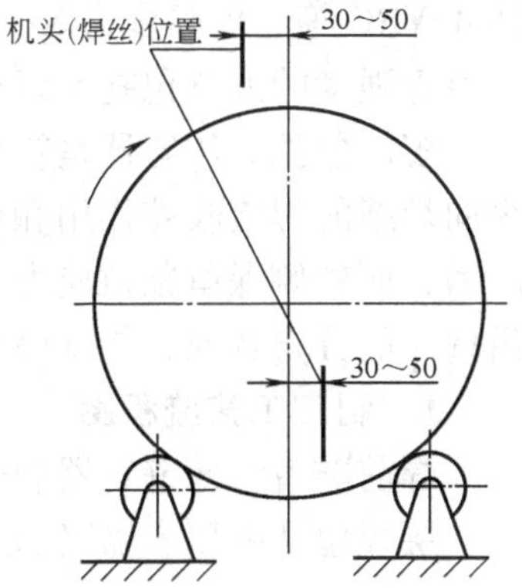

图 6-11　环缝焊接时机头所处的位置

7. 总装配焊接

总装配焊接之前对环缝进行无损检测，按规定，容器封头拼接焊缝、环缝和纵缝等对接焊缝应采用射线探伤，执行 GB/T3323—2005 标准。检测合格后即可加工各种孔（人孔除外）并装配法兰、管件和支座等附件。

法兰、管件及支座等应根据有关设计规范选用。要求法兰上的螺栓孔不得超过规定的偏差，法兰平面必须与接管垂直，法兰的标高应符合要求等。为此，施工单位常常采用一些简易夹具予以保证。

注意人孔要在最后一条环缝装配焊接之前开出。对直径较大的孔，因筒壁开孔处的应力集中而需要补强圈时，则应先焊好接管与筒壁的连接焊缝，再装焊补强圈。并在补强圈焊接后开孔，以减少焊接变形。为了装焊方便，亦可采用拼片形补强圈，不过，此时每一片均要开设信号孔。信号孔的开设一方面是为了检验接管及补强圈焊缝的密封可靠性；另一方面也可以消除补强圈与容器壳体间气体的高温膨胀力，设备投入使用后还可以起到安全报警作用。

各种附件的焊接主要采用焊条电弧焊或气体保护焊方法。附件与筒体的接头形式多为角接，焊接时要按规定满足焊脚尺寸，并需用超声波对焊缝进行无损检测。

总装配焊接后，还要根据技术要求对整个产品进行焊后热处理、承载试验、涂漆及包装等加工。

对于管道尤其是大直径管道的制造工艺与容器筒体制造工艺基本相同，主要区别是有相当一部分环缝的装配和焊接必须在施工现场进行，使装配和焊接的难度增加。此时环缝焊接位置由在厂内的水平位置变为全位置，对操作人员的技术水平要求更高。管道的具体制造工艺不予详述。

6.1.3 多层厚壁高压容器的制造

多层厚壁高压容器壳体是由卷焊而成的圆柱形筒体和两个铸造或锻造制成的封头（也称端盖）组成的。其筒体是由内筒和包扎在其上的数层瓦片状的层板所构成。内筒体直接接触工作介质，必须适应工作条件的要求，如强度高、塑性和韧性好及耐腐蚀等。常用的内筒材料由16MnR、15MnVR、14MnMoVR、16Mng和15MnVg等，板厚一般为12～20mm。层板作为受力件，也要求具有良好的塑性和韧性。常用层板有16MnRC和15MnVRC等，板厚多为6～10mm。层板可以为单一材料；也可以采用不同材料，达到沿壁厚等强度的混合包扎，以充分利用材料的承载能力。

多层包扎高压容器是较早使用的组合容器之一。它是利用各层层板间的2（或3）条纵向焊缝的焊接收缩作用和包扎箍紧力作用，使筒体在投入运行前就在其内侧保留着预压应力，而外侧保留预拉应力。当承受内压后，既提高了内壁的屈服安全性，又改变了应力沿壁厚的分布状况，使壁厚材料合理地得到利用。

1. 制定工艺流程图

焊前准备与薄壁容器制造基本相似，不再复述。

层板包扎高压容器（包扎筒体）的工艺流程如图6-12所示。

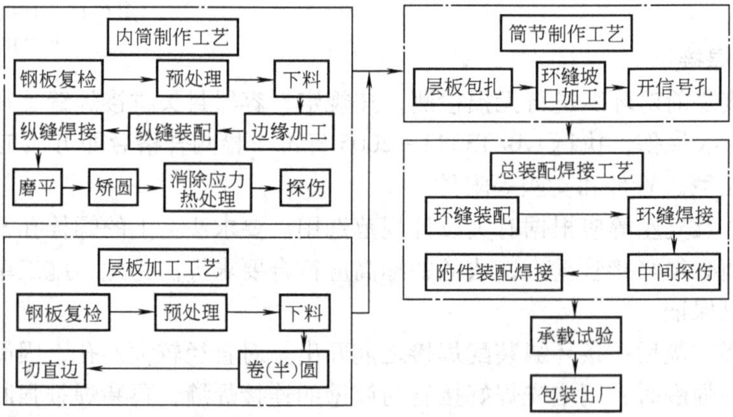

图6-12 层板包扎高压容器制造工艺流程图

2. 备料加工

（1）层板加工　层板材料多为6～10mm厚的16MnRC或15MnVRC钢板，经复检、矫平后划线下料。由于层板为半圆筒形瓦片，故不需要预弯，滚卷后两边各切掉200mm

长的直边，同时每边开出20°~30°的坡口；另外，层板的两条纵缝装配时各需留出6~14mm的间隙，这样焊后由于焊接收缩应力的作用，可使层板包扎的更紧。所以，每块层板毛坯料在展开直径方向的尺寸L应由下式所决定：

$$L=\frac{1}{2}\pi(D_n+\delta)+2\times200-(6\sim14) \tag{6-2}$$

式中　D_n——第n层层板的内径（mm）；

δ——层板厚度（mm）。

用卷板机卷制成形后，切除直边，层板加工即告结束。值得注意的是：

1）前三层层板要开信号孔，信号孔的作用是便于焊接中气体的排除。

2）为了包扎更紧密，层板实际曲率可比要求大些。根据经验，层板内径要小于所包扎里层筒体外径6~10mm。

（2）内筒制作　复检、矫平后参照单层卷焊容器筒节制造工艺进行内筒的制作加工。高压容器对筒体的圆度要求比一般中、低压容器要严格得多，这一方面是因为由内压产生的二次应力较高，另一方面还由于内筒的圆度会直接影响层板包扎的松紧程度和间隙的大小。为此，多层高压容器的内筒应满足以下规定：

1）同一断面上的最大直径和最小直径之差不应大于0.5%D_g，且不大于6mm。

2）纵缝的对口错边量不大于1.5mm。

3）对接纵缝形成的棱角应不大于2mm。

4）内筒材料的伸长率大于层板材料的伸长率。

由于包扎后无法进行热处理，故在内筒卷焊后要先进行消除应力热处理。

（3）筒节制作　筒节的制作包括层板包扎和环缝坡口的加工。

层板包扎是多层厚壁高压容器制造的重要工艺内容之一。包扎前，层板表面要除锈，并应复查层板曲率是否符合要求。为使层板间纵缝相互错开，要以前一层层板的焊缝为基准给出各层板纵缝在筒体端面所处位置，如图6-13所示，一般应依次错开78°。

为了防止层板在包扎过程中内筒发生变形，包扎前先在内筒中放入内支撑胎具，如图6-14所示。为便于内支撑胎具的装拆，每组胎具大多由三片或四片以上的爿片支撑环组成。然后按规定的纵缝位置将层板放置于内筒体上，在拉紧装置上用钢丝绳或钢带扎紧。

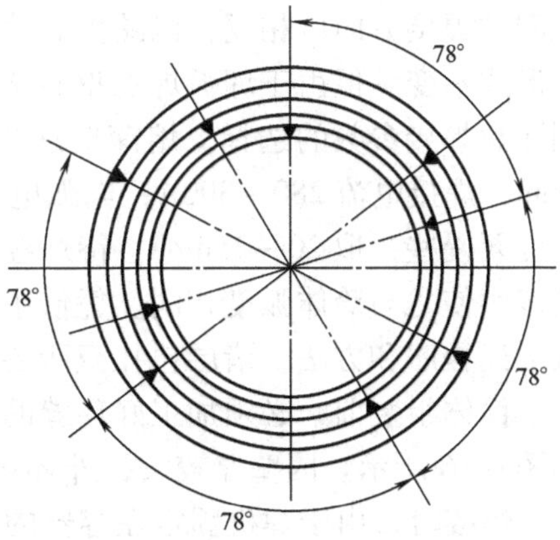

图6-13　层板纵焊缝位置分布图

常用可移动的龙门式扎紧装置来进行层板的包扎，如图6-15所示。包扎时，先将内筒通过两端固定在一个可转动的支架5上，接着按规定纵缝的位置把层板扣放在内筒上，套上钢丝绳3，略微拉紧后，对焊缝的间隙进行调整，其坡口间隙一般为6~14mm。

开启拉紧液压泵1逐级升压，每升压一次将筒节滚动一次，并用铜锤在层板上稍加敲击，使钢丝绳各处拉紧。在该拉紧装置中，液压泵安装在一个可升降的横梁上，以适应不同直径筒体的包扎要求。开始拉紧时，层板处于自由延伸状态，能够沿着圆周方向伸缩，

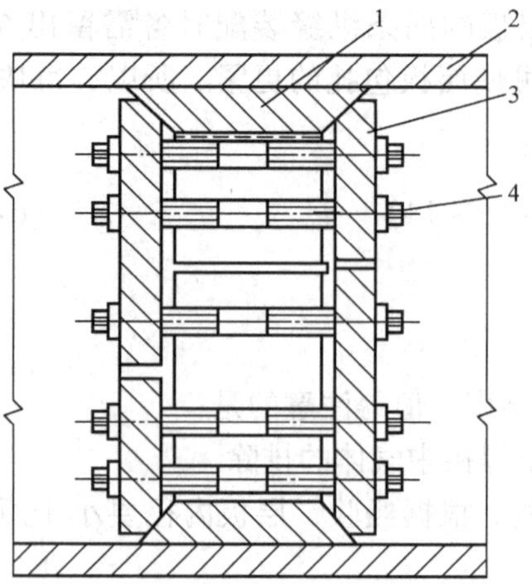

图 6-14　内筒体支撑胎具
1—爿片支撑环　2—内筒体
3—组合式肋板　4—螺栓

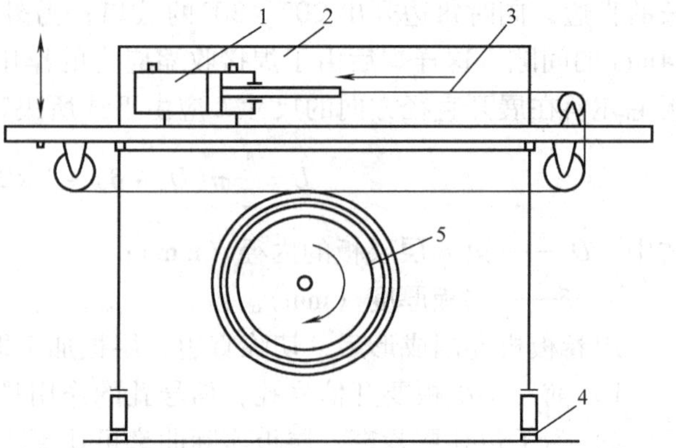

图 6-15　门式拉紧装置
1—拉紧液压泵　2—移动门架　3—钢丝绳
4—导轨　5—转动支架

随着拉紧力的增加，层板在内筒体上越贴越紧，并产生一定变形。当拉紧力达到规定值后，用塞尺检查筒节的对接边间隙，合格后可将层板通过定位焊固定在内筒上。定位焊由层板一端向另一端依次进行，在整个纵焊缝长度方向上定位焊若干处，每段焊缝不可过短，以免被焊接应力拉裂。

将包扎好的筒节从拉紧装置中取出后放在焊接平台上，可采用焊条电弧焊或埋弧焊进行纵焊缝的焊接。若采用焊条电弧焊则需多层焊，一般厚度 6mm 的层板，要焊三层。焊接时，先将同层的各条焊缝都焊一道，以免定位焊缝崩开，再依次焊接其他几层；层与层之间的焊接方向应相反，以减少焊接变形。注意盖面焊缝不要太高。若采用埋弧焊，其坡口形式不变。但由于埋弧焊功率较大，6mm 厚的层板只需焊两层。对层板的埋弧焊要特别注意焊接参数的选择，熔深要适当，不能大于层板的厚度。典型参数如下：焊丝直径 3mm；焊接电流 280 ~ 300A；电弧电压 34 ~ 38V；焊接速度 28 ~ 30m/h，盖面焊缝的焊接速度要慢些，取 20 ~ 25m/h。待焊缝全部冷却后，铣去余高（最外层焊缝除外），再用砂轮修磨使之与筒体弧度相同。凭借小铜锤敲击的音响来检查包扎质量，即层板贴紧程度。依上述程序和方法，诸层包扎至所要求的厚度。

筒体组装前，必须加工好环缝的焊接坡口（即进行筒节端口的边缘加工）和信号孔，如图 6-16 所示。因壁厚较大，外环缝多采用窄间隙坡口进行埋弧焊，坡口的角度不超过 6°。焊接时，由于焊机固定在容器的上方依靠筒体的转动来完成焊接，这样焊接方向与层板扎紧方向平行，易于造成咬边和夹渣等焊接缺陷，如图 6-17 所示。因此，在埋弧焊前，常常对筒节边端坡口进行预堆焊。堆焊时可将加工好边缘的筒节立起来，采用焊条电弧焊、CO_2 气体保护焊或 MAG 焊完成预堆焊。预堆焊后需经再次坡口切削加工并探伤合格后，方可进行环缝埋弧焊。

3. 筒体环缝装配焊接

高压包扎容器直径不是很大，常见到直径 600mm 左右的产品，此时内环缝只能进行焊条电弧焊焊接，且操作极不方便，需要焊工钻进内筒中焊接，因此要求焊工的操作水平

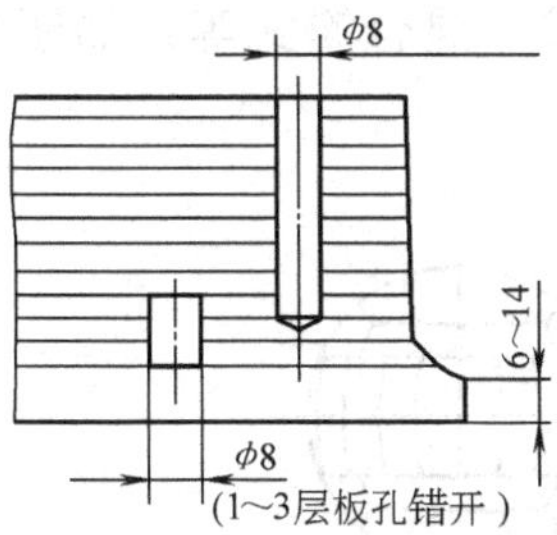

图6-16　环缝坡口及信号孔

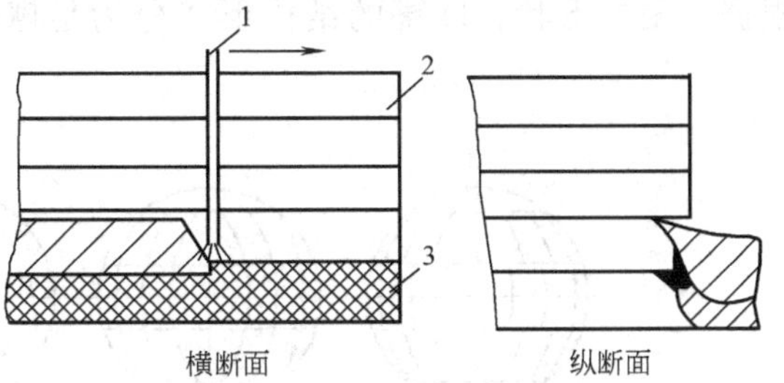

图6-17　环缝埋弧焊缺陷

1—焊丝　2—层板　3—熔敷金属

较高。又由于壁厚较大，外环缝多用窄间隙多层甚至多道埋弧焊。具体焊接工艺从略。值得注意的是，由于壁厚较大，因此在焊到壁厚的一半时，就应及时进行射线探伤。

6.1.4　球形容器的制造

1. 球形容器的结构及特点

球形容器（俗称球罐）与圆柱形容器相比，具有以下特点：

1）表面积小，即在容积相同的条件下，球形容器表面积最小。

2）球壳板的承载能力比圆柱形容器大一倍，即在直径和应力相等的条件下，球形容器的板厚只需圆柱形容器的一半。

3）占地面积小，且可向空中发展，有利于地表面的利用。

由1）、2）两特点可知，球形容器比其他形式的容器节省材料。加之球形容器基础简单、受风面积小、维修和保养简单、外观漂亮等原因，使球形容器的应用更加广泛。但球壳板加工比较困难，焊接工艺复杂且要求严格。因此，球罐的制作技术比单层卷焊圆柱形容器要难的多，要求也高的多。

球形容器通常作为储存压力气体或液体的储罐，也有作反应器使用的。它一般多在常温和低温下工作，极个别场合如造纸工业用的蒸煮球才用于高温下。

球罐是由钢制球面壳体构成，借助于钢制支柱固定在基础上。球罐外壳是由若干个压制而成的球瓣板焊接而成的，典型结构形式如图6-18所示。球罐上还安装有各种接管、安全阀及测量贮存介质液位和压力的仪表等。为了检修和清理方便，在球罐的顶部或底部开有人孔，并用盖密封。

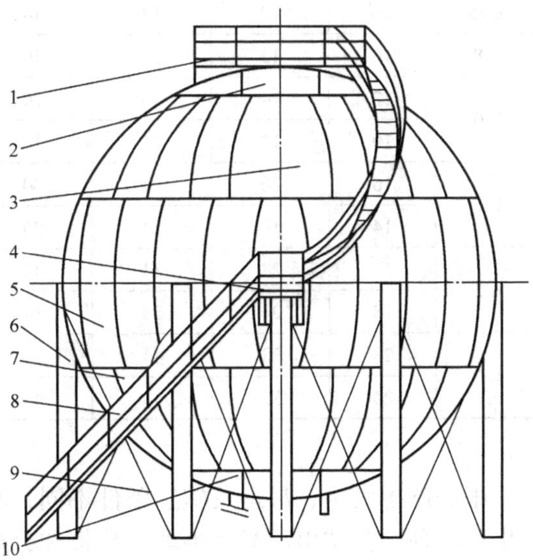

图6-18　典型球罐结构示意图

1—顶部平台　2—上极板　3—上温带　4—中间平台　5—赤道带　6—柱脚　7—下温带　8—扶梯　9—拉杆　10—下极板

根据球瓣的形状，球罐的结构形式分为足球瓣式、橘瓣式、混合瓣式等，如图 6-19 所示。

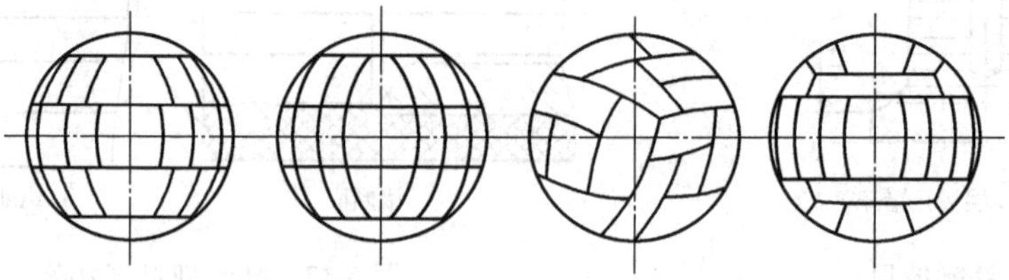

a)　　　　b)　　　　c)

图 6-19　常见球壳板结构分割形式

a）橘瓣式　b）足球瓣式　c）混合瓣式

常见中、小型球罐的规格、材料与参数见表 6-1。大型球罐所用材料强度级别更高，如 15MnVNR 钢及 18MnMoNbR 钢等。

表 6-1　常见中、小型球罐的规格、材料及参数

公称压力 /MPa	规格							选用材料
	公称容积 /m^3							
	50	120	200	400	650	1000	2000	
	内径 /m							
	4.6	6.1	7.1	9.2	10.7	12.3	15.7	
	壁厚 /mm							
0.45	10	10	12	14	16	20	25/28	Q235R
0.8	10	12	14	16	20	22		Q345R（16MnR）
1.0	12	14	16	20	22	28		16MnR
	10	12	14	18	20	24		Q390R（15MnVR）
1.6	16	20	24	30	36	45		16MnR
	14	18	22	26	30	34		15MnVR
2.2	22	28	34	42				16MnR
	18	24	28	34				15MnVR
3.0	28	38	44					16MnR
	24	32	38	48				15MnVR

根据球罐大小、吊运及施工条件不同，其产品出厂形式也不相同，分为整体出厂和分体出厂两种。分体出厂又有半球、分带和分瓣三种不同的方式，见表 6-2。

目前国内球罐多采用分瓣式出厂在现场装配焊接。在工厂内主要是加工制作球瓣、支柱及相关的附件。人孔与球壳板及支柱与球壳板的焊接，以及相应焊后热处理一般也在现场进行。球瓣加工后要对坡口进行防锈处理，出厂前必须对瓣片妥善包装，以防止运输过程中变形和损伤。球罐的散装法现场施工工艺流程如图 6-20 所示。球瓣加工、组装和焊接

表 6-2 球罐出厂形式及特点

出厂形式		说明	适用范围
整体		工地整体吊装，安装进度快，但球体尺寸受到起重运输条件的限制	小型球体
分体	半球	工厂预制成两个半球，到工地吊装成整体。高空作业较少，安装进度较快，质量较高，但合拢时需要较大的起重设备	中、小型球体
	分带	工厂预制成若干球带，到工地装成整体。它除有半球的优点外，能采用焊接新工艺，为自动化生产创造有利条件。但球的直径太大时刚度较差，吊装时易变形	中、小型球体
	分瓣	在工地逐瓣或多瓣吊装成球体，对起重设备要求不高。但其高空作业量大，需全位置焊接，操作条件差，安装周期长	较大型球体

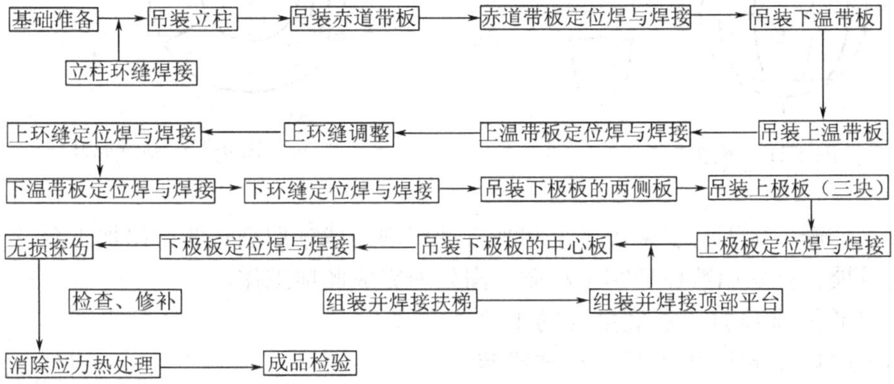

图 6-20 球罐散装法现场施工工艺流程

是最重要的几道工序，对球罐的制作质量和生产效率影响极大。值得注意的是，球瓣出厂前必须在厂内进行预安装，以检验其尺寸和精度是否达到技术要求。

2. 球瓣的加工

（1）对原材料的要求 必须按相关技术条件对制造球罐壳体用的钢板进行检验。要了解进厂钢板的实际状态与使用状态是否相符，如规定在热处理状态下使用，而进厂钢板为热轧状态，则必须对钢板进行相应的热处理；若钢板的状态与使用状态相符，则应按技术要求从每台球罐中取一块钢板进行拉伸、弯曲和常温下冲击试验。当板厚大于38mm时，按规定对钢板逐张进行超声波探伤。

（2）球瓣的成形 球壳为双曲面，是不可能在平面上精确展开的。因此，球瓣一次精确下料困难很大。通常先近似展开，即下荒料，在压制成形后再进行二次切割。多数球罐分为五带，即赤道带，上、下温带和两个极板。图6-21和图6-22分别为橘瓣式球壳赤道带展开和温带展开的实例。因各带的分瓣大致相等（极板除外），不仅为焊缝的均布创造了条件，而且还易于满足瓣片间的互换性。因此，展开只需求得每带中的一瓣球壳即可。

由于球壳压形和卷板时的变形不完全相同，特别是热冲压时，钢板处于塑性状态。因此，不能按照中性层计算展开。根据经验可以借用锥体展开方法来展开球体。

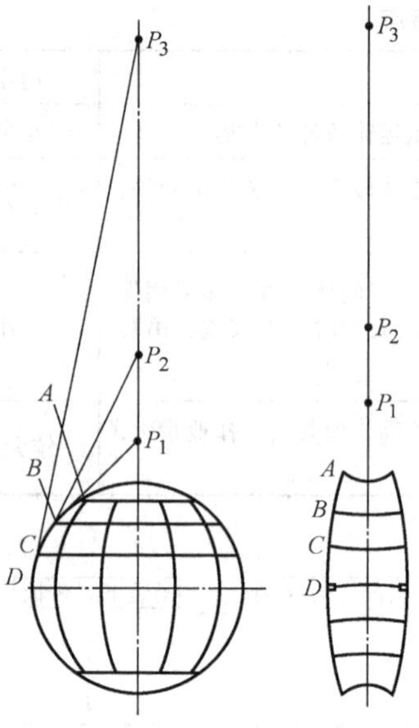

图 6-21 赤道带展开

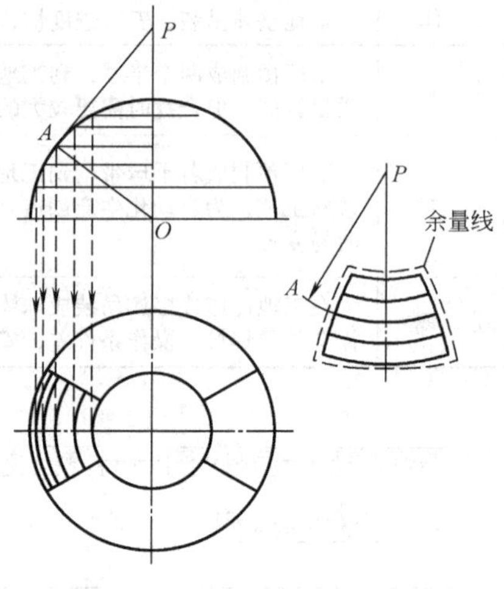

图 6-22 温带展开

过去，球瓣一次下料多采用手工和半自动切割，球罐切割时要留出加工余量。当前随着科技的发展，可采用数控切割来高质、高效地完成此项工作。

球瓣成形是球瓣加工中最主要的工序之一，加工后球瓣的尺寸和精度对球罐装配乃至产品质量影响很大。如图 6-23 所示，其主要尺寸公差有：

① 长度方向弦长 L_1 ±2.5mm。

② 对角线的长度 L_2 ±3mm，这一指标是衡量同一平面上偏离正确形状的程度，若长度不对，就变成平行四边形了。

③ 两条对角线间的垂直距离≤5mm，这是衡量球瓣空间翘曲的指标。如果两对角线不相接触，说明球瓣四个角的顶点不在同一平面上，距离越大，球瓣翘曲程度越严重。

④ 任意宽度方向上的弦长 b_1、b_2、b_3 均为 ±2.5mm。

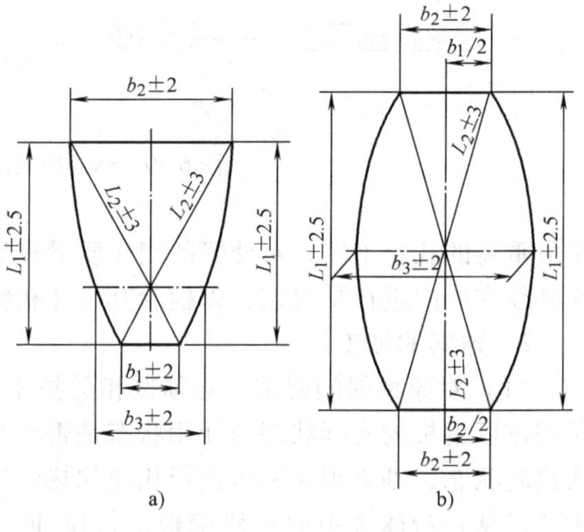

图 6-23 球瓣尺寸偏差
a）温带板 b）赤道板

球瓣的成形不仅改变钢板的几何形状，还将改变钢材的综合力学性能，不仅对装配焊接有直接影响，而且还对整个球罐的安全运行和使用寿命有一定影响。球瓣成形分冷压和热压两种，下面分别进行简单介绍。

1）热压成形工艺。热压成形具有效率高、成形均匀、能保证钢材性能等优点。但由于冷却收缩不均匀，将直接影响球瓣的曲率精度，加热中还带来氧化和烧损问题。为保证热压球瓣的精度，需要对球瓣进行二次下料。

热压时注意事项有：

① 热压温度要严格控制，加热温度过高会造成脱碳和晶间氧化。保温时间要尽量短。始压温度应在大于材料 Ac_3 以上某一适当的温度，终压温度不小于500℃，以防止冷作硬化。

② 胎模球面曲率必须精确，下胎曲率尤为重要。

③ 板材要求正火处理，如未处理可以用热压时的加热来代替正火处理。

④ 热压要平稳，冷却时将周边用夹具固定，限制其自由收缩。

球瓣的热压过程不是纯弯曲过程，同时存在拉伸和挤压的压延过程。球瓣热压后从胎模中取出后，一方面由于自重使球瓣弧度有变平的倾向，另一方面球瓣冷却过程会使其弧度变大，因此变形过程十分复杂。实践证明，可以通过控制球瓣热压后放在胎模中的时间长短，即控制从胎模中吊出时的温度来控制，使最终变形符合要求。

球瓣二次下料时，应首先选择曲率精度 $E \leqslant \frac{1}{1000}$ 的球瓣作为划线用的基准球瓣。在此球瓣上，以弧长为准，以球瓣的对角线、弦长为基本尺寸，实际放样划出该球瓣的周边轮廓线，然后根据此轮廓线用0.5mm 厚的薄铁带制成柔性立体划线样板。利用该样板进行其余球瓣的二次划线。划线后气割坡口，同时切除毛坯余量。对气割坡口后曲率超差的球瓣，必须再进行冲压矫正，由于矫正时变形量较小，故可以在冷态下进行。

2）冷压成形工艺。随着球形容器向大型化发展，为减少焊缝就必须增大球瓣尺寸。若采用热压法，就需要大功率、大跨度的压力机；而采用冷压工艺，运用逐点冲压成形的办法，所需压力机的功率可大大减小，钢板长度可不受限制。冷压成形的特点是球瓣曲率一致、表面光滑无氧化层、加工精度高、互换性好、钢板未经加热其力学性能损失小等。但由于是多点冲压，其生产率较热压低，冷作硬化又会使材料的冲击韧度有所降低。尽管如此，冷压仍是球瓣加工的一种先进方法。

冷压成形方法分为局部成形和点压成形两种。前者效率高，但需较大功率的冲压设备；后者压延接触面积小，所需压力和设备的功率均小，但效率低。局部成形法是一种大面积的压制方法，如图 6-24 所示。坯料每压一次后向前移动一段距离，注意要留有一定的压延重叠面，以保证曲率均匀一致。目前应用较多的还是点压成形法，图 6-25 为点压

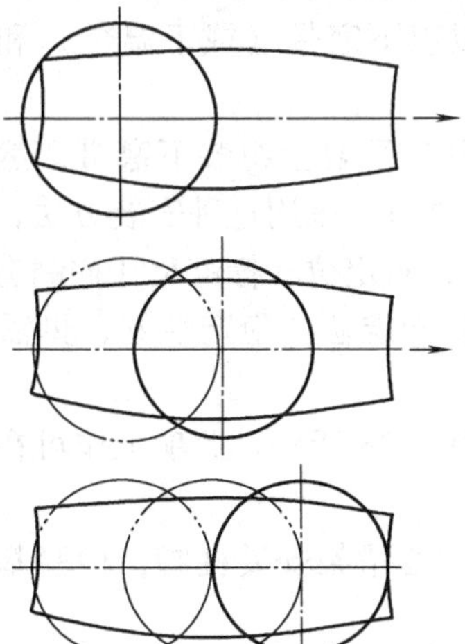

图 6-24　局部成形法

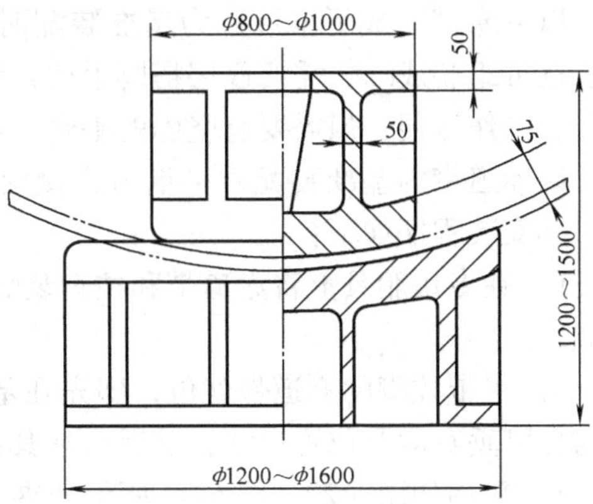

图 6-25　点压成形模具

成形模具示意图。加工时不能一次压到底，而要按不同顺序逐点、逐遍压制，如图6-26所示。为保证冷压球瓣的精度，也需要对球瓣二次下料。

为减少球瓣冷压后的残余应力，对冷压球瓣钢板事先要进行一次退火处理，目的在于软化钢板，增加塑性及冷变形能力，同时消除钢板轧制应力。具体规范为：600~650℃×2h，炉冷。

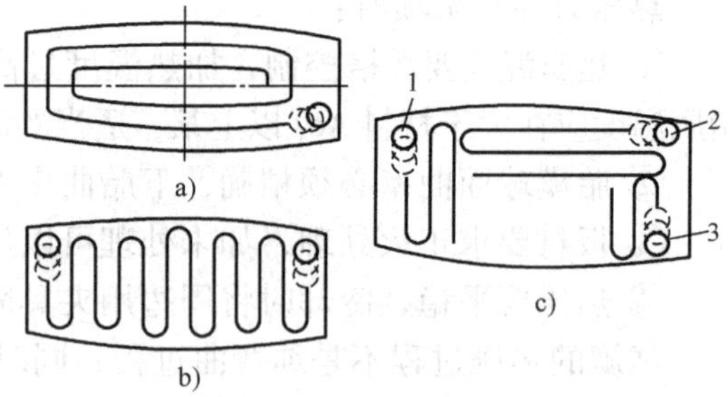

图6-26　点压成形法
a）纵向点压法（适用于大曲率）
b）横向点压法（适用于小曲率）　c）综合点压法
1—第一遍压延轨迹
2—第二遍压延轨迹　3—第三遍压延轨迹

（3）球瓣坡口加工　无论采用何种成形方法，球瓣成形后都要进行二次下料，用气割切去加工余量的同时开出坡口。球瓣的坡口切割不同于一般平板的坡口切割，它必须在成形后的球面上进行坡口加工。每块球瓣（上、下极带除外）的切割缝都包含纬线和经线两部分，其纬线是球体水平截面的水平圆，经线是通过球心的垂直切面的垂直圆。它要求切割缝（割炬运动轨迹）位于球瓣圆弧上，而且要求切割坡口的垂直中心线指向球心。

球瓣的坡口加工后必须仔细检查表面质量和曲率。坡口表面不得有分层、裂纹或影响焊接质量的其他缺陷。经着色和超声波检验合格后，在坡口上涂上防锈漆，焊接时不必除去。

3. 球罐的组装

为了检验球壳体的加工质量和能在工地顺利安装，出厂前要对加工后的球瓣进行预装配（预安装）。视球罐的大小，可分整球、半球或分带在厂内的特制胎架上，采用专用夹具逐瓣进行预装配。球瓣加工质量、各带装配尺寸和坡口尺寸等，符合要求才能包装出厂。

球罐在现场装配工艺方法很多，根据球罐的大小和施工条件可采用散装法和环带组装法等。

（1）散装法　散装法是将单片球瓣逐一组装成球体，现场施工工艺流程见图6-20。它是国内应用最普遍的一种安装方法。分瓣散装法可以以下寒带（或下温带）和赤道带为基准（图6-27）两种方式进行。

以下寒带（或下温带）为基准装配时，先在球罐基础平台上组装下寒带，然后在逐块、逐带组装成球。需要逐层搭脚手架，装配由底向上进行。采用这种安装方法，组装进度快、操作方便，但需要有坚固的平台。在安装过程中，对定位和标高尺寸控制有一定困难。以赤道带为基准装配时，重力直接由支柱承受，易于定位，稳定性好，毋需装配平台。其安装程序如下：

1）在专用胎具上将赤道带和柱脚装焊成一体，如图6-28所示。此项工作可在工厂内完成。

2）将带柱脚的赤道带就位，即先在基础上竖立起中心吊架安妥柱脚，检验基础水平面与柱脚垂直度及位置尺寸，然后吊装其余赤道带瓣片。

3）采用如图6-29~图6-32所示的夹具调整相邻球瓣间焊缝间隙与错边，装妥整个赤道带后进行定位焊。

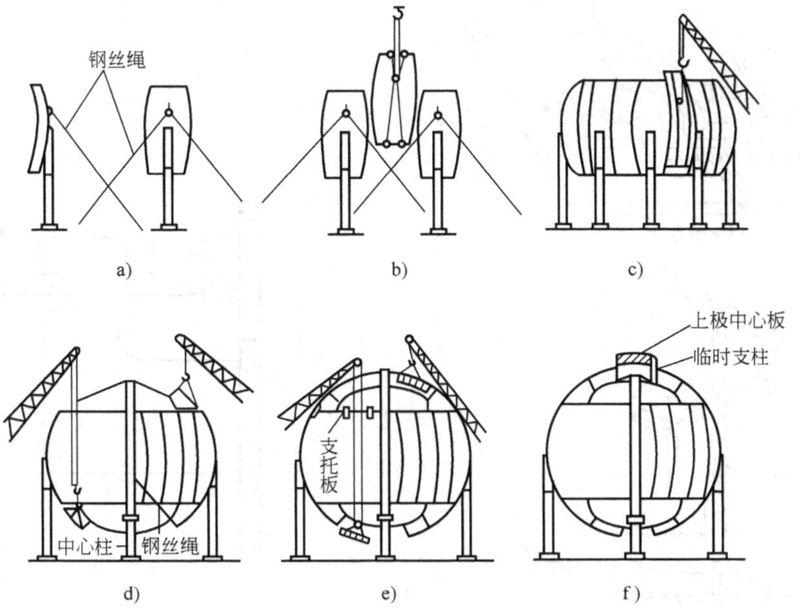

图6-27　赤道带为基准的散装法
a)、b)、c) 赤道带组装　d) 上、下温带组装　e)、f) 上、下极板组装

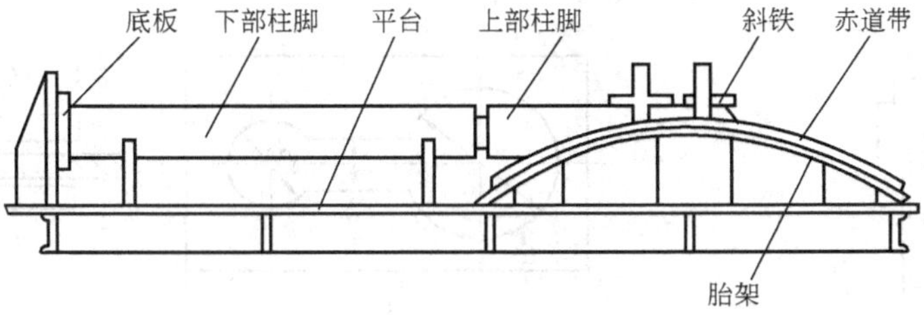

图6-28　赤道带与柱脚装配

为减少高空作业，装配夹具的附件及施工用的吊耳等均应在地面上装配焊接。纵缝（经线）组对比较容易，两夹具间距离可大些，一般取1500~2000mm；环缝（纬线）组对比较困难，两夹具间距离应小些，取800~1000mm为宜。上温带以上施工夹具附件应置在外侧，赤道带以下施工夹具附件应设置在内侧。工夹具布置如图6-33所示。

4）用中心桅杆（立柱）及调节拉杆等装置来调节球面的曲率，使球壳各带高度符合要求，并使上下两平行面平行，然后装焊加强板并定位焊。图6-34为1000m^3球罐组装示意图。

5）按上述方法，依次吊装上、下温带，所有球带组装完成并焊妥全部焊缝后，拆除中心吊架、测量上下口直径、修正极顶尺寸再装配焊接上下极板。

散装法的优点有：对施工设备要求低，不需要大型平台、大型滚轮架及起吊设施。缺点是安装精度较差，且焊缝为全位置焊接，对焊接技术要求高，劳动强度大。

（2）环带组装法　环带组装法是先分别装焊好各环带（如赤道带、温带等）再用积

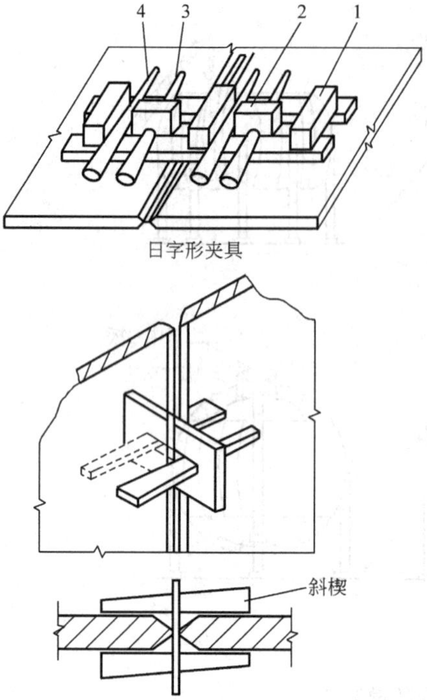

图 6-29　斜楔和日字形夹具的应用

1—日字形卡码　2—方形卡　3、4—圆锥销

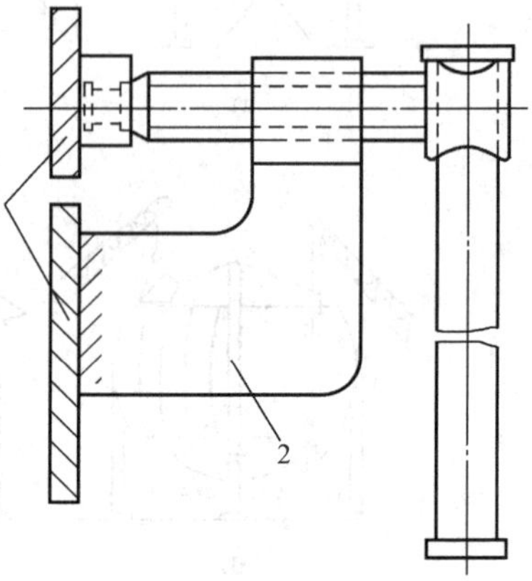

图 6-30　消除球瓣边口错边的夹具

1—球瓣　2—弓形夹具

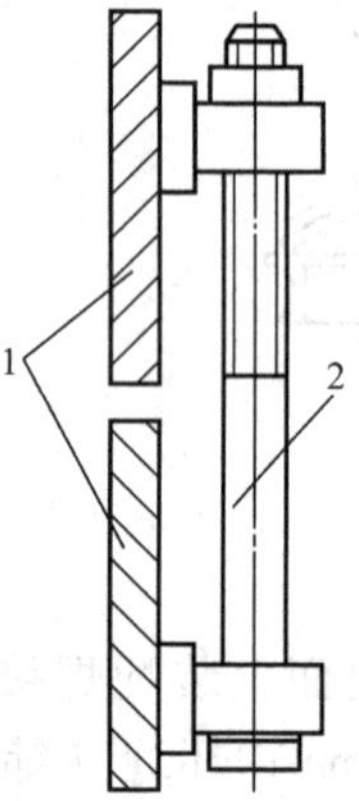

图 6-31　螺旋拉杆

1—球瓣　2—螺杆

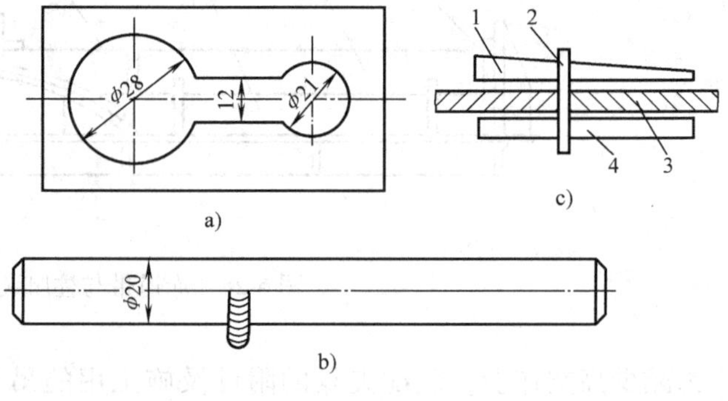

图 6-32　间隙调整器

a）间隙垫板　b）固定杆　c）调整器固定

1—楔　2—垫板　3—球瓣

4—固定杆

木式合拢各环带及两极板。此种方法各环带适合在工厂内制造施工。

1）环带的组装。各环带的组装方法完全相同，故仅介绍赤道带组装。

在平台上，以球罐外径（加放适当的焊接收缩余量）和带口外径（加放一定的焊接收缩量）分别作两个同心圆，同时按所分球瓣的块数在圆周上划分相对应的块数作为组装基准。然后在其上放置垫板或工字钢。用经纬仪校正后，即可将两瓣片吊放于垫板或工字钢上，并用铅垂法调整到基准后，即可用图 6-29 中的夹具进行固定。其余各瓣片亦可按此法依次组装。当各瓣片积累误差稍大时，也可组装到最后一瓣时进行镶配。待组装检验合格后，即可进行定位焊。值得注意的是，切不可强力组装，否则将造成较大的焊接应力和变形。

其他各环带的组装瓣片亦相同，就不再重述。

2）极板的组装。极板的组装通常是先在平台上固定三块以上的肋板，肋板的圆弧应以瓣片内径相吻合。以此作为组装的胎架，将极顶各瓣片依次在胎架上进行调整对接，故又称为“胎装法”。

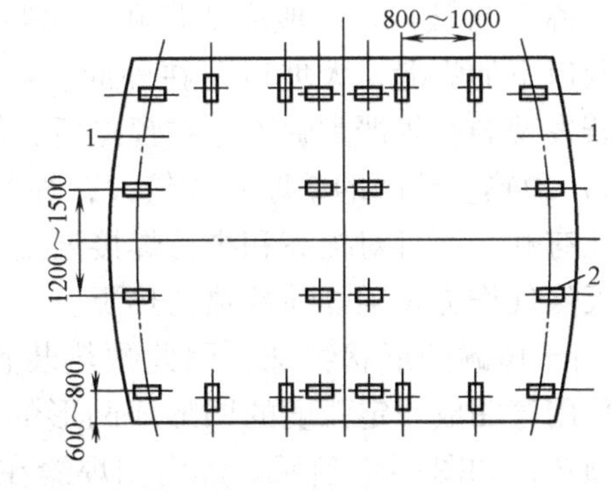

图6-33 工夹具布置图
1—球瓣 2—螺母工夹具

3）球壳的组装。球壳的组装一般是在各环带内缝焊接结束后进行的。为了组装和焊接的需要，正式组装前还应预先装焊好极顶上人孔等大直径的接管。然后将其仰放于专用的支架上，并吊装对接好的环带，调整好基准便可按前述方法固定。其他各环带的吊装亦相同。

对于环带较多的大型球罐，组装时应以赤道带为积木式组装为基准，否则将影响到球罐的几何尺寸精度。

4. 球罐的焊接

球罐的焊接方法主要取决于其组装方法、焊接设备和现场施工条件。目前国内球罐制造中常用的母材有低碳钢、16MnR、15MnVR和15MnVNR。常用的焊接方法是焊条电弧焊和埋弧焊，前者在现场焊接尤为普遍。另外，在条件允许的情况下也可以采用气电焊进行球罐的焊接，如采用半自动CO_2气体保护焊可代替焊条电弧焊；可用自动MIG或MAG焊进行球罐纵缝的焊接，并可由药芯焊丝代替实芯焊丝。

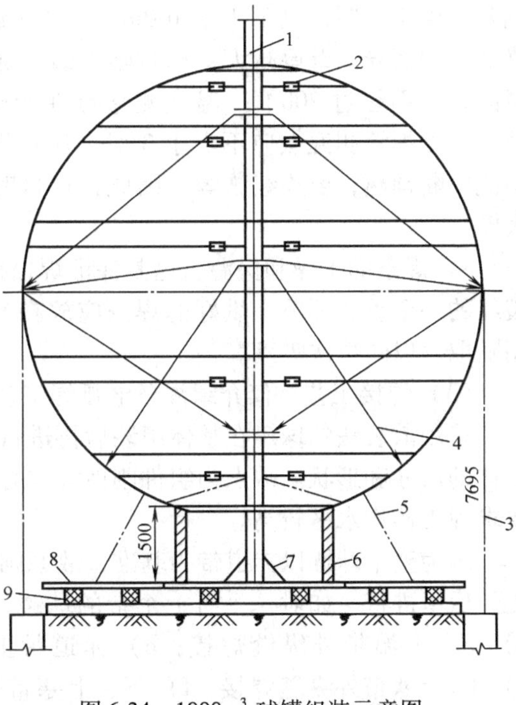

图6-34 1000m³ 球罐组装示意图
1—中心桅杆 2—松紧螺杆
3—柱脚中心线 4—ϕ11mm 钢丝绳
5—支撑钢管（ϕ169mm） 6—支撑座
7—中心桅杆的支撑杆 8—平台 9—枕木

为防止焊接变形，减少残余应力，防止裂纹的产生，应在充分进行工艺评定基础上选择正确的焊接材料，确定合理的焊接顺序和焊接参数，采取必要的预热和焊后热处理措施等，即制定一套完整的焊条电弧焊工艺。

（1）施焊环境 施焊现场若出现雨雪天气、风速超标（大于8m/s）、环境温度低于-5℃和相对湿度在90%以上情况时，必须采取适当的防护措施方能进行焊接。注意环境温度和相对湿度应在距球罐表面500～1 000mm处测得。

（2）焊前准备

1）焊接坡口。壁厚18mm以下钢板采用单面V形坡口。壁厚20mm以上的钢板多采用不对称X形坡口。一般赤道带和下温带环缝以上的焊缝，大坡口开在里面；而下温带环缝及以下的焊缝，大坡口开在外面。坡口加工后应用磨光机磨光并进行着色或磁粉探伤，若发现裂纹等严重缺陷应在预热后补焊。

2）预热。球罐的壁厚一般较大，焊前要求预热。预热不仅对清除接头污物、消除焊接气孔有利，而且对提高和维持焊接温度，避免焊接裂纹也是非常必要的。常用液化石油气或天然气作为球罐焊前预热的热源。

由于球罐的形状特殊，因此预热装置与常规有所不同，一般采用弯曲成一定弧度的凹形或凸形的一套（多头）喷嘴进行预热，如图6-35所示。焊内侧焊缝在外侧预热，焊外侧焊缝则在内侧预热，预热火焰应对准坡口中心。也可以用手持式单头加热器进行局部预热。预热区宽度为焊缝中心线两侧各三倍于板厚，且不小于100mm。预热温度可因材质和规格的不同而异。壁厚越大，母材强度级别越高，预热温度也越高，但不超过200℃。温度测量点在距焊缝中心线50mm处，每条焊缝测温点应不少于3对。注意焊接高强钢球罐时不能中断预热，要连续施焊，因此，焊接时要设置防雨保温大棚。

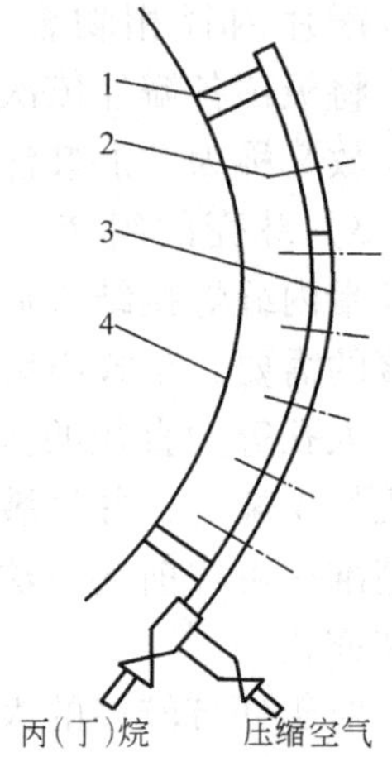

图6-35　球罐预热装置
1—定距块　2—火焰喷嘴
3—通气管　4—工件（球壳）

3）焊条的干燥和保温。这是保证焊接接头质量，防止冷裂纹的一个重要环节。烘好的焊条应放在专门的保温筒内随用随取，以防再次吸潮。

（3）焊接工艺　仅介绍焊条电弧焊工艺。

采用散装法的球罐在整体组装后再进行焊条电弧焊，其优点为焊接变形小，容易保证球体的尺寸和形状。缺点为组件刚性大，容易产生焊接裂纹；另外，因为是全位置焊接，要求焊工操作水平较高。

因为整个球罐以赤道带为基准，故原则上焊接顺序是由中间向两极，先纵缝后环缝，先外后里进行。如对一个有七个带的球罐，具体焊接顺序如下：a）赤道带外纵缝焊接；b）下、上温带外纵缝焊接；c）赤道带上、下外环缝焊接；d）上寒带内纵缝焊接；e）下、上寒带外纵缝焊接；f）下、上寒带外环缝焊接；g）赤道带内纵缝焊接；h）下、上温带内环缝焊接；i）赤道带上、下内环缝焊接；j）下寒带内纵缝焊接；k）下、上寒带内环缝焊接；l）下、上极板外环缝焊接；m）下、上极板内环缝焊接。为了使焊接收缩均匀，应以对称焊为原则，因此对同一带的各条纵缝要同时焊接。如焊缝过长，考虑焊工因操作时间长而疲劳，每条焊缝还可分二段或由二名焊工同时施焊。例如赤道带如有几条纵缝可由十几甚至二十几名焊工同时施焊。

纵缝和环缝一般都采用单道摆动多层焊，各层焊缝的引弧和熄弧点应错开，以免交界处产生缺陷。所有焊缝均采用分段逆向焊接。

在外侧焊完后，内侧必须用碳弧气刨清根，要将未焊透及根部缺陷等全部清除，并用磨光机磨去碳弧气刨的硬化层，经磁粉或着色检验合格后才可预热、焊接。

（4）消除应力处理　球罐焊后要进行整体或局部消除应力处理。其方法有温水超载试验消除法、低温度场应力消除法、爆炸法、红外线加热局部热处理及内部整体加热热处理等多种。在此仅简单介绍一种球罐的消除应力热处理技术。

内部整体加热热处理技术：由于球罐的体积庞大，无法在热处理炉内进行消除应力热处理，可采用内燃烧加热法对球罐进行整体热处理。此法是将球罐本身作为一个燃烧炉，借助于底部开口（人孔）安装喷火嘴，以燃油或液化石油气为燃料，热处理前球罐外部包覆保温材料如细纤维玻璃棉等，然后进行内部加热热处理。图 6-36 为这种热处理的典型方法示意图，具体热处理工艺参数如图 6-37 所示。

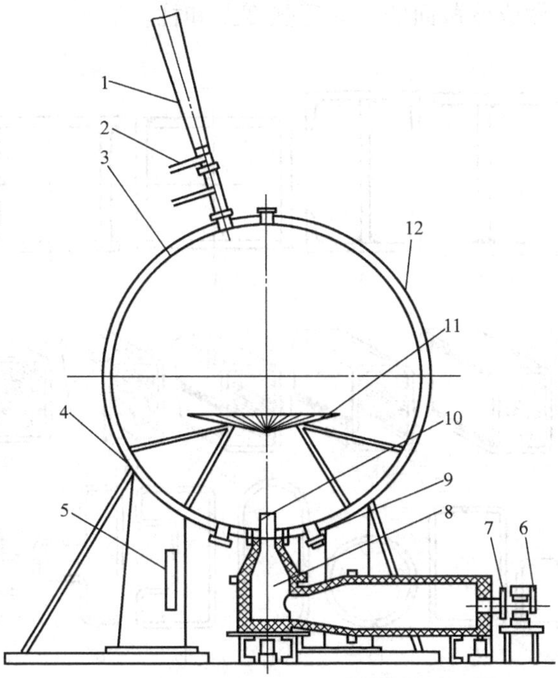

图 6-36　球罐内燃烧加热热处理

1—烟道　2—风管　3—球壳　4—托座　5—U 形压差计　6—进油管　7—燃油喷嘴　8—导流室　9—视镜　10—陶瓷喷嘴　11—气流挡板　12—保温层

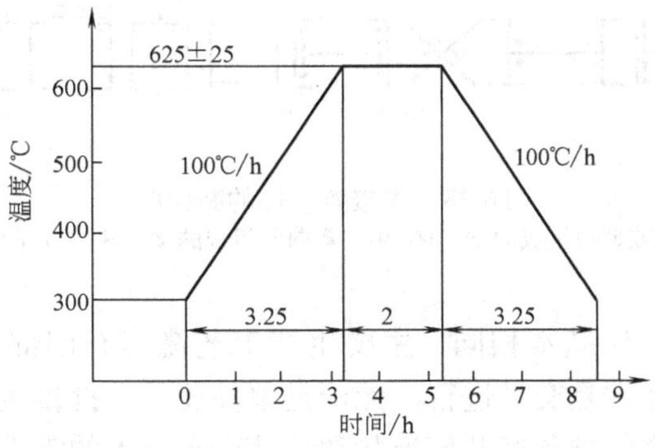

图 6-37　球罐热处理工艺

6.2 建筑焊接结构

建筑焊接结构主要指各种工业厂房中所使用的梁、柱和桁架，以及新兴的金属网架等结构。

6.2.1 焊接梁与柱的制造

梁和柱是建筑金属结构中的基本元件，使用量大面广。它们有各种各样的断面形状，如图6-38所示，但都可以归纳成开式断面和闭式断面两大类。有些在梁或柱上设置有肋板；有些沿长度方向上做成变截面的，即等强度梁和柱。

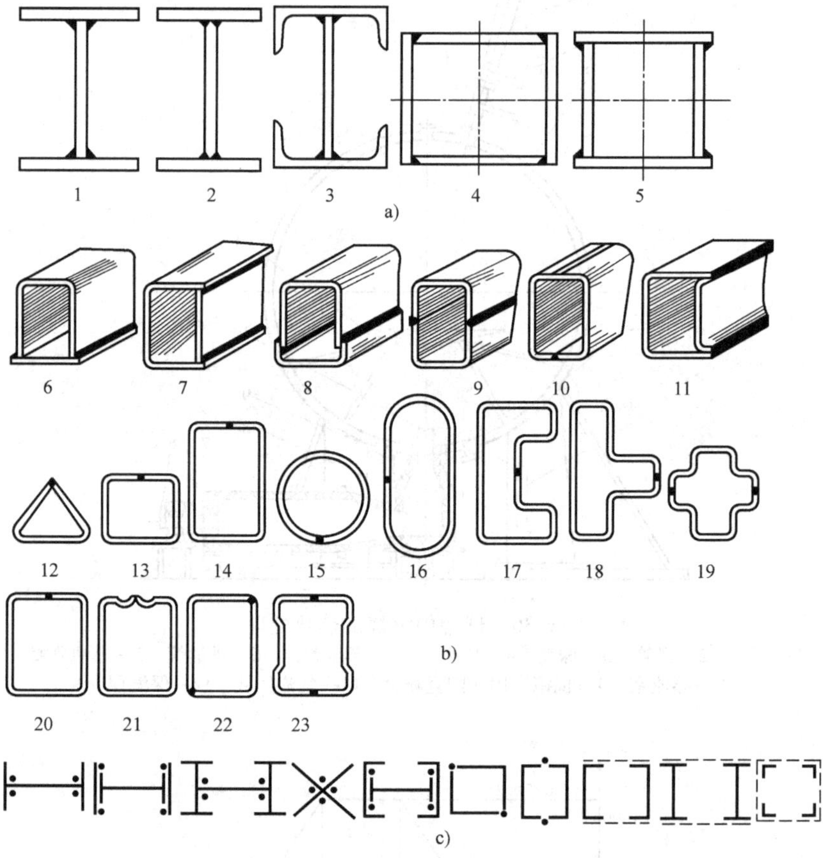

图6-38 焊接梁、柱的断面图
a）板材或型材组成的梁、柱 b）弯曲件组成的梁、柱 c）断面简图

焊接梁与柱的制造方法基本相同，主要生产工艺流程有四部分，即备料、装配、焊接、矫形。装配和焊接经常是交叉进行。无论是单件还是大批量生产，对备料的要求都是一样的，它必须在装配之前准备好几何形状和尺寸合乎要求的零件，这些零件的待焊部位要经过坡口加工和清理等。

除了少数重型梁、柱结构采用 16Mn 钢制造外，大多数均选用 Q235 类低碳钢制造。

1．工字形断面的梁与柱

建筑工程经常使用具有各种工字形和 H 形（当翼板宽度与腹板高度比值较大时称 H 形）断面的梁或柱，其基本形都是由一块腹板和上、下两翼板（或称盖板）互相垂直而构成，仅仅在相互位置、厚与薄、宽与窄和有无肋板等方面有区别。应用最多的是腹板居中，左右和上下对称的工字断面的梁和柱，一般由四条纵向角焊缝连接。制造这种对称的工字梁和柱，必须要控制的主要变形有翼板角变形和整体结构的挠曲变形。挠曲变形中有上拱或下挠以及左（或右）旁弯、腹板的波浪变形（凸凹度）和难以矫正的扭曲变形等。

下面以图 6-39 所示的吊车工字梁为例，简述其生产工艺过程。

（1）生产工艺流程　如图 6-40 所示。

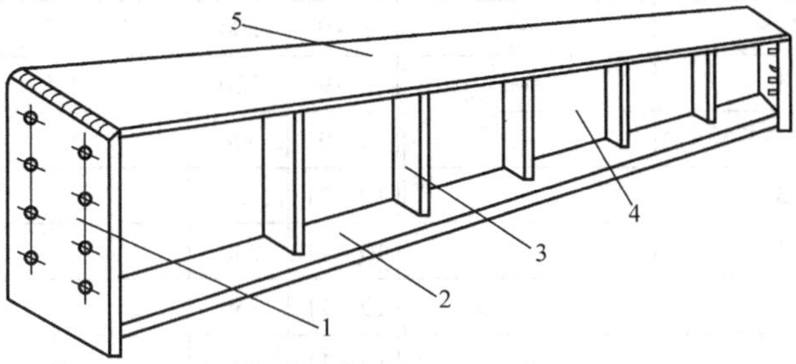

图 6-39　实腹式吊车工字梁示意图

1—端板　2—下翼板　3—肋板　4—腹板　5—上翼板

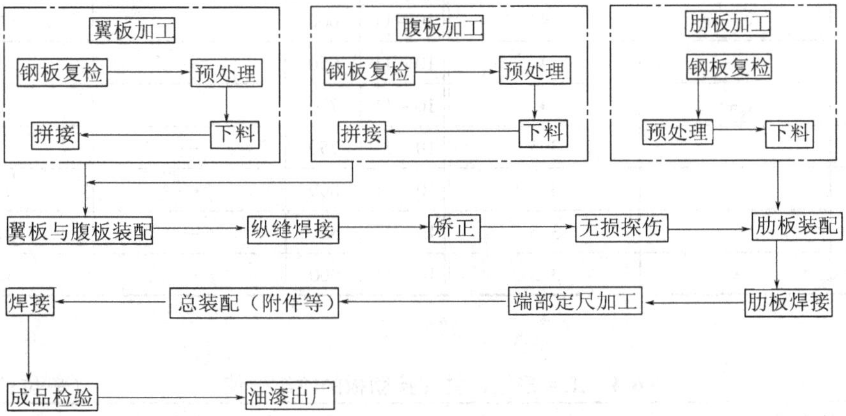

图 6-40　吊车梁生产工艺流程图

（2）零件的备料加工　下料前应将弯曲和平行度超差的钢板进行矫正，以保证下料和加工的精度。下料时要考虑加工余量和焊接收缩量。焊接收缩量的大小可参见表 6-3、表 6-4 和表 6-5。加工余量包括切割余量、边缘（包括坡口）加工余量。图 6-39 所示吊车梁的焊接收缩量，应包括四条纵缝和肋板与腹板焊缝，即所有焊缝的收缩量，在下料时都要留出来。如吊车梁的跨度较大，为保证其上挠度，腹板下料时可预制一定拱度。

表 6-3 埋弧焊工字形构件收缩数值

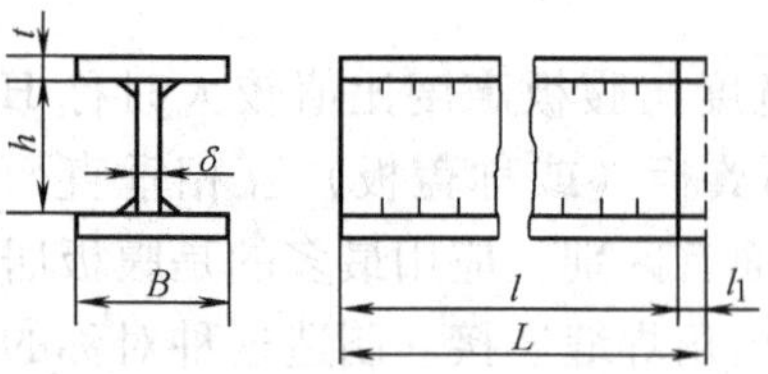

t—翼板厚度 B—翼板宽度 h—腹板宽度（高）
δ—腹板厚度 A—断面积（$2tB+\delta h$）
L—杆件长 l—收缩后杆件长 l_1—收缩值

焊脚尺寸/mm	断面积 A/cm^2	收缩值 l_1（$L=10m$ 时）		焊脚尺寸/mm	断面积 A/cm^2	收缩值 l_1（$L=10m$ 时）	
		$t=14\sim16mm$	$t=16\sim25mm$			$t=14\sim16mm$	$t=16\sim25mm$
6～7	90	5～6	—	8～9	280	3	—
6～7	100	5～6	—	8～9	290	3	—
6～7	110	4.5	—	8～9	300	2.5	—
6～7	120	4	—	8～9	310	2.5	—
6～7	130	3.5	—	8～9	320	2.5	—
6～7	140	3	—	10～11	330	—	3.5
6～7	150	3	—	10～11	340	—	3.5
6～7	160	3	—	10～11	350	—	3.5
8～9	170	—	6	10～11	400	—	3.5
8～9	180	—	5	10～11	450	—	3
8～9	190	—	5	10～11	500	—	3
8～9	200	—	5	10～11	550	—	3
8～9	210	—	4	10～11	600	—	2
8～9	220	—	4	10～11	650	—	2
8～9	230	—	4	10～11	700	—	2
8～9	240	—	3.5	10～11	750	—	1.5
8～9	250	—	3.5	10～11	800	—	1.5
8～9	260	—	3.5	10～11	850	—	1.5
8～9	270	—	3.5	10～11	900	—	1.5

表 6-4 工字形梁、柱焊接肋板的收缩数值 （单位：mm）

肋板的厚度 δ	（一对肋板的）收缩数值
8	1
10	0.6
12	0.57
16	0.55

零件的剪切和气割应尽可能准确。腹板与上翼板的 T 形接头要求焊透，所以腹板应进行边缘加工或坡口加工。

表 6-5　焊条电弧焊时各种钢材焊接接头的收缩数值

名　称	接　头　式　样	（一个接头处）收缩量/mm δ=8~16	δ=20~40	注　释
钢板对接	 单面坡口	1~1.5		
	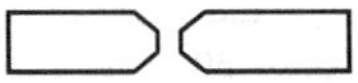 双面坡口		1~1.5	
槽钢对接	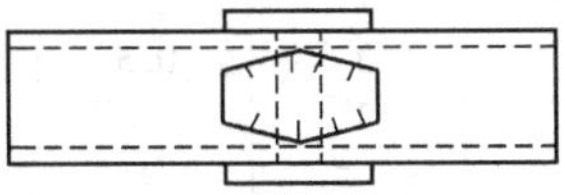	1~1.5		大规格型钢的收缩量较小些
工字钢对接	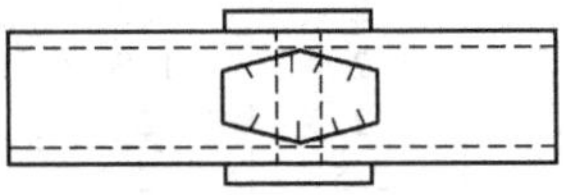	1~1.5		

注：因角钢的收缩量很小，故可以不计。

腹板或翼板如若拼接，其对接焊缝要求焊透。焊接时应加引弧板和熄弧板并考虑反变形等，如图 6-41 所示。同时，要注意使腹板和翼板的拼接焊缝至少错开 500mm，避免焊缝交叉。为了减少焊后翼板的角变形，可考虑对翼板焊前使用翼板反变形机预制（压出）反变形，其原理如图 6-42 所示。反变形量的大小可参阅表 6-6。

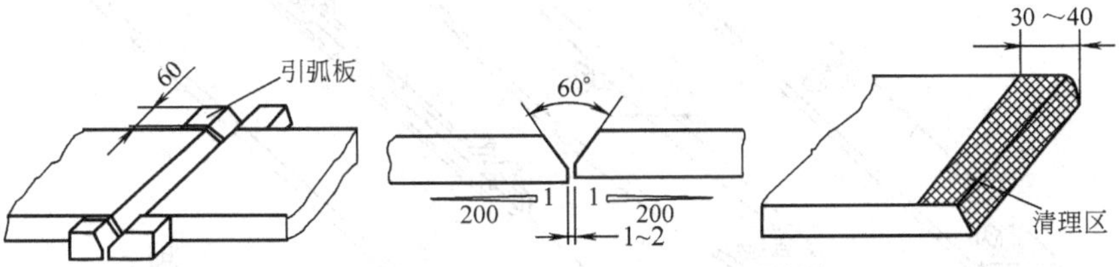

图 6-41　焊前准备
a）安装引弧、熄弧板　b）预制反变形　c）坡口清理区宽度

（3）工字梁的装配　对称的工字断面的梁（或柱）结构简单，制造的程序应是先装配后焊接，即先装配成工字形状并定位焊后再进行焊接。不应边装配边焊接，即不能先焊成 T 形断面再装另一翼板，最后焊成完整的工字形，这样做变形大、工序多、生产周期长。如果加有肋板（也称筋板）的工字梁，而且是采用焊条电弧焊或半自动二氧化碳气体保护焊，更应把肋板装配好后，最后再焊接，否则，翼板的角变形会影响肋板的装配。

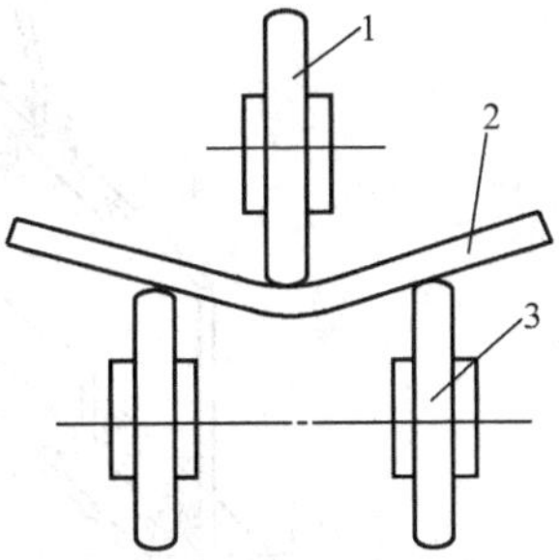

图 6-42　用反变形机进行翼板反变形原理
1—从动轮　2—工件（翼板）
3—主动轮

工字梁装配的最简单方法如图 6-43 所示。装配时先在翼板上划出腹板的位置线，如图 6-43a 所示，并焊上定位角铁 2。为便于吊装在腹板背上角铁，如图 6-43b 所示。用 90°角尺检

表 6-6 焊接工字梁翼板的反变形值 （单位：mm）

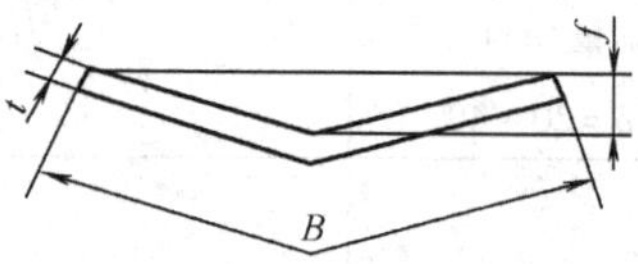

B—板宽 t—板厚 f—挠度

板宽 B	板厚 t								
	12	14	16	20	25	28	30	36	40
	挠度 f								
150	2	2	1.5	1	1	1	0.5	0.5	0.5
200	2.5	2.5	2	2	1.5	1	1	0.5	0.5
250	3	3	2.5	2	2	1.5	1	0.5	0.5
300	4	3.5	3	2.5	2.5	1.5	1.5	1	0.5
350	4.5	4	3.5	3	3	2	1.5	1	0.5
400	5	4.5	4	3.5	3	2	1.5	1	1
450	5.5	5	4	4	3.5	2	2	1	1
500	6	5.5	4.5	4.5	4	2.5	2	1.5	1
550	—	6	5	4.5	4	2.5	2	1.5	1
600	—	—	5	5	4.5	3	2.5	1.5	1
650	—	—	—	5	5	3	2.5	1.5	1.5
700	—	—	—	—	5	3.5	3	2	1.5
750	—	—	—	—	—	4	3	2	1.5
800	—	—	—	—	—	4	3.5	2.5	—

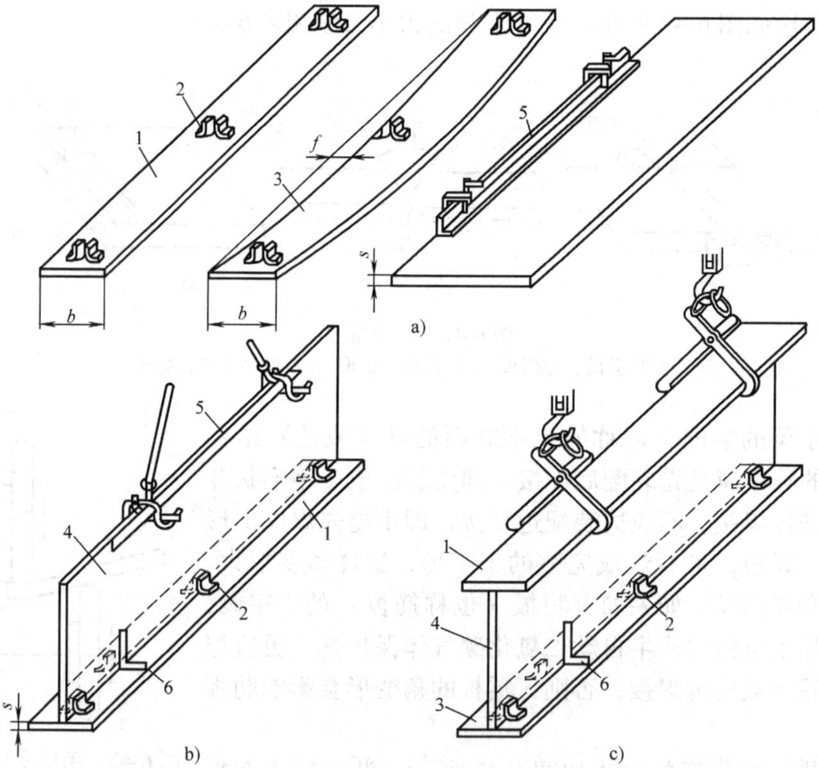

图 6-43 工字梁的装配
a）划线与安装定位角铁 b）装配 T 形梁 c）装配工字梁
1、3—翼板 2—定位角铁 4—腹板 5—吊具 6—90°角尺

查腹板与翼板的垂直度，如图 6-43c 所示。为保证工字梁腹板与翼板紧密接触，可采用各种合适的夹具。

值得注意的是，定位焊的焊脚尺寸不能超过焊接时焊缝尺寸的一半，反、正面定位焊缝要错开。定位焊缝长度以 30 ~40mm 为宜，间距视结构尺寸而定。

批量生产时可采用如图 6-44 和图 6-45 所示的专用装配胎具。

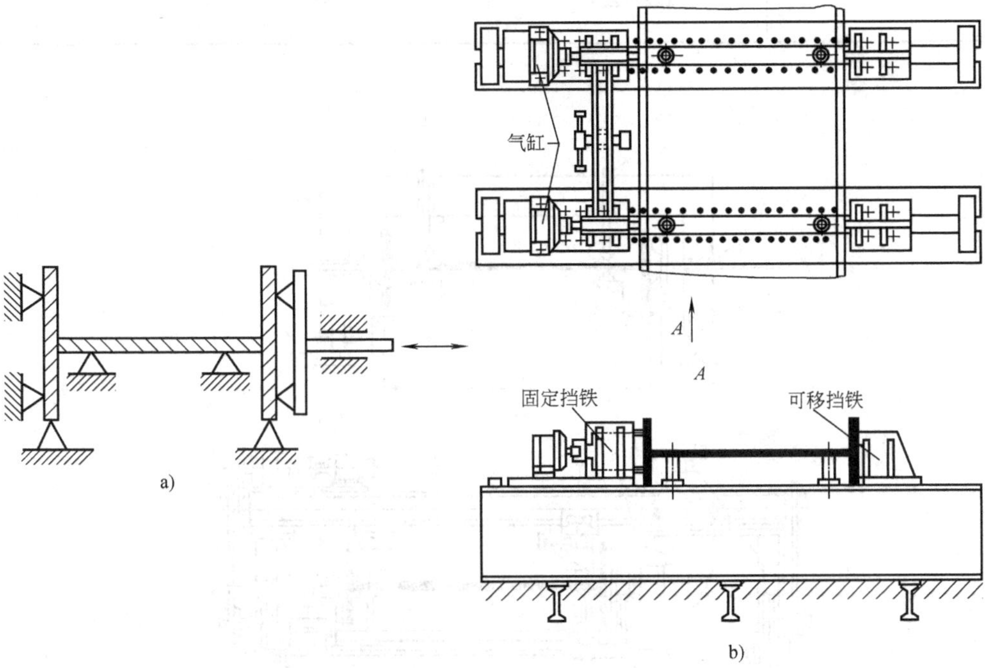

图 6-44　气动夹具的工字梁装配胎具
a）原理图　b）实际结构图

（4）工字梁的焊接　表 6-7 中电弧焊接的三种方案都可以在生产中采用。生产中要解决的主要问题是焊接变形和纵向角焊缝的熔透程度，其次是工件的翻转。

表 6-7　焊接工字形梁、柱的基本方案

焊 接 方 法	示 意 图	特　点
电弧焊（焊条电弧焊、二氧化碳焊、埋弧焊）	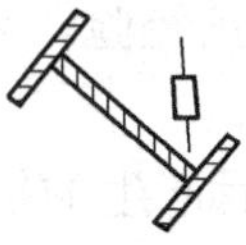	船形位置单头焊。焊缝成形好，变形控制难度大，工件翻身次数多，生产效率低
电弧焊（二氧化碳焊或埋弧焊）	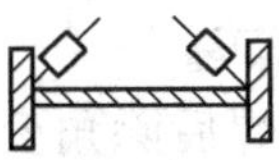	卧放位置，双头在同侧、同步、同方向、施焊。翼板有角变形。左右两侧不对称，有旁弯，工件最少翻身一次
电弧焊（二氧化碳焊或埋弧焊）	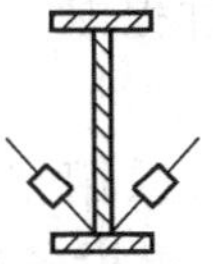	立放位置，双头两侧对称同步、同方向施焊。翼板的角变形左右对称，有上拱或下挠变形，工件最少翻身一次

（续）

焊接方法	示意图	特点
电阻焊		立放位置，上、下翼板同时和腹板边装配边通过高频电流并加压完成施焊。不需要工件翻转，生产效率高，要有辅助设备配套

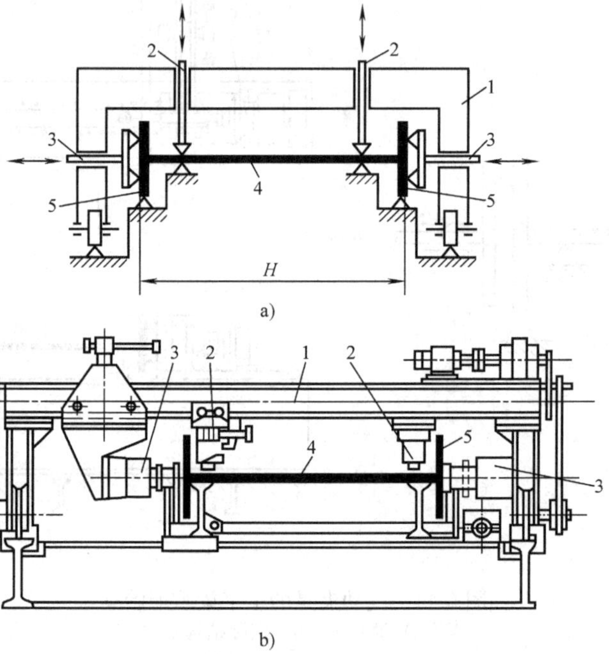

图 6-45　移动式龙门架工字梁装配胎具

a）原理图　b）实际结构图

1—龙门架　2—垂直气动夹紧器　3—水平气动夹紧器　4—腹板　5—翼板

对焊接角变形有两种处理方法：一是预防加及时控制；二是焊接时让其自由变形，焊后统一矫正。前者要求有焊接经验，后者要求有矫正经验。采用自动焊时，经常焊后再矫正。预防翼板变形的最好方法是反变形法，见表 6-8。

断面形状和焊缝分布对称的工字梁（柱），焊后产生的挠曲变形一般较小，其变形方向和大小主要是受四条角焊缝的焊接顺序和工艺参数的影响。通过合理安排焊接顺序和调整焊接工艺参数即能解决，当焊后变形超差时再矫正。

断面形状和焊缝分布不对称的工字梁（柱），焊后除角变形外，还会产生较明显的挠曲变形，且其影响因素较多。因此，在设计与制造过程中，要严格控制此类工字梁（柱）挠曲变形的产生。

为保证四条纵向角焊缝的焊接质量，生产中常采用“船形”位置施焊，其倾角为 45°。图 6-46 为倾斜焊件的简易装置，利用车间的起重设备进行焊件翻转，它适合于单件

表 6-8　防止翼板变形的反变形方法

方法名称	刚性固定	翼板预制反变形	夹紧反变形
示意图		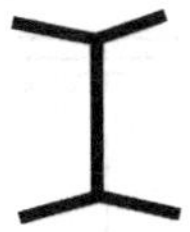	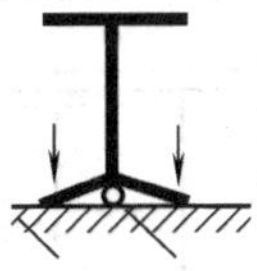
说明	利用夹具把翼板夹紧在刚性平台上。可减少角变形，但不能全消除，故很少使用	用冲压方法在翼板上预制反变形量，在无拘束状态下焊接，应力小，要有经验和设备条件	靠夹具的夹紧力获得翼板所需的反变形量，焊后松开翼板应回弹。反变形量的控制需有一定经验

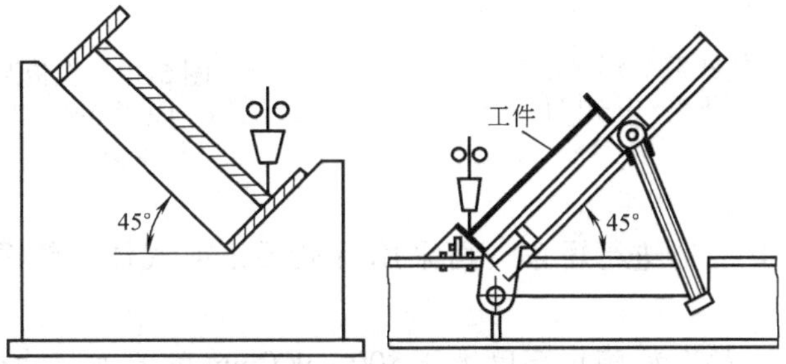

a)　b)

图 6-46　倾斜焊件的简易装置
a）固定式　b）可调式

或小批量生产。大批量生产时，一般都设计专用翻转机，图 6-47 为比较简单的一种。此外，还可采用头尾架式焊接翻转机、框架式焊接翻转机等进行翻转变位。

如果不需要采用“船形”位置焊接时，在大批量生产的条件下可采用双头自动焊，见表 6-7。若工件是在卧放下焊接，宜采用龙门式焊接装置，把焊接机头安放在龙门架上，焊接时工件不动，龙门架沿轨道移动，两机头可以同步同方向进行焊接，如图 6-48 所示。一侧焊完后，将工件翻 180°，再焊另一侧。若工字梁（柱）腹板在垂直放置状态下焊接，则两机头在两侧，焊接时最好是工件移动，如图 6-49 所示。注意，焊接时两个机头前后要错开一定距离，以免烧穿腹板。

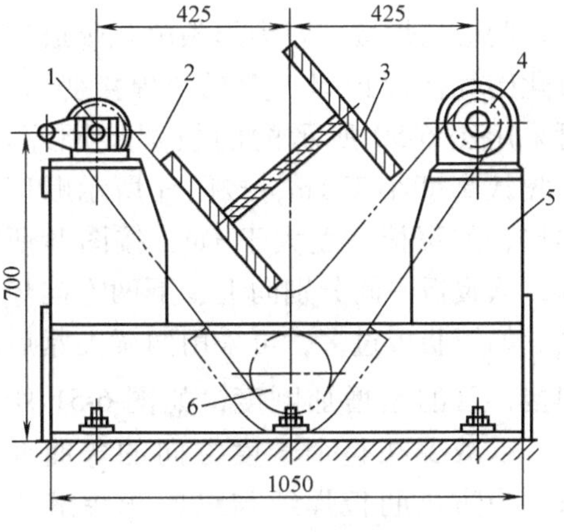

图 6-47　一种简单的链式翻转机
1—空程链轮　2—链条　3—工字梁
4—主动链轮　5—支架　6—张紧链轮

工字梁（柱）四条纵向角焊缝通常采用埋弧焊和二氧化碳气体保护焊进行焊接，需安装引弧板和熄弧板，焊前要认真清理焊接区。腹板厚度较大且要求焊透时，需在腹板上

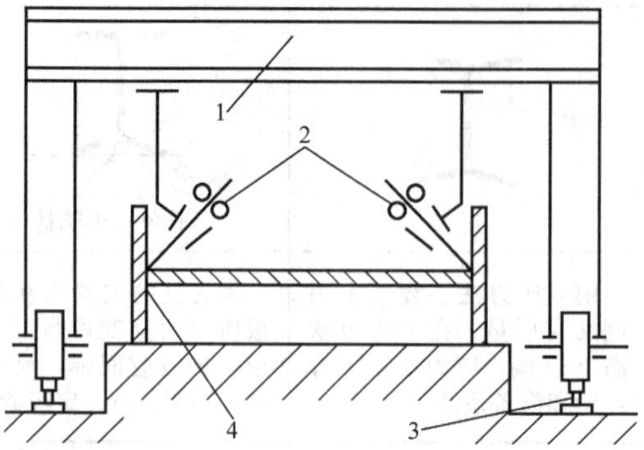

图 6-48 龙门式双头焊接装置
1—移动式龙门架 2—焊机头 3—轨道 4—工字梁

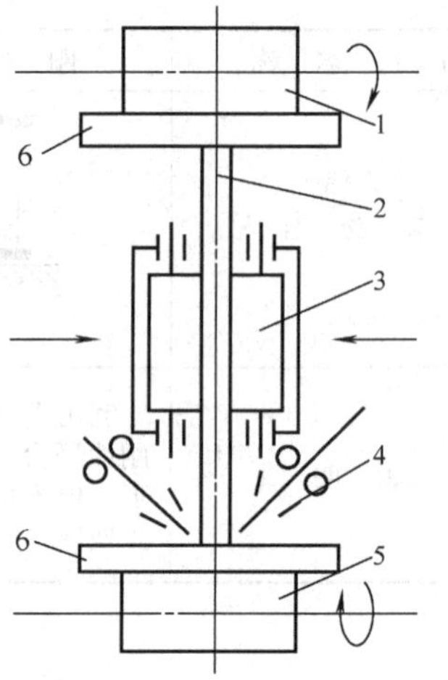

图 6-49 腹板两侧双面焊接示意图
1—从动轮 2—腹板 3—导向轮
4—焊接机头 5—主动轮 6—翼板

开 K 形坡口。在对焊接变形进行矫正（可采用机械矫正或气体火焰矫正）之后，工字形结构制造完成。

（5）总装配焊接 吊车梁腹板高度大于 800 ~ 900mm 就要加装肋板，先在腹板上划肋板装配线，可使用合适的夹紧器（如永磁式夹紧器）予以定位夹紧。如肋板与翼板要求顶紧时，肋板应刨平且装配时顶紧翼板。

肋板的焊接一般为焊条电弧焊或二氧化碳气体保护焊。为减少焊接变形，可采用图 6-50 所示的肋板焊接顺序。当腹板高度小于 1m，按图 a 所示顺序焊接；如腹板高度大于 1m，按图 b 所示，从腹板中间分别向上、下两方向焊接。如短肋板过多，可采用两梁夹紧后焊接，目的是增加刚度，如图 6-51 所示，以减少在整个长度方向的弯曲变形。为防止肋板焊缝与纵向角焊缝交叉，肋板的两内角要切掉一部分。

肋板焊接后，如无变形，吊车梁在长度方向上测量一定尺寸切割后进行端面铣平或磨平，然后装焊端部支承板（端板）。先在端部支承板上划装配线及焊接定位板块，如图 5-52 所示。用

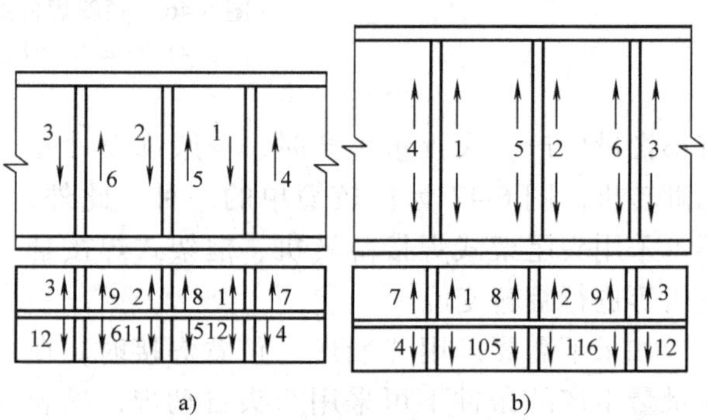

图 6-50 肋板焊接顺序

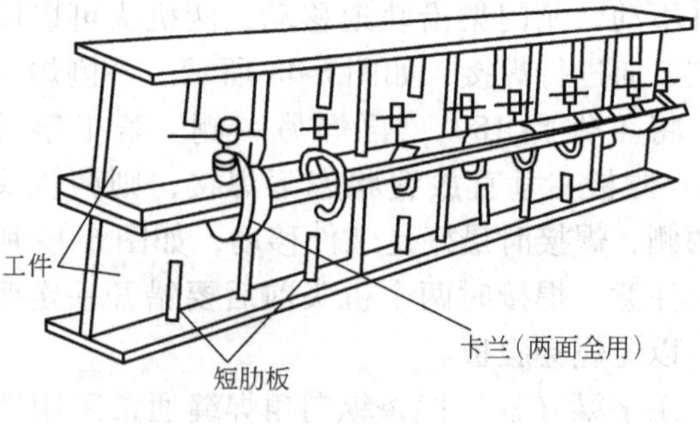

图 6-51 刚性固定法之一

如图 6-53 所示的倒装法或如图 6-54 所示的螺旋夹紧器进行装配，其焊接顺序如图 6-55 所示。

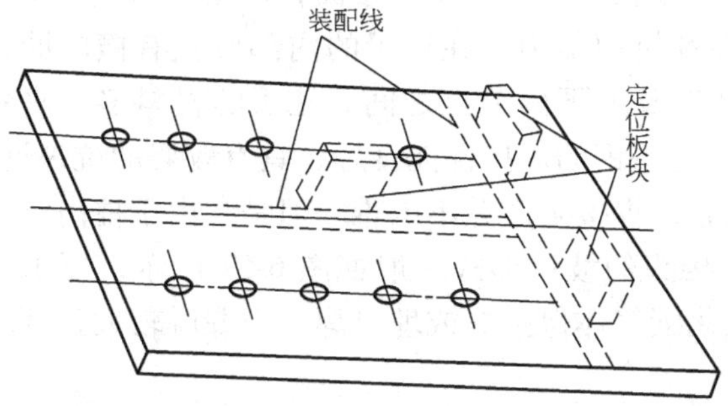

图 6-52　在端板上划装配线及安装定位板块

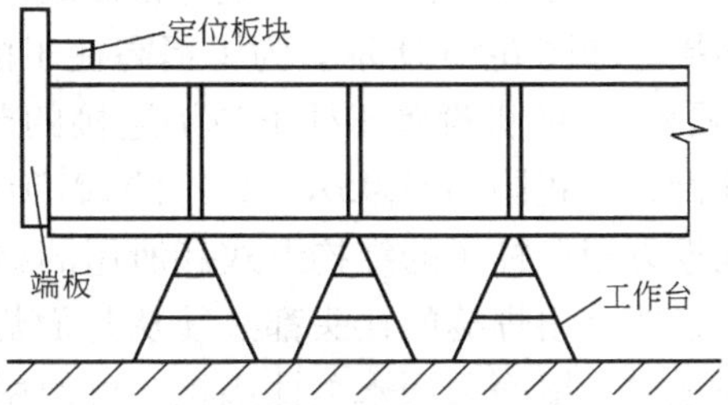

图 6-53　端板的倒装法

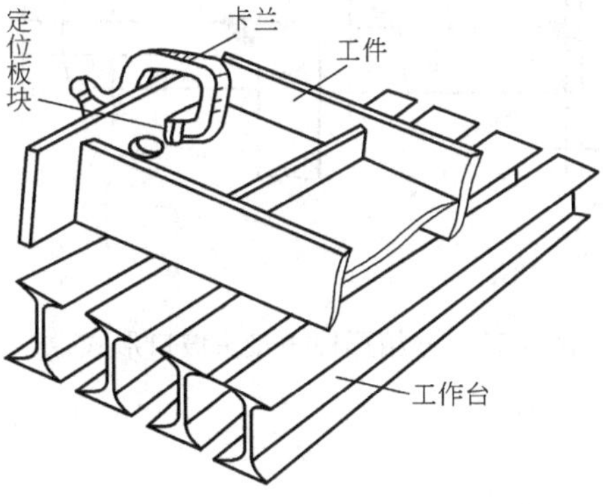

图 6-54　端板的螺旋夹紧器装配法

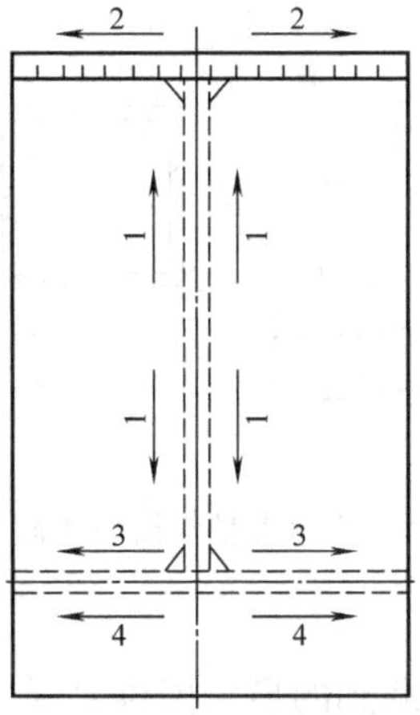

图 6-55　端板的焊接顺序（1→4）

若大量生产且品种单一，规格尺寸变化不大的工字形结构时。可以采用电弧焊接工字梁流水生产线及高频电阻焊焊接 H 型钢生产线，见第 4 章。

工字形柱的制造工艺与工字形梁类似，主要保证标高及防止各种弯曲变形。

2. 箱形断面柱

箱形梁的断面形状多为长方形，箱形柱断面则多为正方形。两者的基本特征均是由四块平板用四个角接头连接成的整体。就断面轮廓尺寸而言，梁的壁较薄，而柱的壁则较厚。为了提高箱形柱的整体和局部刚度及稳定性，在其内部常加装肋板（亦称隔板）。

下面就高层建筑箱形柱的制造工艺要点进行简单的介绍，箱形梁制造工艺在 6.3 节中介绍。

在高层建筑的钢结构中，柱子多设计成方箱形的结构（也有工字形结构），而梁多采用工字形的结构。例如北京某大厦高 180m 多，50 多层，其使用的箱形柱断面尺寸最大为

750mm×750mm，随着层数的上升，断面尺寸逐渐缩小。在现代社会中，方箱形钢柱的用量越来越大。

方箱形柱是由四块平板焊接而成的。柱子较长，贯穿若干层楼面，每层均与横梁垂直连接，如图 6-56 所示。为了提高柱子的刚性和抗扭能力，在柱子的内部设置有横向肋板（隔板），肋板设置于柱子与梁连接的节点处以及上下两节点之间。柱子的材料多为高强度钢，如我国的 Q345A，日本的 SM50A 等。这些钢的焊接性能良好，具有较好的抗裂性。根据方箱形柱子的结构形式和所用的材料来看，焊接生产并不困难。但是，由于柱内空间小，四个角焊缝的接头都必须从外面焊接。接头的坡口形式一般如图 6-57 所示，要求全焊透时，里面采用永久性垫板。可使用二氧化碳气体保护焊或埋弧焊。当壁厚较大且环境温度较低时，要适当采取预热措施。

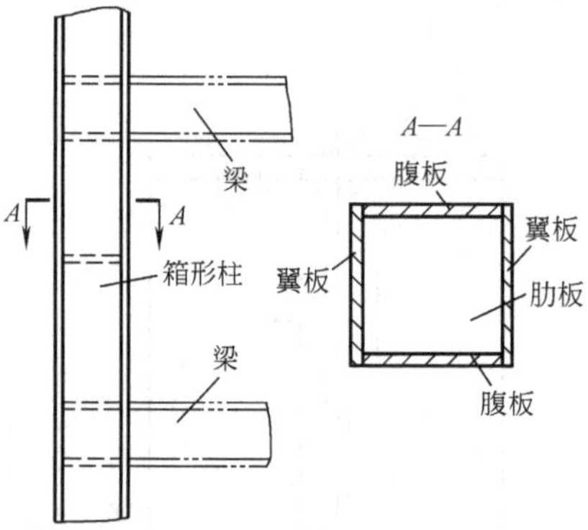

图 6-56　方箱形柱焊接结构简图

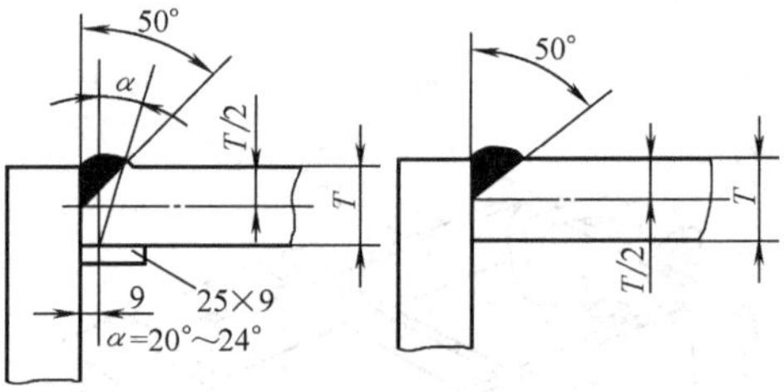

图 6-57　方箱形柱角接头坡口形式

生产中遇到的最大困难是横向肋板与壁板连接的四条焊缝的焊接问题。由于柱内空间小，只能焊接其中的三条，最后一条焊缝如何施焊成为厚壁方箱柱生产中的技术难题。日本是采用熔嘴电渣焊方法解决的，我国也已在使用，具体方法如图 6-58 所示。此时要把肋板加工的窄些，以使其端部与壁板之间留出焊道。在肋板端部两侧焊上贴板，这样在安装最后一块壁板时，就在肋板与壁板间构成一个方形孔道。在上、下壁板与该方形孔所对应处各钻一个小圆孔。最后在下壁板圆孔处安上引弧装置，在上壁板圆孔处安上铜制有循环水冷却的引出器，如图 6-59 所示。插入熔嘴，即可进行电渣焊。为了防止变形，在实际生产中往往在肋板两侧对称采用熔嘴电渣焊。

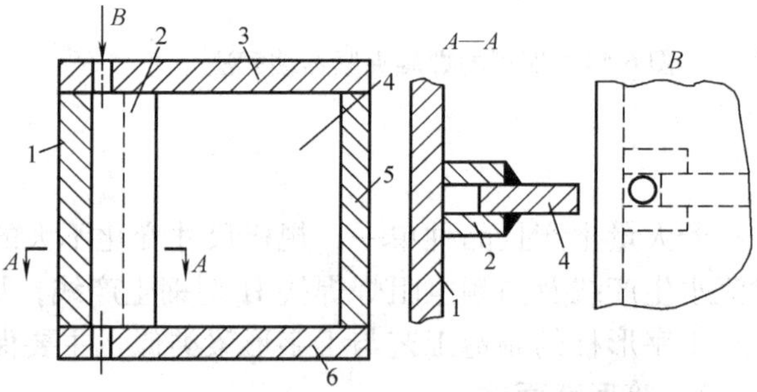

图 6-58　方箱形柱熔嘴电渣焊接头准备示意图

1、5—腹板　2—贴板　3、6—翼板　4—肋板

图 6-60 所示为常见建筑钢结构柱与梁连接构件的形状及焊接方法推荐。

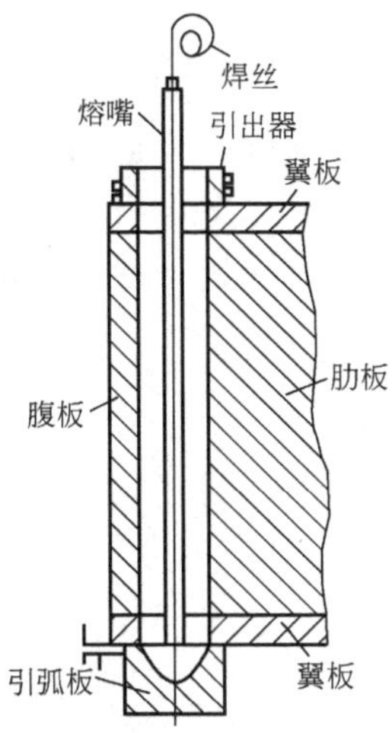

图6-59 方箱形柱熔嘴电渣焊装置

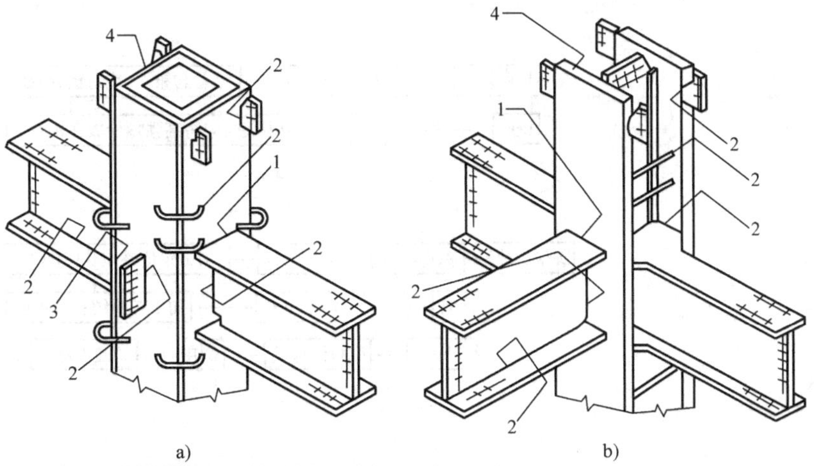

图6-60 建筑钢结构柱与梁连接构件形状及个连接处焊接方法推荐
a）箱形柱 b）滚压H柱
1—CO_2 气体保护半自动焊，熔嘴电渣焊和焊条电弧焊
2—CO_2 气体保护半自动焊或焊条电弧焊 3—埋弧焊
4—窄间隙 CO_2 气体保护全自动焊或焊条电弧焊

6.2.2 金属网架的制造与安装

随着建筑行业迅猛发展，出现了许多新型空间结构体系，如钢管网架、螺栓球节点网架、焊接球（空心球）节点网架等。这些新型空间结构由众多杆件从几个方向有规律的组成，具有重量轻、刚度大、抗振性好等特点，因而受到建筑行业的普遍关注。下面简单介绍螺栓球和焊接球节点网架的制作与安装。

1. 网架零、部件的制作

首先将网架的杆件和节点制成各种零、部件，一般制作分为三部分：

（1）准备工作 包括根据网架设计图编制零、部件加工图；编制零、部件制作的工艺规程；对原材料进行复检。

（2）零、部件加工 根据网架的节点连接方式不同，零、部件加工方法也不同。

1）螺栓球节点网架的零、部件，主要有杆件（包括锥头或封板，高强螺栓）、钢球、套筒等。杆件由钢管、锥头（或封板）和高强螺栓组成。螺栓球节点如图6-61所示。各零、部件制造工艺流程如图6-62所示。

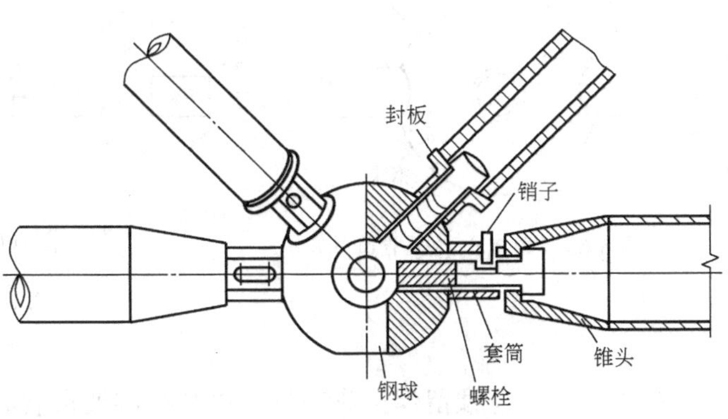

图6-61 螺栓球节点

其中钢球材质为45钢；螺纹孔及其平面加工宜采用加工中心机床，其转角误差不得大于10′。此外，高强螺栓由螺栓制造厂供应，入厂时进行抽样检查。

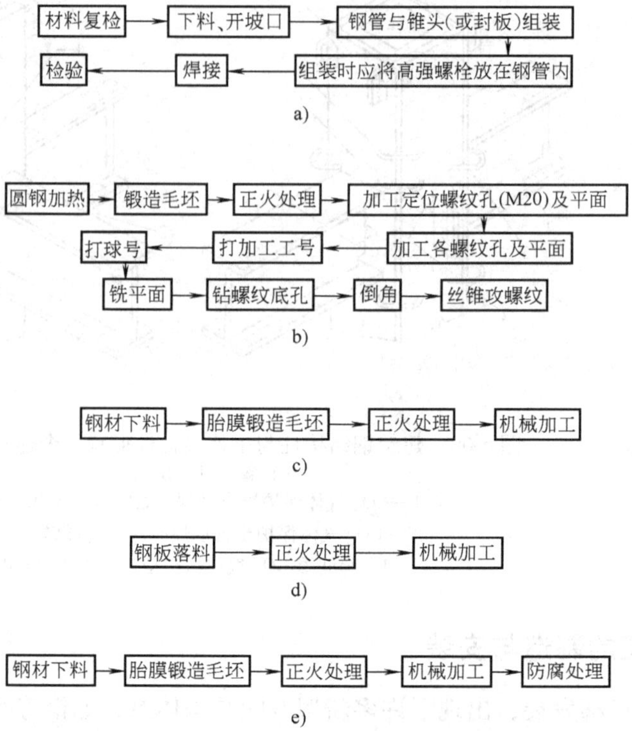

图 6-62 螺栓球网架各零、部件制造工艺流程
a) 杆件加工 b) 钢球加工 c) 锥头加工
d) 封板加工 e) 套筒加工

2) 焊接空心球节点网架的零、部件有钢管杆件和空心球（分有肋板和无肋板空心球），节点如图 6-63 所示。各零、件的加工工艺流程如图 6-64 所示。

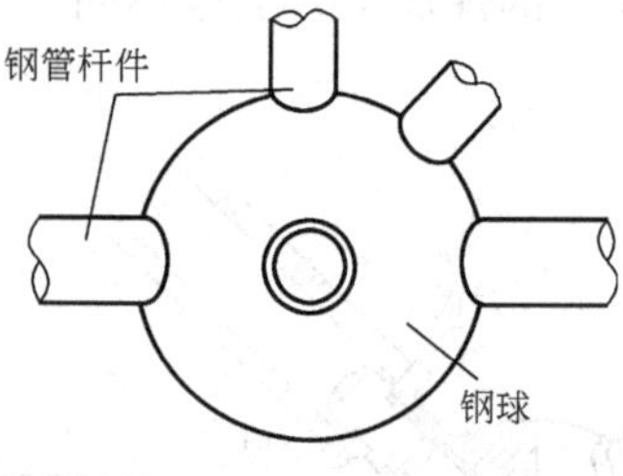

图 6-63 焊接空心球节点

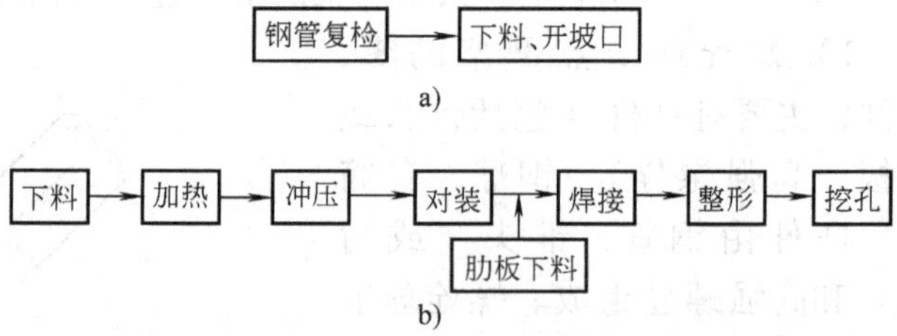

图 6-64 焊接空心球网架各零、部件制造工艺流程
a) 杆件加工 b) 空心球加工

杆件的下料应预留焊接收缩量，以减少网架拼装时的误差。影响焊接收缩量的因素很多，如焊缝厚度、焊接电流、焊接方法、环境温度等。应根据经验和现场施工情况，通过试验来确定。一般每条焊缝放出 1.5 ~3.5mm 收缩量，若不设衬管时，放出 2 ~3mm 收缩量。

空心球毛坯料展开直径 D_1 按下式计算：

$$D_1 = 1.414D + C \tag{6-3}$$

式中 D——空心球中径（mm），如图 6-65 所示；

C——坡口加工余量（mm），取 $C = 3\text{mm}$。

（3）零、部件质量检验 网架的零、部件都必须按图样中的技术要求进行检验，检验后打上编号钢印，检验按 JCJ78—1991《网架结构工程质量检验评定标准》进行。网架拼装前应检查零、部件数量和品种。

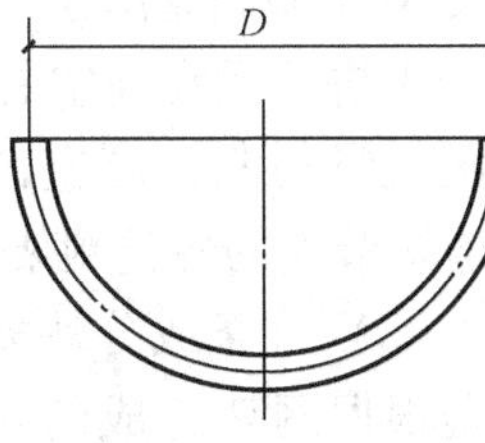

图 6-65 空心球坯料尺寸

2. 网架的拼装

网架的拼装一般在现场进行。出厂前对于螺栓球节点网架应进行预拼装，以检查零部件尺寸和偏差情况。网架的拼装应根据施工安装方法的不同，分为分条拼装、分块拼装或整体拼装。拼装应在平整的刚性平台上进行。

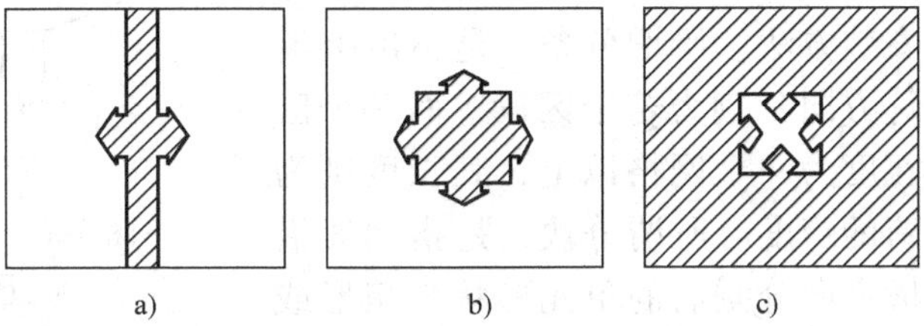

图 6-66 网架总拼装方法

对于空心球节点的网架，在拼装时要正确选择拼装顺序，以减少焊接变形和焊接应力。根据构件焊接变形规律，拼装焊接顺序应由里向外、由中间向两边或四周进行，如图 6-66a 和 b 所示。因为网架在向前拼装时，两端及前边均可自由收缩；而且要求在焊完一条节点后，检查一次尺寸和几何形状，以便由焊工在下一条定位焊时给予调整。网架拼装中应避免在封闭圈中施焊，如图 6-66c 所示，否则焊接应力大易使网架变形。

网架常用的拼装焊接顺序是先焊下弦杆，使下弦杆因收缩产生一定的上拱，然后再焊腹杆及上弦杆。如果采用散件总拼装时（不用小拼单元）把所有杆件全部定位焊好，全面施焊时易造成已定位的焊缝被拉断。原因是全面施焊时焊缝将没有自由收缩边，类似在封闭圈中进行焊接。其解决办法是采取循环焊接法，即在 A 节点上先焊一条焊缝，然后转向 B 节点……，待 A 节点焊接冷却后，再焊 A 节点的第二条焊缝，这样循环焊可使 A、B 节点产生自由收缩。螺栓球节点网架拼装时，也是先拼下弦，将下弦的标高和轴线校正后，全部拧紧螺栓，起定位作用。开始连接腹杆时，螺栓不宜拧紧，但必须使其与下弦节点连接的螺栓吃上劲，以避免周围螺栓都拧紧后，这个螺栓因可能偏斜而无法拧紧。连接上弦时，开始不得拧紧，待安装几行后再拧紧。整个网架拼装完成后，必须进行一次全面的检查，看螺栓是否拧紧。

3. 网架的安装

网架的安装是指拼装好的网架用各种施工方法将网架搁置在设计位置上。网架安装前首先查验各节点、杆件、连接件和焊接材料的质量保证书和试验报告，复验小拼单元质量合格证书；其次对施工单位预埋件、预埋位置和标高、网架的定位轴线和标高进行符合检查；最后进行网架施工图与实际网架的复核工作，检查有无差错。

网架的安装随着拼装方法和安装机具的选用不同，主要有如下几种方法：高空散装法、分条或分块安装法、高空滑移法、整体吊装法、整体提升法、整体顶升法等。具体采用何种方法，应根据网架受力和结构特点、施工技术条件，在满足质量的前提下综合确定。下面简单介绍高空散装法、分条或分块安装法和高空滑移法。

（1）高空散装法　是指小拼单元或散件在设计位置进行总拼的方法。高空散装法又分全支架（即满堂脚手架）法和悬挑法两种。全支架法多用于散件的拼装，而悬挑法则多用于小拼单元在高空总拼。这种施工方法不需大型起重设备，但需搭设大规模的拼装支架，耗用大量材料。高空散装法适用于螺栓连接节点的各类网架，应用较多。

（2）分条或分块安装法　这种方法是根据网架组成的特点及起重设备的能力，先将网架在地面上拼成条状或块状单元，分别由起重机吊装至高空设计位置就位，然后再拼装成整体的安装方法。所谓分条，是指网架沿长跨方向分割为若干区段，而每个区段宽度为一个网格以上，其长度则为短跨的跨度。所谓分块，是指网架沿纵横方向分割后的单元形状为矩形或正方形。分条或分块划分大小原则，是以每个单元的重量与现场现有起重设备相适应。大部分焊接、拼装工作量在地面上进行，有利于提高工程质量。图6-67所示为正放四角锥网架分条安装实例。

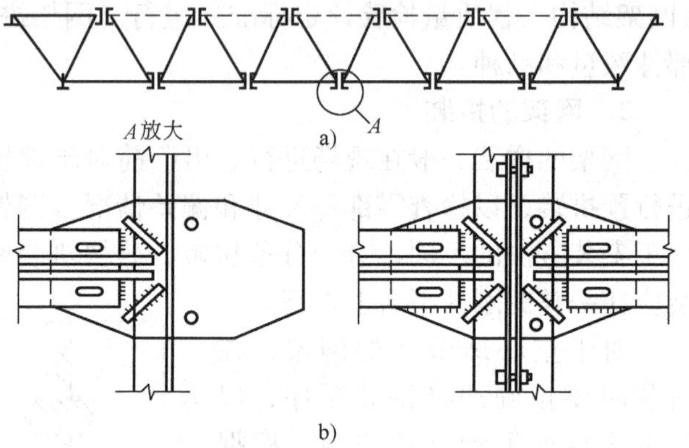

图6-67　正放四角锥网架条状单元划分方法
a）网架条状单元　b）部分式安装节点

（3）高空滑移法　是指分条的网架条状单元，在预先设置的滑轨上单条滑移到设计位置拼接成整体的安装方法。条状单元可以在地面上拼成后用起重机吊至支架上，如设备能力不足或其他因素影响，也可以用小拼单元甚至散件在高空拼装平台上拼成条状单元。高空支架一般设在建筑物的一端，滑移时网架的条状单元由一端滑向另一端。高空滑移法按滑移方式可分单条滑移法和逐条积累滑移法。

1）单条滑移法如图6-68a所示，它是将条状单元一条一条地分别从一端滑移到另一端就位安装，各条之间分别在高空进行焊接，即逐条滑移，逐条连成整体。

2）逐条积累滑移法如图6-68b所示，它是先将条状单元滑移一段距离后（能拼装上第二单元的宽度即可），连接好第二条单元，两条一起再滑移一段距离（宽度同上），再连接第三条，三条又一起滑移一段距离，如此循环操作直至接上最后一条单元为止。

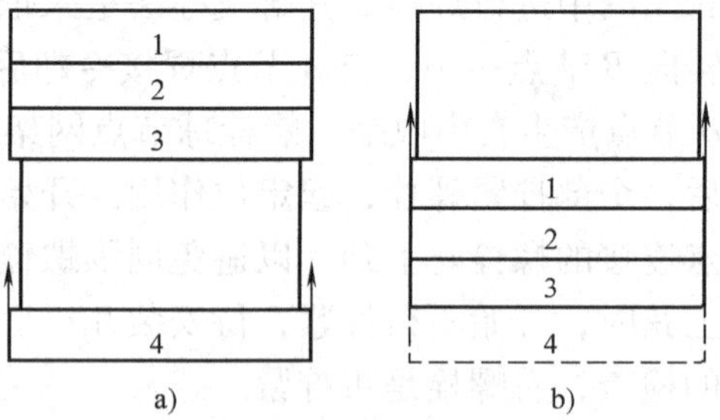

图6-68　高空滑移法分类
a）单条滑移法　b）逐条积累滑移法
1～4—条状单元

高空滑移法的特点是：由于在土建完成框架、圈梁以后进行，而且网架是架空作业的。因此，对建筑物内部施工没有影响，网架安装与下部土建施工可同时立体作业，大大加快了工期。此外，高空滑移法对起重设备、牵引设备要求不高，可不用或采用小型起重机或卷扬机，而且只需搭设局部拼装支架，如建筑物端部有平台的可充分利用平台，不用搭脚手架。高空滑移法主要适用于正放四角锥、正放抽空四角锥、两向正交和正放网架等。

6.3　起重机焊接结构

起重机械是用于物料起重、运输、装卸和安装等作业的机械设备，有很多种结构形式，如桥式起重机（天车）、塔式起重机、履带式起重机（坦克吊）、门座式起重机（鹤式吊）和汽车起重机等。本节仅介绍工厂（车间）内应用最广泛的桥式起重机的焊接制造工艺。

1. 桥式起重机的结构特点

图6-69所示为常见的桥式起重机，是由桥架、运移机构和载重机构等组成。桥式起重机主梁分单梁和双梁结构，梁的横截面又分为工字形和箱形。一般起重吨位较小的起重机（5t以下），多为工字形单梁结构，而大吨位的桥式起重机都是由箱形双主梁与两端梁连接而成的桥架式结构。

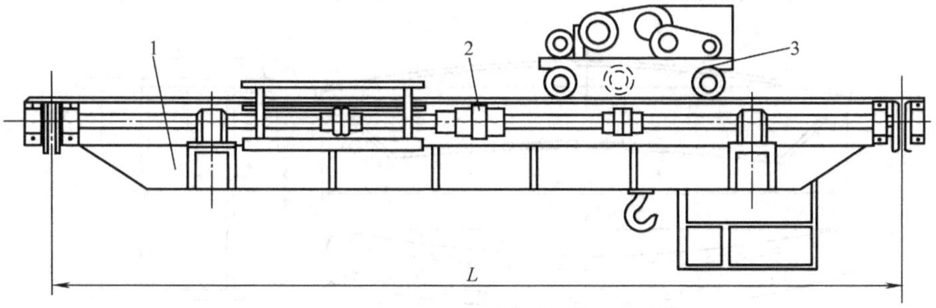

图6-69　桥式起重机
1—桥架　2—运移机构　3—载重机构

常见的箱形主梁桥式起重机桥架结构如图6-70所示，它是由主梁、端梁、走台、轨道及栏杆等组成，其外形尺寸取决于起重量、跨度、起升高度及主梁的结构形式等。

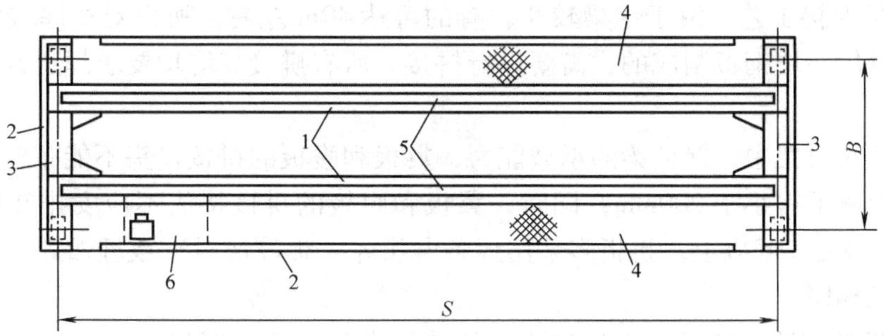

图6-70　桥式起重机的桥架结构（俯视图）
1—主梁　2—栏杆　3—端梁　4—走台　5—轨道　6—操纵室

主梁是桥式起重机中的主要受力元件，箱形主梁结构如图 6-71 所示。主梁的主要制造技术要求有：

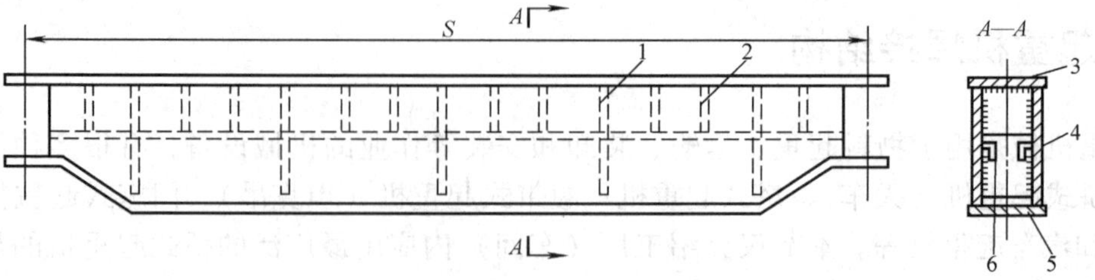

图 6-71　箱形主梁结构

1—长肋板　2—短肋板　3—上翼板　4—腹板　5—下翼板　6—水平肋

① 跨中上拱度 f_k 应为（0.9/1000～1.4/1000）L。

② 轨道居中正轨箱形梁及偏轨箱形梁：水平弯曲（旁弯）$f_b \leqslant L/2000$。

③ 腹板波浪变形，离上翼板 $H/3$ 以上区域（受压区）波浪变形 $e < 0.7\delta_f$，其余区域 e 为 $1.2\delta_f$。

箱形梁上翼板的水平偏斜 $c \leqslant B/200$；箱形梁腹板垂直偏斜值 $a \leqslant H/200$，如图 6-72 所示。

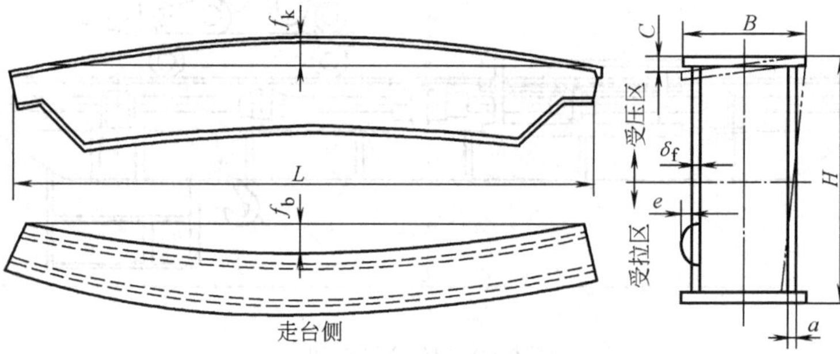

图 6-72　箱形梁制造的主要技术要求

2. 箱形主梁的备料加工

箱形主梁的备料加工工艺与工字形梁、柱基本相似，故不再复述，在此仅就其中的不同点加以介绍。

（1）拼板对接工艺　由于主梁较长，有的可达 40m 左右，所以对壁厚较大梁的翼板和腹板是难以用一块钢板制成的，需要进行拼接。所有拼接焊缝均要求焊透并无损检测合格。

为了避免应力集中，保证梁的承载能力，翼板和腹板的拼接接头不能布置在同一截面上，且错开距离不得小于 200mm；同时，翼板和腹板的拼接接头不应安排在梁的中心附近，一般应离中心 2m 以上。拼板多采用焊条电弧焊（板较薄时）或埋弧焊。具体拼接工艺与工字形梁相同。

（2）肋板的制造　肋板多为长方形，长肋板中间一般有减轻孔。肋板可采用整块材料制成，长肋板为节省材料可用零料拼接而成。由于肋板尺寸影响装配质量，故要求其宽度误差只能为 1mm 左右，长度尺寸允许有稍大的误差。肋板的四个角应严格保证直角，尤其是肋板与上翼板接触的两个角，这样才能保证箱形梁在装配后腹板与上翼板垂直，并且使箱形梁在长度方向上不会产生扭曲变形。

（3）腹板上拱度的制备　制造箱形梁的主要技术问题是焊接变形的控制。从梁断面积形状和焊缝分布看，若对断面重心左右基本对称，焊后产生旁弯的可能性较小，而且比较容易控制；但对断面水平轴线上下不对称的，因小肋板都在上方，即焊缝大部分分布在轴线上部，焊后要产生下挠变形。这与技术要求规定上拱是相反的。因此，为了满足技术要求，腹板应预制出数值大于技术要求的上拱度，具体可根据生产条件和所采用的工艺程序等因素来确定，上拱沿梁的跨度对称跨中均匀分布。图6-73为制备腹板上拱度的两种方法。

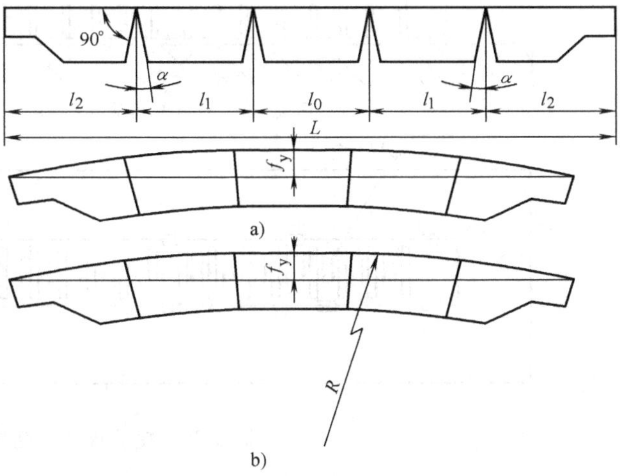

图6-73　制备腹板上拱度的方法
a）用剪板机切成若干梯形毛坯后拼接
b）用气割直接切成

3. 箱形主梁的装配焊接

箱形主梁由两块腹板、上下翼板及长、短肋板组成，当腹板较高时需要加水平肋板（图6-71），主梁多采用低合金钢（如16Mn）材料制造。

（1）焊接工艺流程　由于箱形主梁是一个封闭式结构，所以必须先焊梁内的长、短肋板，然后再焊翼板。具体焊接顺序如下：

1）先焊接上翼板与长、短肋板间的焊缝，以免产生主梁的扭曲变形，造成矫形困难。

2）装两侧腹板，焊接Π形梁的内部焊缝，两条较长的纵向焊缝暂不焊接。

3）装配下翼板后焊接上、下翼板的纵向角焊缝，应先焊下翼板与腹板间的两条纵向角焊缝，要求两面对称同时进行焊接，以减小焊接变形。若下翼板装配后上拱度超过工艺规定，可以先焊上翼板的两条纵向角焊缝。

（2）装焊Π形梁　Π形梁由上翼板、腹板和肋板组成。其组装定位焊分为机械夹具组装和平台组装两种。应用较广的是采用平台组装工艺，又以上翼板为基准的平台组装居多。装配时，采用在上翼板上划线定位的方式装配肋板，用90°角尺检验垂直度后进行定位焊，如图6-74所示。为减少梁的下挠变形，装好肋板后即进行肋板与上翼板焊缝的焊接。为防止变形，如果翼板未预制旁弯，焊接方向应由内侧向外侧，如图6-75a所示；如翼板有预制旁弯，则焊接应采用图6-75b所示的方向。

组装腹板时，先在上翼板和腹板上划出跨度中心线，然后将腹板吊起与上翼板、肋板组装，使腹板的跨度中心线对准上翼板的跨度中心线后在跨中点定位焊。腹板上边用安全卡1将腹板临时紧固到长肋板上，可在翼板底下打斜楔使上翼板与腹板靠紧，通过平台孔安放沟槽限位板3，在上面斜放压杆2，如图6-76所示。注意，压杆要放在肋板处，当压

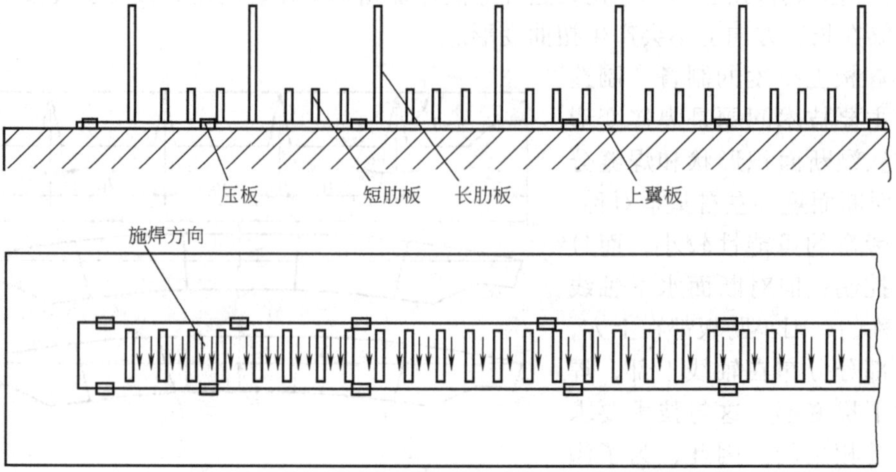

图 6-74　短肋板和长肋板的装配

下压杆时，压杆产生的水平力使下部腹板靠紧肋板。由跨中组装后定位焊至腹板一端，然后用垫块垫好，如图 6-77 所示，再装配另一端腹板。腹板装好后，即可进行肋板与腹板的焊接。焊前应检查变形情况以确定焊接顺序。如旁弯过大，应先焊外腹板焊缝；反之，先焊内腹板焊缝。Π 形梁内壁所有的焊缝，过去大多采用焊条电弧焊，现在较理想的方法是二氧化碳气体保护焊，可减小变形并提高生产率。为使 Π 形梁的弯曲变形均匀，可沿梁的长度方向布置偶数名焊工对称施焊。

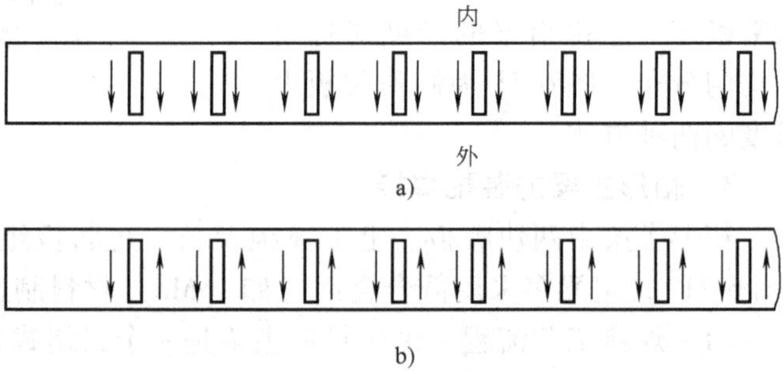

图 6-75　肋板的焊接方向

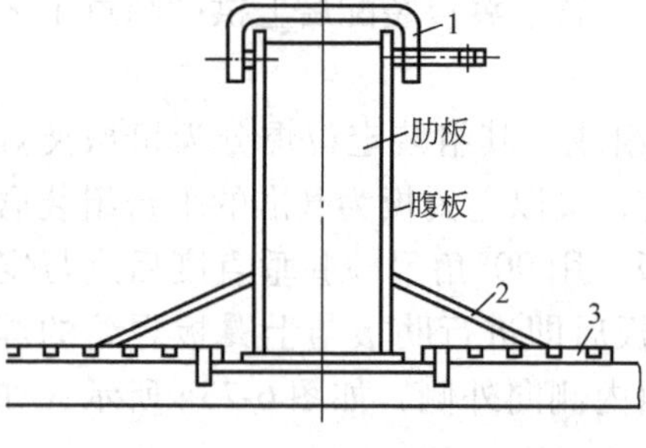

图 6-76　腹板夹卡装配图
1—安全卡　2—压杆
3—沟槽限位板

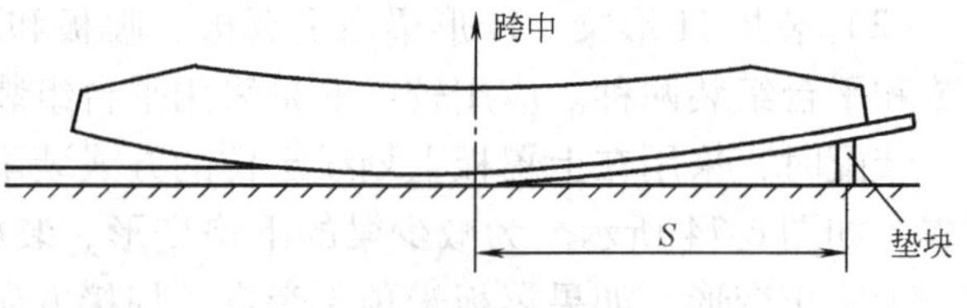

图 6-77　腹板的装配过程

（3）下翼板的装配　下翼板的装配关系到主梁最后的成形质量。装配时在下翼板上先划出腹板的位置线，将Π形梁吊放在下翼板上，两端用双头螺杆将其压紧固定，如图 6-78 所示。然后用水平仪和线锤检验梁中部和两端的平面度和垂直度及拱度，若有扭斜或扭曲时，用双头螺杆单边拉紧。

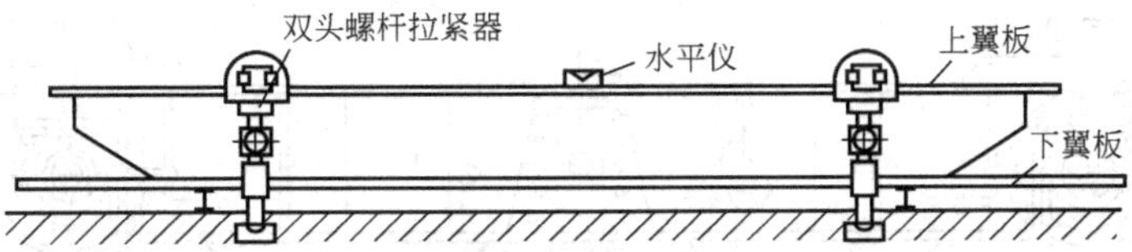

图 6-78 装配下翼板

下翼板与腹板的间隙应不大于 1mm，定位焊应从中间向两端两侧同时进行。主梁两端弯头处的下翼板可借助吊车的拉力进行装配定位焊。

（4）主梁纵缝的焊接 主梁的腹板与翼板间有四条纵向角焊缝，最好采用自动焊方法（在外部）焊接，生产中多采用埋弧焊或粗丝二氧化碳气体保护焊。其装配间隙应尽量小，最大间隙不可超过 0.5mm。当焊脚尺寸 6 ~ 8mm 时，可两面同时焊接，以减少焊接变形；焊脚尺寸超过 8mm 时，应采用多层焊。焊接顺序视梁的拱度和旁弯的情况而定。当拱度不够时，应先焊下翼板两条纵缝；拱度过大时，应先焊上翼板两条纵缝。采用自动焊时，可参照图 6-79 所示的焊接方式，从梁的一端直通焊到梁的另一端。其中图 6-79a 所示为“船形”位置单机头焊，梁不动，靠焊接小车移动来完成焊接工作。平焊位置可采用如图 6-79b、c 所示的双机头焊。前者是靠主梁的移动完成焊接；后者是靠小车的移动完成焊接。

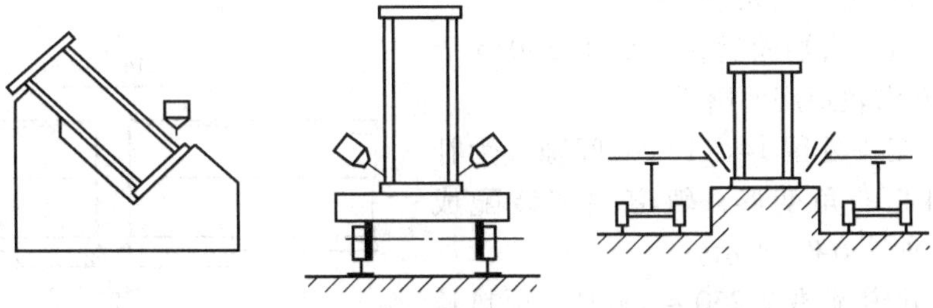

图 6-79 主梁纵向角焊缝自动焊方法
a）单面焊（船形位置），焊接机头移动 b）双面焊，工件移动 c）双面焊，焊接机头移动

若使用焊条电弧焊时，应采用对称的焊接方法，即把箱形梁平放在支架上，由四名焊工同时从两侧的中间分别向梁的两端对称焊接，焊完后翻面，以同样的方式焊接另外一面的两条纵缝。

（5）主梁的矫正 箱形主梁装焊完毕后应进行检查，每根箱形梁在制造时均应达到技术条件的要求，如果变形超过了规定值，应进行矫正。矫正时应根据变形情况选择好加热的部位与加热方式，一般采用气体火焰矫正法。

4．端梁的制造

端梁的截面也是箱形结构，其备料加工及装配焊接工艺与主梁基本相同，不再阐述。图6-80为带安装接口的端梁。

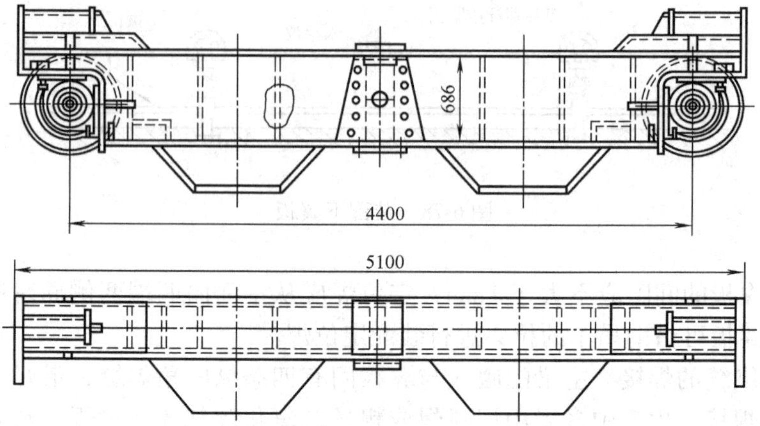

图6-80 端梁

5．桥架装配焊接

桥架装配焊接工艺主要包括轨道对接工艺和主梁与端梁的装配焊接等。

（1）轨道对接工艺 桥架上行走小车的轨道接头，若用轨道压板固定，接头处会产生高低不平和侧向错位等问题，重载的小车行走到接头处还可能引起对桥架轨道的冲击。若采用电弧焊方法将轨道焊接成整体，焊后磨平焊缝表面，可大大提高轨道接头的抗冲击性能，轨道接头对接工艺如下：

1）清理轨道接头端面后，底部用E5015焊条堆焊一层，并沿轨道底面磨平。

2）两轨道接头处留14～16mm间隙。为补偿焊缝收缩引起的角变形，轨道端部装配成1:100的斜度，如图6-81所示。

3）焊前将轨道预热至250～300℃，预热长度每边不小于300mm。

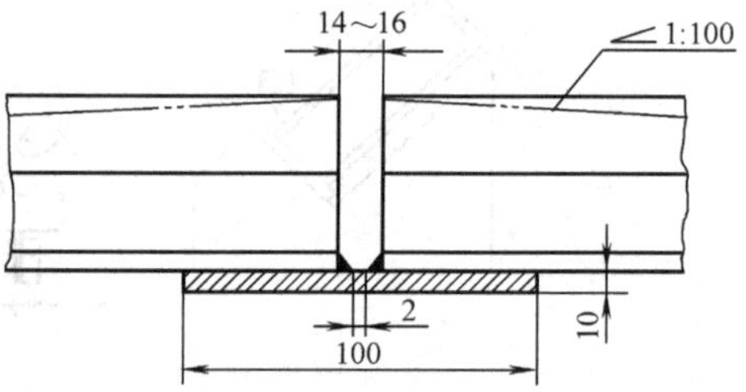

图6-81 钢轨的拼接

4）如图6-82所示分三层进行多层焊。底层用E5015焊条焊接，清渣后两侧装上铜挡块，钢轨与挡块间隙不小于4mm。第Ⅱ层仍用E5015焊条焊接，且保持预热温度。第Ⅱ层焊好后立即焊第Ⅲ层，此层用EDPMn3-15焊条焊接，焊条使用前需250℃烘干。焊接结束后，应马上拆除铜挡块检查接头，发现缺陷要及时修补，不能在焊缝冷却后修补，以免引起焊缝开裂。

5）焊后将轨道对接接头处再加热到预热温度，随后保温缓冷。

6）轨道堆焊层侧面先目测有无裂纹，然后将侧面焊缝磨平，进行磁粉探伤。如果发现裂纹要磨去，再预热至250～300℃进行补焊，并重复检查直至合格。第Ⅰ、Ⅱ层焊缝以目测为主，必要时可做磁粉或着色探伤。

（2）主梁与端梁的装配焊接　主梁与端梁的连接有焊接和螺栓两种方案，本章仅介绍焊接连接。在此方案中，一般是采用翼板实现连接。在主梁垂直腹板端头与端梁腹板之间可留有10~20mm的装配间隙，以便于调整吊车各部件的相对位置。为了保证吊车在水平面内的刚度，主梁的上翼板可以搭接在端梁上并以接合部位连接板的形式将翼板这一部位加宽。主梁的下翼板2与连接板1同样以搭接形式相连，如图6-83所示。在用焊接完成主梁与端梁连接时，考虑到运输条件限制，端梁必须有用螺栓连接的可拆卸接头。

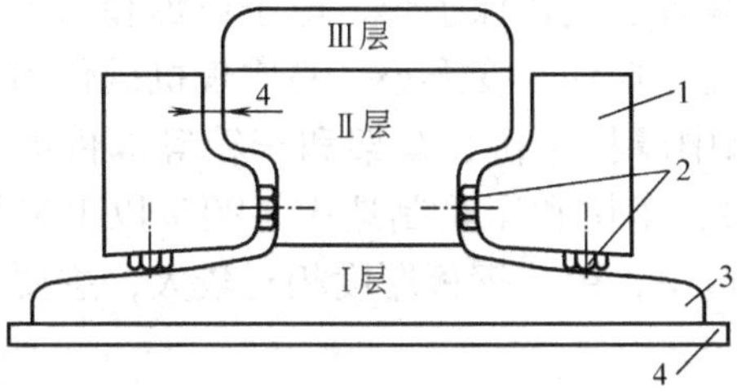

图6-82　挡块装配及焊层分布

1—铜挡块　2—调整螺钉　3—钢轨　4—垫板

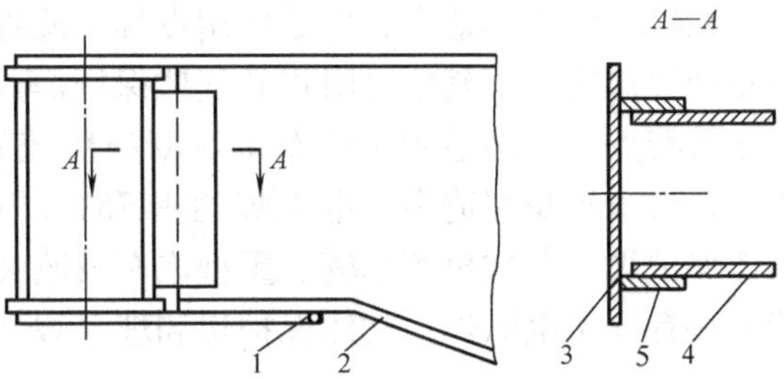

图6-83　箱形主梁与端梁的连接

1、5—连接板　2—主梁下翼板　3—端梁腹板　4—主梁腹板

起重机箱形主梁与端梁的连接焊缝主要为搭接和角接，且有立焊和仰焊位置，因此多采用焊条电弧焊和半自动二氧化碳焊，对焊接操作者技术水平要求较高。

（3）轨道压板螺栓电弧焊工艺　压紧小车行走轨道的方法有焊接式压板、螺栓式压板和螺栓电弧焊方法。其中焊接式压板是把压板一头焊在箱形主梁的上翼板上，另一头把轨道压牢在上翼板上固定。如果要更换轨道，则需把压板用气割割掉，此时上翼板受热将影响主梁的上拱度，导致维修困难。螺栓式压板是在主梁上翼板上钻孔攻螺纹，用螺栓使压板压紧轨道。这种方法效率低且受限于翼板较薄场合，故应用不多。螺栓电弧焊方法是把螺栓用特殊的焊接方法焊牢在上翼板上，再用压板压紧轨道。该法具有省工、拆装轨道容易、维修方便等优点。焊接螺栓与轨道的装配如图6-84所示。

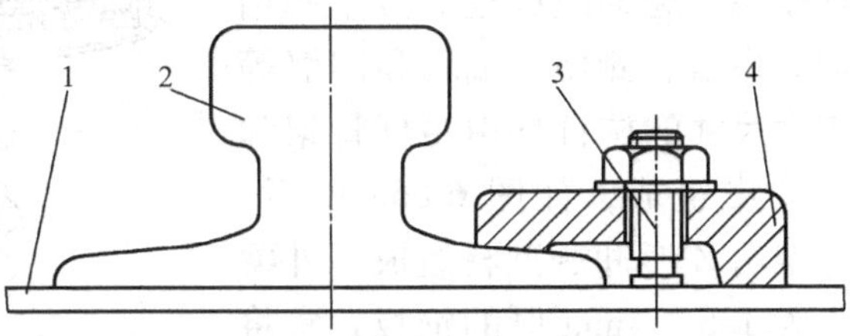

图6-84　轨道与压板的装配

1—上翼板　2—钢轨　3—螺栓　4—压板

具体生产工艺如下：①螺栓和上翼板焊接处一定要清理干净，不允许有任何油、锈及水等污物且磨出金属光泽；②焊接时所使用的保护瓷套应干燥，表面无污物，并保证电弧焊过程中不开裂，不粘于焊缝上。保护瓷套如图6-85所示，其具体尺寸视采用的螺栓规格而定，生产中常使用M20或M16螺栓；③焊后需做冷弯试验，要求弯曲90°不裂。也可根据螺栓强度等级

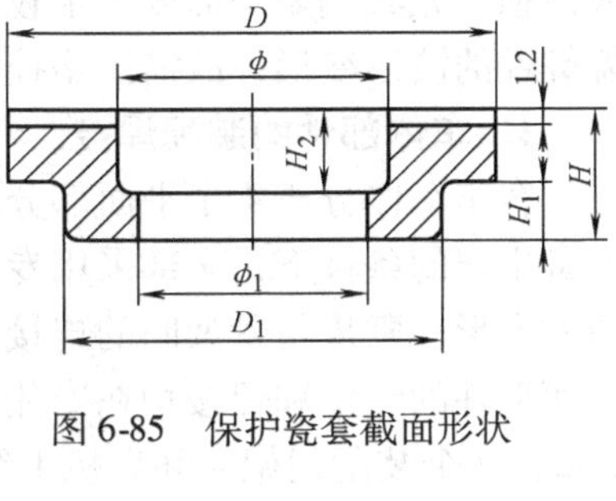

图6-85　保护瓷套截面形状

用扭矩法做工艺试验；④ 螺栓电弧焊由于焊接时间短，电流大，易产生磁偏吹。因此为了使焊缝质量良好，要求接地可靠，故平焊时可采用两边对称接地法，即把地线接在上翼板的两端；而横焊时把地线接在所焊螺栓部位下面。

螺栓电弧焊工艺采用特殊焊机，焊接时间仅为0.4～0.7s，焊接电流可达800～1200A，电弧电压30V左右。

6.4 车辆焊接结构

在轻型汽车制造中，广泛应用点焊、缝焊、摩擦焊、气体保护焊、电子束焊和激光焊的多种焊接方法。其中电阻焊和气体保护焊具有高速、低耗、变形小、易实现机械化和自动化等特点，特别适用于汽车车身薄板覆盖零件和中厚板车桥、车架和车箱等部件的焊接。在汽车车身制造中，电阻焊约占75%。在车架、车桥和车箱制造中，90%以上采用气体保护焊。而在机车车辆、重型汽车及改装车制造中，由于钢板厚度相对较大，主要焊接方法有焊条电弧焊、气体保护焊和埋弧焊。

6.4.1 铁路客车车体的制造

目前铁路客车（及地铁）的车体为格栅骨架结构。它是由顶盖、侧墙、端墙和门墙所组成的全焊接结构。车体与车底架装配焊接在一起即组成全焊接车厢结构。顶盖、侧墙、端墙和门墙等较大尺寸的构件均由格栅骨架和外蒙皮组成，如图6-86a所示。骨架由Z形冲压型材组成。外蒙皮为1.5～4mm厚的钢板，常将蒙皮板冲压起棱，以增加外蒙皮的刚度，如图6-86b所示。

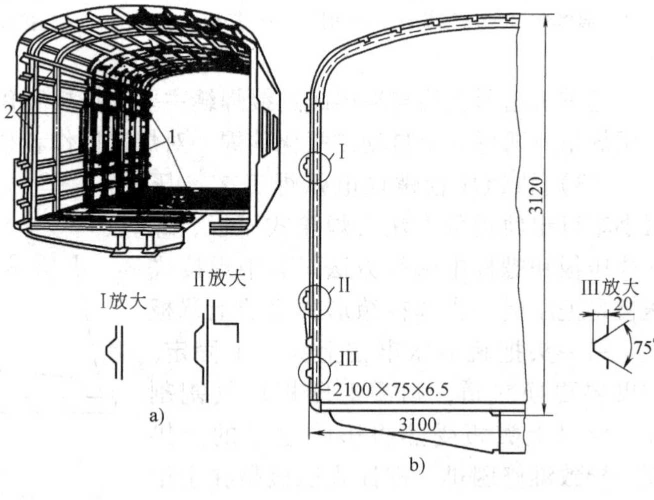

图6-86 客车车厢焊接结构示意图
a）格栅骨架及外蒙皮
b）冲压起棱的外蒙皮板
1—骨架 2—外蒙皮

1. 车体制造技术难点

车体属于板壳结构，要求美观，各平面分段尺寸精度高，互换性强，尤其侧墙平面度要求较高。其在格栅骨架上焊接由薄板制成的外蒙皮，易引起侧墙等件的波浪变形，故需严格控制。

2. 车体部件的装配焊接

客车车体分成4个平面部分制作，最后与底架一起装配焊接成车箱。这些平面部件在批量生产的条件下，全部采用专用夹具装配和焊接。为了有效地控制焊接变形，尤其是侧墙的变形，蒙皮与骨架间的连接采用双面接触点焊，而骨架间采用二氧化碳气体保护焊。平面部件的装配和焊接均在专用装配焊接夹具上进行，如图6-87所示。该夹具由装配平台2，两个装配门架4和焊机1组成，如图6-87a所示。装配步骤如下：先在夹具上铺设蒙皮板，然后放置格栅骨架（Z 形冲压型材），用其压紧外蒙皮并使其预弯变形。外蒙皮的预弯，格栅骨架的定位均由装配门架上的支架 6 上所安装的一系列装配定位压紧器来完成，如图 6-87b 所示。门架可以沿装配平台纵向移动，移到设计的位置将其固定。气缸 2 将销子 7 插入轨道下边工字钢中的定位孔 8 中。门架固定后，气动杠杆压紧器 3 和 5（如图 6-87b 中的 *A—A*、*B—B*、*C—C*）将格栅骨架和蒙皮压紧，并用气动压紧器 4 造成预弯，然后进行定位焊。定位焊后，各压紧器恢复原位，门架移到下一个装配位置。

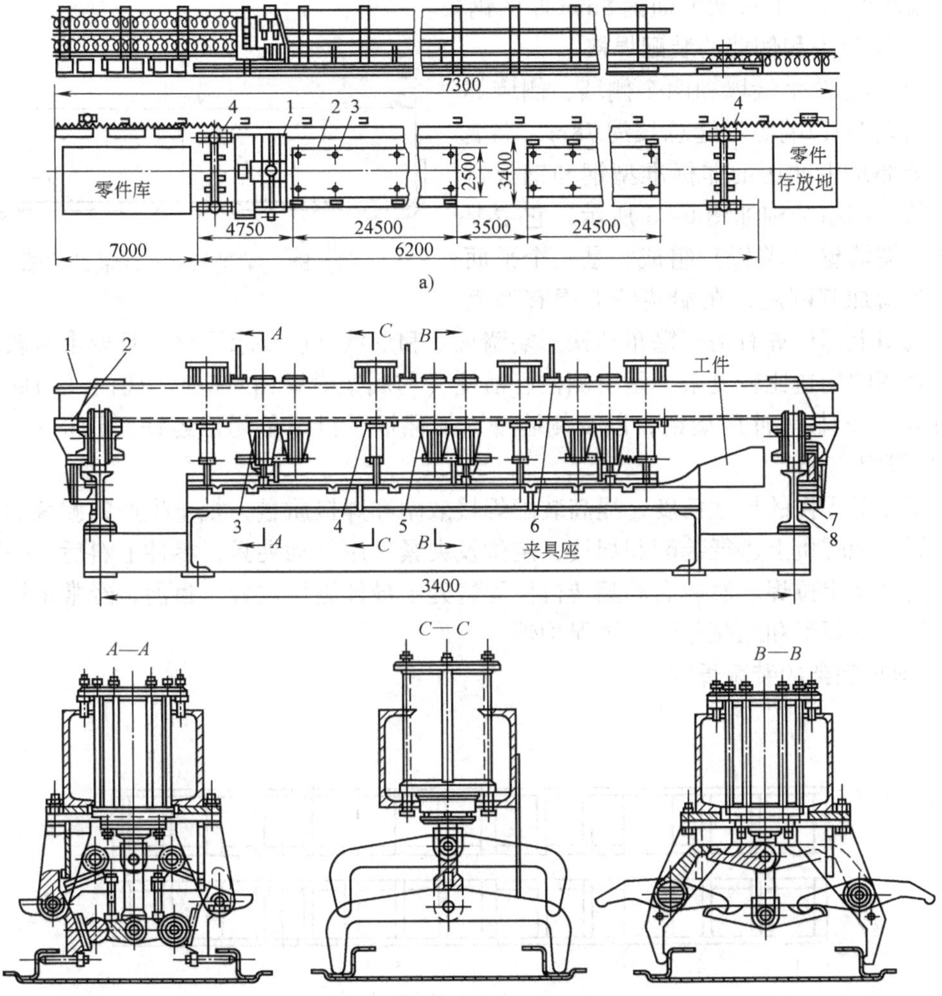

b)

图 6-87　客车车体平面部件的专用装配焊接夹具

a）平面部件专用装配焊接夹具：

1—焊机　2—装配平台　3—气动杠杆压紧器　4—装配门架

b）装配门架：

1—门架　2—定位气缸　3、5—气动杠杆压紧器　4—气动压紧器　6—支架　7—销子　8—定位孔

顶盖由槽形蒙皮和格栅骨架构成，也可以在流水生产线上生产，只将装配平台改为弧形（槽形）即可。

蒙皮与格栅骨架采用双柱式接触点焊机实施双面接触点焊，焊好的平面构件用夹具上的起升支柱抬高。在纵向焊缝焊接时，三点接触点焊机沿轨道纵向移动；横向焊缝则是由装在门架上、下的焊接装置沿门架同步移动并实施同步焊接的。点焊完毕，夹具的起升支柱下降，焊机通过。

6.4.2 铁路货运敞车的制造

目前，常用的铁路货运敞车基本是全焊接结构，它是由车体和底架构成。车体主要由侧墙、端墙组成，而底架上面铺 8mm 厚的钢板。

1. 敞车端墙和侧墙的装配焊接

该敞车有两个端墙和两个侧墙，侧墙焊缝总长约 241m；端墙焊缝总长约 78m。端墙和侧墙全部是由冲压的非标准型钢和钢板拼焊而成的。端墙结构如图 6-88 所示。它主要由角柱、端墙壁（端板）组成，是一个平面结构。为增加其刚度，在端墙壁上焊有型钢横带，端墙上部还焊有槽钢篷布护铁。端墙尺寸和形状精度要求严格，且要求有较强的互换性。侧墙的构造比较复杂，是由侧柱、横柱（与底架横梁相对应）、枕柱（与底架的枕梁相对应）、门柱等冲压型钢，以及侧墙壁、加强板、斜撑角侧柱连铁（槽钢）、上侧梁（槽钢）等组成。

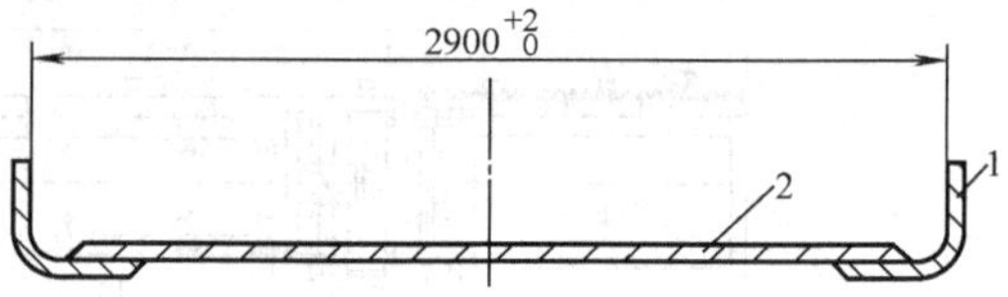

图 6-88　某型号敞车端墙结构图
1—角柱　2—端墙壁

为了保证焊件的尺寸精度，提高装配焊接效率和焊接质量，批量生产的侧墙和端墙均在装配焊接翻转机上进行装配和焊接，定位及夹紧采用气动夹具，零件上料后，一次实现装配、夹紧及定位焊。然后启动翻转机使焊缝处于最佳施焊位置。目前，经常采用的焊接方法是焊条电弧焊和二氧化碳气体保护焊。

2. 敞车底架的装配焊接

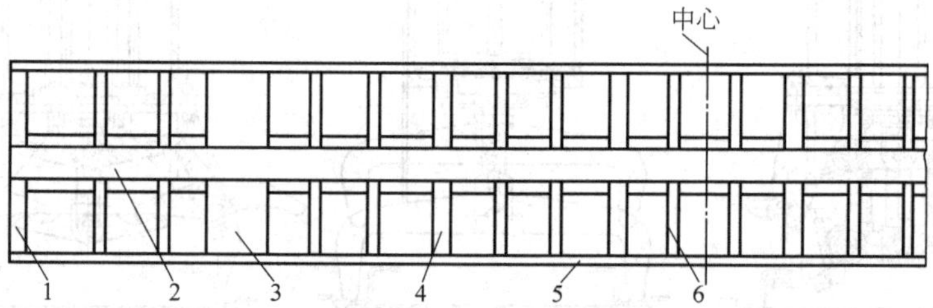

图 6-89　货运敞车底架结构图
1—端梁　2—中梁　3—枕梁
4—横梁　5—侧梁　6—小横梁

如图 6-89 所示，底架是由中梁 2、枕梁 3、端梁 1、横梁 4、侧梁 5、小横梁 6，以及前（后）从板座、上心盘、底架板等组成。它是一个框架结构，其上铺设有平板（图中未示出）。先装焊底架框架，然后再铺设底架平板。

因为底架的中梁、枕梁、横梁和侧梁均在各自的生产线中生产，工序大同小异，这里只介绍中梁的装配和焊接。

中梁是底架的脊柱，传递全部牵引力、冲击力和将底架所承受的全部垂直载荷通过上心盘传给转向架，其结构如图 6-90 所示。由图可知，中梁是由两根 Z 型钢、隔板、下盖板和中间型板等组成。中梁以中心线对称，全长为 12486mm，两心盘中心距为 8700mm ± 7mm，技术条件规定了前后从板座距离偏差、平行度（这是安装挂钩和缓冲装置所必须的）及其对下平面的垂直度（两者都不大于 1mm），特别要求中梁有 23 ~ 30mm 的上拱度，全长旁弯不大于 6mm，每米不大于 2mm。

中梁的生产工艺流程如图 6-91 所示。

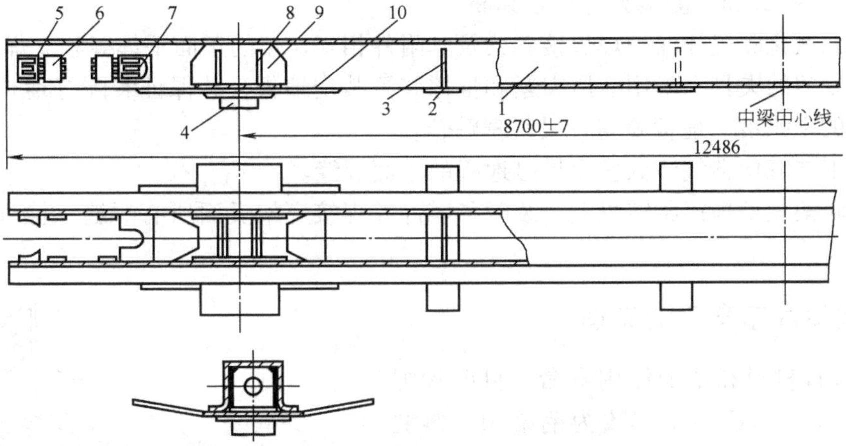

图 6-90　货运敞车底架中梁结构

1—中梁 Z 型钢　2—横梁下盖板（中）　3—隔板（横梁处）
4—上心盘　5—前从板座　6—中间型板　7—后从板座
8—隔板（枕梁处）　9—补强板　10—下盖板（枕梁处）

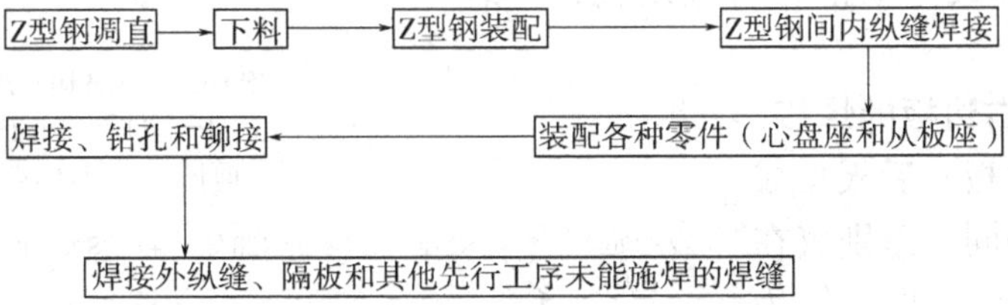

图 6-91　中梁生产工艺流程

中梁的尺寸和形状必须严格控制，尤其中梁的上拱度必须保证。由于 Z 型钢对接纵缝处于中梁的中性轴上部，焊接将会引起中梁的下挠，因此需要借助装配夹具及机械装置的反变形才能达到上拱要求。

中梁的装配在生产线的专用夹具中进行。夹具保证了两 Z 型钢的距离、对口处间隙、错边以及两 Z 型钢翼板的平行度；内纵缝的焊接在另一个焊接夹具中进行，其液压装置使中梁在进行埋弧焊前有 60 ~ 70mm 上拱反变形；枕梁下盖板、心盘座和隔板等零件的装配也是在专用夹具上进行的，以保证各种零件间的准确位置；两上心盘的位置公差（中心距为 8700mm ±7mm）及平行度要求是比较严格的，故可采用液压升降装置夹具来装配上心盘。为提高钻孔效率，采用多头钻加工其上的 116 个孔。心盘座和从板座采用液压铆接机进行铆接。隔板等零件的焊接是在双柱式焊接翻转机上进行的，将全部焊缝均转到方便施焊的位置，并由翻转机上的夹具保证中梁有 20 ~25mm 的反变形。中梁生产线共采用了 Z 型钢装配、内纵缝焊接、零件装配、心盘座焊接，上心盘装配、隔板焊接和外纵缝焊接等近 10 个装配焊接专用夹具和翻转机。

底架总装配焊接按以下步骤进行：

1）在底架专用装配夹具上装配并定位各梁部件，大型装配夹具多为气动夹具，可以保证没装地板的底架有 30mm 的上拱度、全长 12500mm ±5mm、全宽 2900mm ±2mm、对角线差小于 8 ~12mm、侧梁旁弯小于 6mm。

2）用二氧化碳气体保护焊焊接各梁及其附件相互连接的正面平焊缝和立焊缝。

3）在专门的夹具上采用液压夹紧和推撑装置装配地板，并保证装配好地板的底架有 50 ~60mm 的上拱度，地板要与各梁紧密贴合。

4）采用二氧化碳气体保护焊焊接地板的正面焊缝。

5）在底架大型焊接翻转机上，装配各零件并焊接底架反面所有焊缝，检查验收送交总装。

6.4.3 载货汽车车箱的制造

为了节省材料和增加使用寿命，目前我国国产载货汽车车箱已经全部改为钢结构。典型车种如 CA141（或 EQ140）型载货汽车车箱，均由车箱底板、左右边板、前后板五大总成（部件）所组成，如图 6-92 所示。这五大总成分别在各自的装配焊接生产线上装配焊接，然后再总装成车箱总成。车箱为薄板结构，焊缝多而短。

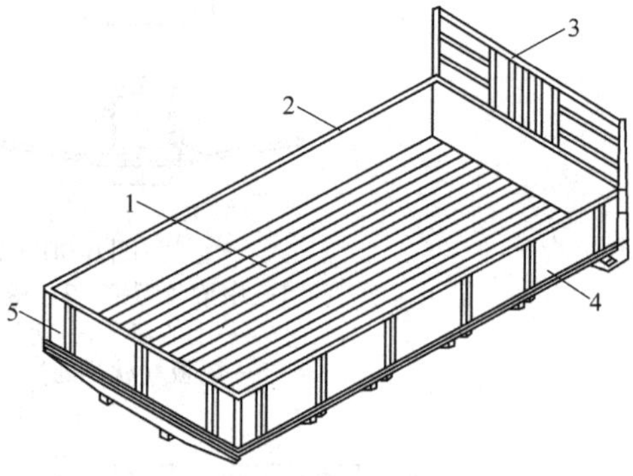

图 6-92　CA141 汽车车箱

1—底板　2—左边板

3—前板　4—右边板　5—后板

1. 车箱左、右边板的焊接

车箱左、右边板及后板总成的结构形状基本相同，差别仅在于后板总成的长度较短，仅为 2284mm。某型汽车边板结构形状尺寸如图 6-93 所示，它是由一块 1.2mm 厚的整体冷弯成形的瓦棱板、六个 2.5mm 厚的冲制而成的栓钩所组成。焊接接头为搭接形式，焊缝总长约 3800mm。

车箱的边、后板总成的装配和焊接均在生产线中完成。根据

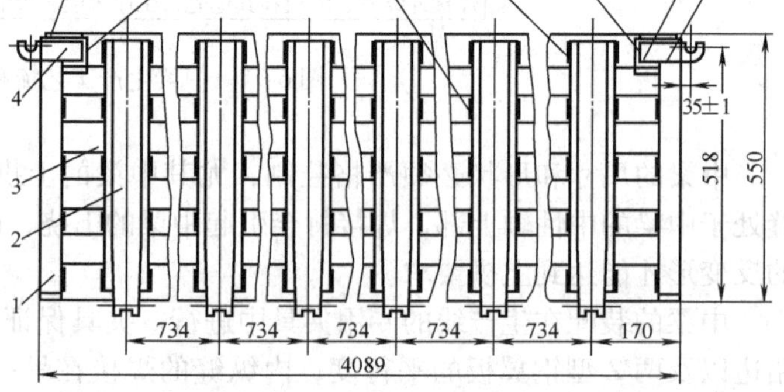

图 6-93　汽车边板

1—端包铁　2—上页板　3—瓦棱板　4—栓钩

装配工作量的大小和生产节拍的长短，将流水生产线分为若干个工位，每个工位工件均为气动夹紧并实施半自动二氧化碳气体保护焊。因为瓦楞板很薄，所以采用细丝短路过渡形式焊接。常用焊接工艺参数为：电弧电压 18～20V，焊接电流 110～130A，焊丝干伸长 10mm，气体流量 500L/h。

2. 车箱前板总成的焊接

车箱前板如图6-94所示，它是由两根槽钢前板边框、两根冲压槽钢中支柱，一根冲压槽钢前板上框、一根角钢前板下框、三根角钢前板中框、九根点焊压制支承杆和一块前盖板等组成。

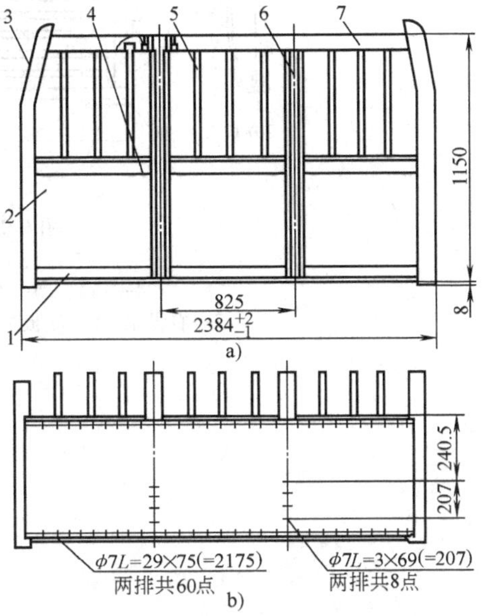

图6-94 车箱的前板总成

a）货箱前板外视图 b）货箱前板内视图

1—前板下框 2—前盖板

3—前板边框 4—前板中框 5—支撑杆

6—骨架（中支柱） 7—前板上框

前板、骨架与前盖板的连接可以采用电阻点焊工艺，这样生产效率高，但设备投资大而且焊点质量不易保证。因此，在实际生产中是采用粗丝二氧化碳气体保护半自动点焊，使用 NZV1—500 型半自动焊机，以 ϕ1.6mm 焊丝，电弧电压 26～30V、焊接电流 400～430A 的规范，可获每分钟 40 个焊点的高效率，而且焊点的质量好，结合强度高。采用二氧化碳气体保护电弧点焊工艺，可以大大简化对装配焊接夹具的设计要求，减少移位工作量和操作工人的数量，明显提高生产率和降低成本。

当大批量生产和生产技术基础较好时，前板与骨架的二氧化碳气体保护半自动点焊也可以采用熔焊机器人取代之。前板总成也是在流水生产线中的各种专用装配焊接夹具中完成装配焊接的，达到工件夹紧气动化，工件移位辊道化程度。骨架的短焊缝适宜采用 ϕ1.2mm 焊丝的二氧化碳气体保护半自动焊，焊接电源为 NBC—400 型，电弧电压为 22～25V、焊接电流为 180～200A。

3. 车箱底板总成的焊接

车箱底板总成的结构如图6-95所示，它是由两根纵梁、六根横梁、两根底板边框、一根底板后框、十块中底板等零部件组成。它是车箱的主要受力构件，是一个比较复杂的焊接组合件。底板的尺寸、形状及焊接质量的要求都比较高。此框架结构所用钢板较薄（$\delta\leqslant$4mm），焊缝短，适合选用二氧化碳气体保护半自动焊。

由于车箱底板总成是一个轮廓尺寸比较大的焊接结构件，焊接工作量很大，尽管都是短焊缝，也很难在少量工位中全部完成。现在都是按生产纲领的要求，将焊接工作量按生产节拍的需要，分别安排在不同的工位来装配焊接，所以流水生产线的工位较多，生产线较长，占用车间面积较大。因为焊接工作量大，因此，生产环境不理想，工人劳动强度较大。

在批量生产的条件下，可以考虑采用弧焊机器人进行焊接，尤其是在中底板和横梁之间有大量规则焊缝，应首先使用弧焊机器人。

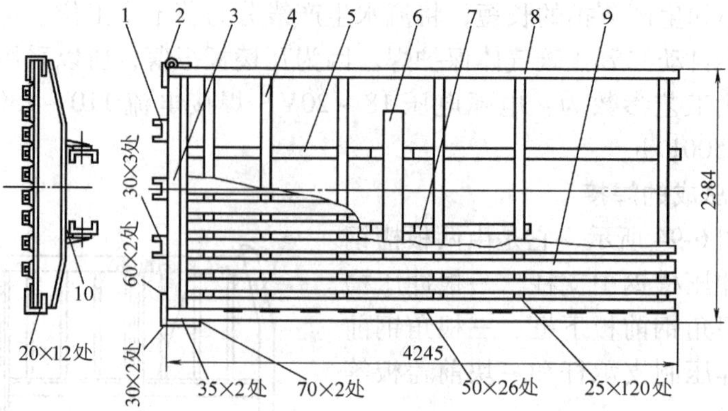

图 6-95 车箱底板总成
1—下页板 2—反光镜支架 3—后框
4—横梁 5—左纵梁 6—小横梁及其支架
7—右纵梁 8—底板边框 9—中底板 10—连接板与铆钉

第7章　焊接生产质量的控制与检验

就企业而言，强化焊接质量管理不仅有助于产品质量的提高，达到向用户提供满足使用要求的产品的目的，而且可以推动企业的技术进步，提高企业的经济效益，增加产品的市场竞争力。

为确定焊接产品是否符合质量要求，就必须测定其质量特性。无损检测是实施焊接质量检验的有效手段。通过无损检测的数据结果与施工设计要求及有关标准、规范、合同等规定相比较，以确定其质量等级和是否满足质量要求。

在焊接结构制造过程中，企业强化质量管理的目的就是通过有效的质量保证体系及可靠的运行来保证焊接产品的质量。

7.1　焊接生产质量管理

7.1.1　质量管理的概念与发展历程

焊接结构生产的质量管理，是指从事焊接生产或施工的企业通过建立质量保证体系来发挥质量管理的职能，进而有效地控制焊接产品质量的全过程。

质量管理的发展过程可分为三个阶段：

（1）质量检查阶段　质量检查阶段指20世纪20年代到40年代这段时间。这一阶段的特点是：把检查作为质量管理的职能，把产品的质量检查列为专门一道工序，由检验人员对产品逐一检查。这就意味着质量管理已脱离了操作者自发质量管理阶段，进入了科学管理阶段。但是，这一阶段的检查仅仅是为了挑出不合格的产品，而不能防止不合格产品的产生，即缺乏预防和控制的职能，又称事后检查阶段。

（2）统计质量控制阶段　统计质量控制阶段指20世纪40年代到60年代这段时间。它把数理统计理论用于质量控制工作之中，提出了抽样验收原理。它解决了质量检查阶段全数检查而造成经济上不合理和对破坏性试验检查无法实施等存在的严重问题，使质量管理具备预防职能，同时又加强了检查职能，使质量管理从单纯的检查发展到对生产过程的控制，为实现质量标准化提供了依据。这一阶段由于片面强调应用统计方法，忽视了组织管理工作，严重影响质量管理科学向深度和广度发展。从20世纪50年代，人们已经感到统计质量管理不能满足生产实践对质量管理理论的要求，开始探索新的质量管理理论。

（3）全面质量管理阶段　全面质量管理阶段是从20世纪60年代延续至今。该阶段的质量管理工作，除了利用统计方法控制制造过程外，还需要组织对生产全过程进行质量管理，而且明确指出执行质量管理职能是企业全体人员的责任。

全面质量管理符合生产发展和质量稳定性客观要求，很快被人们所接受，并在世界各地逐渐普及和执行。经过30年的实践，全面质量管理理论已比较完善，在实践中也取得了较大的成功。

7.1.2 ISO9000~ISO9004 族标准概述

为了适应国际贸易和国际间的技术经济合作与交流的需要，提高世界范围内质量管理水平，1987 年，国际标准化组织（ISO—The International Organization for Standardization）发布了 ISO9000~ISO9004“质量管理和质量保证”系列标准，从而使世界质量管理和质量保证活动有了一个统一的基础。ISO9000~ISO9004 标准在世界范围内产生了十分广泛而深刻的影响。它标志着质量管理和质量保证标准走向了规范化、系列化和程序化的世界高度。

我国于 1992 年等同采用了 ISO9000 族标准，发布为 GB/T19000 国家标准，并于 1993 年 1 月 1 日起实施使我国的质量管理和质量保证工作与国际惯例接轨，它是冲破贸易技术壁垒，进入国际市场的“金钥匙”。

ISO9000~ISO9004 族标准是一个大的标准家族，标准数量较多，而目前还在发展中。其主要目标是全面质量改进，它不仅使企业的质量管理得到不断加强，同时提高了企业的市场竞争力。这一点正成为当今世界社会各阶层的共识，企业界已经把他们的质量/价格方程式的重点移到质量方面，对于保持在国际市场的竞争力是绝对重要的。

在国内，“ISO9000~ISO9004 族”与“GB/T19000 族”同义。所谓 GB/T19000 族，就是指按同等原则由 ISO9000 族转化而成的所有国家标准。

为了保证产品的焊接质量，国家技术监督局于 1990 年 9 月 8 日正式发布了 GB/T12467—1990 和 GB/T12469—1990 焊接质量保证国家推荐标准，并于 1991 年 1 月 1 日起在全国实施。这是一套结构严谨、定义明确、规定具体而又实用的专业标准，其中规定了钢制焊接产品质量保证的一般原则、对企业的要求、钢熔化焊接头的质量要求与缺陷分级。将其与 GB/T19000—2000 标准系列和企业的实际结合起来，建立起比较完善的焊接质量管理体系，对于提高企业的焊接质量管理水平和质量保证能力，确保焊接产品（工程）质量符合规定的要求具有重要的现实意义。

7.1.3 焊接生产质量管理体系

企业为了实现质量管理，制定质量方针和质量目标，分解产品（工程）质量形成过程，设置必要的组织机构，明确责任制度，配备必要的设备和人员，并采取适当的控制方法使影响产品（工程）质量的各种因素都得到控制，以减少或消除，特别是预防质量缺陷的产生，所有这些形成的一个有机整体就是质量管理体系。

1. 焊接生产质量管理体系的内容

由于产品质量管理体系是运用系统工程的基本理论建立起来的，因此可把焊接产品制造的全过程，按其内在的联系，划分为若干既相对独立又有联系的控制系统、环节和控制点，并采取组织措施，遵循一定的制度，使这些系统、环节和控制点的工作质量得到有效地控制，并按规定的程序运转。所谓组织措施就是要有一个完整的质量管理机构，并在各个系统、环节和控制点上配备符合要求的质量控制人员。

(1) 质量控制点的设置　质量控制点也称为“质量管理点”。任何一个生产施工过程或活动总会有许多项质量特性要求，这些质量特性要求的重要程度对产品（工程）使用的影响并不完全相同。在什么地方设置质量控制点，需要对产品（工程）的质量特性要求和生产施工过程中的各个工序进行全面分析后来确定。设置质量控制点一般应考虑以下原则：

1）对产品（工程）的适应性（性能、精度、寿命、可靠性、安全性等）有严重影响的关键质量特性、关键部位或重要影响因素，应设置质量控制点。

2）对工艺上有严格要求，对下道工序的工作有严重影响的关键质量特性、部位，都应设质量控制点。

3）对质量不稳定、出现不合格产品多的工序或项目，应建立质量控制点。

4）对用户反馈的重要不良项目应建立质量控制点。

5）对紧缺物资或可能对生产安排有严重影响的关键项目应建立质量控制点。

国际焊接学会所制定的压力容器制造（包括现场组装）全过程的质量控制点共164个，其中与焊接有关的质量控制点就有144个，见表7-1。

表7-1　国际焊接学会制定的压力容器制造质量控制点

控制项目	检查要点数
计划与计算书审核	6
母材验收与控制	20
焊接等消耗材料验收与控制	30
焊接工艺焊前准备工作控制	23
焊接过程控制	4
焊后控制	15
热处理控制	20
出厂前试验（水压试验等）	20
其他	6

（2）焊接生产质量管理系统中的主要控制系统与控制环节　焊接生产质量管理体系中的控制系统主要包括：材料质量控制系统、工艺质量控制系统、焊接质量控制系统、无损检测质量控制系统和产品质量检验控制系统等。每个方面都有自己的控制环节和工作程序、检验点和责任人。图7-1所示为压力容器焊接质量控制系统中需要控制的主要环节及流程图。

2. 全面质量管理

（1）全面质量管理的概念　全面质量管理是指企业的所有部门和全体职工，以提高和确保质量为核心，把专业技术、管理技术同现代科学结合起来加以灵活运用，建立一套科学的、严密的、高效的质量保证体系，控制影响质量的全过程的各项因素，以优质的工作质量，经济的办法研制、生产和销售用户满意的产品而进行的系统管理活动。简而言之，就是由企业全体人员参加的、用全面工作质量去保证生产全过程质量的管理活动。

（2）全面质量管理的基本特征　全面质量管理的特点就在“全面”上，所谓“全面”有以下四个方面的含义：

1）全面质量管理的内容是全面的，不仅要管好产品质量，还要管好产品质量赖以形成的工作质量。工作质量是指企业的生产工作、技术工作和组织工作对达到产品质量标准和提高产品质量的保证程度。企业各方面工作的质量最终都会影响产品的质量，特别是直接从事产品研制和制造的生产技术工作的质量，其影响更为直接。工作质量是产品质量的保证，全面质量管理要以改进工作质量为重要内容。通过提高工作质量，不仅可以保证提高产品质量，预防和减少不合格品，而且还有利于达到成本降低，供货及时，服务周到，更好地满足用户各方面使用要求的目的。

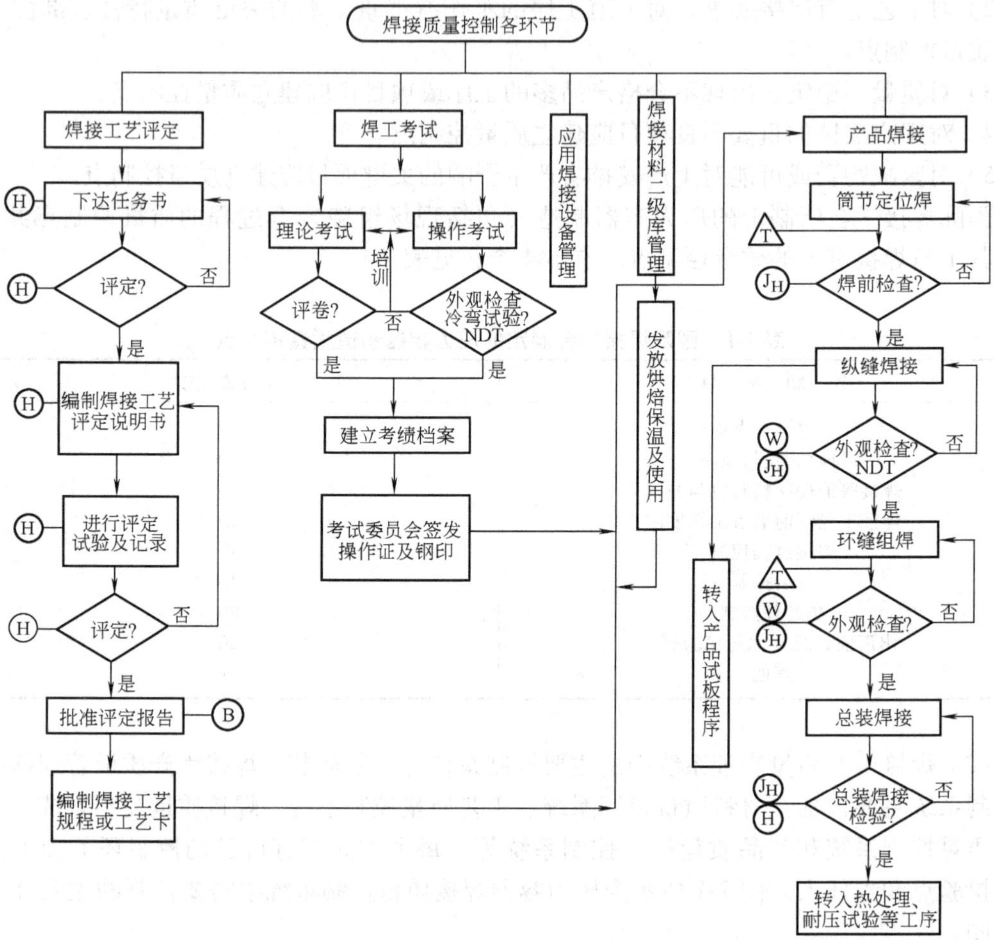

图 7-1 压力容器焊接生产质量管理系统控制流程图

Ⓗ—焊接责任工程师 Ⓑ—质量保证工程师 △—标记及台账处理

ⒿⒽ—焊接检验员 Ⓦ—无损检测责任工程师

2）管理的范围是全面的，包括产品设计、制造、辅助生产、供应服务、销售直至使用的全过程的质量管理。产品质量，是经过生产全过程一步一步形成的。优质产品是设计生产出来的。全面质量管理要求把不合格的产品消灭在它的形成过程中，做到防检结合，以防为主，并从全过程各环节致力于质量的提高。为此，必须把质量管理工作的重点，从单纯的事后检验转到事先控制不合格品的产生以及产品设计方面来。对生产过程的一切环节加强质量管理，消除产生不合格品的种种隐患，做到“防患于未然”，形成一个能够稳定生产合格品的生产系统。当然，为了保证产品质量，防止不合格品出厂，搞好质量检验，在任何情况下都是必不可少的。但是，必须看到仅靠检验毕竟还是消极的，因为检验再严也只能把废品挑出来，这种办法不能防止废品的产生，更不能解决提高产品质量的问题。所以，要控制废品的产生，必须事先采取措施在严格质量把关的同时加强早期预防，要从管理"结果"发展到管理"原因"、管理工序、管理设计生产全过程。

3）实行全过程的管理，还要求企业所有各个工作环节都必须树立"下道工序就是用户…努力为下道工序服务"的思想。只有每道工序都为下道工序和用户着想，在质量上高标准、严要求才能确保产品达到质量标准，并不断提高产品质量。

实现全过程的质量管理，不仅要保证设计和工艺加工过程的产品质量，保证产品的出厂质量，而且还要保证使用质量，即要建立保证用户在产品规定期限能够正常使用的质量保证制度。这就把质量管理从原来的生产制造过程扩大到产品市场调查、研制、设计、试制、工艺、技术、工装、原材料供应、生产、计划、劳动、设备、销售直至用户服务等各个环节，形成一条龙的总体质量管理。

参加质量管理的人员是全面的，是企业全体人员参加的全员质量管理。产品质量好坏，是许多工作和许多生产环节活动的综合反映，它涉及企业各部门和广大职工。所有人员都要学习、运用科学质量管理的思想和方法，作好自己的本职工作。

4）质量管理的方法是全面的，根据不同情况和影响因素，采取多种多样的管理技术和方法，包括科学的组织工作、数理统计方法的应用、先进的科学技术手段和技术改造措施等。

上述全面质量管理的四个特点都围绕着一个中心目的，就是以经济的办法研制和生产出用户满意的产品。这是我国企业推行全面质量管理的出发点和落脚点。

国外质量管理发展至今，无论就其内容和方法来说都日趋完善，并形成了完整的科学体系，故可称为质量管理的完善期和巩固期。我国的质量管理从20世纪50年代开始，50年来，广大职工在进行质量检验和质量管理工作方面创造和发展了许多行之有效的经验，贯彻了"质量第一"、"预防为主"的方针，树立了为用户服务，为下一道工序服务的观点，开展了产品质量"信得过"小组活动等。

（3）全面质量管理的工作内容　全面质量管理的工作内容包括以下三方面：

1）设计试制过程的质量管理。产品设计试制过程是产品质量形成过程的第一个关口，有人认为产品质量问题有20%～40%是发生在设计过程中，因此，设计过程的质量管理，是全面质量的起点和关键。

2）制造过程的质量管理。制造过程是产品质量的直接形成过程。

3）使用过程的质量管理。产品的使用过程是考验产品实际质量的过程，它是企业质量管理的归宿点，又是企业质量管理的起点。使用过程的质量管理应抓以下三项工作：

① 积极开展技术服务工作。

② 进行使用效果和使用要求的调查。

③ 认真处理出厂产品的质量问题，实行三包（包修、包换、包退）。

3. 质量保证体系

所谓质量保证体系，是指为了给用户提供物美价廉、安全可靠的产品和服务，从企业的整体出发，把企业各部门、各个生产环节严密地组织起来，规定它们在质量管理和质量保证中的职责、任务、权限，订出各种标准和制度，组织和协调各方面的质量管理活动，从而组成一个严密协调、高效、能够保证产品质量的管理体系。

质量保证是质量管理的引申和继续。因为质量保证不仅涉及到产品出厂前各个生产环节的质量控制和监督，还涉及到产品出厂后的售后服务以及对发生的质量事故负责补偿和反馈。

（1）质量保证体系的作用　建立和健全企业质量保证体系的重要作用体现在：

1）通过质量保证体系的建立及其实践活动，可以建立正常的质量管理秩序，就可以以程序管理（即制度管理）代替个人意志管理，日常管理代替突击管理，系统管理代替局部管理，目标管理代替精神管理，使企业整个质量管理活动走向制度化、合理化、科学化。

2）有了质量保证体系，就可以使产品从开发、设计、试制、生产、销售、服务等生产经营各环节组成一个科学的业务流程，生产出用户满意的产品，并可对个别产品的质量问题做到及时发现，得到综合治理。

3）质量保证体系可以把各部门、各生产环节的质量管理活动组成一个有机整体，在统一领导下互通情报、协同动作，搞好厂内、外的质量信息反馈，用各项质量管理制度、作业标准和工作实践来保证和提高产品质量。

（2）质量保证体系的内容

1）设立专职的质量管理部门。为了使质量保证体系能有效地运转，使企业各部门的质量职能都能充分发挥，就需要建立一个负责组织协调、督促、检查、指导等工作的专职的质量管理部门，作为质量保证体系的组织保证。

2）要规定各部门质量管理方面的职责、任务和权限，真正做到保证产品质量人人有责。

3）建立一套质量管理标准和工作程序，这是质量保证体系的重点内容，也是重要的基础工作。

4）设置质量信息反馈系统，即是质量保证体系的神经系统，是体系正常运转的必要条件。只有保证信息反馈系统能准确、及时、全面地进行信息传递和反馈，才能使质量保证活动时时处处都有可靠的依据，从而使质量保证活动顺利开展。

5）组织外协厂的质量保证工作。随着生产的发展，专业化分工协作日趋加强，应把外协厂的质量保证活动纳入到中心厂的质量保证体系之中，建立一条龙协作网，才能全面保证产量质量。

6）开展质量管理小组活动。所谓质量管理小组，是指在企业各岗位上从事各项工作的职工，围绕企事业的方针目标，运用全面质量管理的理论和方法，以改进产品质量、工程质量、工作质量为目的，自愿或按行政指令组织起来的小组。

7.2　焊接生产质量控制

焊接生产的质量控制可分为三个阶段：即焊前质量控制、焊接过程中的质量控制和焊接成品的质量检验（包括：焊后质量检验，安装调试质量检验，产品在役质量检验以及不合格焊缝的处理和焊接检验档案的建立）。

7.2.1　焊前质量控制

焊前质量控制是贯彻预防为主的方针，最大限度避免和减少焊接缺陷的产生。焊前质量控制的主要内容归纳于表7-2。

表7-2 焊前质量控制的内容

序号	项目	主要内容	说明
1	基本金属质量检验	1. 检查投料单据 2. 检查实物标记 3. 检查实物表面质量 4. 检查投料划线、标记移植	1. 投料单据要齐全（领料单、材质单、拨料单），材料牌号、规格要与图样相符并有验收人签字，否则应办理材料代用或更换手续 2. 实物标记要清楚并与投料单相符 3. 实物表面质量要合格 4. 投料划线和标记移植要正确，然后转入焊前备料和下料等工序
2	焊接材料质量检验	1. 焊丝质量检验 2. 焊条质量的检验 3. 焊剂质量的检验 4. 气体 Ar、He、N_2、CO_2、压缩空气等质量检验	1. 用前应核对焊接材料是否符合图样和技术条件的规定 2. 选用焊接材料时，应遵循等同性能、改善性能和改善焊接性三原则 3. 焊接材料的代用原则是以不降低焊接质量和满足焊接工艺要求为前提，并应履行审批手续
3	焊接结构设计鉴定	可检测性	指有适当的探伤空间位置；有便于进行探伤的探测面
4	焊件备料的检查	坡口的检查	坡口形状、尺寸及表面粗糙度加工质量；清理质量；σ_s > 392MPa 或 Cr-Mo 低合金焊件坡口表面探伤并及时除去裂纹
5	焊件装配质量检查	1. 装配结构的检查 2. 装配工艺的检查 3. 定位焊缝质量的检查	应注意定位焊缝作为主焊缝的一部分时，其质量及检验方式同主焊缝
6	焊接试板的检查	1. 焊前试板的检查 2. 工序试板的检查 3. 产品试板的检查	1. 焊前试板用于在单批生产中选择设备的工作状态，控制投产后的焊缝质量 2. 工序试板用于复杂工序间，控制不合格焊缝不下传 3. 产品试板可用于评定成品焊缝的质量
7	能源的检查	1. 电源的检查 2. 气体燃料的检查	1. 检查电源的波动程度 2. 气体燃料 C_2H_2、H_2、O_2、液化石油气的检查应注意其纯度和压力
8	辅助机具的检查	1. 焊接变位机械的检查 2. 装配焊接夹具的检查	应注意检查动作的灵活性、定位精度和夹紧力
9	工具的检查	面罩、手把、电缆等的检查	应注意选择颜色深的护目玻璃
10	焊接环境的检查	环境温度、湿度、风速、雨雪天气等的检查	当焊接环境出现下列情况时，需有保护措施才能施焊： 1. 雨、雪天气 2. 风速大于10m/s 3. 相对湿度大于90% 4. 允许最低温度：低碳钢（-20℃）；低合金钢（-10℃）；中、高合金钢（0℃）
11	焊接预热检查	1. 检查预热方式 2. 检查预热温度	注意预热温度的测点应距焊缝边缘100～300mm
12	焊工资格的检查	检查焊工合格证	注意合格证的有效期并核对考核项目与所焊产品的一致性

7.2.2 焊接过程中的质量控制

焊接过程中的质量控制是焊接质量控制中最重要的环节，不仅指焊缝形成的过程，还包括后热和焊后热处理。其主要控制项目及内容可归纳于表7-3。

表7-3 焊接过程中质量控制的主要内容

序号	项 目	主 要 内 容	说 明
1	焊接参数的检验	1. 焊条电弧焊参数的检验 2. 埋弧焊参数的检验 3. CO_2 焊参数的检验 4. 电阻焊参数的检验 5. TIG、MIG、MAG焊参数的检验 6. 气焊参数的检验	应注意不同的焊接方法有不同的检验内容和要求，但原则上均应严格执行工艺。当有变化时，应办理焊接工艺更改手续
2	复核焊接材料	1. 焊接材料的特征，颜色尺寸 2. 焊缝外观特征	发现焊接材料有疑问时应及时查找原始记录，确保材料牌号、规格与规定相符
3	焊接顺序的检查	1. 施焊顺序的检查 2. 施焊方向的检查	注意施焊顺序和方向准确无误
4	焊道表面质量检查	表面不应有裂纹、夹渣等缺陷	焊后及时清渣，缺陷及时消除，避免多层焊时缺陷的叠加
5	检查后热	1. 检查后热温度 2. 检查后热保温时间	焊后立即对焊件全部或局部进行加热或保温，使其缓冷的工艺措施称为后热。它具有消氢和防止延迟裂纹产生的作用
6	检查焊后热处理	1. 焊后正火热处理的检查 2. 消除应力热处理的检查	正火热处理可改善焊缝组织，细化晶粒，提高韧性；可采用高温回火来消除和缓减残余应力

7.2.3 焊接成品的质量检验

焊接产品虽然在焊前和焊接过程中都进行了相应的质量控制和检验，但由于制造过程中外界因素变化、工艺参数不稳定、能源波动等，都可能引起缺陷的产生。所以，焊接成品也必须进行质量检验。同时，焊接产品在使用中的检验也是成品检验的组成部分。

1. 焊后质量检验

焊后成品质量检验的内容见表7-4。

表7-4 焊后成品的检验内容

序号	检验项目	主 要 内 容	说 明
1	外观检查	1. 焊缝表面缺陷检查 2. 焊缝尺寸偏差检查 3. 焊缝表面清理质量检查	重点检查焊缝接头部位、收弧部位、形状和尺寸突变部位、焊缝与母材连接部位、母材引弧部位等
2	无损检验	参见7.3节	
3	力学性能检验	参见2.1节	
4	致密性检验	参见表7-5	
5	焊缝强度检验	1. 水压试验 2. 气压试验	要求水压试验的产品，必须在焊接工作全部结束后进行，即在焊接的返修、焊后热处理、力学性能试验及无损检测都必须全部合格后进行。试验过程应严格执行试验程序，并有可靠地安全措施。不同钢种的水压试验水温见表7-6。水压试验和气压试验方法及要求见表7-7

表7-5　致密性检验方法和适用范围

序号	检验项目	试　验　方　法	适用范围
1	气密性检验	容器需经水压试验合格后方可进行气密性试验。试验时，将焊接容器密封，按图样规定的压力通入压缩气体（气体温度不低于5℃），压力缓慢上升，达到规定试验压力后保压10min，然后降压至设计压力，对所有焊接接头和连接部位进行泄漏检验（一般是在焊缝外面涂以肥皂水进行检查，不产生肥皂泡为合格）	密封容器
2	吹气试验	用压缩空气对着焊缝猛吹，焊缝的另一面涂以肥皂水，不产生气泡为合格。压缩空气压力 > 405.3kPa，喷嘴到焊缝表面距离不超过30mm	敞口容器
3	载水试验	将容器充满水，观察焊缝外表面，以不渗水为合格	敞口容器
4	水冲试验	在焊缝一侧用高压水喷射，从另一面观察，无渗水为合格。水流方向与焊缝表面夹角 < 70°，喷嘴直径为15mm，反射水环直径应 > 400mm。检查竖直焊缝应从下往上移动喷嘴	大型敞口容器，如船甲板等密封焊
5	沉水试验	先将容器沉入水中，再向容器中充入压缩空气，使检验焊缝处在水下50mm，检查无气泡浮出为合格	小型密封容器
6	煤油试验	煤油的粘度小，表面张力小，渗透性强。试验时，在焊缝表面涂上白粉溶液，待干燥后，在焊缝另一侧涂上煤油浸润，经半小时后白粉上无油渍为合格	敞口容器，如储存石油、汽油的固定式储器和同类型的其他产品
7	氨渗透试验	以氨为示踪剂，试纸或涂料为显色剂，用于渗漏和贯穿性缺陷的定位。试验时，在焊缝表面贴上比焊缝宽的石蕊试纸或涂料显色剂，再向容器内通入规定压力的含氨压缩空气，保压5~30min，未发现试纸色变为合格	密封容器，如尿素设备的焊缝检验
8	氦检漏	氦气质量轻，能穿过微小的空隙，可发现千万分之一的氦气存在，是灵敏度很高的致密性检验方法	用于要求较高的压力容器检验

表7-6　不同钢种的水压试验水温

受压元件钢种	试验水温/℃
C-Mn钢（碳素钢、16MnR）	≥5
Cr-Mo钢、Cr-Mo-V钢（14MnMoVg）	≥15
Mn-Mo-V钢、Mn-Mo-Nb钢（18MnMoNbR）	≥30
w_{Cr} > 3%的合金钢、BHW-35	≥35

注：试验用水的温度在允许的情况下应尽量接近环境温度，以使保压期间压力表指示稳定，不产生下降现象。

表7-7　水压试验与气压试验方法及要求

试验方法	试　验　要　求	结果分析与判定
水压试验	用水泵加压试验： 1. 待容器内灌满水，堵塞容器上的一切孔。试验时，升压或降压均应缓慢进行。当升至工作压力时暂停（管子试验不暂停），进行初检，无异常可继续升压到规定压力进行保压，然后降至工作压力或设计压力，至少保持30min进行仔细检查 2. 根据技术条件要求，试验压力为工作压力的1.5倍 3. 一般在无损探伤和焊后热处理后进行试压 4. 加压后距焊缝20mm处，用小锤轻轻锤击	保压时，表压稳定准确；检查所有焊缝部位，无渗水或水珠；水压试验后肉眼观察没有发现残余变形（容器水压试验后作残余变形测定时，径向残余变形率不超过0.03%，或容积残余变形率不超过10%）焊缝强度为合格

（续）

试验方法	试 验 要 求	结果分析与判定
水压试验	灌水静压试验： 1. 对不承受压力的容器或敞口焊接储器的密封性试验可采用灌水静压试验 2. 试验时，仔细清理容器焊缝表面，并用压缩空气吹静，吹干 3. 在气温不低于0℃的条件下，在容器内灌入温度不低于5℃的干净水 4. 其持续时间不得小于1h	在试验时间内，焊缝不出现水流、水滴状渗出，焊缝及热影响区表面无“出汗”现象，即为合格
气压试验	1. 气压试验比水压试验灵敏、迅速，试验后不用排水处理，可用于不用排水及不允许被水沾染的容器。但该试验较水压试验危险性更大，故除设计图样规定外，一般不得采用。且试验要在隔离场所进行，要有可靠的安全措施 2. 对管道进行气压试验时，要在管道上设置一个储气罐，储气罐的出口应装有气阀，以保证进气稳定。在产品入口端的管道上需装安全阀、工作压力计和监控压力计 3. 所有气体应是干燥、洁净的空气、氮气或其他惰性气体，气温不得低于15℃ 4. 当试验压力达到规定值（一般为工作压力的1.25～1.5倍）时，停止加压 5. 施压下的产品不得敲击、振动和修补焊接缺陷 6. 低温下试验时，要采取防冰冻措施	停止加压后，用涂肥皂水检漏或检查工作压力表的数值变化。肉眼观察未发现残余变形，如没有发现漏气或压力表数值不稳定，则为合格 按设计要求，耐压试验作残余变形测定的容器，径向残余变形率不超过0.03%，或容积残余变形率不超过10%为焊缝强度合格

2. 安装调试质量的检验

安装调试质量的检验包括二方面：其一，对现场组装的焊接质量问题的处理；其二，对产品制造时的焊接质量进行现场复查。

（1）焊接质量问题的现场处理

1）发现漏检，应作补充检查并补齐质量证明文件。

2）因检验方法、检验项目或验收标准等不同而引起的质量问题，应尽量采用同样的检验方法和评定标准，确定焊接产品合格与否。

3）可修可不修的焊接缺陷一般不退修。

4）焊接缺陷明显超标，应进行退修。其中大型结构应尽量在现场修复，较小结构而修复工艺复杂者应及时返厂修复。

（2）现场复查

1）检验程序和检验项目

① 检查资料的齐全性。

② 核对质量证明文件。

③ 检查实物与质量证明的一致性。

④ 按有关安装规程和技术文件规定进行检验。

⑤ 对产品重要部位、易产生质量问题的部位、运输中易产生破损和变形的部位应给予特别注意，重点检查。

2）检验方法和验收标准。在安装调试过程中，对焊接产品的制造质量应进行复查，以便发现漏检和错检，及时处理、消除隐患，保证焊接结构安全可靠地运行。但是，复查检验所采用的质量检验方法、检验项目及验收标准应该符合有关标准的规定，应与产品制造过程中所采用的检验方法、项目、验收标准相同，否则会产生质量差别，给质量评判工作带来困难，甚至引起制造单位与验收使用单位之间的分歧。

3. 产品服役质量的检验

（1）产品运行期间的质量监控　焊接结构在役运行时，可用声发射技术进行质量监督。

（2）产品检修质量的复查　焊接产品在腐蚀介质、交变载荷、热应力等苛刻条件下工作，使用一定时间后往往产生各种形式的裂纹。为保证设备安全运行，应有计划的定期检查焊接质量。在重要产品如锅炉、压力容器等安全监察规程中均有具体规定检修计划，以便发现缺陷，消除隐患，保证安全运行。检修计划主要内容如下：

1）质量复查工作的程序

① 查阅质量证明文件或原始质量记录。

② 拟定检验方案。

2）质量复查检验的部位

① 按有关安全监察规程或技术文件规定进行检验。

② 以下部位应特别注意：修复过的部位；缺陷集中、严重的部位；应力集中部位；同类产品运行时常出现问题的部位。

（3）服役产品质量问题现场处理　因设备在工作位置上固定，很难搬动必须现场返修。因此对重要焊接产品的返修要进行工艺评定、验证焊接工艺、制定返修工艺措施、编制质量控制指导书和记录卡，以保证在返修过程中掌握质量标准、记录及时、控制准确。

（4）焊接结构破坏事故的现场调查与分析

1）现场调查

① 维持破坏现场，收集所有运行记录。

② 查明操作工作是否正确。

③ 查明断裂位置。

④ 检查断口部位的焊接接头表面质量和断口质量。

⑤ 测量结构破坏处的实际厚度，核对它是否符合图样要求，并为设计校核提供依据。

2）取样分析

① 金相检验。

② 复查化学成分。

③ 复查力学性能。

3）设计校核

4）复查制造工艺，对破坏事故的调查与分析，可以确定结构的断裂原因，提出防止事故的措施，为设计、制造和运行等提供改进依据。

4. 不合格焊缝的处理

（1）不合格焊缝　属于下列情况之一者，为不合格焊缝。

1）错用焊接材料。用不符合图样、标准规定或代用要求的焊接材料焊接的焊缝为不合格焊缝，易造成重大事故。

2）违背焊接工艺。不按工艺文件规定进行的坡口加工、焊前预热、焊后消氢和焊后热处理等均易引起裂纹、未焊透等缺陷。

3）焊缝质量不符合标准。主要指焊接缺陷超标、力学性能低于母材等不符合质量标准的焊缝。

4）无证焊工施焊。焊工未经过技术培训和考试合格便上岗焊制的焊缝。

（2）不合格焊缝的标记　为便于识别和监督，利于返修，应对不合格焊缝作如下标记：

1）标记产品编号，监督和控制不合格焊缝的出厂。

2）标记缺陷部位，经 NDT 发现的局部超标缺陷应在缺陷部位作明确的标记。

3）标记焊缝编号，整条焊缝不合格需返修者应标记焊缝编号。

（3）不合格焊缝的处理　处理方式如下：

1）报废。对错用焊接材料，而经热处理等工艺方法无法满足使用要求的焊缝，应将焊缝清除重新焊接。

2）返修焊。经外观检查和无损检测发现局部缺陷超标者，可把原焊缝、热影响区和缺陷同时清除重新开坡口施焊。焊后应对返修部位重新检验或追加检验项目检查。对锅炉受压部件焊缝允许返修三次，压力容器焊缝返修不超过两次。

3）回用。焊缝质量不符合标准要求，但不影响使用性能时，在经申请批准和用户不申诉索赔情况下方可回用。

4）降低使用参数。产品制作完毕，发现焊缝不合格而将造成产品报废或重大经济损失时，应根据检验结果对焊缝作重新核算，经用户同意后可降低参数使用。但此法要赔偿用户一定的经济损失，也会影响企业信誉，因此，一般不采用这种处理办法。

5．焊接检验档案

焊接检验档案是焊接产品质量考查和历史凭证，也是产品维修和改造的依据。因此，产品制作完工后，对有保存价值的检验资料进行汇总归档是十分重要的。

检验档案的归档材料主要包括：

（1）检验记录　检验记录的作用是反映产品的实际质量，为质量控制工作提供信息，为统计、分析工作提供数据，为编制检验证书提供依据。因此，检验记录应该做到记录及时、真实、完整、规范。检验记录应包括以下内容：

1）产品编号、名称、图号。

2）现场使用工艺文件的编号、名称。

3）母材、焊接材料的牌号、规格、入厂检验编号。

4）焊接方法、焊工姓名、钢印号。

5）实际预热、后热、消氢处理温度。

6）检验方法和结果。

7）检验报告编号，是指理化检验和 NDT 等专职检验机构的质量证明书。

8）焊缝返修方法、部位、次数等。

9）记录日期、记录人签字等。

（2）检验证书　焊接产品的检验证书，是产品完工时检验工作的原始记录，并进行汇总而编制的质量证明文件。它既是产品质量合格的凭证，也是产品质量复查的依据。发给用户的焊接检验证明书的形式和内容，要由具体产品的结构形式确定。对于结构和制造工艺比较复杂、质量要求较高的产品，应将检验资料装订成册，以质量证明书的形式提供给用户。证明书中的技术数据应该实用、准确、齐全、符合标准。对于结构和制造工艺比较简单、运行条件要求不高的焊接产品，检验证书可用卡片的形式提供给用户。

焊接产品的检验证书内容和要求同检验记录的内容和要求是相同的。

7.3　焊接质量检验

要保证和提高焊接产品的质量，必须使焊接检验工作贯穿于焊接生产的全过程，只有把焊接检验工作扩展到整个焊接生产和产品使用过程中去，才能更充分、更有效地发挥各种检验方法的积极作用，才能达到预防和消除由缺陷所造成的废品和事故的目的。所以，焊接结构制造企业的质量管理部门，应根据产品的技术条件、标准及产品合同的有关规定，结合本企业的实际情况制定出科学、合理、完整的检验程序，选择检验内容和检验方法，对于保证产品质量，提高经济效益有着极其重要的意义。

7.3.1　焊接质量检验程序

1. 焊接检验程序的设计原则

（1）遵守焊接工艺流程　由于焊接产品的种类、用途和结构不同，其制造工艺也就各不相同。焊接工程技术人员必须根据不同产品的焊接工艺流程来设计检验程序。此外，按照产品特点和检验的不可重复性要求，有的检验项目必须纳入到工艺流程中去，作为单独的一道工序来设计。例如，在球形容器焊接过程中焊道间的着色检验，双面焊时焊道 清根面的无损检测等都属于这种情况。

按照焊接工艺流程编排检验程序就是要根据焊接结构的生产特点，将检验内容（项目）作为一道单独工序纳入到焊接工艺流程中去，防止出现漏检。

（2）符合质量标准　检验程序和检验内容的制定必须受有关国家、部颁标准及产品技术条件和产品制作合同的制约。这些法规性文件是设计产品质量检验程序的重要依据，必须严格遵守，不能随意改动。

（3）具有先进性和可靠性　所谓先进性，就是要执行最新的质量标准、使用最新的检验方法和检验设备。所谓可靠性，是指紧密结合产品的制造特点和企业实际（工程技术力量，工人的基本素质，设备先进程度、加工能力和使用状态，厂房建筑和周围环境等），严格执行质量标准和检验程序，正确的使用检验设备和仪器，准确地判定产品质量等级。

（4）经济性原则　在保证产品达到质量要求的前提下，要尽可能地简化检验程序和检验项目，以降低生产成本，提高企业的经济效益。不要盲目地增加一些不必要的检验项目和内容，只顾质量而不惜工本的做法是不符合经济性原则的。

2. 检验程序的设计

为使检验程序的科学合理，必须考虑产品的组装焊接工艺流程、检验内容、检验方法、企业生产条件等诸多因素。

（1）分析组装焊接工艺流程　组装焊接工艺流程，是根据产品技术特点、企业技术装备、技术人员素质、产品质量要求和验收标准等方面作综合分析后制定出来的。同一规格和型号的产品，在不同的企业可以有不同的组装焊接工艺流程。因此，必须对具体每一道工序进行质量方面影响因素的分析，以确定质量检验的重点和停点（停点是指在质量检验未合格之前不许流入下道工序的工序点）以及相应的检验项目的内容。

图7-2为400m^3石油液化气球罐的分带组装焊接工艺流程图及主要质量检测点。由图

可知，质量检验程序和内容总是同焊接生产工艺流程相伴的，只有熟悉组装焊接工艺流程，才能设计出合理可行的检验程序、检验项目和检验内容。一般来说，产品的组装焊接工艺流程编排完成后，检验程序基本上就确定下来了。

（2）确定检验内容　图 7-2 中扼要设置了 400m³ 球罐制造、施工中的质量检验重点和停点。从图中看出，检验内容是针对每一道工序提出来的，特别是检验的重点和停点工序。检验内容一定要和检验程序配套，要把每一项检验内容落实到相应的检验程序中去。

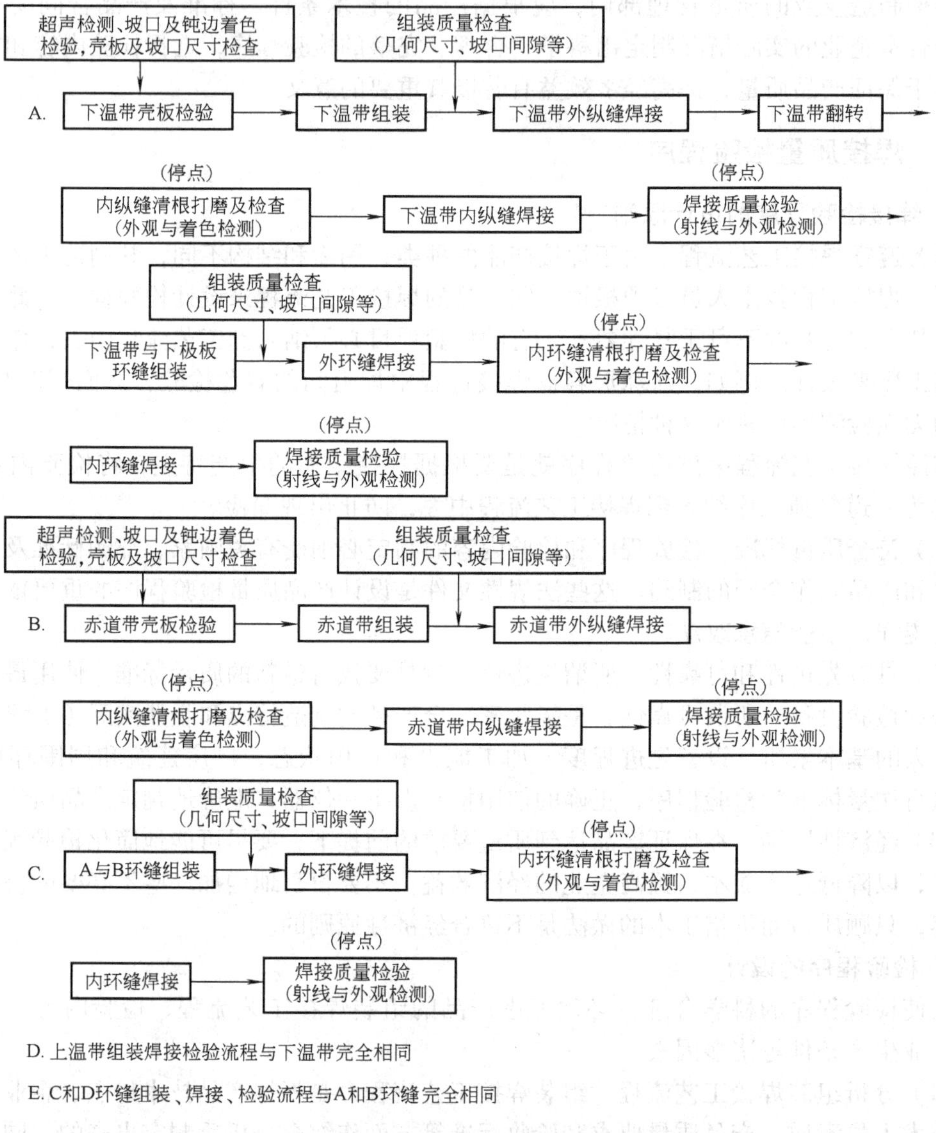

图 7-2　400m³ 球罐分带组装焊接工艺流程

（3）选择检验方法和设备　检验方法通常是根据检验内容的要求而确定的。多数检验内容都有几种检验方法可供选择，例如焊缝内部质量的无损检测可以用射线探伤，也可用超声波探伤；磁粉探伤，也可以用渗透探伤；致密性检验可以用煤油试验，也可以用吹气试验等。具体选用哪种检验方法，是要根据产品结构特点和技术条件要求及企业的具体生产条件而定。一般来说，选用检验方法和设备时，应考虑以下因素：

1）检验方法和设备的检验精度和可靠性，应以满足有关标准的要求为宜。

2）检验方法和设备的可到达性，应考虑方法易行、设备容易旋转等。

3）企业的检验装备和人员素质，在能达到检验项目的前提下应尽量选用现有的检验装备，检验人员应通过国家有关部门的考核。

4）检验方法的经济性和合理性，为了降低产品成本，应选用既经济又可靠的检验方法。但有时为了对某一缺陷进行定性、定量、定位，采用两种或更多的检验方法也是必要的。

（4）制定检验流程　根据焊接工艺流程和已经确定的检验内容、检验方法及设备，参照有关质量检验标准，确定出产品制造过程中的质量控制措施和路线。

7.3.2　焊接缺陷

焊接缺陷是指在焊接接头中产生的不符合标准要求的缺陷。焊接缺陷是造成焊接结构失效和事故的主要原因，必须对焊接缺陷的危害性有充分的认识。

在焊接结构的制作过程中，要想获得无缺陷的焊接接头是比较困难的，有时也是不经济的。为了满足焊接结构的使用要求，应该把焊接缺陷限制在一定的范围之内，使其对焊接结构的运行不致产生危害。

1. 焊接缺陷的种类

焊接缺陷的种类很多，有熔焊产生的缺陷，也有压焊、钎焊产生的缺陷。本节主要介绍熔焊缺陷的分类，其他焊接方法产生的缺陷这里不作介绍。

根据GB6417—1986《金属熔化焊焊缝缺陷分类及说明》，可将熔化焊缺陷分为以下六类：

第一类　裂纹

第二类　孔穴

第三类　固体夹杂

第四类　未熔合和未焊透

第五类　形状缺陷

第六类　其他缺陷

焊接缺陷除了以上六类之外，还有金相组织不符合要求（如晶粒粗大、金相组织的成分不合格等）及焊接接头的理化性能不符合要求的性能缺陷（包括化学成分、力学性能及不锈钢焊缝的耐蚀性等）。这类缺陷大多是由于违反焊接工艺或错用焊接材料所引起的，不在本课程讨论之列。

2. 焊接缺陷的特征与分布

（1）裂纹　在焊缝和热影响区的内部和表面，由于焊接应力和其他致脆因素的共同作用，使得金属原子间的结合力遭到破坏，从而形成新的界面，开裂而造成的间隙，统称为焊接裂纹。

按裂纹产生的部位划分，有表面裂纹、内部裂纹、热影响区裂纹和焊趾裂纹；按裂纹产生的阶段分，有应力腐蚀裂纹（在低应力下产生）、结晶裂纹（凝固时产生）、淬火裂纹（固态冷却时产生）、延迟裂纹（常温下产生）、火口裂纹（焊接参数不当引起）。

因为焊接裂纹是焊接接头中最危险的因素，所以在焊接产品上不允许存在焊接裂纹。实践证明，绝大部分焊接结构的塑性破坏，都是从微裂纹开始的，随裂纹的不断扩展直至完全破坏，有的甚至造成恶性事故。所以，对焊接裂纹的防止和监控引起了工程界的极大关注，进行了卓有成效的研究，断裂力学的诞生和发展，就是一个重要标志。

（2）气孔　焊接时，熔池中的气泡在凝固过程中来不及逸出熔池表面而残留在熔池中形成的空穴称为气孔。

按气孔的分布状况分，有内部气孔、连续气孔和密集气孔；若按单个气孔的形状，又可分为球形、椭圆形、毛虫状、蝌蚪形和针状气孔等。气孔不但形状不同，尺寸大小也不同，小气孔很小，需用放大镜、显微镜或专门的探伤手段才能发现；大气孔的直径，有的可达3mm。

气孔会减小焊缝的有效截面积，降低焊缝的力学性能；损坏焊缝的致密性，特别是直径不大，深度很深的圆柱形气孔（俗称针孔）危害极大，甚至造成介质的泄漏。

（3）固体夹杂　包括夹渣、夹钨等。

1）夹渣。熔池中的非金属夹杂物，冷凝时来不及浮离熔池而形成。其形状可为点状、团絮状、条状，外部轮廓多不规则；多存在于沿坡口边缘、双面焊坡口的端部、多层焊时清渣或表面清理不干净造成的层间夹渣。

由于夹渣的存在，减小了焊缝的有效工作截面积，降低了焊接接头的强度；夹渣的存在也会降低焊缝的致密性和耐蚀性。因为夹渣多数呈不规则的多棱形，特别是两端尖细的条状夹渣，其尖角处往往会引起很大的应力集中，焊接接头常常从这里开始形成裂纹。焊缝中的针形氮化物和磷化物夹渣，还会使焊缝金属发脆，降低焊接接头的塑性和韧性。氧化铁和硫化铁夹渣，容易使焊缝金属产生热脆性。

2）夹钨。在进行钨极氩弧焊时，由于钨极强烈发热，钨极端部熔化、蒸发，或因钨极与焊件相接触，使钨过渡到了焊缝中而形成。焊接镍钛合金时，其与钨形成合金，使X射线探伤很难发现。夹钨的焊缝，其力学性能，特别是韧性和塑性下降。

（4）未熔合和未焊透

1）未熔合。在焊接过程中，焊道与母材间、焊道间金属未完全熔化的现象，称为未熔合，也称为“假焊”。未熔合缺陷主要有：坡口边缘未熔合和焊缝金属层间未熔合。未熔合是一种比较危险的焊接缺陷。由于存在“假焊”，焊缝出现间断和突变部位，使得接头的强度大大降低。未熔合部位还存在尖劈间隙，承载后应力集中严重，极易由此处产生裂纹。在锅炉、压力容器和承压管道的焊缝中，是不允许存在未熔合缺陷的，一经发现“假焊”，应予清除重新修补。

2）未焊透。由于填充金属与母材没有熔合或熔深不够造成焊缝与母材没有连成一体。未焊透多产生在焊接接头的根部，明显地减小了焊缝的有效使用截面积，降低了焊接接头的力学性能。由于未焊透处在缺口及“末端尖劈”，会造成严重的应力集中现象，故在承载后极易在此处引起裂纹。所以，在锅炉和压力容器的焊接接头中不允许有未焊透缺陷。

（5）形状缺陷　主要包括焊缝形状、尺寸缺陷。焊缝外观的几何形状发生突变，有明显的高低不平，宽窄不齐；焊缝与母材过渡不圆滑，尺寸不符合要求；咬边、焊瘤、烧穿、下塌、未焊满等。这类缺陷可以通过外观检查和尺寸测量查出，可采用修磨补焊方法消除。

1）焊缝外观形状和尺寸不符合要求。它不仅仅只是一个焊缝成形不美观的问题，而且有的会直接影响到焊材与母材的结合，导致削弱焊接接头的强度，如错边、焊缝太窄、余高太低、焊偏等；有的会造成应力集中，影响焊接结构的安全使用，如棱角变形、错边等；有的则因变形或翘曲过大而导致焊件报废。

2）咬边。由于焊接参数选择不当，或焊接操作不正确，沿焊趾的母材部位产生的沟槽或凹陷称为咬边。在立焊或仰焊位置容易发生咬边；在角焊缝上部边缘也容易形成咬边。由于咬边减少了基本金属的有效截面，直接削弱了焊接接头的强度；在咬边处容易引起应力集中，承载后可能在此处形成裂纹。特别是焊接低合金高强钢时，由于咬边边缘组织的淬硬效应，更容易引起裂纹。

3）焊瘤。在焊接过程中金属流淌到焊缝之外形成的金属瘤，称为焊瘤。在立焊、仰焊和横焊时的焊缝表面，在无衬垫单面焊双面成形的背面，在利用埋弧焊焊接小环缝时，常常容易出现焊瘤。焊瘤不仅影响到焊缝的美观，且会造成应力集中现象；在焊瘤下面，常有未焊透缺陷存在；在焊瘤附近，容易造成表面夹渣；在管道内部的焊瘤，还会影响管内的截面积，甚至造成堵塞。所以，对有些管道，在焊后应作通球试验。

4）烧穿。在焊接过程中，熔化金属自坡口背面流出，形成穿孔的缺陷称为烧穿。烧穿容易发生在第一道焊道及薄板对接或管子的对接焊缝中。在烧穿的周围常有气孔、夹渣、焊瘤及未焊透等缺陷存在。烧穿损坏了坡口的形状和尺寸，即使重新补上，也使得焊缝和热影响区的金属组织发生了变化，焊缝强度显著削弱。

5）凹陷。焊道中心部位的金属低于边缘和母材表面的现象称为凹陷。单面焊双面成形时，常会产生背面凹陷。特别是在焊条电弧焊采用单面焊双面成形时，最容易产生凹陷。

（6）其他缺陷

1）电弧擦伤。焊条、焊钳偶尔与母材发生接触短路引弧，或焊件与地线接触不良造成打弧，在焊件表面留下的弧痕称为擦伤。在电弧擦伤处，由于冷却速度快，容易造成表面脆化，可能成为引起焊件脆断的原因。在易淬火的高强钢和低温钢焊件表面，应严防电弧擦伤。

2）明冷缩孔。低碳钢焊条电弧焊时，极易在背侧出现明冷缩孔。主要是由于母材金属的热传导作用，熔池中靠近坡口两侧的熔化金属快速冷却、凝固，而熔池中部冷却较慢，从而产生一种“横向冷却收缩”现象，将熔化金属拉向焊缝两侧，使焊缝中部出现“船”形的坑状缺陷，这种缺陷称为明冷缩孔。这种缺陷大多产生的平焊位置，其次是在立焊和仰焊时出现。

3）飞溅。熔焊过程中，熔化的金属颗粒和熔渣向周围飞散的现象称为飞溅。不同药皮成分的焊条，具有不同的飞溅损失。

3．焊接缺陷的危害

焊接缺陷归纳起来可分为面积性缺陷和体积性缺陷两大类。通常把气孔、夹渣等内部缺陷称为体积性缺陷；把裂纹、未熔合、未焊透等称为面积性缺陷，均不允许存在。

（1）体积性缺陷的危害性　气孔、夹渣等体积性缺陷的危害性主要表现为降低焊接接头的承载能力。因为这些缺陷占据了焊缝金属的一定的体积，使焊缝金属截面减小所致。同时，如气孔穿透焊缝表面，特别是穿透接触介质的焊缝表面，介质积存在穴内，当介质有腐蚀性时，将形成集中腐蚀，穴也逐渐变深、变大，以至腐蚀穿孔而泄漏。夹渣边缘如果有尖锐形状，还会在该处形成应力集中。

（2）面积性缺陷的危害性　裂纹、未焊透、未熔合等面积性缺陷的危害性很大，因为这些缺陷的端部呈尖锐状，在锅炉、压力容器承受载荷的情况下，尖锐端部有明显的应力集中，当应力水平超过端部的极限时，面积缺陷就会延伸扩展，以至贯穿整个截面而造成锅炉、压力容器的失效。特别是当焊接接头处于脆性状态时，面积性缺陷的扩展速度极快，还可能造成脆性断裂事故。脆性断裂是一种低应力断裂，是在没有塑性变形情况下产生的快速突发性断裂或粉碎性爆炸，其危害性极大。

面积性缺陷，如裂纹、未焊透、未熔合等和腐蚀性接触时，介质积存于缺陷缝隙内，时间一长还可能沉淀浓缩，腐蚀性加大，在锅炉、压力容器处于承载状态或在焊接残余应力的作用下，形成应力腐蚀的条件，裂纹就会延伸扩展，应力腐蚀继续作用，裂纹不断发展，以至造成失效。当材料处于脆性状态时，也同样会引起脆性断裂或爆炸事故。

焊接结构的制造过程中不可避免会产生各种各样不符合设计或要求的缺陷。产生这类缺陷的原因涉及到焊接结构设计、材料接合性能以及焊接工艺等方面。

7.3.3　焊接质量检验方法

焊接质量检验的目的，一方面是通过不同的方法检查出焊接接头中的缺陷，并且应按相应的标准或规定，对焊接接头质量做出评定；另一方面是查出可能影响焊接接头质量的工艺条件的改变，并予以监督改正。

1．焊接质量检验方法分类

焊接质量检验方法可分为破坏性检验和非破坏性两大类，如图 7-3 所示。破坏性检验和非破坏性检验各有其特点，现概括于表 7-8 中。

表 7-8　破坏性检验和非破坏性检验比较

破坏性检验	非破坏性检验
优点 1．能直接而可靠地测量出使用情况，测定结果是定量的，这对设计与标准化工作来说通常是很有价值的 2．通常不必凭着熟练的技术即可对试验结果做出说明 3．试验结果和使用情况之间的关系往往是一致的，从而使观测人员之间对于试验结果的争议范围很小 局限性 1．只能用于某一抽样，且该抽样必须代表整批产品的情况 2．试验过的零件不能再交付使用 3．不能对同一件产品进行重复性试验，不同形式的试验需要不同的试样 4．试验报废的损失很大，所以对材料成本或生产成本很高或对利用率有限的零件，可能不让试验 5．不能直接测量运转使用期内的积累效应，只能根据用过不同时间的零件试验结果来加以推断 6．试验用试样往往需要大量的机加工和其他制备工作 7．投资及人力消耗往往很高	优点 1．可直接对生产的产品进行试验，而与零件的成本或可得到的数量无关，除去坏零件外也没多大损失 2．既能对零件进行普检，也可进行抽样试验 3．对同一产品可同时采用不同方法试验 4．对同一产品可重复进行同一种试验 5．可对在役零件进行检测，可直接测量运转使用期内的累计影响 6．可查明失效的机理 7．试样很少或无需试样 8．为了用于现场，设备往往是便携式的 9．劳动成本低，特别是对同一零件进行重复性试验时，更是如此 局限性 1．通常都须借助熟练的实验技术才能对结果做出说明 2．不同的观测人员可能对试验结果的分析看法不一致 3．检验的结果只是定性的或相对的 4．有些试验所需的原始投资很大

焊接结构的无损检测是指不使焊接结构受伤、分离或者破坏，而了解其内部结构的均匀性和完整性所进行的各种检验，是保证焊接产品质量的有效方法。目前，除了射线照相、超声波、磁粉、渗透、涡流等传统无损检测方法外，又有声发射、工业CT、金属磁记忆、红外热成像等新方法和新技术应用于焊接结构的无损检测，且随着计算机技术的广泛应用，无损检测技术也正向数字化、程序化和规范化方向发展。

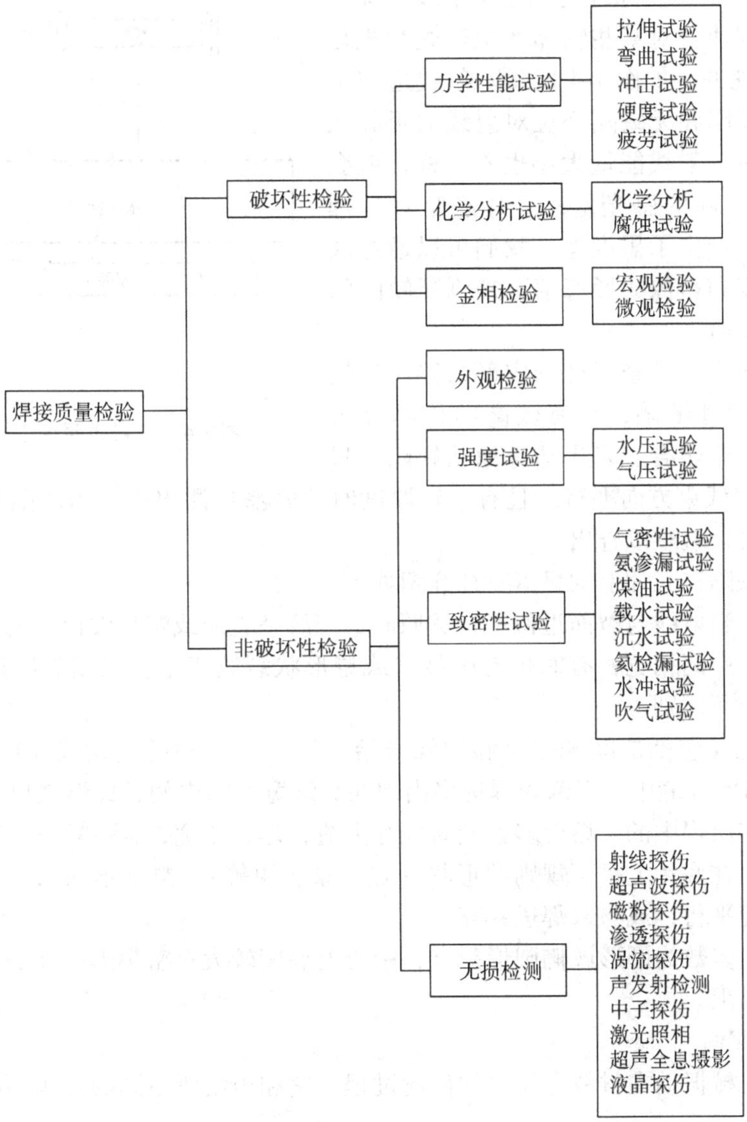

图7-3　焊接质量检验方法分类

本节重点介绍几种常用的无损检测方法的探伤原理及特点。

2. 射线探伤

射线探伤是利用射线可穿透物质和在物质中有衰减的特性来发现缺陷的一种检测方法。按所使用的射线源种类不同，可分为X射线探伤、γ射线探伤和高能射线探伤等。在工业射线探伤中，使用最广泛的是X射线探伤，γ射线探伤次之，高能射线探伤一般多在一些大专院校、科研院所和高精技术企业使用。在锅炉和压力容器制造企业，X射线使用最为广泛。按照记录介质（方式）的不同，X射线探伤又分为射线照相法、荧光屏检测法、工业电视检测法、射线剂量检测法等。在焊接结构制造企业，又以射线照相法应用更为普遍。

射线照相法的探伤原理是利用了射线在穿过物质时的衰减规律及对某些物体产生荧光和光化作用为基础实现的，如图7-4所示。射线透照工件时，因为有缺陷和无缺陷部位对射线的吸收比不同，因而透过的射线能量大小也不一样，就会在底片上引起不同的感光量；胶片经暗室处理后，就在底片上产生了黑度差。我们可以通过底片上不同的黑度和影像的形态情况来判断缺陷的有无、大小和性质。

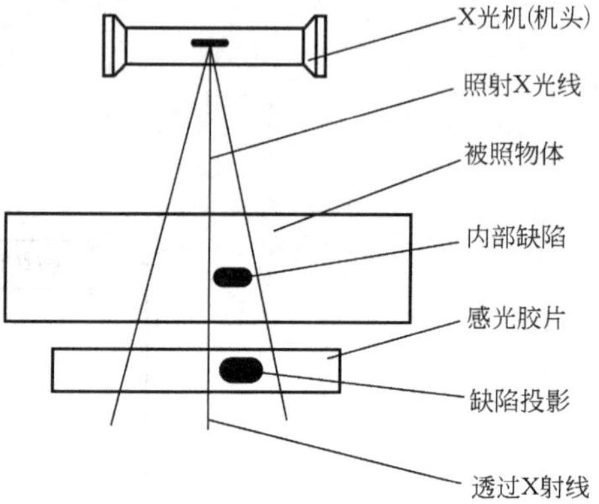

图7-4　X射线照相法探伤原理

射线探伤适用于检查工件的内部缺陷。对气孔、夹渣等体积性缺陷，具有较高的检测灵敏度；而对裂纹、未熔合、未焊透等面状缺陷，只有在缺陷与X射线束方向平行，且有一定厚度时才容易检测出来。当缺陷与射线垂直或倾斜角度较大时，就难以查出。

各种典型缺陷在底片上的显露特征介绍如下：

（1）裂纹　当射线与裂面近似平行透照时，裂纹呈直线或略呈波浪状的细纹，轮廓分明，两端尖细，中间稍宽；有时也有树枝状或星形状裂纹产生。根据裂纹产生的部位不同，其形状也有所区别。

（2）未焊透（包括层间未熔合和边缘未熔合）　呈规则的连续或断续的黑色线条，在V、X形坡口的焊缝中，根部未焊透多出现在焊缝宽度的中间；K形坡口和边缘未熔合则偏离中心。多层焊中的未熔合多数同时并存夹渣，形状较宽，且一般不呈直线。

（3）夹渣　在底片上呈不规则的形状（点、条、块等），黑度不均匀；一般条状夹渣的取向多与焊缝平行，或与未焊透并存。

（4）气孔　多数为圆形或椭圆形黑点，中心处黑度较大；密集形气孔的分布往往不超过一个熔池的界限。

3. 超声波探伤

超声波是机械振动在材料介质中的传播过程，它和声波所不同的是频率高于人的听觉范围。

超声波的探伤原理，如图7-5所示。超声波探伤时，高频脉冲发生器产生的高频脉冲加在探头的压电晶片上使之产生超声波，超声波通过探伤面的耦合剂进入工件，传播过程中，遇到缺陷和工件底面便会产生反射回波，探头的压电晶片将反射波转变为电信号，经接收放大和检波后，加到示波管的垂直偏转板上，此时在时基扫描线的相应位置上产生缺陷波F和底面波B。根据缺陷波的位置可以判断缺陷的埋藏深度（缺陷在工件中的位置），根据缺陷波的波高和波形，可以估判缺陷的大小和性质。

超声波探伤主要用于工件内部缺陷的检测，具有可探测厚度大、成本低、速度快、灵敏度高、设备轻巧、操作方便、对人体无害等优点；缺点是记录性差，难以确定缺陷的准确形状和性质。

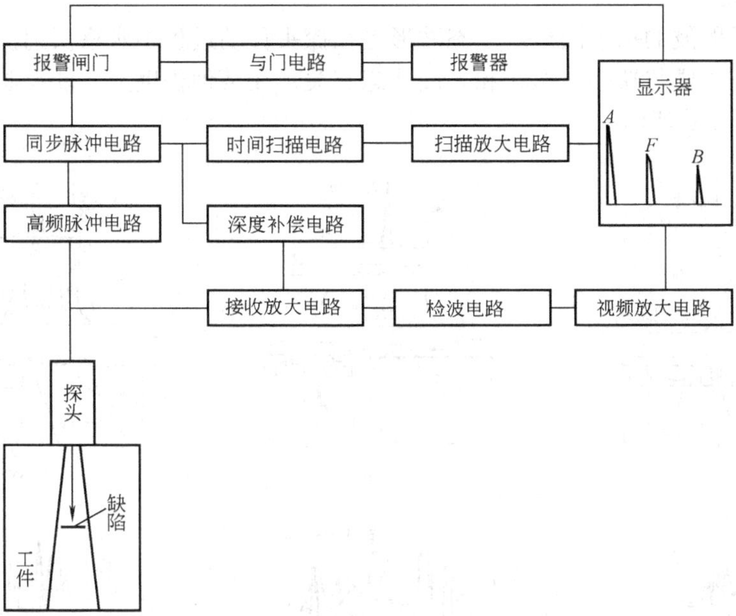

图7-5　A型脉冲反射式超声波探伤仪工作原理框图

在超声波探伤中，荧光屏上反射波提供的信息，通常只能给出有关缺陷的几何尺寸、位置、方向及大体形状，而不能直观地显示出缺陷的种类。既便是给出其种类，也是大体上的估判，而这种估判在很大程度上取决于检验人员的技术水平、对工件焊接工艺等的熟悉情况及其综合判断能力。

为了增加对缺陷性质估判的准确性，检验人员必须掌握以下几方面的知识，并能进行综合分析。

（1）产品制作工艺分析　具有必要的工艺知识，对于正确判断缺陷性质是很有帮助的。它可使我们了解在各种焊接方法中，可能在什么位置出现什么缺陷，这些缺陷的大小、分布规律、是否有方向性以及几何形状与表面状态。因此，我们可以根据工艺特点来分析判断缺陷的种类。如在X形坡口的根部发现一长条缺陷，从工艺上看，在此处一般多容易产生根部裂纹、未焊透和夹渣等缺陷；而裂纹和未焊透的方向性基本上是一致的，但两种缺陷的表面状态不同，故其缺陷波形：裂纹一般为锯齿状，而未焊透则较为平直，峰值较高。

（2）缺陷的方向性　体积性缺陷的方向性较差，或者说没有方向性可言，在用探头环绕扫描时，均可发现该缺陷。但应注意：粗大的弯曲状裂纹，也不具备方向性，所以不要认为凡不具备方向性的缺陷都不是裂纹，以免引起误判。不同的缺陷其方向性亦不同，一般来说，线形缺陷，特别是未焊透的方向性是比较明显的。

在板厚方向倾斜的片状缺陷，亦具有明显的方向性，但探头从焊缝两侧探测时，反射信号明显不同。

（3）缺陷的分布规律　焊缝中的典型缺陷一般均具有特有的分布状态，如未焊透多分布于根部；未熔合多在焊缝与母材的结合处；密集形气孔、夹渣多在焊肉内；裂纹多在应力集中的地方等。

（4）缺陷反射波的动态波形　动态波形是在探头移动过程中观察反射波幅变化和信号游动的特征，它主要与缺陷的形状和表面状态有关，在某种程度上，能反映缺陷的一般规律性特征，如图 7-6 所示。

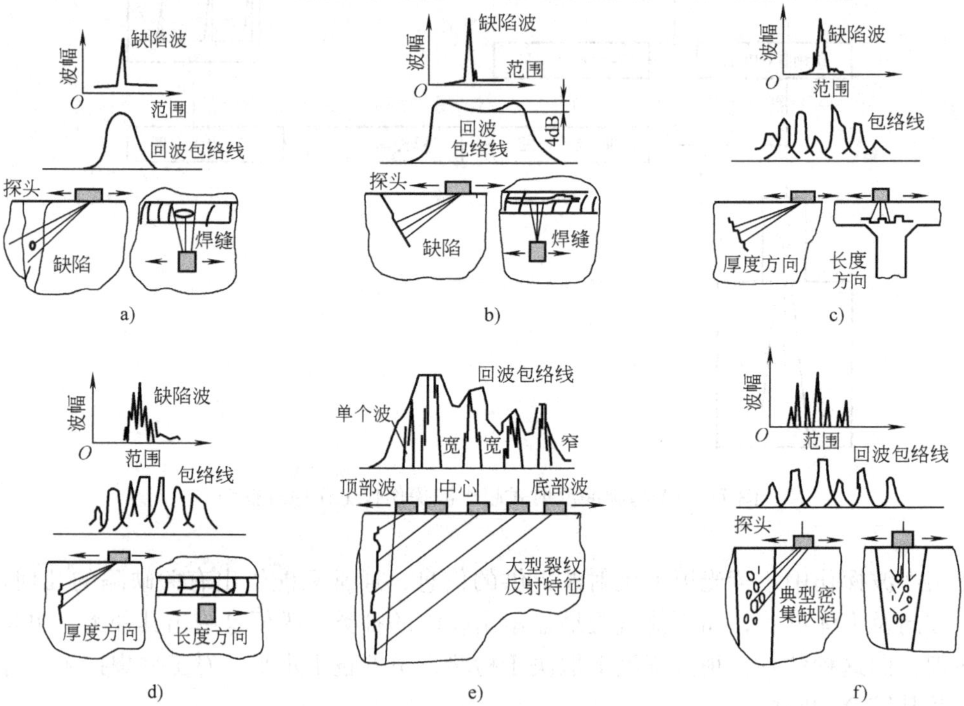

图 7-6　典型缺陷的动态波形

a）点状缺陷波峰窄，包络线光滑　b）近平面缺陷波峰高，包络线宽

c）粗糙倾斜缺陷波峰多叉，包络线起伏　d）粗糙垂直缺陷波峰宽，开叉多

e）粗糙表面大缺陷波峰宽而高，单个波峰窄　f）密集缺陷多个波聚集在一起，波峰在包络线内滚动

4．磁粉探伤

磁粉探伤是通过对铁磁性材料进行磁化产生的漏磁场来发现其表面或近表面缺陷的无损检测方法。

磁粉探伤原理，如图 7-7 所示。磁粉探伤时，首先对被检工件加外磁场进行磁化（将大电流或磁力线圈套入被检工件），并在工件表面均匀地喷洒细微颗粒的磁粉（常用的磁粉为 Fe_3O_4 或 Fe_2O_3，平均粒度 5～10μm）。当工件中存在缺陷时，特别是与磁力线正交的缺陷，就扰乱了磁力线的正常分布，且由于缺陷的磁

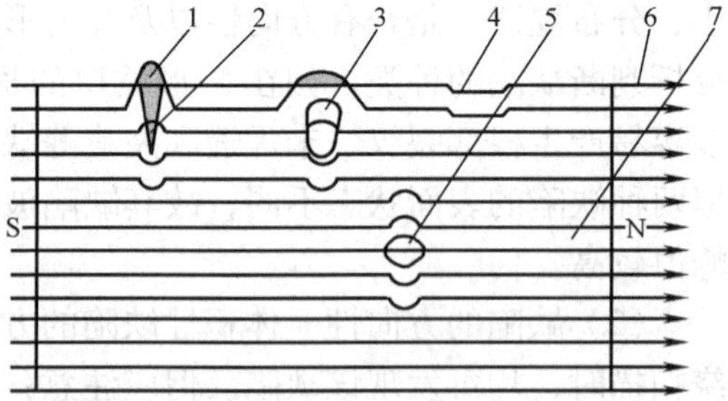

图 7-7　漏磁场的形成与磁力线的弯曲

1—漏磁场　2—裂纹　3—近表面气孔

4—划伤　5—内部气孔　6—磁力线　7—工件

导率远低于母材，致使表面或近表面的缺陷产生漏磁，漏磁场吸引磁粉，形成磁痕而显示缺陷。探伤时，可根据磁粉堆积的形状来判断缺陷的形状和位置。

磁粉探伤灵敏度高，设备简单，操作方便，检测速度快，缺陷显示直观，检验结果可靠，并可实现自动探伤。但是，该法只限于检测铁、钴、镍 及其合金等铁磁性材料的表面或近表面缺陷（主要是裂纹）。

磁粉探伤时，要保证缺陷显示必须有两个条件：一是要有一个足够大的磁场使工件磁化；二是要保证缺陷主要尺寸方向与磁力线方向尽可能垂直。磁粉探伤结果的好坏与磁场强度有关，而磁场强度又取决于磁化电流的选择，所以合理地选择磁化电流，既可防止因磁化不足引起的漏检，又可防止强磁化带来的杂乱显示。

5．渗透探伤

渗透探伤包括着色法探伤和荧光法探伤两种方法。渗透探伤适用于检测非疏松型固体材料的表面开口型缺陷。它既可用来检查铁磁性材料又可检测非铁磁性材料。随着化学工业的发展，渗透探伤的灵敏度大大提高，因此使得渗透探伤得到了广泛的应用。

渗透探伤原理，如图7-8所示。它主要是利用某些液体的渗透性等物理特性来发现和显示缺陷的。首先将含有有色染料的渗透剂（或荧光渗透剂）涂敷在工件的表面上，经过一段时间后，液体渗透剂就渗入露出表面的缺陷开口中；然后将多余的渗透剂从工件的表面清除掉，而缺陷中的渗透剂仍保留下来；随后在工件表面涂上一层吸附能力很强的白色粉末（或液剂）显像剂，它将缺陷中的渗透剂吸出来，并显示缺陷的形状。

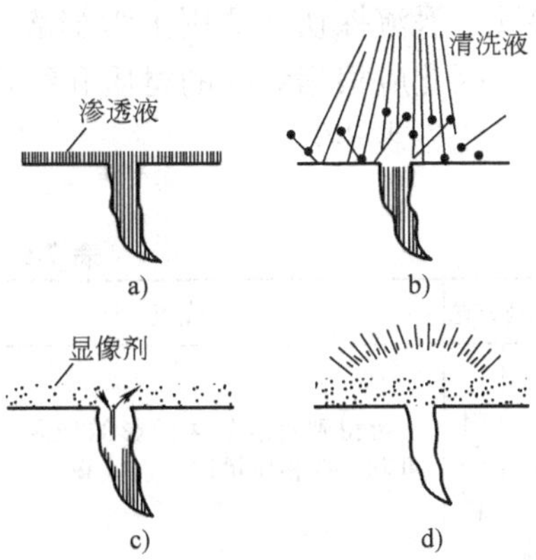

图7-8　渗透探伤原理
a）喷涂渗透剂　b）清除工件表面多余的渗透剂　c）在工件表面涂敷显像剂，以显示缺陷　d）观察评定

渗透探伤具有以下优缺点：

1）钢铁材料、有色金属、陶瓷、塑料等材料均可用之。

2）缺陷显示明显，容易判断，检测灵敏度较高。

3）不受工件形状、尺寸、组织结构和化学成分的影响，一次操作便可检查出工件表面上任何方向的缺陷。

4）设备简单，携带方便；操作简便，难度小，易掌握。

5）仅限于检测表面开口型缺陷，对其他缺陷无能为力。

6）不适用多孔型疏松材料，由于表面充满小孔，渗透剂一旦吸入就难以清除。

7）只能判断工件表面是否有缺陷及其形状，不知其深度和内部情况。

8）探伤结果往往受探伤人员技术熟练程度的影响。

影响焊接质量的因素比较复杂，有些可以通过无损检验的方法对焊接接头进行直接检查；有些则只有通过破坏性检验方法才能间接地检查焊接缺陷。对于不能使用直接检验方法进行检验的焊接缺陷，往往只能用焊接工艺保证条件的检验来代替直接检验。但是，这种检验也是和无损检验同等重要的。

6．涡流探伤

涡流探伤只适用于探测导电材料的表面和近表面缺陷。目前，焊缝涡流探伤主要采用多频涡流或脉冲涡流。

涡流探伤原理，如图7-9所示。它是以电磁感应原理为基础，当焊接钢管经过通以高频电流的检验线圈时，因交变磁场的作用，会在焊管中产生涡流，其中如有缺陷就会引起涡流的变化，涡流所产生的感应磁场和交变磁场所组成的合成磁场也要变化，就可以将缺陷检测出来。

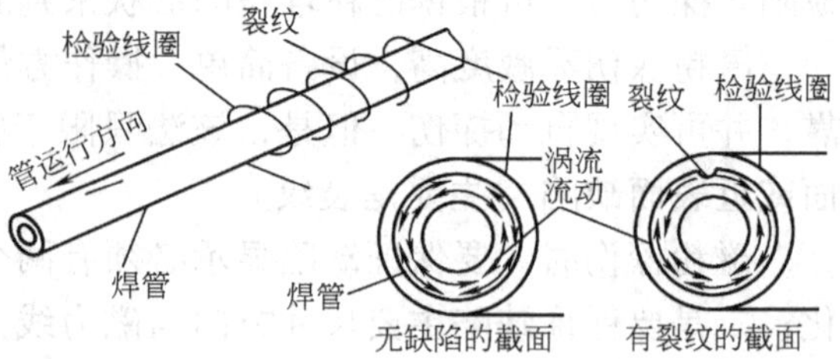

图7-9 涡流探伤示意图

近年来，涡流探伤技术在管道、核容器、化工容器方面得到了很快的发展和应用。例如，由于制造核容器和石油加氢裂化容器的不锈钢堆焊层的组织粗大，采用超声波探伤时，衰减和干扰较大，而采用涡流探伤就比较成功，特别是对8mm堆焊层的检测。

在传统的无损检测方法中，射线照相和超声波探伤均适用于焊缝内部的检测；磁粉、渗透、涡流探伤均适用于焊缝表面缺陷的检测。每一种无损检测方法都有其优点和局限性，因此应根据焊缝的材质和结构形状来选择合适的检测方法。常规无损检测方法优缺点的对比见表7-9。

表7-9 常规无损检测方法优缺点的对比

检测方法		优点	局限性	适用对象
焊缝内部缺陷检测方法	X射线照相	可得到直观长久的影像记录，功率可调，照相质量比γ射线高	一次投入大，不易携带，需要电源，对检测人员素质要求较高。 无法测量缺陷的深度，不易发现裂纹和未熔合缺陷	适用于检测夹渣、气孔、未焊透等体积型缺陷。对与射线方向一致的面积型缺陷有较高的检出率
	γ射线照相	工作效率高，可定位于管道或容器内部一次成像，可得到直观长久的影像记录	放射性危险大，射线源要定期更换，能量不可调节；成本高，对检测人员素质要求高；无法测量缺陷的深度	适用于检测大厚壁工件的体积型缺陷
	超声波探伤	对面状缺陷敏感，穿透力强，不受厚度限制，易携带，对探伤人员无害；检测时间短，成本低	对被检工件表面质量要求高，不易测出细小裂纹；对检测人员素质要求高；不适用于形状复杂和表面粗糙的工件检测。 厚度小于8mm时，要求特殊的检测方法；奥氏体粗晶焊缝检测困难	有利于检测裂纹等面积型缺陷
焊缝表面和近表面缺陷检测方法	磁粉探伤	经济简便，快速直观，缺陷性质容易辨认 油漆与电镀面基本不影响检测灵敏度	不适用于非铁磁性材料，难以确定缺陷深度；对某些要求较高的工件，探伤后需进行退磁处理	可检测表面和近表面缺陷
	渗透探伤	适于各种材料，设备轻便，探伤简便，投入小；缺陷性质容易辨认	不适用于疏松多孔性材料；对环境温度要求高，探伤后必需清洁焊缝表面，难以确定缺陷深度	可检查工件表面开口缺陷
	涡流探伤	经济简便，不需耦合，检测速度快，可自动对准工件探伤，探头不需接触工件，可用于高温检测	不适用于非导电材料，穿透力弱，检验参数控制相对困难，缺陷种类难判断	可检验各种导电材料焊缝与堆焊层表面和近表面缺陷

各种检测方法对不同材料的适用性见表7-10。

表7-10　不同材质焊缝探伤方法的选择

检验对象＼检验方法		射线照相	超声波探伤	磁粉探伤	渗透探伤	涡流探伤
铁素体钢焊缝	内部缺陷	◎	◎	×	×	—
	表面缺陷	△	△	◎	◎	△
奥氏体钢焊缝	内部缺陷	◎	△	×	×	—
	表面缺陷	△	△	×	◎	△
铝合金焊缝	内部缺陷	◎	◎	×	×	—
	表面缺陷	△	△	×	◎	△
其他金属焊缝	内部缺陷	◎	—	×	×	—
	表面缺陷	△	—	—	◎	△
塑料焊接接头		○	△	×	○	×

注：◎很适合；○适合；△有附加条件的适合；×不适合；—不相关。

第 8 章　焊接清洁生产和生产安全技术

焊接过程中产生的有毒气体、有害粉尘、弧光辐射，高频电磁场、噪声及射线等严重地危害着生产人员的安全和健康。焊接过程中发生的爆炸、火灾、触电等事故，不仅危害着生产人员的安全和健康，还会使国家财产遭受严重损失，影响生产的顺利进行。因此在焊接结构生产过程中，必须贯彻“安全第一”的方针，保护劳动者的人身安全和健康，保护生产设施和生产环境。

8.1　焊接清洁生产及节能技术

8.1.1　焊接清洁生产的意义

20 世纪中叶以来，世界人口的爆炸性增长和工业经济的迅猛发展，造成了一系列环境问题。例如，在电弧焊接过程中产生的烟尘被排放到大气中；产生的重金属粒子被混入土壤；产生的有害废渣不经处理被随意倾倒。0.5% ~1% 的焊条焊接材料在焊接过程中转变成烟尘排放到大气中，造成大气的污染。对于钎焊，含有有毒元素铅、镉等组分的钎料主要通过如下途径危害人们的健康：在钎料熔炼、加工和钎焊工作中，有毒金属蒸发，在空气中被氧化成氧化物，进人大气，被人吸入，或者沉降在土壤、溶入水中；用有毒钎料钎焊的产品也会对人造成污染，如盛装食品的容器，使食品受污染等。

1989 年联合国环境规划署（UNEP）在总结工业污染防治概念和实践的基础上提出了清洁生产的名称，并在 1996 年对清洁生产所作的新定义中清楚地阐明清洁生产的内涵：清洁生产是指将综合性预防的战略持续地应用于生产过程、产品和服务中，以提高效率和降低对人类安全和环境的风险。对生产过程来说，清洁生产是指节约能源和原材料，淘汰有害的原材料，减少和降低所有废物的数量和毒性。对产品来说，清洁生产是指降低产品全生命周期（包括从原材料开采到寿命终结的处置）对环境的有害影响。对服务来说，清洁生产是指将预防战略结合到环境设计和所提供的服务中。

8.1.2　清洁生产的实施途径

实施清洁生产常用措施有：清洁生产审计、生态设计、生命周期评价（LCA—Life Cycle Assessment）、生态效率分析、公众环境报告、环境标签、环境税等。其中最常用的是清洁生产审计和生命周期评价。

1. 清洁生产审计

作为清洁生产最直接和最普遍的实践形式，是企业实施清洁生产的重要方法。它通过对一家企业的具体生产工艺和操作过程进行细致的调查和分析，掌握该公司产生的废物种类和数量，提出如何减少有毒和有害物料的使用以及废物产生的备选清洁生产方案，在对备选方案进行技术、经济和环境的可行性分析后，选定并实施一些可行的清洁生产方案，进而使生产过程产生的废物量达到最小或者完全消除的过程。

2. 生命周期评价

它是对产品从最初的原材料采掘，原材料生产到产品制造，产品使用以及产品用后处理的全过程进行跟踪和定量分析与定性评价。它最早起源于对包装品环境问题的评价，当时称为资源与环境状况分析（REPA），其标志为1969美国中西部资源研究所（MRI）开展的Coco-Cola饮料包装瓶评价。1990年国际环境毒理学与化学学会（SETAC）首次提出生命周期评价的概念。1993年SETAC出版了《LCA纲要：实用指南》，为LCA方法提供了一个基本技术框架（包括定义目标与确定范围、清单分析、影响评价、影响说明解释四个部分），成为LCA研究起步的一个里程碑。1997年，IS014040（环境管理—LCA的原则和框架）、IS014041（清单分析）、IS014042（影响评价）和IS014043（影响解释说明）相继颁布。

8.1.3　焊接清洁生产的内容与现状

1. 焊接清洁生产的内容

焊接领域的清洁生产应包括以下内容：

1）尽可能地减少能源的消耗和节约原材料。例如，采用自动焊接方法取代手工电弧焊，提高生产率，节能，避免浪费的焊条头。

2）尽可能不使用有毒有害的物质，而用无毒低毒的物质来代替，最终淘汰有毒物质。例如淘汰含铅钎料，研制新型无铅钎料。

3）尽可能不产生有毒有害物质的排放，降低粉尘和废弃物的数量和毒性。例如研制并推广使用低烟尘、低毒的焊接材料。

4）在技术和经济可能的情况下，尽可能地使用可再生能源。

5）产品要设计成在其使用终结后，可降解为无害产物，或者可以循环再利用。例如报废的钎焊电路板钎料的重复利用。

6）在危险物质生成前，实行在线监测和控制。

7）通过降低使用成本，降低污染治理的费用，增加产量和提高质量，使企业获得更大的经济效益。

8）按照清洁生产的原则，对焊接材料和焊接工程进行定量评估。

上述几方面的内容是焊接清洁生产应进行的工作。焊接工作者可以在这方面开展一系列的研究和推广工作，特别是要研究从源头而不是从生产过程的末端来解决废物的综合预防的办法和策略。

2. 焊接清洁生产的现状

焊接中大量的有害气体不仅损害焊工健康，也增加了对大气环境的污染。针对焊接过程造成的烟尘排放污染问题，近年来开始遵循清洁生产的原则，研究低发尘量的焊接材料——主要是低发尘量、低飞溅率的药芯焊丝，可以使发尘量减少25%～70%。焊接清洁生产方面进行了以下工作：

（1）采用高效节能的焊接电源　从电焊机的设计上着手，采用节省铜材料并且节能的先进设计方案，并在电焊机设计时，就考虑到产品报废回收循环利用问题。另外，近年来，逆变焊机由于有节铜、节能、高效的优点而受到重视。

（2）加紧无铅钎料的研制和推广 铅和铅的化合物已被环境保护机构（EPA）列入前17种对人体和环境危害最大的化学物质之一。铅的毒性存于它是不可分解的金属，一旦被人体摄取会在人体中聚集而不能被排除，并对人体产生严重毒性作用。铅与人体内蛋白质会强烈结合而抑制人体正常的生理功能，造成神经系统和代谢紊乱，使神经和生理反应迟钝，改变感知和行为能力，减少血色素而造成贫血以及高血压。同时，铅的废弃物会污染土壤，渗入地下水，从而对生态构成威胁。尤其是电子工业对电子组装产品的废弃物主要采取垃圾场填埋。人们期待着要求工厂提高铅的回收率。但是，电子产品中回收铅受到极大限制，除了技术经济上的原因外，还由于回收铅产生的α粒子放射将远高于原始铅。而α粒子放射会使软件出错，因此其再次使用时会对集成电路的性能产生有害作用。

国际上的无铅钎料研发活动始于20世纪90年代。无铅钎料研发已成为人们的关注热点。国际上相继组织了多次大型的研发活动。早期的研发计划集中于确定新型合金成分、多元相图研究和润湿性、强度等基本性能考察。后期的研发计划主要集中于五种合金系列：SnCu、SnAg、SnAgCu、SnAgCuSb和SnAg-Bi。并深入探讨其疲劳性能、生产行为和工艺优化。

目前已有多种无铅钎料面世，但还没有一种能够为Sn-Pb钎料的直接替代提供全面的解决方案。

（3）低烟尘、低毒、高效率的焊接材料 研究新一代低烟尘、高效率的绿色焊接材料是可持续发展战略对焊接工作者提出的新课题，这一课题的研究正处于起步阶段，如果新一代低烟尘、高效率的焊接材料课题的研究得以实现，每年焊接材料的烟尘排放可以减少50%以上。

8.2 焊接生产中的污染及卫生防护技术

8.2.1 焊接中的污染

焊接生产过程中主要接触到的污染有：弧光辐射、有毒气体、粉尘、高频电磁场、射线和噪声等六类。

1. 危害因素来源和危害

（1）弧光辐射 焊接弧光辐射主要包括红外线、可见光线和紫外线。这些是由物体加热而产生的，属于热线谱。波长短于290nm的紫外线是电弧温度在3000℃时产生的；电弧温度在3200℃时，紫外线波长可短于230nm。氩弧焊、等离子弧焊的温度越高，产生的紫外线波长越短。

焊条弧光辐射的波长范围见表8-1，光辐射作用到人体上，被体内组织吸收，引起组织的热作用、光化学作用或电离作用，致使人体组织发生急性或慢性的损伤。

表8-1 焊接弧光波长范围

红外线	可见光线	紫外线
	红、橙、黄、绿、青、蓝、紫	
343～0.76μm	0.76～0.4μm	400～7.6nm

1）紫外线。适量的紫外线对人体健康是有益的，但焊接电弧产生的强烈紫外线的过度照射，对人体健康有一定的危害。紫外线可分为长波（400～320nm）、中波（320～275nm）和短波（275～180nm）。波长为180～320nm的紫外线，是具有明显生物学作用的部分。尤其是180～290nm的紫外线，具有强烈的生物学作用。在波长290nm以下，等离子弧焊的紫外线强度最大，其次是氩弧焊，焊条手弧焊最小。CO_2气体保护焊的弧光辐射强度是焊条手弧焊的2～3倍。

紫外线对人体的伤害是由于化学作用，它主要造成皮肤和眼睛的损害。

紫外线过度照射引起眼睛的急性角膜炎称为电光性眼炎。波长较短的紫外线，尤其是320nm以下者，能损害结膜和角膜，有时甚至侵及虹膜和网膜。

发生的原因主要有：工作距离间隔太小，在操作过程中容易受临近弧光的照射；技术不熟练，在点燃电弧前尚未戴好面罩，或熄弧前过早揭开面罩；辅助工在辅助焊接时配合不协调，在点燃电弧时尚未准备保护（如戴护镜，偏头，闭眼等）而受到弧光的照射；防护镜片破损漏光；工作地点照明不足，看不清焊缝，以致先点火后戴面罩以及其他路过人员受突然的强烈照射等。

2）红外线。对人体的危害主要是引起组织的热作用。波长较长的红外线可被皮肤表面吸收，使人产生热的感觉；短波红外线可被人体组织吸收，使血液和深部组织加热，产生灼伤。在焊接过程中，眼部受到强烈的红外线辐射，立即感到强烈的灼伤和灼痛，发生闪光幻觉。长期接触可能造成红外线白内障，视力减退，严重时能导致失明，此外还会造成视网膜灼伤。

3）可见光线。焊接电弧的可见光线的光强度，比肉眼正常承受的光强度大约大到一万倍。当受到照射时眼睛流泪、疼痛，看不清东西，通常叫电焊“晃眼”，在短时间内失去劳动能力。

（2）金属烟尘　金属烟尘包括烟和粉尘。焊接材料和母材金属熔化时所产生的蒸气在空中迅速冷凝及氧化形成的烟，其固体微粒直径往往小于0.1nm，直径在0.1～10nm的金属固体微粒称为金属粉尘。漂浮于空气中的粉尘和烟等微粒，统称为气溶胶。

1）金属烟尘的来源。在电弧高温作用下分解的氧能对弧区内的液体金属和焊接材料熔化时蒸发的金属粉尘起氧化作用，生成氧化铁、氧化钙、二氧化硅等。液体金属的氧化物除了可能给焊缝造成夹渣等缺陷外，还会向操作现场蒸发和扩散。

焊条药皮是由一定数量及不同用途的矿石、铁合金、化工原料（有时还有有机物）混合组成。不管是酸性焊条还是碱性焊条，不同型号焊条的药皮成分变化较大，综合起来构成药皮的矿产化工原料和金属元素有大理石（$CaCO_3$）、石英（SiO_2）、钛白粉（TiO_2）、锰铁、硅铁、纯碱（Na_2CO_3）、氟石（CaF_2）以及水玻璃等。焊接时金属元素蒸发氧化，变成各种有毒物质，形成气溶胶状态溢出，如三氧化二铁、氧化锰、二氧化硅、硅酸盐、氟化钠、氟化钙、氧化铬和氧化镍等。

金属烟尘的成分及浓度主要取决于焊接工艺、焊材以及焊接规范。如焊铝时可产生铝粉尘，焊铜时可产生铜和氧化锌粉尘。焊接电流强度越大，粉尘浓度越高。不同焊接方法的发尘量也不同，见表8-2。

2）金属烟尘的危害。金属烟尘中的氧化铁、氧化锰微粒和氟化物等物质均可引起焊工“金属热”反应。其典型症状为工作后寒战，继之发烧、倦怠、口内金属味、喉痒、呼

表 8-2 不同焊接方法的发尘量

焊接方法		每分钟发尘量/mg·min^{-1}	每公斤焊接材料发尘量/g·kg^{-1}
焊条电弧焊	低氢型焊条（E5015，ϕ4）	350~450	11~16
	钛钙型焊条（E4303，ϕ4）	200~280	6~8
自保护焊	药芯焊丝（ϕ3.2）	2000~3500	20~25
CO_2 焊	实芯焊丝（ϕ1.6）	450~650	5~8
	药芯焊丝（ϕ1.6）	700~900	7~9
氩弧焊	实芯焊丝（ϕ1.6）	100~200	2~5
埋弧焊	实芯焊丝（ϕ5.0）	10~40	0.1~0.3

吸困难、胸痛、食欲不振、恶心、翌晨发汗后症状减轻但仍觉疲乏无力等。

（3）有毒气体　在焊接电弧的高温和强烈紫外线作用下，在弧区周围形成多种有害气体，其中主要有臭氧、氮氧化物、一氧化碳和氟化氢。

1）臭氧。空气中的氧在短波紫外线作用下大量地被破坏，生成臭氧（O_3）。臭氧是一种淡蓝色的气体，具有刺激性气味。浓度较高时，一般成腥臭味；高浓度时，成腥臭味并略带酸味。臭氧是属于具有刺激性的有毒气体，对人体的危害主要是对呼吸道及肺有强烈刺激作用。臭氧浓度超过一定限度时，往往引起咳嗽、胸闷、食欲不振、疲劳无力、头晕、全身疼痛等。

2）氮氧化物。焊接操作中的氮氧化物是由于在电弧高温作用下，引起空气中氮、氧分子分解，重新结合而形成的。氮氧化物的种类很多，主要有氧化亚氮（N_2O）、一氧化氮（NO）、二氧化氮（NO_2）、三氧化二氮（N_2O_3）等。这些气体因其氧化程度不同，具有不同的颜色（由黄白色到深棕色），毒性差异也较大。氮氧化物也属于具有刺激性的有毒气体，其毒性比臭氧小。慢性中毒时的主要表现为神经衰弱症候群，如头痛、头晕、食欲不振、倦怠无力等。急性中毒时，由于氮氧化物主要作用于呼吸道深部，所以中毒初期仅有轻微的咽喉的刺激症状，往往不被注意，经过4~6h的潜伏期或甚至12~24h后症状逐渐出现，此时也可能突然发生。

影响产生氮氧化物浓度的因素，类同臭氧。在焊接实际操作中，氮氧化物单一存在的可能性很小，一般都是臭氧和氮氧化物同时存在，因此它们的毒性发生倍增。

3）一氧化碳。是由于二氧化碳气体在电弧高温作用下发生分解，形成 CO、O_2 和 O，其分解速度随弧温的增高而加大。

CO 是一种窒息气体，它对人体的毒性作用是使氧在体内的运输或组织利用氧的功能发生障碍，造成组织缺氧，表现出缺氧的一系列症状和体征。CO 对人体的慢性影响是长期吸入低浓度 CO，可出现头疼、头晕、面色苍白、四肢无力、体重下降、全身不适等神经衰弱症候群。CO 急性中毒的表现为：轻度中毒时有头疼、眩晕、恶心、呕吐、全身无力、两腿发软，以至有昏厥感。此时，人应立即离开现场，吸入新鲜空气，症状即可迅速消失。

4）氟化氢。主要发生在焊条手弧焊。在低氢型焊条焊接中，涂料中含有氟石 CaF_2 和石英 SiO_2，在电弧高温作用下形成氟化氢气体。

氟及其化合物均具有刺激作用，其中以氟化氢作用更为明显。氟化氢为无色气体，相对密度0.7，形成氢氟酸，二者的腐蚀性均强，毒性剧烈。氟化氢能迅速由呼吸道黏膜吸收，亦可经皮肤吸收而对全身产生毒性作用。吸入较高浓度的氟及氟化物气体或蒸气，可立即产生咽、鼻和呼吸道黏膜的刺激症状，引起鼻腔和黏膜充血、干燥、鼻腔溃疡等。严重时可发生支气管炎、肺炎。

我国卫生标注规定氟化氢气体的最高允许浓度为1mg/m^3。

（4）高频电磁场　在进行非熔化极氩弧焊和等离子弧焊时，为了迅速引燃电弧，需由高频振荡器来激发引弧，所以，在引弧的瞬间（2~3s）有高频电磁振荡存在。国内有些工厂自己安装的焊机，其高频振荡器有时是连续工作的，在操作期间始终有高频电磁场存在。

人体在高频电磁场作用下，能吸收一定的辐射能量，产生生物效应，主要是热作用。长期接触较大的高频电磁场，能引起植物神经功能紊乱和神经衰弱，表现为头昏、头痛、乏力、记忆力减退、食欲不振、失眠等。

高频电磁强度受许多因素影响。辐射源的功率越大，场强越高；反之，则越低。辐射强度一般随着与辐射源距离的加大而迅速递减，因而对肌体的影响也迅速减弱。

（5）放射性物质　氩弧焊和等离子弧焊使用的钍钨极含有质量分数为1%~2.5%的钍。钍及其衰变物为天然放射性物质，其中α射线占90%，β射线占9%，γ射线占1%。应用钍钨棒施焊时，由于放射性气溶胶存在，并扩散到操作现场的空气中。通常以测量现场空气中α射线气溶胶浓度和各种物质表面α射线玷污情况，来评价放射性物质对操作人员的危害程度。

接触放射性物质如果防护不当，肌体长期受到超允许剂量的外照射，或者放射性物质经常少量进入并积蓄在体内，则可引起慢性放射性病。主要表现在一般机能状态方面，可以看到明显的衰弱无力，对传染病的抵抗力显著下降，体重减轻等。

（6）噪声　在等离子弧焊接和切割工艺过程中，由于工作气体和保护气体以一定的流速流动，经压缩的等离子焰流从喷枪口高速（10，000 m/min）喷射出来，在工作气体与保护气体不同流速的流层之间，气流与静止的固体介质质面之间，气流与空气之间等都在相互作用。这种作用可以产生周期性的压力起伏和振动及摩擦，产生了噪声。

噪声对人体的影响是多方面的，首先是听觉器官。人体经受强烈噪声和长时期暴露在一定强度噪声环境中，可以引起听觉障碍、噪声性外伤、噪声性耳聋等症状。此外，噪声对中枢神经系统和血管系统也有不良作用，引起血压升高、心跳过速等症状，还会使人感到厌倦、烦躁等。

8.2.2　卫生防护技术

1. 焊接烟尘及有毒气体的防护

防尘防毒焊接烟尘和有毒气体的治理措施有下列三个方面：

（1）工艺方面的改革

1）采用无烟尘或少烟尘的焊接工艺。如电阻焊、摩擦焊、埋弧焊及电渣焊，均是高效、少无烟尘的焊接工艺。在明弧焊中，脉冲MIG及TIG焊发尘量最少，实芯焊丝MAG焊亦是一种低尘的焊接方法。

2）开发利用低尘低毒焊接材料。目前，含锰量高的高锰焊条已日趋淘汰，低氢型碱性焊条的危害较大，如何能使之既保持原有焊接性能，又能使含氟量和发尘量等明显降低，这是今后努力的方向。

3）提高焊接过程机械化自动化程度。使焊工远离污染源，也便于烟尘的排除和空气的净化。随着焊接过程自动化程度的提高，作业环境也日趋改善。

（2）采取有效的通风排烟措施　通风排烟是防止焊接烟尘和有毒气体对人体危害最重要措施。按通风的动力源，通风技术分为自然通风与机械通风两大类。

自然通风是利用风压和温差的作用，车间内由于生产设备或加工过程所产生热量，使室内空气或局部空间空气的温度高于室外或作业带外边空气的温度，空气受热后体积膨胀，密度变小，而在室内上升；室外空气因密度大而从下部进入室内进行补充（图8-1），而补充的空气又被加热，形成有规律的自然通风。

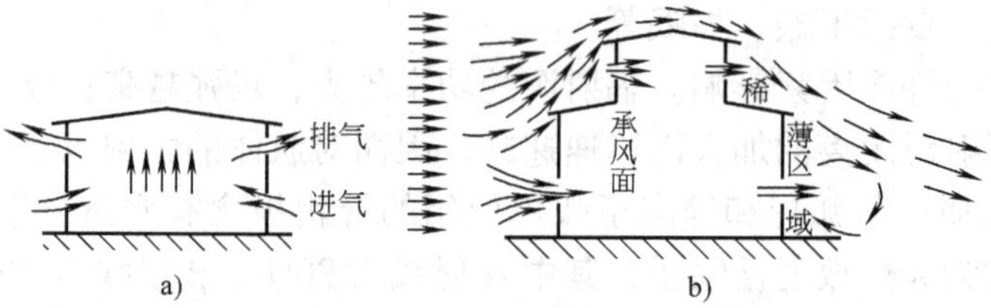

图 8-1　自然通风的基本原理

a）温差作用下产生的空气流通　b）风压作用下引起的空气流通

机械通风是借助机械的动力迫使空气按要求方向运动的，称为机械通风。

这里重点介绍全面通风和局部通风的二种机械通风。

1）焊接车间全面通风。全面通风可分为上抽排烟、下抽排烟和侧抽排烟三种。它们之间的比较见表 8-3。

表 8-3　三种全面性通风方法的比较

方法	简　图	说　明	备　注
上抽排烟	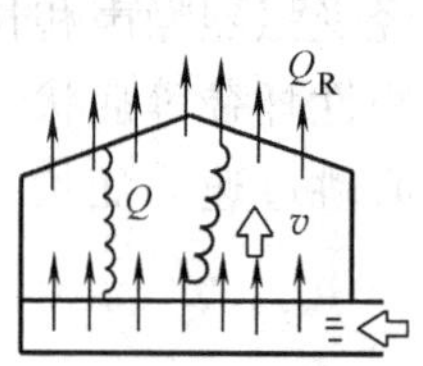	屋顶排烟量 Q_R，上升气流量 Q，$Q \leqslant Q_R$；$Q/Q_R = 1 \sim 0.3$，屋内自然风速 v_0，上升气流流速 $v \geqslant Cv_0$；$C > 2$	对作业空间仍有污染，适用于新建车间
下抽排烟	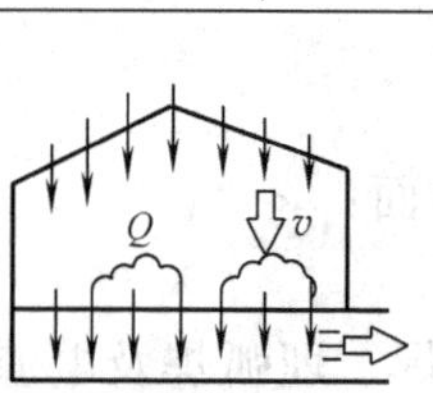	风向与上升烟雾方向相反，需采用流量和风速较大的风机	对作业空间污染最小，但须考虑采暖问题，适用新建车间
横向排烟	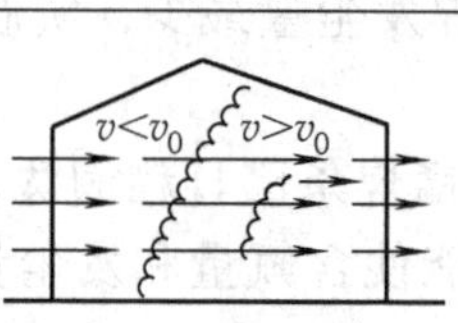		对作业空间仍有污染，适用于老厂房改造

2）局部通风。有局部送风和局部排风两种。

局部送风是把新鲜空气或经过净化的空气送入焊接工作点。目前生产上采用的电风扇直接吹散电焊烟尘和有毒气体的送风方法，只是起到一种稀释作用，而且会造成整个车间的污染，达不到排气的目的。另外，这种送风还容易引起焊工关节炎和感冒等疾病。所以，这种通风方法不宜采用。

局部排风是效果较好的焊接通风措施。电焊烟尘和有害气体刚一发生，就被排风罩口有效地吸走，因此所需风量小，也不污染周围环境。局部通风措施有排烟罩、排烟焊枪、轻便小型风机和压缩空气引射器等方法。

排烟罩有固定式和可移式排烟罩两种。

图 8-2 为固定式排烟罩，它有上抽、侧抽和下抽三种，适于在焊接作业地点固定、焊件较小的情况下，其中下抽式特点是焊接操作方便，排风效果也较好。

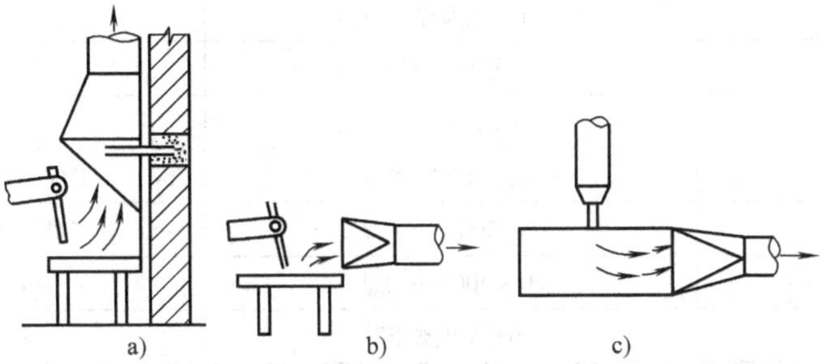

图 8-2　固定式排烟罩

a）上抽　b）侧抽　c）下抽

可移动式排烟罩的排烟系统是由小型离心风机、通风软管、过滤器等组成。图 8-3 为风机和过滤器固定，而吸风头通过软管可以在一定范围内随意移动。

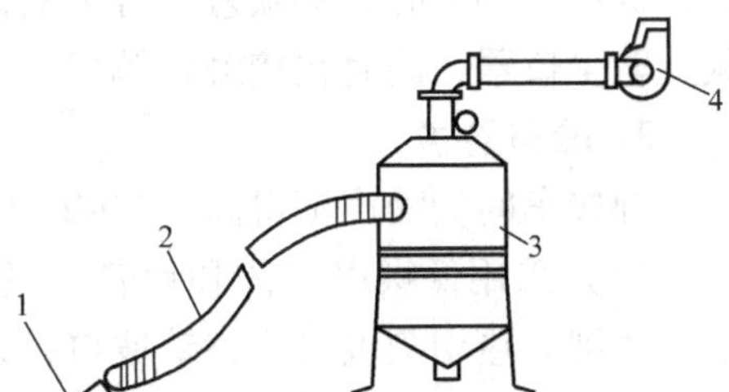

图 8-3　风机和吸头移动式排烟装置

1—吸风头　2—通风软管　3—过滤器　4—出气孔

采用局部通风时，焊接工作地点附近的风速控制在 30m/min 左右为宜，以保证焊接气体保护效果不受破坏。

（3）个人防护措施　加强个人防护措施，对防止焊接时产生的有毒气体和粉尘的危害有重要意义。个人防护措施包括眼、耳、鼻、口、身等各方面的防护用品，其中工作服、手套、鞋、眼镜、口罩、头盔和护耳器等属于一般防护用品，比较常用；而通风焊帽属于特殊防护用品，用于通风不易解决的特殊作业场合，如封闭容器内的焊接作业。

2. 光污染和射线污染的防护

（1）光污染的防护　光污染的防护可采用：

1）置弧光防护屏，即在弧焊工位周围用薄钢板制成防护屏，防止弧光射出。

2）佩带合适的焊接面罩，焊接面罩有手持型和头戴型，在固定工位上还可以在防护屏上开孔安装滤光片。

（2）护目滤光片的种类

1）吸收式滤光片俗称黑玻璃片。

2）吸收—反射式滤光片，吸收式滤光片表面镀有高反射比的膜，对强光有反射和吸收双重作用，对红外线反射效果好。

3）光电式镜片是根据光电转换原理制成的新型护目镜，起弧前是透明的，起弧后迅速变黑起滤光作用。

焊接面罩和护目滤光片应符合国家标准 GB/T3609—1994，滤光片的透过比要符合规定。推荐使用的滤光号列于表 8-4。

表 8-4 焊接滤光片推荐使用滤光号

滤光号	电弧焊与切割	气焊与气割
1.4，1.7，2	防侧光及杂散光	—
2.5，3，4	辅助工种	—
5，6	30A 以下电弧焊作业	—
7，8	30～75A 电弧焊	工件厚度 3.2～12.7mm
9，10	75～200A 电弧焊	工件厚度 12.7mm 以上
11，12，13	200～400A 电弧焊	等离子弧喷涂
14	500A 电弧焊	等离子弧喷涂
15，16	500A 气保焊	—

焊接时要穿戴防紫外线的器具，尤其在钨极氩弧焊时，钨极要选用非放射线的铈钨极；选用钍钨极时，必须遵守合理的操作规程，避免钨极过量烧损。在磨尖钍钨极时，应戴上防尘口罩，同时在接触钍钨极后，用流水和肥皂洗手，并经常清洗工作服及手套。

3. 噪声防护

焊接车间的噪声不得高于 90dB（A），其控制方法如下：

（1）采用低噪声工艺和设备　这方面可采用热切割代替机械剪切；用坡口斜切机，电弧气刨、热切割坡口代替铲坡口；采用整流器、逆变电源代替旋转直流电焊机，采用先进工艺提高零件下料精度，以减少组装锤击；用机械化夹具装配代替手工装配，亦可减少锤击等。

应将高噪声工段与低噪声工段分开布置，高噪声设备宜集中，然后采取隔声措施。对气动力性的噪声，应在进、排气管路上采取消声措施。

（2）采取隔声措施　对分散布置的噪声设备，宜采用隔声罩；对集中布置的高噪声设备，宜采用隔声间；对难以采用隔声罩或隔声间的某些高噪声设备，宜在声源附近设置隔声屏障。

（3）采取吸声降噪措施　降低室内混响声，采取密闭罩施焊时，可在屏蔽上衬上石棉等消声材料；对集中在厂房局部的声源，可以在声源所在区的顶棚、墙面作吸声处理或悬挂空间吸声体。对噪声较大的等离子焊接、喷涂等工艺，在保证工艺正常、符合质量要求的前提下，选择低噪声的工艺参数。

（4）佩戴隔音耳罩或隔音耳塞等个人防护器。

4. 高频电磁场的防护

为防止高频振荡器等的电磁辐射对作业人员的不良影响与危害，可采取如下措施：

（1）工件良好接地　能降低高频电流，焊把对地高频电位可大幅度地降低，从而减少高频感应的有害影响。

（2）降低振荡器频率　脉冲频率越高，通过空间与绝缘体的能力越强，对于人体影响越大，因此，降低频率，能使情况有所改善。

（3）屏蔽把线及地线　因高频电是通过空间和手把的电容耦合到人体上的，加装屏蔽能使高频电场局限在屏蔽内，可减少对人体的影响。其方法是采用细铜线编织软线套在电缆胶管外面（焊把上装有开关线时，必须放在屏蔽线外面），一端接焊把，另一端接地。此外，焊把至焊机的电缆线外面也要套上细铜质金属编织的软线。

（4）降低作业现场的温、湿度　温度越高，肌体所表现的症状越突出；湿度越大，越不利人体散热。所以，加强通风降温，控制作业场所的温度和湿度，是减少高频电磁场对肌体影响的主要措施。

8.3　焊接生产中的安全

8.3.1　焊接防火与防爆

火灾和爆炸是焊接操作中容易发生的事故，特别是在气焊与气割及高空焊割作业中，或在燃料容器（如油罐）与管道的检修焊补作业中，火灾和爆炸更是主要危险。

1. 火灾和爆炸的特点

（1）火灾　在生产过程中，凡是超出有效范围的燃烧统称为火灾。燃烧是有条件的，它必须在可燃物质、助燃物质和火源这三个基本条件同时具备，相互作用下才能发生。

燃烧可分为闪燃、自燃和着火等类型，每一种类型的燃烧都有各自的特点。研究防火技术，就必须具体分析每种类型燃烧的特点，才能有针对性地采取有效措施来预防。

1）闪燃。可燃液体的温度不高时，液面上少量的可燃气体与空气混合后，遇着火源而发生一闪即灭的燃烧现象称闪燃。可燃液体发生闪燃的最低温度，称为该可燃液体的闪点。闪点越低，则火灾危险性越大，如乙醚的闪点为 -45℃，而煤油为 28~45℃，说明乙醚比煤油的火灾危险性大。

2）着火。可燃物质与火源接触后能燃烧，并在火源移去后仍能保持继续燃烧的现象称着火。可燃物质发生着火的最低温度称为着火点或燃点，例如木材的燃点为 295℃，纸张燃点为 130℃等。

控制可燃物质的温度在燃点以下，是预防发生火灾的措施之一。在火场上，存放低燃点物质的位置通常是火势蔓延的主要区域，应用冷却法将燃烧物质的温度降低到燃点以下，使燃烧停止。

3）自燃。可燃物质受热升温而不需要明火的作用就能自行着火的现象称自燃。引起自燃的最低温度称为自燃点。例如煤的自燃点 320℃，氢为 780℃。自燃点越低，发生火灾的危险性越大。

由分析可燃物与空气接触发生自燃的原因可以看出，当可燃物质在空气中氧化产生热量小于散失的热量时，可燃物质的温度不会自行上升到燃点，自燃不能发生；如可燃物质氧化产生热量不断聚积，而超过散失热量时，就有可能发生自燃。

从分析燃烧条件和燃烧类型可知，防火技术的基本理论就应是防止燃烧的三个条件同时存在或者避免它们的相互作用。如操作乙炔发生器时，由于有空气和可燃物存在，就应严禁火源的存在。

发生火灾，只要消除燃烧条件中任何一条，火即熄灭。常用灭火方法有隔离、冷却和窒熄（隔绝空气）等方法。

（2）爆炸　爆炸是物质由于状态的变化，在瞬间以机械功的形式释放出大量气体和能量，使周围气压猛增并产生巨大声音的现象。爆炸可分为物理性爆炸和化学性爆炸两大类。

物理性爆炸是由物理变化（温度、压力和体积等因素）引起的。如蒸气锅炉由于过热的水迅速转为蒸气，蒸气压力超过锅炉的抗拉强度时就会发生爆炸。又如氧气瓶受热升温引起压力增高，当压力超过钢瓶的抗拉强度亦可产生爆炸。

化学爆炸是物质在短时间完成化学变化，形成其他物质，同时放出大量气体和能量的现象。发生化学爆炸的物质有两大类：一类是炸药；另一类是可燃物质与空气形成爆炸性混合物。凡是化学爆炸总是在下列三个条件同时具备时才能发生：

1）存在可燃易爆物。

2）可燃易爆物与空气混合并达到爆炸极限，形成爆炸性混合物。

3）爆炸性混合物在火源的作用下。

这里讲的爆炸极限，是指可燃性气体或蒸气，在空气中能够发生爆炸的最低浓度（爆炸下限）和最高浓度（爆炸上限）之间范围。爆炸极限一般是用可燃气体或蒸气在混合物中体积的百分比来表示。例如，乙炔和空气混合爆炸极限体积分数 $\varphi_{C_2H_2}$ 为 2.2% ~ 81%；铝粉尘的爆炸下限为 $35g/m^3$。爆炸极限范围越宽，即爆炸危险性亦越大。

防止化学性爆炸的全部措施的实质，即是制止上述三个条件的同时存在。

从分析和比较燃烧及可燃物质化学性爆炸的条件可看出，两者都需具备可燃物、氧化剂和火源这三个基本因素，因此，燃烧和化学性爆炸就其本质来说是相同的，都是可燃物质的氧化反应。

燃烧（包括火灾）和化学性爆炸的主要区别在于物质的燃烧速度。火灾从发生、发展到熄灭有个过程，造成的损失随着时间的延续而增加；作为瞬间燃烧的化学性爆炸，一旦形成就会造成巨大损失，猝不及防。

燃烧和化学性爆炸两者可随条件而转化。例如煤块只能缓慢的燃烧，如果将它磨成煤粉，与空气混合后就可能爆炸；又如电石库或乙炔发生器爆炸之后，随之是一场火灾，在某些情况下又可能先着火而后爆炸等。

2. 乙炔发生器与气瓶安全技术

（1）乙炔发生器安全技术　气焊与气割可以用贮存在乙炔瓶内的乙炔，但目前大部分工厂使用的乙炔是直接由乙炔发生器制取的。乙炔发生器就是利用电石与水相互作用而制取乙炔的设备。在气焊与气割中，以乙炔发生器的着火爆炸危险最大。

乙炔发生器的操作人员必须受专门的安全培训，熟悉发生器的结构原理、维护规则及安全操作技术，并经安全技术考试合格。禁止非操作人员操作乙炔发生器。

（2）气瓶安全技术 用于气焊与气割的氧气瓶属于压缩气瓶，乙炔瓶属于溶解气瓶，液化石油气瓶属于液化气瓶，应跟据各类气瓶的不同特点，采取相应的安全措施。

氧气瓶是用来贮存和运输氧气的高压容器，最高工作压力为15MPa，搬运装卸时还要承受振动、滚动和碰撞等外界作用力。因此，氧气瓶的制造质量要求十分严格，材质要求高，出厂前必须经过严格检验，以确保质量完好。

乙炔瓶是一种储存和运输乙炔的容器，它的构造要比氧气瓶复杂。因为乙炔不能直接以高压压入瓶内，而是利用它能溶解于丙酮的特性，采取一定措施将其压入钢瓶内。使用时，溶解在丙酮内的乙炔分解出来，而丙酮仍留在瓶里，以便溶解再次压入的乙炔。氧气瓶、乙炔瓶、石油液化气瓶的安全技术要点见表8-5。

气瓶在使用过程中，必须根据国家《气瓶安全监察规程》和《溶解乙炔瓶安全监察规程》的要求，进行定期技术检验。

3. 防火防爆措施

从产生的火灾危险性分类来看，焊接车间属于丁类生产厂房，厂房均应采用一、二级耐火等级的建筑。厂房安全出口的数目不应少于两个。厂房内从最近工作地点至外部出口距离，在三级耐火等级的单层厂房内为60m。疏散门的宽度不宜小于0.8m，疏散走道的宽度不宜小于1.4m。车间内应设有消防车道，其宽度不应小于3.5m。

表8-5 使用气瓶的安全技术要点

气瓶类型	安全技术要点
氧气瓶	1. 不得靠近热源 2. 勿曝晒 3. 要有防振圈，且不使气瓶跌落或受到撞击 4. 要戴安全帽，防止摔断瓶阀造成事故 5. 氧气瓶、可燃气瓶与明火距离应大于10m 6. 气瓶内气体、不可全部用尽，应留有余压0.1～0.2MPa 7. 氧气瓶严禁沾染油污 8. 打开瓶阀时勿操作过快 9. 瓶阀冻结时，可用热水或水蒸气加热解冻，严禁火焰加热
液化石油气瓶	1. 气瓶不得充满液体，必须留出10%～20%容积的气化空间，以防止液体随环境温度升高而膨胀时，导致气瓶破裂 2. 胶管和衬垫材料应用耐油材料 3. 勿曝晒，储存室应通风良好，室内严禁明火 4. 瓶阀及管接头处不得漏气 5. 气瓶严禁火烤或用沸水加热，冬季可用40℃以下的温水加热 6. 不得自行倒出残渣，以防遇火成灾 7. 严防漏气
溶解乙炔瓶	1. 同氧气瓶的1～6条 2. 只能直立。不得卧放，以防丙酮流出

在进行电焊与切割操作时，还应采取以下防火防爆措施：

1）严格执行焊接、切割用火审批制度，应经本单位安技部门、保卫部门检查同意后，方能进行焊接、切割作业。应根据消防需要，配备必要的灭火工具，并派专人监视火警，积极防范。未经安技部门、保卫部门和本单位领导的许可和命令，严禁动火作业。

2）凡是进入石油化工区、煤气站、油库区等危险区域的焊接、切割人员，必须经过焊接安全技术培训，并于考试合格后方能独立作业。凡需在禁火区工作的焊工，必须持有动火证和出入证，否则不得在上述范围内从事动火作业。

3）加强安全检查，离焊接切割处10mm范围内不应有有机灰尘、垃圾、木屑、棉纱、草袋以及石油、汽油、油漆等。如不能及时清除上述物质，应用水喷湿，或盖上石棉板、石棉布、湿麻袋隔绝火星，即采取可靠安全措施后才能进行操作。工作地点通道宽度不得小于1m。

4）施焊、切割地点应距离乙炔发生器和氧气瓶10 m以上。

5）在油线室、喷漆室、油库、中心乙炔站，氧气站内严禁电焊、切割工作。

6）不得在储存汽油、煤油、挥发性油脂等的容器上面，或生产、加工及贮存易燃易爆物品的房间内进行焊接与切割。

7）不准直接在木板、木板地上进行焊接与切割。如必须焊接、切割时，要用铁板把工作物垫起，并须携带防火水桶，以防火花飞溅造成火灾。

8）焊接、切割管子时，要把管子两端打开，不准堵塞。管子两端不准接触易燃物或有人工作。在金属容器内施焊、切割时，如锅炉、水箱、槽车、船舶、化工容器等，须打开所有孔盖，以利于通风，必要时还可增设通风装置、加设盲板等。

9）电焊和切割工作结束时要立即拉闸断电切断火源，并认真检查，特别是对有易燃易爆物或填有可燃物隔热层的场所，一定要彻底检查，待焊件冷却并确认没有焦味和烟气后，方能离开工作场所。因着火并不都是在焊接、切割后立即发生的，有可能要经过一段时间，切不可大意。使用完了的工作服及防护用具，应经检查确无带火迹象时再放起来。

10）在隧道、沉井、坑道、管道、井下、地坑及其狭窄地点进行电焊、切割时，必须事先检查其内部是否有可燃气体及其他易燃易爆物质。如有上述气体或物质，则必须采取有效措施予以排除，如采取局部通风等。进入内部操作之前，应按有关测试方法做测试试验，确以合格后再开始焊接和切割操作。

11）化工设备的保温层，有些是采用沥青胶合木、玻璃纤维、泡沫塑料等易燃物品。焊切之前，应距操作处1.5m范围内的保温层拆除干净，并用遮挡板隔离以防飞溅火花落到附近的易燃保温层上。

12）经常检查焊接、切割工具并保证完善良好。各个接头接触可靠不允许有漏气的发生，焊接电缆要绝缘，电焊机要有牢固的接地装置，导线要有足够的截面，严禁超过安全电流负荷量，要有合适的保险装置。熔断器严禁用铜丝或铁丝代替。开关插座的安装使用必须符合要求。

13）电焊回路地线不可乱接乱搭，以防接触不良。同时要做到电线与电线、电线与开关等设备之间连接处的接头，必须符合要求，以防接触电阻过大造成火灾。

14）焊接中如发现电机漏电、皮管漏气或闻到有焦糊味等异常情况，应立即停止操作进行检查。

15）使用各种气瓶供气焊接时（例如二氧化碳保护焊、氩弧焊等），应遵守劳动部颁布的《气瓶安全监察规程》。

16）铝热焊工使用的铝热焊专用火柴不准放在衣袋内，必须放在安全地点。

17）凡新制造的产品，如轮船、机车车辆以及其他交付的产品，在油漆未干之前，不许进行焊切，以防周围空气间有挥发性气体而发生火灾。

8.3.2　焊接用电安全

1. 焊接用电特点

用于焊接的电源需要满足一定技术要求。例如，电弧焊在引弧时需要供给较高的引弧电压（空载电压）；当电弧稳定燃烧时，电压应急剧下降到电弧电压（工作电压）。目前我国生产的电焊机中，一般直流电焊机的空载电压为55～90V，交流电焊机的空载电压为60～80V。过高的空载电压，虽然有利于引弧，但对焊工操作安全不利，所以手弧焊用的电焊机空载电压限制在90V以下。

由于保护气体对电弧的冷却作用等原因，使氩弧焊、等离子弧焊焊接时需要较高的空载电压。等离子弧焊要求电源的空载电压一般在150～400V之间，工作电压在80V以上；氩弧焊焊机采用高频振荡器引弧，从而使电源空载电压在65V即可；CO_2焊电源的空载电压为17～75V。

2. 电流对人体的伤害

在焊接操作中，当电流转移到人体时能造成电击、电伤和高频磁场伤害。电击是指电流通过人体内部时，破坏心脏、肺部及神经系统的正常功能。电伤是电流的热效应、化学效应或机械效应对人体的伤害，其中主要是间接或直接的电弧烧伤。高频电磁场的生理伤害是指在高频电磁场作用下，使人呈现头晕、乏力、失眠等神经系统的症状。绝大部分触电事故是电击造成的。

电流通过人体造成的伤害的严重程度与下列因素有关：

（1）电流　通过人体的电流越大，对人的生理反应（疼痛、麻木、痉挛、昏迷、窒息等）越明显。能使人感觉到的最小电流称为感知电流，工频交流电约为1mA，直流电约为5mA即能引起轻度痉挛。人触电后自己能摆脱电源的最大电流称为摆脱电流，交流电约为10mA，直流电约为50mA。

通过人体的电流决定于外加电压和人体电阻。在一般情况下，人体电阻可按1000～1500Ω考虑。影响人体电阻因素很多，除皮肤厚薄外，还有皮肤潮湿、多汗、有损伤、带有导电性粉尘等都会使人体电阻降低。接触面积加大，接触压力增加也会降低人体电阻。几十毫安的电流通过心脏，即可引起心室颤动，更大的电流（超过100mA）还会促使心脏停止跳动，导致死亡。

（2）电流通过人体的时间　电流通过人体的时间越长，电击伤害越严重。随着通电时间延长，人体电阻因出汗或其他原因将降低，通过人体的电流增大。

触电通电时间越长，发生心室颤动的可能越大；通电时间越短，发生心室颤动的可能性越小。

（3）电流通过人体的途径　从手到脚的电流途径最危险，因为沿这条途径有较多电流通过心脏、肺部等重要器官。其次是从手到手，再次是电流从脚到脚的途径的危险性相对较小，但容易因剧烈痉挛而摔倒，导致电流通过全身或摔伤等严重的二次事故。

（4）通过人体电流的频率　对于人体来说，25～200Hz的交流电对心肌影响最大，因此最危险。200Hz以上的交流电对心脏的影响较小。高频电电击的伤害程度比工频电轻得多，但高压高频电流也有电击致命的危险。

3. 发生触电事故的原因

在钢结构焊接生产中，触电事故可能发生于多种情况，但不外乎属于直接电击和间接电击两类。

(1) 直接电击　是指直接触及电焊设备正常运行的带电体，或靠近高压电网和电器设备所发生的电击。发生直接电击的主要原因有：在更换焊条和操作中，手或身体某部接触到焊条、焊钳或其他带电部分，而脚或身体其他部分对地和金属结构之间又无绝缘；在接线或调节电焊设备时，手或身体碰到接线柱、极板等带电体；在登高焊接时触及或靠近高压网路引起的电击事故等。

(2) 间接电击　是指触及意外带电体所发生的电击。意外带电体是指由于绝缘损坏或电气设备发生故障而导致意外带电的导体，如焊机外壳、电缆损坏等。发生间接电击的主要原因有：电焊设备由于受潮、超载运行或机械损伤等造成罩壳带电，人体碰触罩壳而触电；焊接变压器一、二次绕组间绝缘损坏时，手或身体触及二次回路的裸导体；操作过程中触及绝缘破损的电缆、开关等；由于用厂房的金属结构、管道、轨道等作为焊接回路而发生的触电事故等。

4. 预防触电的措施

为了防止焊接操作中人体触及带电体的触电事故，可采用绝缘、屏护、间隔自动断电和个人防护等安全措施。

为防止电焊操作时在意外带电体上发生事故，一般可以采用保护接地或保护接零等安全措施。

(1) 焊钳和电缆的安全要求

1) 焊钳应保证在任何斜度下都能夹紧焊条，而且更换焊条方便，能使铆工焊接时不必接触导电部分即可迅速更换焊条。

2) 有良好的绝缘和隔热能力。由于电阻发热，特别是在使用较大电流的焊条电弧焊时，焊把往往发热烫手，因此手柄要有良好的绝热层。

3) 结构轻便、易于操作。焊钳的重量一般为400~700g 。

4) 焊钳与导线的连接应简便可靠。焊钳上的弹簧失效时应立即更换，钳口应经常保持清洁。

5) 焊接电缆是连接电焊机和焊钳的绝缘导线，应具有优良的导电能力和良好的绝缘外皮。外包胶皮绝缘套要轻便柔软，能任意弯曲和扭转，便于操作。焊接电缆的长度及截面积可根据表8-6来选择。

表8-6　焊接电流与导线截面积、长度的关系

导线截面积/mm² \ 最大焊接电流/A	电缆长度/m		
	15	30	45
200	30	50	60
300	50	60	80
400	50	80	100
500	60	100	

焊机的导线最好用整根的，中间不要有接头。如需用短线接长时，则接头部分不应超

过两个。各接头部分应用铜导体制成，要坚固可靠，如接触不良，则会产生高温。

严格禁止利用厂房的金属结构、管道、轨道或其他金属物体搭接起来作为导线使用。

不得将焊接电缆放在电弧附近或炽热的焊缝金属上，避免高温烧坏绝缘层，同时也要避免碾压磨损等。

（2）安全操作 在焊接前，应先检查焊机设备和工具，如焊机外壳的接地、焊机各接线点接触是否良好，焊接电缆的绝缘有无损坏等。

当改变焊机焊头、更换焊件需要改接二次回线、转移工作地点、更换保险丝、焊机发生故障需检修时，应切断电源开关才能进行。

推拉闸门开关时，必须戴皮手套。同时，操作者的头部需偏斜些，以防电弧火花灼伤脸部。

更换焊条时，操作者应戴上绝缘手套。对于空载电压和工作电压较高的焊接操作，如等离子弧焊、氢离子焊等，以及在潮湿工作场地操作时，还应在工作台附近地面铺上橡胶垫子。特别是在夏天，由于身体出汗后衣服潮湿，勿靠在焊件、工作台上，避免触电。

在容积小的舱室（如油槽、气柜等化工设备、管道和锅炉等）、金属结构以及其他狭小工作场所焊接时，触电的危险性最大，必须采取专门的防护措施。可采用橡皮垫或其他绝缘衬垫，并戴皮手套、穿胶底鞋等，以保障焊工身体与焊件间绝缘。不允许采用简易无绝缘外壳的电焊钳。

加强焊工的个人防护。个人防护用具包括完好的工作服、绝缘手套、绝缘套鞋及绝缘垫板等。

电焊设备的安装、修理和检查需由电工进行，不得自己拆修设备。

5. 触电急救

触电者都会发生神经麻痹、呼吸中断、心脏停止跳动等症状，外表上则呈现昏迷不醒的状态。但不应认为是死亡，可能是假死，要立即抢救。触电者的生命是否能得救，在绝大多数情况下决定于能否迅速脱离电源和救护是否得法。拖延时间，动作迟缓和救护方法不当，都可能造成死亡。

（1）解脱电源 为了使触电者能得到及时和正确的处理，以减少电流长时间对人体的刺激，并能立即得到医务抢救，迅速解脱电源是救活触电者的首要因素。

（2）救治方法 触电者脱离电源后，应根据触电者的具体情况迅速对症救治。触电急救最主要的救治方法是人工氧合。因为触电以后，呼吸系统和循环系统的正常工作遭到破坏，氧合过程可能中止，所以必须用人工来恢复心脏跳动和呼吸二者之间相互配合的作用，这就是人工氧合。人工氧合包括人工呼吸和心脏挤压（即胸外心脏按摩）等两种方法。

参考文献

［1］中国机械工程学会焊接学会．焊接手册（第3卷）：焊接结构［M］．北京：机械工业出版社，2005.

［2］中国材料工程大典编委会．中国材料工程大典（23卷）：材料焊接工程（下）［M］．北京：化学工业出版社，2006.

［3］中国材料工程大典编委会．中国材料工程大典（20卷）：材料塑性成形工程（上）［M］．北京：化学工业出版社，2006.

［4］史耀武．焊接技术手册［M］．福州：福建科学技术出版社，2005.

［5］陈祝年．焊接设计简明手册［M］．北京：机械工业出版社，1996.

［6］雷玉成，于治水．焊接成形技术［M］．北京：化学工业出版社，2004.

［7］王政．焊接工装夹具及变位机械［M］．北京：机械工业出版社，2003.

［8］宇永福．焊接结构制造［M］．北京：机械工业出版社，1995.

［9］孙大涌．先进制造技术［M］．北京：机械工业出版社，2000.

［10］陈祝年．焊接工程师手册［M］．北京：机械工业出版社，2002.

［11］王云鹏．焊接结构生产［M］．北京：机械工业出版社，2002.

［12］周浩森．焊接结构生产及装备［M］．北京：机械工业出版社，1992.

［13］李生田，刘志远．焊接结构现代无损检测技术［M］．北京：机械工业出版社，2000.

［14］张应立，张莉．焊接安全与卫生技术［M］．北京：中国电力出版社，2003.

［15］张建勋．现代焊接生产管理［M］．北京：机械工业出版社，2006.

［16］李亚江，刘强，王娟，等．焊接质量控制与检验［M］．北京：化学工业出版社，2006.

［17］戴建树．焊接生产管理与检测［M］．北京：机械工业出版社，2004.

［18］王国凡．钢结构焊接制造［M］．北京：化学工业出版社，2004.

［19］张应立，罗建祥，张梅，等．金属切割实用技术［M］．北京：化学工业出版社，2005.

［20］C A 库尔金，等关桥，吴祖乾，王政，译．焊接结构生产工艺、机械化与自动化图册［M］．北京：机械工业出版社，1995.

［21］江洪，张培耘，江帆．钣金实例解析［M］．北京：机械工业出版社，2006.

［22］梁桂芳．切割技术手册［M］．北京：机械工业出版社，1997.

［23］张佩良，张信林．电力焊接技术管理［M］．北京：中国电力工业出版社，2006.

［24］张应立，罗建祥，张梅，等．金属切割技术［M］．北京：化学工业出版社，2005.

［25］刘森．冷作工基本技术［M］．北京：金盾出版社，2004.

［26］实用钣金技术手册编写组．实用钣金技术手册［M］．北京：机械工业出版社，2002.

［27］夏巨谌．钣金工手册［M］．北京：化学工业出版社，2005.

［28］李淑华，王申．焊接工程组织管理与先进材料焊接［M］．北京：国防工业出版社，2006.

［29］毛昕．新编钣金展开计算手册［M］．沈阳：辽宁科学技术出版社，2004.

［30］弗兰克 M 马洛，李亚江，王娟，沈孝芹，等译．焊接制造与维修问答［M］．北京：化学工业出版社，2005.

［31］刘贵民．无损检测技术［M］．北京：国防工业出版社，2006.

［32］赵熹华．焊接检验［M］．北京：机械工业出版社，2000.

［33］王爱珍．机械工程材料成形技术［M］．北京：北京航空航天大学出版社，2005.

［34］陈焕明．焊接工装设计［M］．北京：航空工业出版社，2006.

[35] 王爱珍. 冷作成形技术手册 [M]. 北京：机械工业出版社，2006.

[36] 高文君. 板金展开及制作工艺实用手册 [M]. 北京：中国建筑工业出版社，1994.

[37] 王文昌. 钣金展开技术手册 [M]. 沈阳：东北工学院出版社，1991.

[38] 柳金海，陈百诚. 金属管道焊接工艺便携手册 [M]. 北京：机械工业出版社，2005.

[39] 赵熹华. 焊接方法与机电一体化 [M]. 北京：机械工业出版社，2003.

[40] 金捷. 机械制造技术 [M]. 北京：清华大学出版社，2006.

[41] 曾令可，叶卫平. 计算机在材料科学与工程中的应用 [M]. 武汉：武汉理工大学出版社，2004.

[42] 陈裕川. 现代焊接生产实用手册 [M]. 北京：机械工业出版社，2005.

[43] 王洪光，赵冰岩，洪伟. 气焊与气割 [M]. 北京：化学工业出版社，2005.

[44] 崔甫. 矫直原理与矫直机械 [M]. 北京：冶金工业出版社，2002.

[45] 唐瑞麟. 新编网架结构设计手册 [M]. 北京：科学出版社，1998.

[46] 中国钢结构协会钢结构焊接分会. 第二届学术年会论文集. 钢结构 [C]. 2005.

《焊接结构制造技术与装备》信息反馈表

尊敬的老师：

您好！感谢您多年来对机械工业出版社的支持和厚爱！为了进一步提高我社教材的出版质量，更好地为我国高等教育发展服务，欢迎您对我社的教材多提宝贵意见和建议。另外，如果您在教学中选用了本书，欢迎您对本书提出修改建议和意见。

一、基本信息

姓名：__________ 性别：______ 职称：________ 职务：____________________

邮编：__________ 地址：____

任教课程：__________________ 电话：____—____________（H）__________（O）

电子邮件：____ 手机：____________

二、您对本书的意见和建议

（欢迎您指出本书的疏误之处）

三、您对我们的其他意见和建议

请与我们联系：

100037 北京百万庄大街22号·机械工业出版社·高等教育分社 冯春生 收

Tel：010—88379715（O），68994030（Fax）

E-mail：fcs8888@ shou. com